Le Soldat de demain

MANUEL MILITAIRE

DE LA

Jeunesse française

A L'USAGE DES

SOCIÉTÉS de Préparation militaire.	SOCIÉTÉS de Gymnastique.

Préface de M. CAZALET

Président de l' « Union des Sociétés de Gymnastique de France »

PAR

L'AUTEUR

DE

" L'INFANTERIE EN UN VOLUME "

PARIS

LIBRAIRIE CHAPELOT

MARC IMHAUS & RENÉ CHAPELOT, ÉDITEURS

30, Rue Dauphine, VIe (Même Maison à NANCY)

1913

MANUEL MILITAIRE

DE LA

JEUNESSE FRANÇAISE

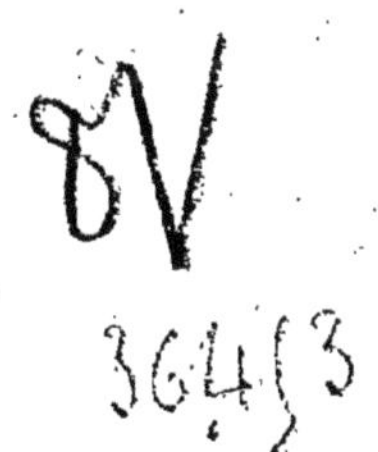

Le Soldat de demain

MANUEL MILITAIRE

DE LA

Jeunesse française

A L'USAGE DES

SOCIÉTÉS de Préparation militaire.	SOCIÉTÉS de Gymnastique.

PAR
L'AUTEUR
DE
" *L'INFANTERIE EN UN VOLUME* "

PARIS
LIBRAIRIE CHAPELOT
MARC IMHAUS & RENÉ CHAPELOT, ÉDITEURS
30, Rue Dauphine, VIe (Même Maison à NANCY)
1913

Faites-nous des hommes, nous en ferons des soldats.

Général Chanzy.

PRÉFACE

MON CHER CAMARADE,

A la première page de votre beau livre vous avez écrit ces mots qui résument excellemment tout votre ouvrage, que j'ai lu jusqu'au bout avec un plaisir croissant : *Manuel militaire de la Jeunesse française.*

Oui, vous voulez enseigner à nos jeunes gens comment on devient un bon soldat.

C'est une haute et noble mission dont vous vous êtes acquitté avec un rare bonheur, et qui vous vaudra la gratitude de notre armée républicaine, celle aussi de tous les bons citoyens qui songent aux graves éventualités de l'avenir.

Vous m'avez demandé de tracer quelques lignes en tête de votre « *Soldat de demain* ».

L'honneur que vous me faisiez se reportait tout naturellement sur cette grande *Union des sociétés de gymnastique de France* que je préside depuis près de dix-sept ans, et qui, doyenne d'ancienneté des grandes fédérations nationales, a sans cesse combattu pour l'*Education physique de la Jeunesse française*, et pour sa préparation à remplir utilement ses devoirs militaires.

Cet honneur, je l'accepte avec un empressement joyeux.

Les hommes qui ont, comme vous, la claire vision des belles destinées qui sont permises à notre pays, si la race reste forte et laborieuse, ont droit qu'à leur aide viennent tous ceux des fils de la même patrie qui mesurent toute l'étendue de la tâche à accomplir, tout le prix de l'effort à tenter.

De votre livre, je voudrais pouvoir dire, en peu de phrases, afin de laisser plus tôt à vos lecteurs le soin de se prononcer à leur tour, et de goûter les satisfactions que j'ai éprouvées moi-même, le bien, ou plutôt une partie du bien que je pense.

L'expression ne rend jamais en entier ce que l'on sent très fortement.

Il me semble que vous avez voulu faire une œuvre *pratique, claire et utile.*

Vous y avez admirablement réussi.

A côté du précepte vous avez placé la morale de cette leçon.

En face de la règle vous avez mis la cause qui la justifie.

Il s'agit — vous le voulez ainsi, et vous avez raison — d'un manuel militaire. Le résultat que vous avez atteint est plus étendu.

Votre livre forme une contribution, dont l'avenir montrera la décisive valeur, à la meilleure adaptation de toute la Jeunesse de France au développement matériel et moral de la nation, à la défense de son sol comme à la fidélité filiale à ses traditions.

Vos récits vibrent comme votre cœur de patriote. On sent qu'une grosse émotion vous étreignait quand vous rendiez hommage aux dévouements obscurs, aux faits d'armes illustres, aux vaincus glorieux quand même.

A nos enfants qui vous liront je souhaite plus de bonheur que n'en ont eu leurs aînés. Qu'ils donnent à notre chère patrie un renouveau de gloire. Qu'ils lui conservent son admirable prestige de champion du faible et de l'opprimé.

Ils trouveront en eux-mêmes, dans les dons si généreux que le Français trouve dans son caractère, la force et la volonté de réaliser cet idéal.

Vous leur offrez, dans un ouvrage aussi charmant qu'utile, le moyen le plus sûr d'y parvenir.

Soyez donc félicité, mon cher Camarade.

Votre énorme labeur a la meilleure des fortunes.

Il fait le bien, et ne fait que du bien.

Charles CAZALET,

Président de l'Union des Sociétés

de Gymnastique de France.

Bordeaux, le 31 octobre 1912.

AVANT-PROPOS

L'instruction du 7 novembre 1908 indique nettement le rôle des sociétés de préparation militaire : elles ont à former des jeunes gens capables, en arrivant sous les drapeaux, de recevoir un enseignement militaire rapide qui les mette en état d'être nommés caporaux au bout de quatre mois.

Il ne s'agit pas de vouloir en faire des soldats en quatre mois, ce qui reviendrait à admettre qu'on puisse former des armées sans préparation professionnelle spéciale.

L'apprentissage auquel ils ont à se soumettre doit donc leur inculquer le sentiment de la discipline, développer en eux les qualités physiques et leur donner des notions d'ordre général qui, nécessaires au soldat, ne sont pas moins nécessaires au citoyen.

C'est bien une œuvre d'éducation civique que les instructeurs ont à accomplir. Et elle exige de leur part un soin, une intelligence, un dévouement, un zèle, qu'ils ne pourront puiser que dans le sentiment exact de leur devoir patriotique.

En résumé, il s'agit de former des *citoyens*, des *hommes*, par une éducation appropriée; de développer la *force physique*, le *courage*, l'*adresse*, la *vigueur*, l'*endurance*, l'*initiative*, par des exercices sportifs (gymnastique, marche, tir, etc.); de fournir, par des conférences et des cours, des renseignements sommaires sur l'*hygiène*, la *topographie*, la *géographie* de la France et des colonies, la *guerre de 1870*, etc.

Conçu d'après ce programme, le **présent Manuel** est divisé en trois parties, qui correspondent aux trois ordres de connaissances qui viennent d'être énumérés.

Nous avons cherché à donner à notre texte un développement qui rende facile son application pratique.

Ainsi, nous avons indiqué le « pourquoi » des différents mouvements de la gymnastique; nous avons dit à quelles nécessités répond chacun d'eux. De même, nous avons consacré un chapitre spécial à la marche, le premier des sports. Par un exemple **pris sur un fragment de carte, nous avons** montré comment on peut organiser une marche-promenade et la rendre intéressante, attrayante, éducative, sans aborder les questions militaires. En topographie, des « dictées topographiques », des descriptions d'itinéraires, serviront de guides aux élèves.

Dans un chapitre spécial, nous avons énuméré certaines connaissances particulières nécessaires à la formation du soldat et même du citoyen.

Il incombe aux instructeurs de rappeler aux futurs défenseurs du pays la place que celui-ci occupe dans le monde, de leur indiquer les efforts à faire pour qu'il reprenne le premier rang parmi les nations : cette tâche est trop belle pour qu'ils la négligent.

Nous la leur avons facilitée en entrant dans des détails sur la France, sur son organisation politique, administrative, agricole, commerciale, industrielle, militaire, maritime et coloniale.

Un résumé de la guerre de 1870, des notions de mutualité, un résumé de la loi sur les retraites ouvrières et paysannes complètent cet exposé.

En tête de chaque chapitre, nous avons placé le programme et insisté sur les points essentiels, afin que les élèves sachent bien ce qu'on pourra exiger d'eux à l'examen.

Le développement des leçons a été fait de telle sorte qu'ils puissent, après le cours, posséder les connaissances strictement nécessaires, l'instructeur ayant à compléter de vive voix ces premiers éléments et à leur donner la vie.

Chaque chapitre est accompagné d'un questionnaire et d'une liste d'ouvrages à consulter, si on veut approfondir les questions traitées.

Nous pensons que, grâce à toutes ces dispositions, les directeurs des sociétés de préparation militaire et de gymnastique trouveront dans notre Manuel le moyen de mener à bien la lourde tâche que leur patriotisme a assumée, et qui consiste essentiellement à préparer des leçons profitables, à organiser des marches attrayantes, à développer le goût du travail, la curiosité d'esprit, le sentiment du devoir civique, pour le plus grand bien du pays.

INDEX ALPHABÉTIQUE

A

B

C

D

I

J

L

M

N

O

P

DU BREVET D'APTITUDE MILITAIRE

Avantages qu'il procure.

Le brevet d'aptitude militaire est un titre conféré après une série d'épreuves à des jeunes gens qui justifient avoir acquis la pratique de certains exercices les préparant au service militaire, soit avant, soit après leur incorporation.

Ce brevet procure les avantages suivants aux jeunes gens qui l'ont obtenu avant l'incorporation.

a) *Choix du corps.* — Les jeunes gens appelés, qui ont obtenu le brevet d'aptitude militaire avant leur incorporation, peuvent choisir leur corps d'affectation, par ordre de mérite, parmi les corps stationnés dans la région du domicile et parmi ceux alimentés par le bureau de recrutement dont ils relèvent.

Chaque corps peut recevoir, dans ces conditions, *dix* jeunes soldats du contingent au maximum, par subdivision.

b) *Engagements spéciaux dits de « devancement d'appel ».* — Les jeunes gens, âgés de 18 ans au moins, pourvus du brevet d'aptitude et remplissant les conditions énumérées à l'article 50 de la loi du 21 mars 1905, sont admis, par ordre de mérite et dans la proportion de 4 p. 100 de l'effectif de la dernière classe incorporée, à contracter, du 1er au 10 octobre, un engagement dit de « devancement d'appel » dans les régiments d'infanterie et de zouaves, les bataillons de chasseurs à pied.

c) *Nomination au grade de caporal et de sous-officier ou à des emplois spéciaux.* — Les jeunes gens ayant obtenu le brevet d'aptitude, soit avant, soit après leur incorporation, sont admis de droit élèves caporaux. Ils peuvent être nommés caporaux après quatre mois de service, et sous-officiers après neuf mois de service.

Lorsque ce brevet est complété par une épreuve spéciale, il permet d'être nommé cycliste, musicien, etc.

d) *Possibilité de devenir officier de réserve en dix-huit mois.* — Les jeunes gens appelés ou ayant contracté l'engagement spécial dit de devancement d'appel peuvent devenir officiers de réserve après 18 mois de service, s'ils satisfont aux examens d'entrée et de sortie des pelotons d'instruction créés à cet effet.

Examen.

L'examen peut être passé, soit avant l'incorporation, soit après.

Candidats au brevet avant l'incorporation (1).

Les candidats qui désirent concourir, avant l'incorporation, pour l'obtention du brevet, adressent leur demande (2), avant le 1er juin, au commandant du bureau de recrutement dont ils dépendent.

---

(1) Dans le but d'éviter, autant que possible, que des jeunes gens ne se préparent à servir dans une arme pour laquelle ils sont physiquement inaptes, les candidats au brevet d'aptitude militaire, âgés de 17 ans au moins, sont autorisés à se faire examiner par un médecin militaire du corps le plus voisin de leur résidence ou par un médecin militaire chargé du service du recrutement.

Le résultat de cette visite est consigné sur un certificat d'examen médical provisoire délivré à l'intéressé. Ce certificat ne constitue qu'une simple indication et ne peut en aucun cas engager le Département de la guerre. Il y est simplement spécifié qu'au moment de la visite le jeune homme examiné possède, ou paraît devoir posséder, si sa croissance est normale, les qualités physiques requises pour servir dans telle arme ou spécialité d'arme.

Les formalités de cette visite ne peuvent donner lieu à aucun frais ni à aucune indemnité.

Les demandes sont adressées à toute époque de l'année, sur papier libre, au chef de corps ou de détachement le plus voisin de la résidence du candidat.

(2) Pour les appelés, adresser, sur papier écolier, une lettre du modèle suivant :

OBJET : A Amiens, le 15 mai 1913.

Demande pour subir l'examen du brevet d'aptitude militaire.

Au Commandant du bureau de recrutement d'Amiens.

Conformément à l'instruction ministérielle du 7 novembre 1908, j'ai l'honneur de vous demander d'être admis à subir les épreuves pour l'obtention du brevet d'aptitude militaire d'infanterie au titre d'appelé de la classe de 1913 (ou d'engagé ou d'engagé par devancement d'appel).

Paul DUPONT.

Paul DUPONT, rue des Vergeaux, n° 4.
N° 46 de recensement, canton d'Amiens.

Pour les jeunes gens candidats à l'engagement spécial dit « de devancement d'appel », la demande est accompagnée :

1° De leur acte de naissance;
2° D'un certificat de bonne vie et mœurs;
3° Si le jeune homme a moins de 20 ans, du consentement du

Celui-ci la transmet au président de la commission intéressée la plus voisine de la résidence du candidat.

Les présidents des commissions adressent aux candidats, directement ou par l'intermédiaire des maires, huit jours à l'avance, un bulletin de convocation indiquant les lieux, jours et heures de l'examen.

Les examens ont lieu du 1er au 31 juillet.

Aussitôt après les examens et, dans tous les cas, avant le 10 août, le président de chaque commission fait parvenir au commandant du bureau de recrutement dont relèvent les jeunes gens examinés la liste, par ordre de mérite et distincte pour les appelés et pour les engagés spéciaux, de ceux d'entre eux qui ont obtenu le brevet.

Les commandants des bureaux de recrutement adressent pour le 15 août au Ministre (Direction de l'infanterie, Bureau du Recrutement) un compte rendu faisant connaître le nombre des candidats à l'engagement spécial ayant obtenu le brevet et l'effectif de la dernière classe incorporée.

Dès la réception de la circulaire annuelle de répartition, les commandants des bureaux de recrutement convoquent les jeunes gens intéressés, ou leur représentant, et leur font choisir, par ordre de mérite et suivant leurs aptitudes, les corps dans lesquels ils peuvent servir ou s'engager.

Nature des épreuves.

L'examen d'aptitude militaire comprend :

1° Des épreuves communes à toutes les armes et services;

2° Des épreuves spéciales.

Les épreuves communes sont obligatoires pour tous les candidats.

Les épreuves spéciales sont obligatoires pour les can-

---

père, de la mère ou du tuteur, ce dernier approuvé par une délibération du conseil de famille.

Toutes ces pièces sont sur papier libre et doivent être délivrées sans frais.

Aussitôt en possession de cette demande, le commandant du bureau de recrutement convoque le candidat, le fait examiner et établit, s'il est reconnu propre au service, un certificat indiquant l'arme qui convient à son aptitude.

La demande et les pièces ci-dessus sont transmises au président de la commission avec un extrait du casier judiciaire de l'intéressé, demandé par le commandant du bureau de recrutement.

I — ÉPREUVES COMMUNES (*)			COEFFICIENT	NOTE MINIMA nécessaire pour l'obtention du brevet
Pour les troupes à pied. — Marche (1).		Deux marches de 24 kilomètres chacune, commencées à vingt-quatre heures d'intervalle et exécutées, sans arme et sans chargement, en moins de six heures	10	15
Pour les troupes à cheval	Équitation	Examen pratique à cheval, exclusivement au manège, portant sur les principes élémentaires d'équitation et la conduite du cheval à toutes les allures (travail préparatoire et travail en bridon)	15	10
	Hippologie	Connaissance succincte des différentes parties de l'extérieur du cheval. — Soins à donner aux chevaux		
TIR		Une série de 6 balles, dans chacune des trois positions réglementaires (debout, à genou et couché), avec 2 balles d'essai, en une seule séance. Le tir est exécuté sur une cible carrée de 2 mètres de côté, divisée en deux zones concentriques, dont la plus grande a un diamètre de 1/200e de la distance, la plus petite la moitié de la précédente. . . . . La note de tir est calculée ainsi qu'il suit : 1° 10 points à tout tireur qui a placé 8 balles à l'intérieur du grand cercle (deux zones réunies) . . . . 2° 1/2 point, pour toute balle mise en plus de 8, à l'intérieur du grand cercle (deux zones réunies) . . . . 3° 1/4 de point pour toute balle mise à *l'intérieur du petit cercle*, mais seulement si le minimum de 8 balles mises à l'intérieur du grand cercle a été atteint . . . . Ces points *s'additionnent* pour faire la note du tireur. Toutefois la note 20 est acquise à tout tireur qui a placé 18 balles à l'intérieur du petit cercle (19 points 1/2).(2). . . . . Les munitions sont prélevées sur les allocations annuelles des corps de troupe	10	10

(1) Pour la marche, la note 15 est acquise si le candidat a effectué les deux marches; elle est augmentée jusqu'à 20 suivant les conditions physiques dans lesquelles il se présente au concours et à la fin des marches.

(2) *Exemples*

- 8 balles mises à l'intérieur du grand cercle, mais toutes à l'extérieur du petit cercle = 10 points. Note 10 (minima pour l'obtention du brevet).
- 8 balles mises, toutes à l'intérieur du petit cercle : 10 points + 8/4 points. Note 12.
- 14 balles mises à l'intérieur du grand cercle, mais à l'extérieur du petit cercle : 10 points + 6/2 points. Note 13.
- 18 balles mises à l'intérieur du grand cercle, dont 17 à l'intérieur du petit cercle : 10 points + 10/2 points + 17/4 points. Note : 19 1/4.

(*) Programme modifié et mis en concordance avec le Règlement sur l'éducation physique appliqué dans l'armée depuis le 21 janvier 1910. — Circulaire ministérielle du 26 janvier 1911.

	I — ÉPREUVES COMMUNES	COEFFICIENT	NOTE MINIMA nécessaire pour l'obtention du brevet
ÉDUCATION PHYSIQUE	*a*) Exécution individuelle (au commandement d'un instructeur) de six mouvements de gymnastique éducative pris dans des séries différentes . . . . . *b*) Une course de 60 mètres en dix secondes . . . *c*) Une course de 2 kilomètres en dix minutes . . . *d*) Un saut en longueur, avec élan à volonté, de 3m 20 . . . . . } sans tremplin sur sol dur non préparé. *e*) Un saut en hauteur, avec élan à volonté, de 1 mètre . . . . } sans tremplin sur sol dur non préparé. *f*) Partant de la position assise, grimper aux cordes par paires, sans se servir des pieds, jusqu'à la hauteur de 5 mètres (suivant la hauteur des portiques); redescendre de même . . . . . *g*) Grimper et se rétablir sur la barre à hauteur de suspension à volonté par l'un des procédés décrits aux nos 144, 145, 146, 147 du Règlement d'éducation physique du 21 janvier 1910. Descendre à volonté . . . . *h*) Boxe. { Un coup de poing et sa parade . . . . Un coup de pied et sa parade . . . . . *i*) Saut avec appui des mains : franchir la barre placée à 1m10 de hauteur, à volonté par l'un des procédés décrits au no 172 du Règlement d'éducation physique du 21 janvier 1910 . . . . *j*) Voltige pour les troupes à cheval	15 pour les troupes à pied. 10 pour les troupes à cheval.	12
TOPOGRAPHIE	*Échelles.* — Numériques, graphiques. Échelle de la carte . . . . *Planimétrie.* — Projection d'un point, d'une ligne, etc. Signes conventionnels et signes administratifs . . . . *Nivellement ou altimétrie.* — Formes diverses du terrain. Représentations diverses des formes du terrain. Courbes de niveau. Hachures. Loi du quart . . . . *Cartes topographiques.* — Indications portées à l'intérieur et à l'extérieur du cadre. Méridiens. Parallèles. Orientation de la carte et son utilisation sur le terrain. Problème de la carte. Lecture d'un itinéraire sur la carte.	5	10
HYGIÈNE	*Propreté individuelle.* — Soins corporels . . . . . *Propreté des vêtements.* — Tenue des chambrées. Cuisines, réfectoires, corps de garde, salles de discipline, lieux d'aisances. . . . . . . *Principes généraux d'hygiène concernant* : les boissons hygiéniques, les eaux potables, la prophylaxie de la tuberculose, de l'alcoolisme et des maladies vénériennes. Précautions particulières à prendre pendant les marches et manœuvres pour l'entretien de la chaussure, l'alimentation, les boissons, les feuillées, etc., hygiène dans les cantonnements, camps ou bivouacs. Précautions à prendre pendant les grandes chaleurs ou par les froids excessifs	5	10

didats aux armes, services ou emplois auxquels elles correspondent.

Toute note inférieure au minimum est éliminatoire pour le brevet simple, si elle affecte une épreuve commune, et pour l'arme, service ou emploi recherché, si elle porte sur une épreuve spéciale.

Les notes sont attribuées sur l'échelle de 0 à 20.

Afin de permettre le classement, par ordre de mérite, des candidats qui subissent l'examen avant l'incorporation, les notes obtenues aux épreuves communes sont multipliées par les coefficients fixés. Les notes données aux épreuves spéciales sont simplement éliminatoires pour ces épreuves et n'entrent pas dans le décompte des points fait pour le classement.

L'ordre de mérite résulte du nombre de points obtenus pour l'ensemble des épreuves communes, après multiplication de chaque note par le coefficient correspondant.

A égalité de points, la priorité est fixée par le nombre de points obtenus dans la catégorie à plus fort coefficient.

Les candidats peuvent présenter, à titre de renseignement, à la commission, tous les certificats, brevets, diplômes, etc., qu'ils ont obtenus.

Mention est faite sur les pièces matricules et le livret individuel de l'obtention du brevet.

Epreuves spéciales (1).

Génie.

Sapeurs mineurs et sapeurs pontonniers. — Manœuvre d'une embarcation à la rame, à la godille ou à la gaffe; natation (si les ressources de la garnison le permettent); pratique des outils de charpentier ou de charron; pratique des outils de forgeron.

Sapeurs de chemins de fer. — Pratique des appareils de la voie et des outils spéciaux; conduite ou chauffage d'une locomotive.

Sapeurs télégraphistes. — Manipulation de l'appareil Morse et des téléphones; recherche des dérangements; pratique des machines électriques et des moteurs à explosion.

Sapeurs aérostiers. — Notions générales et exercices pratiques énumérés dans le programme joint à l' « instruction sur l'incorporation, aux bataillons de sapeurs aérostiers, des élèves des écoles d'aérostation ».

Sections.

Secrétaires d'état-major et du recrutement. — Compositions écrites comprenant le tracé d'un état et des problèmes sur les quatre règles. Epreuve de dactylographie (facultative).

(1) Toute note inférieure à 10 dans les épreuves spéciales est éliminatoire.

Commis et ouvriers militaires d'administration. — Commis : compositions écrites comprenant le tracé d'un état et des problèmes sur les quatre règles. Epreuve de dactylographie (facultative). — Ouvriers : essais pour les professions susceptibles d'être utilisées dans les sections.

Infirmiers militaires. — Instruction professionnelle et technique de l'infirmier.

Divers.

Elèves fourriers. — Dictée; écriture à main posée; tracé d'un état; notions élémentaires de comptabilité militaire.

Vélocipédistes. — Examen médical d'aptitude physique; parcours de 60 kilomètres en moins de six heures, en terrain moyennement accidenté, sur une bicyclette appartenant au candidat; montage et démontage des principales pièces de la machine; réparations de fortune.

Tambours, clairons ou trompettes. — Batteries ou sonneries réglementaires.

Musiciens. — Exercices de gammes dans tous les tons et exécution d'un morceau de lecture à vue sur leur instrument; exécution d'un morceau au choix du candidat; épreuve de lecture vocale.

Candidats au brevet après l'incorporation.

Les candidats qui désirent concourir, après leur incorporation, pour l'obtention du brevet, adressent leur demande, par la voie hiérarchique, à leur chef de corps ou de service, dans les *huit* jours qui suivent leur incorporation.

La commission se réunit dans les *dix* premiers jours qui suivent l'incorporation pour les appelés et dans la première semaine de chaque mois pour les engagés volontaires entrés au service le mois précédent.

Délivrance du brevet d'aptitude militaire.

Le brevet d'aptitude militaire est délivré par une commission constituée dans chaque corps, fraction de corps ou service, dans les conditions ci-après :

Corps ou fraction de corps supérieur à 1 bataillon, 2 escadrons ou 1 groupe..	1 commandant, *président*. . . . . 1 capitaine et 1 lieutenant, *membres*. .	Désignés par le chef de corps ou de détachement, ou par le chef d'état-major du corps d'armée.
Corps ou fraction de corps égal ou inférieur à l'effectif ci-dessus et section de secrétaires d'état-major et du recrutement.	1 capitaine, *président*. 2 lieutenants ou sous-lieutenants, *membres*.	

Section de commis et ouvriers d'administration et section d'infirmiers.	1 sous-intendant militaire ou 1 médecin-major de 1re classe, *président*. . . . . L'officier d'administration commandant la section, 1 officier d'administration, *membres*.	Désignés par le directeur du service.

NOTA. — Pour l'examen physique des vélocipédistes, un médecin militaire, et pour les épreuves musicales, un chef de musique, chef de fanfare, tambour-major, etc., est adjoint à la commission d'examen.

Note

concernant les jeunes gens et les sociétés préparant le brevet d'aptitude militaire pour la cavalerie, l'artillerie de campagne, le génie (sapeurs conducteurs) et le train des équipages.

Les matières contenues dans ce Manuel, même le service en campagne et les travaux de campagne, sont utiles à tous les jeunes gens qui veulent obtenir le brevet d'aptitude.

Il manque la partie technique relative à l'hippologie, aux soins à donner aux chevaux, etc.

La librairie militaire CHAPELOT (30, rue Dauphine, Paris) tient à la disposition des sociétés et des jeunes gens un fascicule spécial (1) contenant toutes les parties indiquées au programme pour ces armes spéciales.

(1) Ce fascicule est cédé au prix de 2 francs l'exemplaire, pour les commandes d'au moins 12 exemplaires, le prix est de 1 fr. 50.

Circulaire ministérielle du 2 mai 1910 réglant l'affectation des titulaires du brevet d'aptitude militaire.

Les candidats à l'engagement spécial dit de devancement d'appel, pourvus du brevet d'aptitude militaire, ainsi que les appelés, pourvus du même brevet, sont affectés, *par ordre de mérite*, et d'après le désir exprimé, soit aux corps stationnés dans la région du domicile, soit aux corps alimentés par le bureau de recrutement dont ils relèvent.

En principe, chaque corps peut recevoir, dans ces conditions, dix jeunes soldats du contingent et cinq engagés volontaires au titre du devancement d'appel au maximum par subdivision, sauf les sections formant corps, lesquelles ne peuvent recevoir, chacune, qu'un appelé par subdivision. Toutefois, aucun appelé titulaire du brevet d'aptitude militaire n'est affecté aux corps des troupes coloniales (1).

Pour la cavalerie le choix est étendu aux régions de corps limitrophes du domicile, mais le nombre des jeunes gens incorporés dans ces conditions ne peut excéder cinq appelés et cinq engagés par subdivision.

Les jeunes gens du contingent algérien, ou en résidence en Tunisie, devant servir dans l'infanterie ou la cavalerie, peuvent être incorporés dans les régiments de zouaves et chasseurs d'Afrique, à raison de dix appelés et de cinq engagés par régiment ainsi que dans les régiments d'infanterie ou de cavalerie des 15e et 16e régions, à raison de *cinq* appelés et de *cinq* engagés par division.

Les appelés peuvent renoncer à se prévaloir de l'avantage de choisir leur corps.

Les appelés et les engagés de cette catégorie sont, le cas échéant, affectés en sus des chiffres attribués aux corps de troupe par la circulaire de répartition du contingent.

Dans les corps fractionnés, ils sont tous placés à la portion principale (sauf huit appelés au bataillon détaché dans les régiments d'infanterie ayant leur portion principale stationnée sur le territoire du gouvernement militaire de Paris).

En ce qui concerne le département de la Seine, les titulaires du brevet d'aptitude militaire sont affectés dans les mêmes conditions par le commandant du bureau spécial (le département de la Seine pouvant être

(1) Dans les subdivisions où le nombre des appelés pourvus du brevet d'aptitude est très élevé (Lille, Le Havre, Bordeaux, Compiègne, etc.), le chiffre ci-dessus pourra exceptionnellement, suivant le cas, être porté à 12, 15 ou 20 par corps d'infanterie et 8 ou 10 par régiment de cavalerie.

considéré, à ce point de vue seulement, comme ne formant qu'une seule subdivision) :

1° A raison de *dix appelés* (1) (deux à la *portion principale* et huit au bataillon détaché) et de cinq engagés (2) (portion principale), pour *chacun des corps stationnés sur le territoire du gouvernement militaire de Paris;*

2° A raison de *dix appelés* et de *cinq engagés* par bureau de recrutement pour chacun des autres corps alimentés par l'un quelconque des bureaux de recrutement de la Seine.

Engagement volontaire.

Extrait du décret.

Art. 1. — Tout français ou naturalisé français qui demande à contracter un engagement volontaire pour servir dans l'armée de terre doit :

Etre sain, robuste et bien constitué.
Avoir 18 ans accomplis.

S'il désire entrer dans l'armée coloniale, avoir 18 ans accomplis et contracter un engagement d'une durée telle qu'il séjourne aux colonies 2 ans encore après sa 21e année (c'est-à-dire que l'on doit s'engager pour 5 ans à partir de 18 ans et demi; pour 4 ans à partir de 19 ans et demi; pour 3 ans à partir de 20 ans et 3 mois).

(Cette dernière clause ne s'applique pas aux jeunes gens résidant aux colonies ou pays de protectorat, si les troupes où ils s'engagent sont stationnées dans leur colonie ou pays de protectorat.)

N'être ni marié, ni veuf avec enfants.
N'avoir pas subi de condamnations afflictives ou infamantes.
Jouir de ses droits civils.
Etre de bonne vie et mœurs.
S'il a *moins de 20 ans*, avoir *le consentement* de ses *père, mère ou tuteur.* Ce dernier doit être autorisé à donner son consentement par une délibération du conseil de famille ou celui-ci doit nommer un tuteur *ad hoc.*

---

(1) Y compris le bataillon de chasseurs de Vincennes, le groupe des bataillons de zouaves (cinq appelés pour chaque bataillon), le bataillon de télégraphistes et les sections de secrétaires, de commis et ouvriers militaires et d'infirmiers militaires (un par section de secrétaires d'état-major d'administration ou d'infirmiers).

(2) Y compris le bataillon de chasseurs de Vincennes, et le groupe des bataillons de zouaves (cinq par bataillon).

En cas de *divorce* ou de *séparation de corps*, le consentement de celui des époux auquel l'enfant a été confié sera nécessaire et suffisant. Pour les jeunes gens dont les *parents* sont *inconnus*, le consentement du directeur de l'Assistance publique de la Seine, du Préfet pour les autres départements sera nécessaire et suffisant.

Remplir les conditions d'aptitude physique suivantes pour les corps ci-dessous :

DÉSIGNATION DES CORPS	TAILLE EXIGÉE minima	TAILLE EXIGÉE maxima	POIDS MAXIMUM
Cuirassiers	1 m. 70	1 m. 85	75 kilos
Dragons	1 m. 64	1 m. 74	70 —
Chasseurs-Hussards	1 m. 59	1 m. 68	65 —
Chasseurs d'Afrique	1 m. 59	1 m. 72	65 —
Artillerie à cheval	1 m. 66		
— montée	1 m. 60		
— à pied	1 m. 66		
— alpine et de montagne	1 m. 70		
Train des équipages	1 m. 66		
Génie	1 m. 66		
Sapeurs-Pompiers	1 m. 60	1 m. 75	

Art. 2. — Les engagements ne peuvent être reçus que pour les corps de troupe d'infanterie, de cavalerie, d'artillerie, du génie et pour le train des équipages militaires.

Ils sont admis à toute époque de l'année.

Toutefois, ils peuvent être suspendus partiellement par une décision du ministre de la guerre, suivant les besoins du service.

Pour les compagnies d'ouvriers d'artillerie et les compagnies d'artificiers, des autorisations ministérielles sont exigées.

Art. 3. — L'engagé indique le corps dans lequel il désire servir.

Une instruction ministérielle déterminera les cas dans lesquels l'autorisation du gouverneur militaire ou du commandant de corps d'armée est nécessaire.

L'engagé peut toujours être changé de corps ou d'arme lorsque l'intérêt ou les besoins du service l'exigent.

Art. 4. — Le jeune homme qui demande à s'engager se présente devant un commandant de bureau de recrutement.

Cet officier supérieur, après s'être assuré, avec l'assistance d'un médecin militaire ou, à défaut, d'un docteur en médecine désigné par l'autorité militaire, que le jeune homme n'a aucune infirmité ni maladie apparente ou cachée, qu'il est d'une constitution saine et robuste, qu'il a la taille et qu'il réunit les conditions exigées pour servir dans le corps où il désire entrer, lui délivre un certificat d'aptitude.

Le chef de corps où désire entrer l'engagé peut également délivrer ce certificat après visite de l'un des médecins sous ses ordres.

Art. 5. — Muni des pièces ci-après, le contractant se présente :

En France, devant le maire d'un chef-lieu de canton;

En Algérie, devant le maire de l'une des quarante-cinq villes désignées.

PIÈCES A PRODUIRE.

1° *Acte de naissance* in extenso, *sur papier libre, légalisé par l'autorité judiciaire;*

2° *Certificat de bonne vie et mœurs délivré par le maire (modèle n° 6, art. 5 du décret du 27 juin 1905).*

Nota. — Si l'engagement est contracté dans le département où l'engagé est domicilié, la légalisation de la signature du maire n'est point indispensable.

3° *Consentement des père, mère ou tuteur si l'engagé a moins de vingt ans* (Le tuteur doit être autorisé par une délibération du conseil de famille), *légalisé par le maire.*

4° *Extrait du casier judiciaire (demandé par l'intermédiaire du bureau de recrutement);*

5° *Certificat d'aptitude physique délivré par le commandant du recrutement ou par le chef de corps dans lequel l'engagé demande à entrer.*

Nota. — Dans les cas particuliers suivants, il y a lieu de produire en plus :

Le consentement du gouverneur militaire de Paris pour les sapeurs-pompiers et pour les jeunes gens domiciliés dans la Seine qui veulent s'engager dans un corps stationné dans le gouvernement militaire de Paris.

Le consentement du général commandant le 19e corps, pour les régiments de tirailleurs algériens et de spahis.

Le consentement du général commandant le 14e corps, pour les jeunes gens domiciliés dans le département du Rhône qui veulent s'engager dans un corps stationné dans ce département.

Le consentement du général commandant le 15e corps d'armée, pour les jeunes gens domiciliés dans le département des Bouches-du-Rhône qui veulent s'engager dans un corps stationné dans ce département.

Si le casier judiciaire relate une condamnation tombant sous le coup de l'article 5 de la loi, l'engagement n'est reçu que pour un bataillon d'infanterie légère d'Afrique. Toutefois, le jeune homme qui a subi une de ces condamnations peut encore s'engager au titre d'un corps du service général, pour trois, quatre ou cinq ans, s'il a bénéficié de la loi du 26 mars 1891; pour cinq ans seulement si, n'ayant pas reçu application de cette loi, il justifie d'une décision prise par le ministre de la guerre, après enquête sur sa conduite depuis sa sortie de prison.

Art. 7. — Si le contractant désire bénéficier de la disposition contenue dans les derniers alinéas de l'article 50 de la loi, relatifs aux engagements dits de devancement d'appel (1), il doit en faire la *demande par écrit* et produire à l'appui de cette demande le *certificat d'aptitude militaire* institué par la loi du 8 avril 1903 et prendre l'*engagement* d'effectuer tous les deux ans des périodes de quatre semaines dans la réserve, de deux semaines dans la territoriale pendant toute la durée de ses obligations militaires (jusqu'à 45 ans).

Mention de la production de ces deux pièces est faite dans l'acte.

Art. 9. — Les jeunes gens inscrits par le conseil de revision sur la première partie de la liste de recrutement cantonal peuvent, jusqu'au 30 septembre inclus, contracter un engagement de trois ans au moins.

Art. 12. — Tout engagé volontaire reçoit immédiatement après la signature de son acte d'engagement une expédition de cet acte et un ordre de route.

Art. 13. — L'engagé se rend directement au corps.

Il est tenu de s'y présenter dans les délais fixés par son ordre de route.

---

(1) Ces engagements ne se contractent que du 1er au 10 octobre.

Ire PARTIE

ÉDUCATION MORALE

> « Les destinées d'une nation ne sont que la conséquence logique, inflexible de ce qu'elle vaut, de ce qu'elle a longuement préparé par ses actes, ses défaillances ou son énergie ».
>
> VIOLLET-LE-DUC.

ga
pé
na
lia
pr
po
s'i

vi
la
su
co
pu
pl
pr
ra
on
Il
ra
le
de

so
af
co
de

d'
qu

du
dé
ro
d'
de
at
ve

ÉDUCATION MORALE

DEVOIRS ENVERS SOI-MÊME

Les devoirs de l'homme envers lui-même seraient obligatoires même dans l'isolement, ils sont encore plus impérieux dans la vie sociale, qui est, pour l'homme, l'état naturel et normal. Une solidarité étroite et profonde reliant les hommes entre eux, aucun ne peut déchoir sans préjudice pour les autres; aussi chacun doit-il faire, pour sa part et pour son compte, tout ce qu'il peut faire, s'il comprend les intérêts de la société.

Devoir de vivre.

Le premier et le plus fondamental des devoirs individuels, c'est le devoir de *conservation personnelle;* aussi la première obligation de tout être est-elle de *vivre.* Par suite, le suicide est l'acte le plus immoral que l'on puisse commettre. Il n'est pas vrai que la personne humaine puisse disposer d'elle-même. On doit vivre pour accomplir ses devoirs. On a exalté le suicide, on a même prétendu que c'était un acte de courage. Il faut du courage pour mourir, c'est entendu, mais pourquoi meurt-on? Parce qu'on souffre moralement ou physiquement. Il faudrait donc, pour supporter ces maux, plus de courage que l'on n'en a en se détruisant et c'est pourquoi le suicide est un acte de désespoir, un manque d'énergie devant les difficultés et les épreuves de la vie.

Aussi l'homme a-t-il pour premier devoir, quels que soient ses ennuis, ses peines, ses souffrances, de vivre, afin d'accomplir sa destinée morale, de se résigner aux conditions de vie humaine et de remplir tous ses autres devoirs.

Mais comment vivre?

« Le devoir essentiel, dit M. Payot, consiste à *vivre d'une vie intense.* Or, les êtres sans vigueur ne peuvent que traîner une vie misérable, une vie d'esclaves ».

Qu'est-ce qui constitue la vigueur? *L'énergie.* Qui produit l'énergie? *Le système nerveux.* En effet, vous avez déjà observé que certains de vos camarades, paraissant robustes, sont cependant moins capables d'efforts que d'autres plus petits et d'apparence chétive. C'est que ces derniers sont plus courageux, plus persévérants, plus attentifs, et surtout que, ayant plus d'initiative, ils savent mieux doser leurs forces. Il faut donc, si on veut réussir dans la vie, savoir maintenir intact son système nerveux. Or, pour que cette source d'énergie fonctionne bien, il est indispensable de se bien porter.

Pour bien se porter, deux conditions sont à remplir : la première est de donner à son corps les soins qu'il demande, soins qui sont exposés dans la deuxième partie de cet ouvrage (*Education physique*); la seconde, c'est de ne pas prendre de mauvaises habitudes qui à la longue désorganisent l'organisme.

Il ne suffit pas d'être propre, bien habillé, pour être bien portant. Si on contracte un de ces vices qui ruinent la santé et l'intelligence, on tarit la source d'énergie, on appauvrit le système nerveux, on le rend incapable de produire un effort.

Le vice le plus redoutable aujourd'hui, celui qui guette les enfants dès leur sortie de l'école, de l'atelier, c'est l'alcoolisme. Depuis un certain temps, au lieu de chercher le repos et la distraction dans le grand air, la promenade, les jeux ou les exercices physiques, beaucoup de jeunes gens ont contracté la funeste manie de croire qu'on ne peut les trouver qu'en s'attablant autour d'une table et prendre des apéritifs ou de l'eau-de-vie. On réagit en ce moment contre ce vice dégradant : votre présence dans la société de gymnastique, de préparation militaire en est une preuve, mais la bataille n'est pas gagnée (1). Promenez-vous dans les cités ouvrières ou dans les grandes rues d'une ville. Regardez les bouges, les assommoirs, les cafés, et comptez combien d'hommes et même de femmes sont attablés devant une absinthe ou une mominette (suivant que l'on est un monsieur « bien mis » ou un ouvrier) ou tout autre apéritif ; le nombre en est incalculable.

Cette habitude de prendre l'apéritif est très dangereuse, car elle dégénère bien vite en vice. C'est ainsi que beaucoup de personnes deviennent alcooliques sans y penser. Celui qui prend chaque jour une absinthe, un vermouth ou un apéritif quelconque est un alcoolique. Au début, entraîné par des camarades plus âgés, on entre dans un bar, où un phonographe joue les airs à la mode. Bien achalandé, bien éclairé, bien chauffé, propre, l'établissement est rempli de monde. Comme l'aimant, il attire. On demande une absinthe pour faire comme les grands. On aurait peur d'être traité « de petite fille » si on prenait du lait ou une boisson fermentée quelconque. On boit. Aussitôt une ivresse agréable se produit, surexcitant le cerveau. On sort gai.

Pour retrouver cette sensation de bien-être, on recom-

(1) En 1911, la consommation par tête d'habitant a été de 4 litres 06 d'alcool, la plus forte depuis 1901. Dans certains départements du Nord-Ouest et du Nord de la France, la consommation a dépassé 8 litres par tête.

mence volontiers, puis, l'habitude venant, on ne pourra plus se passer de prendre son absinthe. Qu'un ennui surgisse vite, on court au cabaret noyer son chagrin. L'habitude est devenue vice : on est alcoolique.

Sous les effets de l'alcool, dit-on, on éprouve une diminution de fatigue, de froid, de faim, de soif. C'est exact, mais ce n'est qu'une illusion. Aussitôt la réaction terminée, elle laisse l'énergie nerveuse déprimée. Aussi, pour peu que l'on recommence souvent, le système nerveux se trouve taré. Petit à petit, il se paralyse. Paralysé, le cerveau est incapable de produire un effort, la résistance de l'organisme s'en trouve diminué, c'est du bon terrain de culture pour les microbes et principalement ceux de la phtisie et de la tuberculose.

Fait plus grave, l'alcoolique ne fait pas de tort qu'à lui-même, il en fait à la société. Sans parler des familles désolées, ruinées, des enfants qui ont faim, qui, jetés à la rue, deviendront des criminels, il se trouve que, par l'effet de la loi de l'hérédité, les enfants d'un alcoolique peuvent avoir le système nerveux lésé. Si des soins ne leur sont pas donnés, ce seront des dégénérés ou des agités, des épileptiques ou des fous. Chaque jour les journaux sont remplis de faits divers relatant les crimes des alcooliques (1).

Devoirs envers la volonté et l'intelligence.

Etant posé le devoir de vivre, de se résigner aux conditions de la vie humaine, d'entretenir un corps sain et fort au service de la volonté, les autres devoirs individuels se résument à deux : devoirs envers la *volonté*, devoirs envers l'*intelligence*.

a) *Devoirs envers la volonté.*

L'homme vaut surtout par la volonté. Parmi tous les êtres, il est le seul qui soit libre, le seul qui ait une volonté, le seul qui puisse dire : « *Je veux* ».

Or, qu'est-ce que vouloir? *C'est faire en sorte* — dit M. Payot — *que l'idée que tu as décidé de réaliser et qui n'est pas actuellement la plus forte en toi, devienne la plus forte.*

Exemple : J'ai à me préparer au service militaire et cela m'ennuie : je préférerais sortir, aller courir, jouer. *Je suis libre* évi-

(1) Bien d'autres causes peuvent détruire la santé : la mauvaise conduite, la débauche, la misère, les abus de toutes sortes. Il serait trop long de les passer toutes en revue, nous avons parlé de la principale, l'alcoolisme, qui est, dans la plupart des cas, la cause de toutes les autres.

demment de choisir l'un ou l'autre parti... Je prends le bon : je résiste à ma paresse, je me mets à fréquenter les sociétés et je parviens à obtenir mon brevet d'aptitude. J'ai su maîtriser ma fainéantise, dire non à mon envie de jouer; j'ai fait acte de volonté.

Pour que la volonté garde sa liberté d'action, il faut qu'elle fasse abstraction des revenants comme l'habitude, la routine, la paresse, la soumission à la mode, à l'opinion d'autrui, etc. En effet, si la routine, le mécanisme de l'habitude, met la volonté en servitude, celle-ci abdique son rôle de directeur, l'homme devient faible, il est le jouet de ses passions, ou de celle des autres : *il manque de caractère.*

La volonté, comme toutes les autres qualités, ne s'acquiert pas sans effort. Aussi est-ce dès l'enfance que l'on doit exercer sa volonté.

Si, écoutant sa raison et sa conscience, on travaille tous les jours à s'améliorer, on arrive fatalement, inconsciemment à prendre de bonnes habitudes et sans y penser on accomplit avec facilité des actes qui demandaient au début beaucoup de peine.

Et ainsi, de jour en jour, on devient plus maître de son attention, on est plus capable d'effort, d'énergie.

« Il importe donc de préparer dès l'enfance, en confiant à l'habitude le plus d'actes excellents possibles, une économie d'énergie et de volonté, de façon à pouvoir vivre d'une vie de plus en plus intense et de plus en plus libre » (Payot).

La volonté se manifeste sous diverses formes que nous allons examiner :

Le courage. — Pour se maintenir à son rang, pour éviter de déchoir, pour se fortifier sans cesse, la volonté a besoin de courage. Qu'est-ce qu'être courageux? C'est faire en toutes circonstances son devoir d'homme juste, secourable et vaillant, malgré les risques auxquels on s'expose, malgré les conséquences qui peuvent en résulter.

Par cette définition, on voit que le courage n'est pas seulement l'apanage de quelques-uns. Tout le monde peut être courageux, chacun a des victoires à remporter sur soi-même, sur la société, etc...

En effet, le courage contre soi-même nous fait triompher de nos défauts, de notre égoïsme, de notre paresse, de nos accès de colère, etc.

Le courage contre la souffrance physique (maladie, accidents, etc.), contre la souffrance morale (déceptions, revers, etc.), nous fait vaillamment supporter toutes ces choses.

Il y a aussi le courage obscur de ceux qui s'imposent des privations de toute sorte pour venir en aide à leurs parents, leurs amis.

Enfin, il y a le courage dans le danger, du soldat sur le champ de bataille, du marin dans la tempête, du savant qui va étudier sur place les maladies contagieuses.

En un mot : « le courage est la force de volonté au service du bien; il est l'énergie morale ».

Patience. — La patience, c'est l'énergie que l'on met à supporter sans murmure, sans découragement, vaillamment les ennuis, les épreuves, les malheurs mêmes. L'homme patient ne se laisse pas abattre; il saura attendre le moment où il pourra reprendre son travail et le mener à bonne fin. La patience, a-t-on dit, est l'attribut des forts; l'impatience est l'attribut des enfants.

Persévérance. — La persévérance est encore du courage, car c'est l'énergie que l'on emploie à l'achèvement de ce qu'on a commencé, c'est la vertu, dit M. Payot, des volontés tenaces.

La puissance de la persévérance est prodigieuse.

« C'est ainsi qu'en refusant de boire chaque jour deux ou trois « petits verres et en refusant de fumer, Paul, qui d'apprenti est « devenu ouvrier, économise chaque jour huit sous, soit plus de « 120 francs par an. Il verse 71 francs à la Caisse nationale des « retraites pour la vieillesse : à 55 ans, il aura 300 francs de « rente jusqu'à la fin de ses jours, et. s'il meurt demain, sa vieille « mère touchera un capital de 1.000 francs. En outre, il met à « la caisse d'épargne 50 francs par an : il aura ainsi, en plus « de sa retraite, 60 francs de rente. Quelle vieillesse heureuse « représente cette économie insignifiante, mais persévérante! » (Jules Payot.)

Initiative. — On appelle initiative, l'énergie que l'on applique à entreprendre, à oser quand il le faut et à faire ce qu'il convient. Ou encore, c'est agir le premier, par soi-même, et de son propre mouvement.

Dans l'armée, autant et peut-être plus qu'ailleurs, il faut de l'initiative.

Exemple : Un subordonné reconnaît que la situation qui a motivé l'ordre reçu n'est plus la même, il doit se rendre compte des nouvelles dispositions à prendre. Une fois sa résolution prise — toujours en vue des intentions de son chef — il doit mettre à l'exécuter la même énergie que s'il agissait en vertu d'un ordre nouveau. En un mot, il se substitue momentanément au chef et se demande ce que celui-ci chercherait à faire s'il était présent; puis il agit en conséquence.

L'initiative est bien une des formes actives de la volonté : agir, mais agir exactement dans le sens des intentions du commandement.

Aussi un chef qui sait que ses subordonnés ont de l'initiative n'a plus à se préoccuper des détails, il est libre, sa pensée peut se donner tout entière à sa mission.

Quelle supériorité sur un chef ennemi dont les soldats ne seraient pas instruits.

b) *Devoirs envers l'intelligence.*

L'énergie intellectuelle que nous avons essayé d'acquérir dès notre enfance, peut s'affaiblir si on ne continue pas à l'entretenir.

Pour la garder intacte, pour l'augmenter, il faut l'exercer par un travail régulier et persévérant. On constate tous les jours que beaucoup de personnes tombent dans les préjugés, la routine, les habitudes d'esprit sur lesquelles elles ne réfléchissent plus et dont elles deviennent esclaves, c'est là un danger moral auquel nous sommes tous exposés en vieillissant si nous ne réagissons pas contre notre paresse. Lorsqu'on devient esclave de ses habitudes, lorsqu'on est imbu de préjugés et d'opinions toutes faites, non seulement on n'est plus perfectible, mais on est porté à imposer aux autres sa manière de voir et de faire. Ayant perdu le besoin et le goût de penser, d'examiner, de peser le pour et le contre, on refuse aux autres le droit de libre examen.

« Je veux me défier, écrit M. Payot, même de ceux que j'estime le plus; le consentement de tous les hommes n'a pour moi aucune valeur; je veux comprendre et comprendre par moi-même; je veux, selon la première règle de Descartes, ne recevoir pour vrai que ce qui me paraît évidemment être tel.

« Mais tu n'as, mon enfant, pour affranchir ton esprit, qu'un seul moyen : observer, réfléchir, en un mot, travailler. Le paresseux ne peut être libre : il est incapable de s'affranchir des suggestions de ses passions, de son esprit de parti. On n'a que la liberté qu'on mérite par son énergie. L'affranchissement de son intelligence n'est qu'un cas particulier de l'affranchissement de la volonté ».

Travail.

Comme tous les êtres, l'homme est soumis aux lois physiques : la faim, le froid, la maladie. Il lui faut donc se procurer la nourriture, le vêtement, le logement. Aussi le travail est-il une nécessité, et, pour vivre honorablement on doit prendre l'habitude de travailler, car celui qui ne travaille pas devient vite un paresseux et un débauché.

Cette habitude, comme toutes les autres, d'ailleurs, se contracte dès l'enfance. C'est en aidant ses parents dans les soins du ménage : c'est en faisant ses devoirs, en apprenant ses leçons, étant en classe, que l'enfant prend goût au travail.

Ayant ainsi contracté, dès son jeune âge, l'habitude

d'être laborieux, l'enfant en quittant les bans de l'école, se mettra courageusement au travail pour gagner honnêtement et dignement sa vie, suivant ses moyens, ses aptitudes. Car, par travail, il faut entendre aussi bien le travail intellectuel que le travail manuel. Il n'y a aucune différence à ce point de vue entre un menuisier et un clerc de notaire. Tous deux sont utiles à la société. La fonction de l'un est aussi importante que la fonction de l'autre à la collectivité.

Outre que le travail, s'il ne produit pas l'aisance, du moins met à l'abri de la misère, il procure la santé, la liberté, il rend ingénieux, il fortifie la volonté, il est éducateur et essentiellement moralisateur, il est l'école de l'ordre, de la méthode, de la prévoyance, de la solidarité, il éloigne de nous trois grands maux, l'ennui, le vice et le besoin. N'a-t-on pas dit que l'oisiveté est la mère de tous les vices? Le travail est, au contraire, le père de toutes les vertus.

« L'homme doit son développement, son énergie surtout, à cette lutte contre la difficulté que nous appelons effort. Un travail facile, agréable ne fait pas de robustes esprits, ne donne pas à l'homme le sentiment de sa puissance, ne le forme pas à la patience, à la persévérance, à la constance de la volonté, cette force sans laquelle tout le reste n'est rien... Tous il nous faut travailler si nous voulons développer et perfectionner notre nature. » (1)

Enfin le travail donne le contentement de soi-même. Aucune joie ne surpasse celle que l'on éprouve à bien remplir sa tâche, à bien employer son temps. Le jeune homme qui fréquente une société de préparation militaire ou de gymnastique éprouve un sentiment d'orgueil et d'allégresse. Il va le lendemain au travail avec plus d'entrain, car il sait que, par son travail et sa préparation militaire, il sert doublement la Patrie. Il est heureux.

DEVOIRS ENVERS SES SEMBLABLES.

L'être humain est essentiellement un être sociable, il est né pour vivre en commerce envers ses semblables, il ne peut subsister que grâce à leur concours de tous les instants, et c'est naturellement qu'il forme des sociétés.

De cette vérité incontestable résultent des devoirs réglant les rapports des hommes entre eux. Ces devoirs peuvent se classer en deux catégories : les devoirs de *justice*, les devoirs de *solidarité*.

Les devoirs de *justice* nous commandent de respecter

(1) CHANNING. *Œuvres sociales*.

les droits des autres et commandent aux autres de respecter nos droits.

Les devoirs de *solidarité* nous commandent de travailler pour les autres comme les autres travaillent pour nous.

Devoirs de justice.

Respect de la vie. — De même que le premier devoir envers soi-même est un devoir de conservation personnelle, de même le premier devoir envers autrui est de respecter sa vie et de ne rien faire qui puisse la restreindre. Aussi nul n'a-t-il le droit, sous aucun prétexte, de porter atteinte à la vie de son prochain, hors le cas de légitime défense (1).

Ce devoir devrait être admis par tout le monde, et pourtant il n'est presque pas de jour où un meurtre, une tentative de meurtre ne soient signalés par la presse. La plupart de ces crimes sont l'œuvre d'assassins qui forment le rebut de la société, mais beaucoup sont aussi l'œuvre de gens qui tuent dans un accès de fureur alcoolique, de colère, ou dans une crise de jalousie. Il faut donc, d'avance, se prémunir contre l'apparition de ces accès criminels, combattre les passions qui peuvent nous mener à ces extrémités épouvantables.

Mais l'assassinat, au sens propre du mot, n'est pas la seule façon d'être un meurtrier. L'homme qui boit, qui dissipe son argent, enlevant ainsi à sa famille le nécessaire, la sécurité, est le meurtrier de sa femme et de ses enfants.

On pourrait citer une quantité d'exemples du même genre, conséquences de l'inconduite, mais qui n'en sont pas moins des atteintes à la vie de ses semblables.

Respect de la liberté. — Après la vie, et au même titre qu'elle, ce qui est le plus sacré, c'est le respect d'autrui, dans sa *liberté d'action*, *d'agir*, de manifester au dehors son activité.

En effet, la vie propre de l'homme, c'est la vie intellectuelle, la vie morale, la vie de la personne, dont la manifestation libre de la volonté est l'essence. Ôter cette liberté à quelqu'un, c'est lui ôter la vie morale, c'est lui ravir tout ce qui fait le prix et la dignité de la vie.

La liberté se manifeste sous deux aspects : la *liberté physique* et la *liberté intellectuelle* (de *pensée* et de *conscience*).

La liberté physique, c'est-à-dire celle de vivre en homme, de n'avoir pour maître que sa conscience et sa raison, tout en se soumettant aux lois de son pays, est une

(1) On ne traite pas ici du duel, ni de la peine de mort, ni de la guerre.

chose si sacrée qu'on n'a pas le droit de renoncer à sa liberté, de se vendre, de se faire esclave. Car la volonté de l'esclave, ses facultés, son travail, sa vie ne sont plus à lui, mais à un autre homme qui en dispose selon sa fantaisie.

Et pourtant cette iniquité existait autrefois et existe encore dans les pays non civilisés : l'antiquité a eu ses esclaves; la France, ses serfs; l'Afrique a encore ses captifs.

Cette violation du droit de la liberté doit disparaître, rien ne la justifie.

Si nous n'avons pas le droit d'aliéner notre liberté, à plus forte raison n'avons-nous pas le droit d'aliéner celle d'autrui, tant que celle-ci ne porte pas préjudice à la société. C'est ainsi qu'on ne peut pas enfermer, emprisonner quelqu'un sans motif valable ou sur une simple « *lettre de cachet* », comme cela se faisait avant la Révolution.

Le principe de *la liberté d'action* étant posé, ceux de la *liberté de pensée et de conscience* doivent être également respectés. En effet, c'est le droit le plus sacré de l'être humain de chercher la vérité, de pouvoir la proclamer, d'adopter les opinions politiques, religieuses, philosophiques qui lui semblent les plus dignes d'être suivies. En d'autres termes, l'homme raisonnable et libre a le droit de s'attacher à ce qu'il croit vrai; et non seulement la liberté de la pensée est inviolable dans le for intérieur où aucune force étrangère ne saurait l'atteindre, mais elle implique la liberté de se manifester au dehors par des paroles et par des actes; pourvu qu'elle ne porte atteinte ni à la liberté, ni aux droits des autres. *La liberté de pensée* et d'*exprimer sa pensée* est sacrée. On devrait toujours avoir présents à la mémoire les exemples de Fulton et de Jacquart, persécutés en raison de leurs inventions, de Galilée condamné à la rétractation, des penseurs révoqués de leur emploi, etc.

C'est pourquoi l'homme de bon sens ne se refuse pas à examiner l'opinion ou la croyance d'autrui, il l'étudie et la juge. S'il la reconnaît fausse, il s'efforce d'éclairer la raison de son contradicteur, de lui montrer que peut-être il se trompe. Si celui-ci ne veut pas se ranger à son raisonnement, il ne doit point pour cela le haïr. Celui qui ne se conduit pas ainsi ne comprend pas ce que c'est que la liberté de pensée et la liberté de conscience.

Respect de l'honneur d'autrui. — Il ne suffit pas de respecter la personne dans sa vie et dans sa liberté, il faut encore la respecter dans son honneur et sa réputation.

Nous tenons tous à l'estime de nos semblables, nous désirons tous acquérir et conserver une bonne réputation.

Or, en vertu de ce principe : « *Ne fais pas à autrui ce que tu ne voudrais pas qu'on te fît, fais à autrui ce que tu voudrais qu'on te fît* », nous ne devons pas nuire à la réputation de notre prochain.

On nuit à la réputation d'autrui par *médisance*, ou par *calomnie*.

Médire, c'est révéler par méchanceté, par sottise, par imprudence, par insinuation, par malignité, par vanité, par envie les travers, les fautes ou les défauts de quelqu'un. Etant donnés les procédés qu'elle emploie, les sentiments qui l'inspirent, la médisance est presque toujours mauvaise, car elle a ordinairement pour but de nuire et non de réformer ou de corriger.

Il ne suffit pas de s'interdire à soi-même la médisance, il faut également l'interdire à ses amis, la combattre par les moyens qui sont en notre pouvoir, ne pas écouter, par exemple, les mauvais propos qui se disent sur autrui, et, si on les entend, ne pas les croire, car celui qui médit est rarement bien informé de ce qu'il avance, il parle de choses où il n'a rien à voir.

Fait plus grave, personne n'a le droit de faire perdre l'estime d'autrui sans raison valable. Enfin lorqu'on médit on se nuit à soi-même; par un bavardage indiscret on acquiert vite la réputation de ne pas être un homme sûr.

Calomnier, au contraire, consiste à attribuer mensongèrement à quelqu'un des actes, des paroles, des sentiments faux.

Ces mensonges ont tous la même origine : la basse jalousie, la haine, la cupidité, l'esprit de parti.

La calomnie peut avoir de terribles conséquences; elle peut jeter au bagne des accusés, ameuter les foules contre les meilleurs citoyens, faire perdre la réputation d'une femme, d'une jeune fille sur de simples apparences, perdre un employé dans l'esprit d'un chef, troubler la paix des ménages, enlever au travailleur son gagne-pain. Aussi devons-nous nous interdire de parler en mal de notre prochain. S'il nous arrivait de l'entendre dénigrer sans raison, prenons sa défense et manifestons à l'égard du calomniateur notre indignation.

Tel est le meilleur moyen de combattre la calomnie.

Respect de la propriété. — Répondant à nos besoins, à nos instincts, aux nécessités physiques et morales de notre nature, la propriété se trouve partout où il y a des hommes.

Partout, elle fait partie des conditions d'existence des sociétés; partout elle est consacrée par les institutions sociales. C'est que, en effet, l'homme n'est pas créé pour rester inactif mais bien pour agir, pour travailler. Le travail doit donc être inviolable comme la personne, comme la liberté.

En travaillant, l'homme produit, il gagne de l'argent. S'il est économe, il pourra acheter ce qui lui plaira. Toute richesse est donc le produit du travail humain.

Or, si on porte atteinte à cette richesse ou à cette propriété, on porte atteinte au travail, à la liberté, au droit de l'homme sur lui-même : c'est violer la règle des devoirs de justice.

Devoirs de solidarité.

Nous ne devons causer aucun dommage à autrui, ne jamais porter atteinte au droit des personnes; par contre, nous avons le devoir de nous tenir strictement dans notre propre droit, de le faire respecter des autres. Si on s'en tenait à cette formule, chaque personne se tiendrait ainsi sur le terrain de son droit, s'y justifierait, s'y retrancherait pour ainsi dire; elle n'empiéterait jamais sur le droit des autres, mais elle refuserait de rien abandonner du sien.

Ainsi compris, les devoirs de justice seraient négatifs, car il ne suffit pas de ne pas faire de mal, il faut faire tout le bien qu'on peut,

Exemple : Près de moi, un homme est attaqué, exposé à un danger mortel. Il dépend de moi de le défendre, de le sauver. Mais selon la règle de la stricte justice, il ne peut exiger de moi du secours, pas plus qu'à sa place je n'aurais le droit d'en exiger de lui. Par contre, le sentiment de solidarité m'impose un devoir et un devoir pressant à remplir, celui de venir en aide à cet homme qui est attaqué. Ce devoir, je n'y peux manquer, sans être coupable d'un véritable crime envers moi-même et envers la société.

Les hommes — et c'est la grande loi humaine — ne peuvent vivre isolés; ils sont nécessaires les uns aux autres, c'est par le travail des uns que les autres subsistent; ils sont solidaires. Ce que chacun doit à chacun, c'est donc l'assistance mutuelle commandée par la solidarité; c'est la sympathie, l'affection, le dévouement réciproques commandés par la fraternité.

A chacun des devoirs de justice correspond en somme un devoir de solidarité, aussi le premier devoir de justice est-il de respecter le prochain dans sa vie; le premier devoir de solidarité est de porter secours à ceux qui sont en danger, de défendre ceux qui sont menacés dans leur existence.

Au point de vue moral, les devoirs de justice sont insuffisants : nous avons vu que ne pas faire le mal, ce n'est que la moitié du devoir, qu'il fallait, au contraire, se rendre utile. Il en est de même au point de vue social. La collectivité n'a pas, plus que l'individu, le droit de rester indifférente aux misères de ses membres malheureux, de se désintéresser de leurs besoins et de leurs maux. Il y a bien des choses, malheureusement, que la société ne peut empêcher, tels que les accidents, par exemple, mais elle doit tout faire pour développer l'éducation, pour remédier aux inégalités naturelles pour subvenir aux besoins de personnes tombées dans la misère, etc.,...

C'est pour obéir à toutes ces obligations que l'État a décrété l'instruction gratuite, pour permettre à tous les enfants — riches ou pauvres — de recevoir l'instruction; qu'il a limité, par une loi, l'âge d'admission des enfants dans les usines, et la durée du travail; qu'il a réglementé la journée des femmes et celle des hommes, ainsi que le travail de mine; qu'il a promulgué une loi contre les accidents du travail; qu'il a autorisé et organisé des caisses spéciales d'assurance mutuelle, des sociétés de secours mutuels, l'assistance publique pour venir en aide aux malheureux; l'assistance médicale gratuite à domicile, etc...

Ces efforts resteront insuffisants tant que les hommes n'auront pas compris les devoirs de solidarité.

C'est en se groupant, en s'associant, qu'ils remplaceront l'intolérable insécurité de leur vie actuelle, par la certitude d'une vieillesse exempte de soucis.

Devoirs envers les instructeurs.

En arrivant dans une société de gymnastique ou de préparation militaire l'élève ne doit pas seulement témoigner du respect à ses instructeurs, il faut encore qu'il éprouve pour eux de l'estime, de la confiance et de l'affection. Il doit les considérer comme des guides amicaux qui ont mission de l'instruire, de faire de lui un homme et de le préparer au métier militaire.

Le salut (1) est la traduction, la forme extérieure du

(1) Lorsque l'élève est en tenue, il salue militairement.

Dans ce cas, le salut est exécuté de la manière suivante :

Porter la main droite ouverte au côté droit de la coiffure, la main dans le prolongement de l'avant-bras, les doigts étendus et joints, le pouce réuni aux autres doigts, la paume de la main en avant, le bras sensiblement horizontal et dans l'alignement des épaules.

L'attitude du salut doit être prise d'un geste vif et décidé; tout militaire exécutant le salut de pied ferme ou en marche rectifie son attitude, lève la tête et tend les jarrets; il regarde la personne qu'il salue; le salut terminé, il replace vivement la main droite sur le côté.

respect, mais cette manifestation serait insuffisante si le jeune homme n'avait point dans l'esprit et dans le cœur ce sentiment.

L'élève qui estime ses instructeurs devra parler d'eux respectueusement et ne permettra jamais qu'on les critique ou les calomnie. Il doit également avoir confiance en eux. Cette confiance dans le commandement donne la supériorité morale qui fait les meilleurs groupements.

Enfin, il doit avoir pour ses instructeurs une affection sans borne, pour les remercier du sacrifice qu'ils font de leur temps de repos et de loisir. Ainsi doit-il comprendre que, à la base de toute société qui veut vivre, il faut un principe d'ordre : *la discipline*.

S'appuyant sur l'obéissance, le respect et la confiance, la discipline présente de grandes garanties de solidité; mais elle est bien plus forte encore lorsqu'elle prend en outre ses racines dans le cœur même de l'homme.

Dans les S. A. G., les sociétés de gymnastique qui sont des groupements volontaires, elle doit exister plus que partout ailleurs, être le lien qui ne fait qu'un de tous, du directeur à l'élève. Elle doit se traduire par une affection réciproque qui naît de la vie en commun et qui se manifeste surtout les jours de sortie, alors qu'instructeurs et élèves vivent de la même vie, partagent les mêmes privations et qui créera plus tard de solides amitiés, qui font la force d'une nation.

DEVOIRS ENVERS LA FAMILLE.

A l'origine, chez la plupart des peuplades barbares, il n'existait que des agglomérations plus ou moins nombreuses de peuplades, appelées tribus, sous l'autorité d'un même chef, vivant dans la même contrée, et tirant primitivement leur provenance d'une même souche. Encore aujourd'hui, les peuples pasteurs et les peuples chasseurs — les Arabes et les Kabyles — sont divisés en tribus. Ce n'est qu'avec les premiers progrès de la civilisation que se forment et se distinguent les familles proprement dites.

« La famille, c'est essentiellement l'association de l'homme et de la femme qui se sont choisis pour se dévouer mutuellement leur vie, complétée par les enfants nés de leur union ».

Ainsi comprise, la famille apparaît comme une institution bienfaisante et moralisatrice, aussi a-t-on dit que le degré de civilisation d'un peuple pourrait se mesurer à la solidité de l'esprit de famille. C'est que, en effet, la famille est la source de la perpétuité de la race, elle est le véritable fondement de la vie sociale, elle est enfin l'école des devoirs civiques.

Etant enfant, nous apprenons à aimer nos parents, nos frères et nos sœurs, à obéir, à travailler, à nous montrer affectueux, serviable et dévoué envers les nôtres.

Ces sentiments de fraternité, de justice, cette habitude de l'obéissance, cet apprentissage de la vie en commun dont nous trouvons le germe dans la famille, ne sont-ce pas là des sentiments, des habitudes qu'il nous faudra pratiquer dans la vie? On peut donc dire que la famille est la première école de moralité, elle est la base des institutions sociales, car sans elle nous grandirions au hasard, manquant des conseils qui doivent faire de nous des honnêtes gens.

Devoirs envers les parents.

Nourrir, vêtir, loger et soigner leurs enfants, ne pas les maltraiter, leur donner l'instruction nécessaire et une bonne éducation, en un mot, en faire des hommes : tels sont les devoirs essentiels des parents.

A ces devoirs des parents envers leurs enfants répondent des devoirs des enfants envers leurs parents.

Le premier devoir de l'enfant est le respect de l'autorité paternelle et maternelle, *l'obéissance*. C'est par l'obéissance que l'on prouve à ses parents son affection et son respect, aussi l'enfant ne doit-il jamais s'autoriser des défauts qu'il remarque en eux pour devenir insolent. Etant ignorant, sans discernement, sans expérience, incapable de prévoir les conséquences de ses actions et d'en juger la valeur, ce serait une faute que de prétendre se diriger soi-même; de préférer sa raison incertaine à la raison plus expérimentée, plus clairvoyante de ses parents. C'est pourquoi l'enfant doit obéir à ses parents, et obéir de bon cœur, sans maugréer, avec la joie de leur faire plaisir. Mais ceci ne veut pas dire qu'il faille obéir inintelligemment, sans essayer de se rendre compte du pourquoi des choses. Il faut, au contraire, raisonner chacun de ses actes de façon que, si les parents venaient à manquer, on puisse agir comme s'ils étaient présents. A cet effet, se demander : Que feraient-ils, en pareille circonstance, s'ils étaient à ma place? C'est ainsi que l'enfant se préparera à être non seulement un homme de devoir mais un homme d'action, et les qualités qu'il aura acquises étant enfant lui serviront dans la vie, soit comme citoyen, soit comme soldat, à faire acte d'initiative.

A côté de l'obéissance, qui est le plus important des devoirs des enfants envers leurs parents, il en est d'autres : l'*amour*, la *reconnaissance*, le *respect* dont nous ne devons jamais oublier le caractère strictement obligatoire.

Aimer ses parents c'est un devoir bien doux; cet amour est le premier sentiment qui naît au cœur de l'enfant. Mais ce sentiment naturel, car nous aimons nos parents sans qu'on nous le commande, loin de s'affaiblir avec les années, doit au contraire s'agrandir lorsque nous songeons à toute la reconnaissance que nous leur devons pour les soins, les conseils, dont ils ont entouré notre jeunesse.

Cet amour et cette reconnaissance doivent se traduire par des actes : s'ils sont profonds et sincères, ils rendront l'obéissance plus facile et plus prompte; ils se manifesteront par l'empressement à saisir toutes les occasions d'être agréables aux parents. La bonne conduite, l'application et l'assiduité au travail, les prévenances, seront des preuves de toute la gratitude dont nous sommes pénétrés envers eux. Mais c'est surtout lorsque les parents deviennent vieux et qu'ils sont dans l'indigence que ces vertus doivent se manifester. C'est un spectacle vraiment touchant que de voir un fils recueillir à son foyer son père et sa mère âgés pour leur éviter toute privation. S'ils meurent, rester fidèle à leur mémoire, conserver leur souvenir, faire honorer et aimer le nom qu'ils ont porté et qu'ils nous ont transmis.

A l'amour, à l'affection, à la reconnaissance doit toujours s'allier le respect. Autrefois ce respect était sévère, un enfant ne tutoyait jamais son père ni sa mère, mais aujourd'hui qu'une familiarité plus douce est habituelle entre parents et enfants, ce respect ne doit jamais aller jusqu'à la familiarité, et encore moins jusqu'à se permettre des paroles désagréables ou peu respectueuses à leur égard.

Un bon fils ne doit penser que du bien de ses parents, il ne doit jamais dire du mal d'eux ni souffrir qu'on en dise en sa présence.

Enfin, si, grâce aux efforts et aux sacrifices de ses parents, un homme s'est élevé au-dessus de la condition sociale de ses parents, il doit tenir à honneur de continuer à leur montrer de la déférence et du respect et même de les associer à son bonheur et à sa prospérité.

Devoirs des frères et sœurs.

Les frères et les sœurs grandissent ensemble, sous la même autorité; ils ont les mêmes devoirs et les mêmes droits; ils font entre eux l'aprentissage de la vie. Sous l'autorité paternelle, ils doivent se regarder comme égaux, non seulement se traiter avec justice, mais s'aimer, se venir en aide, se protéger mutuellement, se défendre. C'est en petit les devoirs des citoyens entre eux, c'est pourquoi à la base de la patrie se trouve la famille.

L'amour fraternel se manifeste dans l'enfance par la *complaisance*, la *déférence*, l'*aide mutuelle*. Aussi, la taquinerie, la brutalité, la violence doivent-elles être évitées, elles sont la source de querelles et de brouilles, parfois de rancunes durables.

Dans l'âge mûr, les frères et les sœurs se séparent soit pour se marier, soit pour toute autre raison. Mais le seul fait de porter le même nom, d'avoir joué autour du même foyer, d'avoir les mêmes affections et les mêmes souvenirs, doit faire qu'ils restent toujours unis par le cœur, qu'ils ne s'oublient pas, qu'ils aiment à se retrouver.

Si l'un d'eux réussit, il doit aider ses frères et sœurs moins heureux, les protéger, se dévouer pour eux s'ils sont dans le besoin.

Enfin, si les enfants deviennent orphelins avant d'avoir une situation, c'est aux aînés qu'incombe le devoir d'être les protecteurs et les guides de leurs cadets.

Dans la vie, les frères et les sœurs doivent rester unis; l'affection et le devoir doivent les mettre en garde contre les discussions, les divisions que peuvent susciter certaines questions communes, principalement celles d'intérêt. Un bon moyen, lorsqu'il y a conflit, c'est de recourir à un arbitrage confié à des gens impartiaux.

Par l'énumération des devoirs des enfants envers leurs parents, leurs frères et leurs sœurs, on voit quels liens d'amour et d'étroite solidarité unissent les uns aux autres les membres de la famille. Ce sont ces sentiments qui constituent « *l'esprit de famille* ». « Avoir l'esprit de famille, c'est sentir profondément toutes les affections familiales, pratiquer avec joie les devoirs liés à ces affections, trouver son bonheur au foyer, au milieu des siens. C'est aussi être fier de sa famille, être jaloux de l'honneur de son nom, prêt à prendre, en toute circonstance, l'intérêt de ceux qui la composent. Né du culte des devoirs familiaux, l'esprit de famille anime encore et réchauffe ce culte; il forme comme une atmosphère bienfaisante au sein de laquelle se développent les bons sentiments et les vertus.

» La famille fait partie d'un tout par lequel elle subsiste, et elle doit se subordonner à ce tout. Le véritable amour de la famille doit justifier en nous l'amour de la patrie et l'amour de l'humanité ». (J. Gérard.)

DEVOIRS ENVERS LA PATRIE.

Le mot *patrie* signifie littéralement la terre de nos pères, de nos aïeux.

Cette définition n'est pas rigoureusement exacte. En effet, ce n'est pas la terre natale qui constitue la patrie : les Alsaciens-Lorrains, les Polonais n'ont pas perdu le sol natal, et pourtant ils se refusent à admettre leur rattachement à une autre nation; ce n'est pas la communauté de race : la France, bien qu'essentiellement celtique, contient des éléments germaniques, ibériques, latins et même grecs; ce n'est pas la communauté de langue : certains Alsaciens ne parlaient pas français, ce qui ne les empêchait pas d'être profondément attachés à la patrie française; ce n'est pas la communauté de croyance religieuse : en France, on compte plusieurs religions; ce n'est pas non plus la communauté de mœurs et de coutumes, d'intérêts, de lois, qui peuvent différer suivant les régions, la proximité de la frontière. Toutes ces conditions contribuent évidemment à former la Patrie, mais elles ne sont pas suffisantes. Au dessus d'elles, « il y a une condition suprême, dont les autres ne sont que la raison d'être ou le produit : *c'est l'âme même formée par la mise en commun des mêmes tendances, des mêmes sentiments, des mêmes souvenirs, des mêmes aspirations.* Oui, la patrie, c'est réellement, derrière toutes les réalités et les œuvres extérieures, l'âme qui anime ces réalités et qui inspire ces œuvres, qui façonne la langue, les coutumes, les lois, les institutions, qui se manifeste et vit réellement, dans les millions d'âmes qui ont été et qui sont la nation. C'est une personne morale collective dans laquelle s'unissent et se fondent, par un consentement de tous les jours, toutes ces personnes morales qui sont les citoyens; c'est un même cœur qui bat dans des millions de poitrines, en des êtres animés des mêmes sentiments et des mêmes volontés. » (J. Gérard.)

Le fondement moral de la patrie se trouve donc dans la communauté de sentiments et de volonté que toutes les autres communautés contribuent à former, mais qui les résume toutes et les dépasse. Evidemment, plus il y a de conditions réalisées et réunies dans un cas donné, plus la patrie est forte, plus son unité est puissante et durable. C'est le cas pour la France.

Aussi résulte-t-il de là qu'une nation ne peut arracher de force une province à une nation voisine si cette province ne consent pas à cette annexion.

Les Allemands ont pris en 1870 l'Alsace-Lorraine malgré son consentement; ils ont beau lui imposer leurs lois, leurs institutions, leur langue, ils ne réussissent pas à en faire une province allemande, c'est que l'Alsace-Lorraine appartient de cœur et par sa volonté à la France.

Aussi c'est pourquoi on doit s'attacher à développer tous ces sentiments pour faire naître cette communauté de volonté qui fait la force d'une nation.

Les écoles, les sociétés de gymnastique et préparation militaire sont chargées de répandre l'esprit civique, de justifier le sentiment national, de donner à tous l'intelligence de l'intérêt commun, d'inspirer à tous le dévouement à la patrie. On voit par là le sens et la portée de ces mots *l'éducation nationale*. En effet, c'est préparer des citoyens, que d'apprendre aux jeunes gens l'histoire de leur pays, la géographie et par dessus tout la langue nationale, le plus vivant symbole de la patrie.

Si une nation est ainsi une âme, une grande loi domine sa vie : c'est la loi de *solidarité*.

Tous nos ancêtres ont travaillé pour fonder la patrie française, ils ont conquis nos libertés et nos droits au prix de longues souffrances ou de terribles persécutions.

Cet héritage du passé, matériel, moral, politique, nous devons le conserver et le transmettre encore agrandi à nos descendants.

Mais pour augmenter ce patrimoine précieux, il nous faut travailler. Plus chacun développera ses facultés et ses ressources, plus s'accroîtra la somme de bien-être commun. Plus il y a d'êtres courageux, énergiques, appliqués, capables de décision, ayant confiance en soi, plus la patrie sera forte et glorieuse. En un mot, c'est par le travail et la concorde qu'une société prospère.

C'est pourquoi la loi qui domine la vie de toute nation est la loi de solidarité, qui unit les citoyens, rattache les générations les unes aux autres, et c'est de l'union de tous ces éléments que résulte « *l'esprit national* ».

« Avec d'anciens Gaulois, avec des Bourguignons, avec des Francs, le temps a fait le Français : le Français, placé entre tous les peuples comme pour leur servir de lien, le Français sociable par caractère, sociable par situation, doué d'une intelligence pénétrante, vaste et sûre, sensé et cependant bouillant, impétueux, emporté, mais prompt à revenir, et toujours bienveillant et brave. On demande où sont les nationalités : les voilà, les nationalités ! elles consistent dans le caractère des peuples, dans ce caractère tracé profondément, ineffaçablement... On irait chercher dans nos origines, dans quelques traits de notre visage, dans notre accent peut-être, dans les patois restés au fond de nos provinces le signe de notre nationalité?... Non! notre nationalité, c'est ce que le temps a fait de nous, en nous faisant vivre pendant des siècles les uns avec les autres, en nous inspirant les mêmes goûts, en nous faisant traverser les mêmes vicissitudes, en nous donnant pendant des siècles les mêmes joies et les mêmes douleurs » (Thiers).

Aussi chaque citoyen contracte-t-il une dette sociale envers ses aïeux, envers ses contemporains. Cette dette, il faut s'en acquitter. Or, nous n'avons qu'un seul moyen, c'est d'aimer notre patrie, de travailler pour elle, de bien la servir. Mais servir sa patrie, ce n'est pas seulement être soldat ou marin et aller se battre. Ce patriotisme-là, c'est l'exception, car on ne fait plus la guerre aussi souvent qu'autrefois. Qu'est-ce donc que servir sa patrie? Un père et une mère qui élèvent bien leurs enfants servent la patrie. Un enfant qui apprend bien ses leçons, qui s'applique au travail, sert sa patrie. Le cultivateur qui féconde le sol, l'ouvrier qui fait bien son métier, l'industriel qui enrichit son pays, le savant qui fait des découvertes, servent leur pays. Comme on le voit, le bon citoyen sert son pays par son travail de tous les jours, par ses bonnes mœurs, par l'accomplissement consciencieux de ses devoirs.

L'amour de son pays, le patriotisme, n'impliquent pas la haine de l'étranger. Au point de vue matériel, comme au point de vue intellectuel et moral, les nations sont **étroitement solidaires.** Nos commerçants, nos **industriels** exportent leurs produits à l'extérieur; ils trouvent là matière à de beaux bénéfices. D'autre part, ils importent de l'étranger les matières qui leur manquent : telle la houille si nécessaire à notre industrie. Nous profitons des découvertes qui se font dans le monde entier, des idées émises par les grands penseurs, de même les autres peuples profitent également de tout ce que nous faisons, et ainsi s'établit un lien de solidarité internationale entre tous les pays.

Mais, malgré toutes ces idées de solidarité, de fraternité, il peut se faire qu'un conflit surgisse entre deux nations, que la guerre soit déchaînée. Nous avons assisté, ces dernières années, à des guerres : guerre entre la Russie et le Japon, guerre entre l'Italie et la Turquie (1). Il faut donc que nous soyons à même de défendre nos droits, de sauvegarder notre indépendance. La guerre étant possible, tout peuple doit toujours être en état de repousser une invasion, de défendre le sol sacré de la patrie. De là la nécessité d'une armée nationale, du service militaire obligatoire pour tous. C'est pourquoi tous les jeunes Français, en entrant dans la vie civique, doivent consacrer deux années à devenir des soldats capables de défendre la patrie. C'est un sacrifice, mais quel est le jeune homme qui ne l'accepterait pas avec courage?

Le service militaire est la plus sacrée des obligations d'un citoyen français, la plus juste, la plus belle et la plus noble.

La plus sacrée, parce que, sans une armée solide qui force à la respecter, une nation est exposée à subir les volontés malfaisantes d'autres nations ambitieuses ou envieuses.

La plus juste, parce que tous les citoyens sont astreints en France à accomplir personnellement le service militaire; à donner pendant la paix leur temps, pendant la guerre leur sang pour le bien commun de tous.

La plus belle et la plus noble, parce qu'elle permet à tous, au riche comme au pauvre, au savant comme à celui qui n'a qu'une instruction modeste, de se rendre également utiles à la nation tout entière.

C'est un honneur d'être soldat, de porter une arme pour le service du pays. Seuls sont privés de cet honneur ceux qui s'en sont montrés indignes par leur mauvaise conduite en encourant des condamnations infamantes.

La France est riche, son climat est doux, son sol et son industrie sont productifs. Elle est entourée de voisins puissants dont beaucoup sont jaloux d'elle, un surtout qu'il est inutile de nommer. Il faut que la France soit forte pour rester libre, pour continuer à remplir dans le monde son rôle lumineux à l'avant-garde du progrès et de la civilisation. C'est son armée seule qui la rend forte et respectable. Il dépend de nous d'y contri-

(1) En octobre 1912, guerre dans les Balkans.

buer par la manière dont nous accomplirons notre service militaire.

Pour tout le monde tant que l'on n'a pas accompli son service militaire on est un jeune homme, presque encore un enfant. Quand on quitte le régiment, on est un homme, prêt à remplir tous ses devoirs d'homme et de citoyen.

C'est qu'au régiment on finit d'acquérir le sentiment de ce qu'est le devoir, non seulement en accomplissant les ordres que l'on reçoit, mais souvent en les faisant accomplir par les autres.

La discipline est faite à la fois de *commandement* et d'*obéissance*. Tous les chefs obéissent à leurs chefs, et ceux du rang le plus élevé obéissent aux lois et aux règlements qui sont l'expression de la volonté de la nation rédigée par ses représentants légitimes.

La discipline n'est complète que quand tous sont animés de l'ardent désir de remplir toutes leurs obligations, tous leurs devoirs. Le plus modeste des soldats de deuxième classe a maintes occasions de commander ses camarades; il ne pourra le faire que s'il sait bien ce qu'il a à faire, et si, par sa conduite habituelle, il leur a montré qu'il était un brave et digne garçon méritant qu'on l'écoute. On apprend au régiment non seulement à obéir, mais aussi à commander, et pour cela il faudra apprendre à réfléchir, à acquérir le sentiment de la responsabilité.

On y prend, par l'application des prescriptions réglementaires, des habitudes d'ordre, de propreté, d'hygiène. Astreint à des exercices rationnels et progressifs, on achève de s'y développer physiquement et d'y faire provision de santé pour la vie entière.

Ces deux années ne sont donc pas, même au point de vue de notre intérêt personnel, des années perdues. Elles influeront heureusement sur toute notre vie, quelle que soit la carrière que nous devions suivre.

Le rôle essentiel de l'armée, c'est de faire la guerre si l'honneur ou un intérêt vital du pays l'exige. C'est à se préparer à la guerre que doivent aller tous les efforts de l'armée. Pour bien comprendre tout ce que nous aurons à faire, il faut savoir ce que c'est que la guerre.

Autrefois, du temps où l'on se battait uniquement au moyen d'armes blanches ou quand les armes à feu n'avaient qu'une puissance limitée, la lutte se dénouait rapidement dans un violent corps à corps où la force physique jouait un rôle prépondérant. Cette lutte, tout en exigeant du soldat une grande somme d'énergie, était moins difficile à supporter victorieusement que le combat résultant de notre armement moderne. On voyait l'adversaire qu'on avait en face, on se rendait compte qu'on était soutenu et protégé efficacement par ses voisins. L'homme fort et exercé au maniement de ses armes abordait l'ennemi avec confiance. L'épreuve morale imposée au combattant était rude mais courte.

Aujourd'hui, il en est autrement. La longue portée du fusil et du canon modernes ont énormément accru les dimensions du champ de bataille. C'est pendant des milliers de mètres et pendant de longues heures que le soldat restera exposé à des projectiles meurtriers, souvent lancés par un ennemi invisible. La valeur individuelle, la vigueur physique, l'adresse même de chaque soldat dans le maniement de son arme ne suffisent plus à garantir le succès en face de cet adversaire qu'on ne distingue pas.

Il en résulte que, bien plus que jadis, la confiance de chaque individu en particulier dans le succès ne peut exister que s'il sait ses chefs capables de le bien conduire, d'utiliser ses efforts et ceux de ses camarades pour infliger à l'ennemi les pertes qui briseront la volonté de celui-ci. Ce résultat ne peut être obtenu que dans une armée permanente dont les cadres professionnels, officiers et sous-officiers rengagés, sont parfaitement entraînés à leur rôle et ont pu, dès le temps de paix, pendant les exercices de combat et les manœuvres, donner la preuve de leur capacité à leurs subordonnés. Plus encore que la nécessité pour chaque soldat de recevoir l'instruction militaire, cette circonstance motive le passage de tous les citoyens sous les drapeaux.

Dans la bataille, malgré tous les progrès de l'artillerie et toutes les ressources de la technique moderne, la part principale revient et reviendra toujours à l'infanterie.

L'infanterie, c'est l'armée elle-même. Elle en forme la partie essentielle; les autres armes ne sont que ses satellites indispensables, collaborant à son succès, mais ne pouvant la remplacer.

C'est l'infanterie qui inflige à l'ennemi le plus de pertes et qui en subit le plus.

Sur dix ennemis tués ou blessés, huit le sont par la balle du fusil, alors que le canon n'en a qu'un à son actif; le dernier est mis à terre par l'arme blanche, les grenades à main, les mines, etc....

La proportion des hommes tués ou blessés dans l'infanterie varie du triple au décuple de ce que perdent les autres armes.

La victoire est donc avant tout l'œuvre de l'infanterie. C'est à juste titre qu'on l'a baptisée la *Reine des batailles.*

Le service de l'infanterie impose des efforts de tous les instants.

Avant même que le combat commence, le fantassin aura eu à faire de longues étapes, sac au dos, portant ses armes, ses munitions, son outil, ses vivres. En arrivant au gîte, bien souvent il lui faudra veiller, prendre les avant-postes pour permettre à ses camarades de se reposer.

Au combat, il aura à surmonter de plus rudes difficultés encore, pas une arme n'y a un rôle aussi délicat.

Exposé pendant des heures à la violence du feu de l'artillerie et de l'infanterie adverses, il n'y pourra résister, s'il ne connaît pas son métier, s'il ne sait pas utiliser le terrain, se servir de son fusil, de son outil, de sa baïonnette. Si, au contraire, par l'instruction qui lui sera donnée au régiment, il acquiert cette science, il aura confiance en lui-même, confiance en ses camarades qui eux aussi seront instruits, confiance en ses chefs qui auront fait de lui un soldat au moral élevé. Alors, mais alors seulement, il pourra aborder le champ de bataille sûr de lui et confiant dans le succès.

Mais, si la victoire est l'œuvre de l'infanterie, les autres armes y contribuent également, leur tâche n'est pas moins difficile, si elle est moins dure.

« *Au cavalier*, écrit le capitaine Bastien (1), *il faut un ensemble de qualités morales et physiques de premier ordre.* Robuste, souple, endurant, intelligent, audacieux, adroit à manier le sabre ou la lance, prudent, tenace, doué d'un imperturbable sang-froid, habile à lire la carte, à s'orienter partout de jour et de nuit, à juger d'un coup d'œil les facilités de parcours que présente le terrain, le cavalier doit joindre à la valeur du soldat la finesse du partisan.

« Il doit, en outre, dans un grand nombre de cas, savoir se suffire à lui-même et, notamment, être à même, en l'absence d'un vétérinaire, de donner à son cheval les premiers soins empêchant ainsi que de petits accidents ne prennent de la gravité.

« *Au canonnier*, il faut une tension intellectuelle continue.

« Suivant une pittoresque expression « c'est à coups de millièmes qu'il se bat! » Il lui faut faire des calculs de tête, des corrections, manier ou surveiller de nombreux et délicats appareils : pointeur, déboucheur ou tireur, une seule minute d'inattention lui suffit pour fausser tout un tir, en réduire à néant les résultats.

« Or, l'intelligence ne peut être lucide si le cœur est troublé, et le danger, en provoquant l'émotion, produit à la fois l'impossibilité, en raison du tremblement des doigts, de la main et du bras, d'exécuter un travail minutieux quelconque, et l'extrême difficulté d'une action raisonnée, attentive du cerveau.

« Tel sera l'état d'esprit et de corps du canonnier, non seulement pendant les longues et rudes luttes d'artillerie, mais encore dans le cas où, accompagnant le fantassin, il se lancera, coude à coude avec lui, dans la fournaise ».

La noblesse du soldat, ce n'est pas seulement les pertes qu'il inflige et qu'il subit qui en sont l'origine et le fon-

(1) *Notions de tactique générale.*

dement. Cette noblesse est faite de la bonne volonté, de la force morale, du sentiment du devoir qui doivent l'animer pendant toute l'action. Une armée qui ne posséderait pas ces qualités à un haut degré serait incapable d'affronter le champ de bataille.

Pour se battre il n'y a qu'une manière : prendre l'offensive.

Seule l'offensive donne des résultats positifs et force sûrement l'adversaire à subir votre volonté et à se reconnaître vaincu.

L'offensive, d'ailleurs, est dans le sang de notre race. Depuis des siècles, chaque fois que nous l'avons prise à fond, aucune armée n'a tenu devant la nôtre.

Elle n'est pas plus dangereuse que la défensive. Pendant son exécution même, on perd parfois plus de monde que son adversaire, mais les pertes cessent pour le vainqueur dès que la victoire est décidée, et elles s'accumulent cruellement pour celui qui fait demi-tour et bat en retraite.

Il ne faut pas croire que les balles ou les obus lancés par le fusil, la carabine ou le canon suffiront à nous donner la victoire. Non, si l'adversaire est brave et bien commandé, il faudra l'aborder, et c'est le sabre et la baïonnette qui décideront.

Il peut se faire que parfois nous soyons momentanément réduits à nous défendre. En ce cas, il faut se tenir sans cesse prêt à reprendre l'offensive dès qu'une occasion favorable le permettra ou que l'ordre en sera donné. S'il n'en est rien, si les balles ne suffisent pas à arrêter l'ennemi, rien n'est perdu, il reste la baïonnette, le sabre et la mitraille pour le culbuter s'il s'élance à l'assaut.

Futurs soldats, apprenez donc à bien tirer, mais surtout soyez résolus à combattre corps à corps votre ennemi, et, pour le faire avec succès, apportez autant de soin à apprendre à vous servir de votre baïonnette, de votre sabre ou de votre lance vigoureusement et avec sang-froid en restant maîtres de vos mouvements. Vous ne serez définitivement les maîtres qu'après avoir abordé et culbuté votre adversaire.

Dites-vous aussi que, si vous ne remportez pas vous-mêmes la victoire, si vous périssez, votre sacrifice ne sera pas inutile puisqu'il permettra à vos camarades d'arracher le succès à l'ennemi :

> En avant, tant pis pour qui tombe.
> La mort n'est rien. Vive la tombe,
> Si le pays en sort vivant.

Pour remplir dignement votre rôle de fantassin, de cavalier, d'artilleur, il vous faut bien des qualités physiques et morales. Tout Français les possède en germe. Votre séjour sous les drapeaux va les développer.

Soyez vigoureux pour supporter vaillamment les fatigues et les dures épreuves de la guerre.

Devenez endurants aux privations pour supporter sans vous plaindre la faim et la soif; soyez souples et agiles pour utiliser le terrain avec adresse et éviter les pertes. Les marches et les manœuvres vous y prépareront.

Il faut que vous voyiez bien clair pour distinguer l'ennemi et l'atteindre par votre feu. En manœuvrant dans les champs, vous vous habituerez à voir de loin.

Vous apporterez au combat l'ardeur et l'élan de notre race. Mais ces brillantes qualités ne suffisent pas. Il faut y joindre du sang-froid et du coup d'œil pour juger sainement la situation et rester maîtres de vous. Surtout vous aurez besoin d'une *inlassable ténacité*, d'un ardent désir de vouloir exécuter les ordres de vos chefs. Si dans l'offensive vous n'arrachez pas le succès du premier coup, renouvelez vos efforts autant de fois qu'il le faudra. Dans la défensive, même si l'ennemi progresse, si les camarades tombent nombreux autour de vous, tenez ferme à votre place, tant que vos chefs ne vous ordonneront pas de vous replier.

Oubliez-vous vous-mêmes, ne songez qu'à ce que la Patrie attend de vous.

Ne vous laissez pas influencer par la fatigue, par la chute de ceux qui vous entourent, par la diminution de vos munitions. Dites-vous que l'ennemi n'est sûrement pas en meilleure posture que vous, qu'il est peut-être sur le point de faiblir, que vous n'avez peut-être plus qu'un effort à fournir pour que la victoire se décide en votre faveur.

Nous venons de voir ce que la Patrie attend de votre courage en temps de guerre. Dès le temps de paix, elle vous demandera peut-être déjà de sérieux services.

L'armée est l'arbitre de l'ordre social dans le pays quand, dans les temps troublés, la loi cesse d'être respectée également par tous les citoyens. Le pouvoir exécutif a en pareil cas le droit et le devoir de recourir à l'armée pour que force reste à la loi. Si vous êtes mis en face de cette obligation, remplissez-la avec calme et fermeté : c'est l'intérêt public qui le veut.

Vous pourrez aussi être appelés à venir en aide à vos concitoyens en cas de sinistres publics : incendies, inondations, épidémies. En ce cas également, payez sans hésiter de votre peine et, s'il le faut, de votre vie, pour rendre tous les services que l'on attend de vous.

Quand vous aurez achevé les deux ans de service que la loi vous impose, vous n'aurez pas encore rempli tous vos devoirs militaires envers la Patrie. Il faut que vous restiez capables de reprendre virilement les armes dont vous aurez appris à vous servir.

C'est pour vous rappeler ce devoir nouveau et vous maintenir en état de le remplir que vous serez convoqués pour des périodes d'instruction; donnez ces quelques jours de bon cœur comme vos années de service actif.

Si vous le pouvez, fréquentez les sociétés de tir et de gymnastique, adonnez-vous aux sports de tous genres pour maintenir votre corps entraîné et vigoureux; revenez vers les sociétés de préparation militaire donner l'exemple.

Si un jour l'honneur de la Patrie vous force à faire la guerre, rejoignez sans tarder votre drapeau.

Vos années de régiment, vous le verrez plus tard, compteront parmi les bonnes années de votre vie, parce que vous les aurez passées exempts de soucis personnels, parce que vous y aurez noué de bonnes et solides amitiés, parce qu'elles vous laisseront le souvenir du devoir accompli, parce qu'elles seront l'image de votre jeunesse.

Dans quelque situation que vous vous trouviez et quoi qu'il arrive, vous garderez la mémoire du numéro de votre régiment, de vos chefs et de vos camarades et, quand le drapeau passera devant vous, vous vous découvrirez avec respect devant ce vivant et glorieux emblème de la Patrie. Après l'avoir suivi vous-mêmes, vous apprendrez à vos enfants à le respecter et à le suivre.

QUESTIONNAIRE

Devoirs envers soi-même.

Quels sont les devoirs de l'homme envers lui-même?
Quel est le premier et le plus fondamental des devoirs individuels?
Quelles sont les conditions principales pour bien se porter?
Qu'est-ce que l'alcoolisme?
Quels sont les devoirs envers la volonté?
Qu'est-ce que vouloir?
Comment peut-on avoir de la volonté?
Qu'est-ce qu'être courageux?
Qu'est-ce que la patience? la persévérance?
Qu'est-ce que l'initiative?
Quels sont les devoirs envers l'intelligence?
Que procure le travail?
Comment contracte-t-on l'habitude de travailler?

Devoirs envers ses semblables.

Quels sont les devoirs qui règlent les rapports des hommes entre eux?
Qu'est-ce que les devoirs de justice?
Qu'est-ce que les devoirs de solidarité?
Quel est le premier devoir envers autrui?
Que devons-nous respecter le plus après le droit de vivre?
Qu'entendez-vous par liberté de pensée et de conscience?
Que devons-nous faire si nous avons une opinion contraire à celle d'autrui?
Qu'est-ce que médire?
Qu'est-ce que calomnier?
Comment devons-nous combattre la médisance et la calomnie?
Devons-nous respecter la propriété?
Si oui, pourquoi?
Qu'entend-on par devoirs de solidarité?
Quels sont les devoirs de la société envers l'individu?
Comment les individus doivent-ils comprendre leurs devoirs de solidarité?
Quels sont les devoirs que vous avez envers vos instructeurs?

Devoirs envers la famille.

Comment s'est formée la famille?
Qu'est-ce que la famille?
Quels sont les devoirs envers les parents?
Parler de l'obéissance.
Parler du respect.
Quels sont les devoirs envers les frères et les sœurs?
Qu'est-ce qu'avoir l'esprit de famille?

Devoirs envers la patrie.

Que signifie le mot patrie?
Quelle est la condition suprême qui doit former la patrie?
Où se trouve le fondement moral de la patrie?
Qu'est-ce que l'éducation nationale?
Quelle est la grande loi qui domine la vie d'une nation?
Qu'est-ce que l'esprit national?
Comment devons-nous payer notre dette envers la patrie?
L'amour de la patrie implique-t-il la haine de l'étranger?
Pourquoi devons-nous avoir une armée?
Qu'est-ce que le service militaire?
Est-ce un honneur d'être soldat?
Quel est le rôle essentiel de l'armée?
Qu'est-ce que l'infanterie?
Qu'impose le service dans l'infanterie? dans la cavalerie? dans l'artillerie?
Comment doit-on se battre?
Que faut-il faire pour être un bon soldat?
Quand vous aurez achevé vos deux ans de service, aurez-vous rempli tous vos devoirs?

Ouvrages à consulter.

Morale, par J. Gérard. — *Manuel d'éducation*, par E. Primaire. — *Leçons de morale*, par H. Marion. — *L'éducation de la volonté*, de Jules Payot.

Ouvrages à lire.

La dernière classe, de Daudet (sur l'instruction). — *La source fatale*, d'André Couvreur. — *Le désastre*, de P. et V. Margueritte. — *Les marchands de folie*, par Léon et Maurice Bonneff.

IIe PARTIE

ÉDUCATION PHYSIQUE ET MILITAIRE

> Pas de santé physique et, en même temps, pas de santé morale, pas de vraie vitalité de l'esprit, s'il n'y a d'abord équilibre du corps, libre jeu d'un organisme en forme.
>
> Victor MARGUERITTE.

HYGIÈNE

Programme

é individuelle. — Soins corporels.

é des vêtements. — Tenue des chambrées. Cuisines, réfec-
ps de garde, salles de discipline, lieux d'aisances.

es généraux d'hygiène concernant : les boissons hygié-
es eaux potables, la prophylaxie de la tuberculose, de
ne et des maladies vénériennes. Précautions particu-
prendre pendant les marches et manœuvres pour l'en-
la chaussure, l'alimentation, les boissons, les feuillées,
ène dans les cantonnements, camps ou bivouacs. Pré-
à prendre pendant les grandes chaleurs ou par les froids
(1).

inima pour l'obtention du brevet : 10; coefficient : 5.

Hygiène corporelle.

Aime l'air frais et l'eau pure.

ine homme doit être propre dans son intérêt et
ns l'intérêt de la collectivité au milieu de laquelle

opreté, en effet, est la première des précautions
re pour éviter les maladies et assurer le bien-être
e, ainsi que la santé; elle est, en un mot la base
iène.
ffre, de plus, l'avantage de développer, au moral,
nent de la dignité personnelle.

à donner au corps. — En principe, se lever de
heure, après avoir dormi 7 à 8 heures de bon
l; ce laps de temps est une moyenne que l'on doit
r. Pour fournir un travail intellectuel ou corporel
nt bon, la première condition est d'avoir bien
a nuit précédente car le sommeil permet la répa-
erveuse.
ver suffisamment à temps pour pouvoir journel-
donner au corps les soins qu'il exige. On peut
à 30 à 35 minutes le temps nécessaire qui doit
nsacré à l'hygiène corporelle, exercices compris.
veil, exécuter dans une pièce spéciale ou dans sa
e, les fenêtres grandes ouvertes, pendant 10 à
utes, des exercices intéressant toutes les parties
ps; en un mot composer pour soi — en tenant
de ses besoins et de ses points faibles — une petite
e gymnastique.

---

rtaines parties de ce programme se trouvent au chapitre
sur les marches.

caractéristique — surtout en été — très désagréable, aussi doit-on en changer aussi fréquemment que possible, environ deux fois par semaine.

Comme il a été dit à l'hygiène corporelle, on doit changer de linge chaque fois qu'il a été mouillé (sueur, pluie) et revêtir du linge propre et bien sec.

Ne pas mettre de linge neuf ou ayant appartenu à d'autres personnes, avant un lavage complet, pour éviter la propagation de maladies contagieuses.

On devra également éviter tout vêtement serré : linge boutonné de trop court, cols qui engoncent, cravates trop serrées, jarretières qui peuvent entraver la circulation du sang et développent les varices.

La nuit, mettre du linge de corps spécial pour conserver la propreté du corps et celle des draps de lit.

Vêtements de dessus. — Les effets d'habillement ne doivent être ni étriqués, ni trop ajustés pour ne pas gêner la circulation du sang, pour ne pas comprimer certaines parties du corps, ou y déterminer des frottements irritants, et pour ne pas intercepter la transpiration ou le passage de l'air.

C'est surtout dans le choix de ces vêtements qu'il faut connaître certaines règles si on veut observer les principes hygiéniques énoncés plus haut.

Les vêtements de laine et de couleur foncée absorbant et retenant plus facilement que les autres la chaleur seront surtout employées en hiver et dans les régions froides.

Les vêtements de coton, de fil, de soie, de couleur claire, retenant moins la chaleur, seront employés en été et dans les régions chaudes.

Les vêtements amples sont beaucoup plus chauds que les vêtements collants parce qu'ils conservent une couche d'air chaud entre la peau et le tissu.

Recueillant les poussières, la boue, s'imprégnant de germes morbides, les vêtements de dessus doivent être entretenus très minutieusement. Une bonne habitude est d'abord de les battre, pour enlever la poussière, puis ensuite de les brosser. Il est évident que ces opérations doivent être faites autant que possible au grand air, à défaut de cour ou de jardin, sur les paliers, dans les couloirs, mais jamais dans les pièces habitées et surtout dans les cuisines.

Une bonne précaution à prendre est d'avoir des vêtements spéciaux pour le travail qu'on laisse à l'atelier, ou à l'usine, on évite ainsi de transporter au dehors les poussières dont ils peuvent être imprégnés. Pour la rue, chez soi, avoir d'autres vêtements toujours très propres, très bien entretenus qui seront évidemment en rapport avec la fortune et les ressources personnelles.

Il faut se rappeler que le vêtement est une seconde

peau, il faut lui donner autant de soins qu'au corps. *Des vêtements propres donnent de la dignité à un homme en même temps qu'ils améliorent sa santé.*

COIFFURE. — On devra choisir des coiffures très légères, pas trop étroites, munies de ventouses ou percées de petits trous pour permettre à l'air de s'évaporer et maintenir la tête à une température normale. Le refroidissement entraîne le coryza, les névralgies, etc., le surchauffage amène l'insolation, le coup de chaleur. Un bon moyen pour éviter l'insolation ou le coup de chaleur c'est de se mettre entre la tête et la coiffure un linge mouillé.

La coiffure doit être nettoyée très souvent, surtout la coiffe intérieure.

GANTS. — L'usage des gants bien faits, c'est-à-dire suffisamment larges et souples, est excellent, car il protège les doigts contre les causes de contamination par les microbes qui pourraient être ensuite introduits par la bouche, dans l'organisme, pendant les repas. Les gants garantissent du froid et préviennent les crevasses et les engelures.

CHAUSSURES. — Une chaussure doit être adaptée à la conformation du pied, à bouts carrés très légèrement arrondis pour permettre au pied de s'étendre en le posant à terre, à talon plat et peu élevé, et à lacets de façon à pouvoir la serrer à volonté en raison du gonflement du pied.

Une chaussure trop serrée déforme le pied, donne des cors, des durillons, des œils de perdrix, des ongles incarnés, etc.; elle est à rejeter.

Elle ne doit présenter à l'intérieur ni aspérités, ni saillies, ni coutures mal effacées, ni vis métalliques ou chevilles en bois mal rasées.

On doit toujours avoir plusieurs paires de chaussures, au moins deux, de façon à en laisser aérer, sécher et nettoyer une pendant qu'on se sert de l'autre, surtout pour les jeunes gens qui transpirent des pieds (1).

Tout comme pour les effets, les chaussures doivent être nettoyées non seulement extérieurement, mais intérieurement. On doit, avec des ingrédients que l'on trouve dans le commerce, conserver leur souplesse. En cas de pluie, lorsque les chaussures ont été trempées, ne pas les faire sécher au soleil ou près du feu, mais à l'air et à l'ombre. Un bon moyen est de les emplir d'avoine ou de son, qui prend l'humidité de la chaussure et, en gonflant, l'empêche de se retrécir.

On ne devra jamais se laisser avoir froid aux pieds. On préviendra le froid aux pieds en plaçant une semelle de paille, de feutre, ou plus simplement deux ou trois

(1) Voir Hygiène corporelle.

feuilles de papier. On réchauffera les pieds par le mouvement, la course, ou tout autre exercice qui développe la chaleur.

Les chaussures imperméables (caoutchoutées) ou les caoutchoucs, après une marche, glacent les pieds et sont antihygiéniques.

Hygiène de l'alimentation.

L'alimentation a pour rôle de nourrir nos organes et d'entretenir leur fonctionnement régulier.

Aussi la nourriture que nous prenons doit-elle répondre à trois besoins fondamentaux dont la satisfaction est nécessaire à la vie :

1° Réparer nos tissus qui s'usent journellement sous l'influence de la vie;

2° Produire la chaleur nécessaire au maintien de la température du corps qui a besoin d'une température moyenne constante d'environ 37°.

3° Produire l'énergie nécessaire au travail.

En effet, une alimentation insuffisante diminue la force de résistance de l'organisme, qui, éliminant plus qu'il n'absorbe, dépérit et meurt; si au contraire c'est l'inverse, le corps s'accroît comme chez l'enfant, ou bien il prend des proportions anormales comme chez l'obèse.

Pour trouver dans les substances alimentaires les matériaux si divers nécessaires à la nourriture de différents organes, l'homme a recours aux règnes végétal, animal et minéral. On a recherché dans quelle proportion sont employés l'un et l'autre de ces règnes.

On a trouvé que les éléments d'origine végétale entrent pour les trois quarts dans l'alimentation, ceux d'origine animale pour environ un quart, et ceux d'origine minérale pour une très petite proportion.

Qu'ils soient empruntés au règne animal, végétal ou minéral, les aliments doivent être composés des substances suivantes : des albuminoïdes, des graisses et du carbone. Certaines denrées contiennent ces trois substances. Le lait, par exemple, qui est le type de l'aliment complet; d'autres n'en contiennent que deux, le pain : albumine et carbone; d'autre une seule, le sucre : hydrate de carbone. Il est de plus nécessaire que nous trouvions dans nos différents aliments des matières minérales en quantité suffisante et sous des formes assimilables pour réparer les pertes que subit l'organisme. C'est pourquoi on sale les aliments.

Ce n'est pas tout de savoir que la teneur des aliments en albumine, graisse et hydrate de carbone est conforme aux principes de la physiologie, il y a lieu également de tenir compte d'un autre facteur : *la digestibilité*. Certains aliments, tels que les fèves et les haricots, sont beaucoup plus riches en azote et en carbone que la viande, mais sont beaucoup moins digestibles qu'elle.

Quant à la quantité, il faut tenir compte de l'âge, du poids de l'individu, des saisons, des climats, de la progression, du travail à fournir. Ainsi dans l'armée, la ration de guerre est bien supérieure à celle du temps de paix, parce que l'homme fatigue davantage; on augmente également la ration les jours de grand froid. Enfin, si on veut que les aliments soient faciles à digérer, il faut qu'ils soient présentés d'une façon appétissante et variés pour que l'estomac ne se rebute pas à manger toujours la même chose. De plus, si on ne veut pas fatiguer l'organisme, l'estomac ne doit recevoir en règle générale de nouveaux aliments qu'après s'être débarrassé du repas précédent.

Ces données générales doivent servir de guide pour se faire un régime personnel.

L'adulte doit faire trois repas par jour et autant que possible à des heures très régulières : un repas léger le matin, avant d'aller au travail; un repas copieux au milieu de la journée; un repas moyen le soir après le travail.

Les aliments doivent être pris chauds, les boissons fraîches. Mais il ne faut pas une trop grande différence de température; trop de chaleur ou de froid provoque la craquelure de l'émail des dents qui s'altèrent peu à peu. Les aliments solides absorbés froids ne conviennent qu'aux estomacs vigoureux.

Le temps consacré aux repas doit être assez long, il faut éviter une précipitation qui surcharge l'estomac sans permettre aux aliments d'être imbibés par les sucs digestifs. On devra boire modérément en mangeant. *On ne lira pas*, l'attention étant portée au cerveau, la mastication se fait incomplètement.

Pour permettre à la digestion de commencer dans de bonnes conditions, une demi-heure au minimum doit être accordée avant la reprise du travail, faute de cette précaution on attire le sang du cerveau dans les bras, dans les jambes, et on le retire de ce fait des organes de la digestion qui en ont besoin.

Composition des repas. — Nous avons vu les raisons pour lesquelles il importe de varier l'alimentation. Dans la composition des repas, on devra tenir compte des observations suivantes : l'excès de viande prédispose à la goutte, aux migraines, aux rhumatismes; la privation de viande entraîne une diminution dans les principes nutritifs.

Un régime trop végétarien n'est pas assez réparateur. Le pain, les viandes, les légumes frais ou secs doivent entrer dans la composition habituelle de nos menus, et l'on accordera une préférence marquée pour les matières azotées (viande) chez les jeunes gens en voie de formation et chez les adultes soumis à des exercices continus; d'où la nécessité d'un surcroît d'alimentation pour les jeunes gens qui relèvent de maladie, pour ceux qui produisent un travail intensif, etc.

En résumé, prendre de toute chose, modérément, ne faire abus de rien, s'abstenir de l'absinthe, de l'alcool et des liqueurs de basse fabrication parce que là, l'empoisonnement n'est pas douteux, telle est la règle générale à observer.

Adjuvants de la digestion. — Les exercices musculaires et surtout la marche sont les meilleurs adjuvants de la digestion par les combustions que ces exercices entraînent et qui incitent l'organisme à réparer ses pertes par l'oxygénation du sang dont la circulation est rendue plus active, par l'élimination, par la sueur, la respiration et les urines, des principes toxiques accumulés dans l'économie. L'activité physique est la meilleure garantie d'un bon état de santé donné par une bonne digestion et sans le recours aux apéritifs dont l'usage est aussi inutile que dangereux.

NOTA. — Les ustensiles de cuisine, de table, ainsi que la vaisselle doivent être toujours extrêmement propres.

De même, il faut que l'aspect, l'odeur, la saveur, la variété des aliments, le local où l'on mange plaisent à nos sens et satisfassent notre esprit pour disposer l'estomac à bien digérer.

Des boissons.

L'EAU. — L'eau est le liquide de première nécessité, elle est indispensable à l'homme, elle est la boisson ordinaire du soldat.

Entrant dans la proportion de 79 p. 100 dans la composition du sang, faisant partie intégrante des tissus qu'elle imprègne, il est donc de toute nécessité de fournir à l'homme une eau de bonne qualité.

L'eau destinée à la consommation doit être limpide, sans odeur, fraîche, d'une saveur agréable; elle doit cuire parfaitement les légumes, elle n'admet qu'un très petit nombre de microbes, et parmi ceux-ci aucune espèce nocive.

Il peut arriver en route qu'on se trouve obligé de faire usage d'une eau quelconque; aussi est-il utile de savoir apprécier sa qualité par un moyen rapide et pratique. En voici un : on verse dans un verre d'eau deux ou trois gouttes d'une solution à 1/1.000 de permanganate de potasse; si cette solution perd sa belle teinte rosée, c'est que l'eau examinée n'est pas potable.

Si l'eau dont on doit faire usage pour l'alimentation ne paraît pas potable, il faut la filtrer ou la stériliser par la chaleur.

Le moyen le plus simple est de faire bouillir l'eau en la portant à une température de 120 à 130 degrés

BOISSONS FERMENTÉES (HYGIÉNIQUES)

Vin. — Lorsque le vin est le produit naturel de la fermentation du jus du raisin frais il constitue une boisson réconfortante et bienfaisante.

Il stimule la circulation, active la force musculaire et excite les fonctions digestives en favorisant la sécrétion du suc gastrique.

L'essentiel est de ne pas le consommer à jeun et de ne pas en faire abus.

Bière. — Produit de la fermentation d'orge germée, aromatisée avec du houblon.

Elle constitue une boisson nourrissante en même temps que stimulante. Elle ne doit pas être prise en excès, elle conduit à la dyspepsie, à l'obésité.

Cidre. — Boisson faite avec du jus de pommes pressurées. C'est une boisson saine et rafraîchissante. Les cidres trop gazeux ont l'inconvénient de stimuler trop fortement les organes de la digestion.

Café. — Grâce à sa richesse en azote, le café est une boisson alimentaire tonique et stimulante.

Thé. — Infusion faite avec des feuilles de thé. C'est une boisson alimentaire stimulante et rafraîchissante. On la prend surtout par les temps froids en rentrant chez soi ou d'un exercice.

BOISSONS ALCOOLIQUES DISTILLÉES.

Si les boissons alcooliques fermentées prises à dose raisonnable ont une action bienfaisante et réparatrice, il n'en est pas de même des boissons alcooliques distillées.

Celles-ci comprennent les eaux-de-vie, les liqueurs et les apéritifs.

Le danger de toutes ces boissons tient non seulement à la quantité d'alcool qu'elles contiennent sous un petit volume, mais aussi à la toxicité des essences surajoutées pour donner du bouquet, essences qui sont de véritables poisons, et aux procédés frauduleux de fabrication.

Hygiène de l'habitation.

La première condition d'une habitation est d'assurer à ceux qui l'occupent *une quantité suffisante d'air pur* afin de ne pas les exposer aux dangers d'un air vicié. Les principales causes de l'altération de l'air dans les habitations proviennent :

1° Des habitants eux-mêmes, dont l'exhalation pulmonaire et les produits de leurs diverses sécrétions modifient la composition de l'air;

2° Du mode de ventilation et de chauffage;

3° Des émanations pouvant provenir de la malpropreté des locaux et des environs de l'habitation;

4° Des émanations pouvant provenir des fosses d'aisance (dans les vieilles maisons).

L'air qui a servi à la respiration, c'est-à-dire qui est rejeté par le poumon, est vicié. Il contient plus d'acide carbonique et de vapeur d'eau que l'air ambiant. De plus, la peau sécrète abondamment, surtout chez l'individu qui travaille, et les déchets de cette sécrétion sont riches en matières organiques, nuisibles à la santé.

Ce sont les matières volatiles de ces substances organiques contenues dans l'air expiré, dans la sueur, dans la salive, dans les sécrétions humaines qui donnent à l'air d'une chambre où des êtres vivants ont séjourné quelque temps une odeur spéciale.

Pour éviter ces inconvénients, il est de toute nécessité de donner à chaque individu le cube d'air et une surface d'occupation suffisants pour qu'il ne soit pas exposé à vivre dans un air confiné.

On a calculé qu'il fallait, au minimum, 20 mètres cubes. Comme complément, chaque individu doit pouvoir disposer d'un espace suffisant pour ne pas être exposé à respirer l'air expiré par son voisin, pour être hors de la portée de ses excrétions.

Pour remplir les conditions demandées toute habitation doit comprendre au moins deux pièces, l'une servant de chambre à coucher, l'autre de cuisine; être autant que possible bien orientée pour éviter les grandes chaleurs ou les grands froids; spacieuse pour avoir le volume d'air nécessaire à la vie; bien aérée pour assurer le renouvellement de l'air.

On réalise le renouvellement de l'air dans les habitations en laissant, la nuit, les fenêtres entr'ouvertes.

Les appartements doivent être tenus très propres, ils doivent pouvoir se prêter à un lavage presque journalier, principalement les planchers, car les poussières de toutes sortes s'y accumulent ou entrent dans les lames des parquets et tombent dans l'entrevous, c'est-à-dire dans la partie vide entre le plancher et le plafond de l'étage inférieur, et constituent des foyers d'infection.

Aussi doit-on les nettoyer au faubert humide ou à la serpillière mouillée qui collecte les poussières sans les faire voltiger.

Les murs des logements de la classe ouvrière doivent être blanchis à la chaux et badigeonnés aussi souvent que possible.

Ameublement de l'habitation. — La propreté du contenu est non moins nécessaire que celle du contenant. Les meubles doivent être tenus dans la plus grande propreté. Des crachoirs doivent être placés dans les pièces où l'on se tient habituellement. Les récipients qui contiennent de l'eau doivent être en tout temps munis de couvercles.

Chauffage. — Une autre cause de l'altération de l'air, dans les habitations, provient du mode de chauffage. Le bois reste le meilleur des combustibles, mais il coûte cher. Les procédés de chauffage les meilleurs en ce moment sont : les radiateurs ou chauffage central par la vapeur à basse pression, que l'on ne trouve que dans les maisons modernes; les poêles en briques réfractaires. Les autres systèmes (poêles à combustion lente, en fonte), présentent beaucoup d'inconvénients, mais avec des précautions on peut les éviter facilement.

La température d'une chambre pourra varier entre 15 et 18°; c'est cette température qui convient le mieux à notre organisme.

Eclairage. — Une habitation doit être également bien éclairée. « *Où le soleil n'entre pas, entre souvent le médecin* », dit un vieux proverbe. La lumière purifie l'air; elle favorise la propreté parce qu'elle met les souillures en évidence; de plus elle est le meilleur agent de destruction des microbes.

L'éclairage artificiel se fait aujourd'hui au pétrole, au gaz ou à l'électricité. Ce dernier mode d'éclairage est le plus hygiénique parce qu'il ne dégage pas de chaleur et ne vicie pas l'atmosphère.

Nota. — Si on a des animaux, les mettre dans la cour, sinon les tenir dans une pièce que l'on n'habite pas.

Ne pas mettre de fleurs ou de plantes dans les chambres à coucher, car elles ont la propriété de vicier l'air par l'acide carbonique qu'elles dégagent.

Il est également recommandé de ne pas fumer dans les appartements.

Enfin, la propreté du lit qui est « le vêtement de l'homme endormi » est de toute nécessité.

Hygiène collective.

Le 15 février 1902, une loi, destinée à protéger la santé publique, a été décrétée. Mais, l'application de cette loi demeurera sans effet, tant que chaque individu n'en aura pas compris l'utilité, aucune sanction pénale, pour ainsi dire, n'ayant été prévue dans le but d'en assurer l'exécution.

Pour que cette loi ne reste pas lettre morte, il faut la faire connaître. Les jeunes gens qui suivent les cours des S. A. G. de gymnastique sont tout indiqués pour propager les idées d'hygiène collective et montrer le bénéfice considérable que la société doit en retirer.

Vivant en société (voir organes et fonctions de relation) l'individu se trouve en contact avec ses semblables, avec tout ce qui l'entoure, l'air, le sol, etc., il subit donc forcément l'influence de ce milieu. Si ce milieu est bon, il il en sentira les bienfaits, si, au contraire, il est mauvais, il en subira les conséquences. Or, nous savons tous que la vie est un combat, que la moindre imprudence nous est funeste, que l'air que nous respirons peut être vicié, que le sol sur lequel nous vivons peut être contaminé, qu'autour de nous grouillent des animaux qui transportent des germes de maladies plus ou moins graves. Il faut donc connaître les principales de ces maladies et leur prophylaxie si on veut les combattre avec succès.

Les maladies contagieuses ont pour caractère d'être produites, dans l'organisme de l'homme, par la présence d'un parasite qui s'y reproduit de façons très diverses.

Ce parasite crée la maladie. Il crée aussi la contagion en passant de l'individu ou de l'animal malade à l'individu sain.

A chaque maladie contagieuse correspond un parasite spécial qui possède des caractères et une individualité propres.

Les agents des maladies contagieuses sont, pour la plupart, des végétaux infiniment petits, des microbes qui habituellement reposent à la surface de la terre, leur habitat normal. Soulevés, soit par le vent, soit par les mouvements de l'homme et des animaux (balayage à sec par exemple), ils voltigent dans l'air avec les poussières. Or, c'est pendant leur séjour dans l'air, ou lorsqu'en retombant ils se déposent sur l'homme ou sur les aliments qu'ils pénètrent dans l'organisme et déterminent la contagion.

Les modes de pénétration dans l'organisme sont au nombre de trois principaux :

1° A la faveur d'une plaie : piqûre, coupure, écorchure, c'est ce qu'on appelle l'inoculation accidentelle. On cite beaucoup de cas de maladies vénériennes déterminées par l'introduction du virus par une écorchure.

2° Par les voies respiratoires : on respire par la bouche ou le nez de l'air contenant un microbe dangereux qui va se fixer dans les bronches ou dans les poumons (tuberculose).

3° Par les voies digestives : on absorbe par la bouche de l'eau ou un aliment contenant un germe contagieux. Celui-ci pénètre dans l'intestin, y pullule, passe dans le sang et infecte l'individu.

Enfin dans quelques cas spéciaux en déposant sur les muqueuses, même non écorchées, un microbe virulent, on peut contagionner l'organisme. Ainsi : une goutte de liquide purulent blennorrhagique mise sur l'œil occasionne une ophtalmie purulente et souvent la perte de cet organe en quelques jours.

On peut diviser les maladies contagieuses en deux : celles causées par les parasites, celles causées par les microbes.

Maladies parasitaires non microbiennes.

Les maladies parasitaires, comme leur nom l'indique, sont déterminées par un parasite, sorte de petit animal qui vit aux dépens d'un autre être.

Les parasites les plus communs en France sont : *le pou de la tête, du pubis, la puce* et *la punaise.*

Pour les éviter, il suffit de multiplier les soins de propreté de la tête et du corps (voir hygiène corporelle), d'avoir les cheveux courts, de porter du linge propre, de ne pas se servir de celui d'un camarade ni de ses objets de toilette.

La *gale* est une affection de la peau déterminée par la présence d'un parasite animal, *l'acarus* de la gale. Elle détermine des éruptions sur la peau et des démangeaisons très vives. Elle débute par les mains, les doigts et gagne tout le corps.

La gale se gagne surtout par le contact (1) et par la cohabitation avec une personne galeuse.

Pour se prémunir de la gale : éviter la cohabitation avec une personne atteinte de *gale* tant qu'elle ne sera pas guérie, que ses vêtements, ses draps de lit n'auront pas été soigneusement désinfectés.

D'autres maladies sont provoquées par la présence de *vers intestinaux* dans l'organisme humain. Le parasite est toujours introduit par des aliments.

Les larves qui se développent dans l'intestin de l'homme sous forme de *vers solitaires* y ont été introduites par l'ingestion de viande de porc (ténia).

La trichinose est une maladie qui se montre chez l'homme à la suite de l'absorption de viande crue et fraîche de porc.

L'anémie des mineurs est due également à la pénétration d'un parasite dans le tube digestif.

Dans d'autres cas ce sont les œufs des parasites qui pénètrent dans le tube digestif de l'homme avec l'eau de boisson, les légumes crus ou les fruits.

Pour ne pas contracter les maladies provoquées par l'ingestion des larves ou des œufs de différents vers intestinaux dans l'organisme, il ne faut manger les viandes qu'après une cuisson suffisante; ne consommer à l'état de

(1) Bonaparte attrapa la gale au siège de Toulon en maniant un écouvillon.

crudité aucun fruit, aucun légume qui n'ait été au préalable soigneusement lavé et surtout ne pas boire d'eau qui n'ait été longuement bouillie et filtrée.

Maladies microbiennes.

Les microbes sont des végétaux microscopiques ayant la forme de points ou de bâtonnets.

Il n'y a, aujourd'hui, qu'un petit nombre de maladies contagieuses : variole, scarlatine et rougeole dont on ne connaisse pas l'agent causal. Or, comme ce microbe peut, comme il a été exposé plus haut, se transmettre facilement, toutes les maladies microbiennes sont contagieuses. Mais les causes de ces maladies étant connues, on a cherché le moyen de les éviter. On appelle *prophylaxie* la manière de prévenir une maladie et de se préserver contre elle.

Il y a lieu, toutefois, de remarquer que les individus qui sont, en principe, les premiers atteints, qui offrent le meilleur terrain de culture de ces microbes, sont ceux qui sont fatigués, débilités par les privations (misère, manque de sommeil), ou les excès (musculaires, génitaux, intellectuels, etc.), les alcooliques, ou ceux qui vivent en commun dans les écoles et les casernes.

Nous allons étudier les principales de ces maladies :

Variole, petite vérole. — C'est la plus grave des fièvres éruptives. Elle est caractérisée par l'apparition successive de boutons. C'est surtout au visage que l'éruption est le plus marquée.

La variole est contagieuse à toutes les périodes de son évolution. mais surtout au début, au moment où les croûtes formées par les boutons se dessèchent.

Le virus de la variole est très tenace et reste longtemps fixé aux murs, sur les meubles.

La contagion indirecte se fait par le transport du germe variolique, par l'intermédiaire d'un individu, de linges souillés, etc.

On peut éviter la variole en se faisant vacciner. La vaccination et les revaccinations obligatoires (loi du 15 avril 1902) doivent fatalement aboutir à l'extinction de la variole. Au cas où on est contaminé, la désinfection soigneuse du malade, de sa chambre et de tous les objets (literie, etc.) qui y sont contenus est une mesure qui s'impose.

Scarlatine et rougeole. — Ce sont des fièvres dont le microbe est encore inconnu.

Elles sont éminemment contagieuses, même avant l'éruption des premiers symptômes extérieurs : taches rouges, etc... On cite des cas où la scarlatine a été transmise par des lettres, par des livres. Pour la rougeole, au contraire, le virus pénètre par les voies respiratoires, par le nez sous forme de poussière ténue et impalpable. Les fosses nasales sont ordinairement prises les premières.

La meilleure façon d'empêcher un malade de propager l'affection dont il est atteint, scarlatine ou rougeole, c'est d'empêcher qu'il n'ait de contact avec d'autres personnes.

Tuberculose. — Phtisie pulmonaire. — C'est une des maladies les plus répandues. Elle tue environ un septième de l'humanité (1).

Le lait des vaches tuberculeuses est l'agent de contagion le plus fréquent, aussi est-il recommandé de faire bouillir le lait avant de l'employer.

La tuberculose est très contagieuse, le mécanisme de la contagion est très simple. Il se fait par l'intermédiaire des crachats *desséchés* qui contiennent les bacilles, et qui très résistants, très vivaces, voltigent dans l'air avec les poussières et sont respirés par les personnes bien portantes. Les personnes atteintes de la poitrine, en toussant et en éternuant projettent des particules de salive qui contiennent des bacilles tuberculeux; si ces particules arrivent sur la figure ou les mains d'une personne saine, il y aura danger de contagion. Le baiser peut contagionner.

La précaution de ne pas cracher à terre, mais dans un crachoir ou dans un linge dont le contenu sera ébouillanté ou désinfecté, est la mesure prophylactique la plus importante. Cette prescription n'est pas encore suffisamment appliquée, on voit encore trop de personnes cracher par terre.

Par ce court exposé, on peut se rendre compte du nombre de bacilles qui voltigent dans l'atmosphère. On peut donc affirmer que tout le monde a respiré des bacilles tuberculeux. Mais pour que la graine germe, il faut que le terrain soit bon, or, il est nécessaire qu'il y ait une prédisposition pour que, sur le terrain que représente l'organisme humain, le bacille tuberculeux fructifie. L'alcoolisme joue encore dans cette maladie un rôle prépondérant. Il prédispose à la tuberculose, le bacille, arrivant sur un organisme usé, ne demande qu'à se développer.

Le balayage humide des parquets, l'utilisation de crachoirs surélevés remplis de poussière de coke ou de tout

(1) La dernière statistique montre que la cause principale de la mortalité en France est la tuberculose. Le pour cent a été en 1910 de 217 pour 100.000 habitants, au lieu de 160 en Allemagne. Le préjudice causé à la race française est d'autant plus grave que ce mal frappe surtout les hommes jeunes, à l'âge où ils devraient être une force pour la famille et la nation : sur 100 Français mourant de 20 à 39 ans, 42 meurent de tuberculose. Et les départements où l'on meurt le plus de tuberculose sont ceux où l'on boit le plus d'alcool.

autre produit, l'hygiène des habitations ouvrières et des ateliers assurée par plus d'aération, d'éclairage, telles sont les mesures prophylactiques à prendre pour vaincre cette terrible maladie.

Isolement du malade, séjour prolongé à la campagne, au grand air, sont les mesures à prendre lorsque le mal a déjà commencé son œuvre.

Diphtérie. — Maladie très contagieuse. Son microbe est connu sous le nom de bacille de *Loeffler*.

La diphtérie se manifeste dans l'arrière-gorge ou le larynx, ces deux parties se tapissent de fausses membranes, blanches, grises ou noires. L'obstruction du larynx amène la suffocation et l'asphyxie si les membranes ne disparaissent pas, ou ne sont pas rejetées dans un effort de toux.

Il existe un remède spécifique de la diphtérie qui est à la fois curatif et préventif, et qui est presque infaillible, c'est le sérum antidiphtérique de *Roux*, à condition d'être administré à temps.

Comme pour les autres maladies contagieuses, une désinfection rigoureuse s'impose dès qu'un individu a été atteint de diphtérie.

Fièvre typhoïde. — Maladie de durée assez longue, avec de fréquentes complications et dont le microbe — bacille d'*Eberth* — siège dans l'intestin de l'individu malade.

C'est en introduisant le bacille dans sa bouche, puis dans son estomac et dans son intestin, soit par l'eau souillée par des infiltrations de fosses d'aisance, soit par les doigts qui ont été en contact avec des malades, qu'un individu sain contracte la maladie.

Le lavage, la désinfection la plus rigoureuse des mains s'imposent pour toute personne qui approche un typhique.

D'autre part, comme l'eau potable est le véhicule ordinaire du bacille de la fièvre typhoïde, chaque fois qu'elle paraîtra suspecte ou en temps d'épidémie, il faudra faire bouillir l'eau et la filtrer.

On a découvert ces derniers temps un sérum préventif de la fièvre typhoïde qui a donné, paraît-il, de bons résultats.

Tétanos. — Maladie fort grave qui se contracte à la suite d'une plaie, écorchure, piqûre, etc., souillée par le bacille du tétanos, qui existe principalement dans la terre. Les plaies souillées par de la terre sont donc particulièrement dangereuses.

Pour se préserver de cette maladie, en cas de plaie, surtout si celle-ci a été en contact avec de la terre, injecter immédiatement du sérum de *Behring*.

Maladies vénériennes.

Pour préserver contre le péril vénérien un individu ou une collectivité, l'effort consiste soit à les mettre strictement à l'abri de la contagion par une abstention coutumière, soit à réduire les risques au minimum par une sage prévoyance. La première partie de ce programme constitue la prophylaxie morale des maladies vénériennes; elle vise à encourager la continence, c'est-à-dire la sécurité; l'autre peut s'appeler en propres termes : l'hygiène de la fonction sexuelle.

L'ignorance où sont laissés les jeunes gens de tout ce qui a trait à ces maladies, réputées honteuses, est un péril contre lequel on ne saurait trop réagir. On peut guérir de la syphilis, à condition qu'elle soit prise au début, qu'un traitement sérieux soit suivi; pour cela, il faut qu'elle soit connue au même titre que les autres maladies... Pour résumer cette question : c'est le dilemme d'une guérison probable, si les soins ont été précoces, ou bien le risque des plus lamentables misères, le mariage interdit ou criminel, si le traitement est nul, insuffisant ou tardif.

Contracter une maladie vénérienne n'est pas une faute, mais un malheur qu'il faut chercher à réparer le plus tôt possible. Donc, tout jeune homme atteint d'une lésion quelconque, même si elle paraît insignifiante doit consulter immédiatement le docteur de la famille. Attendre ne servirait qu'à aggraver le mal et retarder la guérison.

En tout cas ne pas écouter les racontars des camarades, n'accorder aucune créance aux réclames trompeuses qui remplissent la quatrième page des journaux ou qui tapissent les urinoirs publics, ne jamais s'adresser aux industriels soi-disant spécialistes qui les exploitent sans les guérir.

Hygiène à la caserne.

Chambrées.

Après le lever, et lorsque les hommes sont habillés, les chambres seront largement aérées. On ouvrira toutes les fenêtres d'un même côté.

Le *nettoyage à sec* des parquets est *rigoureusement proscrit.* Sur les planchers enduits de substance pulvérifuge on passera une étoffe de laine légèrement imprégnée du produit adopté. Les surfaces imperméables seront nettoyées à l'aide d'un faubert ou de la serpillière mouillée, en ayant soin de les rincer fréquemment dans de l'eau propre, afin de ne pas salir le sol.

Les *ordures* seront soigneusement recueillies et incinérées.

Le matin, au réveil, les lits seront découverts pendant

une heure au moins, les différentes parties de la fourniture étant successivement relevées et ployées au pied du lit.

Les draps qui auraient été salis accidentellement seront échangés, quelle que soit la date de la mise en distribution. Il en sera de même chaque fois que la fourniture passera d'un homme à un autre.

On évitera de faire sécher du linge ou des effets mouillés à l'intérieur des chambres habitées par les hommes.

Il est défendu de mettre du linge entre la paillasse et le matelas, de manger sur les lits, d'y déposer des aliments, de se coucher sur les lits avec la chaussure aux pieds, de fumer dans les chambres pendant la nuit, d'y cracher et d'y vider les pipes ailleurs que dans les crachoirs (1).

S'abstenir, autant que possible, de nettoyer et surtout de battre les effets dans les chambres.

Le fonctionnement des appareils à ventilation continue installés dans les chambres sera surveillé avec soin, surtout en hiver, lorsque les hommes sont enclins à en obturer les orifices. Mais il importe que ces appareils soient convenablement disposés pour ne pas incommoder les occupants. La contenance normale des chambres ne devra jamais être dépassée afin d'éviter l'encombrement. Les lits seront espacés de $0^{m},80$ et distants du mur de $0^{m},20$.

Pour éviter que les hommes souillent le parquet des chambres avec leurs chaussures, maculées de boue ou de poussière, on installera, au bas de chaque escalier, des *décrottoirs* et des *paillassons* dont ils devront faire usage. On leur recommandera, en outre, d'échanger, avant de pénétrer dans les chambres, les souliers qu'ils ont aux pieds contre des *chaussures de repos* qui seront placées sur des étagères ou dans des casiers spéciaux, à proximité de la chambre, mais en dehors d'elle.

C'est surtout pendant les grands froids qu'il faut veiller strictement à l'hygiène. Les hommes ayant une tendance à séjourner dans les chambres, on devra donc veiller spécialement à l'aération diurne de ces locaux.

Réfectoires.

Les réfectoires doivent être tenus avec soin; la propreté engage à la propreté. Les hommes doivent manger lentement en évitant de souiller les tables, le sol ou leurs vêtements.

La vaisselle doit être nettoyée avec des linges très propres.

On ne saurait trop recommander l'emploi d'appareils

---

(1) Des crachoirs garnis de poussière de coke sont placés dans les chambres pour cet usage.

permettant un nettoyage et une désinfection rapides de la vaisselle et des couverts, sans qu'il soit besoin de serviettes ou de torchons pour les sécher. On ne verrait plus alors les hommes emportant, après les repas, leur couvert dans leur chambre sans qu'il ait été nettoyé.

A défaut d'appareils mécaniques, il y a lieu de mettre à leur disposition une solution chaude de carbonate de soude, capable de dissoudre aisément les matières grasses.

La surface des tables doit être imperméable, de manière à permettre un lavage minutieux après chaque repas.

Cuisines.

Les cuisines doivent être aérées le plus possible et maintenues dans un état de propreté rigoureux. On évite la stagnation des eaux ménagères et des débris. Les ustensiles, les tables, le sol, le magasin aux vivres, sont l'objet d'une surveillance constante.

Corps de garde.

Le corps de garde doit être très largement aéré; le mobilier est tenu en bon état de propreté. En hiver, le feu est entretenu sans exagération, et le poêle est surmonté d'un bassin plein d'eau pour prévenir le dessèchement de l'air. Le chef de poste veille à ce que les hommes qui vont prendre la faction ne se groupent pas près du foyer, afin qu'ils ne soient pas surpris par un brusque refroidissment.

Salles de discipline.

Doivent être tenues très propres, aérées et lavées à grande eau tous les jours.

Lieux d'aisance.

Les locaux doivent toujours être très propres, ils doivent être lavés à grande eau tous les jours.

Chacun doit y laisser la place intacte, comme il désire la trouver.

Hygiène pratique.

Premiers secours à donner en cas d'accident (1).

> « Donnez les premiers secours, mais « appelez au plus vite un médecin ».
> « Vous avez à secourir, non à « soigner ».

Les jeunes gens qui font partie des sociétés de préparation militaire et de gymnastique plus que tous les autres,

(1) Ces conseils sont donnés par la Société française de Secours aux blessés militaires (Paris, 19, rue Matignon).

pouvant être appelés au cours de leurs promenades à se blesser, à secourir un camarade, ou même un individu quelconque, il convient qu'ils connaissent les moyens à employer et les premiers soins à donner en cas d'accident.

Règles générales en présence d'un malade ou d'un blessé

Se rappeler que le *premier secours* doit avoir pour but principal *d'opérer le transport du malade sans risquer d'aggraver son état.*

1° *a.* — S'IL EST SANS CONNAISSANCE : Ne jamais chercher à le mettre debout ou à le faire asseoir; s'abstenir même de lui soulever la tête.

Le laisser étendu horizontalement à terre, la tête aussi basse que possible. S'il y a urgence, le transporter dans la position horizontale, la tête plutôt plus basse que les pieds.

b. — SI LE MALADE OU LE BLESSÉ N'A PAS PERDU CONNAISSANCE : Se renseigner auprès de lui sur les causes de son malaise ou de son accident et sur le siège de ses souffrances.

2° S'IL Y A APPARENCE D'IMPOTENCE D'UN MEMBRE INFÉRIEUR : Ne pas chercher à le faire marcher ni même à le faire tenir debout.

S'il y a apparence de fracture d'un membre (V. ce mot): Immobiliser le membre au préalable, avant de transporter le blessé.

3° S'IL Y A HÉMORRAGIE : Il faut s'efforcer de l'arrêter immédiatement (V. ce mot).

4° S'IL Y A UNE PLAIE : La panser immédiatement (V. ce mot).

5° SI LE MALADE A DES CONVULSIONS (épilepsie) : Desserrer les vêtements; écarter de lui les objets qui pourraient le blesser; attendre, si possible, la fin de la crise pour le transporter.

6° S'IL A DES FRISSONS : Le réchauffer au moyen de boules, de briques chaudes, de couvertures, de frictions avec des serviettes chaudes.

7° S'IL A DES VOMISSEMENTS : Ne lui donner aucune boisson et placer des serviettes chaudes sur la région de l'estomac.

Songer à la possibilité d'un empoisonnement (V. ce mot) et se renseigner en conséquence.

Faire chercher de suite le médecin dans tous les cas.

TRACTIONS DE LA LANGUE. — 1° Desserrer les dents, tenir les mâchoires écartées au moyen d'un bouchon placé entre les dents.

2° Saisir la langue à l'aide d'un mouchoir ou d'une compresse. L'attirer au dehors par des mouvements de va et vient réguliers : *vingt fois par minute.*

RESPIRATION ARTIFICIELLE. — Coucher le malade, dégager le cou, la poitrine. Se placer en arrière.

1° Saisir les bras à la hauteur des coudes, les tirer en haut et en arrière jusque sur les côtés de la tête : deux secondes pour l'inspiration.

2° Ramener les coudes à la base du thorax en les pressant fortement. Expiration : deux secondes.

Répéter ces mouvements *quinze à vingt fois par minute.*

PANSEMENT. — Un pansement complet se compose : 1° D'un morceau de gaze stérilisée; 2° d'un tampon de ouate; 3° d'un carré imperméable (toile cirée ou caoutchoutée); 4° d'une bande de toile et d'épingles anglaises.

Mode d'emploi : Placer au contact de la plaie le morceau de gaze stérilisée, appliquer dessus le tampon de ouate, entourer le tout avec le carré imperméable, maintenir le pansement à l'aide de la bande de toile et des épingles anglaises.

RELÈVEMENT D'UN BLESSÉ. — Le membre atteint étant immobilisé, deux personnes devront soulever le blessé.

La première soutiendra le membre blessé pendant que la seconde soutiendra le corps (V. Fractures).

Pour déposer le blessé, le membre atteint sera déposé *le dernier.*

TRANSPORT D'UN BLESSÉ. — BRANCARDS IMPROVISÉS. — On peut improviser un brancard avec une échelle, une rallonge de table, une planche quelconque, en matelassant ces brancards de fortune avec des sacs, des vêtements, des couvertures, soit même du foin et de la paille si on est en pleine campagne.

Si on a sous la main deux manches à balai ou deux bâtons, enfiler ces bâtons dans les manches d'une veste et fermer la veste à l'aide des boutons.

PLAIES. — Toute plaie est une porte d'entrée pour les microbes.

Secours. — Se laver les mains, puis laver soigneusement la plaie et badigeonner dans toute son étendue et sur les bords avec un tampon de gaze imprégné de teinture d'iode *fraîche.*

Appliquer ensuite un pansement sec.

CONTUSIONS. — *Causes.* — Lésion interne produite par un choc, une violence quelconque, *sans plaie extérieure.*

Symptômes. — Douleur. Ecchymose ou tache violet foncé, devenant quelques jours après brunâtre, verdâtre.

Secours. — Compresse d'eau froide, compression légère avec de l'ouate et une bande.

CONTUSIONS A LA TÊTE. — *Symptômes.* — Agitation. Pupilles contractées. Difficulté de parler. Souvent perte de connaissance.

Secours. — Compresses froides ou glacées sur la tête. Frictionner les jambes. Appliquer des sinapismes pour y rappeler le sang.

Peuvent être très graves. Faire coucher le malade, immobilité absolue.

Même dans les cas les plus légers en apparence, faire appeler immédiatement le médecin.

LUXATIONS. — *Causes.* — Une luxation est un déplacement d'articulation. — Mouvements impossibles à faire, etc. — Vive douleur.

Secours. — Compresses froides sur l'articulation. — Prévenir le médecin, dont la venue est urgente.

ENTORSES. — *Causes.* — Résultat de chutes, d'un faux mouvement. — Les ligaments de l'articulation sont déchirés. — Plus fréquentes au cou-de-pied et au poignet.

Symptômes. — Au moment de l'accident, douleur très vive et chaque fois qu'on veut imprimer des mouvements à la jointure ou qu'on appuie sur elle.

Gonflement plus ou moins considérable, puis ecchymose.

Secours. — 1° Par la *compression*, arrêter l'épanchement sanguin;

2° Par le *massage*, favoriser la résorption du sang;

3° Par le *repos absolu* du membre, favoriser la soudure des ligaments, puis appliquer un bandage légèrement compressif.

Bain de pied chaud à 45°.

FRACTURES. — Une fracture est toujours une lésion grave qui nécessite la présence du chirurgien. Mais, en attendant son arrivée, il importe de soulager le blessé et d'empêcher une aggravation.

Secours. — Immobiliser immédiatement le membre à l'aide d'une simple planchette de bois, à l'aide d'une règle, d'une latte que l'on matelasse avec du coton, de la paille ou du foin.

S'il s'agit du membre inférieur, attacher simplement le membre blessé contre le membre sain. (V. *Brancards.*)

SAIGNEMENT DE NEZ. — *Causes.* — Se constate au début de certaines fièvres. — Après travail intellectuel trop long. Séjour dans une pièce trop chaude. — Congestion.

Symptômes. — Sensations de picotements dans les fosses nasales. Ecoulement de sang goutte à goutte. S'arrête le plus souvent de lui-même.

Secours. — Se tenir assis, la tête droite, à l'air frais, glace sur le front. Elever le bras du côté de la narine qui saigne. Injections d'eau très chaude dans le nez.

Eviter de se moucher.

HÉMORRAGIES. — Une hémorragie est une perte de sang.

L'hémorragie dite artérielle est celle qui vient d'une artère : le sang est rouge vermeil et s'échappe en jets saccadés.

Secours. — Il faut agir immédiatement en comprimant le point qui saigne avec les doigts garnis d'une compresse, d'un mouchoir. Serrer fortement le membre avec un lien (mouchoir, serviette) noué au-dessus de la blessure.

L'hémorragie peut être veineuse : — Le sang est alors rouge foncé et s'écoule d'une façon continue, sans jet saccadé.

Secours. — Tamponner la plaie à l'aide de mouchoirs ou de compresses et placer un lien au-dessous de la plaie.

Si l'*hémorragie est capillaire* elle cédera à la simple compression faite sur la plaie même.

SYNCOPE OU ÉVANOUISSEMENT. — *Causes.* — Fatigue. — Emotions. — Impressions pénibles, physiques, ou psychiques chez les nerveux. — Hémorragies. — Maladie du cœur.

Symptômes. — Perte de connaissance. — Chute. — Arrêt ou, tout au moins, affaiblissement considérable de la respiration et des battements du cœur. — Pouls imperceptible. — Pâleur de la face. — Refroidissement des mains et des pieds.

La *défaillance* est une tendance à la syncope, sans perte complète de connaissance.

Secours. — 1° Etendre le malade la tête basse;

2° Donner de l'air, éloigner les personnes inutiles.

3° Desserrer les vêtements au niveau du cou, du thorax, de l'abdomen.

4° Compresses chaudes sur la région du cœur, frictions sèches sur la poitrine, flagellations froides sur le visage (surtout chez les nerveux).

5° Dans les cas graves, respiration artificielle et tractions rythmées de la langue. (V. ces mots.)

6° Quand le malade commence à revenir à lui, lui faire prendre un cordial, grog, quelques gouttes d'éther.

PIQURES D'ÉPINES. — *Secours.* — Enlever l'épine avec une pince, faire saigner la plaie en la pressant, la laver soigneusement et la passer à l'iode.

Préserver de la poussière par du taffetas d'Angleterre.

Si la piqûre reste douloureuse, la montrer au médecin, de crainte d'infection.

PIQURES DE GUÊPES ET D'ABEILLES. — *Causes.* — Introduction de l'aiguillon d'un de ces insectes dans la peau ou dans une muqueuse.

Symptômes. — Rougeur. Douleur cuisante. La gravité *augmente par la multiplicité des piqûres.*

Secours. — Recommander au malade de ne pas se gratter. Lotions d'eau froide salée, d'eau de Cologne ou de quelques gouttes d'ammoniaque. Si on le voit, enlever l'aiguillon resté dans la plaie.

La piqûre d'une guêpe à l'intérieur de la bouche est presque toujours grave. *Appeler un médecin.*

MORSURE PAR UN ANIMAL ENRAGÉ (chien ou chat) OU SUSPECT DE L'ÊTRE. — Placer immédiatement un lien très serré au-dessus de la plaie. Laver celle-ci très abondamment avec de l'eau bouillie chaude, de l'alcool, la toucher à la teinture d'iode. Introduire dans la plaie l'extrémité d'un fil de fer rougi au feu.

Diriger, le plus promptement possible, le malade sur l'institut antirabique le plus proche.

MORSURES DE VIPÈRES. — La vipère est de couleur rouge-brun avec taches, la queue très courte; ne dépasse pas 60 centimètres de longueur.

Symptômes. — La plaie, avec l'empreinte des deux dents venimeuses, saigne peu. — Douleur cuisante. — Gonflement qui gagne le membre entier.

Une heure ou deux après la morsure, le blessé devient faible avec oppression et angoisse, nausées, vomissements, la peau jaunit, sueur froide.

Secours. — Avant toute chose, empêcher le venin de passer dans la circulation et de déterminer un empoisonnement général.

Serrer fortement le membre avec un lien quelconque, un mouchoir noué *au-dessus* de la plaie.

SECOURS AUX EMPOISONNÉS. — *Symptômes.* — Lorsqu'une personne bien portante voit tout à coup, après un repas ou l'ingestion d'une substance quelconque, survenir des vomissements, de violentes douleurs d'estomac ou d'intestins, du délire même, on peut *soupçonner* un empoisonnement, et, dans ce cas, il y a toujours nécessité d'agir.

Secours. — Débarrasser du poison en faisant vomir, soit en chatouillant le fond de la gorge avec une plume, soit en avalant 5 ou 10 centigrammes d'émétique dans un verre d'eau en plusieurs fois. — Cataplasmes sur le ventre.

ANTIDOTES EN CAS D'EMPOISONNEMENT. — En cas d'empoisonnement il faut toujours *agir immédiatement* et réclamer en même temps d'urgence la présence du médecin. En attendant celui-ci, il faut s'attacher à ranimer le malade, activer la circulation (boules chaudes, frictions).

On peut employer l'*eau albumineuse* préparée avec 4 blancs d'œufs par litre d'eau. L'huile d'olive, l'eau albumineuse protègent les parois de l'estomac contre l'action des substances irritantes. Voir un médecin qui indiquera le contre-poison utile.

Règle générale. — Les empoisonnements par les acides seront combattus par les alcalins, et les empoisonnements par les alcalins seront combattus par les acides.

EMPOISONNEMENT PAR LES CHAMPIGNONS. — Antidote : Belladone, lait.

EMPOISONNEMENT PAR LES MOULES. — Dix gouttes d'ammoniaque dans un grand verre d'eau. — Thé. — Café chaud.

EMPOISONNEMENT PAR LE PHOSPHORE. (Mort aux rats). — Boisson albumineuse avec magnésie. — Eviter de donner de l'huile. — Eau vinaigrée : 100 grammes de vinaigre par litre d'eau.

ASPHYXIE. — *Submersion. — Obstruction des voies respiratoires par un corps étranger. — Milieu extérieur impropre à la respiration.*

1° Par présence de gaz délétères.

Causes. — Oxyde de carbone dégagé par des poêles ou des cheminées tirant mal, gaz provenant des fosses d'aisances, des cuves à fermentation, de certaines fissures du sol.

2° Par suite de raréfaction d'air (hautes altitudes, respiration d'un air confiné).

Symptômes. — Angoisse, agitation, parfois délire. Teinte violacée de la face. Ralentissement puis arrêt de la respiration et perte de la connaissance.

Secours. — (Voir numéro 210 du Règlement d'éducation physique). — Porter le malade à l'air, l'étendre, desserrer les vêtements. — Frictions sur tout le corps. — Sinapismes sur les jambes.

Surtout : Tractions de la langue et respiration artificielle (V. ces mots).

CORPS ÉTRANGERS DANS LE NEZ, LES YEUX, LES OREILLES. — *Yeux.* — Ne jamais frotter l'œil, mais le tenir fermé. Saisir la paupière supérieure et la ramener au-dessus de la paupière inférieure, dont les cils entraîneront les corps étrangers.

L'eau tiède, sous les paupières, enlèvera les poussières ténues.

Nez, oreilles. — Ne pas employer d'instruments, ni d'éponge. Faciliter la sortie par l'application d'un corps gras.

Larynx. — « Avaler de travers » veut dire qu'un corps étranger a pénétré dans les voies respiratoires. Provoquer un vomissement et appeler le médecin.

IVRESSE. — *Symptômes.* — Odeur alcoolique de l'haleine. — Respiration bruyante. — Peau froide. — Pupilles dilatées.

Secours. — Eau fraîche à la tête. — Pour provoquer le vomissement, faire avaler un verre d'eau auquel il aura été ajouté une cuillerée à café d'ammoniaque. — Ensuite café ou thé.

BRULURES. — *1er degré.* — Rougeur et gonflement de la peau. Si le brûlé souffre trop, appliquer de la vaseline stérilisée.

2e degré ou *vésication.* — Formation de vésicules remplies de sérosité.

Fendre délicatement ces vésicules à l'aide de ciseaux flambés, mais ne pas enlever la pellicule; appliquer ensuite de la vaseline et des compresses de gaze stérilisées.

3e degré ou *escharification.* — Destruction des tissus jusqu'aux os.

En attendant le médecin, faire un pansement humide pour calmer la douleur.

Pour soigner les brûlures, une grande propreté est indispensable.

LE FEU AUX VÊTEMENTS. — Dès que l'on s'aperçoit que le feu a pris à ses vêtements, se coucher immédiatement par terre, ramper vers la porte ou la sonnette pour demander du secours.

Ne jamais courir, le courant d'air activant la flamme.

Chercher à étouffer la flamme en s'enveloppant dans une couverture, un rideau, un tapis, etc.

QUESTIONNAIRE

Hygiène corporelle.

Qu'est-ce que l'hygiène?
Quel est son but?
Composez une leçon de gymnastique de dix minutes.
Quels sont les soins journaliers à donner au corps?
Quels sont les soins particuliers à donner au corps?
Quels sont les soins particuliers à donner aux pieds?

Hygiène du vêtement.

Quelles conditions doivent remplir les vêtements?
A quoi sert le linge de corps?
Quelles sont les qualités des vêtements de dessus?
Quelles conditions doit remplir la coiffure?
A quoi servent les gants?
Quelles sont les qualités d'une bonne chaussure?

Hygiène de l'alimentation.

Quel est le rôle de l'alimentation?
A quoi l'homme a-t-il recours pour se nourrir?
Que doit contenir un aliment complet?
Combien doit-on faire de repas par jour?
Comment les aliments doivent-ils être pris?
Comment doivent être composés les repas?
Quels sont les meilleurs adjuvants de la digestion?

Des boissons.

Parler de l'eau, des boissons hygiéniques, fermentées et distillées.

Hygiène de l'habitation.

Quelles conditions doit remplir une bonne habitation?
Combien de pièces au minimum doit avoir une habitation?
Comment doivent être tenus les appartements?
Comment doit être tenu l'ameublement?
Comment les appartements doivent-ils être chauffés? éclairés?

Hygiène collective.

Quel est le caractère des maladies contagieuses?
Quels sont les différents modes de pénétration dans l'organisme des microbes?
Qu'entend-on par maladie parasitaire ou microbienne?
Qu'est-ce que la gale?
Des maladies ne sont-elles pas provoquées par la présence de vers intestinaux?
Qu'entend-on par maladie microbienne?
Quelles sont les principales maladies microbiennes?
Que savez-vous sur la tuberculose? sur la fièvre typhoïde?

Hygiène à la caserne.

Comment doivent être tenues les chambrées? les réfectoires? les cuisines? le corps de garde? les salles de discipline? les lieux d'aisance?

Ouvrages à consulter :

Cours d'hygiène pratique, par le capitaine A. Weiller. — *Etude de l'être humain*, par le capitaine Mairetet. — *Mon système*, par J. P. Muller. — *Ce qu'il faut savoir d'hygiène*, par les docteurs Wurtz et Bourgès. — *L'officier hygiéniste*, par le docteur C. Legrand.

ANATOMIE ET PHYSIOLOGIE (1)

Les exercices prescrits par le règlement sur la gymnastique devant aboutir au développement de l'organisme humain, il est impossible de comprendre l'utilité et le mécanisme de ces mouvements si l'on ne possède des notions sommaires d'anatomie et de physiologie.

Le corps humain se compose de parties dures : les os formant le squelette, et de parties molles, les chairs ou muscles.

Une membrane extérieure appelée peau les entoure et les relie.

Pour faciliter l'étude du corps humain, on le divise en trois parties principales :

1° Tête : *Crâne* renfermant le cerveau et divers organes des sens : vue, ouïe, odorat, goût;
Face;

2° Tronc : *Cou* qui relie la tête au tronc,
Poitrine ou thorax (logement du cœur et des poumons),
Ventre ou *abdomen* (logement de l'appareil digestif),
Dos;

3° Membres : *Supérieurs* (épaules, bras, avant-bras, mains),
Inférieurs (hanches, cuisses, jambes, pieds).

Les membres constituent les organes du mouvement, les membres supérieurs servent à la préhension des objets, les inférieurs à la locomotion.

Le corps humain se compose de deux ordres d'organes :

1° Les uns sont chargés d'élaborer les matières indispensables à la vie de tout être animé : ce sont les *organes dits de nutrition.*

2° Les autres servent à assurer à l'organisme sa mobilité, à le mettre en relation avec le milieu qui nous entoure : ce sont les *organes dits de relation.*

Les organes concourent à un but physiologique déterminé que l'on appelle la fonction. Ex. : les organes respiratoires, les poumons, servent à la fonction respiratoire.

L'étude des organes se nomme l'anatomie; celle des fonctions la physiologie.

---

(1) Pour cette partie, nous nous sommes servis surtout des ouvrages du docteur Coudeyras et du capitaine Mairetet.

Organes et fonctions de nutrition.

Comparable à une machine, le corps a besoin pour vivre de brûler, en guise de combustible, les aliments qu'il absorbe. Pour brûler, la présence d'un gaz est nécessaire. C'est sous l'action de l'oxygène de l'air que s'opèrent la combustion et les transformations chimiques des aliments.

Le sang, liquide de couleur rouge, recueille les principes vivifiants apportés par les aliments et l'air, il les distribue ensuite aux divers tissus. Des organes spéciaux expulsent à l'extérieur les déchets de cette combustion.

C'est l'ensemble de ces opérations qui, en empruntant les appareils de *digestion*, de *circulation*, de *respiration*, constituent les fonctions de *nutrition*.

Digestion.

Pour subsister, l'homme doit s'alimenter; la digestion est la fonction qui a pour but de rendre liquides les aliments plus ou moins solides que l'homme absorbe, de les transformer pour permettre aux principes vivifiants qu'ils renferment de passer dans le sang et de s'incorporer à nos tissus.

Mastication. — Les aliments sont introduits dans la bouche, pour être mastiqués au moyen des mâchoires, de la langue, du palais et des glandes salivaires dont la bouche est pourvue.

Ils sont humectés par la salive qui leur fait subir une première transformation pour les rendre solubles.

Une mastication complète est la condition primordiale d'une bonne digestion.

Déglutition. — Après cette première opération, les aliments pénètrent dans le *pharynx* ou arrière-gorge; puis dans un conduit : l'*œsophage*, qui les amène à l'estomac.

L'opération d'avaler les aliments constitue la *déglutition*.

Digestion. — La digestion proprement dite comprend la digestion stomacale et la digestion intestinale.

Digestion stomacale. — L'estomac est une vaste poche où les aliments sont mis en présence du *suc gastrique* qui fait subir aux aliments une deuxième transformation.

Le *suc gastrique*, étant très acide, transforme le produit de la mastication en une pâte liquide grisâtre appelée *chyme*.

Cette opération dure environ 4 à 5 heures.

Digestion intestinale. — Le *chyme* est chassé ensuite dans l'intestin.

L'intestin se compose de 2 parties : l'intestin grêle qui a une longueur d'environ 8 mètres et un diamètre de 3 centimètres, et le gros intestin qui prolonge l'intestin grêle sur une longueur de 1m,50 mais d'un diamètre beaucoup plus grand.

Dans l'intestin grêle, le *chyme* subit l'action de plusieurs sucs :

Le suc entérique, sécrété par l'intestin;

La bile, sécrétée par le foie;

Le suc pancréatique, sécrété par le pancréas, qui achève la digestion

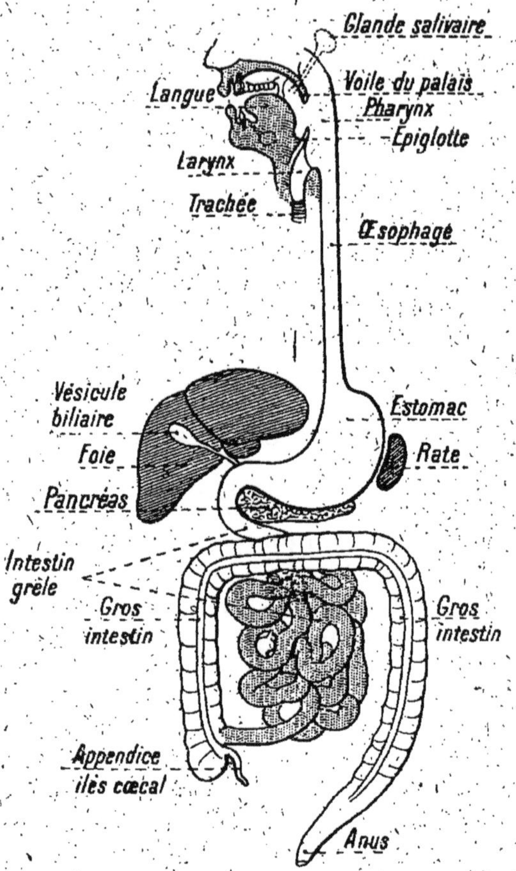

Appareil digestif (schéma).

Le chyme devient un liquide laiteux appelé *chyle*.

Les parties nutritives pénètrent dans le sang, grâce aux *villosités*, sortes de petites racines, au nombre de plusieurs millions, qui absorbent les matières digérées, comme les racines d'une plante absorbent de l'eau.

Les résidus de la digestion sont expulsés sous le nom d'*excréments* ou de *matières fécales*.

Respiration.

La respiration a pour but d'introduire de l'*oxygène* dans l'organisme, gaz qui a la propriété particulière de brûler les matières avec lesquelles il se combine.

Mais, en brûlant, les aliments développent non seulement de la chaleur mais ils produisent un gaz (le gaz acide carbonique) nuisible à la vie et à la combustion elle-même.

Le rôle de la respiration consiste donc à introduire dans le corps humain la quantité d'oxygène nécessaire à la combustion des aliments, et à expulser le gaz acide carbonique, déchet de cette combustion.

Cette double fonction est remplie par l'*appareil respiratoire*.

Organes de la respiration. — *Les fosses nasales, le larynx, la trachée artère, les bronches, les poumons.* Ceux-ci sont l'organe essentiel de la respiration.

Mécanisme de la respiration. — Le mouvement respiratoire comprend deux temps : l'*inspiration* et l'*expiration*.

Inspiration. — L'air est introduit dans l'organisme au moment où la poitrine se dilate : c'est l'inspiration. Il passe d'abord dans le *nez* — (la respiration normale se fait par le nez et non par la bouche) —; puis dans l'*arrière gorge;* le *larynx*, organe de la voix; la *trachée*, les *bronches* et arrive dans les *poumons*.

Les poumons sont au nombre de deux, le droit et le gauche. Dans les poumons, l'air se trouvant en contact avec le sang se combine avec lui, lui cède son excédent d'oxygène, et le sang, enrichi, se débarrasse de son acide carbonique.

Expiration. — L'air ainsi chargé d'acide carbonique est expulsé du corps par la contraction : c'est l'expiration.

« Influence de l'exercice sur la respiration. — L'effet « immédiat de l'exercice sur la respiration est de faire « naître l'essouflement. Les effets à distance de l'exercice « ont pour résultat d'accroître définitivement la fonction « respiratoire. La respiration devient plus lente, mais « plus profonde, l'air pénètre dans tous les lobules; à « l'extérieur, on remarque un accroissement de la cage « thoracique.

« Les bénéfices tirés de ce développement de la fonc- « tion respiratoire, sont d'une importance sans égale; « la vigueur d'un homme est relative à la puissance de « ses poumons, aussi ne saurions-nous trop recomman- « der les exercices respiratoires de la méthode suédoise,

« qui ont pour but d'éduquer les mouvements respira-
« toires, d'exercer les poumons, comme on exerce les

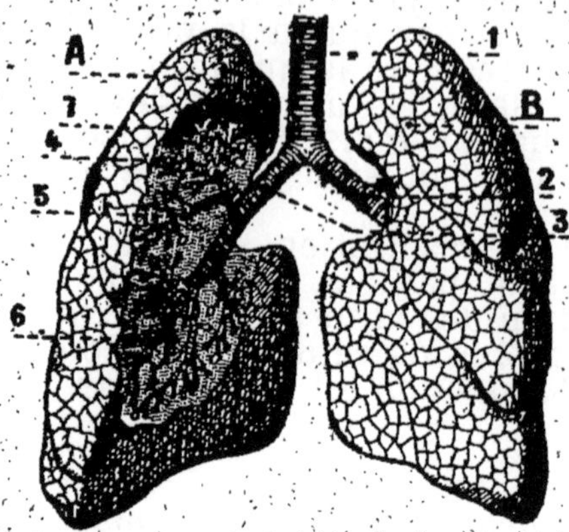

1. *Trachée-artère.*
2. *Bronche gauche.*
3. *Bronche droite.*
4. *Ramifications bronchiques du lobe supérieur.*
5. *Ramifications du lobe moyen.*
6. *Ramifications du lobe inférieur.*
7. *Lobules.*

A B *Poumons.*

Appareil respiratoire (schéma).

« autres parties du corps, car, fait qui peut surprendre, « peu d'hommes savent d'instinct tirer parti de toute « l'étendue de leur champ respiratoire. » (Coudeyras.)

Circulation.

La circulation est la fonction qui a pour but de mettre en contact le liquide nourricier, *le sang*, avec toutes les parties de l'organisme.

Le sang. — Le sang est un liquide de couleur rouge composé d'une partie liquide : le *sérum*, et de corpuscules microscopiques en nombre considérable : les *globules rouges et blancs.*

Les *globules rouges* sont chargés du transport de l'oxygène, *les globules blancs*, moins nombreux que les rouges, portent aux tissus cellulaires les éléments provenant de la nutrition.

Les *globules blancs* ont en outre la propriété de lutter contre les *microbes* dont l'organisme peut être infecté; si, dans cette lutte, les microbes sont victorieux, les globules blancs meurent et deviennent le pus des furoncles, des abcès, etc.

Appareil circulatoire. — Il comprend un organe de propulsion, *le cœur* et un système de canaux composé par *les artères, les veines, les vaisseaux capillaires.*

Le cœur. — Le cœur est un organe creux, gros comme un poing, de la forme d'une poire, de nature musculaire. Il est divisé en deux cavités n'ayant entre elles aucune communication : le cœur droit et le cœur gauche. Chacune de ces cavités se divise elle-même en deux compartiments : l'*oreillette* (droite ou gauche) sorte de vestibule où afflue le sang, et le ventricule (droit ou gauche), dont les parois musculaires puissantes projettent, par leur contraction le sang, dans les canaux ou vaisseaux.

Mécanisme de la circulation (trajet du sang). — Arrivant des poumons purifié et chargé d'oxygène, le *sang rouge* pénètre dans l'oreillette gauche, de là dans le

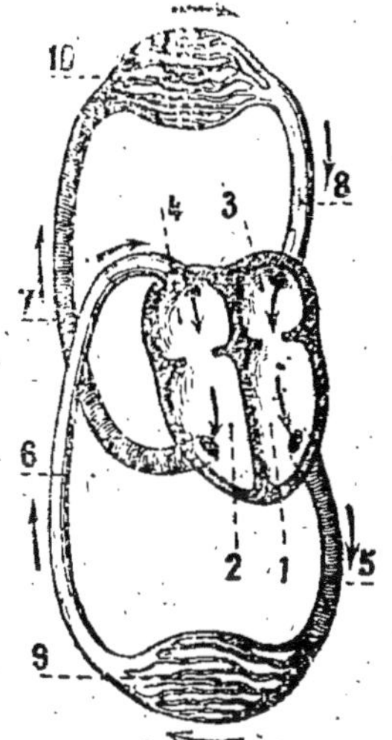

1. *Ventricule gauche.*
2. *Ventricule droit.*
3. *Oreillette gauche.*
4. *Oreillette droite.*
5. *Artère aorte.*
6. *Veine cave, aboutissant de toutes les veines de la grande circulation.*
7. *Artère pulmonaire.*
8. *Veine pulmonaire.*
9. *Vaisseaux capillaires de la grande circulation.*
10. *Vaisseaux capillaires du poumon.*

Appareil circulatoire (schéma).

ventricule gauche; une contraction (battement du cœur) le chasse dans l'*artère aorte* qui le répand par un grand nombre de ramifications dans tout le corps, il traverse ensuite les *capillaires* et retourne au cœur — *oreillette droite* — par les *veines* (sang noir).

Ce trajet est appelé : *grande circulation.*

Le sang noir, par la pression, passe dans *le ventricule droit*, une contraction du cœur l'expulse sur le poumon par l'*artère pulmonaire.*

Dans les poumons, le sang noir se débarrasse de son acide carbonique, se combine avec l'oxygène de l'air, se purifie, redevient vermeil, retourne au cœur (oreillette droite) purifié par les veines pulmonaires.

Ce trajet est appelé : *petite circulation.*

« INFLUENCE DE L'EXERCICE SUR LA CIRCULATION. — L'exercice « produit une accélération de la circulation, ce dont on « peut s'apercevoir facilement, en comptant les batte- « ments du cœur, ou en tâtant le pouls) (140 à 150 pulsa- « tions, au lieu de 60 à 80 au repos). Cette accélération de « la circulation est favorable aux organes; elle met à « leur disposition un sang plus abondant et plus frais.

« Par la pratique de l'exercice, le cœur s'habitue à « rester calme pendant les mouvements; si, au lieu d'ar- « river à ce résultat graduellement, on surmène le cœur « par des exercices exagérés, il devient gros; c'est l'hyper- « trophie du cœur; cet organe, logé à l'étroit dans la poi- « trine, fonctionne mal. Avec l'âge, le cœur perd de sa « résistance, aussi les vieillards ne doivent pas se livrer « à des exercices intensifs. » (Goudeyras.)

Organes et fonctions de relation.

L'être humain, les animaux, diffèrent des plantes non seulement par la manière dont la vie végétative s'exerce, mais surtout par la possession de certaines facultés dont les plantes ne sont pas douées et au moyen desquelles des rapports d'un ordre particulier sont établis entre ces êtres et le monde extérieur. Ils ont la faculté de *sentir* les impressions produites sur eux par les agents qui excitent leurs organes; ils ont la faculté de se mouvoir et leurs mouvements peuvent être déterminés par une puissance intérieure; la *volonté.*

On appelle donc d'une manière générale *fonctions de relation* les actes physiologiques par lesquels ces aptitudes ainsi que d'autres aptitudes plus ou moins analogues se manifestent. Chez l'homme, toutes ces facultés sont sous la dépendance d'un appareil particulier appelé le *système nerveux.*

L'être humain entre donc en relation — en communication — avec la vie physique extérieure par les impressions physiques *ou fonction de sensibilité* et par le mouvement *fonction de locomotion.*

La fonction de sensibilité s'exerce par les organes des sens : *la vue, l'ouïe,* le *toucher*, l'*odorat*, le *goût*, auxquels il faut ajouter la *parole* qui permet à l'homme de communiquer avec ses semblables ses impressions, sa volonté.

La fonction de locomotion s'exerce par les organes du mouvement : le *squelette*, les *muscles*, les *nerfs*.

Système nerveux.

Le système nerveux est le siège des sensations physiques, de l'intelligence, de l'instinct. Il préside aux fonctions de la vie de relation et aux actes de la vie organique.

Il se compose des centres nerveux et des nerfs.

Les centres nerveux comprennent le *cerveau* et le *cervelet* logés dans la boîte crânienne, la *moelle épinière* contenue dans le canal de la colonne vertébrale.

Du cerveau et de la moelle partent les nerfs, cordons blanchâtres, qui se ramifient dans toutes les parties du corps.

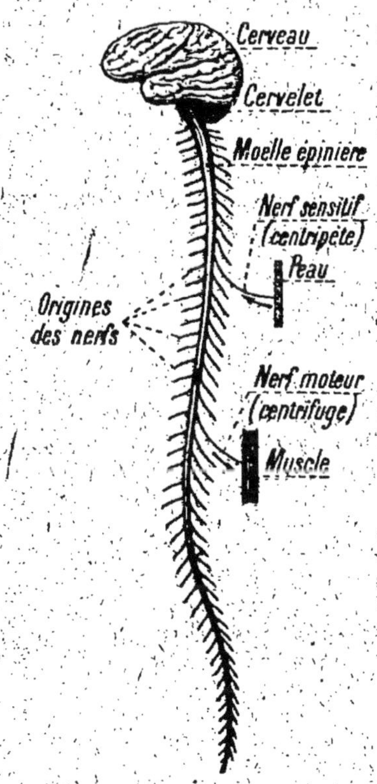

Schéma de l'appareil nerveux.

Cerveau. — C'est le siège de l'intelligence, de la pensée, de la mémoire, de la volonté. Les mouvements dictés par le cerveau sont conscients et volontaires.

Moelle épinière. — Commande les mouvements qui se font à l'insu de notre volonté, les mouvements habituels, automatiques, tels que la marche, l'écriture, etc.

Nerfs. — Sont de deux ordres :

Les *sensitifs* chargés de transporter aux centres nerveux les sensations diverses.

Les *moteurs* qui agissent sur les muscles et en déterminent la contraction.

Fonction de sensibilité.

Les organes par lesquels l'esprit saisit, perçoit les sensations ou les phénomènes produits par le monde extérieur sont les sens.

Les sens sont : la vue, l'ouïe, le toucher, l'odorat et le goût dont les yeux, les oreilles, le nez, le palais et la langue sont les organes. L'organe du tact réside sur toute la surface du corps, et particulièrement à la partie interne de la main. Le tact est spécialement approprié aux corps solides; le goût aux substances humides ou liquides; l'odorat, aux vapeurs et exhalaisons; l'ouïe aux ébranlements de l'air; la vue, à la lumière : ainsi se fait une progression successive de plus en plus délicate perceptible à ces sens. Il en résulte que le tact et le goût n'aperçoivent que des substances en contact immédiat, quoique le goût démêle déjà des molécules très fines; l'odorat juge ensuite des corps plus éloignés; l'oreille, en perçoit, par les bruits ou les sons, de plus écartés encore, et la vue enfin s'étend à la distance immense des étoiles et par ce moyen agrandit infiniment la sphère de nos idées.

La vue. — Cette fonction est remplie par l'*œil* qui correspond au cerveau par le *nerf optique.*

Des organes protègent l'œil et le font mouvoir : les sourcils servent à modérer l'action d'une lumière trop vive; les paupières, sortes de voiles mobiles tendus sur l'œil, la protègent pendant la nuit et facilitent par leurs mouvements, l'écoulement des larmes vers les points lacrymaux; *les cils*, qui garnissent leurs bords libres, empêchent que des corps légers voltigeant dans l'atmosphère, ne se fixent sur la conjonctivité et n'occasionnent ainsi de l'irritation; les muscles moteurs le font mouvoir.

Mécanisme de la vision. — L'œil peut être comparé à la chambre noire d'un appareil photographique. Les rayons lumineux viennent peindre sur la rétine les objets extérieurs, impressions aussitôt transmises par le nerf optique au cerveau qui les juge, les combine et les apprécie.

La rétine présentant une surface étendue et pouvant

ainsi se mettre en contact avec une grande quantité de rayons lumineux, nous acquérons ainsi la faculté de considérer une multitude d'objets : c'est ce qu'on appelle *le champ de la vision.*

D'autre part, l'appareil de la vision possède la faculté merveilleuse de se mettre instantanément au point pour percevoir distinctement des objets placés à des distances différentes : c'est ce que l'on nomme *l'accommodation de l'œil.*

La vue rend donc sensible l'action de la lumière, elle fait connaître les couleurs, les formes, les dimensions et les mouvements des êtres et des objets qui sont autour de nous.

L'OUIE. — L'ouïe est le sens par lequel l'être humain perçoit les vibrations sonores des corps, nous permet d'en apprécier l'intensité et la direction et dont l'oreille est l'organe.

L'oreille correspond avec le cerveau par le nerf auditif.

Comme les autres sens, l'ouïe se développe et s'améliore par l'exercice et arrive à une sensibilité et à une précision qui tiennent du prodige.

LE TOUCHER. — Celui des sens par lequel on connaît les qualités palpables des corps, leurs formes, leurs surfaces, leur consistance, leur température : rond, carré, grand, petit, mou, dur, froid, chaud, etc.

Lorsque cette faculté est peu développée et qu'elle s'exerce d'une manière passive, on la désigne ordinairement sous le nom de *tact;* mais lorsque les instruments physiologistes qui y sont affectés sont perfectionnés, comme l'extrémité des doigts de la main, elle fournit d'autres données relatives à l'état des corps qui se trouvent en contact avec ces organes et, sous l'influence de la volonté, remplit dans les fonctions de relation un rôle actif, elle est alors désignée communément sous le nom de *sens* du toucher.

La peau est le principal organe à l'aide duquel la sensibilité tactile s'exerce, et c'est le *derme* qui fonctionne de la sorte.

L'ODORAT. — Est le sens par lequel on perçoit les odeurs. Le siège de l'odorat est dans le nez et dans les fosses nasales, cavités anfractueuses que tapisse de ses nombreux replis une membrane muqueuse toujours molle et humide, dans laquelle se ramifie, jusqu'à la plus extrême ténuité, un nerf appelé *olfactif.*

Ce nerf, auquel d'autres viennent se joindre, aboutit au cerveau.

Le sens de l'odorat est médiocrement développé chez l'homme.

Le goût. — Sens par lequel on distingue les saveurs. La *langue* est le principal organe du goût.

Les corps peuvent se diviser en deux classes, les *sapides* et les *insipides*. Les premiers sont susceptibles d'impressionner l'appareil du goût, on peut les classer en saveurs salées, acides, amères et sucrées; les seconds ne possèdent pas cette propriété, exemple l'eau pure.

Développement des sens. — Comme les autres parties du corps, les sens peuvent se développer par l'exercice. De plus, le milieu, la vie habituelle, les infirmités contribuent au développement de certains sens : l'aveugle a le sens du toucher très développé; le braconnier ceux de l'ouïe et de la vue, etc.

On peut donc développer ses sens, certains peuvent atteindre une perfection extraordinaire.

Fonction de locomotion.

Le squelette est constitué par les os qui forment la charpente du corps, lui donnent sa structure générale, lui servent de soutien, protègent certains organes importants (cerveau, cœur, poumons, etc.) et donnent insertion aux muscles.

Les os. — Les os sont des organes de couleur blanchâtre d'une dureté analogue à celle de la pierre, on les classe en trois catégories selon leurs dimensions : longs (humérus), plats (omoplate), courts (rotule).

Le nombre des os est de 198.

L'os est entouré par une membrane : le *périoste* qui sert à en assurer la nutrition.

Au début de l'existence, l'os est de consistance molle, il se trouve formé de tissu cartilagineux; peu à peu le tissu cartilagineux est envahi par des dépôts calcaires qui assurent à l'os sa consistance dure; ce travail est désigné sous le nom d'*ossification* et ne se termine que vers la vingt-cinquième année.

Influence de l'exercice sur l'os. — Les gens qui se livrent à des travaux physiques ont les os épais, résistants. Quand on soumet un jeune sujet à des exercices trop pénibles, l'ossification s'accélère; mais, plus l'os s'ossifie de bonne heure, moins il croît en longueur; pour cette raison, les enfants surmenés physiquement restent de petite taille.

Arrière Avant
Courbe du cou (7 vert.) convexe en avant
Courbe du dos (12 vert.) convexe en arrière
Courbe des lombes (5 vert.) convexe en avant
Courbe sacro-coccygienne (9 vert.) convexe en arrière

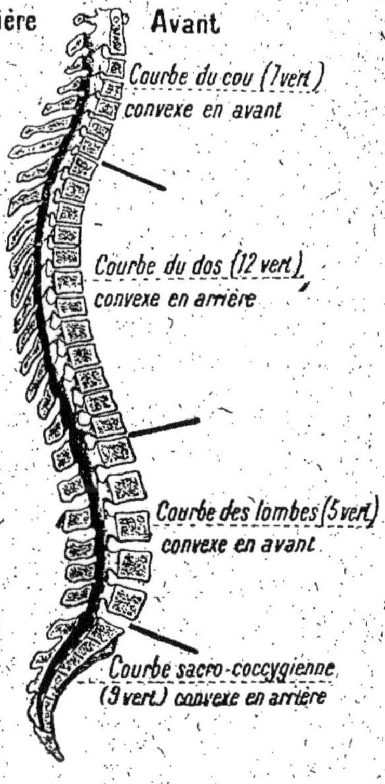

Colonne vertébrale montrant les quatre courbures.

Description du squelette de l'homme. — Le squelette de l'homme comprend une tige verticale : la colonne vertébrale, qui supporte la tête, la cage thoracique et les membres.

La colonne vertébrale est formée par la réunion de 33 os, nommés *vertèbres.* Elle comprend plusieurs régions : *la région cervicale* (cou), *la région dorsale* (dos), *la région lombaire* (lombes, reins), *la région sacro-coccygienne* (partie postérieure du bassin).

Chacune de ces régions affecte la forme d'une courbe : convexe en avant pour les régions cervicale et lombaire, et convexe en arrière pour les régions dorsale et sacro-coccygienne (voir figure).

A la suite de certaines maladies de l'enfance, ou de positions défectueuses (mauvaise attitude de l'écolier à sa table de travail, laisser-aller dans la tenue des adolescents, abus du cyclisme), les courbures de la colonne vertébrale peuvent être déviées. Quand la colonne est déjetée vers la droite ou vers la gauche (position qui entraîne l'abaissement de l'épaule correspondante), c'est la scoliose; quand la colonne accentue sa courbure vers l'avant, c'est la voussure; vers l'arrière, c'est l'ensellement.

Ces déviations peuvent être corrigées très efficacement par la pratique de la méthode de gymnastique suédoise.

La tête, soutenue par la colonne vertébrale, comprend la face et le crâne; *le crâne* renferme le cerveau.

La face comprend 14 os, les principaux sont les maxillaires ou mâchoires inférieure et supérieure, les os du nez, etc.

Aux mâchoires sont fixées les dents, au nombre de 32 (16 à chaque mâchoire dont : 4 incisives pour couper (devant de la mâchoire); 2 canines pour déchirer — (une de chaque côté des incisives) 10 molaires pour broyer, (dans le fond de chaque côté de la mâchoire).

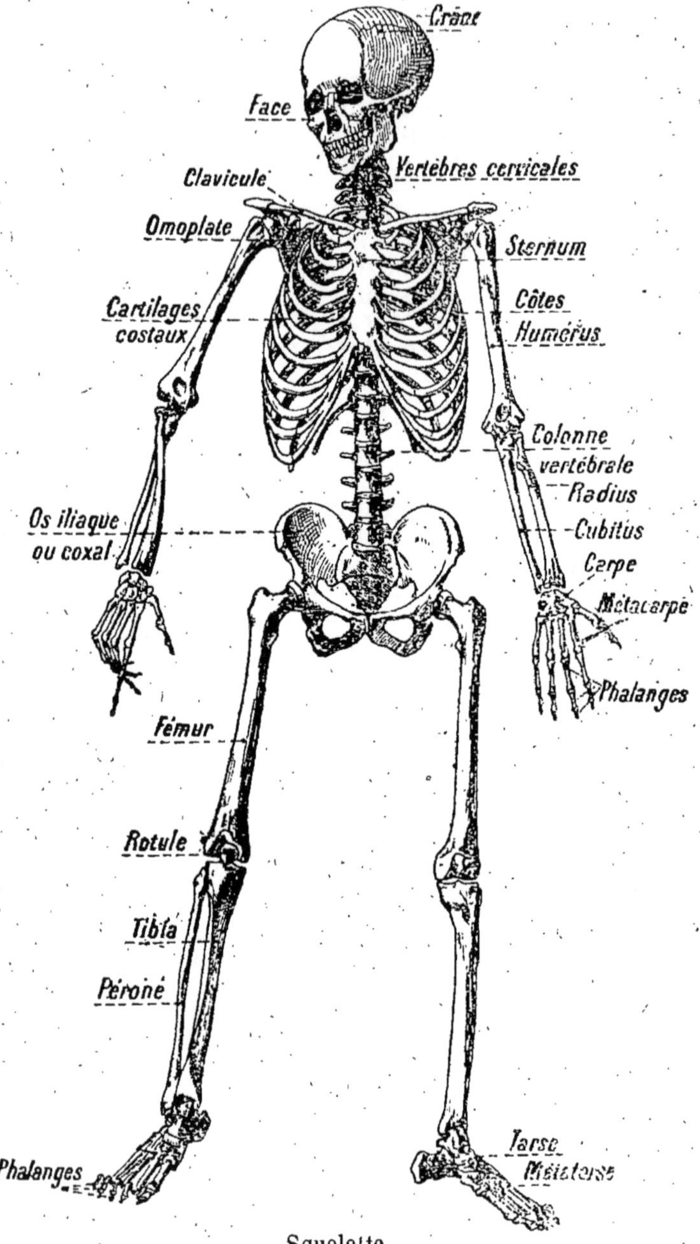

Squelette.

La *cage thoracique* est formée par douze paires de côtes articulées en arrière avec la colonne vertébrale, en avant avec le sternum par l'intermédiaire des cartilages costaux (tissu élastique). Les poumons et le cœur sont logés dans la cage thoracique.

MEMBRES SUPÉRIEURS ET INFÉRIEURS. — *Les membres supérieurs* sont composés des parties suivantes : 1° *l'épaule*, formée de deux os : la clavicule reliée au sternum et l'omoplate; 2° *le bras*, formé par un os : l'humérus; 3° *l'avant-bras*, par deux os : le radius et le cubitus (le radius est l'os volumineux au poignet, le cubitus, au coude); 4° *la main* par le carpe, le métacarpe et les doigts formés chacun de trois phalanges, sauf le pouce qui n'en compte que deux.

Les membres inférieurs présentent : 1° *la hanche* formée par l'os coxal ou os du bassin; 2° *la cuisse*, par le fémur; 3° *la jambe*, par le tibia (l'os saillant sur le devant de la jambe) et le péroné; 4° *le pied*, par le tarse, le métatarse et les doigts (mêmes caractères qu'à la main (voir figure).

Les articulations.

On appelle *articulation* ou jointure le mode d'assemblage de diverses pièces de squelette entre elles. On distingue des articulations immobiles, semi-mobiles et mobiles.

ARTICULATIONS IMMOBILES (OU SUTURES). — Elles se rencontrent dans l'union des divers os de la tête. Les surfaces osseuses, en forme de dents de scie, sont réunies par des fibres.

ARTICULATIONS SEMI-MOBILES OU MIXTE. — Les deux os sont réunis par un tissu élastique, sorte de rondelle adhérente aux surfaces osseuses, nommé *fibro-cartilage*.

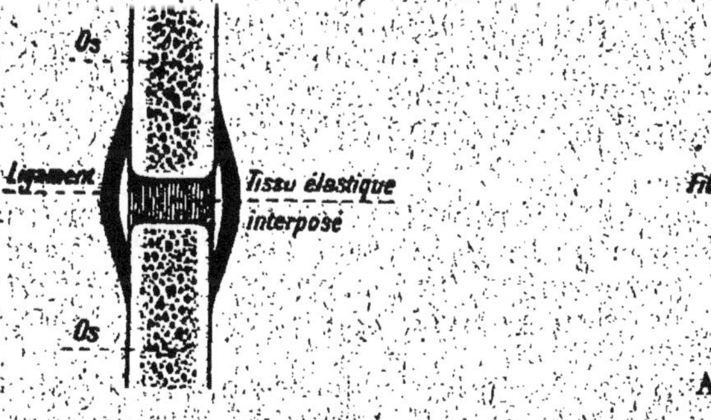

Articulation mixte.

Articulation immobile.

Ce type d'articulation s'observe dans la colonne vertébrale, à l'union de chaque vertèbre avec sa voisine.

Articulations mobiles.

La disposition générale de ces articulations est la suivante : les os qui s'articulent sont terminés par une tête d'une part, par une cavité, de l'autre. Tête et cavité sont recouvertes d'un revêtement élastique et parfaitement lisse : le *cartillage d'encroûtement*.

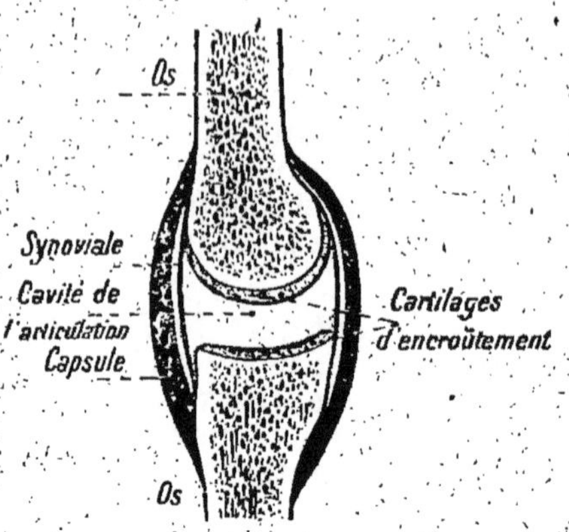

Articulation mobile.

L'union des os est réalisée par une *capsule*, sorte de manchon s'insérant sur les extrémités osseuses.

Enfin une membrane, dite *synoviale*, secrète un liquide onctueux : la *synovie*, qui facilite les frottements des surfaces articulaires (voir figure).

Les articulations mobiles permettent des mouvements très variés, que l'on désigne sous le nom de *flexion*, quand les deux os voisins se rapprochent, *extension*, quand ils s'éloignent, *abduction*, si on éloigne le membre de l'axe du corps, *adduction*, si on le rapproche. Enfin, le mouvement de fronde que l'on peut exécuter avec le bras ou avec la jambe, porte le nom de *circumduction* et le mouvement qui consiste à faire tourner un membre sur lui-même, le nom de *rotation*.

« Effets de l'exercice sur les articulations. — La pratique de l'exercice entretient la souplesse dans l'articulation et prévient la raideur articulaire, apanage de la vieillesse. Les exercices gymnastiques, visant les diverses parties du corps, doivent être faits avec amplitude; on entend par là que l'on doit pousser le mouvement jusqu'à l'extrême limite d'élasticité des ligaments et des muscles. C'est un principe de la gymnastique suédoise. » (Coudeyras.)

Les muscles. — Les muscles constituent les masses charnues et rouges qui enveloppent les différentes parties du corps, leur ensemble forme la chair, ou la viande. Ils sont contenus dans une enveloppe de couleur blanchâtre dite *aponévrose*.

Le muscle s'insère à chacune de ses extrémités sur les os qu'il est appelé à faire mouvoir, soit directement, soit au moyen d'un cordon blanchâtre, nommé *tendon*.

La propriété caractéristique des muscles est la contractilité, qui engendre le mouvement, aussi les muscles sont-ils les agents du mouvement.

Classement. — Il y a deux sortes de muscles :

Les muscles *striés* dont les contractions sont brusques et déterminées par la *volonté*; exemple : le biceps.

Les muscles *lisses* dont les contractions sont lentes et involontaires; exemple : le cœur (muscle cardiaque), etc.

Les muscles présentent différentes formes :

Longs (muscles des membres);

Larges (muscles du tronc);

Courts (muscles des mains, des pieds).

Par rapport à l'axe du corps, les muscles sont dirigés obliquement, ce sont *les obliques;* perpendiculairement à l'axe, ce sont les *transversaux;* parallèlement à l'axe, ce sont les *droits* ou *rectilignes.*

Un grand nombre de muscles de l'homme ont leur nom tiré de ces particularités de forme ou de direction.

INFLUENCE DE L'EXERCICE SUR LE MUSCLE. — L'exercice provoque une accélération du cours du sang dans le muscle. Plus irrigué, le muscle se nourrit mieux, et si l'exercice devient habituel, le muscle augmente de volume, aussi voyons-nous les gens se livrant aux exercices physiques présenter une musculature développée.

Rien de plus facile que de faire grossir ses muscles, et nombreuses sont les méthodes imaginées dans ce but. Toutefois, il faut se rappeler que dans le développement musculaire, on doit toujours viser l'harmonie de l'ensemble de l'organisme, et subordonner toujours le volume de la musculature à la puissance des fonctions vitales : respiration, circulation. Dans cet ordre d'idées, nous devons mettre en garde contre les exercices qui déforment, tels les exercices exigeant un travail plus considérable des muscles d'une partie du corps (moitié droite ou gauche du corps dans l'escrime unilatérale, pectoraux dans la gymnastique acrobatique).

Les muscles sont actionnés par des nerfs moteurs. Ils reçoivent par une artère le sang rouge qui leur apporte les éléments nécessaires à leur vie organique, à la production de la force et de l'énergie musculaire. Ils expulsent par une veine (sang noir) les déchets de la combustion organique. C'est dans le muscle que se produit la combustion animale; plus le muscle travaille, plus la chaleur augmente et plus l'acide carbonique et la sueur se dégagent.

Contractilité des muscles. — La contraction d'un muscle a lieu sous l'influence d'une excitation directe ou indirecte.

L'*excitation directe* provient du contact du muscle avec un corps, un objet, etc., susceptibles de l'impressionner, exemple : une brûlure, une froidure, etc.

L'*excitation indirecte* provient de la volonté.

Effets de levier des os et des muscles. — Les muscles,

les os et leurs articulations constituent des leviers soumis aux lois de la mécanique. L'os représente le levier proprement dit; le point d'appui est à son articulation avec l'os fixe; la puissance, à l'insertion du muscle; la résistance, en un point quelconque variable en raison de l'obstacle à déplacer.

Il y a trois sortes de leviers suivant la place des trois éléments — point d'appui, force ou puissance, résistance — les uns par rapport aux autres.

On ne trouve chez l'homme que des leviers des premier et troisième genres.

Levier du 1er genre. — Le point d'appui est entre la résistance et la force.

Exemple : Equilibre de la tête sur la colonne vertébrale :

Point d'appui : vertèbres cervicales;
Force ou puissance : muscles de la nuque;
Résistance : poids de la tête qui tend à se fléchir en avant.

Levier du 2e genre. — La résistance est entre le point d'appui et la force.

Levier du 3e genre. — La force est entre le point d'appui et la résistance.

Exemple : l'avant-bras est un levier du 3e genre.
Point d'appui : au coude;
Force : insertion du tendon sur l'avant-bras;
Résistance : Poids à soulever dans la main.

Principaux muscles de l'organisme utiles à connaître pour l'effet des mouvements de gymnastique.

COU. — Sont très nombreux, ils produisent la flexion, l'inclinaison, la rotation et l'extension de la tête.

TRONC. — Peut être fléchi en avant, renversé en arrière, incliné à droite ou à gauche. Pour chacun de ces mouvements il existe un groupe de muscles, ce sont les muscles *abdominaux* (flexion), *dorsaux* (extension) et *latéraux* (inclinaison latérale).

Membre supérieur. — Il faut distinguer les mouvements de l'épaule, du bras, de l'avant-bras et de la main.

EPAULE. — Le mouvement le plus important de l'épaule est le recul en arrière, il se produit grâce au muscle *trapèze*, qui est aidé dans son mouvement par un muscle situé au-dessous de lui : *le rhomboïde*.

L'épaule se porte en avant par la contraction du *grand dentelé*.

BRAS. — Trois muscles font mouvoir le bras : le *deltoïde* porte le bras dans la position horizontale (poids soulevé à bras tendu); *le grand pectoral* porte le bras

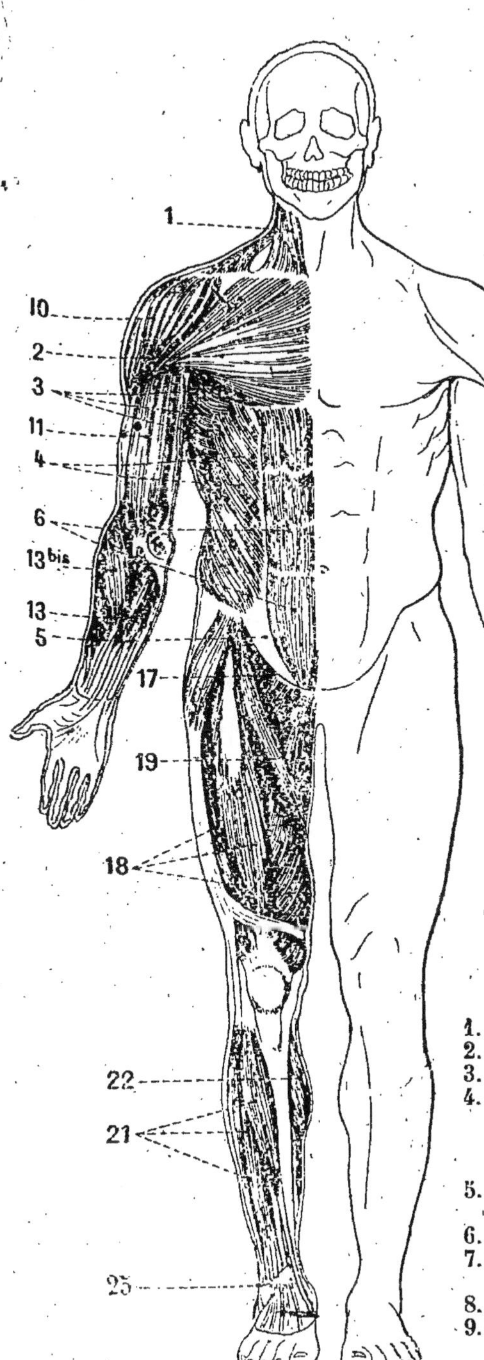

Les muscles de l'homme.

TRONC ET TÊTE

1. *Sterno-cléido-mastoïdien.*
2. *Grand pectoral.*
3. *Grand dentelé.*
4. *Grand oblique de l'abdomen (au-dessous, non visibles, le petit oblique et le transverse).*
5. *Partie aponévrotique du grand oblique.*
6. *Grand droit de l'abdomen.*
7. *Trapèze (partie supérieure, 7' inférieure).*
8. *Muscles de l'épaule*
9. *Grand dorsal.*

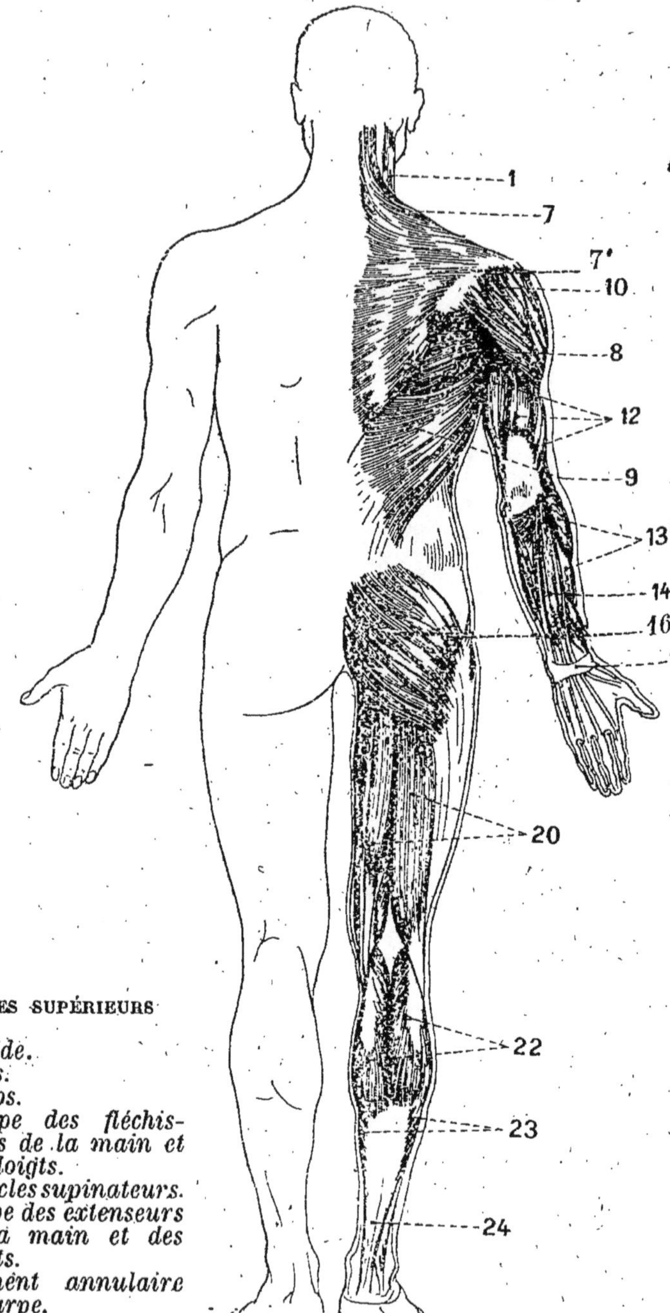

MEMBRES SUPÉRIEURS

10. *Deltoïde.*
11. *Biceps.*
12. *Triceps.*
13. *Groupe des fléchisseurs de la main et des doigts.*

13 bis. *Muscles supinateurs.*

14. *Groupe des extenseurs de la main et des doigts.*
15. *Ligament annulaire du carpe.*

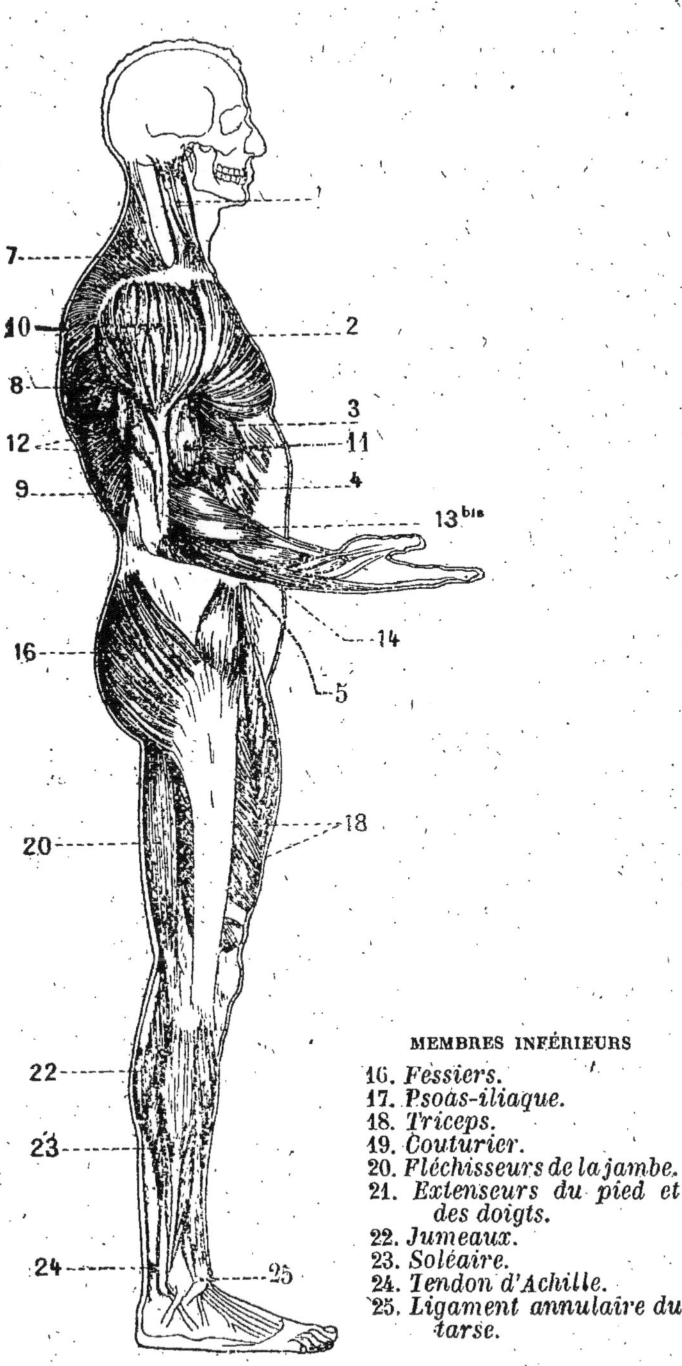

MEMBRES INFÉRIEURS

16. *Fessiers.*
17. *Psoas-iliaque.*
18. *Triceps.*
19. *Couturier.*
20. *Fléchisseurs de la jambe.*
21. *Extenseurs du pied et des doigts.*
22. *Jumeaux.*
23. *Soléaire.*
24. *Tendon d'Achille.*
25. *Ligament annulaire du tarse.*

contre la poitrine; le *grand dorsal* porte le bras en arrière (l'élan pris dans le mouvement de lancer ou du coup de poing).

Avant-bras. — *Biceps* qui fait rapprocher l'avant-bras du bras; le *triceps* qui le fait éloigner.

Main. — Les divers mouvements de la main se font au moyen d'un très grand nombre de muscles formant la masse charnue de l'avant-bras.

MEMBRE INFÉRIEUR. — La cuisse est mobile dans tous les sens sur le bassin. La flexion, c'est-à-dire le mouvement qui permet de rapprocher la cuisse de l'abdomen est due au muscle *psoas-iliaque.*

Les autres mouvements, l'extension, la station droite sont dus aux muscles fessiers.

La jambe se fléchit et s'étend sur la cuisse, au moyen de muscles extenseurs et fléchisseurs, les extenseurs sont représentés par le *triceps*, les fléchisseurs sont moins importants.

Le pied s'étend sur la jambe grâce à la contraction des trois muscles extenseurs du mollet, les *deux jumeaux* et le *soléaire* qui se réunissent au *tendon d'Achille.*

Les *fléchisseurs* du pied moins importants sont en avant de la jambe.

MUSCLES ABDOMINAUX ET LATÉRAUX. — *Le grand droit de l'abdomen, le grand oblique, le petit oblique, le transverse.*

La paroi abdominale est formée par ces muscles superposés, formant une sorte de ceinture qu'on a appelée *la sangle abdominale.* Ces muscles servent non seulement au mouvement, mais aussi à la contention des viscères. Ils doivent être soigneusement exercés, puissants; ils favorisent le bon fonctionnement des organes digestifs et s'opposent au développement de l'obésité.

MUSCLES DORSAUX. — Ils sont représentés par les *muscles spinaux* ou *muscles des gouttières.* Les muscles dorsaux servent à maintenir le tronc dans la station droite. Il importe de les développer pour obtenir un port droit et éviter les courbures anormales de la colonne vertébrale, notamment la position voûtée.

INFLUENCE DE L'EXERCICE SUR LE DÉVELOPPEMENT DE L'ÉNERGIE MORALE. — On sait que les qualités morales se développent d'autant plus qu'on les exerce davantage. Or, l'exercice musculaire nécessite ou provoque l'intervention fréquente de qualités viriles essentielles : volonté, endurance, audace, confiance en soi, etc.; on peut donc l'utiliser comme moyen de perfectionnement moral.

La persévérance dans l'effort de volonté en vue d'acquérir la force et de se perfectionner physiquement donne une direction volontaire et éminemment morale à la pensée et à l'énergie individuelle.

Cet effet moral a un caractère d'autant plus élevé qu'on recherche la force pour l'utiliser dans un but social, pour la mettre au service de son pays et non pour en tirer vanité.

Les jeux en commun complètent l'action des exercices méthodiques en développant l'initiative, l'esprit de solidarité, et en éveillant la gaieté dont les bons effets sont reconnus.

Ouvrages à consulter.

Manuel d'éducation physique, par le docteur COUDEYRAS. — *L'instructeur militaire moderne*, par le lieutenant MARCEAU. — *Etude de l'être humain*, par le capitaine MAIRETET. — *Physiologie des exercices du corps*, par le docteur LAGRANGE. — *Les bases scientifiques de l'éducation physique*, par DEMENY.

EDUCATION PHYSIQUE

(Règlement du 21 janvier 1910.)

PROGRAMME :

a) Exécution individuelle (au commandement d'un instructeur) de six mouvements de gymnastique éducative pris dans des séries différentes;

b) Une course de 60 mètres en 10 secondes;

c) Une course de 2 kilomètres en 10 minutes;

d) Un saut en longueur avec élan à volonté, de 3m,20, sans tremplin sur sol dur non préparé;

e) Un saut en hauteur avec élan à volonté, de 1 mètre sans tremplin sur sol dur non préparé;

f) Partant de la position assise, grimper aux cordes par paires, sans se servir des pieds, jusqu'à la hauteur de 5 mètres (suivant la hauteur des portiques), redescendre de même;

g) Grimper et se rétablir sur la barre à hauteur de suspension à volonté par l'un des procédés décrits aux numéros 144, 145, 146, 147 du règlement d'éducation physique du 21 janvier 1910. Descendre à volonté;

h) Boxe : 1 coup de poing et sa parade; 1 coup de pied et sa parade;

i) Saut avec appui des mains : franchir la barre placée à 1m,10 de hauteur, à volonté par l'un des procédés décrits au numéro 172 du règlement d'éducation physique du 21 janvier 1910.

Note minima nécessaire pour l'obtention du brevet : 12.
Coefficient pour les troupes à pied : 15.
Coefficient pour les troupes à cheval : 10.

GYMNASTIQUE

L'homme n'a pas le droit de laisser péricliter les forces de son corps.

Considérations générales (1).

1. L'éducation physique a pour objet le *développement*, l'*entretien* et le *perfectionnement* de l'*individu*.

Elle est basée sur l'état physique des sujets et la connaissance des effets physiologiques des divers exercices.

Commencée dès l'enfance, elle est poursuivie chez l'adulte et

(1) Pour que l'on puisse se reporter au règlement, on a laissé les numéros du règlement.

poussée d'une façon particulièrement intensive pendant le séjour sous les drapeaux.

5. L'éducation physique comporte :

Pour tous sans distinction, la gymnastique *éducative* individuelle et la gymnastique éducative collective;

Pour tous, mais seulement *suivant leurs aptitudes particulières*, la gymnastique *d'application* constituée par des applications militaires et sportives;

Pour une élite, la gymnastique *de sélection* qui comprend certains exercices spéciaux aux agrès et certains sports exigeant des facultés particulières.

TITRE Ier.

GYMNASTIQUE ÉDUCATIVE.

CHAPITRE Ier.

Principes généraux.

6. La gymnastique éducative *assouplit, développe, entretient, fortifie* et *prépare à la gymnastique d'application.*

Elle arrive à ce résultat :

1° Par l'*activité intense et régulière* qu'elle imprime aux grandes fonctions organiques, et tout particulièrement à la *respiration*, à la *circulation* et à la *digestion;*

2° Par l'éducation du *système nerveux;*

3° Par le *développement rationnel* de toutes les parties du *corps* et notamment des *muscles*.

7. Pour produire l'effet qu'on en attend, cette gymnastique doit tenir compte des *principes d'exécution* suivants :

1° *Avant tout mouvement*, placer le corps dans une attitude (1) donnant un point d'appui aussi fixe que possible aux régions à mettre en mouvement et immobilisant toutes les autres parties du corps;

Faute d'observer cette prescription, le corps prend une attitude de compensation facilitant le mouvement au détriment de l'effet à produire.

2° Sauf en ce qui concerne certains mouvements pour lesquels une détente rapide est à rechercher, exécuter chaque mouvement avec le maximum d'amplitude, sans saccade et en « conduisant » le mouvement;

(1) *Position fondamentale* (par abréviation P. F.) ou *position initiale* (par abréviation P. I.).

La vitesse d'exécution des mouvements est variable; elle dépend du poids et de la longueur de la région déplacée ainsi que de l'effet utile qu'on se propose d'obtenir;

3° Exercer successivement toutes les régions du corps.

Chaque mouvement est toujours exécuté d'abord à gauche, puis répété à droite.

Rôle de l'instructeur.

8. Il appartient à l'instructeur de *régler judicieusement l'intensité* des mouvements, qui peut être augmentée notamment :

1° Par le choix de l'attitude du départ;

2° Par une inclinaison plus grande de la région déplacée;

3° Par l'emploi de poids additionnels et notamment de l'arme;

4° Par la durée accordée à chaque mouvement ou à chaque temps d'arrêt (1).

Tenue.

9. La gymnastique éducative s'exécute *sans équipement*.

Il convient d'éviter dans la tenue tout ce qui peut comprimer les organes ou gêner le jeu des articulations.

Les *ceintures non élastiques* doivent être rejetées. En tout cas, elles doivent laisser toute liberté à la ceinture musculaire abdominale.

CHAPITRE II.

Méthode d'instruction.

10. La gymnastique éducative individuelle est pratiquée dès l'arrivée des jeunes gens dans la société, elle se poursuit le plus longtemps possible en raison du nombre très restreint de séances. Ces séances doivent, en principe, durer de 30 à 45 minutes.

A mesure que les mouvements sont exécutés correctement, la gymnastique individuelle est peu à peu remplacée par la gymnastique éducative collective.

---

(1) Les quatre facteurs du travail musculaire sont : 1° l'intensité de la contraction; 2° la durée; 3° la vitesse; 4° la répétition.

Etre entraîné, c'est avoir trouvé la cadence permettant le maximum de travail avec le minimum de fatigue.

Cette dernière est pratiquée sous forme de « leçons » établies suivant une progression méthodique et rationnelle.

Dès que tous les mouvements sont bien exécutés, la pratique de la gymnastique éducative individuelle n'est reprise qu'exceptionnellement et pendant quelques minutes, pour les mouvements mal exécutés dans les « leçons », ou pour les jeunes gens dont l'instruction aurait été interrompue.

Gymnastique éducative individuelle.

BUT.

Etudier le mécanisme des mouvements.

11. Pour l'enseignement de la gymnastique éducative individuelle, les classes comprennent un nombre d'hommes aussi petit que possible.

Rôle de l'instructeur.

L'instructeur explique le mécanisme et les effets du mouvement; il signale les fautes à éviter et montre le mouvement en l'exécutant lui-même ou en le faisant exécuter par un moniteur.

12. Les hommes exécutent le mouvement prescrit.

L'instructeur, passant devant chaque homme, rectifie les attitudes et corrige les fautes d'exécution.

Exemple : L'instructeur doit enseigner le mouvement :

M. P. — Extension latérale des bras.

Il doit :

1° Enoncer le mouvement;

2° Montrer le mouvement de face et de profil aussi correctement que possible et *sans donner d'explications;*

3° Expliquer :
- But du mouvement : Fixer les épaules en arrière et assouplir l'articulation du coude.
- Mécanisme : 1° Etendre les bras latéralement pour prendre la position initiale : bras latéraux; 2° Revenir à la P. I. : mains à la poitrine.
- Fautes à éviter (les montrer au besoin) : Baisser les coudes; Porter les bras en avant à la fin du 1er temps;

4° Faire exécuter à l'aide des commandements prescrits au chapitre III pour la gymnastique éducative individuelle;

5° Rectifier les fautes;

6° Faire cesser l'exercice lorsqu'il juge la durée suffisante;

7° Mettre au repos pour donner l'explication du mouvement suivant.

13. Une même séance doit toujours comprendre des mouvements variés et choisis d'après les principes indiqués ci-après pour la composition des « leçons ».

Il est important, surtout au début, afin ***d'éviter la fatigue***, de donner à l'homme, pendant les séances d'instruction individuelle, des ***repos fréquents mais de courte durée.***

Exemples de progression pour la gymnastique éducative individuelle.

(Ce tableau d'exercices, qui embrasse les deux mois de gymnastique éducative individuelle, a surtout pour but l'étude du mécanisme des mouvements. Chaque semaine comprend deux programmes et l'étude de chaque programme doit être échelonnée sur deux ou trois jours en se conformant aux prescriptions du paragraphe 13, c'est-à-dire en exécutant au moins un mouvement de chaque série.)

	1re SEMAINE		2e SEMAINE	
	No 1	No 2	No 3	No 4
EXERCICES PRÉPARATOIRES	*P. F.* Tête {Incl. de {av. Tête en {ar. — Jambes {P. J. St. Ec. St. Av. — Bras {M. H. M. P.	Incl. de {G. Tête à {Dr. — Sur la pte des p. *St. Ec.* S. la pte des p. — M. Ep. Br. av. Bras lat.	Rot. de {G. Tête à {Dr. — *St. Av.* Sur la pte des p. *M. H.* 1/2 flex. des j. — *M. P.* Ext. lat. des br. *M. Ep.* Ext. av. des br.	Revision des 3 exercices et combinaisons — *P. J.* Sur la pte des p. — B. levés *M. Ep.* Ext. lat. des br.
1re Série — Mouvements combinés des bras et des jambes.	St. Ec. M. H. P. J. M. P.	St. Ec. M. P. St. Av. M. Ep.	*M. P.* Sur la pte des p. et ext. lat. des br.	*St. av. M. P.* Sur la pte des p. et ext. lat. des br.
2e Série — Extension dorsale	*P. F.* ou *M. H* Extension dorsale.	*St. Ec.* ou *St. Ec. M. H.* Extens. dors.	*St. av. M. H.* Ext. dorsale	*P. J.* ou *P. J. M. H* Ext. dorsale
3e Série — Suspension	Susp. inclinée	Susp. incl. (barre rempl. par des aides.)	*Susp. incl.* Elév. de la j.	Susp. all. (Chat perché par susp. à la barr.)
4e Série — Equilibre	*M. H.* Elév. du genou.	*M. H.* Elév. av. de la j.	*M. H.* Elév. arr. de la j.	*M. H.* Elév. lat. de la j.
5e Série — Mouvements du tronc	F. av. (com. mouv.) *M. H.* Flex. du tr. *St. av. M. H.* Rot. du tr. *St. Ec. M. H.* Flex. lat. du tr.	*St. Ec. M. H.* Flex. du tr. *St. Ec. M. H.* Rot. du tr. *St. Ec. M. Ep.* Flex. lat. du tr.	*St. av. M. H.* Flex. du tr. *M. H.* Rot. du tr. *St. Ec. M Ep.* Flex. lat. du tr. et ext. av. des br.	*P. J. M. H.* Flex. du tr. *P. J. M. H.* Rot. du tronc *St. Ec. M. Ep.* Flex. lat. du tr. et ext. lat. des br.
6e Série — Marches Courses Jeux	Pas cadencé 100 Allongez Course 1m Allongez La poursuite encore app. le chat.	Pas cad. 110 Allongez Course 2m Chat coupé	Pas cad. 120 avec chant Course 3m Chat perché.	Pas cad. 124 Course 4m Queue-leu-leu ou le loup et l'ag.

3e SEMAINE		4e SEMAINE	
N° 5	N° 6	N° 7	N° 8
id. — *St. av. M. H.* 1/2 flex. des j. *P. J. M. H.* 1/2 flex. des j. — B. arr. *M. Ep.* Ext. vert. (arr.) des bras	id. — *M. H.* Flex. des j. — Circumduction des bras	id. — *St. Ec. M. H.* Flex. des j. — *M. Ep.* Ext. av. et lat. des br. 3 temps	id. — *St. av. M. H.* Flex. des j. — *M. Ep.* Ext. av. et vert. des br. 4 temps
M. Ep. 1/2 flex. des j. ext. av. (lat.) des bras	*M. Ep.* 1/2 flex. des j. et ext. vert. (arr.) des br.	*St. Ec.* (av.) *M. Ep.* 1/2 flex. des j. et ext. av. (lat. arr. vert.) des br.	*P. J. M. Ep.* 1/2 flex. des j. et ext. av. (ou lat. arr. vert.) des b.
M. P. Ext. dorsale et ext. lat. des br.	*St. av. M. P.* Ext. dorsale et ext. lát. des br.	*P. J. M. P.* Ext. dorsale et ext. lat. des br.	*St. Ec. M. Ep.* Ext. dorsale et ext. arr. des br.
Susp. inclinée Flex. des br.	*Susp. allongée* Elév. du genou	*Susp. inclinée* Elév. de la j. avec flex. des br.	*Susp. all.* Elév. av. (lat.) de la j.
M. H. Elév. du genou et ext. de la j.	*M. H.* Elév. arr. et flex. de la j.	*M. H.* Elév. lat. et flex. de la j.	*M. P.* Elév. du genou et ext. lat. des b.
F. av. M. H. Flex. du tr. *St. av M. P.* Rot. du tr. *St. Ec. M. Ep.* Flex. lat. du tr. et ext. arr. des b.	*M. Ep.* Flex. du tr. *St. Ec. M. P.* Rot. du tr. *St. Ec. M Ep.* Flex. lat. du tr. et ext. vert. des b.	*St. av. M. Ep.* Flex. du tr. *F. av. M. H.* Rot. du tr. *St. Ec. Br. Lev.* Flex. lat. du tr.	*F. av. M. Ep.* Flex. du tr. *F. av. M P.* Rot. du tr. Revision Passe-ballon par flexion latérale
Pas cadencé 120 Course 5m La Mère Garu- che	Pas cadencé 130 Course 5m Les 4, 5, 6, 8 coins	Pas cadencé 140 Course 5m Petits paquets	Revision et combinaisons Le Chat et la Souris

	1re SEMAINE (Suite)		2e SEMAINE (Suite)	
	No 1	No 2	No 3	No 4
7e SÉRIE — Abdominaux	Sur le dos Passe bal. étant assis sur le sol.	Appui avant (Barre à hauteur des épaules, des hanches) Quille saoule	*Sur le dos* Elév. des gen.	Appui av. (barre à hauteur des genoux; puis mains sur le sol)
8e SÉRIE — Sauts — Jeux	*M. H.* Sautillements Saut en profond. Cloche-pied	Saut en haut. Saut en long. Coupe-jarrets en cercle	Saut en long. et en hauteur Saut en long. et en profond. Coupe-jarrets en ligne ou longue corde balancée	Sauts successifs en haut. Sauts successifs en long. Sauts succes. en haut. et en long. Saute-mouton à la poursuite
9e SÉRIE — Exercice respiratoire	P. F. ou Stat. écart. Exercice respir.	»	»	»

	5e SEMAINE		6e SEMAINE	
	No 9	No 10	No 11	No 12
EXERCICES PRÉPARATOIRES	id. — *P. J. M. H.* Flex. des j. — *M Ep.* Ext. av. et ar des br. 4 temps	id. — Revision — *M. Ep.* Ext. av. et arr. des br. 4 temps	id. — id. — *M. Ep.* Ext. av. lat. et vert. des br. 6 temps	id. — id. — *M. Ep.* Ext. av. lat. vert. et arr. des br. 8 temps
1re SÉRIE — Mouvements combinés des bras et des jambes	*P. F.* 1/2 flex. des j. avec m. ép. et ext. av. (ou lat. vert. arr.) des br. Même mouvem. dans les autres *p. i.* des pieds.	*St. Ec. M. Ep.* Fl. des j. et ext. av. (lat. vert. arr.) des br.	*St. av. M. Ep.* Flex. des j. et ext. av. et vert. des br.	*P. J. M. Ep.* Flex. des j. et ext. vert. et arr. des br.
2e SÉRIE — Extension dorsale	*St. Av. M. Ep.* Ext. dorsale et ext. vert. des br.	*P. J. M. Ep.* Ext. dorsale et ext. vert des br.	*St. av. Br. Lév.* Ext. dorsale	*Br. Lev.* Ext. dorsale (Passe-ballon debout par ext. dorsale)

3e SEMAINE (Suite)		4e SEMAINE (Suite)	
No 5	**No 6**	**No 7**	**No 8**
Sur le dos Elév. des j.	*Appui avant* Flex. des br. (b. à haut. des ép. puis à haut. de ceinture	*Ass. sur un b. Appui av. des p. M. H.* Incl. du tr. en arrière	*Appui av.* (mains sur le sol). Flex. des br.
St. av. ou *F. av.* Saut en haut. avec 1 ou 3 p. d'él. Saute-mouton au but avant (ar.)	Différents sauts exécut. dans une direct. oblique à celle de l'élan Saute-mouton aux mouchoirs	Saut. en haut. (long.) avec élan à volonté et appel sur le pied désigné. Saute-mouton aux couronnes	Revision Pigeon-vole modifié
»	»	»	»

7e SEMAINE		8e SEMAINE	
No 13	**No 14**	**No 15**	**No 16**
id.	id.	id.	id,
—	—	—	—
id.	id.	id.	id.
—	—	—	—
Arme sans baïonnette *M. Ep.* Ext. av. (vert.) des br.	Arme sans baïonnette *P. F.* Br. av. 2 temps	Arme avec baïonnette *M. Ep.* Ext. av. et vert. des br. 4 temps	Arme avec baïonnette *P. F.* Br. lev. 2 temps
Arme *St. Ec. (av.) M. Ep.* 1/2 flex. des j. et ext. av. et vert. des br.	Arme *P. J. M. Ep.* 1/2 flex. des j. et ext. vert. des br.	Arme *P. J. M. Ep.* Flex. des j. et ext. av. et vert. des br. (Autres combinaisons très nomb.)	Arme *P. F.* Flex. des j. avec M. Ep. et ext. av. et vert. des br.
Arm *St. Ec. M. Ep.* Ext. dors. et ext. vert. des br.	Arme *M. Ep.* Ext. dors. et ext. vert. des br.	Arme *St. av. br. Lev.* Ext. dorsale	Arme *P. J. Br. Lev.* Ext. dorsale

	5e SEMAINE (Suite)		6e SEMAINE	
	N° 9	N° 10	N° 11	N° 12
3e SÉRIE — Suspensisn	*Susp. all.* Elév. du genou Ext. de la jambe	*Susp. all.* Elév. av. et écart. lat. de la j.	*Susp. all.* Elév. des gen.	*Susp. all.* Flex. des br.
4e SÉRIE — Equilibre	*M. Ep.* Elév. du genou et ext. av. (lat. vert. arr. des br.)	*M. H.* Elév. av. et écart lat. de la j.	*M. P.* Elév. lat. de la j. et ext. lat. des br.	*M. Ep.* Elév. lat. (arr.) de la j. et ext. av. (lat. vert. arr.) des br.
5e SÉRIE — Mouvements du tronc	*M. Ep.* Flex. du tr. et ext. lat. des br. *St. av. M. P.* Rot. du tr. et ext. lat. des br. Revision	*St. Ec. M. Ep.* Flex. du tr. et ext. lat. des br. *St. Ec. M. P.* Rot. du tr. et ext. lat. des br. Revision	*F. av. M. Ep.* Flex. du tr. et ext. lat. des br. *M. P.* *ou P. J. M. P.* Rot. du tr. et ext. lat. des br. Revision	*P. J. M. Ep.* Flex. du tr. et ext. vert. des br. *St. av. M. Ep.* Rot. du tr. et ext. av. lat. des br. Revision
6e SÉRIE — Marches Courses Jeux	Revenir souvent sur la marche avec chant Au delà de 5', la course est exécutée dans une séance spéciale. (Dans la séance de gymnastique, remplacer la course par marche ou jeux).			
	L'anguille en rond ou le mouchoir	La main chaude	L'épervier ou la passe	Serpentine av. mailles br. et rét.
7e SÉRIE — Abdominaux	*Assis sur un banc*, etc. *M. Ep.* Incl. du tr. en arr.	*Assis sur un banc*, etc. *M. P.* Incl. du tr. en arr.	*Sur le dos M. Ep.*, etc. Flex. du tr.	*Assis sur un banc*, etc. *Br. Lev.* Incl. du tr. en arr.
8e SÉRIE — Sauts Jeux	Augmenter progressivement l'importance des sauts, soit de pied ferme, soit avec élan. En principe, forcer le saut par des raies sur le sol, cordes, caoutchoucs, perches, barres, etc.			
	Saute bornes	Jarcotons	Grenouille	Mère Garuche à cloche-pied
9e SÉRIE — Exercice respiratoire	»	»	»	»

7e SEMAINE (Suite)		8e SEMAINE (Suite)	
N° 13	N° 14	N° 15	N° 16
Susp. all. Elév. av. (lat.) des j.	*Susp. all.* Elév. d. genoux et. ext. des j.	*Susp. all.* Elév. av. et écart. lat. des j.	Revision
M. Ep. Elév. du genou et ext. de la j. avec ext. av. (lat. vert. arr.) des br.	*M. Ep.* Elév. lat. (arr.) et flex. de la j. avec ext. av. (lat. vert. arr.) des br.	*M. Ep.* Elév. lat. et flex. de la j. avec ext. vert. et arr. des br.	*M. Ep.* Elév. av. avec écart. lat. et arr. de la J. avec ext. av. (lat.) et vert. (arr.) des br.
F. av. M. Bp. Flex. du tr. et ext. vert. des br. *St. Ec. M. Ep.* Rot. du tr. et ext. lat. (arr.) des br.	*St. Ec. Br. Lev.* Flex. du tr. *M. Ep.* ou *P. J. M. Ep.* Rot. du tr. et ext. av. (lat.) des br.	*P. J. Br. Lev.* Flex. du tr. *F. Av. M. Ep.* Rot. du tr. et ext. arr. des br.	*F. Av. Br. Lev.* Flex. du tr. *F. Av. M. Ep.* Rot. du tr. et ext. vert. des br.
(Flexions latérales combinées avec mouvements de bras avec l'arme)			
Revenir souvent sur la marche avec chant. Au delà de 5', la course est exécutée dans une séance spéciale. (Dans la séance de gymnastique, remplacer la course par marche ou jeux.)			
Serpentine croisée	Serpentine à tête remplacée	Pile ou face	Course au fardeau
Sur le dos Br. Lev., etc. Flex. du tr.	Revision et combinaisons	Revision	Revision
Augmenter progressivement l'importance des sauts, soit de pied ferme, soit avec élan. En principe forcer le saut par des raies sur le sol, cordes, caoutchoucs, perches, barres, etc.			
Pas de géant	Les deux rives ou pas de géant oblique	Sauts successifs avec but.	Course d'obstacles tracés ou placés sur le sol
»	»	»	»

Gymnastique éducative collective.

BUT

Après les deux premiers mois de gymnastique individuelle, la gymnastique éducative collective devient la règle.

Son but est :

1° D'assouplir, de développer, d'entretenir, de fortifier et de préparer à la gymnastique d'application;

2° D'assurer l'entraînement de tous, même avec un nombre restreint d'instructeurs compétents.

14. Pour l'exécution de la gymnastique éducative collective, les classes doivent être composées d'hommes à peu près de la même force et la leçon peut ainsi s'adresser à tout l'effectif et son intensité varier et croître avec le degré d'entraînement des exécutants.

Les progressions sont établies d'après les mêmes principes que pour la gymnastique éducative individuelle. Elles comprennent des exercices plus nombreux puisque dans l'exécution des leçons, il n'y a aucune perte de temps pour la démonstration et l'exécution des mouvements qui doivent être connus.

La leçon doit être :

Quotidienne, afin d'assurer, par la répartition du travail, des résultats durables;

Complète, c'est-à-dire s'adresser à toutes les fonctions de l'organisme et à toutes les parties du corps;

Graduée, c'est-à-dire imposer progressivement à l'homme des efforts de plus en plus intenses;

Variée, afin d'éviter la monotonie et d'intéresser tous les hommes.

a) *Préparation de la leçon.*

15. La leçon *débute* toujours par des *exercices préparatoires.*

La leçon proprement dite se compose d'exercices simples, choisis dans chacune des séries indiquées au chapitre IV, et dans l'ordre de ces séries.

Dans chaque série, les exercices sont indiqués par ordre d'intensité et de difficultés croissantes.

La leçon est composée par l'officier instructeur, pour une période qui varie d'après les progrès réalisés.

Les premières leçons sont, par suite, composées au moyen des exercices les plus simples et les moins intenses de chaque série.

En principe, la leçon de chaque jour doit être d'une intensité un peu supérieure ou tout au moins égale à celle de la veille.

Il demeure bien entendu que les circonstances (fatigue,

température, état général sanitaire) peuvent et doivent amener des modifications aux règles générales. C'est ainsi que, par les temps froids, des déplacements rapides, des sautillements ou même un jeu de courte durée peuvent être exécutés avant la leçon.

Chaque fois que l'instructeur modifie la « leçon » par l'introduction de nouveaux exercices, il réunit les gradés pour attirer leur attention sur les points à surveiller particulièrement.

L'insuffisance des appareils ne doit jamais nuire à la continuité et à la progressivité de la leçon. D'ailleurs tous les exercices du titre I, sauf les suspensions allongées, peuvent être pratiqués, à la rigueur, sans appareils.

b) *Exécution de la leçon.*

16. Au début de l'instruction de la gymnastique éducative collective, les jeunes gens sont exercés le plus souvent possible, mais la durée de chaque séance ne dépasse jamais trois quarts d'heure.

Pendant l'exécution des mouvements, l'instructeur ne tolère *aucune nonchalance* et exige de chacun toute la *correction* dont il est capable.

Toutes les rectifications doivent être faites avec patience et persévérance.

Si l'instructeur ne peut obtenir de suite la correction désirable d'une position ou d'un exercice, il n'insiste pas trop longtemps.

L'instructeur s'attache à ne pas couper la leçon par des repos trop longs ou trop fréquents; il n'accorde que les moments de détente strictement nécessaires.

a) *Exercices dérivatifs.*

D'ailleurs, le besoin de repos peut être considérablement réduit par l'arrangement des exercices suivant un plan bien conçu, au besoin par l'exécution *d'exercices dérivatifs* qui ont pour *effet* de favoriser le rétablissement de la circulation normale du sang, ou de calmer la respiration modifiée profondément par un exercice précédent.

C'est ainsi que, pour décongestionner le cerveau ou les grands vaisseaux de l'organisme, il est ordonné des exercices de jambes et de tronc; pour régulariser et calmer une respiration trop hâtive, on emploie les exercices respiratoires.

b) *Exercices correctifs.*

Lorsque l'instructeur constate des fautes générales dans certaines attitudes, il prescrit *des exercices correctifs* qui ont pour objet de remédier aux fautes commises; il évite ainsi des observations trop répétées.

Voit-il, par exemple, pendant les exercices du tronc, les cous demeurer contractés, les têtes mal placées, il ordonne un ou deux mouvements de tête sans changer la position générale du corps, puis il continue la leçon commencée.

De même, si la P. F. lui paraît négligée, les commandements de REPOS et de GARDE A VOUS se succédant très rapidement peuvent être utilisés pour produire des effets correctifs, etc.

Rôle de l'instructeur. — L'instructeur n'a plus à montrer ni à expliquer le mouvement qui est connu, il recherche le travail maximum.

Il doit :

1° Faire prendre la P. F. et, s'il y a lieu, rectifications générales;

2° Faire prendre la P. I. et, s'il y a lieu, rectifications générales;

3° Faire exécuter le mouvement à commandement et au compter en réglant la vitesse de chaque temps. (Voir ci-après, commandements.) Rectifier pendant les temps d'arrêts;

4° Exercer également la partie gauche et la partie droite du corps;

5° Cesser lorsque la durée est suffisante;

6° Faire reprendre la P. F. et rectifier;

7° Commander ensuite d'après les circonstances, soit l'exercice suivant de la progression, soit un exercice dérivatif, soit un repos.

Les instructeurs ont toute latitude quant au choix des moyens pour régler les effets des exercices qu'ils commandent.

C'est de leur habileté, de leur conscience, de leurs connaissances physiologiques et de leur valeur pédagogique que dépend le rendement de la leçon de gymnastique éducative.

CHAPITRE III.

Commandements.

17. L'instructeur fait prendre la P. F. au commandement de GARDE A VOUS, puis indique la P. I. qui est prise au commandement de EN POSITION (1).

Il énonce ensuite le mouvement à faire et commande COMMENCEZ

---

(1) Dans le texte, les positions initiales sont en *italique* et l'énoncé des mouvements en PETITES CAPITALES. Par exemple :

P. I. : *Mains aux épaules.* — Enoncé du mouvement : EXTENSION VERTICALE DES BRAS.

A ce dernier commandement, dans la gymnastique éducative individuelle, les hommes s'exercent à l'exécution du mouvement sans se régler les uns sur les autres; dans la gymnastique éducative collective, ils exécutent le 1er temps, puis les autres temps au compter de l'instructeur : 2, 3..., sans jamais rechercher la simultanéité de l'exécution. Les soldats ne comptent jamais à haute voix.

L'instructeur donne, au commandement d'exécution et au « compter », une intonation en rapport avec la vitesse du mouvement. A un mouvement rapide correspond un commandement bref; à un mouvement lent, un commandement lent qui en accompagne pour ainsi dire l'exécution.

Les positions initiales asymétriques (*fente avant*, *station avant*) sont d'abord prises à gauche; dès que l'exercice est terminé dans cette position, l'instructeur commande CHANGEZ, l'homme revient à la P. F., puis reprend l'attitude à droite et exécute de nouveau l'exercice prescrit.

Au commandement de CESSEZ, tout mouvement com-

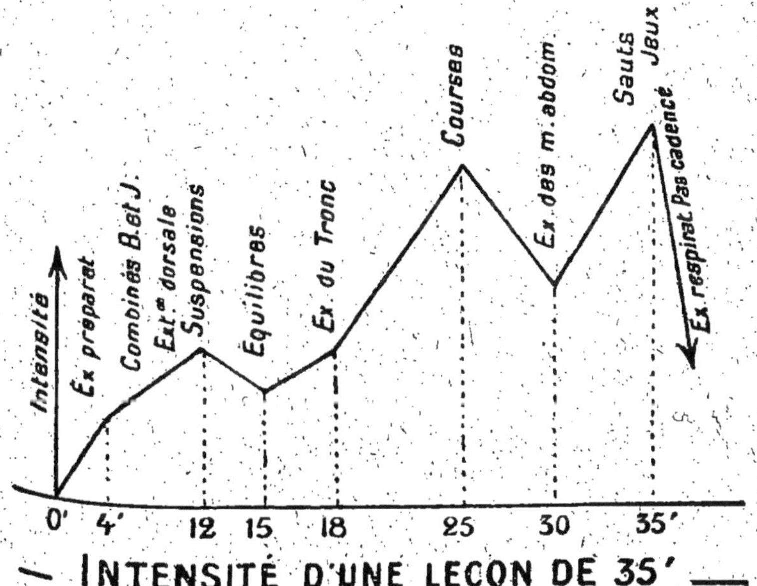

— INTENSITÉ D'UNE LEÇON DE 35' —

mencé est terminé sans précipitation et la P. I. reprise; à celui de GARDE A VOUS, on se remet à la P. F.

Au commandement de REPOS, les hommes restent en place sans être tenus de garder la P. F. ni l'immobilité.

Exemples de progressions pour leçons de gymnastique éducative collective

Intensité

	FAIBLE (30 min.) DANS LES DÉBUTS DE L'INSTRUCTION	MOYENNE 35	FORTE 45'
EXERCICES PRÉPARATOIRES	1 ou 2 mouvements de tête. *P. F.* Sur la pointe des p. *M. H.* Demi-flex. des j. *B. Lat.* *B. arr.* *M. Ep.* Ext. av. des br.	1 ou 2 mouvements de tête. *Stat. Ec. M. H.* Demi-flex. des j. *M. H.* Flex. des j. *M. P.* Ext. lat. des br. *M. Ep.* Ext. vert. et arr. des b.	2 ou 3 mouvements de tête. *Stat. Av. M. H.* demi-flex. des j. *P. J.* Flex. des j. Cir. des b. *M. Ep.* (avec l'arme). Ext. av. des br.
1re SÉRIE	*St. Av.* M. H. *M. P.* Sur la p. des p. et ext. lat. des br.	*Stat. av. M. P.* 1/2 flex. des j. et ext. lat. des b. *M. Ep.* Flex. des j. et ext. av. et arr. des b.	*Stat. Ec. M. P.* S. la p. des p. ext. lat. des b. *P. J.M. Ep.* (arme). 1/2 flex. des j. et ext. av. des b. *Stat. Av. M. Ep.* (arme) flex. des j. et ext. vert. des b.
2e SÉRIE	P. F. Ext. dors. (avec barre et aide).	*M. H.* Ext. dors. *Stat. Ec. M. Ep.* Ext. dors. et ext. vert. des b.	*P. J. M. H.* Ext. dors. *Stat. Av. B. Lev.* (avec arme). Ext. dors.
3e SÉRIE	*Susp. incl.* (barre à h. des ép. Elév. de la j. Susp. all.	*Susp. incl.* (barre h. des hanches). Elév. de la j. et flex. des b. *Susp. all.* Elév. av. et écart de la j.	*Susp. all.* Elév. lat. des j. *Susp. all.* Elév. av. des j. *Susp. all.* Flex. des br.
4e SÉRIE	*M. H.* Elév. du g. *M. H.* Elév. arr. de la j. *M. H.* Elév. lat. de la j.	*M. H.* Elév. arr. de la j. *M. P.* Elév. lat. de la j. et ext. lat. des b. *M. H.* Elév. du g. et ext. de la j.	*M. H.* Elév. du g. et Ext. de la j. *M. Ep.* Elév. lat. et ext. av. lat. et vert. des b. *M. H.* Elév. arr. et flex. de la j.

	FAIBLE (30 min.) DANS LES DÉBUTS DE L'INSTRUCTION	MOYENNE 35'	FORTE 45'
5e SÉRIE	*M. H.* Flex. du tr. *St. Av. M. H.* Rot. du tr. *St. Ec. M. H.* Flex. lat. du tr.	*St. av. M. Ep.* Flex. du tr. Ext. vert. des b. *M. H.* Rot. du tr. *Stat. Ec. M. Ep.* Flex. lat. du tr. et ext. arr. des b.	*F. Av. B. Lev.* Flex. du tr. *P. J. M. Ep.* Rot. du tr. et ext. arr. des b. *Stat. Ec. M. Ep.* Flex. lat. du tr. et ext. vert des b.
6e SÉRIE	Pas cadencé (allongez). Course 1m ou chat coupé.	Pas cadencé avec chant. Course 3m (allongez.) ou petits paquets.	Course 5m (allongez). (S'il n'y a pas de séances spéciales dans la journée.) ou épervier et queue-leu-leu.
7e SÉRIE	*Sur le dos.* Elév. des g.	*Assis sur un banc app. av. des P. M. H.* Incl. du tr. en arr. *App. av.* (s. le sol). Flex. des b.	App. av. (S. le sol). Flex. des b. *S. le dos. B. Lev. App. av. des p.* Flex. du tr.
8e SÉRIE	Saut de pied ferme en profond. 1m environ, 2 sauts. Saut de pied ferme en hauteur. Saut de pied ferme en longueur. ou cloche-pied (10 m. s. chaque p.)	Saut en profondeur (1m,50). Saut en longueur avec 3 pas d'élan (chute oblique). Sauts successifs en hauteur. ou jeu de l'ours.	Saut en profondeur (2 mètres). Saut en hauteur et long. avec élan. Saut en longueur avec élan. ou saute-mouton à la poursuite (mouton-debout).
9e SÉRIE	Exercice respiratoire.	Exercice respiratoire.	Exercice respiratoire.

NOTA. — Tenir compte de la répétition de chaque exercice pour la variation d'intensité de la leçon.

Cas particulier : Leçon pratiquée un après-midi de juillet, une marche de 25 à 30 kilomètres ayant été exécutée le matin.

(*25 à 30 minutes*)

EXERCICES PRÉPARATOIRES	2 mouvements de tête (pas de flexion en avant). *M. H.* Flex. des j. Cir. des b.
1re SÉRIE	*M. P.* Sur la p. des pieds, ext. lat. des b. *M. Ep.* Flex. des j. ext. vert. et arr. des b.
2e SÉRIE	*M. H.* Ext. dors. *M. P.* Ext. dors. Ext. lat. des b.
3e SÉRIE	A 2 barres. *Susp. all.* Flex. des b.
4e SÉRIE	*M. P.* Elév. lat. de la j. ext. lat. des b. *M. Ep.* Elév. arr. de la j. ext. arr. des b.
5e SÉRIE	*Stat. av. M. H.* Flex. du tr. (peut être supprimé). *Stat. Ec. M. Ep.* Rot. du tr. ext. arr. des b. *Stat. Ec. M. Ep.* Flex. lat. du tr. ext. vert. des b.
6e SÉRIE	Jeu du chat et de la souris (2' à 3')
7e SÉRIE	*Sur le dos.* Elév. des g. *Assis sur un banc. App. Av. des P.* Incl. du tr. en arr.
8e SÉRIE	Jeu du coupe-jarret (2').
9e SÉRIE	Exercice respiratoire.

NOTA. — Intercaler dans la leçon de fréquents exercices respiratoires

CHAPITRE IV.

Exercices éducatifs.

18. La gymnastique éducative comprend des attitudes de départ, des exercices préparatoires et des séries progressives pour la composition des leçons.

Attitudes de départ. — Position fondamentale. — Positions initiales des bras, — des pieds, — du corps.

Exercices préparatoires. — Mouvements simples de la tête, — des jambes, — des bras.

« Séries » progressives pour la composition des leçons.

1re série. — Exercices combinés des *bras* et des *jambes*.
2e — Exercices d'*extension dorsale*.
3e — Exercices de *suspension*.
4e — Exercices d'*équilibre*.
5e — Exercices du *tronc*.
6e — Exercices de *marche*, de *course* et *jeux* de courte durée impliquant l'action de *courir*.
7e — Exercices des *muscles abdominaux*.
8e — Exercices de *saut* et *jeux* de courte durée impliquant l'action de *sauter*.
9e — Exercice *respiratoire*.

Le tableau des pages ci-après en donne le résumé.

POSITION FONDAMENTALE. — POSITION INITIALE.	EXERCICES PRÉPARATOIRES.	1re SÉRIE. — EXERCICES COMBINÉS des jambes et des bras.
19. Garde à vous. POSITIONS INITIALES. — 1° DES BRAS. 21. Mains aux hanches. (M. H.) 22. Mains à la poitrine. (M. P.) 23. Mains aux épaules. (M. Ep.) 24. Bras avant. (B. av.) 25. Bras latéraux (B. lat.) 26. Bras levés. (B. lev.) 27. Bras arrière. (B. arr.) 2° DES PIEDS. 28. Pieds joints. (P. j.) 29. Stat. écart. 30. Stat. av. 3° DU CORPS. 31. Sur le dos. 32. Appui av. 33. Susp. incl. 34. Susp. all. 35. Fente av. 4° COMBINAISONS DES P. I. Ex. Stat. écart. B. lev. Fente av. M. ép. Sur le dos M. ép.	1° MOUVEMENTS DE TÊTE. 38. Mt : Incl. de tête en av. 39. Mt : Incl. de tête en arr. 40. Mt : Incl. de tête à gauche (dr.). 41. Mt : Rot. de tête à gauche (dr.). 2° MOUVEMENTS SIMPLES DES JAMBES. 43. Mt : Sur la pointe des pieds. 44. P. I. : M. H. Mt : 1/2 flex. des jambes. 45. P. I : M. H. Mt : Flex. des J. 46. P. I. : P. joints. Mt : 1/2 flex. des jambes. Mt : Flex. des J. 3° MOUVEMENTS SIMPLES DES BRAS. 48. P. I. : M. P. Mt : Ext. lat. des B. 49. P. I. : M. ép. Mt : Ext. av. des B. Mt : Ext. lat. des B. Mt : Ext. vert. des B. Mt : Ext. arr. des B. Réunir 2, 3 ou 4 de ces exercices. 50. Mt : Circumduct. des B. 51. Mouvem. avec poids additionnels.	EXEMPLES. 55. P. I. : M. P. Mt : Sur la pointe des pieds et ext. lat. des B. 56. P. I. : M. ép. Mt : 1/2 flex. (ou flex.) des J. et ext. av ou lat. ou vert. ou arr. des B. 57. P. I. : M. ép. Mt : 1/2 flex. (ou flex.) des J. et ext. vert. et av. des B. Partir des P. I. : St. écart. Stat. av., etc. Exerc. avec poids additionnels.

2e SÉRIE. — EXERCICES d'extension dorsale.	3e SÉRIE. — EXERCICES DE SUSPENSION (à deux ou à une barre).	4e SÉRIE. — EXERCICES D'ÉQUILIBRE.
59. P. I. : M. H. Mt : Ext. dors. 60. P. I. : M. P. Mt : Ext. dors. et ext. lat. des B. 61. P. I. : M. ép. Mt : Ext. dors. et ext. lat. (ou vert.) des B. 62. P. I. : B. lev. Mt : Ext. dors. 64. Mêmes exercic. dans les P. I. des P. Exerc. avec poids additionnels.	67. P. I. : Susp. incl. Mt : Elév. de la jambe. 68. P. I. : Susp. incl. Mt : Flex. des B. 69. P. I. : Susp. incl. Mt : Elév. de la J. et flex. des B. 70. P. I. : Susp. all. Mt : Elév. du genou. 71. P. I. : Susp. all. Mt : Elév. av. (ou lat.) de la J. 72. P. I. : Susp. all. Mt : Elév. du genou et ext. de la J. 73. P. I. : Susp. all. Mt : Elév. av. et écart. lat. de la J. 74. P. I. : Susp. all. Mt : Flex. des B. 75. Exécuter les ex. 70, 71, 72 et 73 avec les deux jambes à la fois.	78. P. I. : M. H. Mt : Elév. du genou. 79. P. I. : M. H. Mt : Elév. av. (ou arr. ou lat.) de la J. 80. P. I. : M. H. Mt : Elév. du genou et ext. de la J. 81. P. I. : M. H. Mt : Elév. arr. (ou lat.) de la J. et flex. de la J. 82. Mêmes mouvements pieds joints. Combinaisons en 3 ou 4 temps. Combinaisons avec mouvements de bras. 1er EXEMPLE. P. I. : P. joints M. H. Mt : Elév. av., et écart. lat. de la J. (3 temps). 2e EXEMPLE. P. I. : P. joints. M. ép. Mt : Elév. du genou ext. de la J. et ext. lat. et vert. des B. (4 temps).

5e SÉRIE. — EXERCICES DU TRONC.	6e SÉRIE. — EXERCICES ÉDUCATIFS de marche, course, jeux.	7e SÉRIE. — EXERCICES DES MUSCLES abdominaux.
a) FLEXION (EN AVANT). 84. P. I. : M. H. (ou M. ép. ou B. lev.). Mt : Flex. du tronc. Mêmes mouvements dans les positions de : P. F. P. joints. Stat. écart. Stat. av. Fente av. Même mouvement combiné avec les mouvements de B. *b*) ROTATION. 85. P. I. : Stat. écart. M. H. (ou M. P. ou M. ép.). Mt : Rot. du tronc. Même mouvement dans les positions de : Stat. av. P. F. P. joints. Fente av. Même mouvement combiné avec les mouvements de B. *c*) FLEXION LATÉRALE. 86. P. I. : Stat. écart. M. H. (ou M. ép. ou B. lev.). Mt : Flexion lat. du tronc. Même mouvement combiné avec les mouvements de B. NOTA. — Chaque séance doit comprendre des exercices de flexion, de rotation et de flexion latérale.	88. Pas cadencé. Marche. Marche avec chants Marche à cadence vive. 89. Allongez. Marche. 90. Pas gymnastique. Marche (1 à 5 minutes). Allongez. Marche. 91. Jeux : Chat coupé. Chat perché. Petits paquets. Queue leu leu. Quatre coins. Mère Garuche. Epervier, etc.	93. P. I. : Sur le dos. Mt : Elév. des genoux. 94. P. I. : Sur le dos. Mt : Elév. des J. 95. P. I. : Ap. av. Mt : Flex. des B. 96. P. I. : Assis sur un banc, ap. av. des P. M. H. (ou M. ép. ou M. P. ou B. lev.). Mt : Inclinaison du tronc en arrière. 97. P. I. : Sur le dos. M. ép. (ou B. lev.) ap. av. des P. Mt : Flex. du tronc.

8e SÉRIE. — EXERCICES ÉDUCATIFS de sauts et jeux.	9e SÉRIE. — EXERCICES RESPIRATOIRES.	OBSERVATIONS.
1° SAUTS. — a) SAUTS DE PIED FERME. 102. P. I. : M. H. Mt : Sautillement sur place. 103. Mt : Saut en profondeur. 104. Mt : Saut en haut. 105. Mt : Saut en long. 106. Mt : Sauts successifs en haut. (ou long.). Sauts combinés. Ex. Mt : Saut en prof. et long. b) SAUTS AVEC ÉLAN. 107. P. I. : Stat. (ou fente) av. gauche (ou dr.). Mt : Saut en long. avec 1 ou 3 pas d'élan. 108. P. I. : Stat. (ou fente) av. gauche (ou dr.). Mt : Saut en haut. avec 1 ou 3 pas d'élan. 109. Sauts combinés. Exécuter les différents sauts dans une direction oblique à celle de l'élan. Sauts avec élan à volonté. 2° JEUX. 110. Ex. Cloche-pied. Coupe-jarret. Saute-mouton à la poursuite ou au but. Ours, etc.	112. P. I. : P. F. ou stat. écart. Mt : Exercice respiratoire.	

A. — Attitudes de départ.

19. La POSITION FONDAMENTALE est la position du *soldat sans arme* du règlement de manœuvres (fig. 1 et 2).

But S. (1). Donner une belle attitude, fixer l'attention.

But G. Faire ressortir la poitrine;

Redresser le dos voûté;

Mettre le muscle en demi-contraction prêt à agir au commandement de l'instructeur.

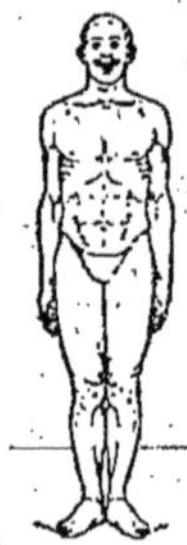

Fig. 1.

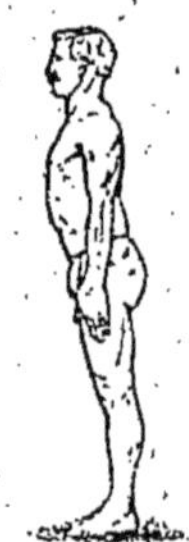

Fig. 2.

Éviter de raidir aucune partie du corps, de porter le bassin en avant, de rejeter le haut du tronc en arrière en cambrant trop les reins, de porter le cou et les épaules trop en avant, d'incliner la tête en arrière.

20. Les P. I. ne sont autre chose que la P. F. modifiée par une attitude spéciale des bras, des jambes, ou du tronc.

L'attitude spéciale donnée à un membre a pour objet de se prêter au mouvement particulier que doit exécuter ce membre ou de varier l'intensité d'un exercice.

Toutes les parties du corps qui ne sont pas modifiées par la P. I. doivent demeurer dans la P. F. C'est ainsi que dans la position de *Bras avant*, l'homme a tout le corps en P. F., sauf les bras qui sont tendus en avant.

La combinaison de plusieurs P. I. simples peut produire de nombreuses P. I. dérivées.

Positions initiales simples des bras.

Les P. I. provenant d'une attitude spéciale des bras sont les suivantes :

21. MAINS AUX HANCHES. — Mains sur le bord supérieur des hanches, doigts allongés et joints dans le prolongement des avant-bras, pouces en arrière, coudes effacés, épaules maintenues basses et en arrière (fig. 3).

A éviter : Bassin trop en avant, reins creusés, coudes trop en arrière, tête inclinée en avant.

Voir But, n° 23.

(1) But S veut dire : But pour le soldat; But G veut dire : But pour le gradé.

22. MAINS A LA POITRINE. — Avant-bras fléchis, à hauteur des épaules, coudes en arrière, mains ouvertes dans le prolongement des avant-bras, paumes dirigées vers le sol, doigts joints, épaules maintenues basses et en arrière (fig. 4).

A éviter : Bassin trop en avant, reins creusés, mains trop basses et non dans le prolongement des avant-bras, épaules surélevées.

Voir But, n° 23.

23. MAINS AUX ÉPAULES. — Avant-bras et mains fléchis,

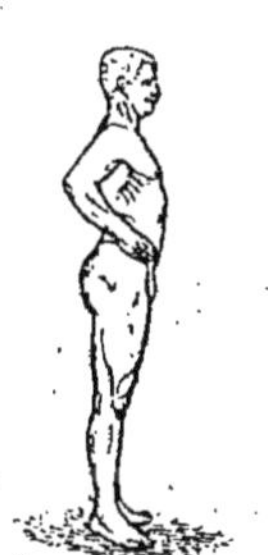

Fig. 3.

Fig. 4.

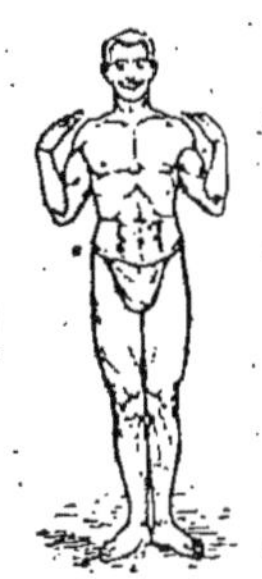

Fig. 5.

coudes abaissés, bras et avant-bras dans le plan des épaules maintenues basses et en arrière (fig. 5).

B. S. Fixer les bras;
Développer la poitrine.

B. G. Fixer l'épaule en arrière;
Augmenter l'intensité de certains exercices.

A éviter : Reins creusés, coudes insuffisamment abaissés.

24. BRAS AVANT. — Bras tendus en avant à la hauteur et à l'écartement des épaules, paumes des mains se faisant face, épaules maintenues basses et en arrière (fig. 6).

B. S. Assouplir l'articulation de l'épaule.

B. G. Développer les muscles de l'épaule;
Déplacer le centre de gravité.

A éviter : Epaules entraînées en avant par le mouvement des bras.

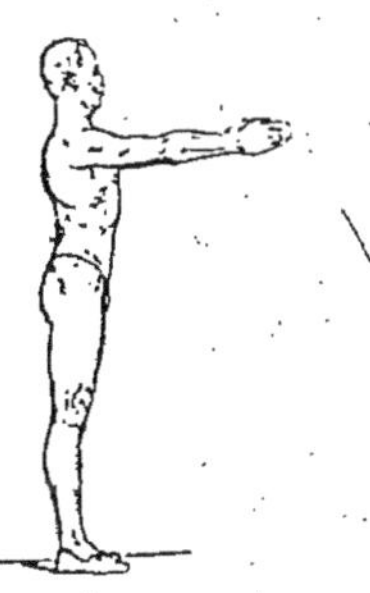

Fig. 6.

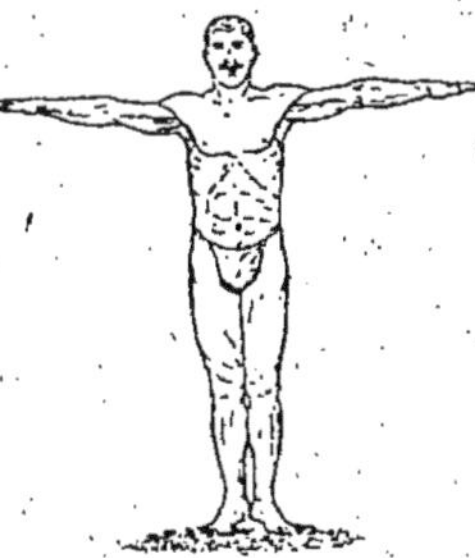

Fig. 7.

25. Bras latéraux. — Bras tendus latéralement à hauteur des épaules et rejetés en arrière, paume des mains en dessous, épaules maintenues basses et en arrière (fig. 7).

Voir But, nº 24.

A éviter : Mains trop basses, reins creusés.

26. Bras levés. — Bras levés et tendus dans le prolongement du tronc, à l'écartement des épaules et rejetés en arrière, paumes des mains se faisant face (fig. 8).

Voir But, nº 24.

A éviter : Tronc rejeté en arrière, demi-flexion des bras.

27. Bras arrière. — Bras abaissés et tendus à l'écartement des épaules le plus en arrière possible, paumes des mains se faisant face, épaules maintenues basses (fig. 9).

Voir But, nº 24.

A éviter : Tronc porté en avant, menton sur la poitrine.

Fig. 8.

Fig. 9.

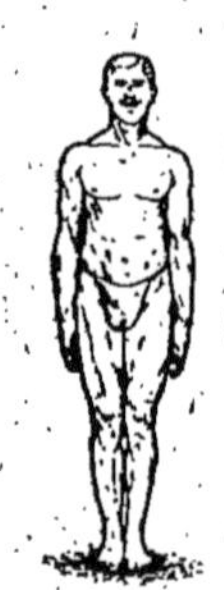
Fig. 10.

Positions initiales simples des pieds.

Les P. I. provenant d'une attitude spéciale des pieds sont les suivantes :

28. Pieds joints. — Pieds réunis par leur face interne (fig. 10).

B. S. Assouplir articulations du pied.
B. G. Exercice correctif de positions défectueuses.

29. Station écartée. — Pieds écartés d'environ deux fois leur longueur, corps d'aplomb sur les deux jambes tendues (fig. 11).

Pour prendre cette position, déplacer vers la gauche le pied gauche de deux longueurs de pied.

B. S. et G. Donner une plus grande base au corps pour faciliter certains mouvements.

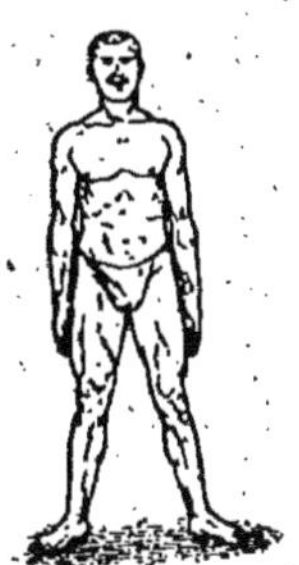

Fig. 11.

Fig. 12.

30. STATION AVANT. — Un pied en avant de l'autre à deux fois environ sa longueur, corps d'aplomb sur les deux jambes tendues, épaules maintenues face en avant (fig. 12).

Voir But, n° 29.

Positions initiales simples du corps.

Les P. I. provenant d'une attitude spéciale du corps sont :

31. SUR LE DOS. — Corps reposant sur le sol par la tête, les épaules, les fesses et les talons, pieds joints et étendus, les bras allongés le long du corps (fig. 13).

Pour passer de la P. F. à la P. I. *Sur le dos* : s'accroupir, prendre appui des mains sur le sol, s'asseoir, allonger les jambes, étendre le tronc.

On revient à la P. F. par les moyens inverses.

B. S. et G. Exercer les muscles du ventre lorsqu'on passe de la P. I. à la P. F.

Fig. 13.

32. APPUI AVANT. — Les pieds touchant le sol par la pointe seulement, le corps soutenu par les bras tendus, les mains prenant appui sur l'appareil ou sur le sol (fig. 14).

Pour passer de la P. F. à la P. I. *Appui avant* : s'accroupir, placer la paume des mains sur l'appareil ou sur le sol à un écartement un peu supérieur à celui des épaules, doigts joints et légèrement dirigés vers l'intérieur, porter successivement les jambes vers l'arrière et étendre le corps.

B. S. et G. Fortifier les muscles du ventre.

Eviter de lever le menton, de voûter le dos, avoir soin de garder la tête, le tronc et les jambes dans le même prolongement.

Fig. 14.

Fig. 15.

33. SUSPENSION INCLINÉE. — Les talons reposant sur le sol, le corps suspendu à l'appareil par les mains, bras tendus, pieds en légère extension (fig. 15).

Pour passer de la P. F. à la P. I. *Suspension avant :* saisir la barre avec les mains placées à un écartement un peu supérieur à celui des épaules, paumes en avant, étendre le corps et les jambes sous la barre, bras allongés un peu en dehors du plan vertical de la barre.

On revient à la P. F. par les moyens inverses.

B. S. Préparer à la suspension allongée.
B. G. Fortifier les muscles du dos.

Eviter d'avoir les mains trop rapprochées, les épaules non fixées, avoir soin de garder le tronc et la tête dans le prolongement des jambes.

34. SUSPENSION ALLONGÉE. — Le corps, tombant naturellement, est suspendu par les mains à une ou deux barres, les bras allongés, les pieds joints et en légère extension (fig. 16).

Dans la suspension allongée à une barre, les mains sont placées

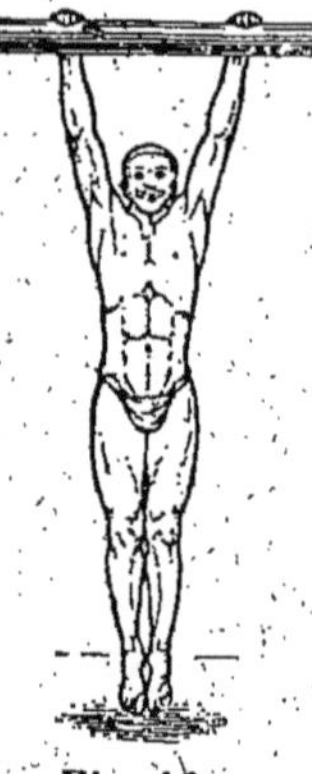

Fig. 16.

Fig. 17.

à un écartement un peu supérieur à celui des épaules, les paumes en avant.

B. S. Redresser la colonne vertébrale;
Fortifier les bras et les épaules.
B. G. Augmenter la mobilité des côtes;
Travail intense des fixateurs de l'épaule;
Redressement passif de la colonne vertébrale.

Eviter d'avoir les mains trop rapprochées, avoir soin de garder le tronc, la tête et les jambes dans le même prolongement.

35. Fente avant. — Le pied gauche est porté en avant d'environ deux longueurs et demie à trois longueurs de pied suivant la conformation de l'homme, la jambe gauche fléchie, le genou dans la direction du pied, la jambe droite tendue, le pied à plat, le tronc et la tête dans le prolongement de la jambe arrière, les épaules face en avant, les bras le long du corps comme dans la P. F. (fig. 17).

Eviter une fente trop longue, tout redressement ou abaissement de la tête ou du tronc par rapport à la direction de la jambe arrière.

B. — Exercices préparatoires.

36. Les exercices préparatoires sont exécutés en partant de la P. F. ou d'une des positions initiales.

Ils doivent être exécutés chacun isolément avec correction avant d'être réunis.

Ils comprennent des mouvements simples de la tête, des jambes et des bras.

B. S. Faire travailler les extenseurs du tronc.
B. G. Faire travailler les muscles des jambes.

Mouvements de tête.

37. But physiologique : Assouplir et développer les muscles de la nuque et du cou pour donner à la tête une attitude correcte et aisée.

Ces mouvements sont employés pendant l'exécution de certains mouvements comme correctif de la mauvaise position du cou et de la tête.

But pratique : Ils prédisposent à une bonne mise en joue et à la prise correcte des alignements.

38. Inclinaison de tête en avant :

1° Incliner fortement la tête en avant, en rapprochant le menton du cou (fig. 18);
2° Revenir à la position primitive.

39. Inclinaison de tête en arrière :

1° Incliner le plus possible la tête en arrière, en éloignant le menton du cou (fig. 19);
2° Revenir à la position primitive.

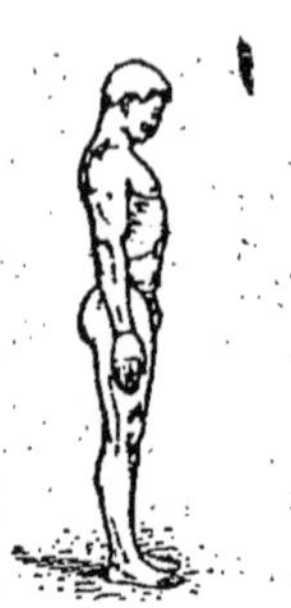
Fig. 18.

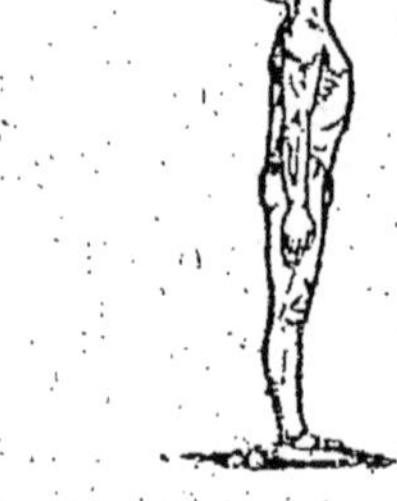
Fig. 19.

Fig. 20.

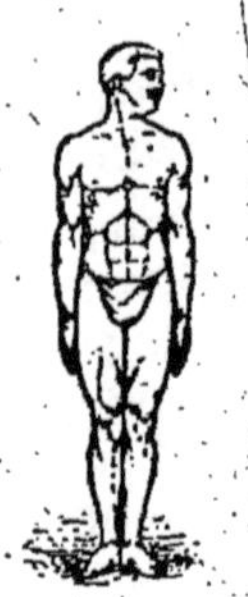
Fig. 21.

40. INCLINAISON DE TÊTE A GAUCHE (DROITE) :

1° Incliner le plus possible la tête en la rapprochant de l'épaule gauche (droite), en évitant tout mouvement de rotation (fig. 20);
2° Revenir à la position primitive.

41. ROTATION DE TÊTE A GAUCHE (DROITE) :

1° Tourner le plus possible la tête à gauche (droite), sans l'incliner, ni déranger les épaules (fig. 21);
2° Revenir à la position primitive.

Mouvements simples des jambes

42. BUT PHYSIOLOGIQUE : Activer la circulation dans les membres inférieurs et fortifier les muscles de ces membres.

Ces mouvements conviennent donc comme dérivatifs des mouvements de la tête et du tronc.

Ils assouplissent les articulations de la hanche, du genou et du pied et rendent ainsi la marche plus légère et plus aisée.

BUT PRATIQUE : En augmentant la puissance des membres inférieurs, ils développent chez le soldat l'aptitude à la marche et le préparent, en outre, aux exercices d'équilibre et de saut.

43. SUR LA POINTE DES PIEDS :

1° S'élever aussi haut que possible sur la pointe des pieds, talons joints (fig. 22);
2° Reprendre la P. F.

Dans ce mouvement, *éviter* de porter le haut du corps en arrière et le bassin en avant.

44. *Mains aux hanches.* — DEMI-FLEXION DES JAMBES :

1° S'élever sur la pointe des pieds;

2° Fléchir les jambes en écartant les genoux, talons élevés et joints, corps d'aplomb, jusqu'à ce que la cuisse forme un angle droit avec la jambe (fig. 23);

3° Se relever sur la pointe des pieds;

4° Reprendre la P. I.

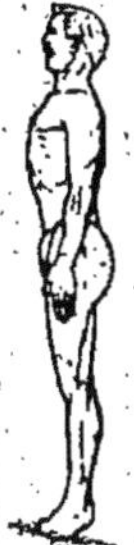

Fig. 22.

Fig. 23.

Fig. 24.

Fig. 25.

45. *Mains aux hanches.* — FLEXION DES JAMBES.

Comme ci-dessus, la flexion des jambes étant poussée à fond (fig. 24).

46. Lorsque les flexions des jambes s'exécutent en partant de la P. I. : *pieds joints*, les genoux restent unis (fig. 25).

Mouvements simples des bras.

47. BUT PHYSIOLOGIQUE : Activer la circulation dans les membres supérieurs et fortifier les muscles de ces membres.

Ces mouvements assouplissent les articulations des épaules, des coudes et favorisent le développement de la poitrine.

BUT PRATIQUE : En augmentant la puissance des membres supérieurs, ils facilitent la formation des tireurs et préparent à certains exercices d'application très intenses.

48. *Mains à la poitrine.* — EXTENSION LATÉRALE DES BRAS :

1° Étendre les bras latéralement pour prendre la P. I. : bras latéraux (fig. 26);

2° Revenir à la P. I. : *mains à la poitrine.*

49. *Mains aux épaules.* EXTENSION { AVANT / LATÉRALE / VERTICALE / ARRIÈRE } DES BRAS :

1° Étendre les bras en avant (ou latéralement, ou verticalement, ou en arrière) pour prendre la P. I. : bras avant (ou bras latéraux, ou bras levés, ou bras arrière) [fig. 27];

2° Revenir à la P. I. : *mains aux épaules.*

Lorsque chacun de ces exercices a été exécuté isolément et correctement, l'instructeur peut les réunir en partie ou en totalité, en 4, 6 ou 8 temps.

1er EXEMPLE.

Mains aux épaules. — EXTENSION AVANT ET VERTICALE DES BRAS :

1° Faire l'extension avant des bras;
2° Revenir à la P. I. : *mains aux épaules;*
3° Faire l'extension verticale des bras;
4° Revenir à la P. I. : *mains aux épaules.*

2e EXEMPLE.

Mains aux épaules. — EXTENSION AVANT, VERTICALE ET LATÉRALE DES BRAS :

1° Faire l'extension avant des bras;
2° Revenir à la P. I. : *mains aux épaules;*
3° Faire l'extension verticale des bras;
4° Revenir à la P. I. : *mains aux épaules;*
5° Faire l'extension latérale des bras;
6° Revenir à la P. I. : *mains aux épaules.*

Ce mouvement s'exécute en 6 temps; si on y ajoutait le mouvement d'extension arrière des bras, on aurait le mouvement en 8 temps.

Après chacun de ces mouvements, il y a lieu de reprendre la P. I.

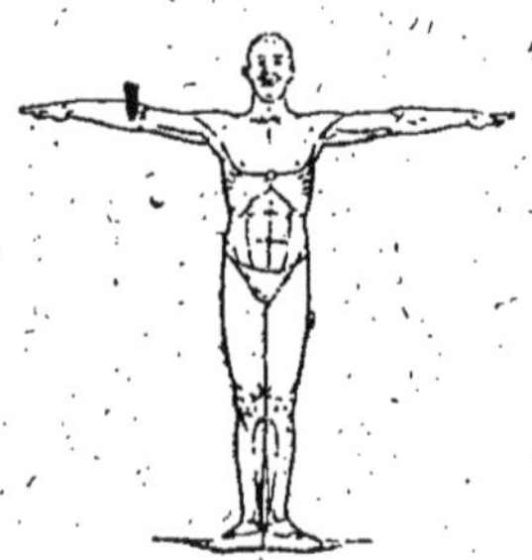

Fig. 26.

Fig. 27.

50. *P. F.* — CIRCUMDUCTION DES BRAS :

Faire passer les bras sans arrêt par les positions successives de bras avant, bras levés, bras latéraux, bras arrière et P. F.

51. Les mouvements d'extension verticale ou en avant des bras, en partant de la P. I. de *mains aux épaules*, peuvent s'exécuter également avec l'arme munie ou non de sa baïonnette.

Pour l'exécution de ces exercices, l'arme est tenue dans la P. F., le canon en dessus, les ongles tournés vers le corps, les mains à l'écartement des épaules, la main droite à la poignée (fig. 28).

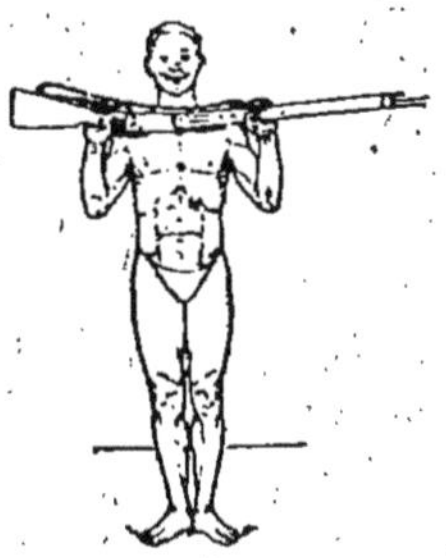

Fig. 28.

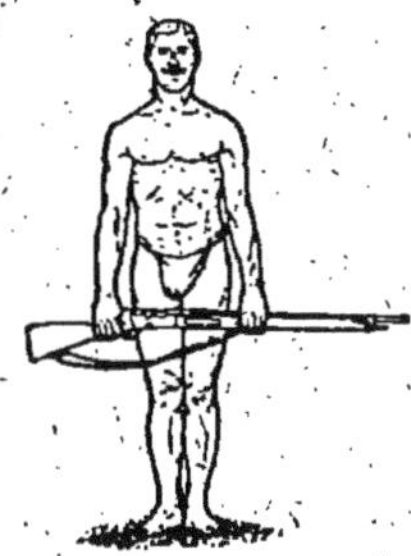

Fig. 29.

Au commandement de *Mains aux épaules*, EN POSITION, l'arme est placée à hauteur des épaules, par un fléchissement des bras, le canon en dessous, les ongles en dehors (fig. 29).

Au commandement de REPOS, l'homme abandonne l'arme de la main droite et continue à la maintenir de la main gauche, la crosse touchant le sol.

52. En principe, les mouvements de bras s'exécutent à une cadence rapide.

C. — Séries progressives pour la composition des leçons

1re SÉRIE. — Exercices combinés des bras et des jambes.

53. BUT : Ces exercices produisent simultanément les effets dus aux mouvements simples des bras et des jambes.

Ils réclament un travail plus intense que les mouvements simples et de la coordination dans les efforts musculaires; ils ne seront donc pratiqués qu'après que les mouvements simples seront bien connus et exécutés avec aisance.

54. Les exercices simultanés des bras et des jambes se prêtent à de nombreuses combinaisons dans lesquelles à chaque temps du mouvement des jambes correspond un temps du mouvement des bras.

Ces exercices peuvent s'exécuter en partant de deux P. I. indiquées dans le commandement, l'une se rapportant aux jambes, l'autre aux bras. Ces deux P. I. sont prises simultanément au commandement de : EN POSITION.

1er EXEMPLE.

55. *Mains à la poitrine.* — SUR LA POINTE DES PIEDS ET EXTENSION LATÉRALE DES BRAS :

1° S'élever sur la pointe des pieds et étendre les bras latéralement (fig. 30);

2° Revenir à la P. I. : *mains à la poitrine.*

2e EXEMPLE.

56. *Mains aux épaules.* — DEMI-FLEXION DES JAMBES ET EXTENSION VERTICALE DES BRAS :

1° S'élever sur la pointe des pieds et étendre les bras verticalement (fig. 31);

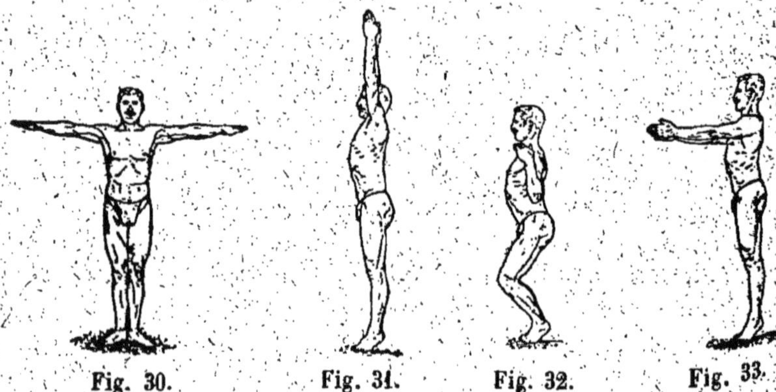

Fig. 30. Fig. 31. Fig. 32. Fig. 33.

2° Fléchir les jambes et ramener les mains aux épaules (fig. 32);

3° Se relever sur la pointe des pieds et étendre les bras verticalement;

4° Reprendre la P. I.

3e EXEMPLE.

57. *Mains aux épaules.* — DEMI-FLEXION DES JAMBES ET EXTENSION VERTICALE ET AVANT DES BRAS.

Ces mouvements combinés sont comme ceux de l'exemple précédent, sauf qu'au 3e temps, on exécute l'extension avant (fig. 33) et non plus l'extension verticale.

On aurait un 4e exemple de combinaison en substituant la flexion des jambes à la demi-flexion; un 5e exemple en substituant l'extension arrière des bras à l'extension avant; un 6e exemple, en partant de la station écartée, etc.

Les 2e et 3e exemples (nos 56 et 57) peuvent être exécutés avec l'arme.

2e SÉRIE. — Exercices d'extension dorsale.

58. EFFET : Favoriser le redressement de la colonne vertébrale et le développement de la poitrine en agissant simultanément sur les muscles dorsaux et sur ceux de la région antérieure du tronc.

59. *Mains aux hanches* (ou P. F.). — EXTENSION DORSALE :

1° Incliner le haut du tronc en arrière, sans porter le bassin en avant, les jambes tendues (fig. 34);
2° Reprendre la P. I. (ou la P. F.).

60. *Mains à la poitrine.* — EXTENSION DORSALE ET EXTENSION LATÉRALE DES BRAS :

1° Faire l'extension dorsale comme au n° 59, en exécutant en même temps le mouvement d'extension latérale des bras (fig. 35);
2° Revenir à la P. I.

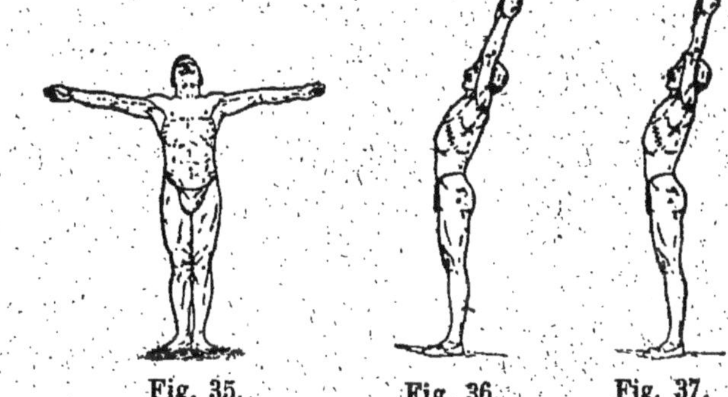

Fig. 34. Fig. 35. Fig. 36. Fig. 37.

61. *Mains aux épaules.* — EXTENSION DORSALE ET EXTENSION LATÉRALE (*ou* VERTICALE) DES BRAS :

1° Faire l'extension dorsale comme au n° 59, en exécutant simultanément le mouvement d'extension latérale (fig. 35) [*ou* verticale] (fig. 36) des bras;
2° Revenir à la P. I.

62. *Bras levés.* — EXTENSION DORSALE :

1° Exécuter l'extension dorsale comme au n° 59 en conservant la P. I. : *bras levés* (fig. 37);
2° Revenir à la P. I.

63. Les exercices de la 2e série s'exécutent dans les différentes positions initiales des pieds.
Ils peuvent s'exécuter également avec l'arme.

64. Au cours des exercices d'extension dorsale, *éviter* de porter le bassin en avant et de creuser les reins; à cet

effet, il est avantageux de se servir d'un appui placé un peu au-dessous des omoplates, qui permet de fixer la partie inférieure du dos.

L'instructeur veille tout particulièrement à ce que les hommes ne cessent pas de respirer librement pendant l'exécution des extensions dorsales.

3e SÉRIE. — Exercices de suspension.

65. BUT PHYSIOLOGIQUE : Augmenter la mobilité des côtes, redresser passivement la colonne vertébrale.

Combinés avec des mouvements de bras, ces exercices développent les muscles des membres supérieurs et préparent au « grimper »; combinés avec des mouvements de jambes, ils développent les muscles des membres inférieurs et les abdominaux.

Les suspensions inclinées exercent, en outre, les muscles dorsaux et constituent une excellente préparation aux suspensions allongées.

BUT PRATIQUE : Préparer au grimper.

66. Les appuis sont constitués par des barres, perches et cordes par paires, soit encore, pour les suspensions inclinées, par une rangée d'hommes placés en « *Fente avant* », les mains sur les épaules de leurs voisins.

67. *Suspension inclinée.* — ÉLÉVATION DE LA JAMBE :

1° Élever le plus possible la jambe bien tendue, le pied maintenu en légère extension (fig. 38);

2° Revenir à la P. I.

Fig. 38.

Fig. 39.

68. *Suspension inclinée.* — FLEXION DES BRAS :

1° Rapprocher le corps de l'appareil en fléchissant les bras, les coudes écartés, le corps maintenu étendu et les épaules basses (fig. 39);

2° Revenir à la P. I.

69. *Suspension inclinée.* — ÉLÉVATION DE LA JAMBE ET FLEXION DES BRAS.

Combiner les deux exercices précédents en deux temps (fig. 40).

Pour ces exercices, l'appui, placé d'abord à hauteur des épaules, est progressivement descendu jusqu'à hauteur de ceinture.

70. *Suspension allongée.* — ÉLÉVATION DU GENOU.

1° Élever le genou le plus possible, la jambe fléchie, le pied en extension (fig. 41);
2° Revenir à la P. I.

Fig. 40.

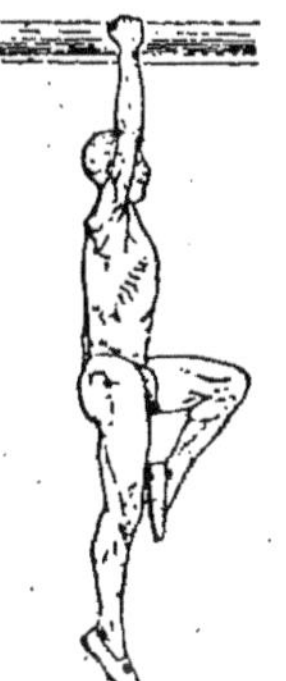

Fig. 41.

71. *Suspension allongée.* — ÉLÉVATION AVANT (LATÉRALE) DE LA JAMBE :

1° Élever en avant (fig. 42) [latéralement] (fig. 43) la jambe tendue, le pied en extension;
2° Revenir à la P. I.

Fig. 42.

Fig. 43.

Fig. 44.

72. *Suspension allongée.* — ÉLÉVATION DU GENOU ET EXTENSION DE LA JAMBE :

1° Élever le genou comme au n° 70;
2° Étendre la jambe en abaissant le moins possible le genou, le pied maintenu en extension;
3° Revenir au premier temps;
4° Reprendre la P. I.

73. *Suspension allongée.* — ÉLÉVATION AVANT ET ÉCARTEMENT LATÉRAL DE LA JAMBE :

1° Élever la jambe en avant, le pied en extension;

2° Porter la jambe latéralement en lui faisant faire une rotation en dedans;

3° Abaisser la jambe pour revenir à la P. I.

74. *Suspension allongée.* — FLEXION DES BRAS :

1° Élever le corps en fléchissant les bras jusqu'à ce que la tête dépasse la barre, les coudes portés le plus possible en arrière (fig. 44);

2° Revenir à la P. I. en allongeant lentement les bras.

Fig. 45.

Fig. 46.

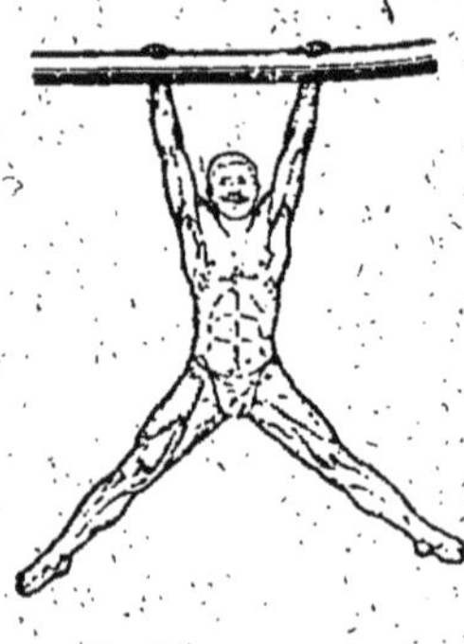

Fig 47.

75. Les mouvements indiqués aux nos 70, 71, 72 et 73 sont exécutés également avec les deux jambes à la fois (fig. 45, 46 et 47).

Dans tous les exercices de suspension, on évite de trop rapprocher les mains et de porter les coudes en avant; on s'attache à conserver les parties du corps qui ne manœuvrent pas (jambes, tronc, tête) dans le même prolongement.

76. Les exercices de suspension allongée sont exécutés soit à deux barres, soit à une seule barre.

4e SÉRIE. — **Exercices d'équilibre.**

77. BUT PHYSIOLOGIQUE : Eduquer le système nerveux pour amener la coordination des mouvements.

BUT PRATIQUE : Ces exercices développent l'adresse et le sang-froid, donnent l'aisance dans l'attitude générale et la démarche.

Ils exercent plus particulièrement les membres inférieurs.

78. *Mains aux hanches.* — ÉLÉVATION DU GENOU :

1° Élever le genou gauche (droit) le plus possible, la jambe fléchie, le pied en extension (fig. 48);

2° Revenir à la P. I.

...ains aux hanches. — ÉLÉVATION AVANT (OU ARRIÈRE, ...ÉRALE) DE LA JAMBE :

...lever la jambe gauche (droite) en avant (fig. 49) ...n arrière (fig. 50) ou latéralement (fig. 51), le pied ...xtension;

Revenir à la P. I.

Fig. 48.

Fig. 49.

Fig. 50.

Mains aux hanches. — ÉLÉVATION DU GENOU ET EXTEN... DE LA JAMBE :

Comme au temps du n° 78;

Étendre la jambe gauche (droite) de toute sa lon...ur, en abaissant le moins possible le genou, le pied ...ntenu en extension;

Revenir au 1er temps;

Reprendre la P. I.

Fig. 51.

Fig. 52.

Fig. 53.

Mains aux hanches. — ÉLÉVATION ARRIÈRE (OU LATÉ...) DE LA JAMBE ET FLEXION DE LA JAMBE :

Exécuter le 1er temps du n° 79;

Rapprocher le mollet de la cuisse sans baisser le ...n (fig. 52 et 53);

Revenir au 1er temps;

Reprendre la P. I.

Certains des exercices d'équilibre qui précèdent peuvent être ...

Exécutés d'abord dans la P. F., ils le sont ensuite PIEDS JOINTS. Enfin, ils peuvent être combinés avec les mouvements de bras. Au cours des exercices d'équilibre, *éviter* tout déplacement du bassin. Le tronc et la tête doivent être maintenus avec le plus grand soin dans le prolongement de la jambe d'appui.

5e SÉRIE. — Exercices du tronc.

83. BUT PHYSIOLOGIQUE : Développer plus particulièrement les extenseurs de la colonne vertébrale ainsi que les fixateurs des épaules en arrière; assouplir également les articulations de la colonne vertébrale.

BUT PRATIQUE : La nécessité pour le fantassin de porter allègrement son sac donne aux exercices de cette série une importance toute spéciale.

Chaque séance de *gymnastique éducative* doit comprendre des exercices de *flexion*, de *rotation* et de *flexion latérale*.

84. *Mains aux hanches* (ou *mains aux épaules* ou *bras levés*). — FLEXION DU TRONC :

1° Faire pivoter lentement le tronc en avant, les reins cambrés, la tête demeurant dans le prolongement du tronc (fig. 54);

2° Revenir lentement à la P. I.

Quand le mouvement de flexion du tronc est exécuté avec les bras levés, on veille à ce que les bras soient parfaitement maintenus dans le prolongement du tronc et non trop baissés.

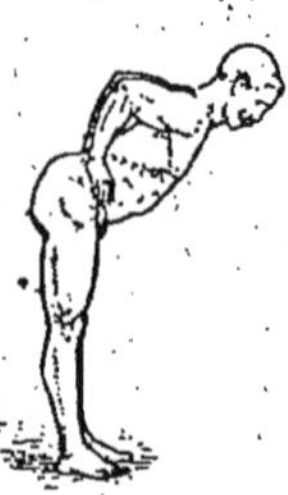

Fig. 54.

Fig. 55.

Fig. 56.

La flexion du tronc peut être exécutée en partant de la *P. F.* ou de l'une des P. I. : *Pieds joints; — station écartée; — station avant; — fente avant;* — elle peut en outre se COMBINER AVEC LES MOUVEMENTS DE BRAS.

En exécutant les flexions du tronc, *éviter* de porter le bassin trop en arrière, d'arrondir le dos ou de trop creuser les reins.

85. *Station écartée, mains aux hanches.* — ROTATION DU TRONC :

1° Tourner lentement le tronc, sans déranger la posi-

...n des hanches, la tête, les épaules et les bras suivant le mouvement du tronc (fig. 55);

2° Revenir lentement à la P. I.

Il n'y a aucun avantage à donner au mouvement de rotation du tronc une trop grande amplitude, car alors le mouvement, au lieu de se limiter aux régions lombaires, ferait intervenir les articulations des hanches, ce qui est à éviter.

Ce mouvement est exécuté d'abord en partant de la *station écartée*, puis des positions : *station avant*, ou *P. F.*, ou *pieds joints*, ou *fente avant*.

Dans les positions de station avant et de fente avant, les rotations à gauche (droite) sont faites avec le pied gauche (droit) en avant.

La position des *mains* sera aux *hanches* — à la *poitrine* ou aux *épaules*.

Les rotations du tronc peuvent se COMBINER AVEC LES MOUVEMENTS DE BRAS.

Dans tous les mouvements de rotation du tronc, on veille à *éviter* tout mouvement particulier de la tête.

86. *Station écartée — mains aux hanches (mains aux épaules ou bras levés).* — FLEXION LATÉRALE DU TRONC :

1° Incliner lentement le tronc latéralement sans déranger la position des hanches, la tête, les épaules et les bras suivant le mouvement du tronc (fig. 56);

2° Reprendre lentement la P. I.

La flexion latérale du tronc peut se combiner avec les mouvements de bras.

6e SÉRIE. — **Exercices éducatifs de marche, de course et jeux.**

87. BUT PHYSIOLOGIQUE : Assouplir et développer les membres inférieurs, donner à l'homme une démarche correcte et dégagée, suractiver la circulation et la respiration et augmenter la résistance.

Il ne s'agit, dans cette série, que des exercices de marche et de course qui ont un but purement éducatif. La question des marches et des courses, qui a une importance capitale pour les soldats, est plus spécialement traitée au titre II.

1° Marche.

88. Les marches s'exécutent au pas cadencé (Règlement de manœuvres).

Les marches au pas cadencé peuvent s'exécuter *avec chants* et à une *cadence vive*.

89. *Allongez.* — MARCHE.

Augmenter progressivement la longueur du pas jusqu'au maximum compatible avec la correction de l'attitude.

La marche au pas cadencé est reprise au commandement de : *Pas cadencé* — MARCHE.

2° Courses

90. Les courses s'exécutent au pas gymnastique (Règlement de manœuvres).

L'entraînement commence dès le début de l'instruction par des courses d'une minute.

Dans la leçon, la course ne doit pas dépasser cinq minutes.

Les hommes peuvent être exercés à allonger le pas sur des trajets très courts, dans les conditions prescrites au n° 89 pour le pas cadencé.

3° Jeux.

91. Certains jeux de courte durée, impliquant l'action de courir, peuvent être exécutés alors que le soldat n'en est encore qu'aux exercices éducatifs.

Ils enlèvent aux exercices éducatifs ce qu'ils ont de trop sévère, tout en contribuant eux-mêmes à l'éducation du jeune soldat.

Ces jeux n'ont pas à être définis; tous peuvent être pratiqués, à la condition d'amener le jeune soldat à courir.

On peut, par exemple, pratiquer le *chat coupé*, — le *chat perché*, — les *petits paquets*, — la *queue leu leu*, — les *quatre coins*, — la *mère Garuche*, — l'*épervier*, et tous autres jeux analogues pouvant varier suivant les régions (1).

7e SÉRIE. — Exercices des muscles abdominaux.

92. BUT PHYSIOLOGIQUE : Augmenter la force des muscles de l'abdomen; leur donner de la tonicité; accroître, par conséquent, leur action hygiénique et esthétique.

Afin d'éviter les accidents aux parois abdominales (surtout chez les gens prédisposés aux *hernies*), l'instructeur doit observer rigoureusement une *progression lente*.

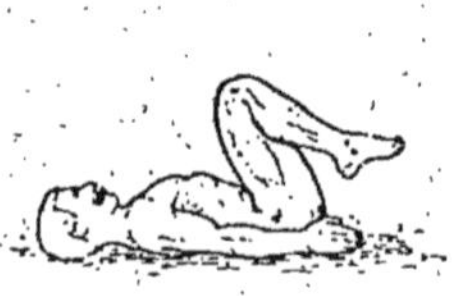

Fig. 57.

Fig. 58.

93. *Sur le dos.* — ÉLÉVATION DES GENOUX :

1° Élever les genoux, les jambes fléchies, les pieds en extension (fig. 57);

2° Reprendre la P. I.

(1) Voir règles des jeux et sports, aux annexes.

94. *Sur le dos.* — ÉLÉVATION DES JAMBES :

1° Élever à la fois les deux jambes bien tendues, les pieds en extension, jusqu'à ce qu'elles soient presque perpendiculaires au sol (fig. 58);

2° Reprendre la P. I.

95. *Appui avant.* — FLEXION DES BRAS :

1° Fléchir les bras, les coudes écartés, la poitrine ve-

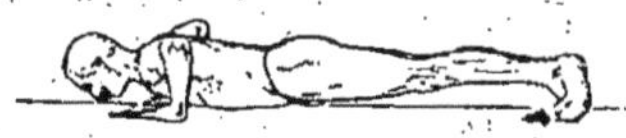

Fig. 59.

nant effleurer le sol, la tête, le tronc et les jambes restant dans le même prolongement (fig. 59);

2° Revenir à la P. I.

96. *Assis sur un banc; — appui avant des pieds; — mains aux hanches (aux épaules, à la poitrine, bras levés).* — INCLINAISON DU TRONC EN ARRIÈRE :

P. I. : S'asseoir sur un banc, les pieds maintenus (barres ou aide), les jambes tendues. Mettre les mains aux hanches (aux épaules, à la poitrine, bras levés).

1° Incliner lentement le tronc en arrière, sans fléchir les reins, les jambes restant tendues (fig. 60);

2° Reprendre lentement la P. I. sans arrondir le dos.

Dans cet exercice, on n'incline d'abord que très peu le tronc en arrière; ce n'est que progressivement que le soldat arrive à donner à ce mouvement son complet développement qui consiste à placer le tronc dans le prolongement des jambes.

97. *Sur le dos; — mains aux épaules* (ou *bras levés*); — *appui avant des pieds.* — FLEXION DU TRONC.

Fig. 60.

Fig. 61.

Les pieds maintenus (barres ou aide), les jambes tendues :

1° Relever lentement le tronc presque jusqu'à la verticale, les jambes restant tendues, sans fléchir les reins (fig. 61);

2° Reprendre lentement la P. I.

8e SÉRIE. — Exercices éducatifs de sauts et jeux.

98. BUT PHYSIOLOGIQUE : Augmenter la résistance par la suractivité imprimée à la respiration et à la circulation, développer l'adresse et l'agilité, et contribuer au développement des membres inférieurs.

1° Sauts.

99. Les sauts de la gymnastique éducative s'exécutent en principe sans tremplin. — *Le sol n'est jamais préparé.*

Pour amener les hommes à exécuter avec confiance et sans danger des sauts de grande amplitude, il importe de les habituer à se détendre brusquement et énergiquement pour donner au corps l'impulsion nécessaire et à se recevoir en équilibre parfait au moment de la reprise de contact avec le sol.

100. Pour retomber, se recevoir sur la pointe des pieds, les talons peu élevés, le corps d'aplomb, en fléchissant les jambes de la quantité nécessaire (45 degrés au maximum) pour amortir le choc, les bras allongés sans raideur (fig. 62); s'il y a lieu, rétablir l'équilibre par de légers sursauts en avant.

Se relever ensuite sur la pointe des pieds et prendre la P. F.

101. La décomposition des mouvements et surtout le maintien, au moment de la reprise de contact avec le sol, de la flexion des jambes, facilitent l'exécution correcte des sauts.

Ceux-ci ne sont plus décomposés lorsqu'ils sont exécutés avec correction.

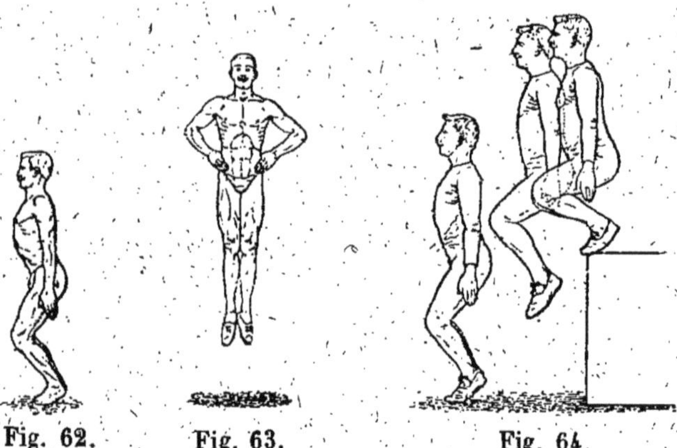

Fig. 62. Fig. 63. Fig. 64.

a) *Sauts de pied ferme.*

102. *Mains aux hanches.* — SAUTILLEMENTS SUR PLACE. Sautiller sur place, sur la pointe des pieds, en pro-

étant le corps verticalement par des extensions et des flexions successives des pieds, les jambes réunies restant tendues (fig. 63).

103. Saut en profondeur :

1° Étant debout sur l'obstacle, fléchir les jambes;

2° Abandonner l'obstacle sans se relever, allonger les jambes pendant la chute;

3° Se recevoir (fig. 64).

La hauteur du saut, faible au début, est progressivement, mais très lentement augmentée.

104. Saut en hauteur :

1° S'élever sur la pointe des pieds en élevant les bras, poings fermés;

2° Fléchir les jambes en ramenant vivement les bras en arrière;

Fig. 65.

3° Détendre brusquement les jambes en élevant vivement les bras; projeter ainsi le corps le plus haut possible, cuisses, jambes et pieds fléchis; les allonger pendant que le corps retombe;

4° Se recevoir (fig. 65).

105. Saut en longueur.

Fig. 66

Donner l'impulsion en penchant le corps en avant.
Projeter le corps en avant le plus loin possible.
Se recevoir (fig. 66).

106. LES SAUTS EN HAUTEUR ET EN LONGUEUR PEUVENT ÊTRE EXÉCUTÉS PLUSIEURS FOIS DE SUITE en utilisant la flexion

Fig. 67.

des jambes à la reprise de contact avec le sol pour donner une nouvelle impulsion facilitée par une élévation des bras (fig. 67 et 68).

Fig. 68.

LE SAUT SIMULTANÉ EN PROFONDEUR ET EN LONGUEUR s'exécute en combinant les prescriptions des nos 103 et 105.

Le corps est alors moins abaissé mais plus incliné que pour le saut simple en profondeur (fig. 69).

b) *Sauts avec élan.*

107. *Station* (ou *fente*) *avant gauche* (*droite*). — SAUT EN LONGUEUR AVEC UN OU TROIS PAS D'ÉLAN :

1° Exécuter rapidement le nombre de pas prescrit;
2° Faire l'impulsion sur le pied droit (gauche) en pro-

étant les bras en avant; pendant la suspension, les jambes réunies sont portées en avant;

3° Se recevoir.

Fig. 69.

108. *Station (ou fente) avant gauche (droite).* — SAUT EN HAUTEUR AVEC UN OU TROIS PAS D'ÉLAN.

Comme ci-dessus, mais l'impulsion du pied droit est faite aussi verticalement que possible en levant brusquement les bras.

109. Les sauts en longueur peuvent être combinés soit avec les sauts en hauteur, soit avec les sauts en profondeur.

Les différents sauts peuvent être exécutés dans une

Fig. 70.

direction oblique à celle de l'élan; l'impulsion se fait alors sur le pied opposé à la direction du saut.

L'instructeur peut enfin laisser l'homme libre de prendre plusieurs pas d'élan; dans ce cas, il lui indique sur quel pied doit se faire l'impulsion (fig. 70 et 71).

2° Jeux.

110. Certains jeux de courte durée, impliquant l'action

de sauter, peuvent être exécutés alors que le soldat n'en est encore qu'aux exercices éducatifs.

Ces jeux n'ont pas à être définis.

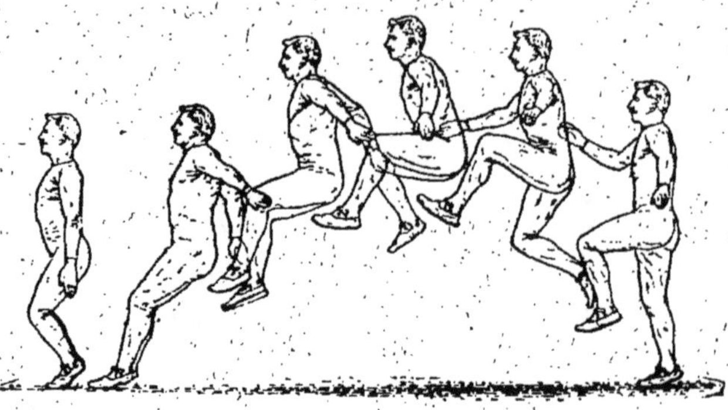

Fig. 71.

On peut, par exemple, pratiquer le *cloche-pied*, — *le coupe-jarret*, — le *saute-mouton* (à la poursuite ou au but), — l'*ours* et tous autres jeux analogues pouvant varier suivant les régions (1).

9e SÉRIE. — **Exercice respiratoire.**

111. BUT : Augmenter la capacité respiratoire en donnant de la souplesse à la cage thoracique, et favoriser l'oxygénation du sang.

Cet exercice est ordonné chaque fois qu'il est nécessaire de *ramener le calme dans l'organisme*, notamment après les courses, les jeux, les sauts.

Chaque séance de gymnastique se termine toujours par cet exercice.

112. EXERCICE RESPIRATOIRE. — Étant dans la P. F. ou en *station écartée*, faire une inspiration profonde, bouche fermée autant que possible.

Faire ensuite une expiration aussi complète que possible.

L'exercice respiratoire est exécuté librement et sans cadence.

(1) Voir règles des jeux et sports, aux annexes.

TITRE II.

GYMNASTIQUE D'APPLICATION.

CHAPITRE Ier.

Règles générales.

BUT

113. L'éducation physique préparée par la gymnastique éducative est continuée par la gymnastique d'application.

Cette dernière a pour objet d'apprendre au soldat à vaincre les difficultés qui se présenteront en campagne; elle doit donc être pratiquée par *tous les hommes du service armé.*

Principe d'exécution.

A l'inverse de la gymnastique éducative, dont la bonne exécution repose sur le principe du *plus grand travail,* la gymnastique d'application est régie par la loi de l'*économie des forces.*

Préparation des séances.

Les séances d'application constituant la véritable gymnastique militaire, il y a lieu d'établir la progression des séances d'application avec autant de soin que celle relative aux exercices éducatifs en se conformant aux indications suivantes :

1° Faire exécuter des exercices intéressant toutes les parties du corps et les diverses fonctions;

2° Alterner convenablement le travail des différentes parties du corps. Exemple : entre des exercices de grimper, intercaler des sauts;

3° Choisir les exercices d'après les aptitudes des hommes et leur degré d'entraînement;

4° Tenir compte de l'état du terrain, des circonstances atmosphériques, du travail de la journée et de l'état sanitaire général.

Exécution des séances.

En arrivant sur le terrain, vérifier les appareils (voir annexe II du règlement) et faire préparer le terrain.

Autant que possible grouper les hommes d'après leur force.

114. Les exercices d'application commencent dès le début de l'instruction, aussitôt que les hommes sont suffisamment assouplis; ils sont pratiqués concurremment avec la gymnastique éducative et sont continués pendant toute la durée du séjour dans la société.

Les jeunes gens sont exercés d'abord individuellement, puis formés en groupes aussi faibles que possible.

Les séances sont aussi nombreuses que le permet la marche de l'instruction militaire; chacune d'elles est toujours suivie d'exercices dérivatifs et de mouvements respiratoires.

Rôle de l'instructeur.

Comme dans la gymnastique éducative, l'instructeur doit non seulement assurer le roulement des classes aux appareils dans le temps fixé, mais il doit, pour chaque exercice nouveau :

1° Enoncer le mouvement;

2° Le montrer aussi parfaitement que possible;

3° Indiquer le but, le mécanisme et les fautes à éviter;

4° Faire exécuter par le plus grand nombre d'hommes possible à la fois, et s'il y a du danger, individuellement devant l'instructeur;

5° Rectifier soit par des observations, soit en aidant l'exécutant;

6° Rétablir le calme dans l'organisme par des exercices d'ordre et des exercices respiratoires.

Exemples de progressions de gymnastique d'application à la fin du premier mois.

Sur le terrain

	Durée
Exercices d'ordres	1′
Lutte de traction — de répulsion	3′
Course de relais par émulation 80^{m}	6′
Lancement du boulet léger ou de pierres	4′
Transporter un fardeau	3′
Parcours de la piste d'obstacles sans armes par les moyens plus simples ou différents sauts (hauteur, longueur, profondeur)	11′
Exercices d'ordres et exercice respiratoire	2′
TOTAL...	30′

Au gymnase

	Durée
Exercices d'ordres	1′
Cordes, perches ou échelles, grimper à l'aide des mains	4′
Equilibre : marcher debout sur la barre (2^{m}) et saut en profondeur	4′
Rétablissement sur les avant-bras (2 fois)	5′
A 2 barres en gradin, sauter sur la première et franchir la 2e à l'aide des mains	6′
Parcours de la piste d'obstacles ou escalade du portique et différents sauts	8′
Exercices d'ordres et exercice respiratoire	2′
TOTAL...	30′

CHAPITRE II.

Escrime à la baïonnette.

115. Réglée par le règlement de manœuvres (§§ 110 à 121).

CHAPITRE III.

Luttes de traction et de répulsion.

116. But : Ces exercices développent l'énergie physique et morale et produisent la coordination des efforts de l'individu et du groupe.

Deux hommes ou deux groupes tirent sur une corde en sens opposé.

En remplaçant la corde par une perche, on peut exécuter non seulement une lutte de traction, mais encore une lutte de répulsion.

Une grande variété de luttes peuvent être imaginées entre deux hommes même sans instruments.

CHAPITRE IV.

Lancement du boulet.

117. But physiologique : Le lancement du boulet est à la fois un exercice de force, de vitesse et de coordination.

But pratique : Apprendre à l'homme à lancer des poids plus ou moins lourds; lancement de grenades.

Se fendre de la jambe droite et saisir le boulet de la main gauche; porter cette main en arrière de la tête, le tronc tourné à gauche et incliné en arrière, la jambe arrière fléchie (fig. 72).

Fig. 72.

Fig. 73.

Lancer le boulet le plus loin possible par une vive extension simultanée de la jambe et du bras en projetant le tronc en avant (fig. 73).

Répéter cet exercice à droite.

Le boulet peut être remplacé par une pierre.

CHAPITRE V.

Marche.

Voir le chapitre spécial consacré aux marches.

CHAPITRE VI.

Courses.

125. BUT : La course est le moyen le plus puissant de développer la *respiration;* elle accroît en même temps la résistance de l'organisme et habitue le soldat aux efforts violents que peut réclamer le service de guerre. Elle agit donc à la fois d'une façon très intensive sur les poumons, le cœur, les muscles des jambes et sur le système nerveux.

Tous les effets bienfaisants qu'on est en droit d'attendre de la pratique de la course sont annihilés si l'exercice est mal dirigé, la vitesse trop considérable ou l'entraînement mal compris.

126. Les courses s'exécutent au pas gymnastique et d'après les principes suivants :

Un gradé, placé en tête du groupe, règle l'allure. La course est précédée d'une marche de quelques minutes au pas cadencé, puis le pas gymnastique est pris, d'abord à une allure lente, qui est accélérée progressivement jusqu'à la vitesse réglementaire.

Pour éviter l'essoufflement, l'expiration doit toujours être faite aussi complète que possible.

Un peu avant la fin de la course, l'allure est ralentie.

Pour achever de calmer l'organisme, la course est suivie d'une marche de quelques minutes pendant laquelle on prescrit aux hommes de faire des exercices respiratoires.

L'entraînement est poursuivi toute l'année à raison de trois ou quatre séances par semaine.

127. En général, tous les hommes peuvent arriver à exécuter sans sac quinze minutes de course en terrain plat.

Sur un parcours plus long, il convient de faire alterner la course et la marche au pas de route.

Sur un trajet très court (100 mètres au maximum) l'homme peut être exercé à courir avec toute la vitesse dont il est capable. Le point d'arrivée doit alors être dégagé de tout obstacle (mur, fossé, etc.).

Cette course, exigeant un travail violent en un temps très court, doit être pratiquée qu'avec circonspection.

CHAPITRE VII.

Sauts.

128. BUT PHYSIOLOGIQUE : Les sauts développent l'*adresse*, *énergie morale* et éduquent le *système nerveux*.

Les sauts s'exécutent avec ou sans chargement.
L'homme chargé n'exécute que des sauts de faible amplitude.

But pratique : Apprendre à franchir les obstacles qui ne peu- nt être contournés ou escaladés, détruits ou aménagés.

Pour sauter, le soldat tient l'arme de la main droite, ramène de l'autre main le fourreau de la baïonnette avant.
Si l'obstacle doit être franchi sans interrompre la urse, et s'il présente quelque hauteur, l'homme saute élevant le genou de la jambe avant qu'il replie aussi rizontalement que possible, le corps penché en avant, jambe arrière presque allongée, rasant l'obstacle. omme se reçoit sur la jambe avant et continue sa urse sans marquer de temps d'arrêt à la chute.

29. Pour habituer les hommes à franchir certains obstacles sés, haies, ruisseaux) à l'aide d'une *perche*, on les exerce ord à des sauts en profondeur, longueur, hauteur, puis à des combinés.

aisir la perche à deux mains, les pouces en dessus. ndant la suspension, faire une vigoureuse traction bras et passer les jambes du même côté de la perche. vant la chute, rejeter la perche en arrière ou sur le

0. En campagne, les *obstacles* sont *contournés*, *esca- és*, *détruits* ou *aménagés* pour le passage de la upe.
aute de matériel, ou pour gagner du temps, il est quefois nécessaire de sauter l'obstacle.

ns ce cas, le soldat saute d'après les principes indiqués au , mais le plus économiquement possible.

CHAPITRE VIII.

Grimper. — Se rétablir. — Escalades.

A. — Grimper.

BUT : Développer adresse, audace, agilité.

Barre à hauteur de suspension.

(La barre, d'abord horizontale, est progressivement inclinée.)

131. SE DÉPLACER EN SUSPENSION FLÉCHIE :

1° (A une barre.) — Se déplacer vers la gauche (droite) par un mouvement alternatif (simultané) des mains (fig. 74);

2° (A deux barres.) — Se déplacer vers l'avant (arrière) par les mêmes moyens (fig. 75).

Fig. 74. Fig. 75. Fig. 76.

132. (A une barre.) SE DÉPLACER VERS L'AVANT OU VERS L'ARRIÈRE EN SUSPENSION FLÉCHIE, LE CORPS TOURNÉ DANS LA DIRECTION DE LA BARRE

Étant en suspension fléchie, une main de chaque côté de la barre, la tête sous la barre, se déplacer vers l'avant (arrière), les mains passant l'une par-dessus l'autre (fig. 76).

Planche inclinée.

133. GRIMPER ET DESCENDRE A L'AIDE DES MAINS ET DES PIEDS :

Saisir les bords de la planche, placer la pointe des pieds sur la planche, les jambes et les bras légèrement fléchis et grimper en déplaçant simultanément la main et le pied opposés (fig. 77).

Descendre par les mêmes moyens.

Échelle inclinée

134. Monter par devant à l'aide des mains et des pieds :

Déplacer en même temps le pied et la main opposés (fig. 78).

Fig. 77.

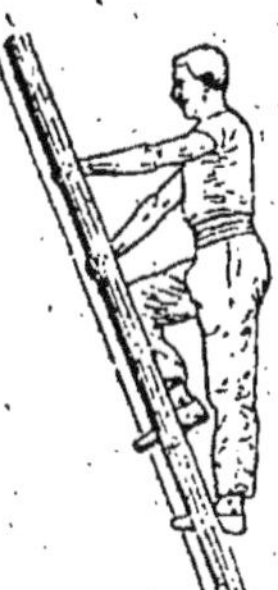

Fig. 78.

135. Descendre par devant à l'aide des mains et des pieds :

a) Face à l'échelle.

Déplacer en même temps le pied et la main opposés;

b) En tournant le dos à l'échelle.

Descendre, les mains glissant le long des montants (fig. 79).

136. Monter et descendre par derrière à l'aide des mains et des pieds :

a) Par les échelons (fig. 80);

Fig. 79.

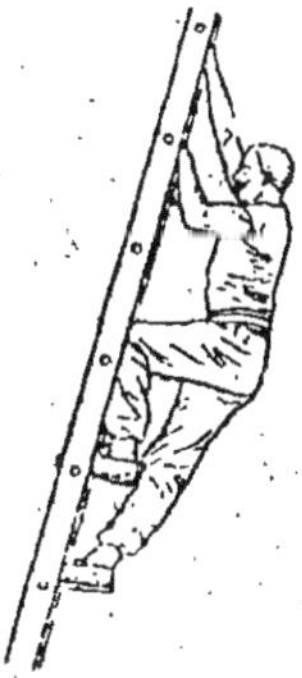

Fig. 80.

Fig. 81.

Fig. 82.

Fig. 83.

b) En plaçant les mains sur les montants et les pieds sur les échelons (fig. 81).

137. Monter et descendre par derrière à l'aide des mains :

a) Par les échelons (fig. 82);

b) Par les montants (fig. 83)

Corde ou perche.

138. Grimper avec les mains et les pieds. — Descendre de même (fig. 84).

139. Grimper à l'aide des mains. — Descendre de même.

140. Ces exercices s'exécutent aussi aux cordes et aux perches par paires (fig. 85).

Fig. 84. Fig. 85. Fig. 86.

141. Grimper a la corde inclinée a l'aide des mains et des jambes.

Saisir la corde à deux mains, placer le mollet sur la corde et monter en déplaçant simultanément le bras et la jambe du même côté et en profitant du balancement du corps. Descendre par les mêmes moyens (fig. 86).

142. Grimper a la corde verticale placée contre un mur.

Grimper avec les bras, les pieds prenant appui contre le mur par leur face interne, les genoux ouverts en déplaçant simultanément le pied et la main du même côté, donner la poussée du pied aussi verticalement que possible pour ne pas s'éloigner du mur. Descendre par les moyens inverses (fig. 87).

Fig. 87.

B. — Se rétablir.

Barre à hauteur des épaules.

143. PASSER DE L'APPUI FLÉCHI A L'APPUI TENDU.

(A une barre.) — Étant à l'appui fléchi (le corps incliné en avant, reposant sur les mains, bras fléchis, et sur le ventre, les jambes pendantes), faire une extension des bras et du corps et prendre l'appui tendu, les cuisses reposant sur la barre (fig. 88 et 89).

Fig. 88. Fig. 89. Fig. 90. Fig. 91.

(A deux barres.) — Étant à l'appui fléchi (le corps pendant naturellement entre les barres), prendre l'appui tendu par une extension des bras, la tête dégagée (fig. 90 et 91).

Barre à hauteur de suspension.

144. RÉTABLISSEMENT SUR UNE JAMBE ET SUR LES POIGNETS : DESCENDRE PAR RENVERSEMENT.

Faire une traction des bras, placer un jarret sur la barre, le genou près de la main, balancer la jambe libre

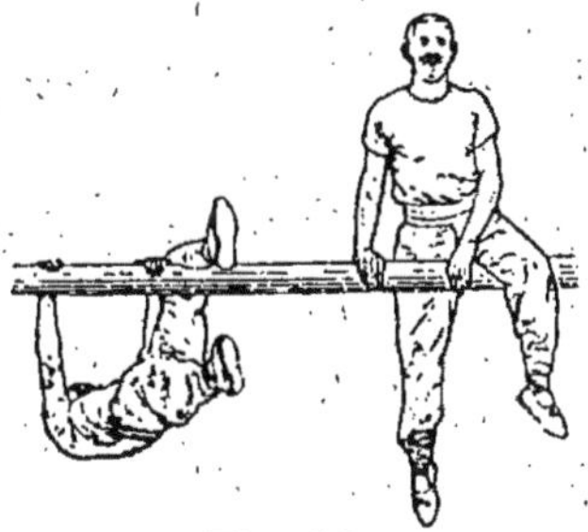

Fig. 92.

d'avant en arrière et profiter de l'élan donné au corps pour se rétablir en s'aidant des bras; tendre les bras, passer la jambe par-dessus la barre et se placer à l'appui tendu (fig. 92).

Pour descendre, s'appuyer sur le ventre et saisir la barre, la paume des mains en avant, la tête en bas, les bras fléchis, achever de tourner autour de la barre, étendre le corps et allonger lentement les bras (fig. 93 et 94).

145. RÉTABLISSEMENT PAR RENVERSEMENT : DESCENDRE A LA FORCE DES POIGNETS.

Étant en suspension allongée, paume des mains en arrière (en avant), faire une traction des bras, élever les jambes, les faire passer au-dessus de la barre et achever le rétablissement en tirant fortement sur les

Fig. 93.

Fig. 94.

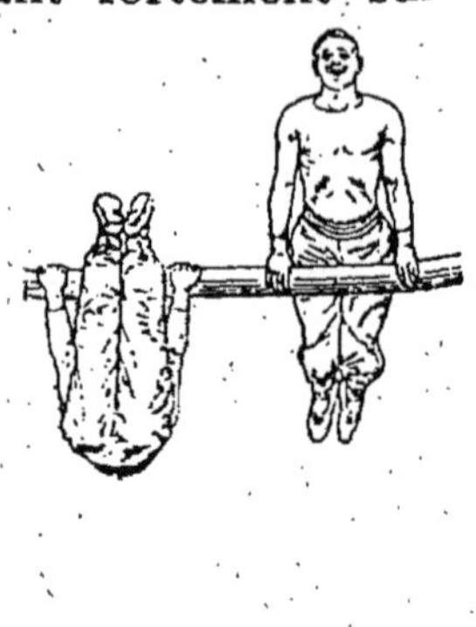
Fig. 95.

bras jusqu'à ce que le ventre vienne s'appuyer sur la barre. Changer la prise des mains s'il y a lieu, redresser le corps et se placer à l'appui tendu (fig. 94 et 95).

Descendre en fléchissant les bras, les coudes au corps, étendre le corps et allonger lentement les bras.

146. RÉTABLISSEMENT SUR LES AVANT-BRAS, DESCENDRE A VOLONTÉ.

Faire une traction des bras et placer alternativement

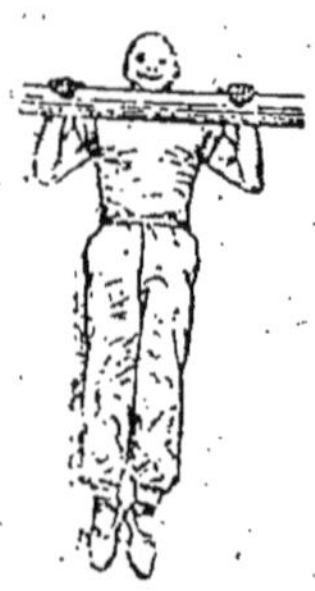
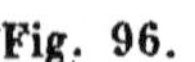
Fig. 96.

Fig. 97.

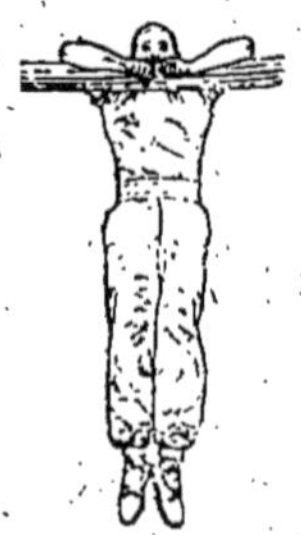
Fig. 98.

les avant-bras sur la barre sans les engager complètement, les mains rapprochées, se rétablir en écartant les mains fermées, les ongles en dessus, et en rapprochant les coudes, le haut du corps penché le plus en avant possible, saisir la barre et se mettre à l'appui tendu (fig. 96, 97, 98, 99 et 100).

Descendre par un des moyens indiqués.

147. Rétablissement alternatif sur les mains : descendre à volonté.

Faire une traction, porter le poids du corps sur le poignet droit et redresser l'avant-bras gauche au-dessus

Fig. 99. Fig. 100. Fig. 101.

de la barre; amener progressivement le poids du corps sur les deux mains en relevant le coude abaissé, placer le ventre sur la barre, puis se mettre à l'appui tendu (fig. 101).

Descendre par un des moyens indiqués.

c. — Escalades.

Portique.

148. Grimper au portique par les cordes ou les perches et se rétablir. (Se rétablir en s'aidant des pieds.)

Mur de moyenne hauteur.

149. Escalade individuelle.

Si l'on n'arrive pas à saisir la crête en levant les bras, prendre quelques pas d'élan et sauter en plaçant un pied contre le mur. Si le mur est plus élevé et présente des aspérités, les utiliser; s'il est lisse, l'escalader au moyen d'une perche ou d'une planche appuyée contre le mur (fig. 102, 103 et 104).

Pour descendre, se suspendre face au mur, les mains à la crête, l'abandonner d'une main qui s'applique contre la paroi et sauter en se repoussant de cette main et du pied opposé (fig. 105 et 106).

Fig. 102.

Fig. 103.

Fig. 104.

Fig. 105.

Fig. 106.

Fig. 107.

150. ESCALADE AVEC UN AIDE.

L'aide s'accroupit face au mur à environ 0 m. 50; il fait placer le soldat debout sur ses épaules et l'élève en se redressant et en prenant appui sur le mur (fig. 107 et 108).

151. ESCALADE AVEC DEUX AIDES.

1er Procédé. — Les deux aides se faisant face placent le flanc à environ 0 m. 50 du mur; ils mettent à terre le genou du côté du mur et se rapprochent de manière à se toucher par l'autre genou. Ils posent leurs avant-bras extérieurs sur leurs cuisses, se tiennent réciproque-

Fig. 108. Fig. 109. Fig. 110.

ment le poignet et, de la main libre, s'appuient au mur. Le soldat qui doit monter place un pied sur chaque avant-bras aussi près que possible de la saignée. Les deux aides se redressent en même temps en se rapprochant du mur; ils continuent à élever le soldat en le saisissant au besoin par les pieds (fig. 109 et 110).

2e Procédé. — Deux aides se faisant face placent le flanc contre le mur. Ils tiennent horizontalement deux bâtons solides, l'un sur les épaules du côté de l'obstacle, l'autre à la main du côté opposé, le bras allongé. Le soldat prend quelques pas d'élan, gravit cet escalier improvisé, saisit la crête du mur et s'y rétablit. En campagne, les aides peuvent se servir des manches d'outils ou de tout autre moyen de fortune, jamais du fusil (fig. 111 et 112).

152. AVEC L'AIDE D'HOMMES PLACÉS SUR LE MUR.

Les aides à cheval ou à plat ventre sur le mur tendent au soldat les mains, une ceinture, une corde, un fusil, etc. (fig. 113).

Lorsqu'on dispose d'une corde, il est avantageux d'opérer de la manière suivante :

Deux aides saisissent chacun une extrémité de la corde et en laissent retomber la partie médiane le long du mur. Le soldat s'assied sur la corde, la saisit de chaque

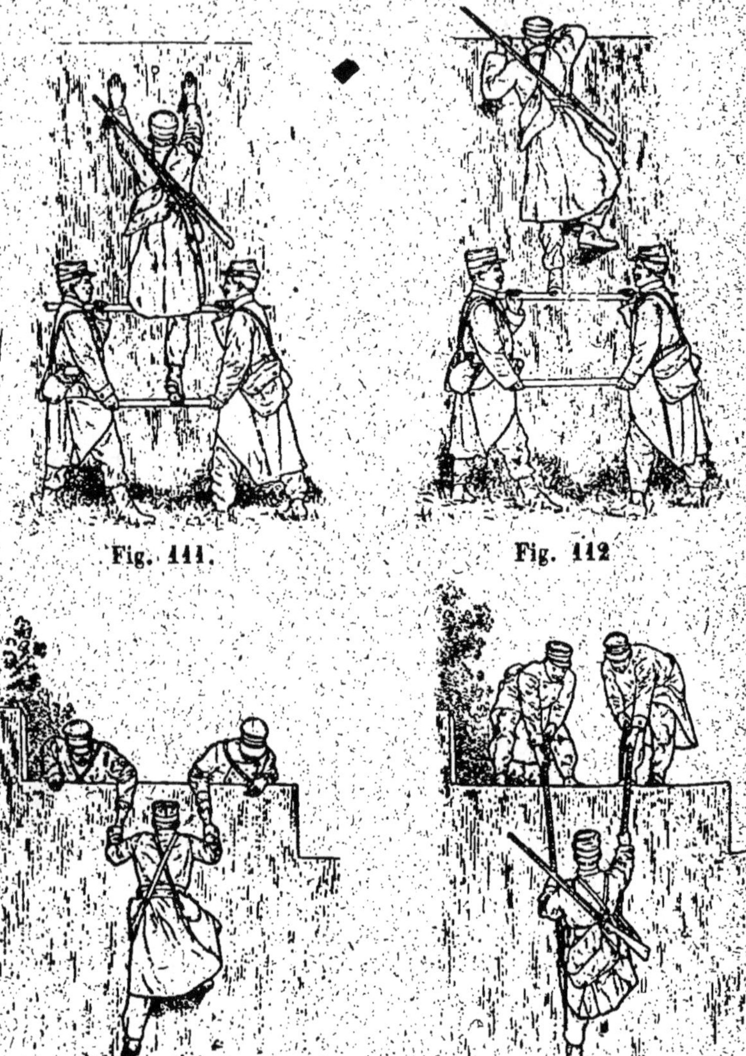

Fig. 111. Fig. 112

Fig. 113. Fig. 114.

côté, s'éloigne du mur en se repoussant du pied, les jambes légèrement fléchies. Les aides tirent à eux les deux bouts de la corde jusqu'à ce que le soldat soit debout sur le mur (fig. 114).

153. Descendre du mur.

Descendre comme il est prescrit au n° 149. Quand

mur est élevé, un ou deux aides placés sur le sol saisissent les jambes de celui qui descend et le déposent à terre.

Mur élevé.

154. L'escalade s'effectue au moyen de la corde verticale ou inclinée, ou à l'aide de moyens de fortune : échelles, voitures, échafaudages, etc. (fig. 115).

Palanques.

155. Suivant la hauteur, l'escalade s'effectue indivi-

Fig. 115. Fig. 116. Fig. 117.

duellement ou avec des aides par les moyens employés pour franchir les murs (fig. 116 et 117).

Grilles.

156. Lorsque l'escalade est rendue dangereuse par la présence de piquants, le franchissement est exécuté à l'aide de moyens de fortune (échelles, planches, etc.) si on estime qu'il ne peut se faire autrement (fig. 118, 119 et 120).

CHAPITRE IX.

Voltige sur les barres.

157. L'instructeur se place de façon à soutenir l'homme ou à l'aider.

Il se fait seconder au besoin.

Il accoutume l'homme à faire la chute dans une direction quelconque.

Les barres sont progressivement élevées.

BUT PHYSIOLOGIQUE : Développer *adresse, audace, agilité.*

BUT PRATIQUE : Habitude à se recevoir dans une direction quelconque.

158. (A une barre.) — **SAUTER A L'APPUI TENDU, PUIS A TERRE.**

Sauter à l'appui tendu, passer à l'appui fléchi, faire

Fig. 118. Fig. 119. Fig. 120.

une extension du corps en arrière et sauter à terre sans lâcher la barre (fig. 121 et 122).

Cet exercice peut être exécuté plusieurs fois de suite.

Fig. 121. Fig. 122. Fig. 123. Fig. 124.

159. (A une barre.) — *Appui tendu.* — S'ASSEOIR.

S'asseoir à gauche (droite) des bras face en arrière ou entre les bras face en avant (fig. 123 et 124).

Même mouvement en partant du sol, d'abord de pied ferme, puis avec élan.

160. (A une barre.) — *Assis.* — **SAUTER EN AVANT.**

Balancer les jambes en arrière, les projeter en avant,

se repousser avec les bras et exécuter la chute (fig. 124 et 125).

161. (A deux barres.) — *Appui tendu.* — FRANCHIR UNE BARRE AVEC BALANCEMENT.

Faire osciller le corps sur les bras tendus, profiter du

Fig. 125. Fig. 126. Fig. 127. Fig. 128.

balancement pour franchir les barres en arrière (en avant) des mains (fig. 126, 127 et 128).

162. (A deux barres.) — *Appui tendu.* — PROGRESSER EN AVANT (EN ARRIÈRE) EN SE METTANT A CHEVAL.

Se balancer, se mettre à cheval en avant (en arrière) des bras, se redresser, porter les mains en avant (en

Fig. 131.

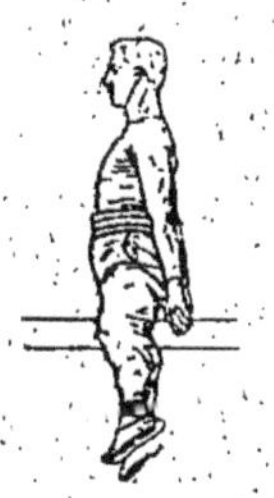

Fig. 130.

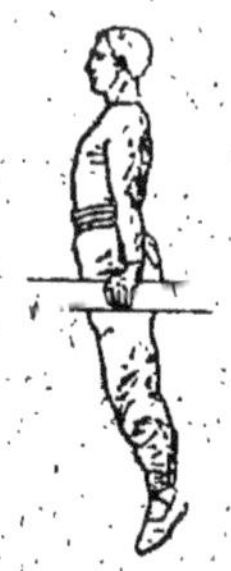

Fig. 129.

arrière) des cuisses, dégager les jambes et profiter du balancement pour continuer le mouvement (fig. 129, 130 et 131).

163. (A deux barres.) — *Appui tendu.* — PORTER UNE JAMBE SUR L'UNE DES BARRES EN AVANT ET EN ARRIÈRE.

Balancer le corps, placer la jambe fléchie sur la barre

gauche, dégager cette jambe, la remettre entre les barres et profiter du balancement pour la replacer en arrière sur la même barre (fig. 132 et 133).

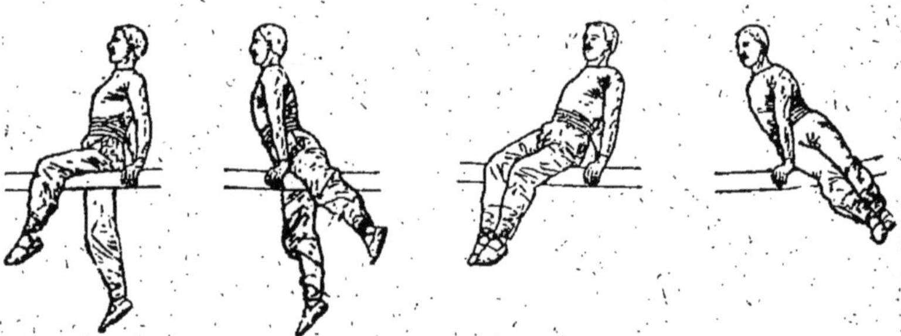

Fig. 132. Fig. 133. Fig. 134. Fig. 135.

Même mouvement en portant les deux jambes réunies sur la même barre (fig. 134 et 135).

164. (A une barre.) — *Suspension allongée.* — TRANSLATION LATÉRALE AVEC BALANCEMENT.

Balancer le corps dans le sens de la barre; éloigner la main gauche de la main droite quand le corps est à

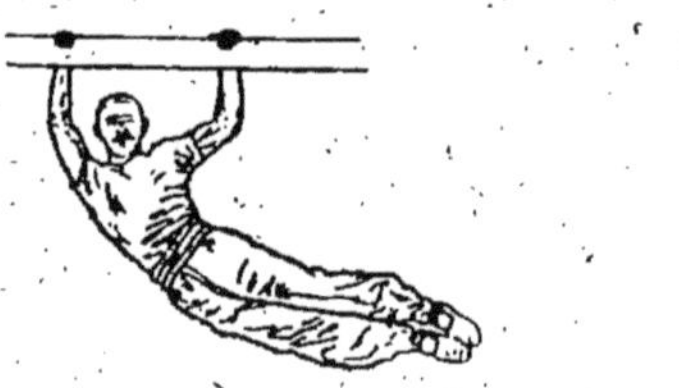

Fig. 136.

Fig. 137.

gauche, rapprocher la main droite de la main gauche quand le corps est à droite (fig. 136 et 137).

165. (A deux barres.) — *Suspension allongée.* — PROGRESSER EN AVANT OU EN ARRIÈRE EN DÉPLAÇANT LES MAINS SIMULTANÉMENT AVEC BALANCEMENT DU CORPS.

Imprimer un balancement au corps et déplacer simultanément les mains au moment où elles se trouvent entraînées par le mouvement du corps, les bras presque allongés (fig. 138 et 139).

166. (Barres dans le même poteau.) — PASSER ENTRE LES DEUX BARRES.

Appuyer une main sur la barre inférieure, tirer avec l'autre main sur la barre supérieure et passer entre les deux barres en avant (en arrière) des bras. Faire la chute (fig. 140 et 141).

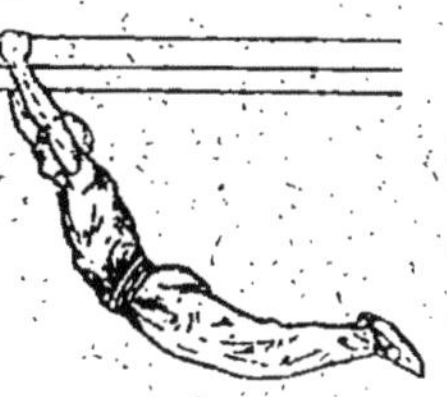
Fig. 138.

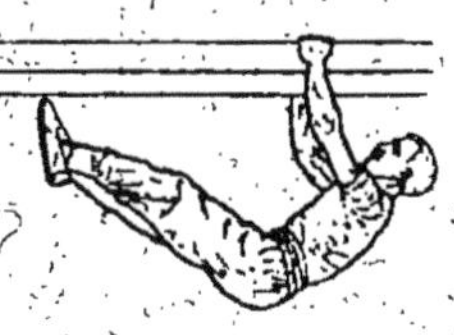
Fig. 139.

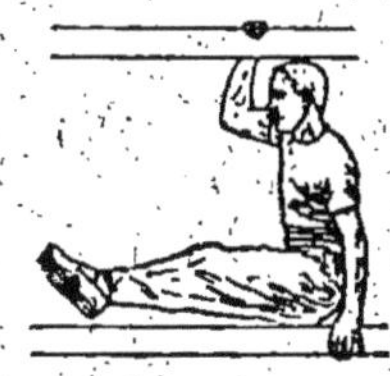
Fig. 140.

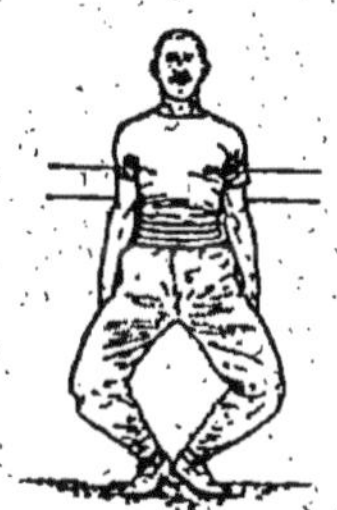
Fig. 141.

167. (Barres dans le même poteau.) — **Franchir la barre supérieure en se servant des deux barres.**

Saisir la barre supérieure, se mettre debout sur la barre inférieure, puis sauter à l'appui tendu. Renverser

Fig. 142.

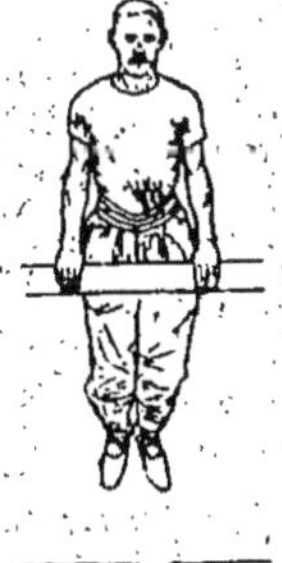
Fig. 143.

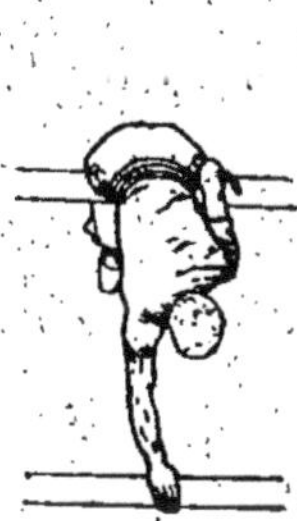
Fig. 144.

Fig. 145.

le corps en avant autour de la barre supérieure, une main tenant cette barre, l'autre allant s'appuyer sur la barre inférieure, le bras tendu.

Étendre le corps et les jambes et faire la chute (fig. 142, 143, 144 et 145).

Même mouvement avec quelques pas d'élan.

168. (A une barre.) — SAUTER A LA SUSPENSION, FAIRE OSCILLER LE CORPS, SAUTER EN ARRIÈRE LE PLUS LOIN POSSIBLE.

Sauter à la suspension, porter les jambes à la barre en faisant une traction des bras; étendre complètement le corps pour augmenter son oscillation; le laisser revenir en arrière, lâcher la barre (fig. 146).

169. (A une barre.) — SAUTER A LA SUSPENSION. — SAUTER EN AVANT LE PLUS LOIN POSSIBLE.

Sauter à la suspension, les jambes à la barre, faire

Fig. 146. Fig. 147. Fig. 148.

une traction des bras, étendre complètement le corps en avant en allongeant les bras; lâcher la barre (fig. 147).

170. (Barres dans le même poteau.) — SAUTER ENTRE LES BARRES.

Prendre quelques pas d'élan, sauter en suspension à la barre supérieure, fléchir les bras et les jambes pour franchir la barre inférieure, et faire la chute (fig. 148).

Sauts avec appui des mains.

171. (A une barre.) — SAUTER DEBOUT SUR LA BARRE, PUIS A TERRE.

Placer les mains sur la barre, sauter sur la barre à pieds joints, puis se redresser (fig. 149, 150 et 151).

Sauter en avant ou en arrière.

172. (A une barre.) — FRANCHIR LA BARRE.

Ce mouvement s'exécute :

1° En passant les jambes tendues à droite ou à gauche des bras (fig. 152);

2° En passant les jambes fléchies entre les bras (fig. 153);

3° En passant les jambes écartées à droite et à gauche des bras (fig. 154).

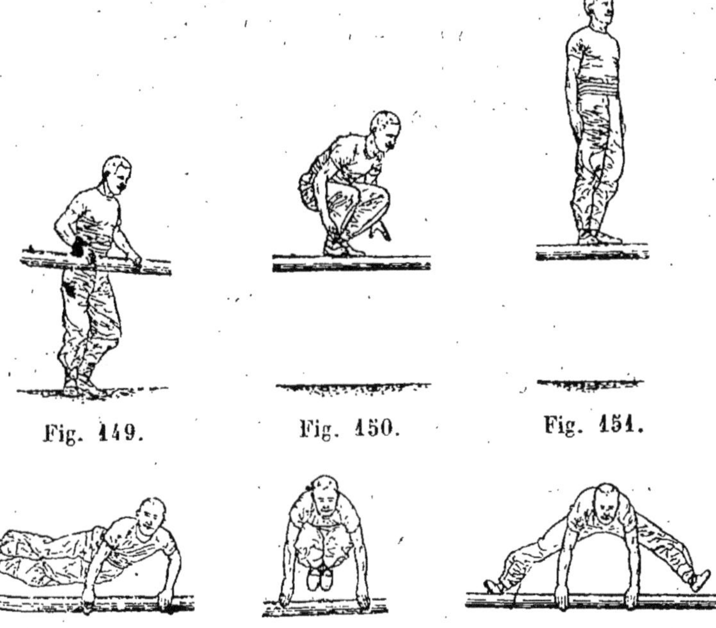

Fig. 149. Fig. 150. Fig. 151.

Fig. 152. Fig. 153. Fig. 154.

Ces mouvements s'exécutent d'abord avec quelques pas d'élan, puis de pied ferme, enfin en partant de l'appui tendu.

173. (A une barre.) — **Franchir la barre avec appui d'une main.**

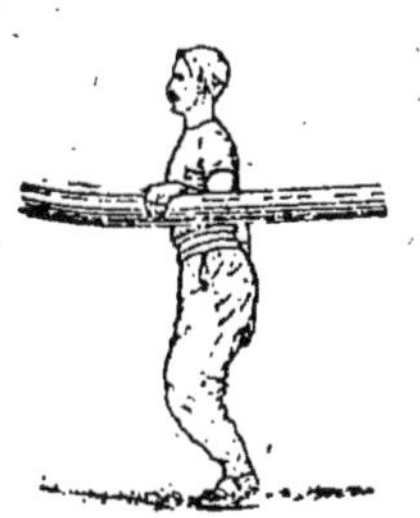

Fig. 157.

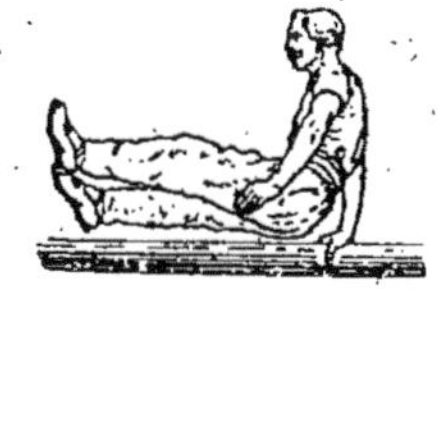

Fig. 156.

Fig. 155.

Aborder la barre de côté, faire un appel vigoureux,

passer successivement les jambes tendues au-dessus de l'appareil en avant de la main d'appui, en commençant par la jambe qui se trouve près de la barre.

Le mouvement est exécuté d'abord avec quelques pas d'élan, puis de pied ferme (fig. 155, 156 et 157).

174. (A deux barres en gradins.) — FRANCHIR LES BARRES.

Fig. 158.

Fig. 159.

Fig. 160.

S'élancer, placer un pied sur la première barre, puis l'autre sur la seconde, sauter à terre (fig. 158, 159 et 160).

175. (A deux barres en gradins.) — FRANCHIR LES BARRES AVEC APPUI DES MAINS.

Se placer face aux barres, sauter sans l'aide des mains

Fig. 161.

Fig. 162.

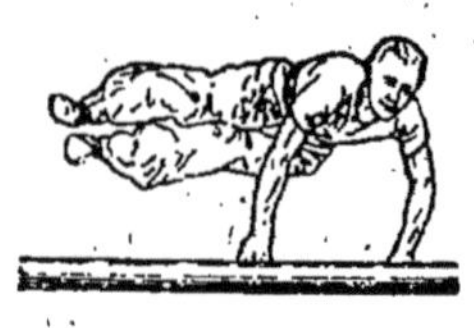

Fig. 163.

Fig. 164.

sur la première, saisir la deuxième et la franchir (n° 172) [fig. 161 et 162].

Au début, la première est placée à environ 0m,50 du sol, la deuxième à environ 30 centimètres plus haut; on élève progressivement les deux barres en augmentant la distance qui les sépare.

176. (A deux barres en gradins.) — SAUTER ENTRE LES BARRES.

Saisir la deuxième barre, franchir la première et sauter en arrière pour revenir à la position de départ.

Ce mouvement peut être exécuté plusieurs fois de suite.

177. (A deux barres.) — SAUTER SUR LA DEUXIÈME BARRE ET S'ASSEOIR.

Face aux barres, franchir les deux barres à droite ou à gauche des mains et s'asseoir sur la deuxième. Sauter ensuite en avant (fig. 163 et 164).

178. (A deux barres.) — FRANCHIR LES DEUX BARRES.

Face aux barres, les franchir en s'appuyant sur la première et au besoin sur la deuxième.

CHAPITRE X.

Équilibres.

179. Les équilibres s'exécutent d'abord sur la *barre*, puis sur le *portique*, enfin à l'aide de *moyens de fortune* (tronc d'arbre, échelle, planche, etc.).

Le *vertige* étant quelquefois difficile à surmonter, les instructeurs apportent beaucoup de modération dans leurs exigences à l'égard de ceux qui y sont sujets.

Pour les premiers exercices au portique, le soldat est au besoin encadré de deux instructeurs; on peut encore lui donner confiance en déplaçant une perche à portée de sa main.

BUT PHYSIOLOGIQUE : Eduquer système nerveux, développer audace et sang-froid.

BUT PRATIQUE : Habituer l'homme à se déplacer sur des obstacles élevés.

Sur la barre.

180. Les hommes se placent sur l'appareil suivant la hauteur de ce dernier, soit en montant directement sans l'aide des mains, soit en se plaçant d'abord à cheval et en se redressant ensuite, soit enfin à l'aide d'une planche d'escalade. Ils quittent l'appareil par un saut en profondeur.

181. *Equilibre élevé.* — SE PLACER A CHEVAL ET SE REMETTRE DEBOUT.

Fléchir les membres inférieurs, placer les mains sur la barre près des pieds, les pouces en dessus, les doigts en dehors; porter le poids du corps sur les poignets, se placer lentement à cheval, les cuisses contre les mains. Balancer les jambes, reporter les pieds le plus près possible des mains et se remettre debout (fig. 165).

182. *A cheval.* — PROGRESSER DANS CETTE POSITION.

Etant à cheval placer les mains à environ 20 centimètres en avant des cuisses, les pouces en dessus. Soulever le corps en s'appuyant sur les poignets et amener les cuisses contre les mains. Reporter les mains en avant et continuer de progresser ainsi (fig. 166).

Fig. 165.

Fig. 166.

183. Les hommes étant en équilibre élevé, l'instructeur leur fait faire face à gauche, à droite ou en arrière. Ces mouvements sont exécutés en tournant lentement à gauche ou à droite sur la plante des pieds, les talons légèrement levés.

184. Marcher en avant.

Fig. 167.

Fig. 168.

Fig. 169.

Marcher avec souplesse, en portant le pied arrière en

avant de l'autre. Au début, le mouvement est facilité en glissant le pied déplacé contre l'appareil (fig. 167).

185. Marcher en arrière.

Porter le pied avant en arrière de l'autre (fig. 168).

186. Marcher de côté.

Placer les pieds en travers de la barre, porter le pied gauche vers la gauche, ramener le pied droit vers le pied gauche et continuer ainsi (fig. 169).

187. Courir et sauter a terre.

Courir sur la barre et sauter à terre, obliquement en avant.

188. Marcher a deux en sens inverse et se croiser.

Les hommes étant debout aux deux extrémités de la barre marchent l'un vers l'autre. En se rencontrant,

Fig. 170.

Fig. 171.

l'un d'eux se met à cheval ou s'accroupit, l'autre le franchit en s'appuyant sur lui. Les deux hommes regagnent ensuite les extrémités de la barre (fig. 170 et 171).

Sur le portique.

189. Exécuter les exercices décrits aux nos 181 à 184 inclus.

Le *sol* est toujours *bêché* avant chaque séance d'exercices au portique.

CHAPITRE XI.

Jeux.

190. Indépendamment des jeux impliquant l'action de courir ou de sauter spécifiés au titre I, les soldats peuvent être exercés à des jeux de longue durée impliquant l'action de courir.

La variété de ces jeux, tels que les *barres*, le *ballon militaire*, etc., peut être accrue par des emprunts judicieux faits aux jeux spéciaux aux pays d'origine des soldats ou aux garnisons (1).

CHAPITRE XII.

Natation.

191. La pratique de la natation nécessite des précautions particulières.

Les hommes ne doivent pas rester plus de quinze à vingt minutes dans l'eau, surtout par les temps frais. Le bain doit être pris au moins trois heures après le repas, de manière à éviter tout danger de congestion. Tout homme dont le corps rougit en entrant dans l'eau doit être présenté immédiatement au médecin.

Après le bain, il est nécessaire, surtout par temps frais, de réagir immédiatement par une marche ou une course de quelques minutes.

192. Dans chaque corps ou détachement, un officier, autant que possible excellent nageur, est spécialement chargé du perfectionnement des maîtres nageurs.

Ceux-ci doivent posséder les aptitudes nécessaires à l'enseignement de la natation et être en état de sauver un homme en danger de se noyer.

193. La natation est pratiquée, en principe, par unité, sous la surveillance de l'un des officiers.

Elle est enseignée par les maîtres nageurs désignés en nombre suffisant et pris au besoin dans les autres unités du corps.

Les séances sont aussi fréquentes que possible.

Avant le commencement de la séance, l'officier présent vérifie la solidité du matériel et prend toutes les mesures pour éviter les accidents.

194. Une consigne du commandant d'armes règle le service.

Indépendamment des mesures d'ordre et d'hygiène, elle comprend les soins à donner aux noyés et aux hommes frappés de congestion.

Les maîtres nageurs sont dressés à donner les soins de première urgence.

Un médecin assiste toujours aux séances de natation.

Exercices hors de l'eau.

195. Exécuter les exercices suivants sur un banc ou à l'aide d'un moyen de suspension de fortune.

---

(1) Voir règles des jeux et sports, aux annexes.

1° *Nager sur le ventre.*

196. Mouvement des bras.

Mains réunies devant la poitrine, doigts allongés et joints, bras fléchis, pieds réunis :

1° Tendre les bras devant la poitrine, les mains réunies et tourner les paumes à environ 45°, le côté extérieur un peu relevé;
2° Écarter les bras tendus, les fléchir au moment où ils passent à la position latérale et reprendre la position de départ.

197. Mouvement des jambes. — Cuisses, jambes et pieds fléchis, talons réunis à la hauteur des fesses, genoux et pieds ouverts :

1° Allonger les jambes en les écartant le plus possible, les pieds fléchis, les réunir en étendant les pieds;
2° Fléchir les jambes et reprendre la position de départ.

198. Mouvements simultanés des bras et des jambes.

Les bras et les jambes placés comme il est prescrit aux n°s 196 et 197.
Exécuter simultanément avec les bras et les jambes

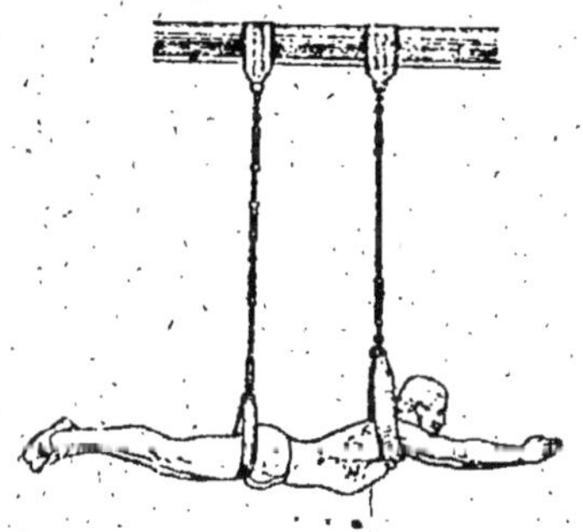

Fig. 172. Fig. 173.

les premiers, puis les seconds temps prescrits aux n°s 196 et 197 (fig. 172 et 173).

2° *Nager sur le dos.*

199. Sur le dos, cuisses, jambes et pieds fléchis, talons réunis près des fesses, genoux ouverts, mains à la poitrine, doigts allongés et joints.
Exécuter le premier temps du n° 197. — Écarter en même temps les mains du corps, tendre les bras et les rapprocher vivement des cuisses, les mains perpendiculaires au sol

Reprendre la position de départ en fléchissant les jambes et en faisant passer les mains près du corps, les paumes dirigées vers le sol (fig. 174 et 175).

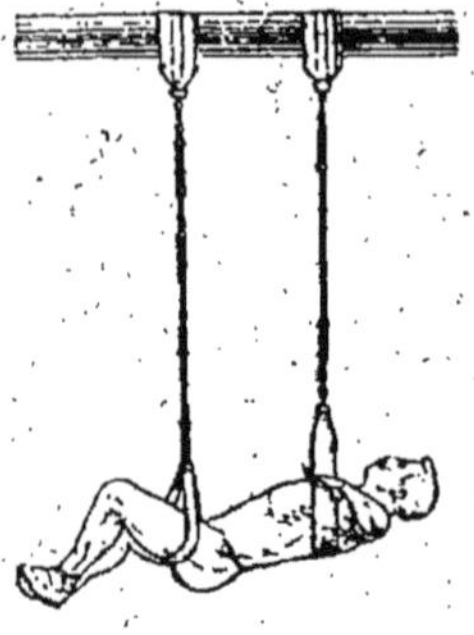

Fig. 174.

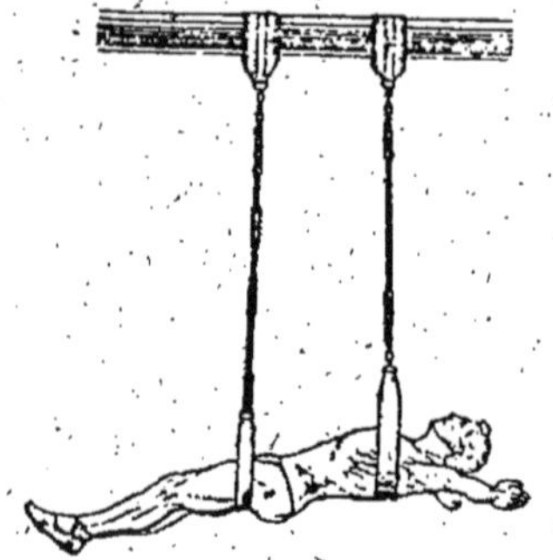

Fig. 175.

Exercices dans l'eau.

200. La principale difficulté à surmonter dans les exercices dans l'eau est la *peur*. Il faut donc chercher à donner confiance à l'homme par tous les moyens possibles. On peut, par exemple, le maintenir à l'aide d'une *sangle*, puis le faire nager à portée de main d'une *perche* ou d'une *bouée;* enfin, après examen, l'autoriser à nager seul.

1° *Nager sur le ventre.*

201. Progresser en exécutant le mouvement nº 198, le corps légèrement incliné au-dessous de la surface de l'eau, la tête émergeant.

2° *Nager sur le dos.*

202. Lorsque l'homme sait nager sur le ventre, on l'exerce à se retourner, puis à nager sur le dos (nº 199), la tête dans le prolongement du corps, la face seule hors de l'eau.

203. Lorsque l'homme veut reprendre haleine ou se reposer, il se maintient en planche, soit par un mouvement horizontal des bras, les mains faisant office de godilles, soit par un mouvement de jambes.

3° *Plonger.*

204. Avant d'apprendre à plonger, l'homme s'habitue à faire des *inspirations profondes*, à conserver l'air le plus longtemps possible et à le rejeter par petites quantités sans en inspirer de nouveau. Il fait ensuite une inspiration profonde, plonge la tête sous l'eau et l'y maintient aussi longtemps qu'il peut, les yeux ouverts.

D'ailleurs ce procédé peut être employé au début de l'instruction pour donner plus de confiance à l'homme.

On peut fixer une perche verticale dans un endroit profond du bain. L'homme descend le long de cette perche.

Lorsque l'homme est familiarisé avec cette pratique, on l'habitue à plonger. Au début, il est attaché.

Il peut être utile de le faire placer sur une large planche mouillée, la tête dépassant le bord, les bras allongés. Le maître nageur incline progressivement la planche jusqu'au moment où l'homme glisse et tombe dans l'eau; l'homme fait une extension de la tête, du tronc et des mains et revient à la surface en nageant.

205. Pour *plonger la tête la première* d'un point élevé, l'homme se place à genoux sur le bord du ponton, les bras tendus au-dessus de la tête, les mains jointes. Il incline le corps en avant et plonge.

En partant de la position debout, le soldat donne une légère impulsion des jambes au moment de perdre l'équilibre, de façon à tomber obliquement dans l'eau, la tête la première, les bras et les jambes dans le prolongement du tronc.

L'homme s'exerce à gagner le fond en nageant.

206. Pour *plonger de la surface de l'eau*, l'homme, nageant sur le ventre, culbute la tête la première et s'efforce de gagner le fond en nageant vigoureusement.

207. Pour *plonger* d'un point élevé, *les pieds les premiers*, le nageur saute dans l'eau, le corps vertical, les jambes réunies. Dans ce cas il est bon de se boucher le nez et de se garantir les parties génitales.

La profondeur d'eau indispensable pour plonger d'un point élevé est de trois mètres.

Le plongeon la tête la première est de beaucoup le plus recommandable.

208. Il y a lieu d'exclure des exercices de plonger les hommes atteints d'affections anciennes ou récentes de l'oreille ayant pu altérer le tympan. Afin d'éviter les accidents possibles de cet organe, on doit exécuter le plongeon correctement, la face bien en avant sans incliner la tête de côté. Un bonnet s'appliquant exactement sur les deux oreilles est à recommander.

4° *Exercices de perfectionnement.*

209. Les hommes plongeant et nageant correctement exécutent des exercices qui augmentent leur confiance et les préparent aux fonctions de maître nageur.

Ils sont exercés aux différents procédés de natation connus et à plonger fréquemment, soit nus, soit *habillés.*

On les habitue à nager *en poussant des corps flottants*, puis en portant des corps plus denses que l'eau, et enfin à aller chercher des objets au fond de l'eau.

Les *jeux sur l'eau* sont excellents pour développer l'*assurance* et l'*endurance* du nageur.

Comme on le voit, le sport de la nage nécessite une science rigoureuse, qui ne s'acquiert qu'avec le temps et dans certains milieux, et à côté de la nage classique, à la brasse, la plus facile et la plus rationnelle, il y a toute une série de nages qu'il faut apprendre si on veut être vraiment un bon nageur.

La plus célèbre est l'*over-arm-stroke*.

L'*over-arm-stroke* est un mouvement combiné des bras et des jambes dans lequel les pieds dessinent assez bien une hélice à deux branches posées horizontalement sur l'eau. Le mouvement du pied et son style sont presque tout, les bras servent surtout de gouvernail et de moteurs auxiliaires.

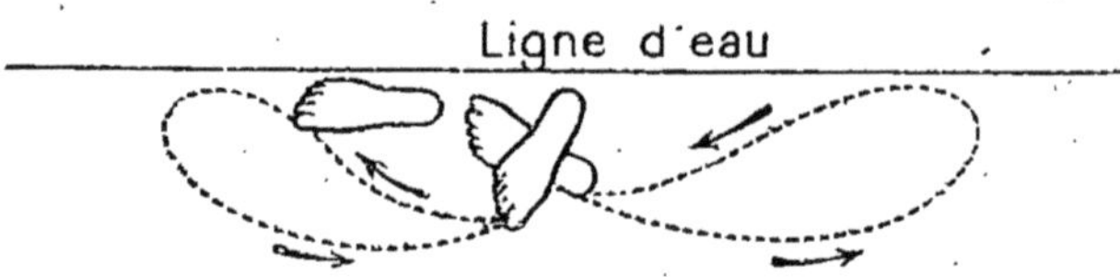

L'over-arm-stroke. — *Schéma du mouvement des pieds.*

L'homme est sur un côté et presque tout entier dans l'eau, il ne sort la tête que pour respirer.

Le trudgeon est une nage mi-rapide. A l'inverse de l'*over-arm-strocke*, le travail des bras est le principal. On les jette en avant, alternativement comme un boxeur, pour les ramener en tirant à soi. Léger mouvement des jambes, allongées, les pieds tendus, le nageur roule d'un côté sur l'autre.

La vraie nage de course est le *crawl*, avec lequel certains athlètes atteignent en eau morte jusqu'à 6 kilomètres à l'heure. Il nous vient des Indiens. Dans son premier voyage à Tahïti, en 1768, le fameux capitaine Cook avait déjà été émerveillé de la nage des indigènes de là-bas, « les nageurs, dit-il, en déployant des forces dont nous avons tous l'usage, opéraient des prodiges au-dessus de la nature ». Le *crawl* est la nage rampante, avec le mouvement des bras très allongé, le corps en ligne fuyante, les pieds battant l'eau alternativement. Tous les coureurs de vitesse sans exception nagent le *crawl* et disparaissent littéralement sous l'eau.

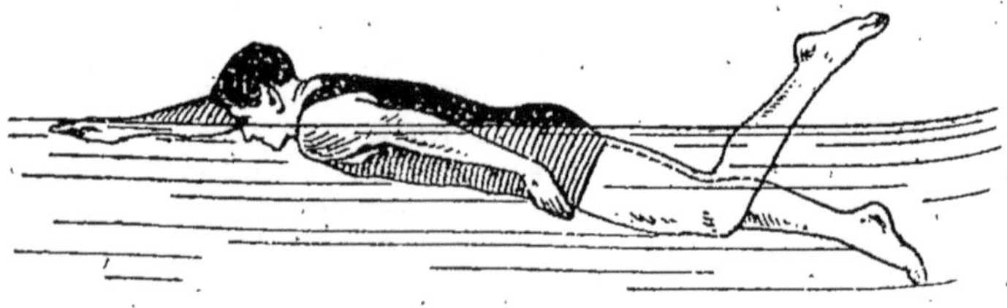

Le *crawl*, ou nage rampante.

5° *Porter secours à une personne en danger.*

210. Le nageur doit se déshabiller s'il en a le temps et être très prudent.

Quand la personne en danger est immobile, il la saisit par derrière et de préférence par le cou, les oreilles ou les cheveux. Il revient à la rive en nageant sur le dos, la tête du noyé sur sa poitrine.

Si la personne se retourne, il la lâche momentanément pour la ressaisir comme il vient d'être indiqué.

L'opération devient dangereuse dès que le sauveteur est appréhendé. Dans ce cas, il emploie tous les moyens pour se dégager.

La Société Centrale de Secours aux Naufragés, *que préside le vice-amiral Duperré, a donné dans un de ses bulletins de très utiles conseils à ceux qui n'hésitent pas à se porter à la nage au secours d'une personne qui se noie; nous croyons intéressant de les reproduire* in extenso :

1. Lorsque vous vous approchez d'une personne qui se noie, assurez-lui à voix haute et ferme qu'elle est sauvée.

2. Avant de vous jeter à l'eau pour la sauver, déshabillez-vous autant et aussi promptement que possible, débarrassez-vous surtout de vos chaussures et de toutes choses lourdes, si vous en avez le temps; arrachez-les si c'est nécessaire et, en tous cas, défaites le bas de votre pantalon s'il est attaché, car si vous ne le faites pas, il se remplira d'eau et vous entraînera au fond.

3. Lorsque vous vous approchez à la nage d'une personne, ne la saisissez pas si elle lutte; tenez-vous éloigné pendant quelques secondes, jusqu'à ce qu'elle cesse de lutter, car c'est pure folie que de saisir quelqu'un qui se débat dans l'eau et si vous le faites vous courez de grands risques. S'il vous empoigne, saisissez-lui promptement le pouce et tournez-le vivement en arrière; cela lui fera lâcher prise. S'il vous entoure le cou, placez votre main sur sa bouche et son nez et poussez de toute votre force.

4. Lorsqu'il se tient tranquille, n'attendez pas qu'il coule; placez-vous contre lui et empoignez fermement ses cheveux, tournez-le aussi vite que possible sur le dos, tirez-le brusquement, cela le fera flotter; puis mettez-vous sur le dos vous-même et nagez vers le rivage, tenant ses cheveux des deux mains, vous sur le dos et lui de même, et naturellement son dos sur votre estomac. De cette façon vous arrivez au rivage plus vite et plus sûrement que d'aucune autre manière, et vous pouvez facilement nager ainsi avec deux ou trois personnes. Cette méthode offre une grand avantage parce qu'elle vous permet de tenir la tête levée et de maintenir également la tête de la personne que vous vous efforcez de sauver. Il est de grande importance que vous empoigniez fortement les cheveux et que vous tourniez la personne sur le dos en prenant vous-même cette position. Après de nombreuses expériences, cette méthode a été jugée préférable à toutes autres. Vous pouvez de cette manière flotter, pour ainsi dire aussi longtemps qu'il vous plaira, ou jusqu'à l'arrivée d'un canot ou d'un autre secours.

Si la personne en danger de se noyer a trop peu de cheveux, tournez-la sur le dos et placez vos mains de chaque côté de sa figure de manière que les paumes couvrent les oreilles, puis procédez de la façon qui vient d'être indiquée. La seule différence c'est que vous tenez sa tête au lieu de tenir ses cheveux.

5. On ne croit guère à l'étreinte mortelle, ou du moins on l'a très rarement constatée. Aussitôt qu'un homme se noyant commence à s'affaiblir et à perdre connaissance, il relâche graduellement son étreinte, jusqu'à complet abandon. On ne doit avoir aucune crainte à cet égard, lorsqu'on tente de sauver une personne qui est en danger de se noyer.

6. Si une personne coule au fond dans une eau calme, on peut reconnaître exactement la place où se trouve le corps d'après les bulles d'air qui viennent généralement à la surface, si on tient compte naturellement du mouvement de l'eau, en cas de marée ou de courant, qui fait dévier les bulles de la ligne verticale pendant leur ascension à la surface. Un corps peut souvent être ramené du fond avant qu'il soit trop tard pour le rappeler à la vie, si on plonge à sa recherche dans la direction indiquée par ces bulles.

7. Pour sauver une personne en plongeant jusqu'au fond, saisissez-la d'une main seulement et employez l'autre main, en outre des pieds, pour vous élever à la surface avec la personne à sauver.

8. Si vous êtes un peu loin du rivage, il se peut que ce soit une grande erreur de tenter d'aller à terre, s'il y a forte marée descendante et si vous nagez seul ou en tenant une personne qui ne peut pas nager. Dans ce cas, tournez-vous sur le dos et flottez jusqu'à ce que du secours vous vienne. Il arrive souvent qu'un homme s'épuise à nager à contre-vague pour atteindre le rivage, pendant une marée descendante, et il coule malgré ses efforts, tandis que, s'il avait flotté, il aurait pu être secouru par un canot ou autrement.

9. Ces instructions s'appliquent à toutes circonstances, tant par très grosse mer que par eau calme.

10. Il est très désirable que dans leurs moments de loisir les nageurs s'exercent aux mouvements qu'il peuvent être appelés à faire en sauvant leurs semblables de la noyade. Cela contribuera largement au développement de leurs moyens et de leur habileté.

Premiers soins à donner à un noyé.

1° Ecarter la foule et ne garder que les aides nécessaires.

Chercher, sans perdre un instant, à rétablir la respiration puis à ramener la chaleur.

2° Débarrasser le noyé de ses vêtements en les coupant au besoin.

3° Le coucher sur le dos en tournant la tête de côté.

4° Introduire les doigts dans la bouche du noyé pour la débarrasser du limon et du sable.

5° Pratiquer la respiration artificielle (V. ce mot) et les tractions de la langue (V. ce mot) pendant qu'un aide frictionne tout le corps.

Energie et persévérance pendant plus d'une heure : *Ne jamais se décourager.*

6° *Traverser un cours d'eau.*

211. Les meilleurs nageurs et, s'il est possible, tous les soldats de l'unité, sont exercés à parcourir le long de la rive un trajet que l'on augmente progressivement. Ils nagent par petits groupes afin que la surveillance puisse s'exercer efficacement.

Progressivement, on donne à ces nageurs des *effets hors service*, puis des *armes* et des munitions, etc.

Lorsqu'ils ont perdu toute appréhension du danger, on les exerce à traverser un cours d'eau, à atterrir en un point indiqué. Les nageurs portent le fusil comme ils le jugent convenable.

L'officier instructeur peut faire tendre une corde reliant les deux rives, pour servir au passage des nageurs insuffisamment dressés.

Des bateaux montés par des maîtres nageurs se tiennent toujours à la portée des hommes qui s'exercent.

CHAPITRE XIII.

Boxe.

BUT PHYSIOLOGIQUE : Développer la force, l'agilité, le coup d'œil, le sang-froid, éduquer le système nerveux, activer la respiration et la circulation, développer l'endurance à la fatigue et à la douleur.

BUT PRATIQUE : Moyen de défense.

Application dans le combat à l'arme blanche lorsque se produit le corps à corps rapproché.

212. A GAUCHE, EN GARDE.

Faire un demi à droite, la tête restant directe.

Porter le pied droit à environ 0m,50 en arrière, le talon derrière le talon gauche, les pieds en équerre, les jambes légèrement ployées, le corps d'aplomb et légèrement effacé.

Fermer en même temps les poings, et élever le poing gauche, le bras légèrement fléchi, à hauteur du menton, le poing droit à hauteur du coude et détaché du corps (fig. 176).

La garde est prise à droite d'après les mêmes principes au commandement de « A DROITE, EN GARDE ».

Pour revenir au « GARDE A VOUS » rassembler en avant.

Pendant l'exécution de la boxe, l'homme conserve la *tête directe, les yeux fixés sur l'adversaire.*

213. CHANGER DE GARDE EN AVANT (*ou* EN ARRIÈRE).

Porter sans se redresser le pied arrière (avant) en avant (en arrière) de l'autre.

Changer la garde des poings au moment où le pied déplacé pose à terre, le poing arrière passant par-dessus le poing avant.

214. UN PAS EN AVANT (ARRIÈRE).
UN PAS A GAUCHE (DROITE).
FACE A GAUCHE (DROITE).
DOUBLE PAS EN AVANT (ARRIÈRE).

Exécuter ces mouvements comme il est prescrit pour l'escrime à la baïonnette dans le règlement de manœuvres.

Coups de poing.

1° *En se fendant.*

215. COUP DE POING DU BRAS AVANT EN SE FENDANT.

Tirer le poing à hauteur du mamelon gauche pour les coups en poitrine et en figure, à hauteur de la hanche pour les coups en ceinture, en portant l'épaule en arrière par une torsion du tronc, le coude abaissé (position d'attaque) (fig. 177).

Fig. 176. Fig. 177. Fig. 178. Fig. 179.

Projeter le corps en avant en lui imprimant un mouvement de torsion à droite et lancer vigoureusement le poing gauche à hauteur de figure (de poitrine ou de ceinture) en faisant une extension rapide de la jambe arrière, le pied pivotant légèrement sur sa pointe; se fendre, en même temps, d'environ 0m,35 en portant le poing droit à la position d'attaque (fig. 178).

Reprendre la garde.

216. COUP DE POING DU BRAS ARRIÈRE EN SE FENDANT.

Tirer le poing arrière à la position d'attaque, comme au n° 215, sans faire de torsion du tronc. Porter le coup en faisant une torsion du corps à gauche et en se fendant (fig. 179).

Reprendre la garde.

Pour se couvrir, toutes les fois que les poings se croisent, le poing arrière passe au-dessus du poing avant, sauf pour les coups en ceinture.

217. COUP DE POING DEMI-CIRCULAIRE DU BRAS ARRIÈRE EN SE FENDANT.

Allonger vivement le bras droit en arrière, la main fermée, les ongles en dessous (position d'attaque). Projeter le corps en avant en lui imprimant un mouvement de torsion à gauche, lancer le bras droit d'arrière en

Fig. 180.

avant, en lui faisant décrire un demi-cercle de manière à frapper la partie gauche de la figure avec le côté du poing, se fendre en même temps d'environ 0m,35 en portant le poing gauche à la position d'attaque décrite au n° 215 (fig. 180).

Reprendre la garde.

Ce coup se donne en *figure*, au *flanc*, ou au *creux de l'estomac*.

2° *Sans se fendre.*

218. COUP DE POING DU BRAS AVANT (ARRIÈRE) (DEMI-CIRCULAIRE DU BRAS ARRIÈRE).

Fig. 181.

Fig. 182.

Dans ce cas, la fente est remplacée par une flexion plus grande de la jambe avant (fig. 181 et 182).

Quand on est *très près de l'adversaire*, le coup de poing demi-circulaire se porte avec le bras raccourci. On frappe alors avec la partie antérieure du poing.

3° *En marchant.*

219. Coup de poing du bras avant (arrière) (demi-circulaire du bras arrière) en marchant.

Exécuter un pas en avant d'après les principes prescrits pour l'escrime à la baïonnette; tirer en même temps le poing à la position d'attaque et donner le coup en utilisant la vitesse acquise (fig. 183).

Reprendre la garde à l'endroit primitif en faisant un pas en arrière.

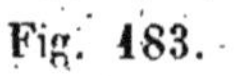

Fig. 183.

Fig. 184.

Parade des coups de poing.

220. En principe, les parades se font avec le bras opposé à celui de l'adversaire qui porte le coup.

221. Parade du coup de poing.

Parer par une simple opposition de l'un ou l'autre bras faite en élevant le bras (fig. 184) pour les coups en figure ou en poitrine, ou en l'abaissant (fig. 185) pour

Fig. 185.

Fig. 186.

les coups en ceinture, le haut du corps en arrière, la jambe droite fléchie, la jambe gauche tendue.

222. PARADE DU COUP DE POING DEMI-CIRCULAIRE.

Parer en élevant ou en abaissant le poing, l'avant-bras vertical, faire en même temps un retrait du corps comme pour les autres parades (fig. 186).

223. ESQUIVES.

Les coups de poing sont encore évités par des déplacements de la tête ou du corps. Ces esquives se font obliquement en avant, en arrière ou de côté (fig. 187).

Fig. 187.

Coups de pied.

224. COUP DE PIED BAS.

Lancer vivement la jambe arrière tendue le plus loin possible en avant, la pointe du pied allongée et tournée en dehors, la jambe avant fléchie. Porter en même temps le tronc et les bras en arrière, les épaules face en avant (fig. 188).

Reprendre la garde.

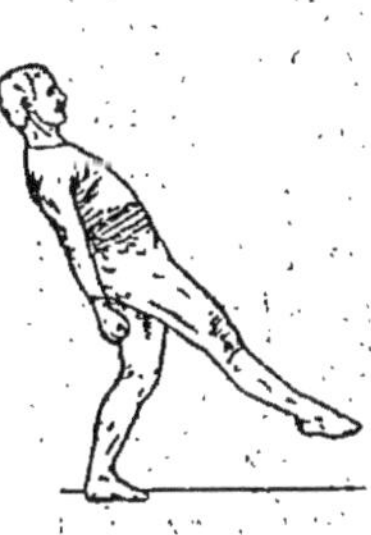

Fig. 188.

Fig. 189.

225. COUP DE PIED DE POINTE DE LA JAMBE AVANT.

Elever la jambe avant fléchie.

Porter le coup le plus loin possible à hauteur de l'abdomen en étendant vivement la jambe et en inclinant le tronc et les bras en arrière comme pour le coup de pied bas (fig. 189).

Reprendre la garde.

226. COUP DE PIED DE POINTE DE LA JAMBE ARRIÈRE.

Pivoter sur le pied avant, élever la jambe arrière fléchie et porter le coup comme au n° 225.

227. COUP DE PIED DE FLANC (POITRINE, FIGURE) DE LA JAMBE AVANT.

Élever la jambe avant fléchie, la cuisse en extension dans la direction de l'adversaire, le pied allongé et à hauteur de la cuisse, changer en même temps la garde des bras et tendre la jambe d'appui (position d'attaque).

Porter le coup par une extension vigoureuse de la jambe, la pointe du pied dirigée vers le flanc (poitrine ou figure) de l'adversaire, la jambe d'appui tendue, les bras maintenus à leur position, le corps basculant du côté opposé à la jambe qui frappe.

Reprendre la garde.

228. COUP DE PIED DE FLANC (POITRINE) (FIGURE) DE LA JAMBE ARRIÈRE.

Faire face à gauche en pivotant sur le pied avant, les jambes tendues, la jambe arrière se rapprochant de la

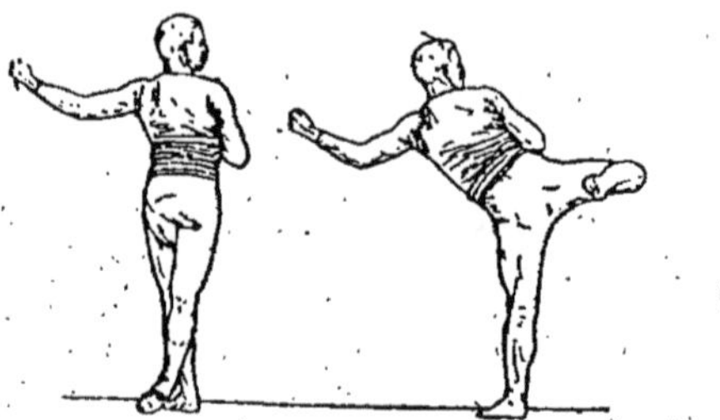

Fig. 190.

Fig. 191.

jambe avant, les bras suivant le mouvement du corps, la tête restant face en avant. Élever directement la jambe arrière à la position d'attaque et porter le coup comme au n° 227.

Reprendre la garde (fig. 190 et 191).

229. COUP DE PIED CHASSÉ DE LA JAMBE AVANT.

Fig. 192.

Fig. 193.

Élever la jambe avant, le genou aussi rapproché que

possible du corps, la jambe et le pied fléchis; changer en même temps la garde des bras, la jambe d'appui tendue (position d'attaque).

Porter le coup avec le talon par une extension de la cuisse et de la jambe, le pied restant fléchi, le corps basculant du côté opposé à la jambe qui frappe.

Reprendre la garde (fig. 192 et 193).

230. Coup de pied chassé de la jambe arrière.

Faire face à gauche comme il est indiqué au n° 228. Élever directement la jambe arrière à la position d'attaque et porter le coup comme au n° 229.

Reprendre la garde.

231. *Les coups de pied chassés se donnent à différentes hauteurs. Quand le coup est porté dans la ligne basse, la jambe d'appui est légèrement fléchie.*

232. Coup de pied { bas / de pointe de la jambe arrière / de flanc de la jambe arrière / chassé de la jambe arrière } en avançant.

Porter le pied avant à environ 0m,35 en avant, donner le coup et reprendre la garde à l'endroit primitif.

233. Coup de pied chassé de la jambe avant (arrière) en sautant.

Porter le coup en sursautant sur la jambe d'appui dans la direction de l'adversaire.

Reprendre la garde à l'endroit primitif.

234. Coup de pied chassé de la jambe avant en marchant.

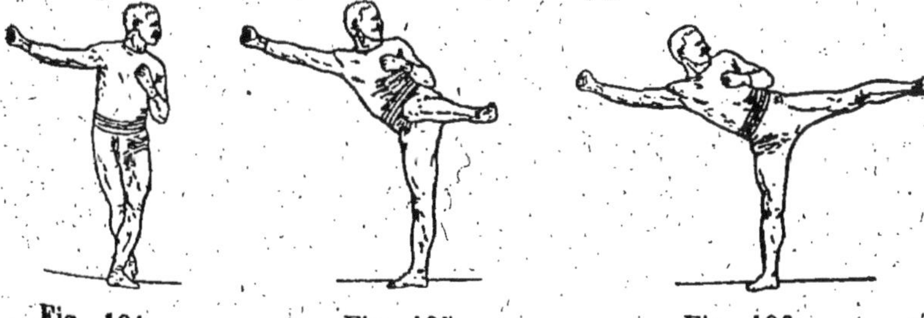

Fig. 194. Fig. 195. Fig. 196.

Porter le pied droit à hauteur et à gauche du pied gauche. Donner aussitôt le coup (fig. 194, 195 et 196).

Reprendre la garde à l'endroit primitif.

Parade des coups de pied.

235. Parade du coup de pied bas.

Fléchir la jambe avant en élevant légèrement le genou, le corps en équilibre sur la jambe arrière (fig. 197).

On peut encore esquiver le coup ou riposter par un coup de pied chassé de la jambe avant.

236. Parade du coup de pied de pointe.

Faire un retrait du corps en fléchissant la jambe

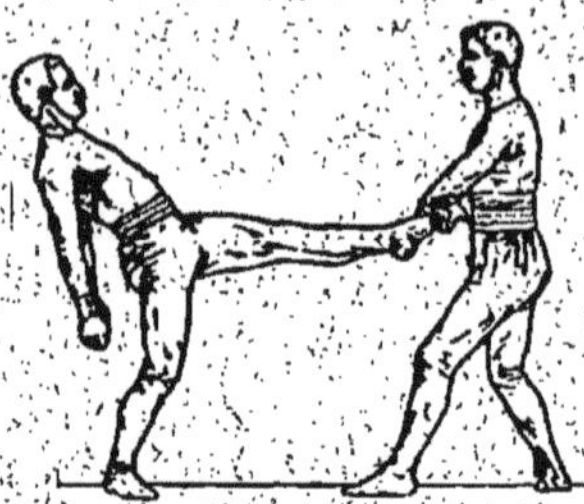

Fig. 197.

Fig. 198.

arrière et en tendant la jambe avant; avec les mains repousser le pied de l'adversaire vers le sol ou de côté (fig. 198).

237. Parade du coup de pied de flanc.

Repousser d'une main le pied de l'adversaire et faire en même temps un retrait du corps (fig. 199).

Fig. 199.

Fig. 200.

238. Parade du coup de pied chassé.

Repousser d'une main le pied de l'adversaire (fig. 200).

Fig. 201.

Fig. 202.

Si le coup est donné à hauteur de la jambe, parer comme pour le coup de pied bas (fig. 201).

On peut également parer en saisissant la jambe de l'adversaire pour lui faire perdre l'équilibre (fig. 202).

239. Les hommes sont exercés à réunir et à combiner les différents coups et parades.

Exercices au mannequin ou au ballon suspendu.

240. Lorsque les hommes exécutent correctement les coups dans le vide, ils sont exercés à frapper sur les mannequins servant pour l'escrime à la baïonnette, sur des sacs de sable ou des ballons suspendus à différentes hauteurs.

Ils sont, autant que possible, munis de *gants rembourrés* confectionnés avec des effets hors de service.

Assaut.

241. Les gradés et les hommes suffisamment exercés peuvent être autorisés à faire assaut. Ils sont munis de *gants* et de *chaussures* spéciales (espadrilles, etc.).

Dans l'assaut, l'*usage du coup de pied de pointe est formellement interdit.*

TITRE III.

GYMNASTIQUE DE SÉLECTION.

CHAPITRE Ier.

Règles générales.

242. La gymnastique éducative et la gymnastique d'application suffisent pour mettre tous les soldats du service armé en mesure de surmonter les fatigues habituelles de la guerre.

La plupart des soldats ne sont donc astreints qu'à la pratique de la gymnastique éducative et de la gymnastique d'application.

Mais les *sujets plus particulièrement doués* doivent trouver, pendant leur passage sous les drapeaux, le moyen d'*exercer* et de *développer* leurs *aptitudes exceptionnelles;* ils le pourront par la pratique de la gymnastique de sélection.

La gymnastique de sélection comprend des *exercices athlétiques* et des *sports spéciaux.*

Elle n'est pratiquée que par les soldats qui, au cours des exercices de la gymnastique d'application, ont fourni la preuve que leur éducation physique peut être, sans danger, poursuivie au delà de ce que réclame cette gymnastique.

243. La caractéristique de la gymnastique de sélection est de faire exécuter à l'homme un travail intense, sous une forme attrayante et d'exciter l'amour-propre.

Mais par le fait de leur attrait, les exercices de la gymnastique de sélection, pouvant conduire à des exagérations dangereuses capables de causer des lésions organiques et de produire le surmenage, doivent être *menés méthodiquement* et *surveillés* par l'instructeur *avec la plus grande attention.*

244. La gymnastique de sélection, destinée à augmenter la vigueur physique d'une élite, ne doit pas être poussée au point de développer certaines qualités au détriment d'autres aptitudes nécessaires au soldat en campagne.

245. Pendant les interruptions des exercices de la gymnastique de sélection et toutes les fois qu'il est nécessaire, l'instructeur revient aux exercices respiratoires.

Après chaque séance, pour ramener l'organisme à son état normal, l'instructeur fait exécuter une marche de quelques minutes ou une série d'exercices dérivatifs que suivent des exercices respiratoires.

La tenue est déterminée par l'instructeur et appropriée à l'exercice à exécuter.

CHAPITRE II.

Exercices athlétiques aux divers agrès.

246. Les exercices athlétiques aux divers agrès, s'adressant à l'adulte, ne peuvent altérer la forme acquise ni apporter de trouble quelconque dans l'organisme, surtout s'ils ne sont pratiqués que par des sujets d'élite qui continuent à s'adonner normalement à la gymnastique d'application et à la gymnastique éducative.

Ces exercices développent la hardiesse, l'agilité, le sang-froid et l'amour-propre; ils nécessitent une coordination des mouvements très intense; ils perfectionnent donc le moral, la puissance musculaire et le système nerveux du soldat.

Pour ces exercices, on utilise les appareils tels que : barre fixe, barres parallèles, trapèze, anneaux, planche à rétablissement, etc.

Les exercices athlétiques aux divers agrès sont nombreux et n'ont pas besoin d'être définis.

247. Les principaux de ces exercices sont :

Bascule (barre fixe, barres parallèles, anneaux);

Passement de jambes (barres parallèles);

Planche en arrière (barre fixe, anneaux);

Progresser en avant (en arrière) avec balancement, avec (ou sans) flexion des bras (barres parallèles);

Grand élan (barre fixe, barres parallèles, anneaux);

Rouleau en avant (en arrière) (barres parallèles);

Rétablissement simultané sur les poignets (barre fixe, barres parallèles, anneaux);
Rétablissement par renversement en voltige (ou en force) (barre fixe, barres parallèles, anneaux);
Planche libre (barres parallèles, anneaux);
Planche en avant (barre fixe, barres parallèles, anneaux);
Appui tendu, renversement en voltige (ou en force) (barre fixe, barres parallèles, anneaux), etc., etc.

CHAPITRE III.

Jeux et sports.

248. Certains jeux et certains sports qui réclament un grand déploiement de force ou un effort longtemps soutenu n'ont pas été, pour ce motif, classés dans la gymnastique d'application que doivent pratiquer tous les hommes du service armé.

Mais ils conviennent parfaitement pour exercer tout en les distrayant les hommes particulièrement résistants qui pratiquent la gymnastique de sélection.

Tels sont le *football rugby*, — le *football association*, — le *hockey*, — la *canne*, — le *bâton*, — la *lutte*, etc. (1).

Ces jeux et ces sports sont dirigés et surveillés par l'instructeur qui les fait cesser quand il estime que la trop grande fatigue qui en résulte peut mener au *surmenage* ou quand des *brutalités* menacent de se produire.

En raison de leur intensité et de leur durée, les jeux et les sports sont toujours pratiqués dans des *séances spéciales* et quand l'homme est suffisamment entraîné pour produire sans inconvénient les efforts qu'ils exigent.

CHAPITRE IV.

Ski.

249. La pratique du ski peut être d'une utilité militaire incontestable dans certaines régions. Ce sport doit donc être enseigné aux sujets plus particulièrement doués appartenant aux corps qui peuvent être appelés à combattre en pays de hautes montagnes.

Là où la neige existe pendant quelques mois d'hiver, le sport du ski est à recommander en raison de son heureuse influence sur les qualités physiques et morales du soldat.

Le ski est pratiqué conformément aux prescriptions établies pour le fonctionnement des écoles régimentaires de ski.

---

(1) Voir règles des jeux et sports, aux annexes.

ANNEXES.

RÈGLES DES JEUX

LE CHAT COUPÉ OU LA POURSUITE TRAVERSÉE (1).

Un joueur, désigné comme poursuivant, soit par tirage au sort, soit par numération, désigne le joueur après lequel il court. La partie étant commencée, un autre joueur cherche à traverser la poursuite, c'est-à-dire à passer entre les deux coureurs. Lorsque ce fait se produit, le poursuivant abandonne le premier joueur poursuivi et se met à la poursuite de celui qui a traversé. Si un troisième joueur vient à passer entre eux, il poursuit ce nouvel arrivant. La partie continue ainsi, tout joueur frappé devenant à son tour poursuivant.

Observation. — Dans l'exécution des jeux de poursuite, il est bon de désigner un arbitre muni d'un sifflet. Sa mission est de trancher toutes les difficultés et d'arrêter le jeu, s'il est nécessaire.

LE CHAT PERCHÉ (1).

Les joueurs se groupent et conviennent de jouer au chat perché. Au cri de *Perché*, ou *Chat*, ils se perchent, c'est-à-dire s'accrochent ou se suspendent à un arbre, à une grille, au bord d'une fenêtre, etc., les pieds ne touchant pas le sol.

Le dernier perché devient chat. Son rôle consiste à poursuivre les autres joueurs lorsqu'ils changent de place ou à les surprendre s'ils posent simplement les pieds à terre.

Dès que le chat a atteint quelqu'un, ce dernier devient chat à son tour; toutefois, il ne peut prendre le chat précédent que si celui-ci s'est déjà perché une fois.

Remarque. — Tout joueur qui gêne un de ses camarades et le fait prendre devient chat.

LES PETITS PAQUETS (CHAT ET RAT) (1).

Douze à vingt joueurs répartis en groupes ou *paquets* de deux hommes placés l'un derrière l'autre forment un cercle. Les groupes sont disposés à deux ou trois pas les uns des autres. Le directeur du jeu désigne le *chat* et le *rat*. Le chat poursuit immédiatement le rat.

Ce dernier, se voyant sur le point d'être atteint, s'arrête en se plaçant devant un *paquet*. Le joueur du second rang de ce groupe devient alors *rat* et court, poursuivi par le *chat*. Si le chat prend le rat, ce dernier devient chat. S'il ne peut l'atteindre, il s'arrête devant un paquet dès qu'il a fait un ou plusieurs tours. Le joueur

(1) Extr. des *Courses et jeux militaires*, Charles-Lavauzelle, édit.

placé au second rang devient alors *chat* et se met immédiatement à la poursuite du *rat*.

Le chat doit ordinairement faire au moins deux ou trois tours avant de se placer devant un paquet.

LA QUEUE-LEU-LEU OU LE LOUP.

Un joueur représente *le loup*, tous les autres joueurs se mettent en file par un en se tenant par la ceinture.

Le joueur placé en tête remplit le rôle de *berger* défendant son troupeau. Le loup s'élance pour saisir le dernier joueur de la file. Le berger suit ses mouvements et s'efforce de lui barrer la route en lui faisant continuellement face. Il peut élever les bras latéralement sans toutefois saisir le loup.

Si le loup atteint le mouton placé en queue, celui-ci devient berger, et le loup prend place parmi les moutons, de préférence au centre.

En cas de rupture de la file, le jeu est suspendu jusqu'à ce qu'elle soit reformée.

LES QUATRE COINS.

Les joueurs se répartissent les coins (angles de murailles, troncs d'arbre, bornes, piliers, etc.) et font entre eux des échanges. Un joueur, resté seul au milieu du terrain, cherche à s'emparer du coin laissé libre par l'un de ses camarades. Ce dernier le remplace et la partie continue.

LA MÈRE GARUCHE (1).

Un joueur remplit le rôle de *Mère Garuche* et s'établit dans un camp. Les autres joueurs se dispersent et cherchent à ne pas se laisser atteindre par la *Mère Garuche*. Celle-ci, après avoir annoncé sa première sortie par le cri : *La Mère sort du camp*, se précipite à la poursuite des joueurs en tenant les doigts croisés. Dès qu'elle a atteint un joueur, elle et son prisonnier fuient vers le camp en s'efforçant d'échapper aux coups des joueurs. Ceux-ci cherchent à les frapper sur le dos du plat de la main ou avec un mouchoir, jusqu'à leur rentrée dans le camp. Si la *Mère* ne tient pas les doigts croisés, elle est chassée de la même façon dans son camp.

La *Mère* et son prisonnier, se tenant par la main, sortent de nouveau du camp pour continuer la chasse. A chaque nouveau prisonnier, la *Mère* et les prisonniers rentrent dans le camp, poursuivis comme il a déjà été dit, et la partie continue.

Si la ligne se rompt, les joueurs qui la constituent sont chassés dans le camp.

La partie se termine lorsque tous les joueurs ont été faits prisonniers. Les joueurs placés aux extrémités de la chaîne ont seuls le droit de faire des prisonniers.

Si l'un des joueurs pénètre dans le camp sans avoir été touché,

(1) Extr. des *Courses et jeux militaires*, Charles-Lavauzelle, édit.

il en est chassé par la *Mère* et ses aides de la manière indiquée plus haut.

Variantes. — 1° Lorsque le nombre des joueurs est très limité, on peut fixer à deux, au maximum, le nombre des joueurs qui formeront la chaîne. Dans ce cas, tout nouveau prisonnier prend la place du joueur qui l'a touché.

2° La *Mère Garuche* se joue également à cloche-pied, c'est-à-dire en se tenant alternativement sur l'un ou sur l'autre pied — ou accroupi — en prenant la position indiquée dès que la *Mère* sort du camp. Cette position doit être conservée jusqu'à la prise d'un joueur.

L'ÉPERVIER (OU LA PASSE).

Le terrain de jeu est un terrain quelconque sur lequel sont tracés deux camps, limités par des lignes parallèles et séparées par une distance de cinquante à quatre-vingts mètres.

Tous les joueurs, sauf deux (*éperviers*) désignés par le sort ou par le choix de leurs camarades, se groupent dans l'un des camps. Le jeu consiste à passer d'un camp dans l'autre sans être atteint par les éperviers.

Les éperviers placés entre les deux camps crient : *En chasse*.

Chaque joueur doit abandonner son camp pour le camp opposé, sous peine d'être considéré comme pris. Tout joueur touché par un des éperviers est pris.

Lorsque les prisonniers sont au nombre de quatre, ils deviennent les *auxiliaires* des éperviers. Ils se tiennent alors deux à deux par la main et s'efforcent de saisir les joueurs lorsque ceux-ci passent d'un camp à l'autre.

Tout nouveau prisonnier s'ajoute au groupe qui l'a pris; s'il a été touché par un épervier, il se place à la chaîne la plus faible.

Quand les prisonniers sont au nombre de vingt, ils forment une seule chaîne qui arrête les coureurs au passage en se déployant sur la largeur du terrain; les éperviers, postés derrière la chaîne, s'efforcent de saisir ceux qui ont pu passer.

Les coureurs peuvent rompre la chaîne, sans toutefois user de violence. Les extrémités de la chaîne ou d'un groupe ont seules, avec les éperviers, le droit de faire des prisonniers. C'est ainsi que deux prisonniers formant un groupe et se trouvant obligés de se séparer pour une cause quelconque : arbre, tas de pierres ou tout autre obstacle, ne peuvent faire aucun prisonnier pendant leur séparation.

Un joueur est pris lorsqu'il est touché par la main d'un épervier ou d'un auxiliaire, en dehors de la tête, de la main ou du pied.

La partie est terminée quand tous les joueurs sont pris. On peut la recommencer en choisissant les éperviers parmi les coureurs les plus agiles ou en les désignant par voie de tirage au sort.

Observation. — Les sorties d'un camp à l'autre doivent toujours être précédées du cri : *En chasse*, poussé par les éperviers.

LE CLOCHE-PIED.

Course de vitesse s'exécutant sur un seul pied. Le coureur qui pose les deux pieds à terre est mis hors jeu.

LE COUPE-JARRETS (1).

Les joueurs, au nombre de dix à vingt environ, sont disposés en cercle, à un mètre d'intervalle. Au centre, un *trimeur* fait tourner, à mi-hauteur du genou, un cordeau de sautoir ou toute autre corde à l'extrémité de laquelle se trouve un sachet rempli de sable.

Les joueurs exécutent un saut en hauteur sur place lorsque le sachet arrive à leur hauteur.

Tout joueur atteint prend la place du trimeur.

OBSERVATION. — Le trimeur peut faire tourner le cordeau plusieurs fois de suite de droite à gauche et, ensuite, de gauche à droite.

SAUTE-MOUTON.

Le saute-mouton peut se jouer de deux manières

Saute-mouton à la poursuite.
Saute-mouton au but.

SAUTE-MOUTON A LA POURSUITE.

Les joueurs se placent les uns à côté des autres à une distance de cinq à six pas, le dos courbé, les jambes un peu fléchies, les bras croisés et appuyés sur les genoux, ou bien les jambes raidies, les mains appuyées sur les genoux, les bras tendus, la tête baissée.

Celui qui doit commencer le jeu franchit le premier camarade, et successivement tous les autres, en appuyant légèrement les mains sur son dos et en écartant les jambes; il se place à son tour pour être franchi par ses camarades.

Lorsqu'on veut augmenter la difficulté, les joueurs se placent en file chacun ayant la face tournée vers le dos du joueur qui est devant lui; ils se tiennent debout, un pied un peu en avant; la tête penchée sur la poitrine, les bras croisés sur le thorax ou bien appuyés sur les cuisses.

SAUTE-MOUTON AU BUT.

Plus intéressant et plus difficile que le saute-mouton à la poursuite, le saute-mouton au but demande des sauteurs exercés.

On trace sur le sol une raie à un pied de distance de laquelle se place le joueur qui tient lieu de cheval. Les joueurs sautent successivement. Quand le tour est terminé, c'est-à-dire quand tous les joueurs ont sauté, le cheval s'éloigne d'une distance égale à la longueur de son pied, se remet en position et on commence

(1) Extr. des *Courses et jeux militaires*, Charles-Lavauzelle, édit.

un second tour. Ce second tour achevé, le cheval s'éloigne de nouveau comme il vient d'être dit, et le jeu continue ainsi pour un troisième et, à la rigueur, pour un quatrième tour, mais sans qu'il soit permis d'aller plus loin.

Le même joueur reste cheval jusqu'à ce que l'un des sauteurs ait mis le pied sur la raie, n'ait pu franchir le cheval, ou encore l'ait touché autrement qu'avec les mains. Celui qui a commis une de ces fautes prend la place du cheval, et le jeu continue.

Si aucune faute n'a été commise, on recommence une deuxième série avec un autre cheval.

Le saute-mouton au but ne doit se jouer que sur une pelouse gazonnée, douce aux chutes. Le nombre des joueurs ne doit pas dépasser 8 à 10.

L'OURS.

Le nombre des joueurs est d'environ une vingtaine. Deux d'entre eux sont les maîtres de camp.

On procède d'abord à la formation des camps. Les maîtres de camp ayant tiré au sort, celui qui a l'avantage choisit un joueur, l'autre en prend un à son tour, et ils continuent ainsi à choisir leurs partenaires jusqu'à ce que tous les joueurs aient été partagés entre les deux camps.

Les deux troupes étant ainsi formées, on trace sur le sol, au moyen d'une ficelle, deux cercles concentriques, le rayon du petit cercle variant avec le nombre des joueurs et le rayon du grand cercle ayant toujours de 1 à 2 mètres de plus que celui du petit cercle.

L'un des camps est composé des « ours » et l'autre des « sauteurs ».

Au commencement de la partie, ce sont les joueurs choisis par le maître de camp que le sort n'a pas favorisé, qui sont condamnés à être les ours. Ils se rangent dans le cercle intérieur, en courbant légèrement le dos et la tête et en entrelaçant leurs bras autour du cou de leurs voisins, de manière à présenter une sorte de plate-forme sur laquelle s'élancent les joueurs du parti opposé (les sauteurs). Le maître de camp ou gardien des ours se tient entre la première et la deuxième circonférence, et les sauteurs, au delà de la grande circonférence.

Les sauteurs cherchent à s'élancer sur le dos des ours, sans être pris par le gardien des ours. Ils n'ont rien à craindre tant qu'ils sont en dehors du grand cercle, en l'air ou sur le dos des ours. Ils peuvent descendre quand ils le jugent à propos pour sauter de nouveau, mais ils sont tenus de conserver la position dans laquelle ils se trouvent immédiatement après le saut, sans pouvoir faire usage de leurs jambes, ni pour gêner les ours, ni pour se maintenir en position.

Si l'un d'eux est saisi par le gardien des ours « *touchant terre* » entre les deux cercles, soit en voulant sauter, soit en s'éloignant, soit en « *tombant à terre du dos des ours* », la partie est perdue pour les sauteurs qui prennent alors la place des ours.

Si, au contraire, le poids des sauteurs est trop considérable pour les forces des ours, et que les sauteurs aient pu surprendre l'un des ours lâchant ses compagnons ou fonçant, c'est-à-dire s'affaissant sous le poids des sauteurs, ceux-ci descendent et les urs continuent leur rôle jusqu'à ce qu'ils soient délivrés par la maladresse d'un des sauteurs.

LES BARRES

Le terrain choisi est le plus uni possible, afin que les joueurs ne soient pas exposés à faire une chute dangereuse en courant. Les joueurs se partagent en deux groupes égaux et de force aussi équivalente que possible. Les camps sont établis en face l'un de l'autre, à une distance de 50 à 100 mètres; chacun d'eux est délimité par un rectangle tracé sur le sol. Entre les deux camps, à une dizaine de pas de la limite de chacun d'eux, est tracée la ligne de sauvegarde.

Le sort désigne le parti qui doit le premier demander « *barres* ». Un joueur de ce parti (camp n° 1) s'avance lentement vers le camp opposé, jusqu'à la ligne de sauvegarde, et « *demande barres* » contre un des joueurs du camp opposé (camp n° 2).

Le joueur ainsi provoqué se porte vers le provocateur. Celui-ci porte deux légers coups dans la main de son adversaire, qui s'apprête à s'élancer dès que le troisième coup sera frappé.

Le joueur du camp n° 1, faisant semblant de frapper le troisième coup pour détourner l'attention de son adversaire, le touche enfin de la main et retourne à toute vitesse vers son camp, vivement poursuivi par le joueur du camp n° 2. (On peut supprimer cette formalité et s'élancer vers le coureur aussitôt qu'il a demandé barres.)

Dans les deux cas, dès que la poursuite a commencé, un des coureurs du camp n° 1 se porte au secours de son camarade, en cherchant à faire prisonnier le joueur du camp opposé sur lequel

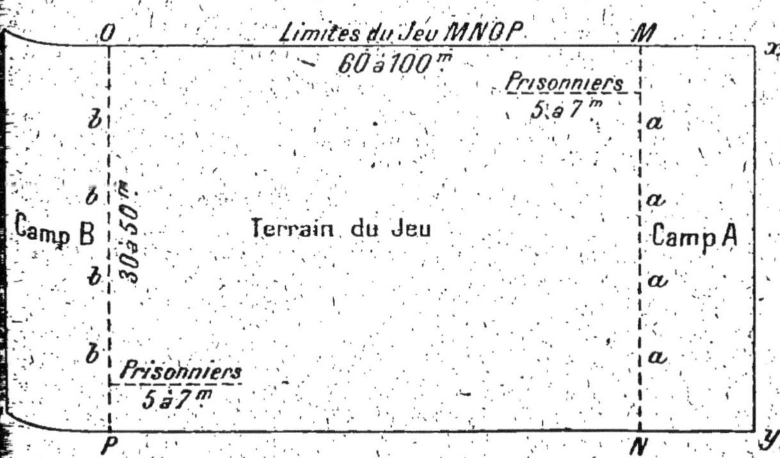

il a « *barres* ». Tout joueur qui sort de son camp pour courir sur un adversaire qui a déjà quitté le sien est dit *avoir barres* sur ce dernier.

Un second joueur du camp n° 2 sort à son tour, ayant *barres* sur le second joueur du camp n° 1, et la poursuite continue ainsi jusqu'à ce que tout le monde soit rentré dans son camp ou que l'un des joueurs ait été fait prisonnier.

Un coureur ne peut être fait prisonnier que par un adversaire qui a barres sur lui et qui le touche avec la main en criant « *Pris !* » Tout le monde alors doit s'arrêter.

Le prisonnier se rend dans le camp ennemi, se place à trois pas de la ligne du camp, étend le bras vers les siens, attendant que l'un d'eux vienne le délivrer en le touchant de la main. S'il est fait plusieurs prisonniers, ceux-ci se tiennent par la main et se placent sur la même ligne, en avant du premier. Un joueur qui touche la main d'un des prisonniers les délivre tous.

La partie cesse lorsque l'un des camps a éprouvé des pertes telles qu'il ne puisse plus espérer délivrer ses prisonniers.

Le camp est un asile inviolable; non seulement celui qui y rentre ne peut être « *pris* » dans son enceinte, mais il a le droit d'en sortir et de poursuivre à son tour ceux qui le poursuivaient d'abord. Si un joueur s'est trop avancé, on essaye de le « *couper* » dans sa course, c'est-à-dire de se mettre entre lui et le camp dont il est sorti; alors on a barres sur tous ceux qui sont sortis depuis qu'on est sorti soi-même.

Un joueur peut, pour échapper à une poursuite, se réfugier dans le camp de ses adversaires, mais ces derniers ont le droit de le prendre dès qu'il en sort.

Par les temps froids, l'immobilité prolongée des prisonniers après une course violente, pourrait avoir des conséquences dangereuses pour la santé des joueurs. Il est préférable alors d'opérer comme il suit : les prisonniers sont rendus à leur camp, mais ils ne prennent plus part au jeu, et la partie consiste à faire un certain nombre de prisonniers.

LE BALLON MILITAIRE (1).

MATÉRIEL. — TERRAIN.

Ballon. — Le ballon, de forme arrondie ou ovale, mesure de 20 à 25 centimètres de diamètre.

Terrain. — Le terrain est une esplanade quelconque, de préférence gazonnée, douce aux chutes.

Les dimensions, variables suivant le nombre des joueurs et les ressources locales, sont de 50 à 250 mètres de longueur sur 50 à 125 de largeur.

L'emplacement du jeu est limité au moyen de jalons placés aux angles. Les *buts* sont marqués sur les petits côtés du rectangle par des poteaux verticaux distants de 10 mètres. Une corde ou une latte placée d'une perche à l'autre, à 3 mètres environ au-dessus du sol, limite la hauteur du but. Le but est fait lorsque le ballon franchit la ligne de but entre les poteaux et au-dessous de la corde horizontale.

Sur les grands côtés du terrain sont plantées plusieurs petites gaulettes délimitant les parties latérales du terrain de jeu.

(1) Extr. des *Courses et jeux militaires*, Charles-Lavauzelle, édit.

Les perches marquant les buts ou servant à délimiter le terrain de jeu peuvent, à la rigueur, être remplacées par des effets ou des havresacs.

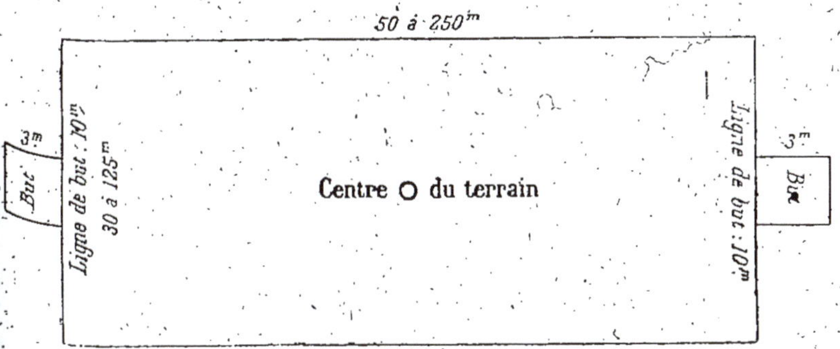

Dans ce cas, un but est fait lorsque le ballon passe à une hauteur quelconque entre les effets ou objets marquant les buts.

Nombre de joueurs. — Le nombre total des joueurs peut varier de dix à cinquante. Lorsque les joueurs sont plus nombreux, il est préférable de faire deux parties.

FORMATION DU JEU.

Les joueurs désignent un arbitre et se répartissent en deux camps. Ceux-ci choisissent chacun un capitaine dont l'autorité doit être strictement respectée.

Le choix du côté ou du coup d'envoi étant arrêté, le ballon est placé au centre du terrain.

Les deux partis prennent alors position en avant de leur but respectif. Ils se disposent en ordre dispersé sur trois ou quatre lignes : avant-garde, centre, arrière-garde, etc., la première ligne à 10 mètres du ballon. Un gardien de but, homme de toute confiance, est désigné pour se tenir entre les buts.

Le capitaine place chaque joueur suivant ses aptitudes spéciales et dirige le jeu.

Sur chacun des grands côtés sont placés un ou plusieurs juges de touche. Leur rôle consiste à indiquer quand le ballon franchit les limites du jeu; lorsque ce fait se produit, l'un d'eux se porte rapidement au point où le ballon a franchi la ligne de touche.

La durée de la partie est généralement fixée avant le commencement du jeu et les camps changent habituellement de côté au milieu du temps (mi-temps) assigné à cette durée. C'est ainsi qu'une partie de trente minutes pourra comprendre deux mi-temps de douze minutes, séparées par un repos de six minutes.

BUT DE LA PARTIE.

Il s'agit, pour chacun des deux camps, de porter ou d'envoyer le ballon au delà de la ligne de but de l'adversaire en le faisant passer au-dessous de la corde, entre les buts, ou simplement en les effets ou objets délimitant les buts.

On peut admettre que chaque but effectué compte pour un point. Le camp gagnant est celui qui réalise le maximum de points à fin de la partie.

QUELQUES DÉFINITIONS.

Coup d'envoi. — Le coup d'envoi est un coup placé donné centre du terrain de jeu pour engager la partie. Il est donné dans une direction quelconque, par n'importe quel joueur du camp qui a le bénéfice du coup d'envoi.

L'équipe adverse, placée au moins à 10 mètres du ballon, peut charger que lorsque le coup d'envoi a été donné. Le coup recommencé lorsque les conditions fixées pour le coup d'envoi ne sont pas remplies.

Coup tombé. — Le coup tombé s'effectue en laissant tomber ballon des mains et en lui donnant un coup de pied à son premier rebondissement.

Coup placé. — Le coup placé est un coup de pied donné au ballon reposant (placé) sur le sol.

Coup de volée. — Le coup de volée s'effectue en laissant tomber le ballon des mains et en lui donnant un coup de pied avant qu'il ait touché le sol.

Coup franc. — Est un coup de pied tombé, placé ou de volée donné à la suite d'une décision de l'arbitre après une faute commise par le camp adverse.

Il est accordé dans les circonstances suivantes :

1° Voir ci-dessous les *Différentes manières de jouer;*

2° En cas de manœuvre déloyale, exemple : saisir un adversaire par les vêtements ou par une jambe, crocs-en-jambe ou toute autre brutalité analogue. L'arbitre possède le droit d'exclure du jeu tout joueur brutal.

Lorsqu'un coup franc doit être accordé, l'arbitre arrête la partie par un coup de sifflet. Le coup est donné, au signal de l'arbitre, par un joueur du camp en faveur duquel il a été accordé, dans n'importe quelle direction et au point où l'infraction a été commise. Les joueurs restent libres de leurs mouvements; toutefois, la partie ne reprend qu'au coup de sifflet donnant le signal de l'exécution du coup.

REMISE EN JEU.

Lorsque le ballon a franchi la ligne de touche ou la ligne de but en dehors des buts, l'arbitre siffle pour suspendre la partie; les joueurs restent toutefois libres de leurs mouvements.

La remise en jeu est effectuée le plus rapidement possible sans coup de sifflet de l'arbitre. Elle est faite par un joueur appartenant au camp opposé à celui du joueur qui a envoyé le ballon en touche. Le joueur se place sur la ligne de touche et lance le ballon avec les mains dans le jeu et dans n'importe quelle direction

DIFFÉRENTES MANIÈRES DE JOUER.

Le jeu peut se pratiquer de trois manières :

1° *Sans coup de pied, en utilisant les mains, les bras, la tête et le tronc.*

Tout coup de pied ou de genou donne lieu à une infraction punie d'un coup franc.

2° *Avec tout le corps à l'exception des mains et des bras détachés du corps.*

Tout joueur qui saisit le ballon avec les mains ou qui le renvoie avec les bras détachés du corps commet une infraction punie d'un coup franc.

3° *A volonté, avec les pieds, les mains et toutes les parties du corps.*

Dans les débuts, la première manière supprime les accidents dus aux coups de pied dont sont très prodigues les joueurs peu exercés. La deuxième manière, qui n'oblige pas les joueurs à se baisser pour saisir le ballon avec les mains, permet d'éviter les coups de pied à la tête et au tronc.

La troisième manière paraît devoir être employée lorsque les joueurs ont déjà acquis une certaine adresse à la course, aux sauts et dans la pratique des coups de pied.

LE JEU.

Quel que soit le mode de jeu adopté, les joueurs étant en place et disposés par les capitaines, la partie débute toujours par un coup d'envoi donné dans n'importe quelle direction par le camp qui n'a pas eu le choix du terrain. Le ballon est en jeu. Les évolutions deviennent alors libres. La tactique du jeu exige à ce moment la dispersion des joueurs en profondeur et en largeur pour que le ballon, au moment où il tombe, puisse être rapidement repris et envoyé du côté adverse, ou même du côté d'un partenaire bien posté. A cet effet, les joueurs des différentes lignes manœuvrent, avancent ou reculent suivant les différentes phases du jeu.

Quand un camp a marqué un point, la partie continue par un coup d'envoi; il en est de même à la reprise de la seconde mi-temps.

FAUTES ET PÉNALITÉS.

Des fautes contre les règles sont parfois commises au cours de la partie; il appartient à l'arbitre de les punir de la pénalité prévue par la règle.

Ces fautes sont les suivantes :

1° Brutalités et manœuvres déloyales : renverser volontairement un joueur, le bousculer, le gêner, etc.; elles entraînent soit un avertissement, soit l'exclusion du jeu;

2° Fautes contre les règles; elles donnent lieu à un coup franc.

Toute faute donne lieu à un coup de sifflet.

La partie est immédiatement suspendue pour ne reprendre qu'à un second coup de sifflet.

ARBITRES.

Pour toutes les parties, les deux camps choisissent, d'un commun accord, un arbitre et deux ou plusieurs juges de touche.

L'arbitre est muni d'un sifflet dont il doit faire usage dans les cas suivants :

1° Pour donner le signal du commencement du jeu, sa continuation après un but ou sa reprise à la seconde mi-temps;
2° Quand il est fait un but;
3° Quand le ballon a franchi les limites du jeu en dehors des buts;
4° Lorsqu'il y a lieu d'accorder un coup franc, soit qu'un joueur ait joué déloyalement, soit qu'il ait fait preuve de brutalité;
5° Pour donner le signal de l'exécution d'un coup franc;
6° A la fin de la partie.

Lorsqu'un coup franc doit être accordé au moment fixé pour la mi-temps ou pour la fin de la partie, l'arbitre n'arrête la mi-temps ou la partie qu'après avoir laissé donner le coup franc.

D'ailleurs, l'arbitre est le seul juge des faits; ses décisions sont sans appel.

Les règles ci-dessus ne sont données qu'à titre d'indication. On peut encore les simplifier et adopter l'ancien jeu de ballon français, jeu très attrayant et de grand mouvement.

On trace sur le sol deux camps A et B distants de 50 à 200 mètres et dont les dimensions : 10 à 20 mètres de côté, sont en rapport avec le nombre des joueurs.

Le ballon est mis en jeu d'un point situé à égale distance des camps. Jusqu'à ce moment, les joueurs sont dispersés dans le terrain de jeu entre leur camp et le ballon. Le coup d'envoi étant donné, les évolutions sont libres.

Le but de la partie consiste simplement à porter le ballon dans le camp adverse. Il n'existe aucune restriction concernant la délimitation du terrain de jeu, l'emploi des pieds et des mains. Seules les brutalités sont interdites et entraînent l'exclusion de leur auteur, sans toutefois donner lieu à aucun arrêt dans la partie. Celle-ci dure jusqu'à ce que le ballon ait été porté dans l'un ou l'autre camp.

Le nombre des joueurs peut comprendre une section, un peloton ou même une compagnie entière.

PRÉLIMINAIRES DES JEUX DE BALLON.

Avant de pratiquer les jeux de ballon, il est bon d'exercer les soldats à donner les coups de pied et à se passer le ballon soit avec les mains, soit avec les pieds.

Ces exercices préliminaires peuvent être enseignés d'après la méthode suivante :

1re *séance*. — Les hommes d'une escouade : dix à quinze au maximum, sont rangés en cercle et placés à environ 5 à 10 pas les uns des autres. L'instructeur, placé au centre, leur apprend à donner le coup de pied placé du pied droit et du pied gauche. Les hommes se lancent réciproquement le ballon.

2e *séance.* — Les hommes d'une escouade étant en ligne sur un rang et placés à environ cinq à six pas d'intervalle, l'instructeur les exerce à se passer réciproquement le ballon avec les mains : 1° de pied ferme; 2° en marchant; 3° en courant.

Ces passes se font alternativement de droite à gauche et de gauche à droite. L'instructeur termine la séance par des coups de pied.

3e *séance.* — Les hommes, étant en cercle autour de l'instructeur, s'exercent : 1° à *dribbler*, c'est-à-dire à se passer le ballon en le frappant légèrement avec le pied; 2° à donner tous les coups de pied; 3° à recevoir le ballon lancé vigoureusement par un joueur avant qu'il n'atteigne le sol.

4e *séance.* — Continuation des exercices précédents.

L'instructeur explique, en outre, la remise en jeu, le coup franc, les fautes punies d'un coup de pied franc; en un mot, il enseigne les règles principales du jeu.

5e *séance.* — Etude pratique du jeu en opposant deux escouades.

6e *séance.* — Jeu complet.

JEUX DE FOOTBALL (1).

Considérations générales sur le terrain et le matériel.

Il est de la plus haute importance que le terrain soit uni et doux aux chutes. En aucun cas, le jeu de ballon ne doit être joué sur un terrain dammé. La pelouse gazonnée, le sable ou la terre fraîchement remuée conviennent tout particulièrement.

Des jalons plantés aux quatre coins marquent l'emplacement du jeu. Il est avantageux de planter plusieurs petites perches sur les grands côtés, afin de les mieux délimiter.

A défaut de poteaux ou de perches, on peut marquer les buts par des gaulettes; des piles d'effets ou de havresacs. Dans ce cas, il n'y a ni perche ni corde pour limiter la hauteur du but.

Le ballon est, suivant le cas, de forme sphérique ou ovoïde. Il peut être fabriqué avec une vessie de porc qu'on fait envelopper par un cordonnier d'une gaine de gros cuir de veau dans laquelle on ménage une ouverture lacée.

Football Rugby.

L'équipe.

ARTICLE PREMIER. — Le football Rugby est joué par deux équipes, chacune composée de 15 joueurs qui se décomposent ordinairement comme suit :

8 avants,
2 demis,
4 trois-quarts,
1 arrière.

(1) Règles extraites de l'annuaire de l'U.S.F.S.A.

Le terrain.

Art. 2. — Le terrain doit avoir la forme d'un rectangle.

Les dimensions extrêmes ne doivent pas dépasser 144 mètres de longueur d'une ligne de ballon mort à l'autre, sur 70 mètres de largeur, d'une ligne de touche à l'autre et s'en rapprocher autant que possible.

Le champ de jeu doit mesurer 100 mètres de long de but à but sur 70 mètres de large de touche à touche; il est délimité par les lignes de touche, et par les lignes de but tracées perpendiculairement aux lignes de touche et à 50 mètres du milieu de celle-ci.

Les lignes de jeu — lignes de ballon mort, lignes de but, lignes des 22 mètres et le centre du terrain d'où doit être donné le coup d'envoi — doivent être marquées.

Les lignes de touche sont en touche, les lignes de touche de but sont en touche de but, les lignes de but sont en but.

But et buts.

Art. 3. — Le but est la partie du terrain comprise entre la ligne de but, les lignes de touche de but et la ligne de fond, dite de ballon mort.

Sur chaque ligne de but et à égale distance des lignes de touche s'élèvent deux poteaux aussi hauts que possible, plantés à 5m,50 l'un de l'autre et reliés à 3 mètres du sol par une barre transversale. Ce sont les buts proprement dits.

A 22 mètres en arrière de chaque ligne de but et parallèlement à elle, on trace, d'une touche à l'autre, une ligne appelée ligne de ballon mort. Lorsque le ballon la touche ou la franchit, il est mort et doit être remis en jeu, soit par un coup de renvoi (art. 17, 1°) soit par une mêlée formée conformément à l'article 10.

Art. 4. — *Ballon.* — Le ballon doit se rappocher autant que possible des dimensions suivantes :

Longueur	27 à 28	centimètres.
Grand périmètre.............	75 à 77	—
Petit périmètre..............	63 à 65	—
Poids	360 à 400	grammes.

Choix des buts.

Art. 5. — Les capitaines des deux équipes tirent au sort au commencement de la partie. Le gagnant a le choix du camp ou de camp d'envoi.

Durée.

Art. 6. — Chaque équipe jouera de chaque côté du terrain un temps égal, fixé à l'avance. La partie est officiellement de 80 minutes.

Art. 7. — *Résultat.* — La victoire se décide à la majorité des points.

Le gain d'un essai vaut.................. 3 points.
Le gain d'un but après un essai........ 2 —
Le gain d'un but sur un coup franc...... 3 —
Le gain d'un but sur un arrêt de volée ou de tout autre but...................... 4 —

En cas d'égalité de points, le match est déclaré nul, sauf les restrictions prévues à l'article 12 des règlements concernant l'organisation des championnats de football.

Définitions.

Art. 8. — *Coups de pied :*

Coup tombé. — Se donne en laissant tomber le ballon à terre et en le frappant avec le pied au moment même où il rebondit.

Coup placé. — Se donne en frappant du pied le ballon qui a été préalablement placé sur le sol.

Coup de volée. — Se donne en laissant tomber le ballon de ses mains et en le frappant avec le pied avant qu'il n'ait touché terre.

Coup franc. — Ce coup peut être placé, tombé ou de volée et se donne après un arrêt de volée ou certaines fautes énumérées plus loin.

Dribbler. — C'est faire avancer le ballon au moyen de petits coups de pied.

Art. 9. — *Tenu.* — A lieu lorsqu'un joueur portant le ballon est saisi par un ou plusieurs adversaires qui le mettent dans l'impossibilité de jouer le ballon.

Art. 10. — *Mêlée.* — Il y a mêlée lorsque plusieurs joueurs de chaque équipe se groupent, chaque camp conservant son côté, le ballon à terre au milieu d'eux.

Tous les joueurs dans la mêlée doivent avoir les deux pieds sur le sol au moment où le ballon est mis à terre dans la mêlée.

Il ne peut y avoir mêlée qu'à l'intérieur du terrain de jeu.

Art. 11. — *Essai.* — Un essai est gagné par le joueur qui met, le premier, la main sur le ballon en contact avec le sol dans le but ennemi.

Art. 12. — *Touché.* — Est fait lorsqu'un joueur met le premier la main sur le ballon en contact avec le sol dans son propre but.

Art. 13. — *Gain d'un but.* — Pour gagner un but, il faut envoyer le ballon, avec le pied, directement, du terrain de jeu par-dessus la barre transversale de but de l'adversaire, que le ballon en passant touche ou non cette barre ou l'un des poteaux, pourvu qu'après avoir quitté terre il ne touche au préalable ni le sol ni un joueur.

Un but ne peut être gagné ni par un coup de volée, ni par un coup d'envoi.

Art. 14. — *En avant.* — Consiste à projeter le ballon dans la direction du but ennemi, soit avec la main, soit avec le bras écarté du corps.

Art. 15. — *Arrêt de volée.* — A lieu quand un joueur saisit le ballon de volée, et que celui-ci provient directement de l'adversaire, à la suite d'un coup de pied ou d'un en avant. Le joueur fait aussitôt une marque avec son talon à la place où l'arrêt a été fait.

Art. 16. — *Coup d'envoi.* — Est un coup placé, donné du centre du terrain, par lequel on met le ballon en jeu :

1° Au commencement de la partie;

2° A la mi-temps, par le camp opposé à celui qui l'a mis en jeu au début de la partie;

3° Après le gain d'un but par le camp qui a perdu ce but;

4° Après l'infraction prévue à l'article 16 *B*.

Au moment où le coup de pied est donné :

A. — Les adversaires doivent se tenir à 10 mètres du ballon. En cas d'infraction, le coup devra être recommencé.

B. — Les joueurs de l'équipe qui donne le coup d'envoi ne dépasseront pas le milieu du terrain, tant que le coup de pied n'aura pas été donné. En cas d'infraction, une mêlée aura lieu au centre du terrain.

C. — Les joueurs ne peuvent charger tant que le coup d'envoi n'a pas été donné.

Art. 17. — *Coup de renvoi ou de 22 mètres.* — Est un coup de pied tombé, donné à moins de 22 mètres de la ligne de but de celui qui donne le coup de pied.

Le coup de renvoi a lieu :

1° Quand le ballon franchit la ligne de touche de but ou celle de ballon mort;

2° Après un essai non transformé en but;

3° Après un « touché ».

Tant que le coup de pied n'est pas donné.

A. — Tous les joueurs du camp qui donne le coup de pied doivent se tenir en arrière du ballon; en cas d'infraction, le camp lésé pourra réclamer une mêlée au milieu de la ligne des 22 mètres.

B. — Les adversaires ne peuvent avancer ni charger au delà de la ligne des 22 mètres; en cas d'infraction, le coup de pied pourra être recommencé.

Art. 18. — Le coup d'envoi doit porter directement au moins jusqu'à 10 mètres; celui de renvoi jusqu'à la ligne des 22 mètres. En cas d'infraction, le camp lésé pourra, ou faire recommencer le coup de pied, ou demander une mêlée.

La mêlée aura lieu, dans le premier cas, au centre du terrain, dans le deuxième, au milieu de la ligne des 22 mètres.

Si le ballon tombe directement en touche, le camp lésé pourra faire recommencer le coup de pied.

Le Jeu.

Art. 19. — Le jeu commencé, il est permis à tout équipier,

pourvu qu'il ne soit pas hors jeu, de donner des coups de pied dans le ballon, de le ramasser et de courir avec ou de le passer; mais on ne doit pas le ramasser dans les cas suivants :

Quand le ballon :

1° Est dans la mêlée;
2° A été mis à terre après un tenu;
3° Est à terre sous le porteur et tenu.

Le ballon ne peut être passé en avant. Quand un joueur est tenu, il doit tout de suite, sous peine des pénalités prévues, abandonner le ballon.

Art. 20. — *Hors jeu.* — Tout joueur est hors jeu :

1° S'il pénètre ou cherche à pénétrer dans une mêlée par le côté de ses adversaires;

2° Si, volontairement ou non, le ballon qu'il joue a été joué ou touché en dernier lieu, derrière lui, par un joueur de son propre camp.

N. B. — Un joueur ne peut jamais être hors jeu derrière sa propre ligne de but, sauf dans le cas d'un coup de pied franc, donné par son propre camp, auquel cas il doit se tenir en arrière du ballon jusqu'au moment où le coup de pied est donné.

Un joueur hors jeu cesse de l'être :

1° Quand un adversaire a couru 5 mètres avec le ballon;

2° Quand un adversaire a donné un coup de pied dans le ballon, l'a touché sans parvenir à s'en emparer ou lorsque le ballon a touché un adversaire;

3° Quand le joueur de son propre camp, qui l'a mis hors jeu, ou un joueur de son camp portant le ballon, le dépasse dans la direction du but ennemi.

Un joueur hors jeu ne doit ni jouer le ballon, ni arrêter ou gêner en rien un adversaire, ni lui causer activement ou passivement une gêne quelconque, ni s'approcher à moins de 5 mètres d'un adversaire se préparant à recevoir le ballon.

Toute infraction à cette règle donne le droit au camp opposé de réclamer, soit :

A. — Une mêlée au point où le ballon a été joué en dernier lieu avant l'infraction.

B. — Un coup franc au point où l'infraction a été commise.

Sauf si l'infraction a été volontaire, auquel cas on formera une mêlée au point où l'infraction a été commise.

Art. 21. — *En avant.* — Tout joueur en possession du ballon peut l'envoyer à un joueur de son camp, en le passant, en le jetant ou en le frappant, pourvu que le ballon ne soit pas envoyé en avant, c'est-à-dire dans la direction du but ennemi.

Dans le cas d'un « *en avant* », le ballon est rapporté à l'endroit où l'infraction a été faite, et une mêlée a lieu, à moins toutefois qu'un arrêt de volée ait été marqué et accordé ou que l'« *en avant* » profite immédiatement à l'adversaire.

Art. 22. — Lorsqu'un joueur envoie de quelque façon que ce soit le ballon dans son propre but, puis y fait un touché, on lui fait franchir la ligne de touche de but ou celle du ballon mort, le ballon est remis en jeu par une mêlée. Cette mêlée aura lieu à un point situé à 5 mètres de la ligne de but et sur une ligne parallèle à la touche, passant par l'endroit où le ballon a été joué en dernier lieu; il en sera de même lorsqu'un joueur aura été tenu derrière la ligne de but.

Tout joueur a, par contre, le droit, pour défendre son but, de faire un touché dans son but, si le ballon y a été envoyé par un adversaire *et dans ce cas le ballon est remis en jeu de la ligne des 22 mètres par un coup de pied tombé.*

Art. 23. — *En touche.* — Le ballon est en touche :

1° S'il franchit la ligne de touche même en l'air ou s'il vient frapper un des poteaux de touche;

2° Si le joueur qui court avec dépasse, même d'un pied, la ligne de touche, ou touche un des poteaux limitant le terrain du jeu.

Le ballon est remis en jeu du point où il est sorti du terrain :

A. — S'il a été *envoyé* en touche par un joueur du camp opposé à celui qui l'a mis en touche;

B. — S'il a été *porté* en touche par un joueur du même camp que celui qui l'y a porté.

Dans l'un ou l'autre cas, le joueur qui remet le ballon en jeu peut :

1° Faire rebondir le ballon devant lui dans le terrain de jeu, perpendiculairement à la ligne de touche, et le jouer;

2° Ou bien le lancer dans le terrain de jeu à angle droit de la ligne de touche;

3° Ou bien encore apporter le ballon dans le terrain de jeu, à angle droit de la ligne de touche, et le mettre dans une mêlée formée à 5 mètres au moins et à 15 mètres au plus de la ligne de touche, après avoir annoncé jusqu'à quel point il compte l'avancer.

Dans le cas où une infraction a été commise à l'une des deux premières règles, le ballon est remis en jeu de la troisième manière, c'est-à-dire par une mêlée.

Art. 24. — *Essai.* — Quand un camp a gagné un essai, un joueur de ce camp prend le ballon au point où l'essai a été marqué et, suivant une direction parallèle aux lignes de touche, il l'apporte dans le terrain de jeu à telle distance qu'il juge utile et dispose le ballon pour un coup de pied placé.

Ce coup de pied est régi par l'article 26 en ce qui concerne le droit de charger, le camp défendant devant se tenir derrière sa ligne de but.

C'est affaire au camp défendant et à l'arbitre de veiller, avant que le coup de pied ne soit donné, à ce que le ballon soit sorti parallèlement aux lignes de touche.

Après le coup de pied manqué ou une infraction, le ballon est mort et remis en jeu par un coup de renvoi donné des 22 mètres.

Art. 25. — *Arrêt de volée.* — Quand un joueur réussit un arrêt de volée, il a droit à un coup franc. Il doit, soit placer le ballon pour un autre, soit donner *lui-même* un coup de pied tombé ou de volée.

ART. 26. — *Coups francs.* — Tout coup de pied franc accordé doit être donné.

Les coups francs peuvent être, au choix, des coups placés, tombés ou de volée, mais doivent être donnés dans la direction de la ligne de but.

Lorsque pour donner le coup franc, le joueur se retire derrière sa propre ligne de but, il devra faire franchir au ballon cette ligne. En cas d'infraction, le camp opposé pourra, s'il n'a pas pu jouer le ballon, faire recommencer le coup de pied.

Le coup de pied doit être donné d'un point quelconque en arrière de la marque et à même distance de la ligne de touche.

Tant que le ballon n'a pas été envoyé, les joueurs du camp qui donne le coup de pied doivent se tenir derrière le ballon. En cas d'infraction et sur la réclamation des adversaires, une mêlée sera formée au point où le joueur a fait la marque.

Les joueurs du camp opposé ne pourront dépasser cette marque. Mais ils ont le droit de charger d'un point quelconque :

a) S'il s'agit d'un coup placé, aussitôt que le ballon touche terre.

b) Si le joueur se dispose à donner un coup tombé ou un coup de volée aussitôt qu'il prend son élan ou fait mine de frapper le ballon.

Toutefois, dans ce dernier cas (*b*), tant que le joueur n'a pas lâché le ballon, il peut toujours s'arrêter et ses adversaires devront se retirer derrière la marque.

Si les adversaires chargent avant que le ballon ait touché terre ou que le joueur ait commencé à prendre son élan, ils devront reculer de nouveau derrière la marque, et l'arbitre pourra, après réclamation, déclarer le droit de charger perdu.

Pénalités.

ART. 27. — *Coups francs.* — Un coup franc est accordé à l'équipe adverse quand un joueur pendant une mêlée :

1° *Touche intentionnellement le ballon de la main, se laisse tomber dans la mêlée sur le ballon, ou le sort avec ses mains;*

2° *Portant le ballon, ne met pas immédiatement et correctement le ballon à terre quand le ballon est tenu;*

3° Etant à terre, ne se relève pas immédiatement;

4° *Empêche un adversaire de se relever ou de mettre le ballon à terre;*

5° *Contrevient à l'article relatif aux joueurs hors jeu (arrêt, charge, obstruction illégaux);*

6° Arrête un adversaire qui n'a pas le ballon;

7° Donne intentionnellement des crocs-en-jambe ou des coups de pied à ses adversaires;

8° Fait exprès de ne pas mettre le ballon correctement dans la mêlée ou, lorsque le ballon en sort, le renvoie volontairement avec ses mains dans la mêlée;

9° Sans courir lui-même vers le ballon, charge ou gêne un adversaire qui n'a pas le ballon;

10° Ne faisant pas lui-même partie d'une mêlée, gêne volontairement les demis, trois-quarts ou l'arrière adverses en se tenant en avant de la ligne du ballon situé dans la mêlée;

11° Empêche volontairement la mise correcte du ballon dans la mêlée;

12° Faisant partie d'une mêlée, quitte du ou des pieds le sol avant que le ballon ait été posé dans la mêlée;

13° Commet volontairement et systématiquement une infraction appelant une mêlée, ou seulement cause volontairement et systématiquement une perte de temps inutile.

Pour tous ces coups de pied francs, le point de l'infraction est pris comme marque et n'importe quel joueur du camp, auquel le coup de pied est accordé, peut placer le ballon ou donner le coup de pied.

Si un joueur crie « tous en jeu » ou toute autre phrase équivalente alors que ses coéquipiers ne seront pas encore tous en jeu, l'équipe adverse pourra avoir, à son choix, un coup de pied franc où l'infraction aura été commise ou bien une mêlée à l'endroit où le ballon aura été joué en dernier lieu avant l'infraction.

Art. 28. — *Interdiction.* — Il est interdit de donner volontairement des crocs-en-jambe ou bien des coups de pied.

Toute infraction à ce règlement peut entraîner l'expulsion du joueur.

Il est également interdit, sous peine d'expulsion immédiate, de jouer avec des souliers garnis de clous saillants, de plaques de fer ou de gutta-percha.

Art. 29. — *Jeu déloyal.* — Le juge-arbitre a le droit, dans le cas d'incorrection ou de jeu déloyal, d'accorder un essai, s'il pense que cet essai aurait été inévitablement obtenu si cette incorrection n'avait pas été commise.

Le coup d'essai se fera alors d'un point quelconque à égale distance de la ligne de touche que le point où l'infraction a été commise.

L'arbitre peut également refuser un essai et accorder un coup de renvoi s'il pense que cet essai n'a pas été obtenu sans faute ou un acte déloyal.

Art. 30. — *Particularités.* — Si le ballon ou le porteur du ballon viennent à toucher l'arbitre, le ballon est *mort* et une mêlée est faite à ce point.

Si le cas se produit *en but*, il y a *essai*, si le porteur appartient au camp attaquant, *touché*, si le porteur appartient au camp attaqué, et enfin *coup de renvoi*, si le ballon est libre au moment où il touche l'arbitre.

Arbitres.

Art. 31. — Pour toutes les parties, les deux camps choisissent, d'un commun accord, un arbitre et deux juges de touche.

L'arbitre doit porter un sifflet dont le son arrêtera le jeu; il siffler spontanément dans les cas suivants :

1° Quand il accorde une réclamation ou une faute avantageant l'équipe du joueur qui la commet;

2° Quand un joueur fait et marque un arrêt de volée;

3° Quand un équipier joue d'une manière brutale ou déloyale

…t, la première fois, ou donner un avertissement au joueur, …e faire sortir du terrain; la deuxième fois, il devra le ren…r du terrain;

…Quand il accorde un but ou un essai;

…Quand un joueur est à terre dans une mêlée et qu'il y a …ger à continuer;

…Quand le ballon n'est pas mis correctement dans la mêlée;

…Quand il approuve une décision d'un juge de touche;

…Quand il est touché par le ballon ou le porteur du ballon;

…Quand un joueur, n'étant pas dans la mêlée, gêne volon…ment les demis, trois-quarts ou arrières du camp opposé en …nant en avant de la ligne du ballon placé dans la mêlée;

… Quand il désire arrêter le jeu pour un motif quelconque;

… Toutes les fois qu'un joueur ou qu'une équipe transgresse …règles du jeu et tombe sous le coup d'une des pénalités de …révues;

… A la mi-temps et à la fin de la partie.

…ns ces deux derniers cas, il doit attendre, pour donner le …al, que le ballon cesse d'être en jeu. Si un essai ou un coup … viennent d'être obtenus, il laissera donner le coup d'essai … coup franc et arrêtera la partie immédiatement après.

…arbitre est seul chronométreur et a le droit de prolonger la …ie pour compenser des suspensions imprévues.

…arbitre est seul juge des faits et sans appel.

…est interdit aux joueurs de discuter les interprétations de …itre.

…r. 32. — *Dispositions spéciales.* — 1° Les deux capitaines …iennent, en général, que l'arbitre sifflera toutes les fautes, … qu'il soit besoin de réclamer, et non pas celles qui profitent …édiatement au camp adverse. Dans ce cas, l'arbitre ne doit …nt que possible siffler que les fautes qui profitent au camp …quant et non pas celles qui profitent immédiatement au …p adverse;

… Les joueurs ne doivent tenir aucun compte des réclamations …eurs adversaires, ni s'arrêter de jouer tant que l'arbitre n'a … sifflé.

…r. 33. — *Juges de touche.* — Les juges de touche doivent être …s de drapeaux et surveiller, sans pénétrer sur le terrain, …n une des lignes de touche. Ils doivent lever leur drapeau …moment où le ballon entre en touche ou en touche de but et …porter rapidement à l'endroit où il a franchi la ligne. Ils …ent aussi assister l'arbitre dans les cas où l'on tente un …s'il est fait appel à leurs services.

Dispositions diverses.

…*mensions du terrain.* — C'est à l'équipe qui vient jouer sur …rrain de ses adversaires de veiller à ce que le terrain soit … grandeur stipulée et les lignes bien marquées et visibles.

…e fois la partie commencée, aucune réclamation ne peut être …e à ce sujet.

…tes les dimensions du terrain doivent être ostensiblement …ées ainsi que les lignes de milieu, des 22 mètres et de ballon mort (à moins que d'autres limites n'indiquent ces dernières). Le terrain étant ainsi marqué, il n'est pas nécessaire d'avoir des drapeaux aux lignes de milieu et des 22 mètres. Ils doivent, en tout cas, être plantés bien en arrière des lignes de touche, mais on doit se servir de drapeaux à la jonction des lignes de but avec les lignes de touche; si un joueur portant le ballon touche un de ces drapeaux, le ballon est en touche de but.

Un joueur en touche de but peut jouer le ballon avec son pied ou le faire « toucher » pourvu que le ballon ne soit pas, lui, en touche de but.

Infractions non prévues. — Pour toute faute non prévue, l'arbitre accordera une mêlée au point où l'infraction a été commise.

Mais toute faute non prévue commise « en but » donne lieu :

1° Si la faute a été commise par le camp attaquant à un coup de renvoi;

2° Si la faute a été commise par le camp attaqué à une mêlée, cette mêlée aura lieu à 5 mètres de la ligne de but et à égale distance de la touche que le point où l'infraction a été commise.

Rebond. — Quand le ballon frappe un joueur sur toute partie du corps, sauf les bras et les mains, et rebondit en avant, on ne peut réclamer un « en avant »; par conséquent, il ne peut en résulter ni arrêt de volée, ni pénalité.

Arrêt de volée. — Ne peut être réclamé que si un joueur fait sa marque *après* avoir attrapé le ballon. La marque doit être faite *aussi vite que possible* après que le ballon a été attrapé; l'arbitre peut toutefois accorder un arrêt de volée quand la marque a été faite simultanément avec l'arrêt du ballon. Un arrêt de volée peut être fait par un joueur dans son propre « but ».

Si un joueur dépasse la ligne des 22 mètres pour donner un coup de renvoi ou s'il le donne par un coup de volée au lieu d'un coup tombé, l'arbitre doit siffler et faire recommencer le coup de pied en deçà de la ligne des 22 mètres.

De l'arbitrage. — L'arbitre ne doit pas siffler simplement parce qu'un joueur est tenu *avec le ballon*, et ceci est un point très important sur lequel l'attention des joueurs et des arbitres doit être attirée; l'habitude de siffler aussitôt qu'un joueur est tenu trouble le jeu en le ralentissant et détruit l'avantage qui serait gagné par une équipe suivant bien le ballon.

Le cri « tenu ! » n'est qu'un avertissement officieux aux adversaires. L'arbitre n'a à le souligner qu'au cas où les adversaires ne se rendent pas immédiatement à l'invitation de celui qui a crié « tenu ! » Le coup de sifflet entraîne alors un coup franc.

Le ballon tenu franchement, l'arbitre doit le siffler dans les cas suivants :

1° Si le joueur tenu ne met pas tout de suite le ballon à terre;

2° Si le joueur étant à terre ne lâche pas tout de suite le ballon et ne se lève pas ou ne s'éloigne pas du ballon en roulant à terre;

3° Si un adversaire l'empêche de mettre le ballon à terre ou de se relever;

4° Quand l'arbitre pense que la continuation du jeu pourrait être dangereuse.

Ce dernier point est laissé entièrement à la décision de l'arbitre, il est toutefois bon de remarquer que si le joueur « tenu » suivait les règles dans leur juste signification et se séparait du ballon immédiatement et loyalement, il y aurait très peu de danger. Quand un joueur s'entête à tenir le ballon, il peut devenir une cause de danger et l'arbitre doit, dans ce cas-là, lui infliger une pénalité en accordant un coup franc à l'équipe adverse, au lieu de simplement faire former une mêlée; dans cette circonstance, une mêlée enlève l'avantage à une équipe et n'inflige pas de pénalité à l'autre.

Si un joueur est blessé, l'arbitre doit siffler seulement lorsque le ballon est hors de jeu à moins que le joueur soit dans une position telle que la prolongation du jeu augmente le danger.

Une décision donnée par l'arbitre est irrévocable et définitive; il peut toutefois consulter les arbitres de touche dans les cas de touche et de touche de but et demander leur assistance pour les essais de but.

Dans toutes les circonstances, le sifflet de l'arbitre doit arrêter le jeu, même s'il a été sifflé par mégarde.

L'estimation de l'arbitre au sujet de la durée du jeu est sans appel, même s'il s'est laissé aller à quelque négligence.

L'arbitre ne doit en aucune façon consulter un spectateur, à moins toutefois que sa montre ne soit arrêtée; il aura alors, en premier lieu, recours aux arbitres de touche.

L'arbitre doit d'une façon générale être pour la plus forte pénalité et accorder un coup franc au cas où il pense qu'un arrêt de volée aurait été fait sans la proximité à moins de 5 mètres d'un joueur hors jeu.

L'arbitre laisse en effet trop souvent bénéficier les joueurs d'un hors jeu même involontaire au lieu d'accorder un coup franc à leurs adversaires.

En cas d'essais de but et de coups de pied francs, n'importe quel joueur peut placer le ballon ou donner le coup de pied; dans le cas d'un arrêt de volée, le joueur qui fait arrêt peut seul placer le ballon ou bien donner un coup de pied tombé ou de volée.

Des joueurs attendant pour charger quand un coup de pied va être donné pour un essai de but, un arrêt de volée ou pour un coup franc, doivent rester en arrière de la ligne de but ou de la marque. Si un ou plusieurs mettent un pied en avant de la ligne de but ou de la marque, la charge est comptée comme ayant été faite, l'arbitre siffle et le droit de charger est perdu.

L'arbitre doit empêcher aussi de passer insensiblement et graduellement une marque : fait qui sera considéré comme une charge.

Un joueur en train de placer le ballon ne doit pas volontairement faire croire à ses adversaires qu'il a placé le ballon à terre; s'il le fait, la charge devra être recommencée. Même lorsqu'une charge a été interdite, les joueurs du camp pénalisé peuvent sauter en l'air et essayer de toucher le ballon pourvu qu'ils demeurent en arrière de la marque; le but n'est pas accordé si le ballon a été ainsi touché. Si l'arbitre siffle pour interdire une charge juste au moment où le joueur donne le coup de pied, ce joueur n'est pas obligé de donner un nouveau coup de pied, il aura seulement la faculté de le faire (c'est-à-dire que, s'il a obtenu un but, il pourra le garder).

Les joueurs du camp qui a perdu l'essai doivent *revenir aussi vite que possible* derrière leur ligne de but. Mais le camp qui donne le coup de pied ne peut, pour demander qu'on interdise la charge, arguer de ce fait que tous les joueurs ne sont pas encore rentrés. L'arbitre interviendra pour que la perte de temps soit la moindre possible.

Un joueur peut être en touche et malgré cela jouer le ballon si celui-ci n'est pas en touche. Un ballon qui est allé en touche et que le vent aura ramené en jeu sera considéré comme étant en touche.

Le ballon qui, sur un coup d'envoi, atteint 10 mètres et est renvoyé ensuite par le vent doit être considéré comme étant en jeu; de même un ballon ayant atteint la ligne des 22 mètres dans un coup de renvoi.

Il y a but si le ballon, après être passé par-dessus la barre transversale, est ensuite renvoyé par le vent.

Si une équipe en mêlée, près de sa propre ligne de but, talonne le ballon pour lui faire franchir cette ligne, l'arbitre doit appliquer la pénalité de la rentrée volontaire.

Le joueur qui donne le coup de pied au ballon et celui qui le place devront être deux personnes distinctes; le joueur qui donne le coup de pied ne peut donc, dans aucun cas, toucher le ballon une fois qu'il est sur le sol, même si la charge a été interdite.

Lorsqu'un joueur sera blessé, le jeu ne doit pas être interrompu plus de trois minutes.

Après un essai, le ballon peut être passé de mains en mains jusqu'à celui qui le placera pour le coup de pied, mais à condition qu'il ne touche pas terre dans le champ du jeu.

Football Association

Article premier. — *Nombre de joueurs.* — Le jeu doit être joué par onze équipiers dans chaque camp, qui ne peuvent être remplacés une fois le jeu commencé.

Dimensions du terrain. — Les dimensions du terrain sont les suivantes :

Longueur maxima : 120 mètres; minima : 90 mètres.
Largeur maxima : 80 mètres; minima : 45 mètres.

Tracés du terrain. — Les lignes délimitant les extrémités du jeu sont : les lignes de but; celles de côtés, les lignes de touche; les lignes de touche forment des angles droits avec les lignes de but. Un drapeau, dont la hampe aura au minimum 1^{m},50, sera placé à chaque coin du terrain du jeu. On marquera une ligne séparant le jeu en deux parties égales. Le centre du terrain sera également marqué et une circonférence de 10 mètres de rayon sera tracée autour de ce centre.

Les buts. — Les poteaux de but seront composés de deux montants à égale distance des coins, espacés de 7m,30 et reliés par une barre transversale, placée à 2m,40 au-dessus du sol. L'épaisseur des montants et de la barre transversale ne pourra pas dépasser 13 centimètres.

Surface de but et surface de réparation. — Des lignes de 6 mètres de longueur à angle droit avec la ligne de but et tracées à 6 mètres de chaque poteau de but, sont reliées entre elles par une autre ligne parallèle à la ligne de but. L'espace compris entre ces limites se nomme surface de but. Les lignes de 18 mètres de longueur à angle droit avec la ligne de but et tracées à 18 mètres de chaque poteau de but, sont reliées entre elles par une autre ligne parallèle à la ligne de but. L'espace compris entre ces limites se nomme surface de réparation. Une marque apparente doit être faite à 12 mètres de la ligne de but, devant le centre de chaque but. Cette marque est appelée point de réparation.

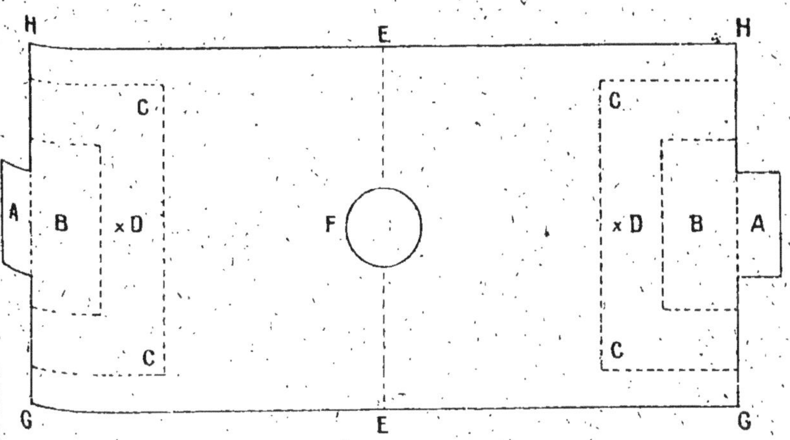

A = But.	*EE* = Ligne de milieu.
B = Surface de but.	*F* = Centre du terrain.
C = Surface de réparation.	*GH* = Ligne de but.
D = Point de réparation.	*GG HH* = Ligne de touche.

Ballon. — Le ballon sera sphérique, d'une circonférence d'au moins 68 centimètres et de 70 centimètres au plus. Il doit peser de 370 à 425 grammes.

Art. 2. — *Durée de la partie.* — La partie durera 90 minutes, soit 45 minutes de chaque côté.

Choix du camp. — Le camp favorisé par le sort pourra choisir, soit le premier coup de pied, soit le côté.

Coup d'envoi. — Le jeu commencera par un coup de pied placé, donné au centre du jeu dans la direction du but opposé, les joueurs du camp adverse ne pouvant s'approcher à moins de 10 mètres du ballon, et aucun joueur de l'un ou de l'autre camp ne pourra dépasser la ligne médiane du jeu jusqu'à ce que le premier coup de pied soit donné.

Si cette règle n'est pas appliquée, le coup de pied d'envoi sera recommencé.

Art. 3. — *Mi-temps.* — On ne changera de côté qu'après la première moitié de la partie. La suspension du jeu ne dépassera pas 10 minutes, à moins que l'arbitre ne consente à accorder un temps plus long.

Lorsqu'un but aura été fait, le camp venant de perdre aura droit à un coup de pied placé, donné au centre du terrain.

Après la mi-temps, le camp qui n'aura pas donné le coup d'envoi aura droit à un coup de pied placé, donné au centre du terrain, comme il est dit à l'article 2.

Art. 4. — *But.* — Exception faite des cas prévus dans ce code, un but sera fait lorsque le ballon aura entièrement passé entre les montants et sous la barre transversale du but, sans avoir été jeté, frappé ou porté par un joueur du camp attaquant.

Barre déplacée. — Si la barre transversale est déplacée pendant la partie pour une cause quelconque, l'arbitre aura le droit d'accorder un but si, d'après lui, le ballon aurait passé en dessous de la barre restée dans sa position normale.

Ballon rebondissant dans le jeu. — Le ballon touchant les poteaux de but, traverses ou poteaux de coin et rebondissant dans le jeu, restera en jeu. Il reste également en jeu s'il touche l'arbitre ou les juges de touche se trouvant sur le terrain de jeu.

Ballon hors jeu. — Le ballon dépassant entièrement les lignes de but ou les lignes de touche, soit à terre, soit en l'air, sera hors jeu.

Art. 5. — *Rentrée en touche.* — Lorsque le ballon sera en touche, un joueur du camp opposé à celui qui l'aura touché en dernier lieu le remettra en jeu au point où il aura dépassé la limite.

Le joueur remettant le ballon en jeu devra se placer sur la ligne de touche, en faisant face au terrain; il rejettera le ballon au-dessus de la tête et des deux mains, dans une direction quelconque, et le ballon sera en jeu lorsqu'il aura été rejeté dans le jeu. Un but ne pourra jamais être fait en jetant le ballon et le joueur qui fera la rentrée ne pourra le toucher à nouveau que lorsqu'il aura été joué par un autre équipier.

Note. — Le règlement est observé si une partie quelconque de chacun des deux pieds du joueur touche la ligne au moment où le ballon est jeté.

Art. 6. — *Hors jeu.* — Lorsqu'un équipier joue le ballon ou fait une rentrée en touche, tout joueur du même camp qui, au moment où le ballon est touché ou jeté, se trouve plus rapproché de la ligne de but adverse que celui qui a touché le ballon en dernier lieu est *hors jeu*, et ne peut ni toucher lui-même le ballon ni empêcher d'aucune manière un autre joueur d'y toucher, à moins qu'il n'y ait à ce moment, et au minimum, trois joueurs du camp adverse plus proches que lui de leur propre ligne de but (voir note *A*).

Un joueur n'est pas hors jeu dans le cas d'un coup de pied de coin ou d'un coup de pied de but ou lorsqu'il reçoit directement ballon (voir art. 7), ou lorsque le ballon aura touché un adversaire en dernier lieu.

Art. 7. — *Coup de pied de but.* — Lorsque le ballon aura dépassé complètement la ligne de but après avoir été touché par un joueur du camp adverse, il sera remis en jeu par un coup de pied, par un joueur quelconque du camp dont la ligne de but aura été dépassée. Le ballon sera placé à 6 mètres du but dans la moitié de la surface du but la plus rapprochée du point où le ballon a franchi la ligne de but (note *B*).

Coup de pied de coin. — Dans le cas où le ballon aura été touché en dernier lieu par un joueur du camp dont la ligne de but aura été dépassée, un joueur du camp adverse placera le ballon dans un rayon d'un mètre du piquet de coin le plus rapproché et le lancera du pied (voir note *C*).

Dans aucun cas, un adversaire ne pourra s'approcher du ballon à moins de 6 mètres, avant que le ballon ait été joué.

Art. 8. — *Gardien de but.* — Aucun joueur ne pourra intentionnellement porter le ballon, le frapper ou le toucher sous aucun prétexte, à l'exception du gardien de but qui, dans la moitié du terrain défendu par son équipe, pourra se servir de ses mains pour défendre son but. Toutefois, il ne pourra pas porter le ballon en faisant plus de deux pas.

Gardien de but chargé. — Le gardien de but ne devra pas être chargé, à moins qu'il ne tienne le ballon en main, ou qu'il gêne intentionnellement un adversaire, ou qu'il ait dépassé la surface de but.

Changement de gardien de but. — Le gardien de but pourra être changé pendant la partie, mais l'arbitre devra être informé (note *D*).

Art. 9. — *Crocs-en-jambe, etc.* — Il est défendu de faire des crocs-en-jambe à un adversaire, de lui donner des coups de pied ou de sauter sur lui.

Mains. — Un joueur n'a pas le droit (excepté le gardien de but) de toucher le ballon avec ses mains de quelque manière que ce soit.

Tenir, pousser. — Aucun joueur ne pourra se servir de ses mains pour tenir ou pousser un adversaire (note *E*).

Charge par derrière. — Aucun joueur ne pourra charger un adversaire par derrière, à moins que celui-ci soit tourné vers son propre but et qu'il cherche, en outre, à gêner intentionnellement un joueur attaquant.

Art. 10. — *Comment sur coup de pied franc, un but peut être fait.* — Un but peut être fait directement sur un coup de pied franc, sans que le ballon touche aucun joueur, lorsque le coup de pied sera accordé à la suite d'une des fautes énumérées à l'article 9. Dans tous les autres cas, le but ne sera pas accordé.

Le joueur ayant donné le coup de pied franc ne pourra rejouer le ballon avant que celui-ci ait été touché par un autre joueur.

Les coups de pied d'envoi, de coin et de but sont considérés comme coups de pied francs, en ce qui concerne l'application de cette règle.

ART. 11. — *Chaussures, crampons, etc.* — Il est défendu aux joueurs de porter des clous à leurs souliers ou bien des plaques ou pièces en métal ou en gutta-percha dépassant les semelles ou les talons des bottines ou les jambières (note *F*).

Les crampons pourront être soit des barres, soit des boutons appliqués aux talons ou aux semelles des bottines; ils ne pourront dépasser 1 cent. 1/2 d'épaisseur et toutes les attaches qui les fixent seront enfoncées à ras du cuir.

Les barres seront transversales et plates; elles auront au minimum 1 cent. 1/2 de longueur et devront s'étendre d'un bout à l'autre de la chaussure.

Les boutons devront être ronds et aplatis; ils auront au moins 1 cent. 1/2 de diamètre et ne seront ni coniques ni pointus. Tout joueur contrevenant à cette règle sera immédiatement exclu de la partie. L'arbitre devra, si on le lui demande, examiner les souliers des joueurs avant le commencement du match.

ART. 12. — *Arbitre.* — Un arbitre est désigné par qui de droit. Son devoir est de faire respecter le règlement et de trancher tous les points discutés. Ses décisions relatives à des faits concernant le match qui se joue sont sans appel. Il prend note des points faits et remplit les fonctions de chronométreur.

Si un joueur se conduit de façon répréhensible, l'arbitre peut, après avertissement, le renvoyer du jeu et, en cas de conduite violente, sans aucun avertissement.

Ses pouvoirs s'étendent également aux violences commises pendant la suspension du jeu.

L'arbitre peut terminer un jeu dès que, pour une raison importante, il le juge nécessaire.

L'arbitre peut accorder un coup de pied franc sans réclamation, s'il juge que la conduite d'un joueur est ou peut devenir dangereuse, mais sans l'être toutefois assez pour justifier son renvoi.

ART. 13. — *Juges de touche.* — Deux juges de touche choisis avant la partie auront à décider, toujours sauf rectifications de l'arbitre, si le ballon a franchi les lignes de but et de touche et quel est le camp ayant droit à un coup de pied de coin, à un coup de pied de but ou à la rentrée en touche.

Les juges de touche aideront l'arbitre dans l'application des règlements du jeu.

L'arbitre pourra s'adjoindre des juges de but, dont le rôle sera de juger les sorties sur la ligne de but.

Si un juge de touche ou de but ne s'acquitte pas convenablement de ses fonctions, soit par suite de partialité, d'incapacité ou pour tout autre motif, l'arbitre peut le renvoyer du jeu et choisir un remplaçant.

ART. 14. — *Balle en jeu.* — Lorsqu'un point quelconque sera en discussion, le jeu continuera jusqu'à ce qu'une décision soit prise.

ART. 15. — *Ballon jeté en l'air.* — En cas d'arrêt temporaire de la partie, si le ballon n'a pas dépassé les lignes de but ou de touche, la partie sera reprise comme suit : l'arbitre jettera le ballon en l'air à l'endroit où se trouvait le ballon au moment de l'arrêt et aucun équipier ne pourra le jouer avant qu'il ait touché terre.

Si le ballon sort du terrain avant d'avoir été joué, l'arbitre le jette une seconde fois en l'air.

Art. 16. — *Coup de pied franc.* — Dans le cas d'infraction aux articles 5, 6, 8, 10 ou 15, un coup de pied franc sera accordé au camp opposé à celui qui aura commis la faute. Ce coup de pied sera donné à l'endroit où la faute aura eu lieu.

Coup de pied de réparation. — Si un joueur, dans sa surface de réparation, commet les fautes énumérées à l'article 9, l'arbitre devra accorder aux adversaires un coup de pied de réparation. Ce coup de pied doit être donné du point de réparation et dans les conditions suivantes :

Tous les joueurs, sauf celui qui donne le coup de pied de réparation et le gardien de but, sont en dehors de la surface de réparation. Le gardien de but doit être dans la surface de but.

Le ballon doit être joué en avant. Il est en jeu dès qu'il a été joué et un but peut être marqué par ce coup de pied. Mais le ballon ne peut être rejoué par celui qui a donné le coup de pied de réparation avant d'avoir été joué par un autre joueur.

S'il est nécessaire, la durée du match doit être prolongée pour permettre de donner ce coup de pied.

Un coup de pied franc doit être accordé au camp opposé si le ballon n'a pas été joué en avant ou s'il a été rejoué par le joueur ayant donné le coup de pied avant d'avoir été touché par un autre joueur (note *G*).

Notes.

A. — En résumé :

Un joueur est toujours *hors jeu* s'il se trouve devant le ballon, au *moment où il a été touché en dernier lieu* par un partenaire, à moins qu'il y ait trois adversaires plus proches que lui-même de leur propre ligne de but.

Il n'est jamais hors jeu :

1° S'il a trois adversaires plus proches que lui-même de leur propre ligne de but;
2° Si le ballon a été touché en dernier lieu par un adversaire;
3° S'il suit un joueur de son propre camp qui joue le ballon.

Il faut noter qu'un joueur hors jeu n'a pas le droit *d'aucune manière que ce soit* de gêner un adversaire.

B. — Les juges de touche peuvent être interrogés par l'arbitre et déclarer que d'après leur opinion un but a été fait.

C. — Il est défendu d'enlever les drapeaux indiquant les coins du jeu pour donner le coup de pied de coin.

D. — Si le gardien de but a été changé sans que l'arbitre en ait été averti, et si le nouveau gardien de but touche le ballon avec les mains, dans la surface de réparation, un coup de pied de réparation doit être accordé.

E. — Par *tenir* on entend gêner un joueur avec la main ou toute partie du bras écartée du corps.

F. — Le fait d'appliquer du caoutchouc *mou* aux semelles ne constitue pas une infraction à l'article 11.

G. — Exception faite des cas prévus à l'article 16. Si un coup de pied de réparation n'a pas été donné régulièrement, l'arbitre doit le faire recommencer jusqu'à ce qu'il ait été régulièrement donné.

Si, lorsque le temps est prolongé de manière à laisser donner le coup de pied de réparation, le ballon touche le gardien de but avant de passer entre les poteaux, le but est valable.

Le coup de pied de réparation ne peut être accordé que pour les sept fautes suivantes commises intentionnellement par un joueur du camp défendant dans sa surface de réparation :

1. Faire un croche-pied à un adversaire.
2. Frapper un adversaire.
3. Sauter sur un adversaire.
4. Tenir la balle avec la main.
5. Tenir un adversaire.
6. Pousser un adversaire.
7. Charger un adversaire par derrière, toutes fautes énumérées à l'article 9.

Toutefois, au cas où ces fautes ne seraient pas considérées comme intentionnelles, le coup de pied de réparation ne sera pas accordé.

HOCKEY (OU GOURET).

Article premier. — *Joueurs.* — Un match se joue entre vingt-deux joueurs, onze pour chaque camp.

Art. 2. — *Terrain.* — Les dimensions du terrain doivent avoir

Plan du terrain.

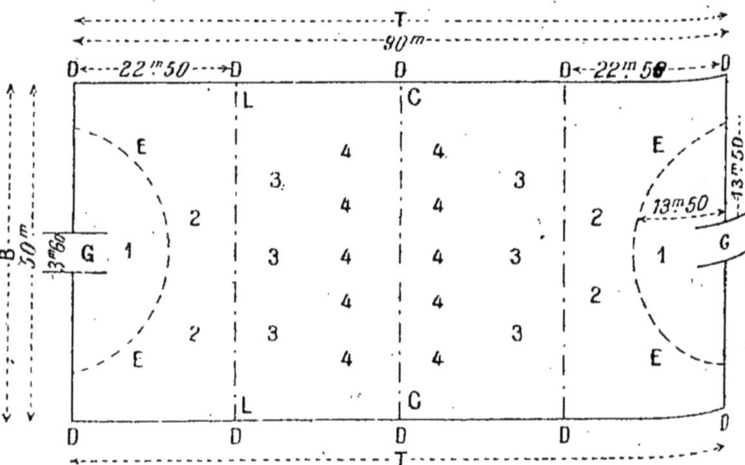

D D D.	Drapeaux.	*C C.*	Ligne du centre.
G G.	Buts.	*T T.*	Lignes de touche.
E E E E.	Cercles d'envoi.	*B B.*	Lignes de but.
L L L L.	Lignes de 23 mètres.		

Position des joueurs.

1.	Gardien du but.	3.	Joueurs demi-arrières.
2	Joueurs arrières	4.	Joueurs avants.

90 mètres de long sur 50 mètres de large; les limites du terrain doivent être marquées en blanc, un drapeau planté à chaque coin.

Les côtés longs du parallélogramme sont appelés *lignes de côté*, les plus courts, *lignes de but*.

A 22^{m},50 devant chaque ligne de but et parallèlement à elle, on trace, d'une ligne de côté à l'autre, une ligne appelée ligne des 22^{m},50.

On indique également le centre du terrain.

Art. 3. — *Buts*. — Les buts sont placés au centre des lignes de but. Ils sont indiqués par deux poteaux plantés à 3^{m},60 l'un de l'autre et reliés par une barre horizontale ou un cordeau (*blanc de préférence*) à 2^{m},10 au-dessus du sol.

Art. 4. — *Cercle d'envoi*. — Devant chaque but parallèle et à 13^{m},50 de la ligne du but, on trace une ligne de 3^{m},60 de long. Cette ligne se termine à chacune de ses extrémités par des quarts de cercle, ayant pour centre les poteaux de but. Cet espace s'appelle *cercle d'envoi*.

Art. 5. — *Balle*. — La balle doit être une balle de cricket, peinte en blanc.

Art. 6 — *Crosse*. — Les crosses doivent être entièrement en bois et ne posséder aucune partie ferrée, ni effilée, ni pointue. Elles doivent passer dans un anneau de 0^{m},05 de diamètre et ne pas peser plus de 780 grammes (28 onces).

Art. 7. — *Souliers*. — Les souliers ne doivent porter ni pointes, ni clous en saillie.

Art. 8. — *Définitions : A. Coup franc*. — La balle est placée à terre à l'endroit où la faute a été commise et le joueur désigné pour le coup l'envoie dans la direction qu'il juge utile. Aucun autre joueur ne peut s'approcher à plus de 5 mètres de l'endroit où l'envoi est donné; le joueur qui donne le coup ne peut rejouer la balle qu'autant qu'un autre joueur l'a jouée.

B. *Engagement simple* (*Bully*). — La balle est placée à terre et deux joueurs, un de chaque camp, la mettent en jeu de la manière suivante : chaque joueur faisant face à la ligne de côté qui est à la droite de son but, frappe alternativement trois fois sur le sol puis la crosse de son adversaire, après quoi seulement, ils (et eux seuls) peuvent frapper la balle.

C. *Engagement pénalité* (*Penalty bully*). — L'engagement pénalité n'a lieu que dans le cercle d'envoi et au point où la faute a été volontairement commise; tous les joueurs sortent du cercle, sauf le joueur du corps défendant qui a fait la faute et un joueur quelconque du camp opposé; les deux joueurs agissent alors comme dans le cas de l'engagement simple. La balle ne peut être jouée par les autres joueurs qu'une fois sortie du cercle d'envoi.

D. *But pénalité* (*Penalty goal*). — Dans le cas d'un engagement pénalité, toute faute commise par un joueur du camp défendant compte un but pénalité contre ce camp.

Le but pénalité a la même valeur qu'un but ordinaire.

E. *Coup de coin* (*Corner*). — La balle est remise en jeu par un coup franc donné à 1 mètre au plus du poteau du coin le pl rapproché du point où la balle a franchi la ligne de but. Tous le joueurs du camp défendant se tiennent derrière leur ligne de b et ceux du camp attaquant en dehors du cercle d'envoi. Aucu but sur un coup de coin ne peut être marqué que si la balle été arrêtée net et jouée à terre, ou si elle a touché un adversair ou sa crosse.

F. *Touche.* — Lorsque la balle a été envoyée en touche (e *dehors des lignes de côté*), elle doit être roulée à la main par u des joueurs du camp opposé à celui qui l'a jouée en dernier lie dans une direction quelconque sauf en avant, et du point où ell a traversé cette ligne; aucun joueur ne peut alors se tenir à moin de 5 mètres de la ligne de côté et le joueur qui la remet e jeu ne la rejoue qu'autant qu'elle a été touchée par un autr joueur.

Art. 9. — *Le jeu.* — Le choix des buts se tire au sort.

Chaque mi-temps est de trente-cinq minutes.

La balle est mise en jeu par un engagement : au commenceme de la partie, au centre du terrain; chaque fois qu'un but a é gagné; à la mi-temps et ainsi qu'il est stipulé à l'article 16 A.

Art. 10. — Chaque fois que la balle est mise en jeu par u engagement, les joueurs devront être entre la balle et leur propr but.

Art. 11. — *Gain d'un but.* — Un but est gagné quand la ball est envoyée *d'un point à l'intérieur du cercle d'envoi* entre le deux poteaux et au-dessous de la barre transversale, même elle touche un adversaire ou sa crosse.

Il n'y a pas gain de but si la balle envoyée de *l'extérieur* d cercle d'envoi pénètre dans le but, même si elle a touché adversaire ou sa crosse. Un but peut être fait directement apr un engagement pénalité, mais non après un engagement simp ou un coup de coin.

Art. 12. — *Hors jeu.* — Quand un joueur joue la balle, to joueur du même camp qui se trouve plus près de la ligne de b adverse est *hors jeu* (*off side*), et ne peut toucher la balle, ni em pêcher, en quelque manière que ce soit, un autre joueur de l jouer, ni être à moins de 5 mètres de la balle jusqu'à ce qu'ell ait été jouée par un adversaire, à moins qu'il n'y ait au mome où la balle est jouée au moins trois des adversaires plus près qu lui de leur ligne de but.

Art. 13. — La balle ne doit être frappée qu'avec la cross mais elle peut être arrêtée par la main ou une autre partie d corps; la balle arrêtée au vol par la main doit être immédiateme posée à terre.

La balle doit être jouée avec le côté gauche de la crosse, c'es à-dire le côté plat.

Le gardien du but, et lui seul, a le droit, dans le cercle d'env seulement, de donner des coups de pied à la balle, sauf dans cas d'un engagement pénalité où il serait appelé à engager balle.

Art. 14. — Il est interdit :

A. De charger ou de saisir l'adversaire; — *B.* D'arrêter un adversaire avec la crosse; — *C.* D'aborder un adversaire par la gauche, à moins qu'on ne puisse jouer la balle avant de toucher l'adversaire; ou d'interposer sa personne de quelque façon que ce soit entre l'adversaire et la balle; — *D.* En jouant la balle, de lever la crosse au-dessus de l'épaule à aucune période de l'impulsion, que la balle soit touchée ou non; — *E.* De prendre part au jeu n'ayant pas en main sa crosse; — *F.* D'enlever le poteau de coin pour faire un coup de coin.

Il est permis : d'accrocher la crosse de l'adversaire s'il est assez près de la balle pour la jouer.

ART. 15. — Toute infraction commise *en dehors* du cercle d'envoi, donne un coup franc à l'adversaire.

Toute infraction commise *en dedans* du cercle d'envoi par le camp *attaquant* donne droit au camp défendant à un coup franc.

Toute infraction volontairement (dans l'opinion de l'arbitre) commise *en dedans* du cercle d'envoi, aux articles 13 et 14 (*sauf pour le* § D *qui donne lieu à un engagement simple*) par le camp défendant donne lieu à un engagement pénalité. Les infractions involontaires ne donnent droit qu'à un engagement simple.

Pourtant dans le cas d'une infraction commise à l'article 8, §§ B et E, la mise en jeu est purement et simplement recommencée.

ART. 16. A. — Lorsque la balle a été envoyée derrière une des lignes de but par le camp *attaquant*, elle est placée à 22m,50 du point où elle a passé la ligne de but et à angle droit de cette ligne, puis remise en jeu par un engagement simple. Cette règle doit être également appliquée si la balle a rebondi de la personne ou de la crosse d'un joueur du camp défendant, ou a été envoyée sans intention (dans l'opinion de l'arbitre) derrière sa propre ligne de but par un joueur du camp défendant, pourvu que ce dernier se soit trouvé en dehors du 22m,50.

B. — Si le joueur du camp défendant se trouvait à l'intérieur de sa ligne de 22m,50, l'arbitre accordera un coup franc au camp attaquant. Pour ce coup, la balle sera posée soit sur la ligne de but, soit sur la ligne de côté, à une distance maximum de 2m,50 du drapeau de coin le plus proche de l'endroit où elle est sortie.

C. — Si dans l'opinion de l'arbitre la balle a été envoyée volontairement derrière la ligne de but par un des joueurs du camp défendant, les adversaires bénéficieront d'un coup franc. La balle sera placée sur la ligne de but au point même où elle l'a traversée; toutefois si la balle a traversé la ligne à moins de 5 mètres d'un poteau de but, elle sera placée sur la ligne à 5 mètres de ce poteau.

Dans l'hypothèse des coups francs prévus aux paragraphes B et C, les joueurs des deux camps doivent se tenir au moins à 5 mètres du joueur donnant le coup franc; le camp attaquant, en dehors du cercle d'envoi, et le camp défendant, derrière sa ligne de but; et aucun but ne peut être marqué que si la balle a été arrêtée net et jouée à terre, ou si elle a touché un adversaire ou sa crosse avant le dernier coup du camp attaquant.

ART. 17. — *Arbitres.* — Il est utile dans les matches de nommer d'un commun accord deux arbitres dont les décisions sont sans appel. Chacun des arbitres surveille la moitié du terrain (qui sera coupé en deux par une ligne tracée à angle droit aux lignes de côté et à travers le centre du terrain) et décide des fautes dans sa moitié seulement, mais il aura une ligne de touche entière à surveiller. Les deux arbitres ne changent pas de côté à la mi-temps.

Les deux capitaines peuvent convenir avant le commencement de la partie que les arbitres siffleront toutes les fautes sans qu'il soit besoin de réclamer (1).

Si un joueur se conduit d'une façon répréhensible, l'arbitre pourra, après avertissement, le renvoyer du jeu, et, en cas de conduite violente, sans aucun avertissement.

Il est interdit aux joueurs autres que les capitaines, sous peine d'exclusion, de discuter les interprétations de l'arbitre.

L'arbitre a le droit de suspendre le jeu toutes les fois qu'il le juge nécessaire (*remise en jeu par un engagement à l'endroit où le jeu a été arrêté*).

Si la balle touche l'arbitre, elle n'est pas considérée comme morte.

L'arbitre est seul juge des faits et sans appel.

LA CANNE OU LE BATON (2).

Désignation des exercices.

EXERCICES PRÉLIMINAIRES.

Mise en garde.	Moulinets.
Retour à la position fixe.	Brisés.
	Enlevés.

ATTAQUES.

Coup de tête.	Coup de flanc à gauche.
Coup de figure à droite.	Coup de genou à droite.
Coup de figure à gauche.	Coup de genou à gauche.
Coup de flanc à droite.	Coups de bout.

PARADES.

Parade du coup de tête.	Parade du coup de bout.
Parade du coup de figure.	Parade du coup de genou.
Parade du coup de flanc.	

Description des exercices.

Les élèves sont placés de manière à avoir entre eux plus de deux mètres d'intervalle.

Ils seront exercés des deux mains.

(1) NOTA. — Les fautes au-dessus de l'épaule doivent toujours être sifflées sans attendre de réclamations.

(2) Extrait du *Manuel d'exercices physiques et de jeux scolaires*. Hachette, édit.

POSITION PRÉPARATOIRE.

Les hommes étant placés à deux mètres d'intervalle, l'instructeur commande :

Attention !

A ce commandement, saisir la canne de la main droite par une extrémité, en plaçant l'autre contre le bord externe de la pointe du pied droit, le bras étendu vers la droite, la paume de la main en arrière, le pouce allongé sur la canne, le bras gauche pendant naturellement.

MISE EN GARDE.

1. Élever la canne en avant, le bras étendu, la main à hauteur des yeux, les ongles en dessous, la canne dans le prolongement du bras; exécuter en même temps un demi à gauche, les pieds en équerre.

2 et 3. Faire décrire à la canne un cercle à gauche de haut en bas (brisé), se fendre de la jambe gauche en arrière, en fléchissant

légèrement le bras droit, à hauteur de tête, la canne inclinée, les jambes légèrement fléchies, et porter en même temps l'avant-bras gauche derrière le corps, la main fermée.

RETOUR A LA POSITION.

1. Rapporter le pied gauche à côté du pied droit en étendant le bras en avant.

2. Placer l'extrémité de la canne contre la pointe du pied droit en faisant un demi à droite et en laissant tomber le bras gauche.

MOULINETS.

Les moulinets s'exécutent en faisant décrire à l'extrémité de la canne des cercles de droite à gauche ou de gauche à droite, au-dessus de la tête et dans un plan horizontal.

BRISÉS.

Les brisés consistent à faire passer la canne à droite et à gauche du corps en faisant décrire à son extrémité des cercles dans les plans verticaux et de haut en bas.

ENLEVÉS.

Les enlevés diffèrent des brisés en ce que les cercles décrits par la canne s'exécutent de bas en haut.

Les hommes répéteront les exercices précédents jusqu'à ce qu'ils puissent les exécuter rapidement, et passer des moulinets aux enlevés et des enlevés aux brisés avec facilité. Il les exécuteront ensuite en marchant en avant et en arrière.

Attaques.

COUP DE TÊTE.

1. Exécuter un brisé à droite ou à gauche, porter la canne derrière le corps, la pointe en bas, la main près de l'oreille en rassemblant le pied droit contre le gauche et frapper à hauteur du sommet de la tête, le bras étendu en se fendant de la jambe droite.

2. Reprendre la garde.

COUP DE FIGURE A DROITE OU A GAUCHE.

1. Exécuter un moulinet de gauche à droite ou de droite à gauche; porter la canne horizontale derrière la tête à hauteur des épaules, en rassemblant en arrière et frapper à hauteur de l'oreille de l'adversaire, le bras étendu en se fendant de la jambe droite.

2. Reprendre la garde.

COUP DE FLANC A DROITE OU A GAUCHE.

1. Exécuter un moulinet de gauche à droite ou de droite à gauche, porter la canne horizontale derrière la tête à hauteur des épaules en rassemblant en arrière, et frapper à hauteur des côtes de l'adversaire, le bras étendu en se fendant de la jambe droite.

2. Reprendre la garde.

COUP DE GENOU A DROITE OU A GAUCHE.

S'exécute comme le coup de flanc en frappant l'adversaire à hauteur du genou de devant.

COUP DE BOUT.

Retirer le bras droit en arrière, la canne horizontale en rassemblant le pied droit contre le gauche, et lancer vigoureusement la pointe vers l'abdomen de l'adversaire en se fendant de la jambe droite.

Ce coup n'est pas admis en assaut.

Parades.

PARADE DU COUP DE TÊTE.

1. Rassembler en arrière et élever la canne à la position horizontale à hauteur du sommet de la tête, la main droite un peu à droite, le bras légèrement fléchi.

2. Reprendre la garde en replaçant le pied droit.

PARADE DU COUP DE FIGURE.

1. Rassembler en arrière et élever la canne la pointe en haut, à la position verticale à droite ou à gauche, suivant le coup à parer, le bras fléchi.

2. Reprendre la garde en replaçant le pied droit.

PARADE DU COUP DE FLANC.

1. Rassembler en arrière et abaisser la canne la pointe en bas en la portant à droite ou à gauche, suivant le coup à parer, la main à hauteur de l'épaule, le bras fléchi.

2. Reprendre la garde en replaçant le pied droit.

PARADE DU COUP DE GENOU.

S'exécute comme la parade du coup de flanc, le bras plus abaissé.

PARADE DU COUP DE BOUT.

S'exécute comme les deux parades ci-dessus, suivant la direction du coup.

Les coups et les parades peuvent se combiner; mais il est recommandé de ne pas compliquer les exercices.

Quand les hommes connaissent le mécanisme des coups et leurs parades, deux rangs se font face, l'un frappe et l'autre pare.

Assaut

Les assauts de boxe et de canne ne peuvent se faire qu'en présence de l'instructeur, en dehors de la leçon, et seulement par des hommes très exercés.

LA LUTTE ROMAINE (1).

Coups et parades

L'instructeur doit enseigner simplement les coups et parades et ne pas aborder l'assaut de lutte dans le cours de la leçon de gymnastique.

Il trouvera, dans des traités spéciaux, la description des coups suivants et de leurs parades.

COUPS DEBOUT.

1. En garde.
2. Tour de bras.
3. Bras roulé.
4. Tour de hanche en tête.
5. Tour de hanche en bascule.
6. Ceinture avant.
7. Ceinture arrière.
8. Ceinture à rebours.
9. Ceinture de côté.
10. Ceinture en souplesse.

COUPS À GENOUX OU A TERRE.

11. Prise d'épaule.
12. Bras roulé.
13. Tour de bras.
14. Prise de tête.
15. Ceinture arrière.
16. Ceinture en souplesse.
17. Ceinture à rebours.
18. Prise de bras.

Ouvrages à consulter.

L'éducation physique, par le lieutenant Jacquot. — *L'éducation physique, son influence sur la santé du soldat*, par le docteur Charles Daussat. — *Du problème national et militaire de l'éducation physique*, par le capitaine G. de Massas. — *L'éducation physique en France*, par Tissié. — *Physiologie des exercices du corps*, par Lagrange. — *L'éducation physique de la jeunesse*, par Mosso. — *L'éducation physique en France*, par le colonel Coste. — *Les cours* de Demeny. — *Les conférences des S. A. G.*, par le chef de bataillon du génie Leroux.

(1) Extrait du *Manuel d'exercices physiques et de jeux scolaires*, Hachette, édit.

MARCHES, CANTONNEMENT ET BIVOUAC

Programme :

Deux marches de 24 kilomètres chacune, commencées à vingt-quatre heures d'intervalle et exécutées, sans arme et sans chargement, en moins de six heures.

Pour la marche, la note 15 est acquise si le candidat a effectué les deux marches; elle est augmentée jusqu'à 20 suivant les conditions physiques dans lesquelles il se présente au concours et à la fin des marches.

Note minima pour l'obtention du brevet 15.

Coefficient 10.

Marches.

La marche est le premier, le meilleur et le plus sain de tous les sports. Il est à la portée de tous. C'est un exercice de plein air.

Au point de vue physique, la marche emploie simultanément et d'une manière naturelle tous les muscles du corps, or, un muscle qui travaille absorbe plus d'oxygène et de matières nutritives, et dégage plus d'acide carbonique qu'un muscle qui reste au repos, il en résulte un certain bien-être dans tout l'organisme qui se traduit par une sensation de faim, ce qui a fait dire que « *la marche donnait de l'appétit* ».

La marche, étant une fonction journalière, est ce que l'on appelle *un acte réflexe;* on marche sans y penser. Ce n'est pas un des moindres avantages de cet exercice qui, tout en développant les muscles, permet au cerveau de se reposer.

C'est également le plus *facile* et le plus *économique* de tous les sports. Point besoin d'appareils, il suffit de sortir de chez soi, d'avoir une bonne tenue et de bonnes chaussures de marche.

Au point de vue *intellectuel*, la marche, si nous savons choisir nos itinéraires, préparer notre route, est très instructive et très intéressante.

Au point de vue *psychologique*, elle permet le développement de la volonté, en nous obligeant malgré la fatigue, les difficultés, les circonstances atmosphériques, etc., à atteindre le but fixé au départ.

Au point de vue *développement de l'individu*, la marche en raison de l'imprévu, permet de mettre en relief les qualités d'initiative de chacun, surtout si le directeur de l'exercice sait choisir des itinéraires où il faudra triompher de certaines difficultés, s'adapter aux circonstances.

Au point de vue *moral et social*, la marche rapprochant, pendant quelques heures, un certain nombre de jeunes gens, les habitue à s'entr'aider, à se rendre les multiples services occasionnés par la route : porter le sac d'un camarade fatigué, partager une friandise avec un voisin moins fortuné, etc.

« Rien ne rapproche des hommes, dit M. Bonnamaux, comme de mettre en commun un idéal, des joies et des souffrances. La marche est une occasion magnifique pour tout cela, elle nous met face à face avec la nature, avec l'univers immense et splendide, par là, elle développe notre amour du Beau, du Vrai, du Bien, elle contribue à faire de nous des hommes qui soient autre chose qu'un cerveau bien organisé dans un corps robuste : des hommes qui aient un cœur pour aimer, lutter, souffrir, des hommes comme il en faut à la France. »

Enfin, au point de vue *militaire*, la marche est par excellence le sport du fantassin. « C'est dans les jambes, affirmait le maréchal de Saxe, que réside tout le secret des manœuvres; c'est aux jambes qu'il faut s'appliquer. » « L'Empereur a battu l'ennemi avec nos jambes, non avec nos baïonnettes » disaient les grognards de la Grande Armée.

Pour toutes ces raisons, la marche doit être pour les instructeurs des sociétés de gymnastique et préparation militaire l'objet de tous leurs soins.

Ils doivent apporter dans leur organisation, dans la direction, beaucoup de méthode, beaucoup de savoir pédagogique.

Entraînement à la marche.

L'aptitude à la marche se développe beaucoup plus par la pratique de la marche que par des procédés mécaniques, c'est pour cette raison qu'il est interdit de décomposer le pas.

L'entraînement à la marche doit être lent, progressif, continu et basé sur la force des jeunes gens.

L'idéal est d'atteindre le but que l'on s'est fixé, et cela, quel que soit son éloignement, avec le minimum de fatigue.

Cet entraînement s'obtient, moins par des marches hebdomadaires que par des marches modérées répétées journellement. L'idéal serait de pouvoir faire chaque jour, progressivement, de 8 à 20 kilomètres, pendant un mois.

Mais dans les sociétés de préparation militaire on ne peut avoir les jeunes gens que les dimanches et jours de fête. C'est donc en raison du nombre de ces journées — en tenant compte également des autres matières à enseigner — que la progression peut être établie. Comme on le voit, elle est variable suivant les régions, suivant une foule de raisons qu'il serait trop long d'exposer ici.

Dans la progression on tiendra compte des trois facteurs : *vitesse de marche, durée, poids du chargement.* On doit parvenir par leur combinaison judicieuse, à mettre l'homme en possession de son maximum de résistance, tout en évitant le surmenage.

La vitesse de marche est égale au produit de la longueur du pas par sa cadence. L'expérience prouve que ces deux facteurs ont entre eux une relation intime, si l'on accroît progressivement la cadence, la longueur du pas augmente, atteint un maximum, puis diminue. Il en résulte que la vitesse ne peut pas s'accroître au-delà d'une certaine limite.

Dans la pratique on ne cherche pas à atteindre cette limite qui correspond à une cadence trop vive. Les allures précipitées sont très fatigantes et ne peuvent être soutenues longtemps.

La cadence la plus avantageuse, variable suivant les individus, est comprise entre 110 et 130 pas et correspond à une longueur de pas de 0m75 à 0m85. Toutefois, si on veut augmenter la vitesse de la marche, ce qui doit être tout à fait exceptionnel, on se gardera bien de faire accélérer l'allure, on prescrira aux hommes d'allonger le pas tout en maintenant, à peu de chose près, la même cadence.

Si les circonstances sont très favorables, un groupe d'une centaine d'hommes bien entraînés peut faire 5 kilomètres en 50 minutes. Si les circonstances sont défavorables, la vitesse de la marche est très inférieure.

La durée de la marche et le poids du chargement doivent être augmentés progressivement.

Ces considérations émises, et étant donné le but à atteindre, préparer des jeunes gens à effectuer des parcours de 24 kilomètres, sans arme et sans chargement en moins de six heures, il est facile d'établir une progression :

Pour la vitesse de la marche, on commencera d'abord à 4 kilomètres à l'heure, puis on fera alternativement des pauses de 4 kilomètres, 4 k. 200, pour arriver à une moyenne de 4 k. 500 à l'heure, vitesse que l'on maintiendra pendant un certain nombre de marches. Ensuite on poussera à 5 kilomètres à l'heure par le même moyen.

Si certaines sociétés font exécuter les marches avec un chargement, celui-ci devra être également progressif, pour arriver finalement au poids que doit porter un soldat en campagne.

A partir du 1er avril, les marches devront toujours avoir une longueur moyenne de 25 à 30 kilomètres. On devra profiter des fêtes où il y a deux jours de repos pour faire exécuter deux jours de suite une marche à peu près de même longueur.

Tenue de marche.

Pour marcher, avoir des vêtements amples. Une vareuse large, un tricot de laine, une culotte flottante et des bandes molletières pas trop serrées, un chapeau de feutre mou dont les bords protègent aussi bien du soleil que de la pluie. Tels sont les effets qui, de l'avis des hygiénistes, réalisent les meilleures conditions pour marcher.

On peut avoir un foulard dans sa poche pour le mettre autour du cou en cas de besoin.

Les vêtements caoutchoutés qui entravent la respiration ne valent rien pour marcher.

Les chaussures doivent être à lacets et aussi légères que possible, bien adaptées au pied, ni trop larges ni trop étroites, la semelle débordante. Au-dessous on pourra faire mettre une pièce de cuir formant patin pour éviter l'usure prématurée. A l'intérieur, aucune aspérité, ni couture, ni clou mal arasé. Le cou de pied ne devra pas être trop serré par le lacet.

Il est préférable de se servir de chaussettes de laine ou de bandes de toile fine que de chaussettes de coton.

Soins à prendre avant la marche.

Pour faire une marche sans accident, il faut s'y préparer.

Chaque fois qu'on le pourra, on devra se laver le corps, le frictionner tout au moins avec un linge mouillé, ce qui favorisera la transpiration.

Les effets devront être bien ajustés, ne pas faire de pli, principalement les bretelles et les chaussettes pour ne pas gêner pendant la marche et provoquer des excoriations.

Mais c'est surtout aux pieds que doit se porter l'attention du marcheur.

Si on a de bons pieds, les nettoyer tout simplement. Si on a des pieds tendres, on pourra employer les procédés suivants : les plonger pendant quelques minutes dans une solution de formol, commencer ce traitement trois ou quatre jours avant la marche; placer dans les chaussettes du tannin finement pulvérisé; ou encore les graisser avec du suif, de la graisse, du beurre ou une pommade au sulfate de zinc. Si on transpire des pieds les tremper dans une solution de carbonate de magnésie en poudre, ou les badigeonner avec du perchlorure de fer étendu d'eau ou dans une solution faible de formol et saupoudrer avec un mélange de talc et de salicylate de bismuth.

Couper les ongles bien carrément, sans être arrondis sur les côtés, afin de prévenir les ongles incarnés.

Enfin, ne pas se mettre en route étant à jeun, mais non plus après un repas copieux.

Objets et médicaments à emporter (1).

Il est bon que le groupe possède quelques objets indispensables pour pouvoir se tirer d'embarras dans toutes les circonstances :

Un couteau, des allumettes, un briquet, de l'amadou, de la ficelle (2), une petite hache ou serpe, une pelle-pioche.

Il est utile également d'avoir de bonnes jumelles pour apprécier les distances, faire la reconnaissance du terrain, etc.

Enfin, prendre quelques bidons (1 homme sur 4), remplis d'eau; un flacon d'alcool de menthe, du sucre, de la gaze, de l'ouate hydrophile, de l'ouate ordinaire, des bandes, des épingles, de la toile imperméable, de la teinture d'iode, des aiguilles propres, de la vaseline, de l'alcali volatil, du cosmétique, du permanganate de potasse, de l'eau oxygénée.

En cas de forte chaleur, emporter dans des gourdes de l'eau mélangée de café ou de thé, d'essence de menthe ou de sirop, un couvre-nuque, que l'on mouille en passant aux fontaines pour éviter les insolations et les coups de chaleur.

Hygiène pendant la marche.

Pour éviter le froid, les marches pendant la mauvaise saison devront avoir lieu l'après-midi; au contraire pendant les périodes de chaleur, on partira de grand matin,

---

(1) Tout le monde devra être pourvu d'un cahier de notes, d'un crayon pour enregistrer ses impressions, croquer un paysage, etc. Les jeunes gens plus fortunés pourront emporter un kodak ou une photo-jumelle pour prendre des vues de la région traversée.

(2) « La ficelle! dit un vieux chemineau, mais pour moi, elle est aussi nécessaire que le pain! La ficelle *nouée*, c'est la malle dans laquelle j'emporte mes hardes; *tendue*, c'est l'armoire sur laquelle j'étale mon linge, c'est le ruban qui fait tenir mon chapeau sur la tête, c'est la cravate qui ferme le col de ma chemise, la ceinture qui soutient mon pantalon, la guêtre qui s'enroule autour de mes jambes.

« Elle remplace les boutons défaillants de mes habits, et les lacets de mes souliers quand, par aventure, il m'arrive d'en avoir. C'est encore l'arme de chasse grâce à laquelle je prends les lapins au collet et la ligne qui me vaut des pêches miraculeuses. La ficelle, elle forme l'arête du toit de mes maisons de campagne en paille ou en branchages, la porte que j'entrecroise pour être mue dans les cavernes et les trous de rochers. Elle me permet de boire frais en descendant ma marmite jusqu'au fond des puits. » (Pour plus de détails, sur l'emploi de la ficelle, lire la *Vie active* du colonel Royet, d'où est tiré cet extrait.)

et le cas échéant on suspendra la marche entre 10 heures et 15 heures.

En route, il est préférable de ne pas boire ou de boire très peu; un bon moyen pour calmer la soif consiste à se gargariser la bouche avec de l'eau fraîche qu'on a soin de ne pas avaler, ou encore à garder dans la bouche un caillou (galet) ou un noyau de fruit.

On devra manger très peu et seulement des aliments faciles à digérer : du pain, du chocolat, du sucre, des fruits bien mûrs, etc...

Pendant les haltes ne s'asseoir qu'aux endroits secs; ne jamais se coucher sur le ventre dans l'herbe. Se prémunir contre le vent si on est en transpiration.

En cas de forte chaleur on pourra faire dégrafer la vareuse, mettre un couvre-nuque. Placer au besoin sous la coiffure un mouchoir mouillé ou une feuille de chou pour entretenir la fraîcheur.

Par le froid, la neige ou la pluie, bien manger avant le départ, mettre un foulard autour du cou, ne pas rester immobile pendant les haltes.

La tenue, quelle que soit la température, doit toujours rester très correcte.

Discipline de marche.

Si le groupe est nombreux, on se rapprochera le plus possible de la discipline de marche adoptée pour la troupe, les jeunes gens marcheront par 4, il sera fait toutes les 50 minutes une halte horaire de 10 minutes, et au cas où l'étape dépasserait 16 à 20 kilomètres on ferait aux deux tiers de la route une grand'halte d'une heure environ, pendant laquelle les jeunes gens prendront un léger repas.

La marche doit être très bien réglée; à cet effet on mettra en tête du groupe un élève qui sera chargé spécialement de la vitesse.

La marche est naturelle et instinctive, mais chaque individu marche d'une manière différente. Il est difficile, sinon impossible, de transformer la marche d'un homme; mais on apprend à éviter les mouvements inutiles (oscillations exagérées des bras ou des hanches, etc.).

Le rythme naturel de chacun ne doit pas être dépassé et le rythme uniforme (pas cadencé) ne doit pas être maintenu trop longtemps.

Le travail et le repos, même dans les manœuvres, doivent être régulièrement alternés.

Lorsqu'il est nécessaire d'augmenter la *vitesse* de la marche, ce qui doit être tout à fait *exceptionnel*, ce résultat est obtenu par l'*allongement* du pas et non par son *accélération*.

Une marche d'allure trop précipitée provoque *l'essoufflement* qui arrête l'homme bien avant qu'il soit fatigué.

L'essoufflement est caractérisé par des battements de cœur précipités et une respiration haletante avec gêne des mouvements respiratoires. Il est dangereux s'il est exagéré et trop fréquemment répété.

Il est retardé par une bonne éducation respiratoire.

Les hommes prédisposés à un essoufflement rapide ou à des battements précipités du cœur sont signalés tout particulièrement à l'attention du directeur de la société.

Le degré d'entraînement de chaque homme doit être connu et on doit s'efforcer de constater à tout moment si le degré de fatigue est passé.

La pâleur ou la rougeur exagérée du visage, la transpiration anormale, le manque d'entrain, la démarche traînante, les vertiges, l'accélération de la respiration, etc., sont autant d'indices qui peuvent éveiller l'attention.

On ne doit pas négliger de tenir compte des conditions du moment (état atmosphérique, chargement, nourriture, allongement de la colonne, état sanitaire général, etc.).

Tous les hommes qui paraissent fatigués doivent, en principe, être *interrogés*.

Nous donnons ici quelques indications, utiles à connaître pour tous les instructeurs. Elles sont extraites du cours professé à l'Ecole de guerre, par le colonel Maud'huy.

Périodes de la fatigue pendant les marches.

En partant, les hommes sont frais et reposés; cependant, au début, la marche paraît un peu pénible; c'est la première période, période de *mise en train*. Le muscle n'est pas échauffé, l'automatisme de la marche n'est pas encore établi; d'où sensation de raideur et de fatigue. Aussi est-il recommandé de partir à une allure modérée, de faire une halte le plus tôt possible pour permettre aux hommes de replacer leurs effets, de reconfectionner leur paquetage, etc.

Cette sensation se produit après chaque arrêt et, en particulier, après la grand'halte.

Après cette première période, la troupe se trouve dans les meilleures conditions pour marcher; elle progresse sans souffrance; la fatigue paraît nulle. Cependant, elle existe, mais elle n'est pas perçue par le cerveau parce qu'il n'y a pas douleur. C'est la période de *fatigue latente*.

Cette période aura une durée d'autant plus longue que les conditions de la marche sont meilleures, les hommes plus vigoureux et plus entraînés.

Si la marche se prolonge, on voit apparaître la douleur chez quelques hommes, qui pourtant continuent à marcher. A partir de ce moment, la fatigue augmente très rapidement; il y a bientôt fatigue du cerveau. La volonté doit faire effort pour contraindre le muscle à obéir, l'automatisme disparaît. Au lieu de marcher sans y penser, l'homme cherche instinctivement la moindre douleur; il évite les cailloux, etc. C'est la période de *fatigue sensible et visible.*

Quand la douleur sera trop forte, l'homme s'arrêtera. Mais, dans certaines circonstances, sous l'influence d'un excitant moral violent, — amour-propre, esprit de corps, approche de l'ennemi, peur, — il pourra triompher de la douleur physique. Ce sera la période de *surmenage.* Si l'homme est capable d'aller au bout de sa force, il tombera sur la route et peut-être y mourra.

Les causes de la fatigue sont de deux sortes :

1° Celles produites par la marche elle-même, *longueur* et *durée* de l'étape, — *poids* de l'*homme* et de la *charge,* — *vitesse* de marche, — *heures de départ et d'arrivée,* — *à-coups* et *allongements;*

2° Celles produites par d'autres facteurs, la *chaleur,* — le *froid,* — la *pluie,* — la *privation de sommeil,* — la *faim,* — la *soif,* — la station *debout* motivée par des arrêts accidentels.

Les remèdes sont :

1° Une bonne discipline de marche;

2° Une connaissance parfaite des hommes (les instructeurs doivent constamment porter leur attention sur ceux-ci de façon à savoir dans quelle période de fatigue chacun d'eux se trouve pour pouvoir intervenir à temps et éviter ainsi un accident. Les instructeurs jouent donc un rôle important dans cette lutte contre la fatigue);

3° Solidarité entre camarades;

4° La musique et le chant dans certaines circonstances.

Accidents qui peuvent se produire pendant la marche.

Suivant l'état physique et le degré d'entraînement de chacun, la marche peut produire différents degrés de fatigue :

La *lassitude* qui doit disparaître après un repas pris de bon appétit et une nuit de sommeil. Cette fatigue légère est bienfaisante; elle ne peut par suite être proscrite, mais elle ne doit jamais être dépassée.

La *courbature locale* qui se manifeste par une douleur assez vive dans les muscles des membres inférieurs et des reins. En général, quarante-huit heures de repos suffisent pour la dissiper; mais la courbature locale peut toutefois être prononcée au point d'amener l'indisponibilité.

La *fatigue générale prononcée* avec perte d'appétit, soif exagérée, manque de sommeil et fièvre. Cette fatigue générale réclame un repos plus long et des soins particuliers.

Le *surmenage*, véritable empoisonnement de l'individu qui, épuisé et amaigri, est en état de réceptivité pour toutes les maladies.

Un accident provoqué par la marche et particulièrement grave est le *coup de chaleur*. On l'observe surtout par les temps de chaleur humide et si l'air est stagnant (chemins creux, rangs serrés, arrivée au cantonnement ou sous la tente après une étape pénible).

Le coup de chaleur atteint plus particulièrement les alcooliques, chez qui il peut déterminer la mort.

Il débute par un manque d'entrain, une démarche titubante, de la somnolence, une rougeur ou une pâleur exagérée du visage avec transpiration excessive, des vertiges, la respiration haletante et bruyante, le cœur affolé.

Dès l'observation des premiers symptômes, faire sortir l'homme du rang, l'allonger à l'ombre en le débarrassant de tout ce qui peut gêner sa respiration, lui asperger le visage d'eau fraîche, lui faire boire du café sucré, lui frictionner les membres.

Un autre accident beaucoup moins grave est *l'insolation* (vulgairement, *coup de soleil*). C'est une affection locale de la peau des mains ou du visage exposés au soleil. Dès la sensation de cuisson, faire des lotions fraîches sur la partie atteinte et étendre ensuite une couche de vaseline.

Par les grands froids, on peut attraper une *congélation*.

Elle débute par un engourdissement, une pâleur générale, une difficulté de parole, une sorte de demi-paralysie intellectuelle et physique qui se manifeste par un besoin invincible de sommeil.

Dès l'observation des premiers symptômes, faire sortir l'homme du rang, le frictionner avec de la neige, puis des linges tièdes et enfin chauds. Réchauffer progressivement le malade. Au besoin, pratiquer la respiration artificielle.

Un sujet engourdi par le froid, transporté sans transition dans un endroit fortement chauffé, peut succomber en peu de temps à l'asphyxie.

Faire respirer des sels, du vinaigre.

Si au cours de la marche on ressent une douleur aux pieds, se déchausser et frotter avec de la graisse ou du suif la partie irritée.

En cas d'écorchure, couper les lambeaux de peau formant bourrelet, enduire la plaie d'un corps gras mélangé autant que possible de tannin et l'entourer ensuite d'une bande de toile fine.

S'il se forme une ampoule, la percer sans enlever la peau, avec une aiguille (que l'on a eu soin de faire flamber) portant un fil de coton bien graissé, laisser le fil dans la plaie, oindre avec un peu de vaseline la région de l'ampoule et recouvrir celle-ci avec une bande de toile fine.

Si on a d'autres affections aux pieds : cors, durillons, etc., consulter un pédicure.

Soins à prendre à l'arrivée.

Prendre, si possible, un bain ou un tub, sinon, se laver et se frictionner toutes les parties du corps. Essuyer surtout les pieds avec un linge trempé dans l'eau fraîche.

Changer de linge, de vêtement et de chaussures, mettre des chaussures légères comme des espadrilles et des pantoufles pour se reposer les pieds.

On devra soigner particulièrement la chaussure de marche. Le cuir devra toujours être extrêmement souple. Elle devra être à cet effet bien nettoyée extérieurement et intérieurement. On pourra procéder comme suit :

Brosser d'abord les chaussures avec soin, puis les laver légèrement à l'eau froide avec un chiffon ou une brosse pour faire disparaître les taches de boue ou de cirage; laisser sécher à l'ombre pendant un quart d'heure, puis essuyer au chiffon sec; étaler ensuite l'huile de pied de bœuf ou tout autre ingrédient sur la surface extérieure du cuir, la faire pénétrer dans le cuir qu'on malaxe avec un bâtonnet, ou mieux avec le pouce, enfin laisser sécher à l'air et à l'ombre, en évitant soigneusement le soleil et le feu.

En temps de neige ou de pluie, les faire sécher à l'air libre, les graisser ensuite.

On peut imperméabiliser les chaussures en les immergeant dans de l'eau épaisse de savon.

On peut les sécher en les remplissant jusqu'au bord d'avoine séché. L'avoine absorbe bientôt l'humidité. Elle prend aux souliers la moisissure et s'enfle sous l'action de l'humidité qu'elle absorbe.

On peut les assouplir en les frottant avec du pétrole qui rend le cuir flexible et mou comme s'il était neuf.

Cantonnement — Bivouac.

Pour que l'instruction en vue de la marche soit complète, il est utile que les jeunes gens aient des notions élémentaires sur les cantonnements et les bivouacs.

On pourra profiter pour donner cette instruction des fêtes de Pâques et de la Pentecôte.

A Pâques, on pourra partir pour deux jours et cantonner dans un village (1); à la Pentecôte, on pourra

(1) Un directeur de société de préparation militaire obtiendra facilement d'une commune l'autorisation nécessaire pour cantonner ou bivouaquer.

Après un séjour dans une ferme ou dans un village, l'instructeur demandera à ses hôtes, ou au maire du village, un *certificat de bien vivre*. Ce certificat lui évitera toute réclamation ultérieure, et sera une sorte de passe-port pour obtenir d'autres autorisations.

bivouaquer, la température étant à cette époque suffisamment élevée.

Cantonnement.

Le bon cantonnement et la bonne soupe font le bon soldat. Après la marche, il faut se reposer, mais avant il y a lieu de procéder à certains travaux d'installation.

Le repos est, avec l'alimentation et l'hygiène, le meilleur moyen d'entretenir ses forces; aussi doit-on chercher à avoir le maximum de confortable chaque fois que faire se peut. Pour cela, il faut apprendre à cantonner, à créer des abris improvisés le long des haies, des maisons, etc., à camper dans un bois, en plein champ, car en campagne, le soldat sera appelé à cantonner, à bivouaquer suivant les circonstances. Il faut donc s'y exercer dès le temps de paix.

Dans un village, on choisira une ou plusieurs fermes dans lesquelles le groupe passera la nuit.

Dans chaque ferme, *on reconnaîtra* un local pour abriter les hommes; l'instructeur répartira ensuite le travail d'installation entre les hommes de son groupe : l'un est chargé d'aller à l'eau, l'autre au bois, un troisième de courir aux provisions, un quatrième d'allumer du feu, etc.

Pour construire une cuisine en plein air (1) on procédera comme suit :

Etablir des foyers entre deux ou quatre pierres sur lesquelles reposent les marmites. A défaut de pierres, creuser dans le sol une simple tranchée sur le bord de laquelle les marmites sont placées.

Cette façon de procéder est rapide et convient parfaitement lorsqu'on n'a pas à séjourner longtemps au même endroit.

Mais lorsqu'on s'attend à passer plusieurs jours sur le même emplacement, il est conseillé de construire les foyers de la manière suivante :

Creuser en croix sur le sol deux tranchées très peu larges pour permettre d'y placer les marmites. Elever avec des gazons, des mottes de terre ou des pierres une cheminée au point de croisement des rigoles, compléter, si possible, le dispositif en plaçant dans la cheminée deux ou trois boîtes de conserves évidées. Disposer les marmites autour des quatre foyers ainsi construits.

Cuisine rapide

Ce genre de fourneaux est d'une construction facile et rapide.

Il assure un tirage convenable aux quatre foyers, quelle que soit la direction du vent, et il est possible d'y brûler

(1) Lire dans *La Vie active* du colonel Royet : La Cuisine en plein air (page 8).

du bois vert ou mouillé et même du charbon de terre en y installant une grille de fortune.

On peut y placer la cuisine pour cinquante hommes, ce qui permet d'en laisser la surveillance à un ou deux hommes seulement (avantage précieux les jours de pluie ou de fatigue).

En pratiquant une légère excavation en avant du foyer et du côté du vent, les cuisiniers pourront s'asseoir et se reposer à l'abri d'une claie qui les préservera du soleil ou de la pluie.

Si, en raison du vent ou de la pluie, on ne peut allumer à l'air le papier ou la paille destinés à l'allumage, procéder à cette opération dans l'intérieur d'une marmite après avoir pris le soin de placer en avant du foyer les brindilles les plus inflammables.

Les foyers seront, autant que possible, établis à une certaine distance des murs pour ne causer aucune détérioration.

Pendant ces préparatifs, les jeunes gens inoccupés procèdent au nettoyage des effets et de la chaussure. Si on a emporté du linge de rechange, ôter celui qu'on a sur soi et le faire sécher.

Se laver, s'essuyer les pieds avec un linge humide, les graisser. Mettre des espadrilles si on en a emporté. Nettoyer et graisser les chaussures, comme il a été expliqué plus haut. Vérifier les coutures de ses effets, les réparer au besoin.

L'instructeur défendra aux élèves de fumer dans les locaux où il y a de la paille. Il leur recommandera de n'y entrer qu'avec une lanterne, de se servir d'allumettes amorphes à l'exclusion des allumettes phosphoriques. Il fera placer, à la porte du local, un seau d'eau, pour le cas d'incendie.

Il fera ensuite creuser des feuillées, celles-ci seront installées en dehors des cantonnements et bivouacs, et, autant que possible, de façon que le vent ne ramène pas leurs émanations sur le cantonnement et qu'elles soient suffisamment éloignées des prises d'eau, que leur voisinage pourrait infecter.

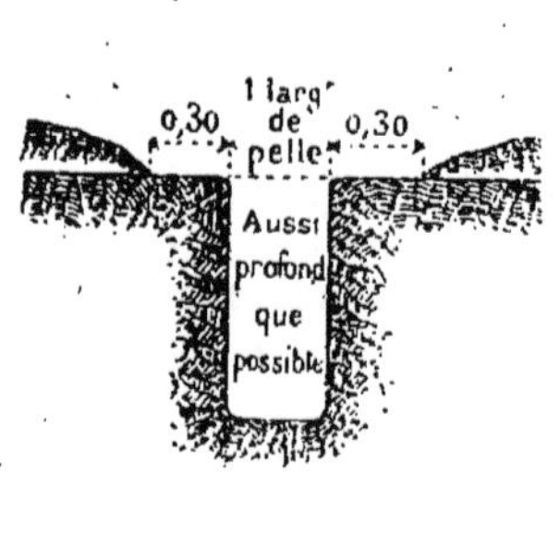

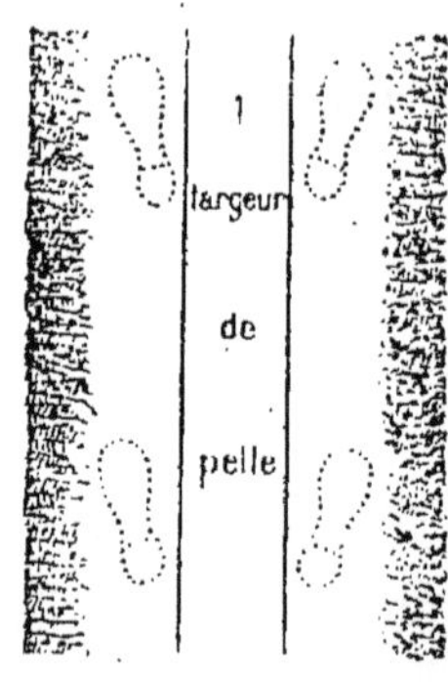

La feuillée est une tranchée de la largeur d'un fer de pelle, creusée aussi profondément que possible; la terre est rejetée à

0m,30 à droite et à gauche, de manière que l'homme puisse poser ses pieds l'un à droite, l'autre à gauche de l'excavation dont les parois sont taillées à pic.

On ne devra faire d'ordures que dans la feuillée. La nuit, cet endroit sera éclairé par une lanterne pour éviter des accidents.

Les jeunes gens devront apprendre à faire un lit de paille, pour ne pas avoir froid la nuit. Il est entendu que l'on ne doit pas se coucher sur les récoltes, ni détériorer le matériel des habitants, ni rien prendre sans y être autorisé par eux. En un mot, on doit respecter les propriétés et ne commettre aucun dégât.

Le lendemain, se lever assez tôt pour avoir le temps de faire les opérations suivantes :

S'habiller rapidement. Bien placer ses effets pour ne pas être gêné pendant la marche;

Se laver;

Boucher les fossés des cuisines et des feuillées. Voir si on n'oublie rien dans le cantonnement, faire constater à l'hôte qu'il n'y a pas de dégradations;

Prendre un café ou une soupe chaude (1);

Se tenir prêt à partir.

On profitera du séjour dans un village pour apprendre la manière d'utiliser non seulement les locaux couverts, mais encore les murs, les clôtures, qu'on peut, avec quelque adresse, transformer en abris suffisants contre le vent (cantonnement-bivouac).

Bivouac.

Pour le bivouac, la question se double d'une difficulté, il convient de choisir un emplacement qui réunisse les conditions d'hygiène et de commodité exigées. Etre à proximité d'un village, d'une ferme, pour se procurer de l'eau potable, du bois, de la paille et des vivres; choisir un sol sec et sain (de nature sablonneuse), à mi-côte sur

(1) Les jeunes gens pourront être exercés à pratiquer le procédé suivant qui permet d'avoir à toute heure une boisson suffisamment chaude.

Dans le sol sur lequel sont installées les cuisines, on pratique une excavation au fond de laquelle on dépose des braises chaudes mais non ardentes, en aussi grande quantité que possible.

Après avoir été soigneusement enveloppée de paille, la marmite, entièrement remplie de café bouillant, est placée dans cette excavation qui est ensuite complètement comblée avec de la terre.

Après dix à onze heures de nuit très fraîche, la température variant de —8 degrés —10 degrés, celle du café est de 50 degrés et même 60 degrés, c'est-à-dire très suffisante pour en faire une boisson chaude.

une pente descendante du côté opposé au vent dominant de la région. Les futaies, les bois, lorsqu'ils sont dans des terrains secs, sont de bons endroits pour planter sa tente.

On évitera de camper près des routes pour éviter la poussière, près des marécages et des mares à cause des moustiques.

Lorsque l'emplacement général est arrêté, reconnaître attentivement le point exact où on va s'installer pour éviter la fourmilière, le nid de guêpes, etc.

On s'installe au bivouac de deux manières : soit avec la tente, soit en construisant des abris improvisés.

Bivouac sous la tente.

La tente abri pour six hommes qui est employée dans l'armée est transportée de la manière suivante :

Chaque homme porte : une *toile*, un *demi-support* en deux parties, deux petits *piquets* en acier doux, un *cordeau de tirage*, trois *cordeaux de piquet*.

Avec le matériel de six hommes, on monte une tente du modèle indiqué ci-dessus.

En plus chaque homme devra emporter une couverture pour se couvrir la nuit : le *puncho* réalise l'idéal de la couverture au bivouac.

Pour installer les tentes-abris, les hommes sont formés par groupes de six (dans la formation qui a été prise), sur deux rangs et numérotés par files de 1 à 3.

A l'indication : « *Dressez les tentes* », les numéros pairs du premier rang font un pas en avant et demi-tour et posent leur bâton verticalement entre leurs pieds.

Les numéros pairs du deuxième rang reculent et placent leur bâton à 2m,20 du précédent sur une perpendiculaire à l'alignement de la section.

Les numéros 1 et 3 du premier rang boutonnent leurs toiles; l'un d'eux pose l'œillet commun sur le premier bâton, l'autre place son bâton sur l'alignement des deux bâtons déjà placés et fixe dessus

TENTE-ABRI INDIVIDUELLE.

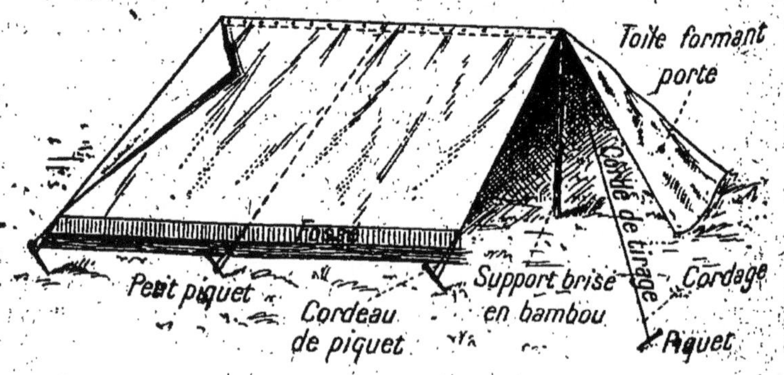

le deuxième œillet des toiles, puis continue à le maintenir vertical.

Les numéros 1 et 3 du deuxième rang boutonnent leurs toiles, les fixent sur les deuxièmes et troisièmes bâtons et les boutonnent aux deux premières toiles.

Puis tous s'occupent de planter les piquets, tendre les cordeaux, fixer les toiles des extrémités, creuser les rigoles qu'ils ont soin de prolonger à chaque angle d'un mètre au moins, et enfin de chercher les sacs, chacun ayant reconnu la place qu'il doit occuper dans la tente, de les placer sous la tente, du côté opposé au vent, le fourniment près du sac.

Bivouac sous des abris improvisés. — Si on n'a pas de matériel, on peut construire rapidement un abri léger de la forme de la figure ci-dessous à l'aide de clayonnages, branchages, planches, ou avec de la paille disposée les épis en bas, etc.

On peut aussi donner à l'abri une forme circulaire qui enveloppe un espace libre (en ménageant une ouverture pour laisser passer la fumée), et disposer un foyer au centre de cet espace.

Si le sol est détrempé, il est bon d'interposer des claies entre lui et les hommes.

Abri léger. Abri de forme circulaire.

Enfin, en été, on pourra également organiser des nids dans les meules de paille, comme le font les chemineaux.

Hygiène des hommes bivouaqués. — L'intérieur des tentes doit être tenu dans le plus grand état de propreté. Le sol ne doit pas être creusé, mais décapé seulement : on extrait les herbes et les racines, on creuse une rigole au pied de la tente pour l'écoulement des eaux, et l'on ménage un rebord sur lequel on puisse étendre les effets quand il fait beau.

Si on a de la paille, la répartir également sur le sol intérieur, principalement, sur la partie où les hommes doivent placer la tête. Si l'on n'a pas de paille, on ramasse de l'herbe sèche, de la mousse, du foin, des feuilles sèches pour éviter le contact du sol.

Il ne faut jamais se coucher sur des plantes aromatiques ou odorantes, ni sur des joncs ou plantes vertes qui croissent dans les endroits marécageux.

La nuit, se couvrir la tête à l'aide d'un bonnet de coton qu'on rabattra sur les yeux aux heures les plus fraîches.

Dès que le soleil paraît, les tentes sont ouvertes et relevées du côté du soleil; la paille est remuée et exposée au grand air; les effets sont sortis et battus, ainsi que les couvertures.

La tente et les alentours sont balayés avec soin; les ordures sont portées au loin, brûlées ou enterrées.

Des feuillées sont installées à proximité des tentes.

Il est défendu d'uriner auprès des tentes et de sortir la nuit de la tente, sans être entièrement vêtu et chaussé.

La vie au bivouac exige des précautions très grandes; il faut se garantir le mieux possible du froid et de l'humidité, et la nuit se tenir les pieds près du feu.

Le lendemain avant le départ, reboucher les trous, combler la feuillée, brûler la paille si on ne doit pas la rendre, pour laisser l'endroit du campement aussi propre qu'à l'arrivée.

Exemple de marche.

La journée du dimanche et les jours fériés semblent pouvoir être employés pour l'exécution de marches-promenades pendant lesquelles on donnera non seulement aux jeunes gens des notions élémentaires de topographie, d'orientation, d'appréciation des distances, etc., mais aussi des notions sur les connaissances générales : histoire, géographie, etc. (1).

---

(1) Cette méthode n'est pas nouvelle : le général *de Brack*, alors qu'il commandait un régiment de cavalerie, l'employait déjà. Voici un extrait d'une lettre qu'il écrivait le 2 mai 1834 :

« La route que j'ai faite n'a pas été perdue pour notre instruction. Elle m'a donné l'occasion de professer un cours de route et de terrain. L'exemple se trouvant à côté du précepte, j'ai mis en pratique les utiles traditions trop oubliées depuis la paix, et je suis rentré à ma garnison sans avoir eu un seul homme à punir, ni un seul cheval à guérir, sans avoir perdu la plus petite pièce d'habillement, de harnachement, d'équipement.

« Passant des revues sans arrêter la colonne, j'ai appris à chacun ses devoirs. L'officier, le sous-officier, ont reconnu le pourquoi de leurs places dans les colonnes; le hussard, le pourquoi de son assiette, de l'ajustage de son harnachement et équipement, de la perfection de son paquetage. Il a de plus appris à « *écouter* » marcher son cheval.

« En marche, comme aux grandes haltes, j'ai fait lire à mes officiers le terrain dans ses rapports de mouvement, d'objets locaux, de possibilité et d'impossibilité de parcours relatives aux différentes armes. Je leur ai montré l'importance de ces mouvements de terrain relativement à la direction scrutatrice du rayon visuel d'un ennemi supposé, de quelque part que vînt le regard. Je leur ai détaillé ce terrain dans ses spécialités défensives et offen-

L'heure du départ pour la marche sera fixée de manière que la plus grande partie de l'exercice soit faite avant la grande chaleur, en principe : le soir en automne et en hiver, le matin au printemps et en été.

L'instructeur, chargé de diriger une marche, pourra, au préalable, donner aux élèves un devoir sur la carte de la région.

Supposons que nous soyons à *Hébécourt* (1) dans une S. A. G. L'instructeur a fait afficher, suffisamment à temps, l'ordre suivant :

« *Dimanche, 8 décembre, il sera exécuté une marche de 12 ki-* « *lomètres environ, dans la région* Plachy-Bacouël, *rendez-vous* « *sur la place de l'église à 13 heures. Les élèves détermineront* « *sur leur carte un itinéraire répondant à la distance fixée dans* « *la région indiquée; ils en traceront un croquis sommaire à l'é-* « *chelle du 1/40.000 sur leur carnet de route. Ces travaux seront* « *remis à la réunion du 4 décembre.* »

Le dimanche, au point de rendez-vous, l'instructeur remet aux élèves les travaux corrigés. Il donne l'ordre à Fernand de conduire la marche. L'itinéraire choisi est le suivant :

Hébécourt-Buyon-Plachy-Chemin de *Plachy* à la *station* de *Bacouël*, jusqu'à la *bifurcation* avec le chemin de *Bacouël* à la ferme de *Bacouël-Bacouël-Vers* par le chemin de la rive gauche de la *Selle-Hébécourt*.

Le départ aura lieu à 13 heures 30. La première halte sera faite à l'entrée du village de *Buyon;* les autres de 50 en 50 minutes.

L'instructeur peut déjà donner aux élèves des notions sur les marches, le point initial. « En campagne, aux manœuvres, dit-il, « les troupes, en raison de leur effectif, occupent de part et d'au- « tre de la route suivie, des cantonnements plus ou moins rap- « prochés dans le sens du front. Le lendemain, pour reformer la « colonne, pour éviter des fatigues inutiles aux troupes, on indi- « que un point suffisamment éloigné où toutes les unités passe- « ront à une heure fixée, c'est ce qu'on appelle le point initial. Par « exemple : la croisée du chemin d'*Hébécourt* à *Vers* avec la route « départementale, pour des troupes qui seraient cantonnées à « *Prousel-Plachy-Hébécourt*, la direction de marche étant *Amiens*.

---

sives. Par les teintes du sol, je leur ai fait reconnaître de loin les parties praticables ou impraticables à la cavalerie; par la netteté ou le vague des objets plus ou moins rapprochés, le parti à tirer de la perspective aérienne pour mesurer exactement la distance et mettre en rapport avec elle, par le plus ou moins de rapidité de nos allures, nos obligations de service militaire et de conservation et de force de nos chevaux.

« Arrivé au gîte d'étape, j'ai indiqué les obligations hygiéniques, médicales et vétérinaires. Recueillant à la même table à manger tous mes officiers, et successivement tous mes sous-officiers, nous avons, en conversations prolongées même avant dans la nuit, résumé nos journées, et des conscrits sont devenus presque vieux soldats par la réflexion après l'exemple. »

(1) Voir le fragment de carte inséré à la topographie.

« Le point de rendez-vous que je vous ai donné sur la place de « l'église n'est autre chose, en somme, qu'un point initial. Pour « arriver à 13 heures, chacun de vous a dû calculer le temps « qu'il lui fallait pour se rendre de chez lui ici, pour en déduire « l'heure à laquelle il lui fallait partir. Ainsi Gaston qui reste sur « la place, en sortant de chez ses parents à 12 h. 59, arrivait à « temps; tandis que Pierre, qui habite à l'extrémité Nord du village, « a dû partir à 12 h. 50 s'il a voulu être à 13 heures sur la place. »

Du reste, la marche ne peut être fructueuse qu'après une sérieuse préparation. Ayant reconnu et étudié l'itinéraire, l'instructeur sait d'une manière générale les sites et les objets sur lesquels il attirera l'attention des jeunes gens, formera leur jugement, leur esprit d'observation, leur raisonnement en les obligeant à regarder, à observer, à comparer, à juger, à questionner et à retenir, telle doit être son idée directrice. Il restera toujours assez d'incidents de route pour que son initiative s'aiguillonne. Pour obtenir des résultats, on ne doit pas laisser courir son imagination, il faut savoir ce que l'on veut, avoir un programme et régler ensuite l'ordre des leçons suivant les circonstances, le terrain, les saisons, « afin que la nature même fournisse les « objets de ces leçons », pour mettre les jeunes gens en face de réalités concrètes.

L'instructeur a divisé l'itinéraire en plusieurs parties.

Dans la première il se propose de rappeler les origines de la France et les événements de 1870; de supputer la contenance d'un cantonnement, de développer l'acuité visuelle en faisant évaluer la distance exacte de certains points et obstacles du terrain, d'apprendre à mesurer une distance au pas.

Dans la deuxième, de faire remarquer les principaux accidents du sol, les formes et les cultures du terrain de la région, de se rendre compte des rapports qui existent entre le terrain et la carte, de la représentation de tous les points remarquables.

Dans la troisième, de faire évaluer la largeur d'une rivière, la vitesse du courant, d'apprendre l'orientation d'après la position du soleil, la désignation d'objectifs en faisant remarquer aux élèves les couleurs les plus visibles.

Tel est le plan général que l'instructeur s'est tracé.

Après avoir mis le groupe en ordre, l'instructeur le met en marche.

On commence toujours d'un pas modéré, on accélère progressivement la vitesse lorsque l'ordre de marche est bien établi et que les jeunes gens sont en haleine. L'élève qui dirige la marche doit marcher à un pas aussi bien réglé que possible.

Le groupe sort d'*Hébécourt* par le chemin de *Buyon*. A sa gauche, il rencontre les vestiges d'une voie romaine. N'est-ce pas le moment d'évoquer le passé, de rappeler les origines de la France, de dépeindre la Gaule avec ses forêts vierges, de parler de son peuplement, de l'occupation romaine? Au début de l'ère chrétienne, les Romains conquirent la Gaule, ils s'installèrent à peu près partout; aussi on peut dire que ce sont eux qui ont contribué le plus à civiliser notre pays; ils construisirent des routes, des aqueducs (le Pont du Gard, près de Nîmes, est resté célèbre). Aujourd'hui encore, « les vestiges de ces routes, dont certaines parties « ont survécu à leurs services (comme celle-ci qui se prolonge, « du reste, vers *Beauvais*, voyez ma carte), font l'étonnement de « notre siècle et témoignent du caractère du peuple romain qui, « pénétré du sentiment de sa durée, semblait ne rien fonder que « pour l'éternité ».

Un peu plus tard, vers l'an 600, Brunehaut, reine d'Austrasie, déploya les mêmes instincts civilisateurs dans tout le nord de la France, et aujourd'hui encore, on rencontre énormément de chaussées Brunehaut.

Cinq cents mètres plus loin, on trouve, au bord du chemin, un monument commémoratif rappelant la bataille de *Villers-Bretonneux* du 27 novembre 1870. Les Prussiens tenaient le village d'*Hébécourt* comme point d'appui de gauche. Notre droite était à *Dury*. Une reconnaissance du 2e chasseurs fut envoyée, vers 8 h. 30 du matin, de *Dury* dans la direction d'*Hébécourt*. Oh! elle ne se dissimula point, elle prit la grande route; aussi les Prussiens la laissèrent-ils approcher très près, puis ils ouvrirent soudain un feu excessivement vif, tout en cherchant à la tourner. Averti par la fusillade, le commandant des chasseurs accourut avec son bataillon et un autre de mobiles. Après avoir dégagé la reconnaissance, il alla s'établir dans le bois de *Dury*. C'est ainsi que débuta la bataille de *Villers-Bretonneux*. Aujourd'hui, nous manœuvrerions beaucoup mieux, la reconnaissance s'avancerait par les bois et les cheminements que vous voyez à gauche de la route nationale, couverts qui permettraient d'arriver à *Hébécourt* sans être vu.

C'est une occasion unique de rappeler l'Année terrible à un endroit même où nos aînés ont combattu : la guerre en Alsace, Sedan et Metz, puis la guerre en province, de graver dans la mémoire des jeunes gens les noms des hommes qui n'ont pas désespéré de la patrie : les *Gambetta*, les *Chanzy*, les *Faidherbe*, etc.

Croyez-vous que cette leçon d'histoire, de patriotisme sera oubliée, surtout si l'instructeur a pris une attitude différente pour parler de ces choses graves, et si, en faisant sa théorie, il prononce des paroles qui expriment une émotion, il se suggère à lui-même cette émotion?

Au monument commémoratif, un pointillé sur la carte indique que l'on quitte le territoire de la commune d'*Hébécourt* pour passer sur celui de *Plachy* dans lequel se trouve *Buyon* dont on aperçoit les maisons noirâtres et basses, se détachant en vigueur sur le sol blanchi par la gelée. Le caractère de l'écriture et la grosseur — romaines penchées de $0^{mm},8$ — indiquent que *Buyon* est un hameau. L'inspection de la carte permet, par comparaison avec *Hébécourt* (220 habitants), d'évaluer la capacité du cantonnement. La population ne doit pas dépasser 100 habitants. *Buyon* étant un hameau essentiellement agricole, comme il est admis que l'on peut loger 10 hommes par habitant, on pourrait y cantonner, en temps de guerre, au maximum, un bataillon.

Avant de quitter le *monument commémoratif*, l'instructeur fait apprécier la distance à laquelle se trouve *Buyon*. Il fait, aux élèves, les remarques suivantes : « En ce moment, l'air est pur, « les maisons sont bien visibles, elles se détachent en vigueur sur « le sol couvert de gelée blanche; une vallée sèche se trouve « entre nous et le village. Aussi allez-vous probablement apprécier « court bien que le soleil soit presque devant nous, ce qui donne, « en général, l'illusion de l'éloignement. »

Les élèves apprécient la distance à la vue. L'instructeur recueille les réponses. Aucune ne dépasse 1.000 mètres.

Il s'agit maintenant de contrôler ce chiffre. A la sortie Sud de Buyon, près du chemin, se trouve une grange, dont la hauteur peut être évaluée de 8 à 9 mètres (1). Prenons des gros sous

(1) La méthode « des gros sous » dont il est question ici et celle des « travers de main » dont il est question plus loin sont exposées au chapitre « *Connaissances spéciales*. »

Les élèves seront exercés à déterminer la hauteur d'un monument, d'une maison ou d'un arbre, etc.

Le moyen suivant est à la portée de tous les élèves :

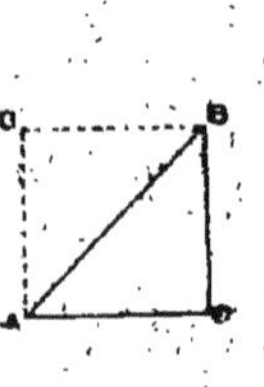

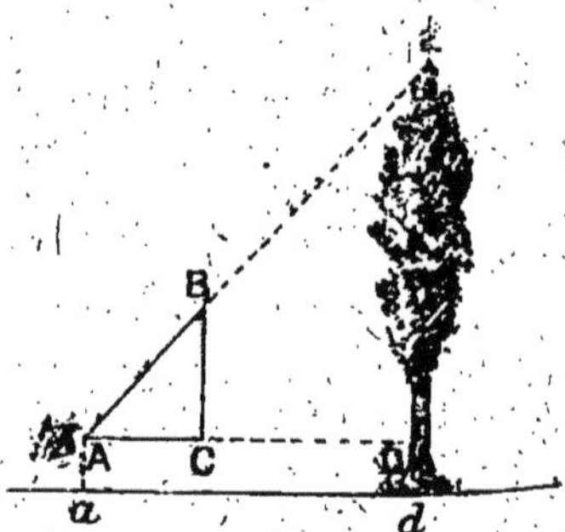

Prendre un papier bien carré (de 0m,10 de côté par exemple), le plier en deux, de manière à avoir une équerre A C B comme dans la figure ci-dessus.

Pour mesurer la hauteur d'un arbre, on place un repère ou on fixe un point à hauteur des yeux sur le tronc de l'arbre (D de la figure); ceci fait, on place le papier à ses yeux, le point A à l'œil et on fixe le repère; pour être bien placé, il faut que l'œil, les points A C et le repère soient exactement sur la même ligne; puis, sans déranger l'appareil, ou bien en le replaçant à nouveau, on se recule jusqu'à ce que l'œil aperçoive le sommet de l'arbre E, à l'extrémité de la ligne A B; quand on obtient ce résultat, il ne reste plus qu'à mesurer la distance du point où l'on se trouve au pied de l'arbre, et ajouter à cette longueur la hauteur de la terre au repère.

Dans la figure ci-dessus, la hauteur de l'arbre est égale à la longueur *ad* plus la hauteur *d*D (taille de l'opérateur).

voyons combien il en faut pour couvrir la maison : quatre, c'est trop, trois, c'est à peu près exact. Or nous savons que la distance est le quotient du front par l'angle. Or ici le front (ou hauteur) est de 9 mètres, l'angle est de $7^{mm},5$ (3 pièces de 0 fr. 10 à $2^{mm}5$,) : 9 divisé par $7^{mm},5 = 1.200$ mètres.

La carte donne exactement le même résultat.

L'instructeur profite de cet incident pour donner une leçon de choses. Si un groupe, dit-il, placé au monument commémoratif avait ouvert le feu sur un ennemi terré le long des haies et jardins de Buyon, avec la hausse de 1.000 mètres, comme vous l'avez indiquée, le résultat aurait été à peu près nul. Donc, si, nous portant à l'attaque de Buyon, nous avons été arrêtés par le feu de l'ennemi au monument commémoratif, pour reprendre notre marche en avant, il nous aurait fallu ouvrir le feu pour forcer l'adversaire à se terrer dans ses abris et recouvrer, par le fait même, notre liberté de mouvement. Un feu ouvert dans ces conditions aurait été sans effet. Le groupe aurait gaspillé ses munitions en pure perte, et n'aurait pas pu gagner du terrain en avant ayant toujours devant lui un adversaire au moral intact.

De même, dans la défensive, notre groupe, ayant pour mission d'empêcher un adversaire de déboucher de *Buyon*, n'aurait pas rempli sa mission. Étant inefficace, notre feu n'imposait pas à l'ennemi notre volonté, qui était de l'arrêter, de l'empêcher de faire ce qu'il voulait, c'est-à-dire de déboucher de *Buyon*.

D'où l'importance de bien apprécier les distances.

Ces explications données, l'instructeur prescrit aux élèves de reporter à vue la distance de 1.200 mètres sur un point du terrain, pour que cette longueur se fixe dans leur mémoire visuelle. Après plusieurs tâtonnements, le groupe choisit le premier bois à droite de la voie romaine (à l'Ouest de la dite voie). Vérification faite, ce bois est bien à 1.200 mètres du monument commémoratif.

Avant de quitter le monument, l'instructeur fait évaluer le front du hameau. Étant donnée la longueur de *Buyon*, dit-il, on ne peut plus employer le procédé des sous, il en faudrait trop. Dans ce cas, on se sert de sa main et de ses doigts. Tous les élèves tendent le bras et cherchent à mesurer l'angle sous lequel ils aperçoivent le hameau.

Les réponses varient entre 300 et 500 millièmes. Après entente, l'angle de 400 millièmes est adopté. Or on sait que le front est le produit de la distance par l'angle.

On a donc : $\frac{400}{1000} \times 1.200 = 480$ mètres.

La carte donne environ 500 mètres.

Ces deux leçons données, le groupe se met en marche. L'instructeur peut, pour confirmer, par un troisième moyen, le résultat de son appréciation des distances, faire mesurer au pas la distance qui sépare le monument commémoratif de *Buyon*.

Ces exercices fréquents de mesure et de comparaison des grandeurs éduquent l'œil et développent l'esprit d'*observation* et de *déduction* des jeunes gens.

En arrivant à *Buyon*, le groupe fait une halte. L'instructeur explique la nécessité de ce repos, il permet aux soldats qui, dit-il, pour une raison ou pour une autre, ont mal arrimé leurs effets, de les replacer. Faute de cette précaution, quelques-uns blesseraient et seraient incapables de terminer la marche.

Une enseigne à la porte d'une maison attire les regards : « *Lefébure. Au rendez-vous des moissonneurs* ». Voilà une occasion (1) de parler de l'origine des noms, de rappeler qu'autrefois les habitants n'avaient qu'un seul nom de baptême, qu'il n'existait pas de registres de l'état-civil, aussi en résultait-il des confusions et des difficultés de toute sorte. Cet état de choses ne prit fin, en France, qu'au XVIe siècle, quand une ordonnance de François Ier imposa au clergé paroissial l'obligation d'enregistrer les naissances, noms et prénoms des enfants.

Lefébure, comme *Leboucher*, fait partie d'une catégorie de noms qui représentaient la masse des manants, vilains, roturiers qui ont gardé le nom de leur profession. (Lefébure, c'est-à-dire le forgeron.....)

L'étymologie des noms de pays peut donner aussi une indication immédiate sur la situation des localités. Ainsi *Neuville-sous-Loeuilly*, où nous irons la prochaine fois, doit être près d'un cours d'eau, car la première syllabe rappelle le vieux mot « nouer » et les mots plus modernes « navire », « naviguer», « nager ». Voyez ma carte : *Neuilly* est sur la *Selle* (2).

Avant de partir, l'instructeur montre aux élèves l'aspect d'*Hébécourt*, la forme du clocher, etc. En campagne, ajoute-t-il, des groupes envoyés en reconnaissance seront peut-être dispersés par l'ennemi, il leur faudra rentrer, trouver leur chemin. Il est utile de s'arrêter pour examiner le terrain en arrière, de se graver la physionomie du pays, la forme des objets dominants, principalement des clochers. Au retour, un détail du paysage peut nous remettre sur la bonne direction. C'est donc une très bonne habitude à prendre que d'étudier le terrain des deux côtés.

Après dix minutes de halte, le groupe se remet en marche, et sur tout l'itinéraire, l'instructeur saisit les occasions favorables pour donner la leçon. Signes topographiques : route départementale d'*Amiens* à *Beauvais;* église de *Plachy;* la *Selle*, rivière à un seul trait, où prend-elle sa source, où va-t-elle se jeter, etc., le moulin près de la rivière; la forme des hachures qui indiquent une pente très raide pour descendre dans la vallée.

Dans la traversée de Plachy, l'instructeur fait remarquer aux élèves comment et en quoi les habitations sont construites; il en donne les raisons.

Une conversation échangée par les habitants du village, en voyant passer le groupe, lui fournit l'occasion de parler du patois du pays. Le patois picard est dérivé de l'ancien français, des langues celtique et romane, et on y trouve quelques mots anglais et allemands, quelques expressions très originales et tout à fait

(1) Incident de route.
(2) Neuilly est un peu au sud de Fossemanant.

spéciales au patois picard, qui, du reste, disparaît peu à peu devant les progrès du français.

Le groupe traverse la voie ferrée d'Amiens à Beauvais à un passage à niveau. L'instructeur rappelle d'un mot l'origine des chemins de fer, leur utilité, etc.

Laissant à gauche le château de Prousel, la petite colonne gravit la pente du chemin de Plachy à la station de Bacouël sur la ligne d'Amiens à Rouen.

Arrivés au haut du mouvement de terrain qui sépare Prousel de la gare de Bacouël, les jeunes gens ont été invités, par l'instructeur, à observer la physionomie générale du pays : la richesse du réseau routier provoqué par la concentration des chemins vers Amiens; les formes et les cultures du sol; les arbres de la région : peupliers et ormes qui produisent de bons bois pour la menuiserie et le charronnage; les pommiers, qui sont généralement cultivés en plein champ, donnent des cidres assez bons. Le cidre, comme vous le savez, est la boisson du paysan, elle coûte très peu et elle est très agréable à boire. Il faut toutefois que le cidre ne soit pas trop gazeux.

La route se poursuit et on arrive au passage en dessous de la voie ferrée d'Amiens à Beauvais, où doit se faire la seconde halte horaire. L'instructeur prescrit de pousser jusqu'à l'entrée du village de Bacouël.

Le groupe s'arrête à l'entrée de la ferme. Dans la cour, des jeunes porcs ayant une tête de sanglier courent en liberté.

Un des jeunes gens, n'ayant jamais vu de porcs de cette espèce, demande au fermier (1) :

— De quelle race sont ces porcs?

— C'est une race asiatique, paraît-il. Nous l'essayons. Elle doit donner beaucoup de graisse, nous verrons bien. J'ai d'autres porcs, ceux-là font plutôt de la viande que de la graisse. Si vous voulez les voir, je vous ferai visiter en même temps la ferme.

— Merci. Ce sera pour une autre fois, répond l'instructeur, nous reviendrons excursionner dans votre pays et nous vous mettrons à contribution (2).

Avant le départ, l'instructeur rappelle que le porc a toujours été considéré comme un animal immonde. Les Egyptiens, les Hébreux, les Indous et les Juifs ont rejeté le porc et la consommation de sa chair, sans doute, en raison de son privilège de transmission du ténia.

Puis se rappelant ses classiques, il ajoute :

Cependant aucun animal n'est plus précieux pour l'homme. *Monselet*, dans un sonnet resté célèbre, ne l'a-t-il pas baptisé « animal-roi », « cher ange ».

---

(1) Incident de route.

(2) Au cours de ces marches, l'instructeur demandera l'autorisation aux propriétaires d'usines, de fermes, de visiter leurs établissements. Toujours on l'obtiendra, et souvent ce seront les directeurs eux-mêmes qui viendront guider le groupe dans sa visite. Quelle collaboration féconde et touchante de la nation et de l'école!

Car tout est bon en toi, chair, graisse, muscle, tripe.
On t'aime galantine, on t'adore boudin.

La halte terminée, toujours sous la direction de l'élève, le groupe repart.

Il traverse Bacouël, prend le premier chemin à gauche et se dirige sur Vers.

A droite, se trouvent des prairies naturelles qui donnent du foin pour la nourriture des animaux.

Après avoir tourné à droite, au chemin qui conduit de Vers au passage à niveau, on arrive au village.

L'instructeur dirige le groupe sur la rive gauche de la Selle et en fait évaluer la largeur par la moitié du groupe et la vitesse du courant par l'autre moitié.

Les jeunes gens procèdent de différentes manières, les uns jettent un gros caillou, et suivent des yeux les cercles concentriques qui se forment; les autres procèdent avec leur coiffure; d'autres, avec des bâtons; d'autres enfin, jettent sur la rive opposée un caillou qu'ils maintiennent avec une corde.

Tous les résultats sont à peu près les mêmes, la Selle a environ huit mètres; l'indication donnée par la carte est juste, la rivière n'est marquée que par un seul trait.

Pour la vitesse du courant, toutes les solutions donnent 0m,80, indiquant que la Selle a un courant ordinaire.

Ces questions résolues, le groupe s'engage dans *Vers*. Pour ne pas s'égarer, l'élève-guide demande à un habitant le chemin pour aller à *Hébécourt* (1).

L'instructeur relève la faute commise par l'élève et rappelle qu'il est préférable de poser les questions sous la forme interrogative dans le but d'obliger la personne interrogée à fournir le renseignement que l'on veut connaître. En demandant : *Où conduit ce chemin?* on force le paysan à donner une indication sur ce que l'on veut savoir.

L'instructeur profite également de ce que le groupe a changé plusieurs fois de directions pour interroger les élèves sur l'orientation.

Beaucoup hésitèrent avant de trouver que l'on marchait vers l'Est.

Enfin, à mi-chemin entre *Vers* et *Hébécourt*, la petite colonne fait une dernière halte.

Voyant plusieurs groupes de paysans dans les champs, l'instructeur saisit l'occasion de faire de la désignation d'objectifs.

Il fait remarquer le peu de visibilité des travailleurs des champs. Revêtus de vêtements de velours gris-noisette, ils disparaissent sur les labourés et les chaumes; par contre, le laboureur, là-bas, à

(1) Incident de route.

un travers de main à gauche du clocher du Dury, se détache très en vigueur sur le fond sombre du bois.

En campagne, si l'on ne veut pas se montrer, il faudra savoir éviter d'instinct les points du terrain sur lesquels les couleurs des combattants se détachent en vigueur, suivant la nature du sol et l'éclairage du moment.

Les hommes habillés en couleur foncée — comme le soldat français — font tache de loin sur des routes blanches, sur des champs de chaume; il faudra donc éviter ces endroits si on veut bénéficier de deux facteurs importants à la guerre : la surprise et l'imprévu.

Il y a des animaux qui ont la tendance à prendre, à imiter l'apparence des objets qui les entourent, afin de rester inaperçus. Dans nos régions, l'alouette, le lièvre, la perdrix, avec leur poil ou plumes gris cendré ou rougeâtre, se confondent avec la teinte des guérets.

Je pourrais vous citer de nombreux exemples de troupes qui, par temps de neige, ont revêtu des couvertures blanches, d'autres qui ont donné à leurs sentinelles des couvertures grises pour mieux les dissimuler, etc., mais ce sera pour une autre fois, car l'heure s'avance (1).

Toutes ces questions — celle-ci s'appelle le mimétisme — ont une importance capitale en campagne, car elles peuvent permettre à un groupe de surprendre un adversaire non prévenu.

Ces explications données, le groupe rentre à *Hébécourt*.

Avant de faire rompre, l'instructeur désigne Paul, Jean et Maurice (2) pour faire le compte rendu de la marche.

En résumé, au cours des marches-promenades, l'instructeur doit s'efforcer de donner aux élèves, par la variété de l'enseignement, des exercices, le goût des marches qui préparent non seulement le jeune homme à l'examen du brevet d'aptitude militaire, mais encore aux rudes fatigues de la guerre et l'instruisent en tant que citoyen.

Dans cette marche, nous avons accumulé les exemples pour montrer comment on pouvait tirer parti d'un itinéraire; il est évident que l'on ne donnera pas toujours un enseignement aussi complet à chaque sortie; mais, si l'on veut bien suivre cette méthode, on verra combien elle est fructueuse, l'instructeur s'instruisant lui-même en faisant le travail de préparation, les élèves recueillant le fruit de ce travail et prenant goût eux-mêmes à l'étude, quelle gerbe de souvenirs ne rapporteront-ils pas à la maison, surtout si l'un des élèves a photographié, au cours de la marche, les sites et les endroits intéressants, et si des épreuves ont été données

---

(1) Expédition du pont de Fontenoy, reconnaissances pendant le siège de Belfort.

(2) Ce compte rendu gagnerait à être fait par tous les élèves.

aux camarades moins fortunés pour mettre à l'appui de leur carnet de notes (1).

Par cette méthode d'enseignement, le jeune homme emportera des sociétés de gymnastique et des S. A. G., non seulement le premier bagage indispensable à tout citoyen, mais surtout de bonnes habitudes d'esprit, une intelligence ouverte et éveillée, des idées claires, du jugement, de la réflexion, de l'ordre et de la justesse dans la pensée et le langage.

Combiner la culture physique et l'éducation intellectuelle, tout est là.

---

(1) Les fonds de la société permettent de réaliser cette idée.

En tout cas, au cours de la marche, on pourra acheter des cartes postales illustrées des pays traversés. Mises à l'appui du texte, ces cartes feront du carnet de route, un véritable guide illustré de **l'itinéraire parcouru.**

TIR

Programme.

Une série de six balles dans chacune des trois positions réglementaires (debout, à genou et couché), avec deux balles d'essai, en une seule séance. Le tir est exécuté sur une cible carrée de 2 mètres de côté divisée en deux zones concentriques dont la plus grande a un diamètre de 1/200 de la distance, la plus petite la moitié de la précédente.

La note de tir est calculée ainsi qu'il suit :

1° 10 points à tout tireur qui a placé 8 balles à l'intérieur du grand cercle (deux zones réunies);

2° 1/2 point pour toute balle mise en plus de 8, à l'intérieur du grand cercle (deux zones réunies);

3° 1/4 de point pour toute balle mise à *l'intérieur du petit cercle*, mais seulement si le minimum de 8 balles mises à l'intérieur du grand cercle a été atteint.

Ces points *s'additionnent* pour faire la note du tireur. Toutefois la note 20 est acquise à tout tireur qui a placé 18 balles à l'intérieur du petit cercle (19 points 1/2) [1].

Note minima pour l'obtention du brevet 10.

Coefficient 5.

NOTIONS PRÉPARATOIRES

DÉFINITIONS.

La *trajectoire* est la courbe que décrit la balle pendant son trajet dans l'air.

La *ligne de tir* est l'axe du canon dans la position de pointage et prolongé indéfiniment.

---

(1) Exemples :

8 balles mises à l'intérieur du grand cercle, mais toutes à l'extérieur du petit cercle = 10 points. Note 10 (Minima pour l'obtention du brevet).

8 balles mises, toutes à l'intérieur du petit cercle : 10 points + 8/4 points. Note 12.

14 balles mises à l'intérieur du grand cercle, mais à l'extérieur du petit cercle : 10 points + 6/2 points. Note 13.

18 balles mises à l'intérieur du grand cercle, dont 17 à l'intérieur du petit cercle : 10 points + 10/2 points + 17/4 points. Note : 19 1/4.

La force qui met la balle en mouvement est appelée *force de projection;* elle est produite par les gaz provenant de la combustion de la poudre.

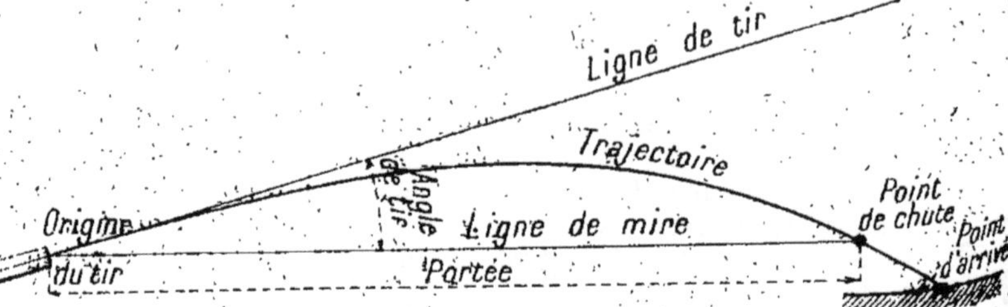

La balle, lancée par la force de projection, s'abaisse sous l'action de la pesanteur dès qu'elle est sortie du canon, en même temps que sa vitesse est de plus en plus ralentie par la résistance de l'air. La trajectoire est la résultante des effets de ces trois forces.

La *vitesse initiale* de la balle est la vitesse qu'elle possède à sa sortie du canon; elle est d'environ 701 mètres (balle D).

Le *recul* est l'effet de la force qui pousse l'arme en arrière au moment du départ du coup.

On appelle *angle de tir* l'angle de la ligne de tir avec le plan horizontal.

Le *plan de tir* est le plan vertical passant par la ligne de tir.

L'*origine du tir* est le point où la balle sort du canon; celui où elle rencontre le sol prend le nom de *point d'arrivée.*

Le *point de chute* est le point où la partie descendante de la trajectoire coupe le prolongement de la ligne de mire.

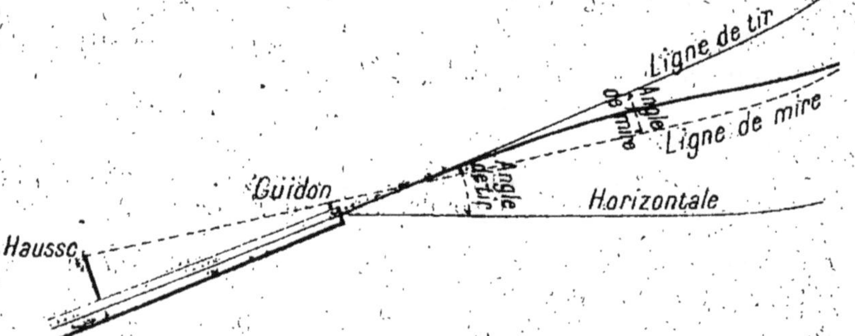

La *portée* est la distance comprise entre le point où la balle sort du canon (point appelé origine du tir) et le point de chute.

Le fusil 1886 M 1893 a une portée maximum de 4.300 mètres.

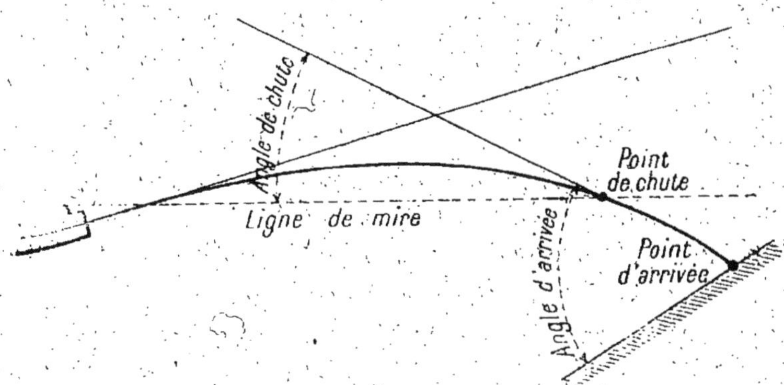

La *hausse* est l'appareil qui sert à donner à l'arme l'inclinaison convenable pour atteindre un but, suivant son éloignement.

La *ligne de mire* est déterminée par le milieu de la ligne qui joint les bords supérieurs du cran de mire de la hausse et par le sommet du guidon.

Pointer, c'est diriger la ligne de mire sur le but à atteindre.

L'*angle de mire* est formé par la ligne de mire et la ligne de tir.

La *flèche* mesure la plus grande élévation de la trajectoire au-dessus de la ligne de mire; plus la flèche est petite, plus la trajectoire est tendue et inversement.

L'empreinte produite par la balle sur le but est désignée sous le nom de *point d'impact*.

On appelle *zone dangereuse* pour un but de hauteur donnée, la portion de terrain au-dessus de laquelle la trajectoire ne s'élève pas à une hauteur plus grande que celle du but (1).

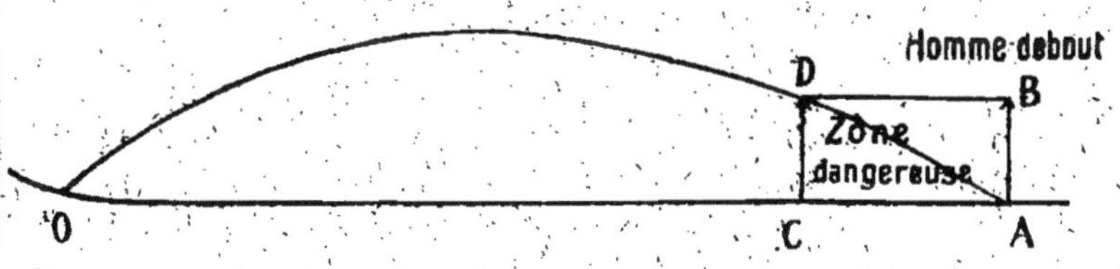

On appelle *zone défilée*, pour un obstacle (mur, crê-

(1) Cette définition n'est exacte que quand elle s'applique à des terrains parallèles à la ligne de mire.

te, etc.), la profondeur de terrain que cet obstacle met à

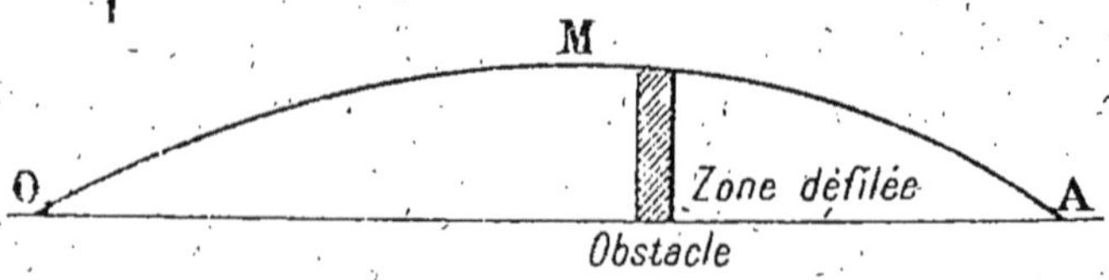

l'abri des balles. Cette profondeur varie avec la tension de la trajectoire et avec la distance.

La *zone de protection* est la partie de la zone défilée où

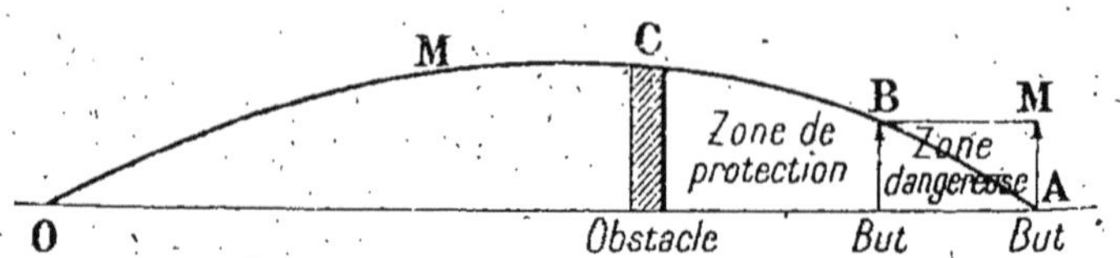

la trajectoire reste plus élevée que le but placé derrière l'obstacle.

L'*angle de chute* est l'angle de la partie descendante de la trajectoire avec la ligne de mire prolongée.

L'*angle d'arrivée* est l'angle de la partie descendante de la trajectoire avec le sol.

On appelle *groupement* l'ensemble des empreintes produites par un ou plusieurs tireurs visant un même point avec la même hausse.

Le point central d'un groupement est appelé *point moyen*. On le détermine par la rencontre de deux axes, l'un vertical, l'autre horizontal, laissant chacun, de part et d'autre, la moitié des coups du groupement.

La distance d'un point d'impact au point moyen prend le nom d'*écart*.

On donne le nom de *gerbe* à l'ensemble des trajectoires d'un tir collectif dirigé sur un même point.

La portion de terrain qui comprend les points d'arrivée d'un groupement collectif est appelée *terrain battu*. Elle est précédée d'un *terrain rasé*. L'ensemble du terrain battu et du terrain rasé constitue le *terrain dangereux*.

La *justesse* d'un tir résulte de deux éléments : la *précision* et le *réglage*. Un tir est d'autant plus précis que le groupement est plus serré; il est d'autant mieux réglé que le point moyen du groupement est plus près du point que l'on veut atteindre.

La justesse de tir se mesure par le *pour cent*, c'est-à-dire par le nombre de balles mises de plein fouet sur cent balles tirées.

On obtient le pour cent en multipliant par 100 le nombre de balles mises et en divisant le produit par le nombre de balles tirées.

Au moment du départ du coup, l'axe du canon subit un léger déplacement angulaire au-dessus de sa position de pointage, auquel on donne le nom de *relèvement.*

L'angle de mire augmenté de l'angle de relèvement prend le nom d'*angle de projection.*

La *vitesse du tir* est représentée par le nombre de balles qu'un homme tire dans une minute.

La *durée du tir* s'étend depuis le commandement de *Commencez le feu* jusqu'à celui de *Cessez le feu.*

Pour obtenir la *vitesse du tir*, on fait le produit par 60 du nombre de balles tirées, puis le produit du nombre des tireurs par la durée du tir exprimée en secondes, et l'on divise le premier produit par le second.

L'*effet utile* est mesuré par le nombre de balles qu'un tireur met dans le but en une minute.

Pour calculer l'effet utile, on fait d'abord le produit par 60 du nombre de balles mises, puis le produit du nombre des tireurs par la durée du tir exprimée en secondes, et l'on divise le premier produit par le second.

L'effet utile, tenant compte de la justesse et de la vitesse du tir, est le renseignement qui caractérise le mieux l'habileté d'un tireur de guerre ou de groupe.

L'*ordonnée* d'un point de la trajectoire est la distance de ce point à la ligne de mire.

La *durée de trajet* d'un projectile est le temps qu'il met à franchir une portée donnée.

La *vitesse restante* d'un projectile à une portée donnée est la vitesse qu'il possède à cette portée.

Instruction technique du tireur.

6. L'instruction individuelle du tireur est la base de toute l'instruction du tir.

Indépendamment de son but immédiat, qui est de donner aux hommes les principes élémentaires de l'emploi du fusil et la pratique du tir, elle concourt à faire des soldats confiants en eux-mêmes et en leur arme.

Les moyens dont pourra disposer le soldat sur le champ de bataille dépendent essentiellement de sa valeur morale, qui dépend elle-même en grande partie de son habileté individuelle.

Cette habileté s'acquiert par une *instruction technique* qui comprend des exercices préparatoires et des exercices de tir.

7. L'instruction est individuelle, c'est-à-dire qu'elle tient compte des aptitudes particulières à chaque soldat. Aucune progression n'est obligatoire.

Exercices préparatoires.

10. Tirer un coup de fusil sur un but déterminé, c'est réunir en une seule opération trois actions distinctes, savoir :

1° *Pointer* l'arme (exercices de pointage);

2° La *maintenir en direction* (exercices de mise en joue);

3° *Agir sur la détente* pour faire partir le coup (action du doigt sur la détente).

Ces trois actions sont enseignées au soldat, auquel on les fait réunir en lui apprenant à faire partir le coup sans déranger l'arme (dressage physique du tireur).

Le but des exercices préparatoires est d'apprendre aux hommes ce qu'ils doivent savoir pour bien tirer.

La série des exercices indiqués ci-après n'est donnée qu'à titre d'indication.

Le manque de précision d'un tir est imputable à une quelconque des trois causes suivantes :

1° Pointage incorrect;
2° Défaut d'immobilité de l'arme pendant la visée;
3° Défaut d'immobilité de l'arme au moment du départ du coup.

Il est nécessaire de faire faire aux hommes des exercices appropriés au défaut de chacun. Tel soldat pointe bien, mais ne tient pas son arme immobile pendant la visée. On doit donc lui faire exécuter des exercices de force avec les bras pour l'amener à corriger son défaut.

1° *Exercice de pointage.*

PRENDRE LA LIGNE DE MIRE.

(Placement de l'œil pour le pointage.)

11. *La ligne de mire* est déterminée par le milieu de la ligne qui joint les bords supérieurs du cran de mire et par le sommet du guidon.

Pointer l'arme c'est diriger la ligne de mire sur le but à atteindre.

L'arme étant placée sur le chevalet de pointage, l'instructeur indique au soldat comment il doit prendre la ligne de mire; il lui explique que l'œil est bien placé pour le pointage, lorsqu'il aperçoit une quantité égale de jour à droite et à gauche du guidon et qu'il voit le sommet du guidon à hauteur des bords supérieurs du cran de mire.

Pour faciliter cette observation, on peut placer un

couteau sur le cran de mire comme l'indique la figure ci-dessous.

L'instructeur devra s'ingénier à trouver tous les moyens possibles (œilleton, viseur, etc.) pour déterminer la place que devra occuper l'œil du tireur pour le pointage; ce placement devra devenir presque automatique.

Il s'ingéniera également à trouver des procédés pour matérialiser la ligne de mire (fil, carte découpée, appareil Dumas, à œilleton, etc.).

MANIEMENT ET EMPLOI DE LA HAUSSE.

12. Prendre la hausse correspondant à la distance indiquée.

Dans le cas d'une distance comprise entre deux graduations consécutives, prendre la hausse supérieure.

Les règles d'emploi de la hausse sont les suivantes :

De 0 mètres à 250 mètres, cran de mire du pied de la planche (planche rabattue en avant);

De 250 à 800 mètres, cran de mire de l'arrière de la planche (planche rabattue sur son pied, curseur sur le gradin correspondant à la distance);

De 800 à 2.400 mètres, cran de mire du curseur, le bord supérieur du curseur à hauteur du trait marquant la distance.

Des traits et des chiffres gravés sur chaque côté de la planche indiquent les distances de 100 en 100 mètres (sur le côté droit, les centaines impaires; sur le côté gauche, les centaines paires); des traits plus petits intermédiaires donnent les distances de 50 en 50 mètres.

Les règles de tir pour les distances inférieures à 600 mètres doivent être ainsi enseignées : « L'ennemi est à moins de 250 mètres (ou entre 250 et 400, ou entre 400 et 500, etc.). Voici la hausse pour tirer. »

Ou : « Placez la hausse pour tirer sur un ennemi qui arrive à hauteur d'un point de repère situé à 200 mètres (ou à 350 mètres, ou à 550) de vous. »

VISER UN POINT MARQUÉ.

13. L'arme étant sur le chevalet de pointage, l'instructeur dirige la ligne de mire sur un cercle noir de diamètre égal au 1/1000e de la distance; il explique au soldat que l'arme est régulièrement pointée lorsque le guidon apparaît sous le cercle noir comme dans la figure ci-après :

Il fait ensuite pointer chaque homme individuellement et rectifie, s'il y a lieu, les erreurs commises.

Les hommes qui ferment difficilement l'œil gauche (1) sont autorisés à viser les deux yeux ouverts.

Ceux qui voient mal de l'œil droit ou qui sont gauchers tirent à gauche.

L'instructeur fait répéter cet exercice avec différentes lignes de mire et à différentes distances.

Dès les premiers exercices de service en campagne, on exerce l'homme à fouiller de l'œil un terrain pour y trouver des objectifs de guerre à des distances de plus en plus grandes pouvant aller jusqu'à 2.400 mètres. Puis on lui fait diriger la ligne de mire sur ces différents objectifs avec des difficultés croissantes de visibilité.

On arrive ainsi à accommoder l'œil aux distances de tir les plus éloignées. Cette éducation de l'œil est indispensable. En effet, il ne suffit pas d'avoir de bons yeux, mais *des yeux exercés*. A quoi servirait, en effet, d'avoir d'excellents tireurs, disposant d'une arme à longue portée, s'ils ne peuvent découvrir le but qu'il s'agit de détruire et diriger sur lui la ligne de mire?

Les appareils du lieutenant Cattin et du sergent Fournier faciliteront la tâche des instructeurs pour vérifier le pointage à grande distance.

CONSTATATION DE LA RÉGULARITÉ DU POINTAGE.

14. L'ensemble des empreintes produites par le tir d'un homme visant le même point avec la même hausse constitue un *groupement*.

Toutes choses égales d'ailleurs, le *groupement* est d'autant meilleur que le pointage est plus régulier.

La régularité de pointage peut se constater comme il suit :

L'arme étant sur le chevalet de pointage, le soldat fait placer sur le prolongement de la ligne de mire, le bas d'un cercle noir de diamètre égal au 1/1000e de la distance. Ce cercle est fixé à l'extrémité d'une tige rigide qu'un aide fait glisser le long de la cible. Le soldat indique à haute voix ou par signes dans quel sens l'aide doit faire mouvoir le cercle .Lorsque celui-ci est bien placé, l'aide en est averti; il marque alors la position du centre qui est, à cet effet, percé d'un trou.

(1) Pour remédier à ce défaut, relever avec la main gauche le côté gauche de la face pour assouplir les muscles de la joue, et les amener à fermer l'œil au moment voulu.

La même opération est répétée trois fois. La réunion, deux à deux, des points marqués, forme un petit triangle.

Si l'un des côté du triangle dépasse un millième de la distance, c'est-à-dire est plus grand que le diamètre du cercle noir, le pointage n'est pas régulier, l'instructeur le fait recommencer et vérifie chaque visée.

Si les dimensions du triangle dénotent un pointage régulier, l'instructeur fait placer une mouche au centre du triangle, vérifie la position de cette mouche par rapport à la direction réelle de l'arme et fait constater au besoin l'erreur commise.

Cet exercice permet de s'assurer si le pointage est suffisamment *constant*, ce qui a lieu quand le triangle de visée a ses côtés inférieurs à un centimètre.

Si le triangle a des côtés plus grands, c'est que la ligne de mire n'est pas toujours prise de la même manière. L'instructeur fera alors refaire au soldat un triangle en vérifiant chaque visée; il découvrira ainsi celle qui est mal prise et le fera constater.

Il reste à savoir si le pointage est *correct* (régulier). A cet effet, l'instructeur fait placer une mouche au centre du triangle, vérifie la position de cette mouche par rapport à la direction réelle de l'arme. Il fait constater l'erreur commise, soit avec le couteau placé sur le cran de mire, soit au moyen d'un appareil à œilleton.

2° *Exercices de mise en joue.*

15. Le soldat est exercé à mettre en joue avec les différentes lignes de mire, par les moyens indiqués à l'école du soldat.

Les exercices de mise en joue sont exécutés dans toutes les positions du tireur.

L'homme doit, en outre, être exercé à tirer assis, accroupi, à genou, sur les deux genoux, abrité, etc.

La mise en joue se fait sans brusquerie. Le tireur doit s'exercer à amener rapidement la ligne de mire un peu au-dessous du point à viser. Il précise ensuite son pointage en s'efforçant de diminuer l'amplitude des oscillations. Il quitte la position sans commandement et continue à s'exercer de lui-même.

L'instructeur vérifie le pointage à l'aide du miroir de pointage.

Appareil à contrôler le pointage.

Cet appareil consiste essentiellement en un miroir en verre fumé interposé sur la ligne de mire, entre la hausse et l'œil du pointeur.

Celui-ci voit directement la hausse, le guidon et le but au travers de miroir, en même temps que l'instructeur, placé un peu en avant et sur le flanc gauche du pointeur, voit, par réflexion, dans le miroir, l'alignement de ces trois points.

Une boîte cubique en tôle d'acier, ouverte sur trois côtés, contient le miroir en verre fumé ou en verre de

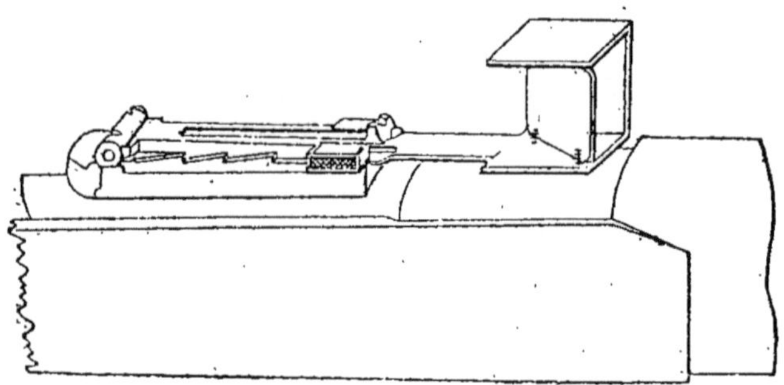

Appareil à contrôler le pointage.

couleur, lequel est placé verticalement suivant un plan qui forme un angle de 45 degrés avec la direction du plan de tir.

Le miroir est maintenu dans sa position par quatre fourches, formées chacune de deux vis à tête noyée, dont les tiges pénètrent de 2 milimètres dans l'intérieur de la boîte.

Le fond de la boîte porte un prolongement antérieur réuni, par une brasure et deux rivets, à un ressort à pincettes pouvant embrasser les deux faces latérales du pied de hausse. Les branches de ce ressort sont inégales; la plus grande, qui est légèrement recourbée à son extrémité antérieure, s'applique sur toute sa longueur contre le côté gauche du pied de la hausse; la plus petite s'applique de même contre le côté droit. Le ressort est maintenu en place par le frottement exercé par ses deux branches sur les deux faces du pied de hausse.

Pour disposer sur le fusil l'appareil à contrôler le pointage, il faut lever la planche de hausse, faire gliser les deux branches du ressort à pincettes le long des faces latérales du pied de hausse jusqu'à ce que le coude du ressort vienne buter contre l'arrière du pied; on rabat ensuite la planche.

L'appareil sert à contrôler les pointages effectués avec les lignes de mire de 250 à 1,000 mètres. Il peut être employé dans les exercices préparatoires, dans le tir réduit et même dans le tir réel.

L'instrument étant placé sur le fusil, le soldat prend la position prescrite pour pointer sur le chevalet ou à bras francs, selon le cas; il prend la ligne de mire et la dirige sur le but. L'instructeur, placé à sa gauche et vis-à-vis la hausse, cherche dans le miroir les images réfléchies du cran de mire du guidon et du but, suit des yeux les mouvements imprimés à la ligne de mire par le soldat et constate si ce dernier parvient à la diriger correctement sur le but.

Il y a lieu de remarquer que la position relative des objets vus dans le miroir est inversée dans le sens latéral, c'est-à-dire que si le soldat pointe bas et à gauche, l'instructeur apercevra bas et à droite le point où aboutit la ligne de mire.

OBSERVATIONS SUR LA MISE EN JOUE.

Dans la position de joue :

La main droite serre l'arme à la poignée afin d'assurer l'indépendance de l'index et d'éviter que le mouvement du premier doigt se transmette à la main et à l'épaule au moment du départ du coup.

Le coude droit est levé pour faciliter le placement de l'arme à l'épaule.

Les deux mains exercent une traction continue vers l'épaule pour maintenir l'arme plus solidement.

Dans la mise en joue avec les hausses faibles, le talon de la crosse doit dépasser généralement la partie supérieure de l'épaule afin que l'homme ne baisse pas la tête pour prendre la ligne de mire :

Pour l'emploi des hausses supérieures à 1.000 mètres la mise en joue doit être modifiée; il faut, en raison de la hauteur du cran de mire :

1° Baisser le coude et la crosse, afin de n'être pas obligé de lever la tête en tendant le cou pour prendre la ligne de mire;

2° Placer la main gauche renversée contre le pontet, l'arme maintenue entre le pouce et les quatre doigts réunis sur la main droite, afin de permettre à l'avant-bras gauche de s'appuyer contre le corps.

L'instructeur devra habituer le soldat à faire mouvoir l'arme dans tous les sens, l'œil restant toujours lié à la ligne de mire.

Les différences de conformation ne permettent pas à tous les hommes de mettre en joue de la même manière dans la position à genou.

L'instructeur prescrit aux hommes qui ont le buste long d'affaisser le corps sur la jambe droite et de placer la jambe et l'avant-bras gauches aussi verticalement que possible, afin d'utiliser toute leur longueur; il prescrit à ceux dont le buste est trop court de soutenir l'arme par le pontet.

Dans tous les cas, l'instructeur exige :

1° Que dans la mise en joue, la crosse soit mise à l'épaule comme dans la position debout;

2° Que la tête soit peu inclinée en avant, afin de ne pas trop rapprocher le nez du pouce de la main droite.

De plus, il habituera le soldat à conserver *l'immobilité de la tête* entre deux mises en joue, pour gagner du temps. En effet, si l'homme replace la tête dans la position directe, il est obligé d'incliner de nouveau la tête pour reprendre la ligne de mire.

Lorsque le soldat couché met en joue, le corps doit être placé obliquement par rapport à la direction du tir, afin d'éviter d'appuyer la crosse sur la clavicule.

Une pratique répétée et continue de la mise en joue dans les diverses positions peut seule donner l'aisance qui convient aux tireurs (1).

Pour obtenir la visée rapide et pour ainsi dire automatique, il suffit d'y exercer tous les jours les tireurs, en utilisant le plus souvent possible la hausse de combat.

Par un entraînement méthodique et journalier, on devra obtenir que la visée devienne machinale, qu'elle n'exige ni attention, ni réflexion, et que, malgré lui, *invariablement*, *inconsciemment*, le fantassin ne puisse faire partir le coup qu'au moment où son fusil est correctement pointé.

L'instructeur s'en assure au moyen du miroir de pointage.

La position est faite pour le tireur et non pas le tireur pour la position. Pour bien tirer, il faut que l'homme se trouve à l'aise. A cet effet, rechercher non l'uniformité, mais la commodité : en un mot, assurer, avec le maximum de stabilité et de commodité, le minimum de fatigue.

Exercer le soldat à tomber instantanément en position face à un objectif toujours désigné très exactement; à passer rapidement d'une position du tireur à une autre.

3° *Action du doigt sur la détente.*

16. Le soldat étant dans la position de la charge, le fusil armé, l'instructeur lui enseigne à agir sur la détente de la manière suivante :

La main droite serrant l'arme à la poignée, comme dans la position de joue, agir sur la détente avec l'extrémité antérieure de la deuxième phalange, afin d'amener la seconde bossette en contact avec le dessous de la boîte de culasse, marquer un temps d'arrêt, retenir la respiration, puis laisser partir le coup en fermant lentement le doigt, d'un mouvement continu et sans saccade.

Le soldat s'exerce seul à agir sur la détente, jusqu'à ce que cette action soit devenue machinale (Dressage du doigt).

Il doit pointer et tirer dans toutes les positions en employant différentes hausses et plus particulièrement la hausse de combat.

Le tireur doit pouvoir *accuser* son coup, c'est-à-dire préciser le point sur lequel était dirigée la ligne de mire au moment du départ du coup, par la mention : « *Bien!* », « *Mal!* », etc.

En procédant de cette façon, on fait intervenir *l'attention* et la *volonté*, auxquelles on ne saurait jamais trop souvent faire appel.

---

(1) Il est indispensable — dit l'avant-propos — d'obtenir l'automatisme de la visée avec la ligne de mire que l'on emploiera précisément aux distances où le danger est plus grand et où le soldat n'agit généralement que par réflexes.

L'instructeur s'assure, à l'aide du miroir de pointage, que l'homme vise correctement et maintient son arme sur le point visé au moment où il agit sur la détente.

4° *Dressage physique du tireur.*

17. Les exercices préparatoires sont complétés par un dressage physique du tireur comportant :

Une éducation du système nerveux;

Une gymnastique appropriée de l'œil, des bras et des poumons.

ÉDUCATION DU SYSTÈME NERVEUX.

18. Certains tireurs qui exécutent très correctement tous les exercices préparatoires obtiennent cependant de mauvais résultats dès qu'ils commencent le tir à la cible.

Cet insuccès provient en général de l'insuffisance d'éducation de leur système nerveux; l'appréhension de la détonation et du recul provoque, chez certains tireurs, un mouvement réflexe qui occasionne le déplacement de l'arme (1).

Le but de l'éducation du système nerveux est de supprimer cette appréhension et d'obtenir le calme complet du tireur au moment du départ du coup.

Il faut en conséquence arriver à convaincre le tireur qu'il doit songer uniquement à exercer une pression graduée sur la détente tout en s'efforçant de maintenir la ligne de mire en direction et sans se *préoccuper du départ possible* du coup.

Pour arriver à ce résultat, on peut employer le procédé suivant :

Le soldat étant dans une des positions du tireur, l'instructeur introduit, à son insu, dans son fusil, une fausse cartouche et lui fait les recommandations suivantes :

Exercer sur la détente, préalablement préparée, une pression graduée et soutenue tant que l'arme est bien pointée.

Lorsque l'arme cesse d'être dirigée sur le point à viser, maintenir la pression acquise sans l'augmenter.

Ne la reprendre que lorsque l'arme est de nouveau bien pointée.

En aucun cas ne se préoccuper de l'échappement de la détente; *le coup doit partir à l'insu du tireur.*

Parfois, malgré ces recommandations, un mouvement

---

(1) Au combat, l'émotion produira des effets semblables. Il ne suffit donc pas de donner des soins à l'instruction du tireur, il faut encore faire l'éducation de sa volonté et ne pas perdre de vue que *la valeur morale est la première qualité du soldat.*

réflexe du tireur provoque prématurément le départ du coup.

L'instructeur profite de cette faute pour attirer sur elle l'attention des autres hommes qu'il prépare ainsi à l'avance à réagir contre l'impulsion de leur système nerveux.

Il leur recommande de revenir à la position de la charge, plutôt que de faire partir le coup sous l'influence de la fatigue ou d'un énervement passager.

Lorsque l'instructeur remplace, toujours à l'insu du tireur, la fausse cartouche par une cartouche réelle, le soldat, croyant encore tirer à vide, exécute correctement la pression sur la détente et la balle est généralement bien mise dans la cible.

D'autres procédés peuvent amener au même résultat.

L'éducation du système nerveux consiste principalement à familiariser le soldat avec le bruit de la détonation et l'appréhension du recul.

On habitue le soldat au *bruit* de la détonation en lui faisant tirer des *cartouches à blanc*.

Lorsqu'il est familiarisé avec ce bruit, on l'exerce au tir à balle; on constate alors que l'*appréhension du recul* occasionne parfois chez lui des mouvements nerveux indépendants de sa volonté (coup de doigt, coup d'épaule).

Il faut amener le soldat à vaincre cette appréhension soit en lui prescrivant d'accuser son coup, — dans le but d'occuper sa pensée, — soit en employant le procédé indiqué par le règlement, soit d'autres, et surtout en agissant sur la détente très lentement de façon que le coup parte à son insu.

Le but est d'amener le soldat à se raisonner, à se commander à lui-même, à ce qu'il puisse toujours, *à sa volonté*, arrêter et maintenir au point où elle en est l'action du doigt sur la détente.

Exercices de l'œil, des bras et des poumons.

19. *Œil.* — L'accomodation de l'œil à la visée s'obtient par des exercices de pointage sur des objectifs placés de plus en plus loin.

Ces exercices ont pour but de faire l'éducation de l'œil, de manière à permettre au tireur, dans le pointage, d'apercevoir *simultanément* et avec *la même netteté* le point à viser, le guidon et le cran de la hausse, situés dans trois plans différents.

On peut obtenir cette éducation de l'œil en s'exerçant très fréquemment à viser, avec les différentes lignes de mire, des buts situés aux distances normales de la hausse.

L'instructeur *s'assure à chaque visée*, au moyen du miroir de pointage, que le tireur dirige bien sa ligne de mire sur le point indiqué.

On doit attirer l'attention des fantassins sur l'importance de ces exercices qui permettent, *sans tirer un coup de fusil*, d'acquérir l'habileté du pointage aux grandes distances. Le tireur doit être convaincu que, lorsqu'il tire correctement aux courtes distances et qu'il sait pointer son arme rapidement en se servant de toutes les lignes de mire, il réunit toutes les conditions pour être un habile tireur aux grandes distances.

Voir le numéro 13 (*Viser un point marqué*).

Bras. — La force musculaire des bras, nécessaire pour maintenir l'arme en direction, s'accroît par la pratique des exercices physiques et par des exercices de mise en joue avec la baïonnette au canon.

Pour accomplir avec aisance les actes physiques du tireur, il est nécessaire d'accroître la *force* et la *souplesse* du soldat.

a) Pour accroître sa *force*, il faut rechercher les mouvements de gymnastique faisant travailler les bras, la région des épaules et plus particulièrement le biceps et le deltoïde (mouvements sans arme — avec armes ou haltères — aux agrès — et des mouvements particuliers avec l'arme, tels que : mise en joue l'arme tenue d'une main et pivotant autour de l'épaule, — le pointé de l'escrime à la baïonnette, etc.).

Faire exécuter ces mouvements en fin de séances d'instruction; avant, ils seraient préjudiciables à l'instruction, étant donné l'agitation nerveuse qu'ils produiraient.

b) Pour accroître sa *souplesse* : faire des flexions qui assouplissent les articulations des genoux et des cous-de-pied; donner des coups de poing pour assouplir les articulations des bras et des épaules; enfin assouplir les poignets.

Poumons. — Les mouvements respiratoires propres à développer les poumons sont indiqués dans le règlement sur l'éducation physique.

Ces mouvements ont pour but d'apprendre à l'homme, tout en augmentant sa capacité pulmonaire, à régler sa respiration et à en être maître à un moment donné.

L'usage de la respiration rythmée pendant les courses d'entraînement habitue le soldat à se rendre maître de ses organes. Le procédé consiste à faire trois ou quatre inspirations successives, correspondant à chaque pas, suivies d'une expiration lente correspondant au même nombre de pas.

Ces mouvements, propres à habituer le soldat à retenir sa respiration au moment de la prise de la ligne de mire et du départ du coup, ont une importance capitale; car, si le soldat ne sait pas respirer pendant le tir, les mouvements rythmés de sa poitrine le gênent considérablement dans l'exécution de ces mouvements (1).

(1) A ce point de vue, l'exercice qui suit, fréquemment répété, donne de bons résultats; l'homme fait une aspiration lente, par le nez de préférence; il garde l'air dans ses poumons le plus longtemps possible, et l'expire ensuite très doucement par la bouche entr'ouverte. Les exercices respiratoires doivent avoir lieu en plein

20. Par des exercices quotidiens et répétés, exécutés principalement avec la hausse de combat, le soldat doit arriver à mettre en joue, à viser et à tirer d'une manière pour ainsi dire *automatique*.

Ces exercices doivent se poursuivre sans interruption pendant tout le cours de l'année, *en faisant toujours usage de fausses cartouches*.

Quelques instants consacrés à ce travail tous les jours, dans les chambres, au dehors et même en terrain varié, formeront des tireurs aisés et sûrs d'eux-mêmes, mieux que ne pourraient le faire des exercices intensifs ou prolongés.

Exercices de tir.

22. Les exercices de tir comprennent :

1° Des tirs réels à distance réduite (cartouche réglementaire) et, dans le cas où ce tir n'est pas possible, des tirs réduits (cartouche spéciale);

2° Des tirs exécutés à des distances comprises entre 100 et 400 mètres (tirs d'instruction et d'application).

1° Tir réel à distance réduite. — Correction de pointage. Tir réduit.

TIR RÉEL A DISTANCE RÉDUITE.

23. *Le tir réel à distance réduite* est une première application des principes de pointage et une première constatation effective de l'instruction préparatoire du tireur.

La précision de l'arme est telle que chaque coup accuse la grandeur et le sens de la faute commise.

Le tir réel à distance réduite a en outre l'avantage de mettre en évidence les défauts les plus habituels aux jeunes soldats : coup de doigt, coup d'épaule, mouvements nerveux causés par l'appréhension du départ du coup, etc.

Il permet de corriger ces défauts en familiarisant le tireur avec le bruit de la détonation et le faible effet du recul.

24. Les exercices de tir à distance réduite comportent :

1° *Des tirs de groupement;*
2° *Des tirs au but.*

1° Les *tirs de groupement* ont pour but de réunir dans un espace aussi resserré que possible les empreintes obtenues par un même tireur en visant un même point voir n° 14). Ils sont exécutés en employant de préférence la hausse de combat.

Ils peuvent être exécutés en employant les hausses fortes. Dans ce cas, pour éviter que les balles sortent de la cible, on placera le point à viser au-dessous du centre de la cible. Pour ramener les groupements vers le centre de la cible, le visuel devra être placé à une distance du centre égale à la valeur de l'ordonnée (à la distance du tir) de la trajectoire employée.

Une *cible-gabarit* comportant deux cercles concentriques de dimensions variables suivant la distance permet de constater instantanément la valeur du tir.

Ce tir est bon ou assez bon, suivant que l'ensemble des coups est contenu dans le cercle intérieur ou dans le cercle extérieur de la cible gabarit.

2° Les *tirs au but* ont pour objet de porter le groupement sur un but déterminé.

Ces tirs ne sont exécutés que lorsque les tireurs ont fait preuve d'une adresse suffisante dans les *tirs de groupement.*

Ils comportent une *correction de pointage.*

CORRECTION DE POINTAGE.

25. Corriger le pointage, c'est ramener au but un groupement qui en est éloigné pour une cause indépendante du tireur (hausse inexacte, arme mal réglée, etc.).

L'instructeur explique au soldat comment il doit savoir corriger son tir lorsque, par suite des déviations dues aux circonstances atmosphériques ou à toute autre cause, le point où la balle touche la cible ne coïncide pas avec le point visé.

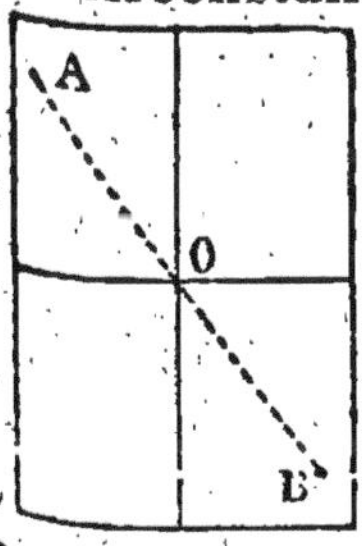

A cet effet, l'instructeur place une mouche A, au point où, en visant O, la balle est supposée avoir touché la cible.

Pour que la balle atteigne O, il faut viser un point B tel que O B soit égal à O A et sur son prolongement.

L'instructeur exerce les soldats à corriger leur pointage d'après cette indication; il vérifie les corrections de pointage en faisant *lui-même* placer une mouche au point où vient aboutir la ligne de mire prise par le tireur.

La correction de pointage ne doit être enseignée qu'après la bonne exécution des tirs de groupement.

Le tireur inhabile est toujours porté à attribuer à son fusil les déviations qui ne sont imputables qu'à lui-même

L'enseignement prématuré de la correction de pointage aurait pour effet d'augmenter la dispersion de son tir et de diminuer la confiance qu'il doit avoir dans son arme.

26. Le tir à distance réduite est ordinairement exécuté à 30 mètres. Cette distance est portée à 50 et 60 mètres si les dispositions du terrain l'exigent, mais la distance la plus courte est toujours la plus avantageuse.

TIR RÉDUIT.

27. Lorsque les stands ou champs de tir dont on dispose ne permettent pas l'exécution du tir réel à distance réduite, on exécute le *tir réduit.* Ce tir est effectué avec une cartouche spéciale, à la distance de 15 mètres.

Comme le tir réel à distance réduite, le tir réduit prépare le soldat à l'exécution des tirs d'instruction, sans cependant mettre en évidence les défauts causés par l'appréhension des coups.

Le tir réduit comporte également des *tirs de groupement* et des *tirs au but.* Les diamètres des cercles correspondant à la surface d'un groupement bon ou très bon sont respectivement de 10 centimètres et de 5 centimètres.

Pour augmenter l'intérêt des tirs au but, on peut employer une hausse autre que celle de 250 mètres pour laquelle le tir est réglé avec la cartouche de tir réduit.

2° Tirs d'instruction.

28. Les *tirs d'instruction* ont pour but de confirmer les tireurs dans les principes qu'ils ont déjà acquis aux exercices de tir à distance réduite en augmentant la distance à laquelle s'effectue le tir.

Afin d'inspirer aux tireurs confiance dans leur arme et dans leurs moyens, on exécute les tirs d'instruction sur des cibles de formes et de dimensions propres à faire valoir leur adresse.

Les tirs d'instruction comportent des *tirs de groupement*, des *tirs au but* et des tirs à durée limitée.

Pour graduer les difficultés, il est recommandé de commencer par les positions les plus stables et les moins fatigantes (sur appui, couché, assis, etc.).

L'instructeur fixe le genre de tir à effectuer, la position du tireur, l'objectif, le nombre de cartouches à consommer à chaque séance, il règle le nombre des tirs à effectuer par les anciens et par les jeunes soldats d'après l'habileté, le degré d'instruction et les progrès de chacun d'eux.

En principe, il n'est pas avantageux de faire tirer plus d'un paquet de cartouches par homme à chaque séance.

La surface destinée à recevoir les balles est la cible carrée réglementaire de 2 mètres de côté.

Les tirs sont exécutés aux distances qui se rapprochent le plus des graduations de la hausse, sans *jamais dépasser toutefois la distance de 400 mètres.*

Les dimensions des diamètres des cercles correspondant à une habileté suffisante des tireurs sont généralement égales au 1/200e de la distance.

A l'intérieur de ces cercles, on peut tracer au crayon un ou plusieurs cercles concentriques.

On peut déterminer le centre de la surface à atteindre, soit par un visuel rond de diamètre égal au 1/1000e de la distance soit en traçant sur la cible deux axes perpendiculaires se coupant au centre.

Positions du tireur.

Position à genou et couchée (1).

85. Les positions à genou et couchée sont d'un usage constant à la guerre; il est donc essentiel d'exercer les soldats à les prendre et à les quitter très rapidement.

On se couche pour tirer lorsqu'il n'existe ni abri, ni appui pour l'arme ou encore pour se dissimuler, si le terrain est découvert.

On tire à genou chaque fois qu'on le peut, car la position est rapidement prise et donne beaucoup de stabilité.

On tire debout lorsqu'il faut agir rapidement ou lorsqu'on n'a rien à craindre de l'ennemi : contre un cavalier, par exemple, ou lorsque le groupe dont on fait partie est appelé à agir instantanément.

(Montrer les avantages et inconvénients de chacune de ces positions.)

Le soldat devra en outre être exercé à prendre rapidement ces positions et à passer vite d'une position à une autre.

Lorsqu'il sera familiarisé dans la prise de ces positions, on passera à *leur adaptation au terrain.*

86. A GENOU.

S'arrêter, si l'on est en marche, faire un demi à droite, porter en même temps le milieu du pied droit à environ [illegible] centimètres en arrière et 15 centimètres à gauche du talon gauche, suivant la taille de l'homme, la direction du pied droit faisant un angle d'environ 45 degrés avec celle du pied gauche; saisir en même temps le fourreau

(1) Nous avons laissé les numéros du règlement de manœuvres pour que l'on puisse s'y reporter le cas échéant.

de la baïonnette avec la main gauche et le ramener en avant, les épaules effacées et la tête directe;

Mettre le genou droit à terre dans la direction du pied droit, laisser la crosse appuyée à terre, s'asseoir sur le talon droit, placer le fourreau de la baïonnette le bout en avant;

Saisir l'arme avec la main gauche entre la hausse et la boîte de culasse, puis, avec la main droite à la poignée.

88. DEBOUT.

Saisir l'arme avec la main droite au-dessus de la grenadière; se relever et replacer l'arme au pied.

88. COUCHEZ-VOUS.

S'arrêter si l'on est en marche, faire un demi à droite, porter la crosse à environ 85 centimètres en avant et vis-à-vis de l'épaule droite;

Poser les deux genoux à terre dans la direction du fusil, descendre la main droite le long du canon, se coucher sur le côté gauche dans la même direction, en abattant l'arme dans la main gauche;

Passer cette main entre l'arme et la bretelle, le pouce allongé dans l'évidement de gauche du fût, l'extrémité des autres doigts dans l'évidement de droite, le levier en dessus.

Saisir la poignée avec la main droite.

89. DEBOUT.

Se relever en se servant de son fusil comme appui, et replacer l'arme au pied.

Mouvements du tir.

90. La pratique journalière des mouvements du tir est nécessaire pour amener le soldat à les faire avec sûreté et rapidité. A l'instruction, ces mouvements sont toujours exécutés avec de fausses cartouches (1). Il est important, dans tous les exercices, et pendant l'exécution des tirs, de toujours éjecter la fausse cartouche ou l'étui vide. Après la suspension ou la cessation du feu, le soldat ramasse, s'il y a lieu, les fausses cartouches ou les étuis

(1) Les sociétés de préparation militaire doivent avoir un approvisionnement de fausses cartouches pour apprendre aux jeunes gens à charger, à approvisionner leur arme.

91. Les mouvements du tir ainsi que les feux s'exécutent toujours de pied ferme : debout, en partant de l'arme au pied, de l'arme sur l'épaule ou de l'arme à la bretelle; à genou ou couché, après que le soldat a été placé préalablement dans l'une ou l'autre de ces deux positions à l'aide des commandements prescrits.

Charger.

92. Chargez.

Dans la position debout :

S'arrêter, si l'on est en marche, prendre la position du premier mouvement de *L'arme sur l'épaule*.

Abattre l'arme avec les deux mains et la saisir à la poignée avec la main droite, le pouce en travers; faire en même temps un demi à droite sur le talon gauche et se fendre d'un demi-pas environ en arrière et à droite, suivant la taille de l'homme, la pointe du pied droit un peu rentrée; passer la main gauche entre l'arme et la bretelle, le pouce allongé dans l'évidement de gauche du fût, l'extrémité des autres doigts dans l'évidement de droite, le coude gauche joint au corps, la crosse maintenue entre le corps et l'avant-bras droit, le bout du canon à hauteur de l'épaule.

Dans la position à genou :

Abattre l'arme avec les deux mains, passer la main gauche entre l'arme et la bretelle, le pouce allongé dans l'évidement de gauche du fût, l'extrémité des autres doigts dans l'évidement de droite, l'avant-bras gauche appuyé sur la cuisse gauche, la plaque de couche sur la cuisse droite au-dessous de la cartouchière.

Dans les trois positions :

Saisir le levier de la main droite, entre les deux premiers doigts repliés, le pouce par-dessus, les deux autres doigts fermés; armer en tournant le levier de droite à gauche, le ramener vivement en arrière, le coude glissant le long de la crosse, et saisir la cartouche par le corps de l'étui. Placer la cartouche dans l'échancrure, la balle en avant; pousser rapidement la culasse en avant en rabattant en même temps le levier complètement à droite; saisir l'arme à la poignée avec la main droite, le premier doigt allongé le long du pontet.

Décharger.

93. DÉCHARGEZ

Exécuter, s'il y a lieu, les premiers mouvements de CHARGEZ.

Glisser la main gauche sous la boîte de culasse, les doigts allongés et joints vis-à-vis de l'échancrure; ouvrir la culasse, extraire la cartouche en la saisissant entre le pouce et le premier doigt, la mettre dans la cartouchière, fermer la culasse;

Désarmer : à cet effet, saisir l'arme à la poignée avec la main droite, dont le pouce se place en travers sur le chien, presser sur la détente, conduire avec précaution le chien à l'abattu en le retenant avec le pouce et replacer la main droite à la poignée.

On décharge pour éviter des accidents dans les déplacements.

Approvisionner.

94. APPROVISIONNEZ.

Exécuter, s'il y a lieu, les premiers mouvements de CHARGEZ.

Ramener le bouton quadrillé à sa position arrière avec le pouce de la main droite; ouvrir la culasse et la ramener vivement en arrière, découvrir l'entrée du magasin en abaissant la partie antérieure de l'auget avec l'index. Saisir une cartouche par le corps de l'étui, la placer dans l'échancrure, l'introduire dans le magasin et lui faire dépasser l'arrêt de cartouche en la poussant avec le pouce ou l'index; prendre une autre cartouche et continuer, ainsi qu'il vient d'être prescrit, jusqu'à ce que le magasin contienne huit cartouches. Ramener le bouton quadrillé à sa position avant, fermer la culasse, désarmer et saisir l'arme à la poignée avec la main droite.

Une arme approvisionnée dispose d'une réserve de huit cartouches, ce qui permet d'agir rapidement et par surprise dans certains cas.

En campagne, l'arme doit être constamment approvisionnée.

Désapprovisionner.

95. DÉSAPPROVISIONNEZ.

Exécuter, s'il y a lieu, les premiers mouvements de CHARGEZ.

Ramener le bouton quadrillé à sa position arrière; ouvrir la culasse et la ramener vivement en arrière, la pousser ensuite en avant pour introduire la cartouche dans le canon et rabattre complètement le levier à droite, glisser la main gauche sous la boîte de culasse, les doigts allongés et joints vis-à-vis de l'échancrure; ouvrir la culasse, extraire la cartouche en la saisissant entre le pouce et le premier doigt et la mettre dans la cartouchière; pousser légèrement la culasse en avant et la ramener vivement en arrière pour relever l'auget; fermer la culasse pour introduire la nouvelle cartouche dans le canon et continuer, ainsi qu'il vient d'être dit, jusqu'à ce qu'il ne reste plus de cartouches dans le magasin; s'assurer que celui-ci est vide en jetant les yeux sur la boîte de culasse pour vérifier si le collet du piston apparaît à la sortie du tube-arrêt; ramener le bouton quadrillé à sa position avant; fermer la culasse; désarmer et saisir l'arme à la poignée avec la main droite.

Ce mouvement, destiné à éviter des accidents en temps de paix, sera peu employé en campagne.

Reposer l'arme, après les mouvements du tireur.

96. *Reposez* = ARME.

I. Revenir face en avant; prendre en même temps la position du premier mouvement de *Reposez* = ARME.

II et III. Comme les deux derniers mouvements de *Reposez* = ARME (1).

Feux.

97. Les feux s'exécutent à cartouches comptées, à volonté, à répétition ou par salves.

Le feu est un des moyens de lutte de l'infanterie.

Isolé : Moyen d'attaque et de défense.

(1) Voir le numéro 80 au chapitre : *Manœuvres*.

Groupé : Lorsque la marche est suspendue par suite de pertes, le feu est un moyen de préparer la reprise du mouvement, d'aider la progression de groupes voisins, d'arrêter la marche de l'adversaire, de briser son attaque.

98. Feu de (tant de) cartouches ou Feu a volonté = A (tant de) mètres = Sur (tel but) = Feu.

Au premier commandement, s'arrêter, s'il y a lieu, et charger l'arme.

Au commandement de A (tant de) mètres, disposer la hausse pour la distance.

Au commandement de Sur (tel but), regarder le but indiqué.

Au commandement de Feu :

Dans la position debout :

Elever l'arme horizontalement avec les deux mains; appuyer la crosse contre l'épaule droite, le coude gauche complètement abattu, le coude droit à hauteur de l'épaule; prendre la ligne de mire en penchant le moins possible la tête à droite et en avant; serrer la poignée avec la main droite, le pouce en travers, la deuxième phalange du premier doigt en avant et contre la détente, amener doucement la seconde bossette de la détente contre le dessous de la boîte de culasse, diriger la ligne de mire sur le point choisi dans le but indiqué et faire partir le coup en fermant lentement le doigt d'un mouvement continu et sans saccade.

Reprendre immédiatement la position de la charge; ouvrir la culasse et la ramener vivement en arrière pour éjecter l'étui; recharger et continuer à tirer coup par coup sans perdre de vue le but, en visant avec le plus grand soin et en rechargeant avec toute la rapidité possible. Lorsque le nombre de cartouches indiqué est épuisé ou au commandement de Cessez le feu, exécuter ce qui est prescrit au n° 101.

Dans la position à genou :

Placer le coude gauche sur la cuisse et près du genou, faire glisser en même temps l'arme dans la main gauche qui vient se placer contre le pontet, le poignet légèrement remonté, l'arme maintenue entre le pouce et les quatre doigts réunis sur la main droite; appuyer la crosse contre l'épaule, prendre la ligne de mire et exécuter le feu comme il est prescrit pour la position debout.

Dans la position couchée :

Se coucher sur le ventre, les deux jambes réunies, les coudes servant d'appuis, la main gauche embrassant le pontet comme il a été expliqué pour la position à genou; appuyer la crosse contre l'épaule, prendre la ligne de mire, et exécuter le feu comme il est prescrit pour la position debout.

99. Le feu s'exécute à répétition d'après les mêmes principes en substituant le commandement de FEU A RÉPÉTITION à celui de FEU A VOLONTÉ.

Au commandement de FEU A RÉPÉTITION, ramener le bouton quadrillé à sa position arrière, ouvrir la culasse et la ramener vivement en arrière, puis la refermer en abattant complètement le levier à droite.

Pendant l'exécution du tir, recharger en manœuvrant la culasse et continuer à tirer sans cesser de viser, jusqu'à ce que le magasin soit épuisé.

Lorsque le magasin est épuisé, ramener le bouton quadrillé à sa position avant, exécuter ensuite le feu coup par coup.

100. FEU PAR SALVES = *A* (TANT DE) MÈTRES = SUR (TEL BUT) = JOUE = FEU.

Aux trois premiers commandements, charger, disposer la hausse et regarder le but.

Au commandement de JOUE, mettre en joue et viser; à celui de FEU, agir sur la détente comme il est prescrit au n° 98 et faire partir le coup lorsque la ligne de mire passe par le point visé. Recharger et attendre un nouveau commandement de JOUE.

Arrêter et reprendre le feu

101. CESSEZ LE FEU.

Arrêter momentanément le feu, charger l'arme si elle ne l'est déjà, et rester en position, la hausse placée, le doigt allongé le long du pontet, les yeux fixés sur le but.

Quand le commandement de CESSEZ LE FEU est fait au cours d'un tir à répétition, compléter l'approvisionnement du magasin et ramener, avant de charger, le bouton quadrillé à sa position avant.

Le feu est repris au commandement de FEU précédé de l'indication de la nature du feu : (TANT DE) CARTOUCHES, — A VOLONTÉ, — A RÉPÉTITION, — PAR SALVES.

Lorsque le commandement de CESSEZ LE FEU est suivi de celui de DÉCHARGEZ, décharger et replacer la hausse s'il y a lieu.

En cessant ainsi de tirer dès que la situation ne l'exige plus, on évite le gaspillage des munitions.

Inspection des armes et des cartouchières.

102. L'inspection des armes et des cartouchières est de rigueur avant et après tout exercice de tir et toute manœuvre comportant l'emploi de cartouches sans balle. Elle est passée avant de quitter le champ de tir ou le terrain de manœuvre et après l'emploi de cartouches sans balle, notamment lorsqu'il doit être fait immédiatement usage de cartouches à balle. Il est essentiel, dans ce dernier cas, de débarrasser la chambre des débris qui pourraient s'y trouver.

103. INSPECTION DES ARMES.

Prendre la position de CHARGEZ, ramener le bouton quadrillé à sa position arrière et saisir l'arme à la poignée.

Le chef inspecte successivement chaque arme et s'assure qu'il ne reste ni cartouches dans le magasin en vérifiant si le collet du piston se présente à l'entrée du tube-arrêt, ni corps étranger dans le canon ou dans la chambre.

Au moment où le chef arrive à sa hauteur, chaque soldat manœuvre rapidement la culasse deux fois de suite; après l'inspection, il ramène le bouton quadrillé à sa position avant, ferme la culasse, désarme et se place l'arme au pied.

Cette inspection met à l'abri des accidents.

Fusil modèle 1886.

Données générales.

Les qualités maîtresses de toute arme portative de guerre sont : *la justesse du tir, la tension de la trajectoire, la pénétration du projectile.*

Ces propriétés sont dues, en grande partie, à la bonne organisation de l'arme et de sa munition. Le fusil 86 (balle D) possède à un haut degré ces trois qualités, lorsqu'il est neuf ou qu'il a été bien entretenu et qu'il tire une cartouche bien conservée, mais ces trois qualités perdent beaucoup de leur valeur quand l'arme a été mal entretenue ou quand les munitions sont avariées.

Il est donc du plus grand intérêt de maintenir le plus longtemps possible ces armes et ces munitions dans des conditions se rapprochant de celles de leur établissement. On y arrive en les préservant de tout accident et en les entretenant d'une façon intelligente.

Le fusil modèle 1886 M 93 a une portée de 3.400 mètres; la vitesse initiale de la balle D est de 701 mètres, la cartouche pèse environ 27 gr. 6.

Il se divise en six parties principales :

1° Le *canon* et sa *boîte de culasse;*
2° La *culasse mobile;*
3° Le *mécanisme à répétition;*
4° La *monture* en deux pièces (le *fût* et la *crosse*);
5° Les *garnitures;*
6° L'*épée-baïonnette.*

On remarque sur le canon: le *guidon*, le *petit tenon*, le *grand tenon*, la *hausse* qui comprend le pied de hausse à griffes avec ses gradins, la planche avec ses crans de mire, le curseur.

La boîte de culasse est vissée sur le canon.

L'*âme* cylindrique du canon est du *calibre* de 8 millimètres et a 4 *rayures en hélice*, tournant de droite à gauche au pas de 24 centimètres. La profondeur de la rayure est de 15 centièmes de millimètre.

(Ces rayures donnent à la balle un mouvement de *rotation* qui lui permet de se maintenir dans l'air et d'atteindre le but.)

Le magasin, sous le fût, contient huit cartouches. On peut l'approvisionner à dix, en mettant en plus une cartouche dans le canon et une dans l'auget.

PRINCIPALES PIÈCES DU FUSIL

Culasse mobile.

Culasse mobile

Tête mobile

Cylindre

Mécanisme à répétition.

Mécanisme de répétition

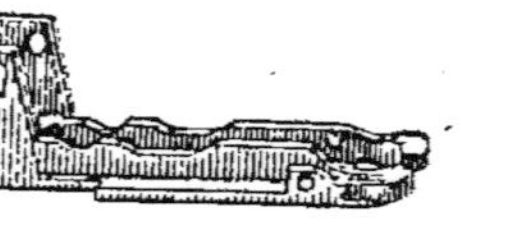

Corps de Mécanisme

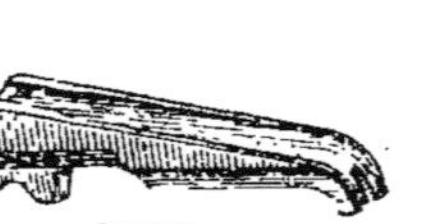

Auget

Diverses.

Mécanisme de détente

a - Tête de gâchette
b - Détente
c c - Les 2 bossettes

Ressort de gâchette

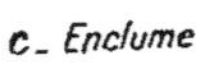

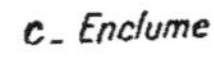

a - Balle
b - Charge de poudre
c - Enclume

Culasse mobile.

Le Chien

Manchon

Tampon-masque

Extracteur

Percuteur

Mécanisme à répétition.

Butoir d'auget

Levier de manœuvre

a Bouton quadrillé

Ressort du levier de manœuvre

Arrêt de cartouches

Diverses.

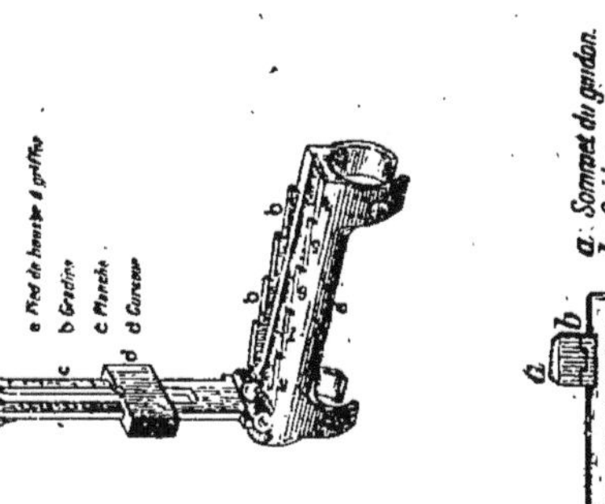

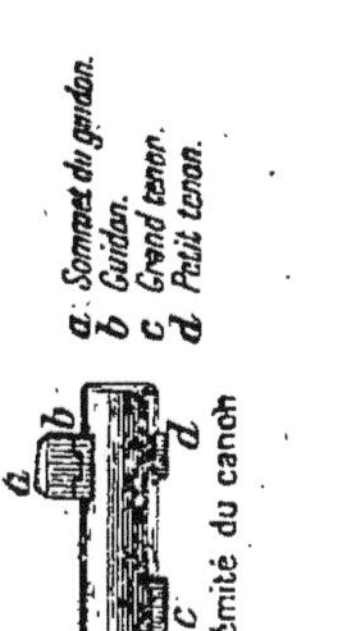

Extrémité du canon

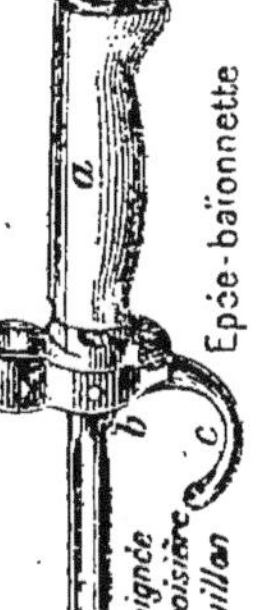

Epée-baïonnette

Entretien de l'arme.

Les sociétés de préparation militaire étant pourvues d'un certain nombre de fusils, si on veut conserver ces armes en bon état, il est indispensable qu'elles soient nettoyées après chaque exercice, après chaque tir.

Du reste, lorsque les jeunes gens qui font partie de ces sociétés seront soldats, ils auront à nettoyer leur fusil. Il n'est donc pas superflu de le leur apprendre auparavant, quoique cet enseignement ne fasse pas partie du programme.

Pour les habituer tous à ce nettoyage, il suffira d'établir un roulement entre eux.

La société devra posséder à cet effet les objets et ingrédients ci-dessous :

Des baguettes de nettoyage;
Des baguettes de graissage munies d'écouvillons;
Des tournevis chassoirs;
Des ficelles (le procédé du nettoyage à la ficelle est à peu près abandonné dans l'armée);

De l'huile, de la graisse d'arme, des brosses d'armes, des curettes en bois tendre, de la brique pilée, des chiffons de linge et de drap, des plumes pour mettre de l'huile.

Pour nettoyer son fusil (1), il faut le démonter.

Le *démontage* se fait dans l'ordre suivant :

1° L'épée-baïonnette;
2° La bretelle;
3° La culasse mobile (vis d'assemblage du cylindre, tête mobile, extracteur, manchon, chien, percuteur, ressort à boudin, cylindre, tampon-masque);
4° La vis postérieure du pontet;
5° La vis de mécanisme;
6° Le mécanisme de répétition (le corps de mécanisme, vis de mécanisme, auget, butoir d'auget, levier de manœuvre et son ressort, arrêt de cartouches et mécanisme de détente);
7° L'embouchoir;
8° La grenadière;
9° Le fût — il contient le magasin qui renferme le ressort et le piston (incliner le fût pour dégager le tenon d'attache);
10° Le canon.

Le *remontage* se fait dans l'ordre inverse.

On ne démonte jamais l'*extracteur*, le *tampon-masque*, la *vis de culasse* ni la *crosse*.

Le *mécanisme de répétition* n'est démonté que par ordre.

Le nettoyage de l'arme se fait aussitôt après qu'on s'en est servi.

---

(1) Etant soldat, on reconnaît son fusil à un numéro placé sur la crosse et l'épée-baïonnette.

APRÈS UN EXERCICE. — On se borne à enlever la poussière, l'humidité, les encrassements et la rouille superficielle.

Pièces en acier non bronzées. — Les frotter légèrement avec un morceau de drap sec et propre.

S'il y a de la rouille, on l'imbibe d'huile, ensuite on l'enlève avec un linge huilé. Employer de la brique pilée délayée dans de la graisse si ce moyen est insuffisant, sauf pour l'intérieur du canon.

Graisser ensuite les pièces légèrement, mettre une goutte d'huile sur les filets de vis.

Pièces en acier mises en couleur. — Si elles ne sont pas rouillées, les laver au besoin avec un linge mouillé, puis les essuyer avec un linge sec.

Si elles sont rouillées, les frotter avec un linge ou un morceau de drap légèrement gras.

Pièces en bronze de nickel ou en laiton. — Les frotter avec du tripoli.

Pièces en bois. — Les essuyer avec un linge sec; après une pluie, avec un chiffon huilé.

APRÈS LE TIR. — Ouvrir le tonnerre, retirer la culasse mobile en arrière jusqu'à l'arrêt, passer la baguette de nettoyage dans le canon pour essuyer l'intérieur, puis graisser avec l'écouvillon ou un chiffon gras.

Pour nettoyer le canon à l'aide de la baguette, procéder comme il suit :

Passer dans la fente de la baguette de nettoyage une bande de toile de 10 à 15 centimètres de longueur et d'environ 4 centimètres de largeur. Retirer la culasse mobile de la boîte de culasse et séparer le mécanisme de l'arme. Introduire la baguette dans la bouche du canon. Saisir la poignée à pleine main et imprimer à la bague un mouvement de va-et-vient dans toute la longueur du canon. Avoir soin, à chaque passe, de faire sortir complètement le chiffon hors de l'âme, de façon à pouvoir le secouer et à éviter les rebroussements de la toile et les coincements qui peuvent se produire. Cinq ou six passes de nettoyage suffiront ordinairement pour nettoyer l'intérieur du canon. Si on ne peut nettoyer avec un chiffon sec nettoyer avec un chiffon huilé.

L'intérieur du canon étant nettoyé, le graisser légèrement à l'aide de la baguette de graissage. A cet effet, imprégner légèrement de graisse la brosse de l'écouvillon; engager l'écouvillon dans l'âme et faire une seule passe aller et retour.

On peut également se servir d'une ficelle de nettoyage pour le nettoyage du canon.

Enlever la culasse mobile et le mécanisme; prendre un chiffon aussi résistant que possible de 15 à 20 centimètres de longueur et de 4 à 10 centimètres de largeur, le passer à forcement dans le canon à l'aide de la ficelle de nettoyage. On engage le chiffon dans un nœud gansé formé au milieu de la ficelle et on le manœuvre en agissant alternativement sur les deux bouts de celle-ci, l'arme étant maintenue aussi immobile que possible. A la fin de chaque mouvement alternatif, le chiffon doit sortir complètement; il faut l'y faire rentrer par la partie qui est serrée dans le nœud de la ficelle, afin d'éviter qu'il ne se rebrousse ou ne se coince pendant son trajet dans l'âme.

Autant que possible, cette opération est faite par deux soldats qui maintiennent l'arme horizontalement en tenant dans leur main gauche, l'un la poignée de la crosse, l'autre l'extrémité du fût, et en ayant chacun dans la main droite le bout de la ficelle qui est de son côté.

Si par hasard un soldat est seul, il soutient son arme de la main gauche, sous l'arrière du fût, pour tirer le chiffon de la bouche vers la culasse, et il fait reposer sur la crosse pour le mouvement inverse. Il est formellement interdit, dans ce cas, d'attacher un des bouts de la ficelle à un support fixe et d'exécuter le nettoyage en donnant à l'arme un mouvement de va-et-vient le long de la ficelle. La substitution de fils métalliques à la ficelle ou l'emploi de baguettes en acier et en fer sont interdits.

Essuyer et graisser toutes les parties extérieures de l'arme, y compris la culasse mobile.

Mettre une goutte d'huile à toutes les pièces qui éprouvent un frottement ou un mouvement de rotation et aux vis.

Si l'arme est mouillée ou remplie de poussière, enlever la culasse mobile et le mécanisme de répétition et procéder au démontage et au nettoyage de toutes les pièces. Séparer également le fût du canon, essuyer la boîte de culasse.

Essuyer également la baïonnette.

Ouvrages à consulter.

L'enseignement du tir dans l'infanterie, par le capitaine Balédent. — *Le tir en temps de paix et en temps de guerre*, par le commandant Décot. — *Instruction individuelle du tireur et éducation du système nerveux*, par le capitaine Moreaux et le docteur Gruet.

TOPOGRAPHIE

ET

LECTURE DES CARTES

Programme :

Echelles. — Numériques, graphiques. Echelle de la carte.

Planimétrie. — Projection d'un point, d'une ligne, etc. Signes conventionnels et signes administratifs.

Nivellement ou altimétrie. — Formes diverses du terrain. Représentations diverses des formes du terrain. Courbes de niveau. Hachures. Loi du quart.

Cartes topographiques. — Indications portées à l'intérieur et à l'extérieur du cadre. Méridiens. Parallèles. Orientation de la carte et son utilisation sur le terrain. Problème de la carte. Lecture d'un itinéraire sur la carte, sur un parcours de 1.500 à 2.000 mètres et préciser, sans explications détaillées, tout ce qu'on rencontre : nivellement et planimétrie dans un rayon de 500 mètres de chaque côté.

Note minima pour l'obtention du brevet 10.
Coefficient 60.

DÉFINITION. — La topographie est l'art de représenter au moyen d'un dessin une portion très restreinte de la surface du sol.

La photographie d'un paysage vu en ballon est un plan topographique.

L'étude, même sommaire, de la topographie nécessite quelques notions de géométrie.

Notions de géométrie.

Un objet pesant, abandonné à lui-même, trace en tombant une droite appelée *verticale.*

On appelle *plan* une surface unie, telle qu'une règle peut s'appliquer dessus dans tous les sens, sans cesser de coïncider avec elle (exemple : un billard, une nappe d'eau).

On appelle *projection* d'un point l'endroit où la verticale issue du point rencontre un plan horizontal.

La projection d'une ligne sur un plan est formée par la

ligne qui joint les projections des différents points de cette ligne (fig. ci-dessous).

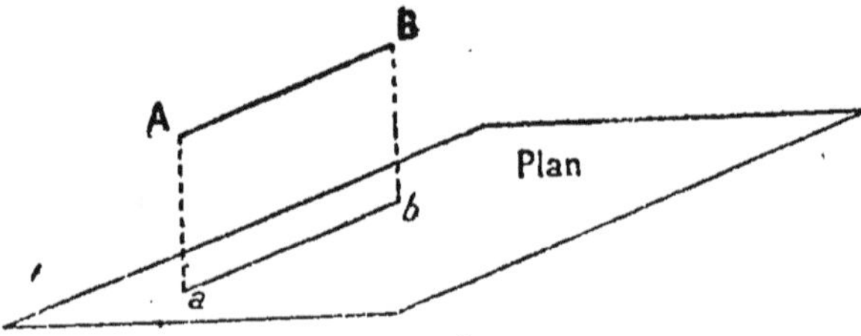

La topographie se divise en deux parties : la *planimétrie* et le *nivellement*.

La *planimétrie* est la représentation des routes, bois, maisons, rivières, mers, etc...

Les cartes des pays de plaine n'ont le plus souvent comme dessin que la représentation de la planimétrie.

Le *nivellement* est la représentation des mouvements du sol. Il met en valeur les différences de niveau et permet de reconnaître les hauteurs, les vallées, les plaines, les montagnes.

La représentation du nivellement se fait au moyen de *hachures*, de *courbes* ou de teintes destinées à donner la sensation du relief tout en conservant une certaine exactitude.

QUESTIONNAIRE.

Qu'est-ce que la topographie?
Qu'appelle-t-on plan?
Montrez des lignes verticales.
Montrez des surfaces planes.
Projetez sur un plan horizontal : un point, une ligne.
Qu'est-ce que la planimétrie?
Montrez sur la carte des détails de planimétrie.
Qu'est-ce que le nivellement?
Montrez sur la carte des détails de nivellement.

Echelle.

Pour représenter de grands espaces de terrain, il faut réduire les dimensions des objets dans un certain rapport, pour faire tenir cette représentation sur une feuille de papier qui ne soit pas d'une grandeur exagérée, faute de quoi elle ne serait ni transportable, ni facile à consulter. On est donc forcé de réduire les dimensions du terrain et des objets qui sont à sa surface.

La proportion dans laquelle l'unité de longueur est réduite s'appelle l'*échelle de la carte*.

Exemple : Un bois de 1,000 mètres de côté mesure 1 centimètre sur la carte, le rapport ou échelle est 1/100,000 ou un cent millième.

Plus le dénominateur augmente, plus l'échelle est petite.

Exemple : Une carte au 1/20,000 donne plus de détails qu'une carte au 1/80,000 parce qu'un même espace de terrain est représenté avec des dimensions quatre fois plus grandes.

En général, pour éviter de trop longs calculs, toutes les cartes sont accompagnées d'un petit dessin qui est la représentation de l'échelle de la carte.

Echelle du 1/80,000 : Cette échelle, usuelle dans l'armée, est celle adoptée par la carte dite d'état-major.

80,000 mètres de terrain sont représentés par 1 mètre de carte.

1,000 mètres du terrain sont représentés par

$$\frac{1,000}{80,000} = 0^{m},0125, \text{ soit } 1 \text{ cm. } 1/4.$$

On peut mesurer rapidement une distance en employant les moyens suivants :

Une pièce de 5 centimes en bronze a un diamètre de 2 cm. 5. Cette longueur, à l'échelle du 1/80,000, représente exactement 2 kilomètres.

Une allumette suédoise (bois rouge) mesure 5 centimètres, soit exactement 4 kilomètres à l'échelle du 1/80.000.

La phalange du pouce depuis l'articulation jusqu'au bout de l'ongle mesure approximativement 3 kilomètres à l'échelle de 1/80,000.

Enfin, on devra exercer l'œil à l'estimation exacte des distances sur la carte. A cet effet, on estimera la distance par comparaison avec l'échelle du bas de la carte entre deux points donnés, puis on mesurera la distance exacte avec une échelle de papier, par exemple. On constate ainsi l'erreur commise. Quelques exercices de ce genre arriveront vite à faire l'éducation de l'œil à ce point de vue.

Pour mesurer une distance sur la carte (longueur d'un parcours), on peut se servir :

1° D'un fil que l'on fait sinuer le long de la route;

2° D'un morceau de papier plié en bande sur lequel on porte bout à bout les segments à mesurer;

3° D'un curvimètre (sorte de roue dentée qui progresse le long d'un pas de vis).

On reporte ensuite les dimensions trouvées sur l'échelle inscrite au bas de la carte.

Les distances ainsi mesurées comportent toujours une certaine erreur, notamment dans les régions très accidentées, car la longueur trouvée sur la carte n'est que la distance horizontale, à vol d'oiseau, entre deux points. La distance exacte lui est toujours supérieure.

Dans le calcul de la longueur des marches, il est bon de forcer d'un quart la longueur trouvée, afin de ne pas être trop éloignée de l'étape véritable.

Ci-dessous les échelles les plus usitées dans l'armée :

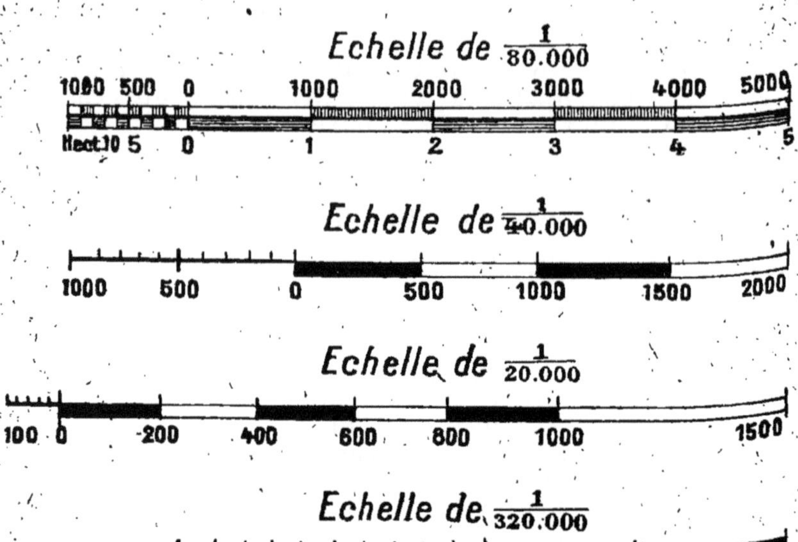

Il peut arriver qu'une carte de la région où l'on se trouve ne porte pas d'échelles. Dans ce cas, mesurer en terrain plat si possible une longueur déterminée. Mesurer la même longueur sur la carte et faire le rapport qui, par définition, est l'échelle demandée.

Exemple : Longueur du terrain mesurée 300 mètres, longueur correspondante sur la carte 15 millimètres.

$$\frac{300}{0{,}015} = 20{,}000.$$

La carte est à l'échelle du 1/20,000.

Echelle de pas : L'échelle de pas est indispensable à tracer quand on doit faire un itinéraire ou un lever à vue.

Première opération : Etalonner son pas, c'est savoir combien l'on fait de pas pour 100 mètres. Supposons 125 pas.

Si 125 pas représentent 100 mètres, 1 pas représente $\frac{100}{125}$ **et 100 pas représenteront** $\frac{100 \times 100}{125} = 80$ **mètres.**

Ceci fait, on construit une échelle de rapport voulu,

1/80,000 par exemple, et tous les 80 mètres on indique en dessous 100 pas; tous les 800 mètres, 1,000 pas, etc.

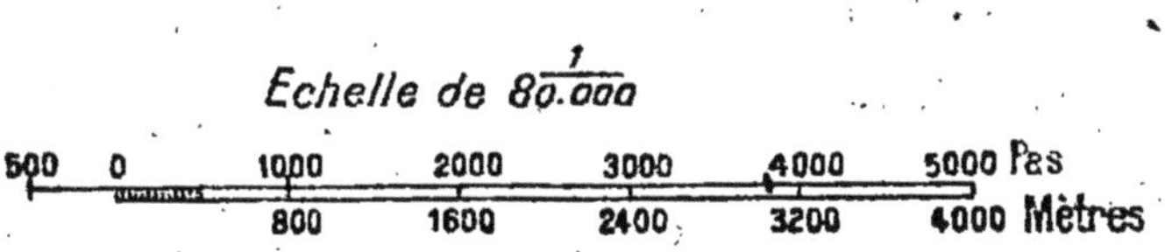

Echelle de $\frac{1}{80.000}$

500	0	1000	2000	3000	4000	5000 Pas
		800	1600	2400	3200	4000 Mètres

Echelles généralement employées :

En France : le 1/80.000, le 1/40.000, le 1/50.000, le 1/100.000, le 1/320.000.
En Belgique : le 1/20.000, le 1/40.000 et le 1/160.000.
En Allemagne : le 1/100.000.
En Suisse : le 1/100.000 et le 1/50.000.
En Italie : le 1/100.000, le 1/75.000, le 1/50.000 et le 1/25.000.
En Algérie : le 1/50.000.
En Tunisie : le 1/100.000.

Une nouvelle carte destinée à l'armée, imprimée en sept couleurs, à l'échelle du 1/50,000 est actuellement en cours de publication.

QUESTIONNAIRE.

Qu'est-ce que l'échelle?

Quelle superficie de terrain représente la carte annexée à la topographie?

Mesurez la distance qui sépare le clocher de *Dury* de celui d'*Hébécourt* : 1° à l'aide d'un décimètre; 2° à l'aide de l'échelle; 3° à l'aide du pouce, d'un sou, etc. Comparez le degré d'exactitude de ces mesures.

Mesurez à la vue la distance qui sépare le clocher d'*Hébécourt* de la station de *Prousel* par comparaison avec la distance qui sépare le clocher d'*Hébécourt* de celui de *Dury*.

Mesurez avec exactitude la longueur de l'itinéraire : Eglise de *Dury*, *Vers*, *Bacouël*, *Plachy*, église de *Prousel*.

Sachant qu'une distance de 1.100 mètres sépare le *cabaret* situé sur la route départementale (1.000 N.-E. du clocher de *Vers*) du carrefour *coté 61* sur la même route, plus au Nord, et que cette distance mesurée sur la carte est de 1 cent. 575, quelle est l'échelle de la carte?

Construisez une échelle de pas connaissant l'étalonnage de votre pas.

Citez les échelles généralement employées en France et à l'étranger.

Lecture de la carte.

Pour bien lire une carte, il est nécessaire de connaître l'esprit dans lequel elle a été conçue et les règles suivies pour son établissement afin d'en déduire le genre de renseignements qu'elle contient et le degré de précision qu'on peut lui demander sans dépasser les limites d'approximation que son échelle et sa nature même lui imposent.

On admet que le quart de millimètre est la plus petite longueur qu'on puisse évaluer à l'œil nu avec un instrument de mesure; cette longueur représente, au 1/80,000, une longueur de 20 mètres. Il en résulte que, sur la carte, l'approximation avec laquelle on peut mesurer une longueur réelle est de 20 mètres et que tous les détails dont les dimensions sont inférieures à 20 mètres doivent être supprimés, ou représentés par des *signes conventionnels* qui les amplifient.

En ce qui concerne le nivellement, les points cotés seuls peuvent être considérés comme ayant une exactitude à peu près mathématique.

Il ne faudrait pas croire cependant que tous les détails du nivellement dont les dimensions planimétriques sont de 20 mètres figurent sur toutes les feuilles; en dehors des considérations purement géométriques qui précèdent, il en est d'autres qui ont guidé les topographes.

Le 1/80,000 est avant tout une *carte tactique*.

C'est l'importance des détails, au point de vue militaire, qui a guidé le topographe dans le choix des objets à représenter et dans le degré de précision à leur donner.

Planimétrie.

L'ensemble des projections de tous les points remarquables d'un terrain sur un plan horizontal constitue la planimétrie de la carte que l'on se propose de lever. Le plan sur lequel on suppose projetés les points remarquables du terrain s'appelle *plan de comparaison*. On est convenu d'adopter comme plan de comparaison le plan horizontal correspondant au niveau moyen de la mer. On dit que les points de ce plan sont à la cote 0.

Signes conventionnels : Certains détails sont trop petits pour que leur représentation exacte puisse être faite à toutes les échelles. Néanmoins, il est nécessaire de les voir figurer sur la carte. On a tourné la difficulté en faisant usage de *signes conventionnels* qui constituent une série de petits dessins simples et faciles à reproduire, représentant d'une manière invariable les différents objets qui se trouvent à la surface du sol.

1° Voies de communication.

Routes et Chemins.

(Ce que l'on demande à la carte, c'est un renseignement précis sur la viabilité du chemin.)

Largeur conventionnelle en décimillimes

			Largeur
Routes carrossables entretenues ayant au moins 6 mètres de largeur.	Routes nationales........... (*avec le numéro.*) (2 traits d'inégale épaisseur.)	*Pavées* *avec arbres, sans arbres*	8
		Empierrées.	8
	Routes départementales...... (2 traits d'égale épaisseur.)	*Pavées*	8
		Empierrées	
Chemins de grande communication régulièrement entretenus..........			
Chemins carrossables entretenus, ayant moins de 6 mètres de large..........			
Chemins importants, mais dont la viabilité en toute saison n'est pas assurée..........			
Chemins en pays de montagne..........			
Chemins d'exploitation..........			
Laie forestière..........			
Sentiers..........			
Vestiges d'ancienne voie (voie romaine)..........			

Route

encaissée *en chaussée.*

Chemins de fer.

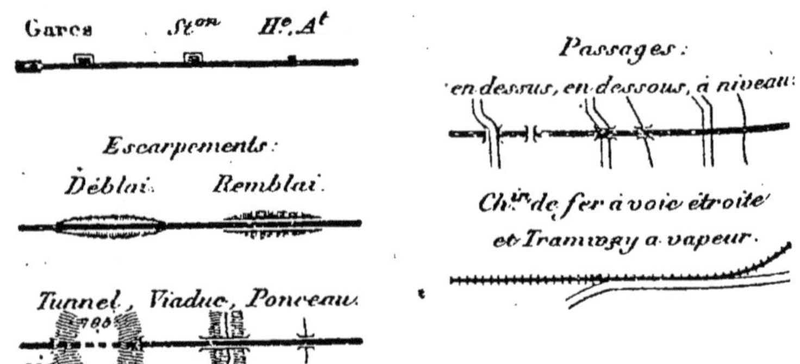

(Lorsqu'on suit sur la carte une voie ferrée, on remarque que parfois le trait noir est interrompu et fait place à un trait très fin. Ces interruptions ne sont pas des tunnels ou des viaducs, comme on pourrait le supposer : elles sont nécessitées par suite de ce que les chemins de fer ayant été ajoutés sur les cartes au fur et à mesure de leur établissement, il a fallu interrompre les lignes à l'endroit où il y avait des noms gravés.)

Eaux.

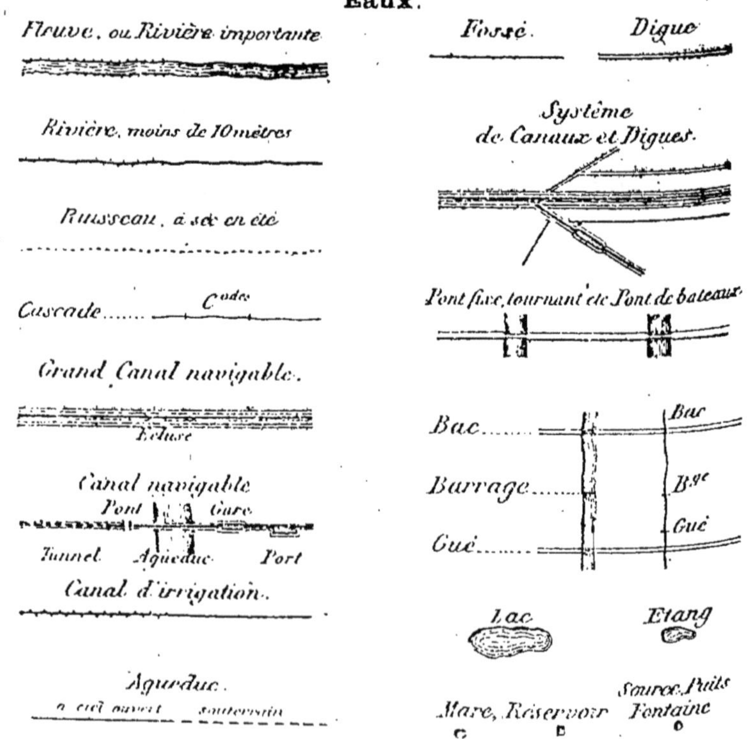

Signes concernant la navigation.

Barrage avec écluse et maison éclusière.

Point où un cours d'eau devient

Observations.

Les confusions sont faciles entre *ruisseaux* et *sentiers*. Cependant les ruisseaux sont figurés par un simple trait dont la grosseur va en augmentant au fur et à mesure qu'on s'éloigne de la source; de plus, ce trait est sinueux. L'étude des formes du terrain avoisinant permet également de s'y reconnaître.

Les ruisseaux importants, les rivières, les fleuves, portent leur nom écrit le long de leur cours.

Les *écluses* sont représentées par deux traits en forme de V accompagnés du mot *Ecluse* ou de l'abréviation « Ec^{se} ».

Les *ponts* de routes et de chemins de fer au-dessus des cours d'eau se représentent de la même façon, par deux traits figurant les garde-fous du pont considérablement élargis.

Les *fontaines* sont figurées par un petit cercle (voir figure) avec soit le mot *Fontaine*, soit les abréviations *Font*^{e} ou *F*^{ce}. (Ne pas confondre avec *F*^{e} qui veut dire « Ferme », et qui d'ailleurs est toujours accompagné d'un rectangle noir.)

Villes. — Habitations.

Ville Fortifiée.

Ville Fermée. et Anc^{n} Fort.

Ville Ouverte.

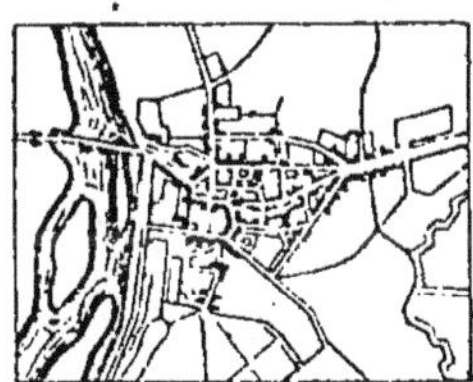

Bourg ou Village.

Eglise. Clocher
Chapelle ou Ermitage, Couvent
Calvaire. Croix, Tombe
Cimetière
Château, Manoir
Ferme
Maison ou Construction isolée
Moulin à vent
Moulin à eau

Forge, Usine (à moteur hydraulique)
Manufacture. Usine (à moteur non hydraulique)
Télégraphe. Sémaphore
Grotte, Carrière souterraine, Fosse, Puits de Mine
Four à Chaux, à Plâtre
Ruines

Objets ayant servi de points trigonométriques : Clocher, Eglise, Chapelle, Signal.

Les *clôtures en bois* sont indiquées par un trait léger.

Les *murs* qui entourent de grandes propriétés sont indiqués par un trait plein et assez fort. On ne peut les confondre avec un ruisseau ou un chemin de champ, car ils forment toujours une figure régulière fermée.

Les *haies* par des lignes composées de points d'inégale grosseur.

Les *fossés* délimitant une propriété sont indiqués par des éléments de ligne; on les reconnaît parce qu'ils correspondent à un ruisseau ou à un étang.

Cultures.

Les cultures sont indiquées de la façon suivante sur la carte d'état-major :

Bois. Prés. Tourbières.

Marais Salants. Bruyères et Landes, Falaises.

Vignes.

Marais

Dunes et Sables

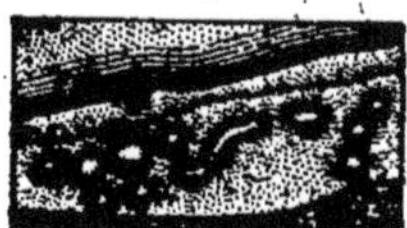

Bourg ou Village.

Les terres labourables sont laissées en blanc.

Les lignes *d'arbres*, aussi bien celles en plein champ que celles qui bordent les routes ou les cours d'eau, se représentent par des points; mais ces points sont beaucoup plus espacés que dans les limites de communes, la confusion n'est pas possible.

Divisions politiques.

Ce sont des lignes conventionnelles qui ne présentent pas d'importance en ce qui concerne la connaissance et l'utilisation du terrain, mais qui en ont en ce qui se rapporte au cantonnement.

Limite d'Etat

Limite d'Arrondissement

Limite de Département

Limite de Canton

Limite de Commune

Savoir reconnaître les limites est donc nécessaire, la chose est d'ailleurs facile grâce à leur forme toute particulière et à leur très grande longueur qui en est une caractéristique très certaine.

Abréviations.

La carte fait en outre usage *d'abréviations* destinées à alléger le dessin.

PF PRÉFECTURE SP SOUS-PRÉFEC. CT *CANTON.*

Abb^{e}	Abbaye.
A^{br}	Abreuvoir.
Aqu^{e}	Aqueduc.
Arb.	Arbre.
Aub^{ge}	Auberge.
B^{que}	Baraque.
B^{re}	Barrière.
B^{in}	Bassin.
B^{de}	Bastide.
Bat^{ie}	Batterie.
B^{ie}	Bergerie.
B.	Bois.
B^{de}	Borde.
B^{che}	Bouche.
Briq^{ie}	Briqueterie.
B^{on}	Buisson.
B^{on}	Buron.
C^{ne}	Cabane.
Cab^{et}	Cabaret.
C^{al}	Canal.
C.	Cap.
Carref^{r}	Carrefour.
Carr^{e}	Carrière.
C^{se}	Cense.
Ch^{ne}	Chaîne.
Ch^{et}	Chalet.
C^{lle}	Chapelle.
Ch^{au}	Château.
Ch^{ée}	Chaussée.
Ch^{in}	Chemin.
Ch^{née}	Cheminée.
Cim^{re}	Cimetière.
Cit^{le}	Citadelle.
Colomb^{r}	Colombier.
Couv^{t}	Couvent.
Cr^{x}	Croix.
Dig.	Digue.
Dom^{e}	Domaine.
D^{ne}	Douane.
E. min.	Eau minérale.
E^{se}	Ecluse.
E^{ie}	Ecurie.
Eg^{se}	Eglise.
Emb^{re}	Embarcadère
Emb^{ure}	Embouchure.
Etab^{nt}	Etablissement.
Et^{g}	Etang.
E^{le}	Etoile.
Fab^{e}	Fabrique.
Fb^{g}	Faubourg.
F^{me} ou F^{e}	Ferme.
Fl.	Fleuve.
F^{rie}	Fonderie.
F^{ne}	Fontaine.
F^{t}	Forêt.
F^{ge}	Forge.
F^{t}	Fort.
Gl^{er}	Glacier.
G^{ge}	Gorge.
G^{d}	Grand.
H^{au}	Hameau.
I.	Ile.
J^{se}	Jasse.
J^{ée}	Jetée.
K.	Ker.
L.	Lac.
Lag.	Lagune.
L^{de}	Lande.
L^{te}	Lette.
Loc^{re}	Locature.
M^{on}	Maison.
Mal^{rie}	Maladrerie.
Manuf^{re}	Manufacture.
M^{s}	Marais.
M.	Mas.
Mét^{ie}	Métairie.
M^{t}	Mont.
M^{gne}	Montagne.
M^{in}	Moulin.
N.-D.	Notre-Dame.
Pap^{ie}	Papeterie.
P.	Parc à bestiaux.
P^{ge}	Passage.
P^{on}	Pavillon.
P^{t}	Petit.
Ph.	Phare.
P.	Pic.
Pl^{au}	Plateau.

Pte	*Pointe.*	*Salpie*	*Salpêtrerie.*
Pt	*Pont.*	*Sapre*	*Sapinière.*
Pt	*Port.*	*Scie*	*Scierie.*
Pte	*Porte.*	*Sém.*	*Sémaphore*
Pte de Dne	*Poste de douane.*	*Sal*	*Signal.*
Poudte	*Poudrerie.*	*Somt*	*Sommet.*
Pts	*Puits.*	*Ston*	*Station.*
Qr	*Quartier.*	*Télégr*	*Télégraphe.*
Rau	*Radeau.*	*Tnt*	*Torrent.*
Rede	*Redoute.*	*Tr*	*Tour.*
Rise	*Remise.*	*Tie*	*Tuilerie.*
Retrnt	*Retranchement.*	*Use*	*Usine.*
R.	*Rivière.*	*Vacie*	*Vacherie*
Rer	*Rocher.*	*Vée*	*Vallée.*
Rte	*Route.*	*Von*	*Vallon.*
Rte Dle	*Route départementale.*	*Vrie*	*Verrerie.*
Rte Nle	*Route nationale.*	*Vx*	*Vieux.*
Rau	*Ruisseau.*	*Vor*	*Vivier.*
Sal.	*Saline.*		

Ecritures.

Les *écritures* servent à indiquer le nom des divers accidents et objets qui couvrent le terrain et, par leur grosseur, à faire connaître l'importance relative des lieux et objets désignés, et leur nature au point de vue administratif.

Cinq genres d'écritures ont été adoptées par le Dépôt de la guerre. Ce sont les suivantes :

CAPITALES DROITES.
CAPITALES PENCHÉES.
Romaines droites.
Romaines penchées.
Italiques.

La *capitale droite* est employée pour les noms des villes (préfectures 4 millimètres, sous-préfectures 2mm,8) et des objets de grande dimension : lacs, grandes forêts, montagnes, mers, etc.

La *capitale penchée* est employée pour les noms des chefs-lieux de canton, des grands fleuves, des forêts moyennes, des grands bois.

La *romaine droite* pour les noms des villages (chefs-lieux de commune), des grandes rivières, des routes nationales, des chemins de fer, etc.

La *romaine penchée* pour les noms des hameaux, des écarts, des routes départementales, des petites rivières, etc.

L'*italique* pour les noms des maisons isolées, des fermes, des lieux dits, des auberges, des ruisseaux et en général des objets les moins importants.

Les noms sont placés de manière à être attribués facilement à l'objet qu'ils désignent.

REMARQUE. — Aux manœuvres, cette différence dans les écritures permet à un campement de se diriger directement sur la commune et non sur l'écart qui est quelquefois aussi important que la commune.

Enseignement des signes conventionnels :

Pour familiariser les élèves avec les signes conventionnels, les faire dessiner sur un carnet, tout comme on apprend à l'enfant à reproduire les lettres de l'alphabet sur un cahier d'écriture.

Lorsque les jeunes gens connaîtront bien ces signes, on leur posera des questions pratiques, sur la carte d'état-major, dans le genre de celles-ci (1) :

Montrez une église?

Pourquoi certaines églises sont-elles représentées par un cercle avec un point au milieu?

Montrez une chapelle, une ferme, un moulin à eau, un point trigonométrique?

Montrez un chemin de fer, un passage à niveau, un passage en dessous, un passage en dessus?

Montrez une grande propriété entourée de murs?

Montrez une route nationale, départementale, chemins de viabilité certaine, chemins de viabilité incertaine, chemins d'exploitation, sentiers, vestiges de voie romaine?

Montrez une rivière? Quelle est sa largeur?

Montrez un bois, des vergers, des prés, des lignes d'arbres?

Montrez une limite de commune, de canton?

Enfin, pour confirmer les élèves dans l'emploi de ces signes dans l'orientation, on les leur fera employer fréquemment en leur faisant faire des dictées topographiques (2).

Exemple de dictée.

Dictée de l'itinéraire : Hébécourt-Buyon, route départementale, carrefour situé à 800 mètres Sud-Est de l'église de Vers, chemin de Vers à Rumigny, carrefour situé à 800 mètres Nord de l'église d'Hébécourt, église d'Hébécourt. A exécuter à l'échelle du 1/50.000.

L'itinéraire à parcourir pourrait être dicté ainsi :

D'abord donner aux gradés les indications nécessaires, échelle, situation du point de départ, etc., d'une façon telle que le croquis tienne sur la feuille de dimension donnée.

En partant de l'église d'*Hébécourt*, nous suivons pendant 250 mètres un chemin régulièrement entretenu orienté Est-Ouest, nous croisons en route à 100 mètres de l'église d'*Hébécourt* un chemin d'exploitation orienté Nord-Sud qui se prolonge de part et d'autre du chemin suivi. A 250 mètres du point de départ, nous rencontrons, se dirigeant vers le Sud, une voie romaine, prolongée vers

(1) Voir extrait de la carte de Montdidier.

(2) Pour les premières on se servira de feuilles quadrillées, chaque carré représentant 200, ou 500, ou 800 mètres, échelles des cartes les plus usitées.

le Nord par un chemin d'exploitation. Le chemin à suivre est alors orienté Est-Sud-Est Ouest-Nord-Ouest sur une longueur de 1.500 mètres.

Après avoir parcouru 500 mètres dans cette direction, nous rencontrons à gauche, se dirigeant vers le Sud-Ouest, un chemin d'exploitation, et environ 100 mètres plus loin au Nord de la route un monument commémoratif duquel part un chemin d'exploitation dans la direction du Nord-Ouest.

Le chemin, qui, depuis la voie romaine, avait traversé une vallée ou thalweg et franchi une crête vers le monument commémoratif, descend à nouveau, depuis ce monument, pendant 1 kilomètre environ, et atteint le fond d'une vallée orientée d'une façon générale Nord-Sud, pour remonter ensuite sur une croupe où nous trouvons le hameau de *Buyon*.

A 1.500 mètres de la voie romaine, le chemin fait un coude et prend la direction du Sud-Ouest, nous arrivons après 300 mètres à un carrefour situé à la sortie Sud du hameau de *Buyon*. Nous croisons un chemin régulièrement entretenu orienté approximativement Nord-Sud traversant le hameau. Ce chemin conduit au Nord vers *Bacouël* et *Vers* (des plaques indicatrices permettront de se rendre compte de la direction de ce chemin).

A partir du carrefour, le chemin est orienté Est-Ouest, à 500 mètres nous trouvons une route départementale bordée d'arbres, orientée Sud-Sud-Ouest Nord-Nord-Est. Le chemin suivi primitivement oblique vers le Sud-Ouest et conduit au village de *Plachy* (600 mètres environ).

Si, à ce carrefour, nous faisons un tour d'horizon, on aperçoit coulant parallèlement à la route et à 800 mètres environ, la rivière *la Selle*. Dans la direction de l'Ouest, les villages de *Plachy* qui s'étend le long de la rivière et de *Prousel* sur une croupe plus à l'Ouest; entre ces deux villages se trouve une voie ferrée. Dans la direction du Nord et à 1.200 mètres se trouve le village de *Bacouël* perpendiculairement à *la Selle* et encore plus loin dans la même direction le village de *Vers*.

Suivant la route départementale vers le Nord, nous trouvons à 1.000 mètres environ du carrefour, à gauche de la route, une ferme appelée *la Maison-Blanche*. A cet endroit aboutit, venant de *Buyon*, un chemin irrégulièrement entretenu, qui est prolongé vers le Nord par un chemin d'exploitation conduisant à *Bacouël*. Après avoir dépassé *la Maison-Blanche* et à 200 mètres environ perpendiculairement à la route départementale un chemin irrégulièrement entretenu conduit à gauche à *Bacouël* et un chemin d'exploitation à droite au monument commémoratif.

A 1.600 mètres du carrefour (400 Ouest de *Buyon*) un chemin d'exploitation orienté Nord-Sud conduit au Nord à *Vers* et au Sud sur la crête de *Buyon*.

Après avoir parcouru 2.200 mètres sur la route départementale, nous trouvons un chemin régulièrement entretenu orienté Nord-Ouest Sud-Est conduisant à l'Ouest à *Vers* et au Sud-Est à *Rumigny* (plaque indicatrice).

La route départementale à flanc de coteau jusqu'au croisement situé à 1.600 mètres Nord-Nord-Est du carrefour Ouest de *Buyon* passe alors sur la crête et descend lentement d'abord, plus rapidement ensuite dans la direction du Nord.

Quittant alors la route départementale, nous nous dirigeons vers le Sud-Est. Après avoir parcouru environ 2.000 mètres, nous trouvons un chemin régulièrement entretenu qui se dirige au Sud vers *Hébécourt* et qui se prolonge au Nord par un chemin d'exploitation.

Deux cents mètres plus loin, nous arrivons à une route nationale orientée Nord-Sud qui conduit au Sud à *Hébécourt*, tandis que le chemin que nous quittons conduit vers le Sud-Est à *Rumigny*.

Depuis le carrefour 800 mètres Sud-Est de l'église de *Vers*, le chemin suivi descend pendant 500 mètres environ, pour remonter ensuite, être à flanc de coteau et redescendre sur une longueur totale de 1.000 mètres et monter ensuite assez rapidement pendant 800 mètres jusqu'à la route nationale, qui, par une montée moins rapide, conduit au plateau d'*Hébécourt*.

Exemple de croquis fait par un élève.

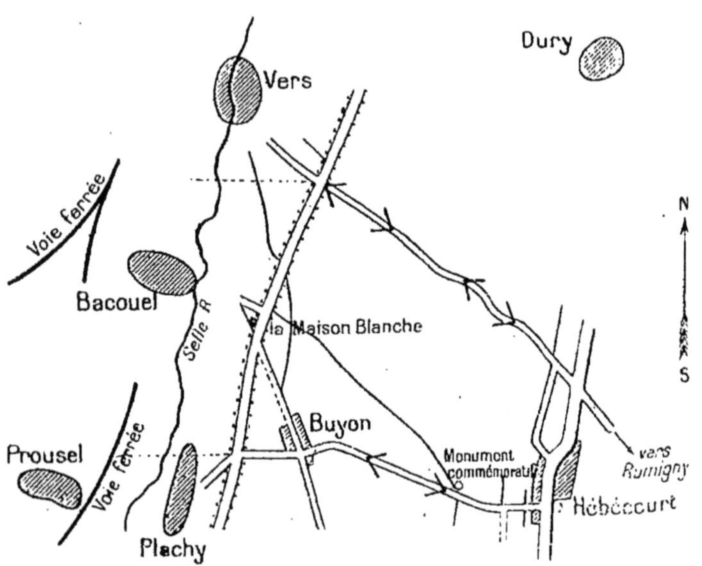

Le signe > indique une montée.
Le signe < indique une descente.
La pointe indique toujours la montée.

Echelle $\frac{1}{50.000}$

QUESTIONNAIRE

Dictée topographique (planimétrie).

Itinéraire : Hébécourt à Dury.
Itinéraire : Prousel — Creuse — Clairy.

Itinéraire fermé : Hébécourt—Vers—Dury—Hébécourt.
Itinéraire fermé : Prousel—ferme de Bacouël—Bacouël—Plachy par la rive droite de la Selle—Prousel.

Nivellement.

La surface de la terre n'est pas unie, elle présente, au contraire, une succession de renflements et de dépressions, de bosses et de creux dont la représentation graphique fait précisément l'objet de la topographie. Si, sur une sphère représentant le globe terrestre, on voulait reproduire en relief les aspérités même les plus considérables comme les monts Himalaya, on ne le pourrait qu'à la condition de donner à la sphère un énorme rayon, ou alors les plus hautes montagnes ne donneraient au toucher que la sensation des aspérités d'une coquille d'œuf, elles seraient donc invisibles. Une sphère terrestre, pour donner une impression du relief des parties élevées du globe, doit donc avoir des proportions qui la rendraient d'un usage difficile. Même sur un plan-relief ne concernant qu'une petite portion de la surface terrestre, on ne peut arriver à reproduire un aspect suffisamment rapproché du terrain qu'en exagérant les renflements et les dépressions. L'exécution de semblables travaux est d'ailleurs délicate et coûteuse et ne peut convenir qu'à un petit nombre de cas particuliers.

Pour avoir un document facile à établir, facile à consulter, on construit des cartes, en s'inspirant des formes du terrain. — Avant d'aborder l'étude de ces conventions, il convient d'énumérer et de décrire ce qu'il s'agit de reproduire, c'est-à-dire les divers « accidents » qu'on trouve à la surface de la terre.

Mamelon : Le mamelon est une élévation relativement faible caractérisée par son isolement et par la façon sensiblement régulière dont son point le plus élevé se raccorde avec le terrain environnant. Le mamelon forme un petit plateau si sa partie supérieure revêt une forme sensiblement horizontale.

Si l'élévation est de minime importance, on l'appelle *butte*, *tertre* ou *motte*.

Lorsque les hauteurs forment une ligne continue de peu d'élévation et dont les pentes assez douces conduisent sur un terrain sensiblement plat, on les appelle : *coteau*.

Les hauteurs plus considérables s'appellent *collines*. Lorsque la colline finit brusquement sur la plaine, et qu'à son extrémité le sol se relève légèrement par un mamelon, elle donne lieu à une forme de terrain appelée *éperon*, en raison de sa ressemblance avec cette aide du cavalier. La forme la plus habituelle que l'on rencontre dans un pays accidenté est la *croupe*, ainsi nommée par analogie avec la forme arrondie que présente la croupe d'un cheval.

La *montagne* est une élévation considérable dont les formes sont très variables mais toujours tourmentées, souvent abruptes, où le roc amoncelé remplace la terre et d'où la végétation est souvent exclue.

On ne trouve guère de montagnes absolument isolées. Elles forment au contraire ce qu'on appelle une *chaîne* de montagnes, quand elles se présentent les unes à côté des autres dans un ordre facile à suivre, ou un *massif*, quand elles sont groupées sans ordre nettement déterminé.

Si on suit une chaîne de montagnes, on voit, de place en place, une chaîne plus petite qui s'en détache pour aller s'épanouir doucement en collines ou en mamelons, ou bien finir brusquement par un pic à une certaine distance de la grande chaîne. — C'est un *chaînon*. On lui donne le nom de *contrefort* quand sa direction est perpendiculaire à celle de la grande chaîne, par analogie avec les contreforts qu'on utilise dans certaines constructions pour les étayer.

Si nous pouvions suivre une chaîne de montagnes de façon à nous tenir sur la ligne qui joint les points les plus élevés de la chaîne, nous déterminerions ce qu'on appelle la *ligne de partage des eaux* dont le nom se passe d'explications. — On l'appelle encore *ligne de faîte* ou *crête*.

En passant sur les sommets, nous avons vu qu'ils affectaient les formes les plus diverses : les uns ont l'air de véritables *aiguilles* de pierre et on leur donne ce nom; d'autres ressemblent à une pointe émoussée, on les appelle *pics;* d'autres sont parfaitement arrondis et portent le nom de *ballons*, enfin, on donne le nom de *dents* à ceux dont la forme impose ce nom par la ressemblance qu'elle évoque.

Dépressions : Les dépressions peuvent se ranger en deux catégories : 1° celles qui sont fermées et qui n'ont en général pas d'écoulement; 2° celles qui ont un écoulement. Les premières portent le nom de *trous*, *bassins*; les secondes portent le nom générique de *vallées*. On peut rapprocher les premières des mamelons; on peut comparer les secondes aux croupes et on trouvera dans les uns et les autres de ces accidents du terrain des analogies frappantes.

Le chemin suivi par un ruisseau, une rivière, un fleuve s'appelle *thalweg*, d'un nom allemand qui veut dire chemin de la vallée; la vallée est le creux compris entre les chaînes ou les chaînons qui enserrent le ruisseau. Quand la vallée est de peu d'importance, on l'appelle vallon. *Un ravin, une ravine* sont de petits vallons.

La ligne de faîte qui suit les hauteurs et joint les sommets subit parfois le long de son parcours des fléchissements. Ces dépressions portent le nom de *cols*. Le col a ceci de particulier qu'il est le point le plus bas de la ligne de faîte pour la région considérée et qu'il est le point le plus élevé des deux vallées qui y prennent naissance. On accède au col par ces vallées.

Pour la commodité du langage on donne des noms particuliers aux terrains ou aux pays envisagés sous le rapport des accidents plus ou moins prononcés qu'ils présentent. Un pays dont la plus grande partie est en plaine est un pays plat, par exemple.

Enfin, à un point de vue spécial, mais qui touche néanmoins à la topographie, on dit qu'un terrain est :

Découvert, quand il offre de vastes horizons et que la vue n'y est arrêtée par aucun obstacle. — La Beauce est un pays découvert.

Couvert, quand la vue est limitée à de petits espaces par des obstacles quelconques, qui, en rase campagne, sont généralement constitués par les arbres ou la végétation à un titre quelconque. — Le Perche, la Normandie, une grande partie de la Bretagne sont des pays couverts;

Coupé, quand le terrain offre des obstacles à la marche. Ainsi, certaines parties de la Flandre française sont des pays coupés, car la marche y est constamment entravée par la multiplicité des canaux qui limitent les champs. — La Bretagne est un pays coupé, car les levées de terre plantées de vrais taillis sont des obstacles sérieux.

Figuré des formes du terrain : On appelle *altitude* d'un point sa hauteur au-dessus du niveau de la mer. Elle est indiquée sur les cartes par un chiffre qui prend le nom de *cote*.

Si l'on ne représentait les accidents de terrain que par leurs cotes, il faudrait en inscrire un très grand nombre et ce procédé, au lieu de rendre la carte claire et compréhensible, ne ferait que la rendre confuse, pleine de chiffres et impossible à lire.

Cependant, si on réunissait par une ligne courbe toutes les cotes de même valeur, dans un même accident de terrain, la carte serait moins surchargée, car on n'inscrirait qu'une seule fois la cote commune à différents points et l'on saurait que tous les points situés sur la même courbe ont la même cote, c'est-à-dire la même hauteur.

Partant de ce principe et pour plus de simplicité, on trace sur les cartes les courbes dont l'altitude est un multiple de 10, comme 20, 30, 40, et connaissant la cote d'une courbe quelconque, on peut en déduire celle des autres courbes; on obtient ainsi le tracé des *courbes horizontales*.

Cette quantité constante, multiple de 10, qui sépare deux courbes consécutives, s'appelle l'*équidistance naturelle*.

On appelle *équidistance graphique* l'équidistance naturelle réduite à l'échelle de la carte; elle est constante et égale à 1/2 millimètre (0,0005) (1/4 de millimètre pour les cartes d'état-major). On voit donc que, pour que cette équidistance soit constante, elle doit varier avec l'échelle du dessin et augmenter dans la même proportion que cette échelle décroît. Il suit de là que, sur les cartes d'échelles différentes, des courbes également écartées représentent des pentes égales.

Connaissant l'équidistance graphique d'une carte, l'échelle de cette carte, il est facile de trouver d'équidistance naturelle; il suffit de multiplier l'équidistance graphique par l'échelle de la carte.

Exemple pour le 1/80.000, l'équidistance naturelle sera :
$0,00025 \times 80.000 = 20$ mètres.

L'équidistance naturelle est de
5 mètres à l'échelle de 1/20,000, 10 mètres à l'échelle de 1/40,000, 12^m^,50 à léchelle de 1/50,000, 20 mètres à l'échelle de 1/80,000 (sur les cartes d'état-major).

Le mode de représentation des formes du terrain à l'aide de courbes équidistantes est relativement simple.

Exemple : Supposons qu'une inondation générale se soit produite et qu'un mouvement de terrain isolé ASB, élevé de 40 mètres au-dessus du niveau de la mer MM, ait été immergé. Supposons

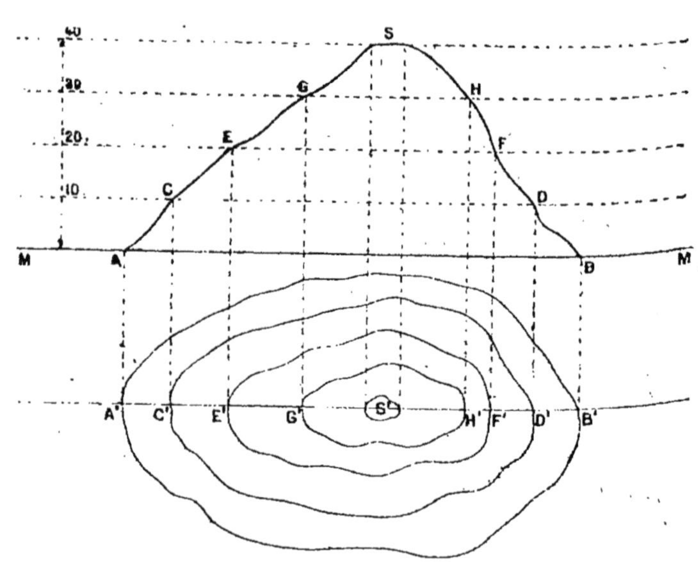

maintenant que l'eau se retire par à-coup de 10 mètres, pour reprendre son niveau primitif MM. Le premier à-coup fera descendre l'eau en GH à 10 mètres au-dessous de S; le nouveau niveau de l'eau tracera sur le mouvement de terrain une ligne GH, qui en suivra toutes les sinuosités et dont les points seront à 30 mètres au-dessus du niveau de la mer MM.

Au deuxième à-coup, l'eau descendra encore de 10 mètres, en EF, à 20 mètres au-dessous de S, et le niveau de l'eau tracera une deuxième ligne EF à 20 mètres au-dessus de MM, et ainsi de suite.

Si maintenant nous projetons le mouvement de terrain ASB sur un plan horizontal, la base et les lignes tracées par le niveau de l'eau se projetteront suivant des lignes concentriques A'B' — C'D' — E'F' — G'H' — S qui donnneront assez exactement les contours du mouvement du terrain à sa base et à des altitudes de 10, 20, 30 et 40 mètres au-dessus de cette base.

Ce sont ces différentes lignes que l'on appelle des *courbes de niveau*.

Pente du terrain. — Si nous examinons la figure ci-contre, nous voyons que les courbes de niveau comprises entre S' et B' sont plus rapprochées les unes des autres qu'entre A' et S'; ce qui correspond à une pente SB plus raide que la pente SA. On en déduit la règle suivante : plus les courbes sont rapprochées plus la pente est grande.

Les courbes de niveau déterminant la pente du terrain, il est facile d'évaluer cette pente, si on se rappelle que la pente d'une ligne est son inclinaison par rapport au plan horizontal. Elle s'exprime par le rapport entre la hauteur d'un point de cette ligne au-dessus d'un plan horizontal et la projection de cette ligne sur ce plan. Par exemple, la pente de AM est représentée par le rapport Mm/Am, et celle de A'M, par Mm/A'm. A'm étant plus petit que Am, la pente de AM est moins forte que celle de A'M.

Pour la commodité, on exprime en général la pente par une fraction dont le numérateur est 1 et dont le dénominateur est un chiffre quelconque, exemple 1/4, 1/8, 1/12, 1/20; comme nous venons de le démontrer, plus

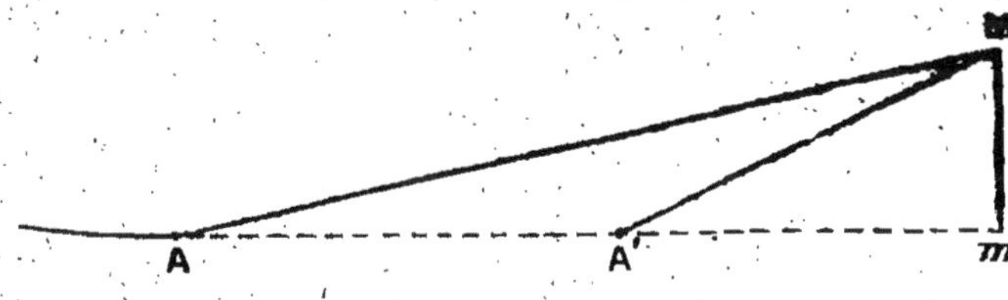

le dénominateur est grand, plus la pente est douce. Sur une carte en courbes, la pente du terrain est représentée par une ligne perpendiculaire à deux courbes consécutives.

La ligne AB représente la pente entre les deux courbes

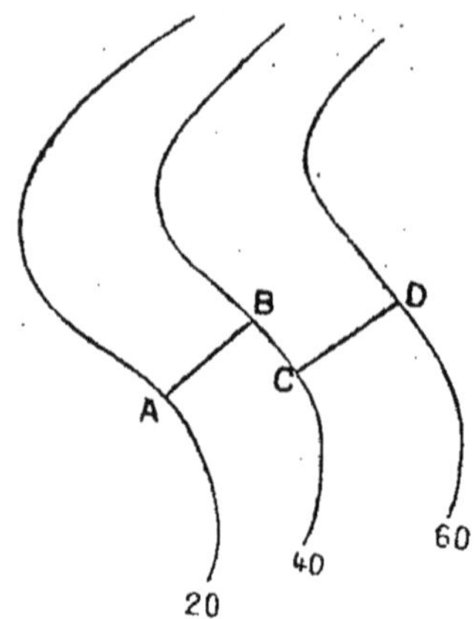

de niveau cotées 20 et 40, la ligne CD entre celles cotées 40 et 60.

AB et CD sont des lignes de plus grande pente, c'est-à-dire celles que suivent les eaux de pluie.

Connaissant ces données, il est facile sur une carte en courbe de déterminer l'altitude (ou la cote) d'un point quelconque du terrain. Soit à déterminer la cote du point C sur une carte en courbes, l'équidistance étant de 20 mètres.

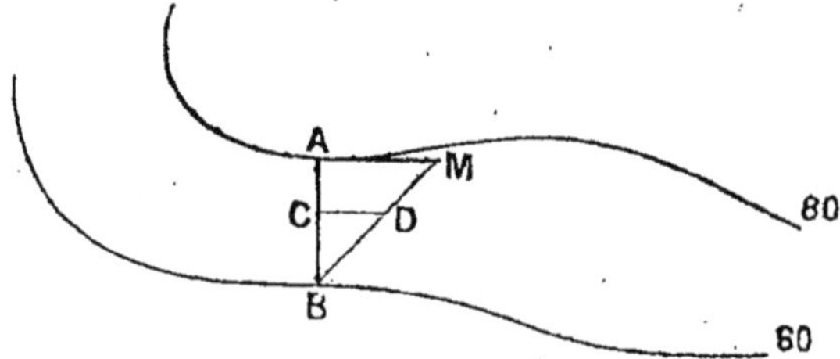

Par C mener la perpendiculaire AB aux deux courbes, en A élever AM perpendiculaire à AB et égale à l'équidistance (20 mètres), joindre BM; puis en C élever la perpendiculaire CD sur AB. Par suite des deux triangles semblables CBD et ABM on a :

$$\frac{CD}{AM} = \frac{CB}{AB}$$

AM est l'équidistance, égale 20 mètres.

CB et AB se mesurent sur la carte avec l'échelle graphique.

Supposons que CD = 400 mètres et AB = 1.000, on a :

$$\frac{CD}{20} = \frac{400}{1000} = \text{ ou } CD = \frac{400 \times 20}{1000} = 8 \text{ mètres.}$$

La courbe de B étant celle de 60 mètres, la cote du point C est donc de 60 + 8, soit 68 mètres.

Sur la carte en hachures, il est relativement facile d'évaluer la pente du terrain. Comme on le verra plus loin, pour connaître l'altitude d'un point, il suffit de l'établir par comparaison à d'autres points cotés situés aux environs.

L'altitude de Vers étant 34, on peut évaluer approximativement celle de Plachy à environ 38, en raison du cours de la Selle, car, par les nombreux méandres de son cours, la carte révèle une pente douce.

Plachy étant à la cote 38, quelle est la pente de la route qui va au point 104? Cette route monte donc de 66 mètres sur un parcours d'environ 1.200 mètres, soit une pente de 66/1200 ou en chiffres ronds 60/1200 soit 1/20. Cette pente de 1/20 est la limite des rampes des routes nouvelles. En hiver, par verglas, cette route serait donc difficilement accessible à des voitures lourdement chargées.

Cartes en hachures. — Le mode de représentation du terrain par des courbes est très clair en pays accidenté, mais par contre, en plaine ou en pays peu mouvementé, les courbes se confondent avec les chemins et le relief est difficile à saisir. D'autre part, les courbes ne parlant pas suffisamment à l'œil ne permettent pas d'embrasser immédiatement dans son ensemble le relief du sol, de se rendre compte à première vue de ce relief, surtout dans les terrains peu accidentés. On a adopté le procédé des *hachures*.

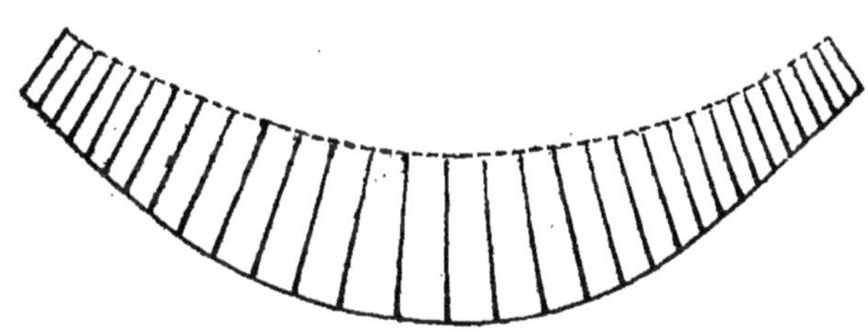

Les hachures sont des lignes de plus grande pente; elles sont normales (perpendiculaires) aux courbes sur lesquelles elles s'appuient elles sont écartées les unes des autres du quart de leur longueur et elles ont une épaisseur constante, ce qui fait que plus les courbes sont petites et rapprochées, *plus le dessin paraît noir*, en un mot, *plus la pente est raide*.

Ce principe appelé *loi du quart*, très simple dans son énoncé, est d'une application difficile, car il ne fixe pas l'épaisseur à donner aux hachures; par suite, les teintes des cartes exécutées par différents graveurs ne sont pas comparables. De plus, la loi du quart donne, en pays de plaine, des teintes trop claires et, en pays de montagne, des teintes trop foncées.

Pour la carte au 1/80.000, on s'est servi, depuis 1853, d'un *diapason*, dû au commandant Hossard, qui donne pour la pente de 1/144, considérée comme la plus douce à reproduire, une teinte suffisamment foncée pour l'exprimer convenablement, et, pour la pente 1/1, une teinte assez transparente pour se prêter au modelé du terrain et à la lecture des écritures; les tons sont répartis entre ces deux limites.

Enfin, les hachures doivent être partout d'une grosseur uniforme. — Toutefois, cette dernière condition n'est pas absolue. — En effet, soient trois courbes inégalement

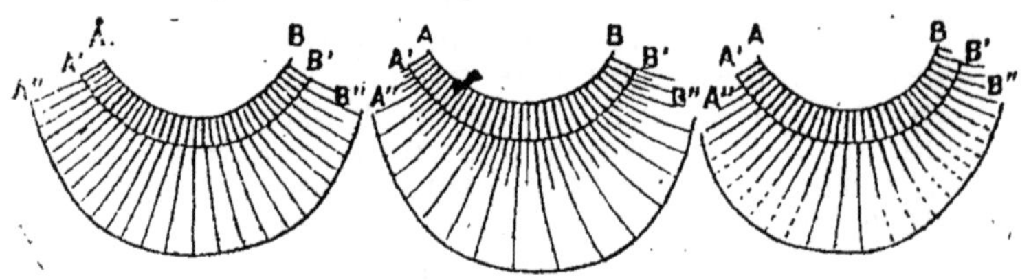

espacées AB, A'B', A"B". Les hachures sont très espacées entre les courbes A'B', A"B" et très serrées entre les courbes AB, A'B'. Pour ménager la transition, on peut dessiner des hachures intermédiaires plus petites; ou, comme cela se fait en France, accentuer un peu les hachures dans le voisinage du changement de pente.

Ce système de représentation du terrain parle bien à l'œil, mais il serait insuffisant si on ne laissait pas subsister sur la carte différentes cotes (points cotés). C'est au moyen de ces cotes que l'on peut trouver l'altitude des autres points de la carte.

Exemple : Buyon n'est pas coté, par le tracé des hachures nous voyons qu'il est plus élevé que 70 (point coté au sud-est de Buyon) et moins élevé que 104 (point coté au sud de Buyon). Buyon peut donc avoir la cote 85.

Profils. — Pour bien se rendre compte de la pente d'un terrain, on complète la figure à vue de la carte par la construction d'un profil.

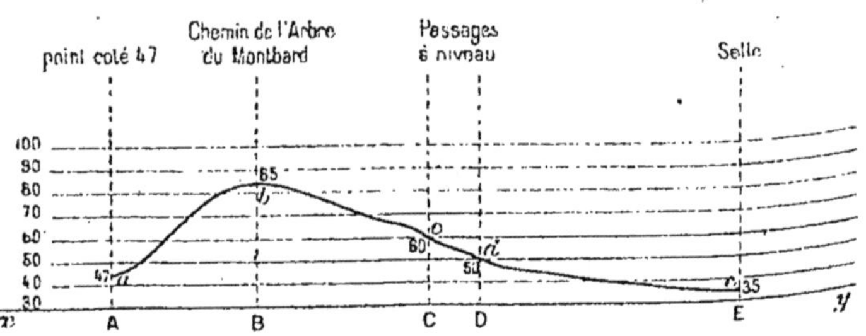

Soit par exemple à tracer le profil du terrain compris entre point coté 47 entre *Bacouël* et *Clairy* et la *Selle* au village de *Bacouël.*

On détermine d'abord la cote de certains points du terrain; l'intersection du chemin de terre qui va du point 47 sur *Bacouël* avec le chemin de l'*Arbre Montbard* est un peu moins élevé que le point; nous lui donnerons comme cote 85. A *Bacouël*, la *Selle* peut avoir comme niveau 35. Le premier passage à niveau peut avoir comme niveau 60 et le second 50. Ces cotes étant connues, il est facile de tracer le profil de ce mouvement de terrain.

Soit une ligne *xy* que nous coterons 30, on mène à égale distance des parallèles à cette droite que l'on cote 40, 50, 60, 70, etc.

On évalue ensuite sur la carte les distances qui séparent le point 47 des différents points cotés établis plus haut : bifurcation des deux chemins, passages à niveau, la Selle, on les porte sur la ligne *xy* (ou on les double, comme nous avons fait ici); on obtient ainsi les points B, C, D, E. En ces points on élève des perpendiculaires jusqu'à leur rencontre avec l'horizontale correspondant à la cote du point considéré, on obtient ainsi les points *b*, *c*, *d* et *e*. (85 entre 80 et 90); on réunit tous ces points par une ligne continue, on obtient ainsi le profil du mouvement de terrain considéré.

L'exécution de ces profils permet aux débutants de se rendre mieux compte des mouvements du terrain; qu'une troupe placée entre *a et b*, par exemple, c'est-à-dire à l'est du point 47, n'est pas vue d'un défenseur établi au village de Bacouël.

QUESTIONNAIRE.

Montrez un coteau, une croupe, une ligne de faîte.
Une vallée, un vallon, un ravin.
Un pays découvert, couvert, coupé.
Quelle est l'altitude de Dury, de Vers, du bois de Bacouël?
Qu'est-ce qu'une courbe de niveau?
Qu'est-ce que l'équidistance naturelle?
Qu'est-ce que l'équidistance graphique?
Quelle est l'équidistance naturelle à l'échelle du 80.000e? du 100.000e?
Quel est l'inconvénient des cartes en courbes?
Qu'est-ce que les hachures?
Comment sont tracées les hachures, et d'après quelles règles?
Enumérez les mouvements de terrain que l'on rencontre entre Prousel et Hébécourt.
Exécuter le profil du terrain compris entre la station de Bacouël et le passage à niveau de Plachy.
Exécuter le profil du terrain compris entre l'église de Vers et la chapelle sur la route nationale de Dury à Hébécourt.

Dictée topographique (nivellement).

Itinéraire : Hébécourt à Dury.
Itinéraire : Plachy — Maison-Blanche — Cabaret — cote 61.
Itinéraire : Hébécourt — Buyon — Plachy — Prouzel.

Dictée topographique (planimétrie et nivellement).

Itinéraire : Vers — Clairy — Creuse — station de Bacouël — Bacouël — Vers.

Itinéraire : Rumigny — Vers — Dury — Hébécourt, par le chemin de terre.

Itinéraire : Fossemanant — Prousel — ferme de Bacouël — Arbre-Montbard — Bacouël — station de Prousel — Fossemanant.

Exercice pratique : Construction par chaque élève d'un relief de terrain en terre glaise après l'avoir tracé au tableau, en courbes, ou en hachures.

Exemple le mouvement de terrain compris entre les deux voies ferrées : bifurcation de Vers — station de Bacouël, et Fossemanant.

Description de la carte d'Etat-major.

Cette carte est l'œuvre de l'ancien *Dépôt de la guerre* (1).

La carte de France au 1/80.000 est celle dont les gradés se servent le plus souvent en temps de paix; c'est celle qui sera le plus généralement entre leurs mains en temps de guerre, chaque fois que les opérations se passeront sur notre territoire. Aussi paraît-il nécessaire et intéressant d'entrer, à ce sujet, dans quelques développements.

La base de toutes les cartes, quel qu'en soit le genre, est le réseau des *méridiens* et des *parallèles* (2), plans correspondant aux méridiens et aux parallèles de la sphère. Ces méridiens et ces parallèles une fois tracés, soit arbitrairement, soit en observant certaines lois, on place les différents lieux par rapport à ces lignes, comme ils sont placés sur la terre par rapport aux parallèles et aux méridiens de la sphère.

Une carte représente donc une portion de la sphère terrestre appliquée sur un plan. Or, de même qu'il est impossible de transformer une pelure d'orange en surface plane sans la déformer, de même, une carte est toujours une représentation déformée de la surface terrestre. En raison du degré d'exactitude demandé

---

(1) Créé en 1688 par Louvois, le Dépôt de la guerre a été rattaché, en 1887, à l'état-major général, sous le nom de *Direction du service géographique de l'armée.*

(2) Les *méridiens* (ainsi nommés parce qu'ils passent devant le soleil à midi) sont des grands cercles imaginaires qui font le tour de la terre en passant par les pôles.

Les *parallèles* sont des cercles parallèles à l'équateur et qui coupent normalement les méridiens.

à la carte au 1/80.000, on s'est ingénié à rendre aussi petites que possibles les déformations : ce qui était possible, étant donné que la surface de la France ne représente qu'un peu plus de la millième partie de la surface de la terre.

Pour donner aux cartes une dimension commode, on a décidé qu'elles auraient 0m,50 sur 0m,80, ce qui représente, au 1/80.000, 40 kilomètres sur 64 kilomètres. De plus, des éditions récentes vendent ces feuilles découpées en quatre quarts.

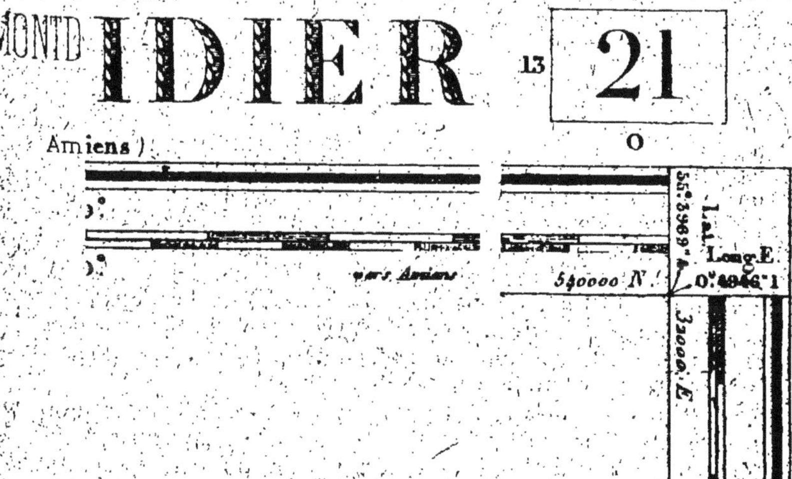

La surface entière de la France a donc été recouverte d'un quadrillage ayant les deux dimensions indiquées. Chaque carte porte un numéro, inscrit en gros chiffres à droite et en haut du cadre (Calais a le numéro 1 et Sartène le numéro 267). Dans l'exemple ci-dessus, la feuille porte le numéro 21. Le nombre 13 placé à gauche en petits caractères indique le numéro de la tranche, le chiffre 0 le numéro de la colonne. La feuille d'Aurillac est représentée par le numéro 184 entouré de quatre zéros. De plus, la carte est souvent désignée par le nom de la localité la plus importante.

Le premier cadre est un ornement. Le cadre intérieur contient une double échelle divisée extérieurement en *degrés* et intérieurement en *grades*. Les côtés verticaux représentent l'échelle des *latitudes*, dont chaque division intérieure correspond à un kilomètre; les côtés horizontaux, l'échelle des *longitudes*. Dans les carrés situés aux quatre angles du cadre, se trouvent inscrites les coordonnées géographiques des sommets de la feuille, c'est-à-dire les données qui déterminent la situation de ces quatre points sur le globe terrestre. 0 g.4946"1 long. E., se lit : 0 grade 49 minutes 46 secondes, 1 dixième à l'Est du méridien de Paris.

De plus, en bordure du cadre intérieur, le chiffre 540.000 N veut dire que le bord supérieur de la carte est à 540 kilomètres au Nord du parallèle moyen. 32.000 E veut dire que le bord *Est* de la carte est à 32 kilomètres du méridien de Paris. La date de la fabrication s'écrit souvent dans l'angle de la carte, sous la forme « 2-99 », ce qui veut dire : « 2e mois de 99 », soit février 1899.

11	12	13
20	21	22
31	32	33

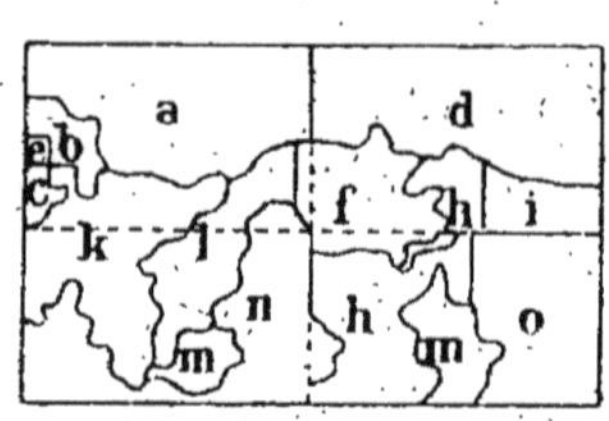

Les Travaux sur le Terrain ont été exécutés par MM.rs
Couthaud, Capne a 1833
Delteil, id. b id.
Dreuilles, id. c id.
Loreilhe, id. d 1834
Leclerc, id. e 1833

La feuille porte en haut et à gauche du cadre un tableau d'assemblage ayant pour but de montrer le numéro des cartes voisines. De plus, sur chaque face du cadre, se trouve inscrit le nom de ces dites cartes. C'est ainsi que la carte 12, qui prolonge au Nord la carte de Montdidier, est la carte d'Amiens. La carte 20, qui la prolonge à l'Ouest, est la carte de Neufchâtel. Le deuxième rectangle indique la partie de terrain levée par les officiers, dont les noms sont inscrits à droite du quadrilatère. (Exemple : la partie *b* a été levée par le capitaine Delteil, en 1833.)

Dans la marge inférieure de la carte est tracée une échelle en mètres. Cette échelle, longue de 20 kilomètres avec un talon de 1 kilomètre, est généralement accompagnée, sur les feuilles entières, de légendes explicatives (signes conventionnels des limites, des routes, etc.).

Enfin, le nom des graveurs qui ont procédé au dessin de la feuille est inscrit en bas et à droite du cadre. (Les planches-mères gravées par ces artistes ne sont pas employées au tirage direct.)

On effectue, au moyen de la galvanoplastie, des reports sur zinc qui fournissent le tirage courant. Ce procédé économique permet de livrer la carte à un prix relativement minime.

Quelques chiffres donneront une idée de la quantité de travail nécessitée pour l'exécution de la carte de France.

Chaque feuille représente une superficie de 2.560 kilomètres carrés et comprend le travail de huit à dix officiers en moyenne. La surface à lever variait, pour chaque officier, suivant les difficultés du terrain, de 400 à 250 kilomètres carrés. L'établissement de la carte entière a exigé soixante ans. Les premiers levers furent effectués en avril 1818. Son exécution représente 5.500 ans de travail, répartis entre 800 individus différents. Un grand nombre de feuilles ont exigé plus de vingt ans de labeur et ont coûté, pour la gravure et le dessin seulement, plus de 30.000 francs. Pour ne donner qu'un exemple, la feuille de Castellane, qui comprend un pays de montagnes, a demandé dix-huit années de travail (une pour la géodésie, huit pour la topographie, deux pour le dessin, sept pour la gravure).

Enfin, la dépense totale (dessin et gravure) de la carte de France au 1/80.000 se serait élevée à huit millions et demi.

Orientation.

Etre chez soi partout, n'être perdu nulle part.

L'orientation sert à se diriger, à se reconnaître soit de jour, soit de nuit, au moyen des quatre points cardinaux qui sont :

Le *Nord* (indiqué la nuit par l'étoile polaire);

Le *Sud* (ou midi), déterminé par la position du soleil au milieu du jour;

L'*Est* (ou levant, ou orient), région où le soleil se lève, vers 6 heures;

L'*Ouest* (ou couchant, ou occident), région où le soleil se couche, vers dix-huit heures.

Entre chacun de ces points, s'en trouvent quatre autres : *Nord-Est* (entre le Nord et l'Est); *Sud-Est; Nord-Ouest; Sud-Ouest.*

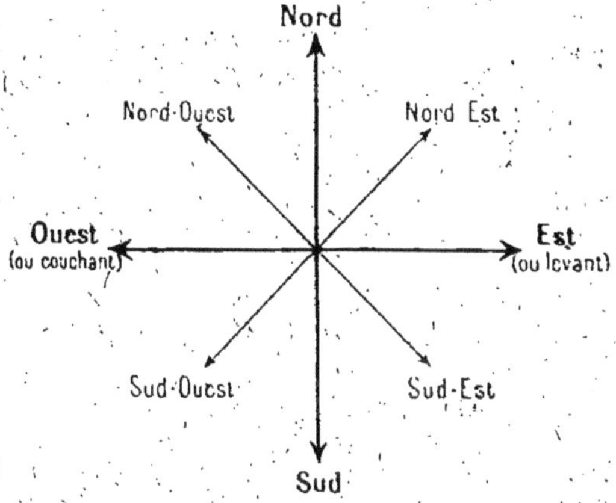

Quand on se tourne vers le *Nord*, on a l'*Est* à sa droite, l'*Ouest* à sa gauche, le *Sud* derrière soi.

On reconnaît la direction du Nord par les procédés suivants :

a) *Au moyen du soleil* (de jour).

Le matin. — Si on fait face au soleil, c'est-à-dire à l'Est, on a le Sud à sa droite, le Nord à sa gauche, l'Ouest derrière soi. En faisant un à-gauche, on a le Nord devant soi.

A midi. — Si on fait face au soleil (au Sud), on a l'Ouest à sa droite, l'Est à sa gauche, le Nord derrière soi. En faisant demi-tour, on a le Nord devant soi.

Le soir. — Si on fait face au soleil (à l'Ouest), on a le Nord à sa droite, le Sud à sa gauche, l'Est derrière soi. En faisant un à-droite, on a le Nord devant soi.

b) *Au moyen de l'étoile polaire* (de nuit).

Quand les étoiles sont apparentes, on fait face à l'étoile polaire.

Cette étoile, facile à reconnaître, se trouve sur le prolongement des deux étoiles de derrière de la Grande-Ourse et à environ cinq fois la distance apparente qui les sépare.

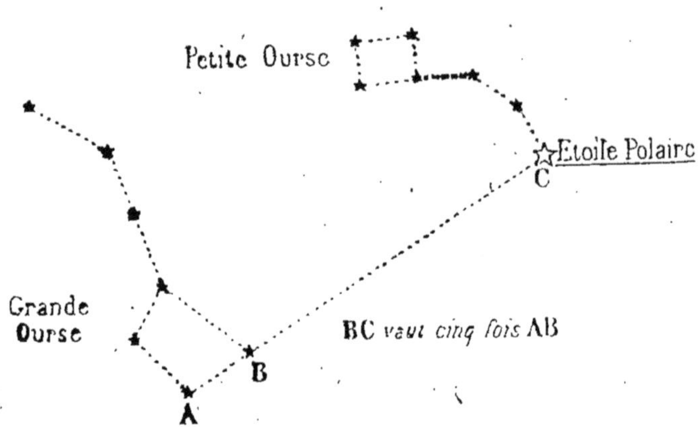

c) *Au moyen de la lune* (de nuit).

Lune	Est	Sud	Ouest
	—	—	—
Pleine lune ☉	18 heures.	24 heures.	6 heures.
Premier quartier ☽	»	18 heures.	24 heures.
Dernier quartier ☾	24 heures.	6 heures.	»

Quand la lune est pleine, elle se trouve à 18 heures à l'Est, à 24 heures au Sud; et à 6 heures à l'Ouest, etc.

d) *Au moyen de la boussole* (en tous temps).

L'aiguille de la boussole donne sensiblement la direc-

tion Nord-Sud, la pointe bleue étant toujours tournée vers le Nord.

e) *Par renseignements.*

Demander aux habitants de quel côté le soleil se lève, de quel côté il se couche.

f) *Par l'observation.*

Les murs, les rochers, les arbres sont plus humides ou plus garnis de mousse du côté du Nord-Ouest (côté habituel de la pluie et du vent).

Les anciennes églises ont généralement l'autel à l'Est et le clocher à l'Ouest.

Les *girouettes* portent l'indication des points cardinaux.

Orientation de la carte.

Orienter une carte c'est la placer de telle sorte que ses lignes soient parallèles aux projections des lignes du terrain qu'elles représentent et dirigées dans le même sens.

Au moyen du soleil, de la lune, de l'étoile polaire, d'une montre. — Si par un de ces moyens on connaît la direction des points cardinaux, on placera sa carte de manière que le haut de la feuille qui indique le Nord soit dirigée vers le Nord.

A l'aide de la boussole. — Si l'on a une boussole breloque, on la place sur la carte de façon que la ligne des repères Nord-Sud de la boussole coïncide avec la méridienne de la carte, le haut de la feuille étant dans la direction du Nord. Puis on fait tourner carte et boussole jusqu'à ce que la partie bleue de l'aiguille fasse avec la ligne Nord-Sud, vers l'Ouest, un angle égal à la déclinaison (15° environ). Avec ces procédés on ne peut qu'orienter sa carte, mais ils ne permettent pas de trouver exactement le point où on se trouve. Aussi emploie-t-on concurremment les procédés indiqués plus loin.

Emploi de la carte sur le terrain.

L'emploi de la carte sur le terrain consiste à retrouver sur la carte tous les accidents de planimétrie et de nivellement que l'on voit sur le terrain, et inversement à reconnaître sur le terrain les accidents figurés sur la carte.

Quelque exacte que soit cette carte, quelque attention qu'on y porte, on est souvent exposé à commettre de graves erreurs; sur la carte tout est visible et les dimensions sont reproduites à l'échelle; sur le terrain les habitations, les bois, les mouvements de terrain sont autant d'obstacles qui cachent les détails. Les effets de la perspective déforment les objets. Les causes d'erreurs sont d'autant plus sensibles que l'échelle de la carte est plus petite. Aussi doit-on poser en principe qu'il faut toujours sur le terrain s'entourer du plus grand nombre possible de renseignements.

Pour se servir d'une carte sur le terrain, on doit toujours commencer par l'orienter sans toutefois s'astreindre à une exactitude absolue qui serait inutile.

Mais avant de savoir orienter une carte, il est utile de savoir d'abord s'orienter.

Au moyen des détails de la planimétrie. — Si l'on est sur une route ou sur un chemin, par exemple, entre deux villages, Hébécourt et Buyon que l'on connaît, on peut orienter la carte en la faisant tourner jusqu'à ce que la route et sa projection sur la carte soient dans le même sens sur la carte et sur le terrain.

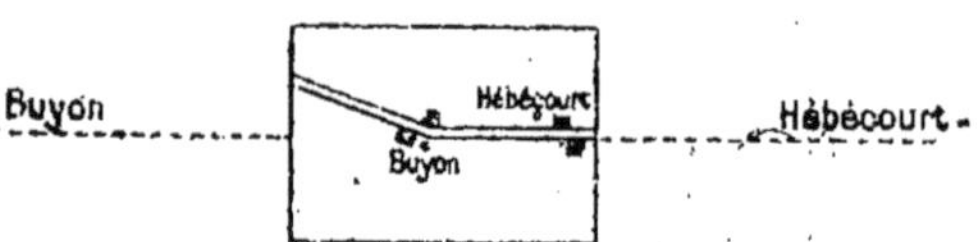

Si l'on est en plein champ, en un point connu et représenté sur la carte, par exemple à la lisière Nord-Est du bois du *Taisnil* (exactement à la lettre F du mot *Fossemanant*) et que l'on connaisse le nom d'un clocher que l'on aperçoit, celui de *Prousel*, on tourne la carte jusqu'à ce que la ligne formée sur la carte par le point de station et le clocher de *Prousel* soit parallèle à la ligne correspondante du terrain.

Si l'on est en plein champ, en un point dont on ne connaît pas l'emplacement sur la carte, on procède comme suit : supposons que, après avoir traversé *Prousel* et *Plachy*, on s'engage sur le chemin du point coté 104, au lieu d'aller à *Buyon*. Ne rencontrant pas le village après avoir gravi la pente, celui-ci devant se trouver à 300 mètres de la route, et de plus ne le voyant pas, caché qu'il est par le mamelon 104, on est désorienté. Dans ce cas, il vaut mieux s'arrêter et reconnaître le point où on est de façon à ne pas s'égarer davantage.

A sa gauche, on a un point (le mamelon 104), d'où on croit que l'on découvrira bien le terrain; on s'y porte;

on aperçoit : à droite, un clocher dans les arbres, devant soi, un groupe de maisons; à sa gauche, un autre clocher dont on aperçoit la pointe.

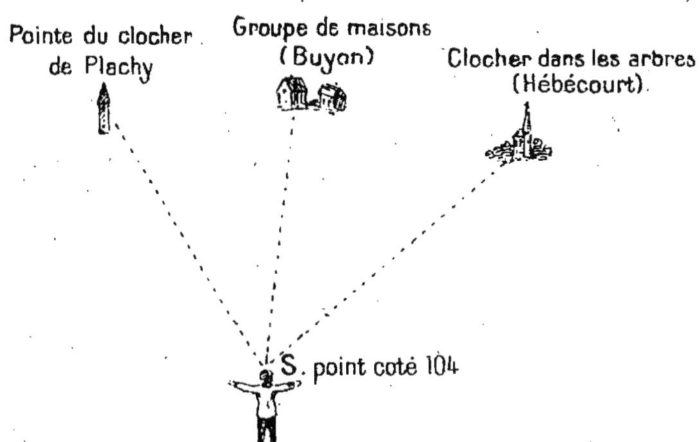

On prend une feuille de papier, au centre on plante une épingle, et on vise avec un crayon que l'on fait mouvoir contre cette épingle, sans déranger la feuille de papier, les trois points indiqués ci-dessus : on obtient le figuratif ci-dessus.

On transporte cette feuille de papier sur la carte et on cherche par tâtonnements à faire coïncider les trois lignes tracées sur le papier avec trois lignes correspon-

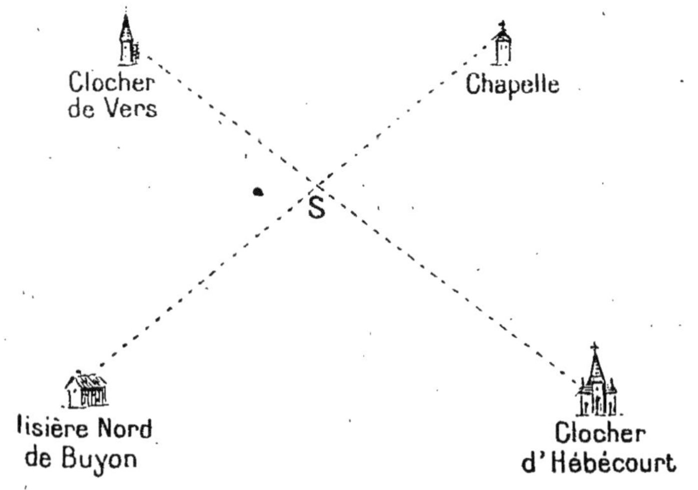

dantes sur la carte. Cette coïncidence établie, on reconnaît que l'on se trouve sur le mamelon 104, que le clocher de droite c'est celui d'*Hébécourt;* celui de gauche, *Plachy;* et que le groupe de maisons que l'on a devant soi, c'est *Buyon.*

On peut encore procéder comme suit : supposons être en plein champ, vers l'*e* de Maison-blanche. On fait face à un point éloigné et bien visible, le clocher *de Vers*, par exemple, dont on aperçoit la pointe; on fait demi-tour et on cherche devant soi un autre point, on trouve le clocher d'*Hébécourt*, on recherche sur une autre direction un autre point : la chapelle (sur la route d'*Hébécourt* à *Dury*), on fait demi-tour et on trouve la lisière Nord de *Buyon.*

Le point de croisement des deux lignes tracées détermine très approximativement le point de la carte où l'on se trouve.

Orientation sur le chemin parcouru. — Le meilleur procédé d'orientation consiste à se guider sur le chemin parcouru : au point de départ de la marche on déploie sa carte et l'on se repère exactement. Cette correspondance une fois établie, on la conserve constamment en ne laissant échapper aucun détail du terrain sans le retrouver sur la carte et inversement; si on la perd à un moment donné, il faut la rétablir le plus vite possible. Ne pas perdre de vue que les détails de la planimétrie : routes, chemins, bois, sont essentiellement variables; les uns ont disparu, d'autres ont été créés depuis la dernière revision de la carte. Il est donc indispensable de se guider également sur les mouvements du terrain.

Manière d'étudier un itinéraire que l'on doit suivre ensuite de mémoire. — Comme il n'est pas possible au chef d'une colonne d'avoir constamment la carte sous les yeux, sous peine de perdre de vue le but essentiel de sa mission et de négliger son rôle de surveillance, il importe de s'exercer à s'orienter sur le chemin suivi en faisant appel à la mémoire, comme si l'on avait déjà parcouru le même chemin plusieurs fois.

Pour obtenir ce résultat, il faut étudier son itinéraire sur la carte de la manière suivante :

1° Limiter la zone de terrain approximative qui doit être étudiée; cette zone s'étend du point de départ au point d'arrivée sur une largeur d'environ 1,200 à 1,500 mètres de chaque côté du chemin que l'on doit suivre; étudier cette zone au point de vue topographique;

2° Prendre l'orientation générale du chemin que l'on doit suivre, mesurer sa longueur totale en le kilométrant sur la carte elle-même, soit sur une feuille de papier calque superposée; le partager en deux ou trois tronçons limités par des changements de direction importants s'il en existe, sinon par des détails intéressants de planimétrie ou de nivellement qu'il rencontre;

3° Etudier chaque tronçon successif ainsi qu'il suit : Point de départ, sa situation topographique, orientation générale du tronçon, son état de viabilité, sa longueur, valeur approximative de sa pente moyenne ou de ses pentes successives; détails adjacents de planimétrie ou de nivellement qu'il rencontre, leur distance au point de départ, orientation des chemins, des lignes de thalweg et des lignes de faîte qu'il traverse.

Après avoir étudié son itinéraire il faut le reconstituer de mémoire, d'abord par tronçons puis en entier avant de le suivre effectivement.

Dans les localités l'orientation est difficile, le clocher est un excellent point de repère mais il n'est pas toujours suffisant et il est bon de consulter les habitants.

Copie de la carte.

La copie des cartes comprend : la copie à la même échelle, l'amplification, la réduction et dans chacun d'eux il faut distinguer la planimétrie et le nivellement.

Dans tous les cas on commence par couvrir le dessin à copier d'un quadrillage rectangulaire. On numérote les lignes puis on reproduit le même quadrillage sur une feuille destinée à recevoir la copie. Si le dessin doit être amplifié deux, trois, quatre fois, les carrés sont deux, trois ou quatre fois plus grands. Si l'on veut réduire, on fait l'opération inverse.

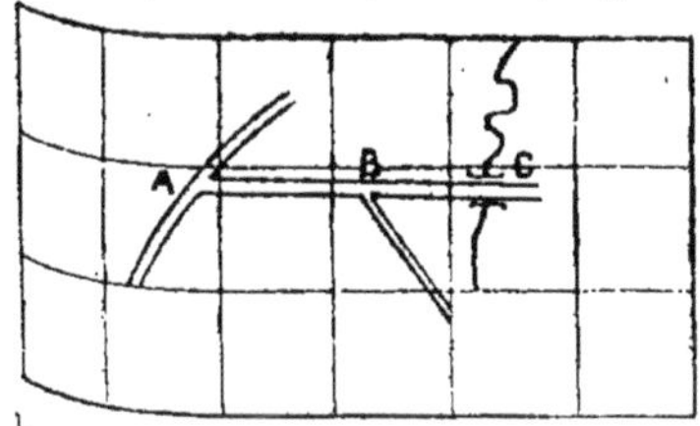

On commence par recopier la planimétrie dans ses grandes lignes en déterminant la place exacte d'un certain nombre de points A B C. ce qui limite les chances d'erreurs.

Il n'est pas utile, dans une amplification, que certains signes conventionnels (routes, maisons) soient grossis deux, trois ou quatre fois, puisqu'il est connu qu'au 1/80,000, ils occupent sur la carte une place plus grande que celle qu'ils ont dans la réalité.

QUESTIONNAIRE.

Orienter une carte au moyen :

a) du soleil; *b*) de la lune; *c*) de l'étoile polaire; *d*) d'une montre; *e*) de la boussole; *f*) des détails de la planimétrie.

Etant sur le terrain :

g) on se trouve sur le chemin de Dury à Vers;

h) on se trouve à la sortie Nord-Est du bois d'Hébécourt et on aperçoit en avant de soi et sur sa gauche le clocher de Dury;

i) après avoir traversé le bois de Bacouël, du Sud-Est vers le Nord-Ouest, on débouche en un point quelconque de la lisière; déterminer le point exact où on se trouve.

Etudier les itinéraires suivants pour les suivre de mémoire :

a) Clairy — Creuse — station de Bacouël — ferme de Bacouël,
b) Rumigny — Vers — Clairy.

Copie de la carte.

Reproduire au 1/80.000e les voies de communication du fragment de carte.

Reproduire au 1/80.000e la vallée de la Selle.

Amplifier du double le village de Dury et ses abords sud dans un rayon de 2 kilomètres.

Faire au 1/40.000e le croquis rapide de l'itinéraire suivant : Maison-Blanche — cote 44 — Cabaret Dury — Hébécourt — Buyon.

Faire au 1/20.000e le secteur compris entre le chemin de terre qui va du Monument commémoratif à la Maison-Blanche et le chemin qui part du même point et va à Buyon.

Lecture d'un itinéraire sur la carte.

De la *Maison-Blanche*, sur la route d'*Amiens* à *Beauvais*, à la station de *Bacouël*, par *Bacouël*.

L'itinéraire peut être divisé en trois parties :

1° La descente de la *Maison-Blanche*;
2° La vallée de la *Selle* et le village de *Bacouël;*
3° La montée de la gare.

La longueur de cet itinéraire est d'environ 2.800 mètres (qui peuvent être mesurés soit à l'aide d'un fil, soit à l'aide d'un curvimètre, etc).

1° La descente de la *Maison-Blanche*.

La ferme de la *Maison-Blanche* est construite sur une croupe allongée (définir une croupe) dans la direction du Nord-Nord-Est.

Elle est située sur le bord de la route départementale d'*Amiens* à *Beauvais*. Son altitude n'est pas donnée sur la carte. Celle-ci ne donne que deux indications : 34 mètres pour l'altitude de *Vers* et 104 mètres pour le mamelon situé au Sud-Est de *Plachy*. D'autre part *Buyon* est plus élevé que 70 mètres et plus bas que 104 mètres, son altitude peut être estimée à 85 mètres. Occupant sur la croupe (versant Ouest) une situation identique à *Buyon* (versant Est), la *Maison-Blanche* sera placée entre 80 et 85 mètres.

Cette situation lui donne un commandement de 50 mètres sur la vallée.

Aussi, de la *Maison-Blanche*, la raideur des pentes nous cachera peut-être la rive droite de *Bacouël* (en faire le profil) mais une grande partie de la rive gauche apparaîtra, à 600 mètres de là, écrasée au milieu des arbres.

Pour descendre à *Bacouël*, on dispose d'un sentier et d'un chemin de viabilité incertaine.

Le sentier qui conduit de *Buyon* à *Vers* doit présenter une pente très forte; c'est à proprement parler un raccourci pour piétons.

Le chemin de viabilité incertaine n'évite lui-même cette pente qu'en se brisant, c'est-à-dire en allongeant son tracé. Sa pente est en effet de 1/8. Par les temps de pluie ou de verglas, l'ascension des voitures chargées doit y être difficile. Ce chemin doit être en déblai en partant de la *Maison-Blanche*, pour être ensuite à flanc de coteau au changement d'orientation jusqu'au chemin carrossable de *Vers* à *Plachy*.

A la bifurcation de ces deux chemins, on tourne à gauche, le chemin descend à pente plus douce jusqu'à l'entrée de *Bacouël*. A droite, il longe une partie boisée, à gauche, des carrières de craie.

2° La vallée de la *Selle* et le village de *Bacouël*.

Pour aller à la gare de *Bacouël*, par le village, l'itinéraire traverse la vallée de la *Selle*, rivière bordée d'arbres de moins de dix mètres de largeur (un seul trait). Par la cote 34 (entre *Bacouël* et *Vers*), par les nombreux méandres de son cours, la carte révèle une rivière à pente douce. On peut donc donner à *Bacouël* une altitude de 35 à 36 mètres.

Les villages pressés sur les bords de la rivière montrent que les crues doivent être très rares, en tout cas peu périlleuses. Sa vallée, comprise entre le chemin de grande communication qui réunit les villages de *Vers-Bacouël-Plachy*, et le chemin de viabilité incertaine un peu plus à l'Ouest qui réunit ces mêmes villages, est large d'environ 600 à 700 mètres. On y rencontre de nombreux pâturages où les animaux doivent aller paître.

Avant d'arriver à *Bacouël*, la *Selle* se divise en deux bras formant îlot dans lequel se trouve l'église et la filature. Celle-ci doit se servir de l'eau de la rivière comme force motrice.

Bacouël est un village d'environ 200 habitants (50 feux environ) presque d'une seule rue bordée de maisons, sauf dans la partie centrale sur le côté droit.

Pour arriver au milieu du village, on traverse la *Selle* sur deux ponts. A droite on rencontre un moulin à eau, à gauche une filature, ce qui porterait à croire que l'agriculture ne suffit pas à nourrir son homme, les habitants étant obligés d'aller travailler dans les usines.

Dans sa partie centrale, le village est coupé par un chemin de viabilité incertaine qui suit la vallée de la *Selle* et fait communiquer les villages de *Vers-Bacouël-Plachy*. Ce chemin doit être pris par les habitants pour se rendre à *Amiens*. Longeant la vallée, il est constamment en terrain plat.

A l'extrémité du village, entre les deux chemins de viabilité certaine, qui vont l'un dans la direction de *Clairy*, l'autre sur la ferme de *Bacouël*, une grande ferme.

3° La montée de la gare.

Pour aller à la station, on laisse cette ferme à droite et on s'engage sur un chemin de viabilité certaine d'une largeur d'environ 5 mètres.

Jusqu'à la voie ferrée, à droite, ce sont des champs, à gauche un marais, bordé d'un fossé.

Le chemin passe au-dessous de la voie ferrée d'*Amiens* à *Beauvais*. Ce passage, dit « passage en dessous », prouve que la dénivellation est assez considérable, car un pont de chemin de fer a rarement moins de six mètres de haut. Le remblai commence un peu après le passage à niveau sur le chemin de *Bacouël*, au point coté 47, pour se terminer un peu après le pont, puis la voie est en déblai pour être de niveau à *Plachy*.

Après le passage en-dessous le chemin monte légèrement jusqu'à sa bifurcation avec le chemin de *Plachy* à la station de *Bacouël*.

A 200 mètres Sud du chemin se trouve la limite des deux territoires des communes de *Plachy* et de *Bacouël*.

A la bifurcation, le chemin monte à pentes raides. Jusqu'à la voie ferrée il doit être en déblai, pour être ensuite à flanc de coteau jusqu'à la station dont on peut évaluer le niveau à 80 mètres. un peu moins élevé que l'arbre *Montbard*. A l'Ouest de la gare un passage à niveau.

La station est sur la voie ferrée d'*Amiens* à *Rouen*. Etant éloignée de *Bacouël*, elle doit desservir plusieurs villages. En effet, si de la station comme centre, on décrit une circonférence de 2 kilom. 500 de rayon (une demi-heure de route à pied), on enferme dans son périmètre *Clairy-Creuse-Plachy-Bacouël*. Tous les habitants de ces villages devaient faire leur trafic par la gare de *Bacouël*. Il apparaît ainsi que cette voie ferrée est plus ancienne que l'autre et que la station de *Bacouël* fut construite pour desservir ces diverses localités. Maintenant, en raison de la gare de *Prousel*, une partie de son trafic lui a été enlevée.

La voie ferrée est longée au Nord et au Sud par des chemins d'exploitation permettant aux paysans d'aller dans leurs champs.

De la gare de *Bacouël* on aperçoit très bien, vers l'Est, la crête où se trouve la *Maison-Blanche*, point de départ de l'itinéraire; vers le Nord, l'horizon est borné de suite par la crête où se trouve l'*arbre Montbard* au milieu de petits bois, point qui a servi de signal trigonométrique; à l'Ouest, le bois et la ferme de *Bacouël*, celle-ci presque à la naissance de la vallée dépourvue de rivière orientée Est-Ouest, qui s'en va vers *Bacouël*, et que nous avons remontée pour aller à la gare; au Sud, *Prousel* que l'on devine dans les arbres d'un parc, entouré de murs.

QUESTIONNAIRE.

Décrire l'itinéraire : Hébécourt — Buyon — Plachy.

Décrire l'itinéraire : Fossemanant — station de Prouzel — Bacouël.

Ouvrages à consulter.

Cours pratique de topographie, de lecture des cartes et de connaissance du terrain, par le lieutenant-colonel J. Dennery. — *Le paysage militaire*, — *Emploi du croquis panoramique en campagne et dans les reconnaissances*, par le lieutenant Lefebvre. — *La clé des champs*, par le commandant Morelle.

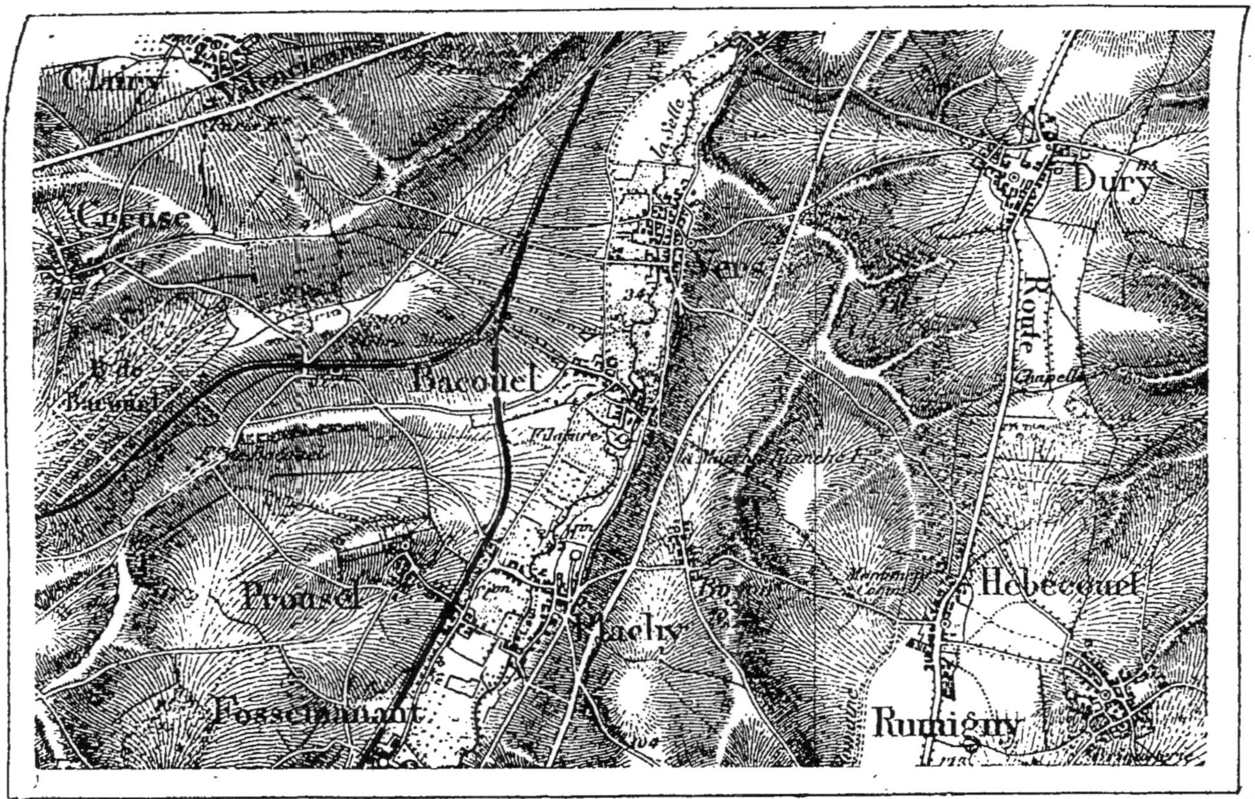

Extrait de la carte de Montdidier.

(
tro
Ma
nu
de

TABLEAU D'ASSEMBLAGE DE LA CARTE DE FRANCE

État-Major : 80.000e et 200.000e (1)

Ce tableau a été placé ici afin que ceux qui ont besoin de trouver la correspondance des quarts de feuilles de la carte d'Etat-Major puissent en savoir exactement la place dans l'ensemble et le numéro, puissent aussi les assembler pour une étude ou un travail de service en campagne sur la carte.

Carte de France a…

NOTA. — Les petits rectangles indiquent les feuilles du 80.000e; les grands rectangles indiquent les feuilles du 200.000e.

Le nom adopté pour chaque feuille du 200.000e est souligné.

...000e et au 200.000e. (*Tableau d'assemblage.*)

NORD

LA HAYE · Nimègue · Clèves · Bois-le-Duc · Middelbourg · Ostende · Dusseldorf · Anvers · Bruges · Gand · Cologne

BRUXELLES 5 · Maestricht · 5 bis Aix-la-Chapelle · 5 ter · Lahn · Lille · Huy · Liège · Coblentz · Francfort · Douai · Maubeuge · Namur

9 Cambrai · Rocroi · 10 Givet · 11 · 11 bis Mayence · Laon · Rethel · Mézières · Longwy · Sierck

16 Soissons · Reims · 17 Verdun · Metz · 18 Sarreguemines · Wissembourg · 19 Neubourg · STUTTGART · Meaux · Châlons · Bar-le-Duc · Commercy · Sarrebourg · Saverne · Lauterbourg

25 Provins · Arcis · 26 Vassy · Nancy · 27 Lunéville · Strasbourg · 28 · Sens · Troyes · Chaumont · Mirecourt · Epinal · Colmar · Weingarten

33 Auxerre · Tonnerre · 34 Châtillon · Langres · 35 Lure · Mulhouse · 36 · Clamecy · Avallon · Dijon · Vesoul · Gray · Montbéliard · Ferrette · Rhin Fl.

40 Nevers · Château-Chinon · 41 Beaune · Besançon · 42 Ornans · Berne · Lucerne · 42 bis · St Pierre · Autun · Chalon · Lons-le-Saunier · Pontarlier

Moulins 46 · Charolles · Mâcon 47 · St Claude · 48 Genève · Rhône · 49 · Gannat · Roanne · Bourg · Nantua · Annecy · Vallorcine · Gd St Bernard

Clermont 52 · Montbrison · Lyon 53 · Chambéry · 54 Albertville · Tignes · 55 · MILAN · Tessin · Brioude · Monistrol · St Etienne · Grenoble · St Jean de Maurienne · Bonneval · Pô Fl.

58 St Flour · Le Puy · 59 Valence · Vizille · 60 Briançon · Aiguilles · TURIN · 61 · Mende · Largentière · Privas · Die · Gap · Larche · Gênes

65 Sévérac · Alais · 66 Orange · le Buis · 67 Digne · St Martin-Vésubie · Saorge 68 · Spezia · St Affrique · le Vigan · Avignon · Forcalquier · Castellane · Nice · Pont St Louis · Durance · Var

72 Bédarieux · Montpellier · Arles 73 · Aix · 74 Draguignan · Antibes 75 · Narbonne · Marseillan · la Couronne · Marseille · Toulon · C. de Camarat

78 Perpignan · Céret

79 · Calvi · Bastia 80 · Vico · Corte · Ajaccio · Bastelica 81 · Porto Pollo · Sartène

MÉDITERRANÉE

CONNAISSANCES SPÉCIALES

A côté de l'éducation, de l'instruction générale, les jeunes gens qui fréquentent les sociétés de gymnastique et de préparation militaire doivent posséder certaines connaissances spéciales qui leur seront utiles soit comme soldats, soit comme citoyens (1).

D'abord le *langage militaire*. Pendant les marches, l'instructeur aura souvent l'occasion de parler du terrain; il est indispensable que les élèves connaissent et retiennent les termes, les expressions propres employés par les professionnels.

Il est également utile de connaître certains *indices* particuliers qui, en campagne, peuvent donner des indications précises sur l'ennemi. Ce développement des sens, cette éducation de l'œil peuvent être donnés au cours des marches. On apprendra aux jeunes gens à remarquer les moindres détails d'un chemin, les traces de pas, de fers et de sabots d'animaux, de roues, les points de repère, les croisées de chemins, la forme et la couleur des objets dominants, etc. A cet effet on pourra organiser des cross-country qui développeront l'initiative, l'endurance des élèves.

On les exercera à *étalonner leur pas*, à *apprécier les distances à la vue*, ou à l'aide de procédés très simples. Au début, beaucoup d'élèves se tromperont. Mais à force d'habitude, ils observeront mieux. L'instructeur rectifiera leur jugement et leur donnera ainsi la notion et l'habitude de la précision.

Si la société est munie de jumelles ou de prismes, l'instructeur emportera ces instruments aux marches et montrera aux élèves à s'en servir, sans entrer dans des détails techniques.

On leur apprendra également à observer et à pouvoir dire avec exactitude ce qu'ils voient. *La désignation des objectifs* est un très bon exercice. On demande aux élèves, en somme, de décrire ce qu'ils ont devant eux sans autre souci que de traduire exactement leur vision et de dire simplement leur impression à un camarade pour que celui-ci comprenne.

Quelques renseignements sur les *cours d'eau* sont nécessaires à un groupe qui, au cours d'une marche, peut avoir à traverser une rivière, à évaluer sa largeur, sa vitesse, etc.

On pourra exercer les élèves à *transmettre des ordres*,

---

(1) Nous adressant à des sociétés de gymnastique et de préparation militaire, nous avons laissé à ces connaissances la forme militaire.

à *envoyer des renseignements*, à *indiquer des itinéraires*, etc.

Enfin et sans entrer dans de grands détails, on pourra enseigner aux élèves les premières notions de service en campagne : comment on *utilise le terrain*, comment une troupe se garde *en marche*, au *stationnement*, comment une *patrouille* opère.

Ce sont des connaissances qui sont utiles non seulement aux militaires, mais aussi aux citoyens. Les jeunes gens sont appelés à rencontrer des troupes en marche, à les voir manœuvrer. Sachant déjà le pourquoi de certaines prescriptions, ils se rendront mieux compte de ce qu'ils verront et ils s'y intéresseront.

Ce complément d'instruction est donc indispensable, il complète l'éducation donnée par les autres enseignements à ceux qui sont appelés un jour à servir leur pays.

Nul ne pourra dire que celui qui aura pris, dans les sociétés de gymnastique et de préparation militaire, l'habitude de *voir*, de *comparer*, de *déduire*, de *juger*, n'aura pas recours dans la vie à ces habitudes précieuses dans le *domaine moral?* Est-ce que là aussi la comparaison, la vision large et d'ensemble ne sont pas indispensables pour se rendre compte de la valeur des êtres et des choses?

Langage militaire.

Comme les autres métiers, le métier militaire a un langage particulier.

Terrains.

On appelle *crête* la ligne la plus élevée d'un mouvement de terrain; *mamelon*, une hauteur isolée ayant une forme généralement arrondie, mais variable; *croupe*, un mouvement de terrain faisant saillie à l'extrémité d'une hauteur, *vallée*, *ravin*, *bas-fond*, etc., la partie du terrain où se trouvent les cours d'eau (ou celle où il pourrait s'en former); *pli de terrain*, une petite ondulation du sol.

Au point de vue du *relief* :

Plat ou *uni*, lorsque les inégalités du sol y sont presque insensibles;

Accidenté, lorsque les mouvements du sol sont nombreux.

Au point de vue de l'*observation* :

Couvert, lorsque les troupes y sont masquées à la vue de l'observateur par des plantations, des mouvements du sol, des obstacles;

Découvert, quand aucun obstacle important n'empêche la vue de le fouiller.

Au point de vue de la *circulation* :

Coupé, lorsqu'il est sillonné d'obstacles, fossés, ruisseaux, haies, clôtures, constructions qui gênent les mouvements de troupes;

Praticable, lorsqu'aucun obstacle n'y empêche sérieusement ces mouvements;

Impraticable, lorsque les obstacles qu'on y trouve empêchent complètement la circulation.

Couverts du sol.

a) *Lieux habités* : villes, villages, hameaux, écarts, château, ferme, église, chapelle, fabrique, manufacture, usine, moulin à vent, à eau, etc.

Pour envoyer un renseignement, on désignera ces différents endroits par leur nom, exemple : fabrique de Montières, la ferme de la Folie. Pour indiquer une direction, un point de repère, désigner un front à battre, on définira ces objets par leur aspect extérieur : la maison au toit rouge, le clocher blanc.

b) *Terrains boisés* : forêts, bois, bouquets, futaies, taillis, broussailles, vergers, haies, rangées d'arbres, arbre isolé.

Porter l'attention sur les lisières, les saillants, les rentrants, les clairières, etc.

Même observation que pour les lieux habités.

Dans le premier cas, on dira : le bois de Bourlon; dans le deuxième, l'arbre en boule, etc.

Lorsque les obstacles du sol ont une assez grosse importance, on les nomme des *points d'appui*.

On appelle *défilé* un passage étroit : une route qui passe sur un pont, qui traverse un village, un bois, une hauteur, etc., constitue un défilé, parce qu'une troupe ne peut, en ces endroits, se déployer à droite et à gauche.

Voies de communication.

PAR TERRE, les voies de communication sont les *routes*, *chemins*, *sentiers*, *chemins de fer*.

Il suffit d'indiquer : 1° si le chemin est *carrossable*, si c'est un sentier pour piétons; 2° si le chemin est plus ou moins bien *entretenu;* 3° sa *largeur;* 4° s'il est *de niveau* (lorsqu'il est à la même hauteur que le sol environnant), en *déblai* (c'est-à-dire au-dessous), en *remblai* (c'est-à-dire au-dessus), à *flanc de coteau* (c'est-à-dire en remblai d'un côté, en déblai de l'autre).

Des *bornes* et des *poteaux indicateurs* donnent des indications sur les directions et les distances (1).

Un *embranchement* est le point où un chemin se détache d'un autre.

(1) En Allemagne, en Autriche, en Belgique, en France, en Italie, ces distances sont exprimées en kilomètres et en hectomètres. Le mille allemand vaut 7 kilom. 500 environ.

Un *carrefour* (quatre fourches), ou une *croisée de chemins*, est le point de croisement de deux chemins.

Patte d'oie, point où plusieurs chemins se détachent d'un autre.

Etoile. — Point de croisement de plusieurs chemins.

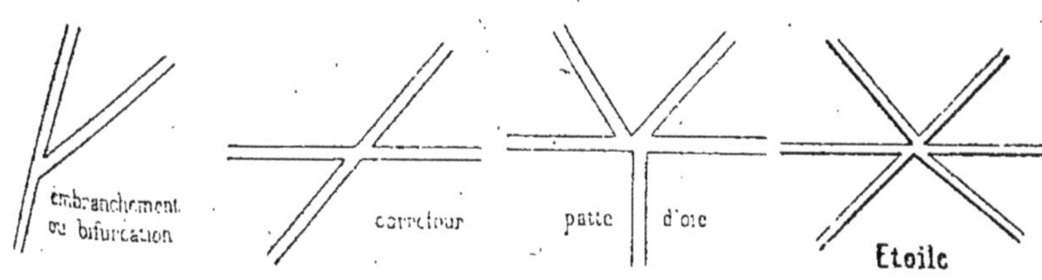

Rond-point. — Place circulaire que l'on rencontre fréquemment à une patte d'oie, à une étoile.

Dans les *voies ferrées*, on a tunnels, viaducs, stations, gares, signaux près des gares, lignes télégraphiques, réservoirs d'eau, *signaux* (mobiles ou fixes). Le *signal rouge* signifie toujours *arrêt*.

Les points où une route ordinaire traverse une voie ferrée se nomment *passage à niveau*, *en dessus* (ou *supérieur*), *en dessous* (ou *inférieur*), suivant que la route passe sur les rails mêmes ou qu'elle passe au-dessus ou au-dessous de la voie ferrée.

Par eau, les voies de communication sont les *fleuves*, *rivières*, ruisseaux, torrents suivant leur importance.

Dans un cours d'eau, on remarque : le *lit* où coulent les eaux, les *rives*, *bords* ou *berges*, qui se nomment rive droite ou rive gauche, suivant la direction du courant.

Canaux, écluses.

Les différents moyens de passage des cours d'eau sont : les *ponts*, les *bacs*, les *gués* (1).

En hiver, on passe encore les cours d'eau sur la glace; une épaisseur de 4 centimètres suffit pour laisser passer quelques isolés, 8 à 10 pour de petites fractions. En cas de craquement, se coucher sur la glace et glisser jusqu'à la rive opposée.

Les ponts se désignent, suivant leur mode de construction, sous les noms de pont en fer, en pierre, en bois, etc.

(1) La profondeur d'un gué utilisable pour le fantassin ne doit pas dépasser 1 mètre et même 80 centimètres si le courant est rapide ou si le fond est mou.

Indices (1).

Le moindre détail est utile à connaître.

Attitude de la population. — Près de l'ennemi, les habitants sont inquiets, les enfants sont curieux; en pays ennemi, ils sont insolents s'ils pensent que leur armée est proche.

Poussière. — La poussière soulevée par l'infanterie est basse; par la cavalerie, haute et légère; par l'artillerie, haute et épaisse. On en déduit la direction de marche et la longueur d'une colonne.

Reflets. — Les reflets du soleil sur des objets brillants sont l'indice d'une troupe en mouvement. Nombreux et brillants, la colonne s'avance; incertains, passagers, inégaux, elle se retire.

Les effets intermittents de lumière, la nuit, sont généralement des signaux.

Feux de bivouac. — L'intensité de la fumée pendant le jour, l'éclat et le nombre des feux pendant la nuit ou leur reflet sur le ciel peuvent renseigner sur l'emplacement et l'importance d'un bivouac. Cependant, l'ennemi allume quelquefois des feux nombreux pour dissimuler un mouvement.

Bruits divers. — Le roulement des voitures, le claquement des fouets, le hennissement des chevaux, les aboiements prolongés des chiens dans un village, indiquent généralement un passage de troupes.

Traces. — Les traces de pas, de chaussures (le talon du brodequin allemand est bordé d'un fer circulaire), les empreintes laissées par les chevaux ou les voitures peuvent servir à reconnaître la direction des colonnes et leur composition.

Emplacements abandonnés. — Ils permettent de reconnaître la force, la composition et l'état moral des troupes qui se sont arrêtées soit pour faire une grand'halte, soit pour bivouaquer.

L'attention des sentinelles, des éclaireurs, des patrouilles, doit toujours se porter sur tous ces détails. En outre, on devra relever les inscriptions qui seraient restées dans les cantonnements, ramasser les enveloppes de lettres, journaux et tous les objets perdus (casques, casquettes, pattes d'épaules, fers des chevaux, etc. — le fer allemand diffère du fer français par une rainure) qu'on pourrait trouver sur la route ou au bivouac. Dans les villages, on s'empare de tout ce qui peut procurer des renseignements : on fouille la gare, la poste, la gendarmerie, la mairie, etc.

(1) Lire le chapitre « *Traces et indices* » page 212 dans le *Livre de l'Eclaireur* du capitaine Royet.

si on trouve des malades, si on rencontre des blessés des morts, relever les numéros du collet, de la coiffure, la couleur des uniformes, les fouiller, ainsi que le paquetage des chevaux, et prendre tout ce qui peut être utile pour obtenir des renseignements sur l'ennemi : cartes, journaux, ordres, lettres, etc.

On questionnera les habitants, les enfants, dans le but soit d'avoir des renseignements, soit de demander son chemin, etc.

On questionnera les habitants, les enfants, les voyageurs, les déserteurs, les prisonniers, dans le but soit d'avoir des renseignements, soit de demander son chemin, etc.

Pour obtenir des réponses précises, on posera des questions simples, ou on interrogera plusieurs habitants pour contrôler les renseignements donnés par chacun.

On ne dira pas : « *Ce chemin conduit-il à Libercourt?* » mais bien : « *Où conduit ce chemin?* », car l'homme interrogé peut être distrait ou mal comprendre et répondre : « *Oui* », alors que ce chemin conduit ailleurs qu'à Libercourt, surtout s'il y a, dans le voisinage, des localités dont le nom s'en rapproche.

Appréciation des distances.

Le tireur isolé apprécie les distances pour appliquer les règles d'emploi de la hausse, dans les limites où peut s'exécuter le tir individuel.

Avant d'enseigner aux soldats l'appréciation des distances à la vue, on leur apprend à étalonner leur pas, puis à mesurer les distances au pas.

Étalonner son pas, c'est savoir combien on fait de pas à l'allure ordinaire pour parcourir 100 mètres.

Le soldat étalonne son pas en parcourant plusieurs fois des longueurs mesurées sur un terrain plat. Il sait alors combien il fait de pas pour parcourir tant de mètres et, réciproquement, combien il y a de mètres dans une distance mesurée au pas.

L'étalonnage du pas n'est pas un moyen pratique d'appréciation des distances, mais il permet le contrôle et facilite les exercices préparatoires.

Quand les hommes savent mesurer les distances au pas, l'instructeur en envoie quelques-uns aux distances de 400 à 600 mètres.

Il explique que c'est en tenant compte du plus ou moins de netteté avec laquelle on distingue les différentes parties du corps, de l'habillement, etc., qu'on peut acquérir une certaine notion de ces distances. Ces observations sont personnelles et varient avec la vue de chaque homme; elles ne doivent pas être trop minutieuses; elles portent de préférence sur les parties supérieures du corps.

L'homme doit formuler simplement ses observations

en disant, par exemple : « A 400 mètres, je cesse d'apercevoir la figure, mais je distingue encore les bras, etc. »

L'éclairement, la hauteur du soleil, les circonstances atmosphériques, etc., modifiant la visibilité des objets, rendent l'appréciation des distances à la vue difficile et occasionnent de fortes erreurs.

Il peut donc être utile d'enseigner aussi aux hommes à apprécier les distances par d'autres moyens, qui varient suivant les aptitudes et l'intelligence de chacun.

L'homme doit savoir, par exemple, que la hauteur du guidon au-dessus de son embase couvre, pour un homme en joue, la hauteur d'un fantassin à environ 600 mètres et celle d'un cavalier à environ 1.000 mètres. Si la hauteur couverte est la moitié ou le tiers, la distance est deux ou trois fois moindre.

Etalonnage du pas. — Chaque homme doit savoir le nombre de pas qu'il fait pour 100 mètres, il en déduit combien il en fait pour 10 mètres (1).

Appréciation à la vue. — Le Règlement ayant adopté deux distances types, 400 et 600 mètres, correspondant l'une à la hausse de combat, l'autre à la limite de tir de l'isolé, le soldat devra être familiarisé avec l'appréciation de ces distances. Jusqu'à 600 mètres, il s'agit simplement d'estimer entre quelles divisions de la hausse est comprise la distance du but : plus près que 250 mètres; entre 250 et 400 mètres; entre 400 et 500 mètres, etc.

Au delà de 600 mètres, pour une vue moyenne, on peut se baser sur les données suivantes :

A 600 mètres, on peut compter les files;

De 600 à 800 mètres, on distingue le sens de la marche, le mouvement des jambes, le balancement des bras, la tête des chevaux;

A 900 mètres, les files sont encore distinctes;

A 1.000 mètres, on voit le mouvement des subdivisions, on peut compter le nombre des canons;

A 1.200 mètres, les chevaux attelés se distinguent de leur voiture;

A 1.500 mètres, l'infanterie en ligne forme un cordon noir.

Le soldat doit se mettre dans l'œil un très petit nombre de distances (par exemple, 400, 600 et 800 mètres) qui lui serviront de repères, de façon que, lorsqu'il se présentera un objectif, il cherchera à savoir s'il se rapproche de ces distances-types.

Outre les procédés indiqués dans le règlement, le soldat se rappellera qu'une allumette ordinaire, tenue horizontalement avec les doigts, le bras tendu, couvre un homme à 400 mètres; — qu'un gros sou, tenu de la même façon, couvre un homme debout à 600 mètres, un cavalier à 1.000 mètres.

A la vue, on est exposé à apprécier court lorsqu'on a le soleil derrière soi, — l'air est pur, — le sol est uniforme, — le fond est clair.

On apprécie long : si on a le soleil devant soi, — par grosse chaleur, — par temps sombre, — sur fond sombre, — sur un but partiellement caché.

---

(1) Voir topographie : Construction d'une échelle de pas.

Appréciation par le son. — Le son parcourant environ 333 mètres par seconde, on compte le nombre de secondes écoulées entre le moment où on aperçoit la flamme du coup de feu de l'ennemi et celui où le son frappe l'oreille; on mutiplie ensuite le nombre de secondes par 333 mètres, on trouve ainsi la distance. A remarquer que pour 3 secondes, le son parcourt 1 kilomètre.

On évalue la durée d'une seconde en comptant rapidement jusqu'à 7; chaque série de 7 donne une seconde, et chaque fraction de 7 correspond à 50 mètres environ.

Exemple : On a compté 5 séries de 7 et on s'est arrêté à la 6e série au nombre de 4.

On a donc 5 secondes, soit $5 \times 333 = 1665$, plus $4 \times 50 \left(\frac{333}{7}\right) = 200$. La distance est donc d'environ 1.850 mètres.

L'appréciation à la vue constitue un procédé très incertain. On doit néanmoins s'y exercer.

Il arrivera souvent que l'on ne pourra se servir des instruments et que l'appréciation à la vue ou à l'aide de procédés simples sera le cas général.

L'examen de la carte est toujours utile. Il aide à limiter le champ des hésitations.

Appréciation des distances au moyen des dimensions apparentes des objets.

Principes : Un objet paraît d'autant plus petit qu'il se trouve à une plus grande distance de l'observateur.

Un objet placé à une distance fixe de l'œil couvre des objets (ou des tranches d'horizon) d'autant plus grandes que ceux-ci sont plus éloignés de l'observateur.

Application : Supposons que l'on puisse établir une proportion très simple entre les 4 grandeurs suivantes : la dimension d'un objet, son éloignement de l'œil, la dimension de l'objectif observé, sa distance à l'observateur. On pourra toujours mesurer les deux premières, si l'on connaît l'une des deux autres, un calcul facile donnera la quatrième. On aura ainsi soit la dimension de l'objectif si on connaît sa distance, soit la distance si l'on connaît sa hauteur ou sa largeur.

Exemple : Si, à 1 mètre de l'œil, on place un objet d'une hau-

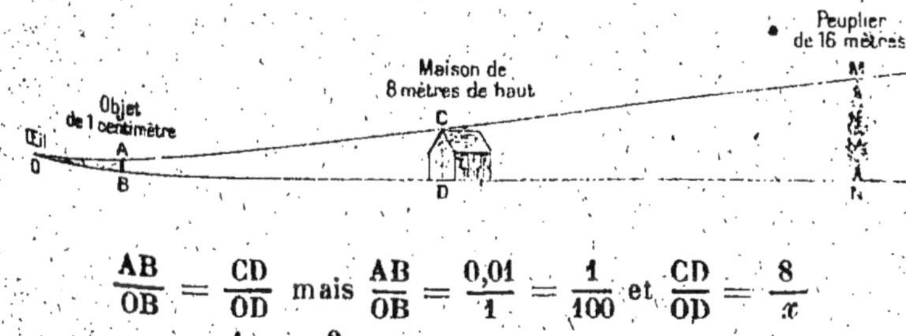

$$\frac{AB}{OB} = \frac{CD}{OD} \text{ mais } \frac{AB}{OB} = \frac{0,01}{1} = \frac{1}{100} \text{ et } \frac{CD}{OD} = \frac{8}{x}$$

$$\text{donc } \frac{1}{100} = \frac{8}{x} \text{ et OD ou } x = 800 \text{ mètres.}$$

teur de 1 centimètre, et si cet objet intercepte une maison d'une hauteur de 8 mètres (1), on a la proportion ci-contre :

Pour appliquer cette idée, il faut donc trouver une base quelconque et une distance fixe faciles à réaliser et qui soient dans un rapport très simple d'un dixième ou d'un centième par exemple.

Procédé des trois doigts. — Les trois doigts — index, majeur, annulaire — ont une épaisseur moyenne de 6 centimètres et demi (2), d'autre part, le bras tendu a une longueur d'environ 65 centimètres. Si nous prenons les trois doigts pour base, la longueur du bras comme distance fixe, base et distance sont dans le rapport de 1/10e.

Etant donnée cette constatation, si, ayant le bras tendu, les trois doigts couvrent un objet quelconque, la hauteur (ou la largeur) de cet objet sera le 1/10e de la distance, ou inversement, la distance sera 10 fois plus grande que la hauteur (ou la largeur) de cet objet.

Exemple : Les trois doigts placés horizontalement couvrent un homme de $1^m,70$ de hauteur; cet homme est à 17 mètres.

Si à une distance de 1 kilomètre, les trois doigts couvrent une haie, celle-ci a 100 mètres de long; à 4 kilomètres, elle aura 400 mètres.

Remarque. — Pour apprécier une distance moyenne, 1 kilomètre par exemple, il faut trouver des objets de 100 mètres de longueur, condition difficilement réalisable; on a donc été amené à chercher une base plus petite que le 1/100e qui permette à l'infanterie d'apprécier rapidement les distances de 600 mètres à 2.000 mètres.

Procédé au moyen de la pile de quatre sous (3). — On a remarqué que quatre pièces de 0 fr. 10 (4) empilées ont une épaisseur de $0^m,0065$, d'autre part, la longueur du bras étant d'environ $0^m,65$, la pile de sous tenue à plat (ou de champ), à bout de bras, fournit une base égale au 1/100e de la distance qui la sépare de l'œil.

Si donc on connaît les dimensions habituelles de quelques objectifs que l'on rencontre dans la campagne, il sera facile d'en évaluer la distance par le moyen indiqué ci-dessus.

---

(1) A 800 mètres, un objet de 1 centimètre couvre une maison de 8 mètres, à 1.600 mètres, le même objet couvre un peuplier de 16 mètres; cet objet couvre donc bien des objets d'autant plus grands que ceux-ci sont plus éloignés de l'observateur.

(2) Cette épaisseur varie entre 6 centimètres et 6 centimètres et demi, de même la longueur du bras entre 60 et 65 centimètres. Il est toujours facile, avec un peu d'habitude, de placer l'œil exactement à sa distance pour avoir l'angle du 1/100e.

(3) Général Percin.

(4) A l'effigie de Napoléon III, cette pièce dont l'épaisseur est extrêmement régulière, est dans un rapport simple, 1/400e, avec la longueur du bras.

...upposons, par exemple, que la pile de quatre sous couvre une ...ule de paille de 8 mètres dont on veut évaluer la distance. On ...e rapport suivant.

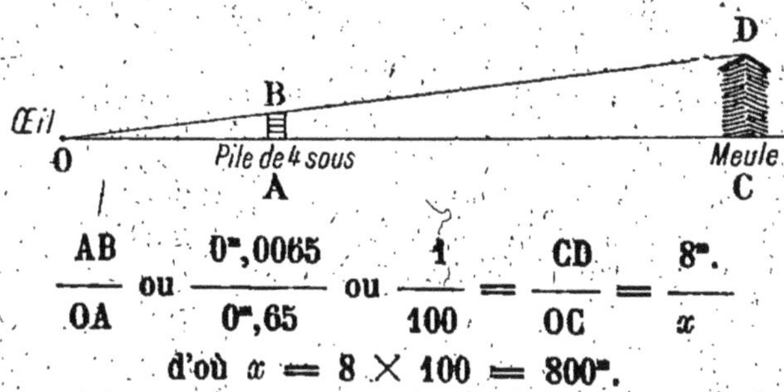

$$\frac{AB}{OA} \text{ ou } \frac{0^m,0065}{0^m,65} \text{ ou } \frac{1}{100} = \frac{CD}{OC} = \frac{8^m}{x}$$

$$\text{d'où } x = 8 \times 100 = 800^m.$$

...e procédé offre l'avantage de pouvoir prendre à volonté une, ...x, trois ou même huit pièces, ce qui permet de diminuer ou ...me d'augmenter la base. On a le rapport de 1/400ᵉ pour un ...os sou, de 1/200ᵉ pour 2 gros sous, etc.

...ans chacun de ces cas, pour avoir la distance, il suffit de ...ltiplier la hauteur couverte par 400 et diviser le produit par ...nombre de pièces employées à la couvrir. Exemple : si 3 piè...s couvrent une hauteur de 6 mètres, la distance sera de $\frac{\times 400}{3}$ = 800 mètres.

...océdé du guidon. — Les mêmes calculs peuvent se faire avec ...guidon. Sa hauteur étant de $0^m,011$ et la distance de l'œil ...tireur au guidon étant de $1^m,10$, on a également l'angle ...1/100ᵉ.

...ableau donnant les dimensions moyennes de quelques objectifs.

...tassin	$1^m,60$	Poteaux télégraphiques sur route	6^m, »
...ailleur à genoux	$1^m,10$	Poteaux télégraphiques sur voie ferrée	7 à 8^m
...ailleur couché	$0^m,60$	Meule de paille	8^m, »
...alier	$2^m,50$	Wagon de chemin de fer	3 à $3^m,50$
...nt d'une colonne par ... compagnies	3^m, »	Maison sans étage	5 à 6^m
...nt d'une colonne (ca...alerie)	4^m, »	Maison avec un étage	7 à 8^m
...ngueur d'un cheval	3^m, »	Maison avec deux étages	9 à 10^m
...ce attelée de 6 che...aux	15^m, »	Hauteur d'une porte	$1^m,90$
...sson	13^m, »	Hauteur d'une fenêtre	$1^m,80$
...ure à bagages	7^m, »	Mur de clôture	$2^m,50$
...cliste (longueur et ...uteur)	$1^m,50$	Moulin à vent	12^m, »
...files d'infanterie	14^m, »	Pommier	5^m, »
...ervalle de 2 pièces	15^m, »	Peuplier	15 à 25^m.

...roplanes (largeur). — Monoplan : envergure moyenne 10 mè... longueur moyenne 8 mètres; biplan : envergure moyenne ...ètres, longueur moyenne 10 mètres.

Dirigeables. — Zeppelin : longueur : 130 mètres, diamètre 13 mètres; Parseval : longueur : 48 mètres; diamètre 9 mètres; type italien : longueur 70 mètres, diamètre 11 mètres.

Longueur des différents éléments d'une colonne.

Compagnie.	100	mètres.
Bataillon d'infanterie (chiffre arrondi).	450	—
Régiment d'infanterie.	1.400	—
Cavalerie (un escadron).	120	—
Régiment de cavalerie.	600	—
Artillerie (1 batterie montée).	300	—
Groupe de 3 batteries.	1.000	—

Pour les troupes marchant par quatre (voitures par une), en représentant par N le nombre d'hommes (infanterie), de chevaux (cavalerie), de voitures (artillerie), on a, avec une approximation suffisante :

Longueur d'une troupe d'infanterie : $\frac{N}{2}$ mètres.

Longueur d'une troupe de cavalerie : N mètres.
Longueur d'une troupe d'artillerie : $N \times 20$ mètres.

Remarques : L'épaisseur d'un *crayon*, à bras tendu, réalise le rapport du 1/100e.

Le *guidon avec son embase* couvre une hauteur de 1 mètre à 100 mètres, de 2 mètres à 200 mètres, de 6 mètres à 600 mètres. Réciproquement, si le guidon couvre 4 mètres, on est à 400 mètres. S'il en couvre 15, on est à 1.500 mètres.

Expression en millièmes :

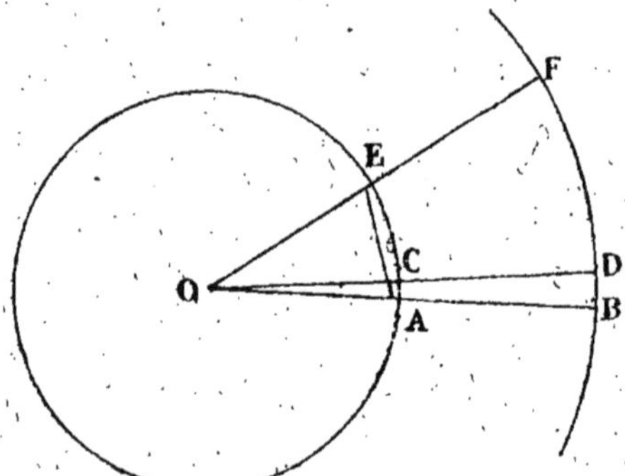

Le millième est un angle. L'arc de circonférence qui le mesure est le millième du rayon. En d'autres termes, si, sur une circonférence dont le rayon est de 1 mètre, on prend un arc de 1 millimètre, les deux rayons qui l'interceptent forment un angle de 1 millième.

OA = Un mètre.
AC = Un millimètre.
Angle COA = Angle d'un millième.

OB = 2 mètres. DB = 2 millimètres. Angle DOB = 1/1000.

Si, sur la même circonférence, on prend un arc AE = 10 millimètres, l'angle formé est de 10 millièmes.

Si on confond la corde AE et l'arc ACE, — ce qui peut s'admettre, — on peut dire que l'angle du 10 millièmes est celui sous lequel on voit un front rectiligne de :

10 mètres	à la distance de	1.000.
20 —	—	2.000.
30 —	—	3.000.

Cette propriété peut s'énoncer des trois manières suivantes :

1° L'angle est le quotient du front par la distance : $\frac{\text{front } 10}{\text{distance } 1000}$, angle au 10/1000;

2° Le front est le produit de la distance par l'angle :

$$\text{Angle } \frac{10}{1000} \times \text{distance } 2000 = \frac{20000}{1000} = 20 \text{ mètres;}$$

3° La distance est le quotient du front par l'angle :

$$\frac{\text{Front } 30 \text{ mètres}}{\text{Angle } 0{,}010} \text{ ou } \frac{30.000}{10} = 3.000 \text{ mètres.}$$

Il s'agit donc, pour apprécier une distance, de mesurer les angles.

Evaluation des doigts et de la main en millièmes :

Pouce.	40 millièmes		
Index.	35 millièmes	100	125 millièmes.
Majeur.	35 millièmes		
Annulaire.	30 millièmes		
Petit doigt.	25 millièmes		

Les trois doigts du milieu couvrent ensemble 100 millièmes, ou le dixième de la distance; la main entière sans le pouce 125 millièmes; 2 mains 250 millièmes; les cinq doigts ouverts du pouce au petit doigt 300 millièmes.

Evaluation des sous en millièmes. — Vue à bras tendu, une pièce de 10 centimes couvre 2 millièmes et demi; 2 pièces en couvrent 5; 4 pièces 10; 10 pièces 25.

Crayon : 10 millièmes.

Problème. — Une patrouille venant de Creuse (voir à la topographie, le fragment de carte au 1/80.000) atteint la hauteur de l'arbre de Montbard (Nord-Est de la station de Bacouël). Son chef découvre dans le lointain, vers le Nord-Est, une colonne d'infanterie. Il observe que cette colonne a mis quinze minutes à défiler devant un repère fixe (le clocher de l'église de Vers). Sa longueur est couverte par une main ouverte et un doigt.

Quel renseignement enverra-t-il?

15 minutes d'écoulement mesurent une colonne de 1.200 mètres, soit un régiment; une main ouverte et un doigt valent environ 330 millièmes.

La distance est donc de $\frac{1.200 \times 1.000}{330} =$ 3.600 mètres (environ).

La carte donne comme lieu la route d'Amiens à Beauvais, à l'endroit dit le Cabaret.

Renseignement : Vu un régiment d'infanterie en colonne par quatre sur la route d'Amiens à Beauvais, passant au Cabaret à 15 h. 30 et se dirigeant sur Amiens.

Dans certains cas, on ne pourra apprécier la distance qu'approximativement.

Par exemple, un groupe de tireurs, placé en G, doit ouvrir le feu sur un objectif apparaissant en O.

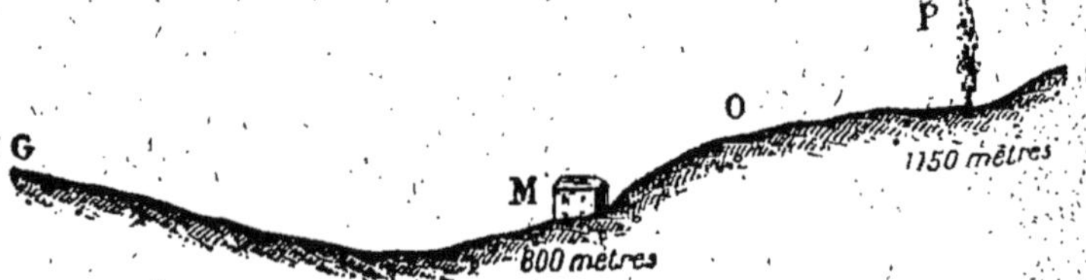

Dans son champ d'action, le chef a repéré le terrain, il a trouvé les distances suivantes :

M Maison isolée, 800 mètres.
P Peuplier, 1.150 mètres.

L'ennemi apparaissant entre ces deux points de repère, le chef estime que l'objectif est beaucoup plus près de la maison que du peuplier, soit en deçà de 1.000 mètres et au delà de 900, il prendra la hausse de 1.000 mètres (1).

La valeur de ces différents procédés est augmentée par le procédé *des moyennes* (R. M., § 199).

---

(1) Des procédés du même genre peuvent encore servir à l'*évaluation des fronts*.

Il est intéressant de connaître la largeur des objectifs que l'on veut attaquer; on peut ainsi en déduire le nombre d'hommes à employer à cette tâche.

On se sert des mêmes moyens que pour apprécier la distance.

Si, par exemple, le pouce couvre une haie distante du point d'observation de 1.000 mètres, on a :

Angle 0,040 × distance 1.000 = front 40 mètres.

A 2.500 mètres, on aurait :

Angle 0,040 × distance 2.500 mètres = 100 mètres.

Le chef fait apprécier la distance par les autres gradés du groupe et par des soldats doués d'aptitudes spéciales soit à la vue, soit au moyen des procédés indiqués ci-dessus; il prend ensuite la moyenne de toutes ces opérations. Cette moyenne a chance d'être plus exacte que la distance donnée par une appréciation unique.[1]

Recherche et désignation des objectifs.

La recherche des objectifs développe l'acuité visuelle et l'esprit d'observation. On doit s'y exercer au cours des marches-promenades.

Cet exercice porte sur tous les objets qui se rencontrent dans la campagne tels que : haies, clôtures, tas de pierres, piétons, chevaux, voitures, etc.

Pour désigner un objectif, l'instructeur choisit un repère nettement visible dont l'indication ne donne lieu à aucune confusion, puis, tendant le bras, il indique à combien de largeurs de doigt ou de travers de main l'objectif se trouve à droite ou à gauche du repère désigné.

Il est également utile de faire des exercices spéciaux en prenant pour objectifs des hommes que l'on envoie sur le front de la troupe, à des distances variables.

Ces hommes marchent isolément ou en groupe et s'arrêtent en cherchant à se dissimuler. Chaque soldat s'efforce de les découvrir et indique la distance appréciée.

Les exercices de recherche et de désignation d'objectifs peuvent se faire à toute époque de l'année, sans sortir des routes qui avoisinent les garnisons. C'est au cours des manœuvres à double action qu'ils se font le plus utilement.

Il y a plusieurs manières de désigner les objectifs :

1° *Désignation directe*, employée de préférence à toute autre lorsque le but est nettement visible.

EXEMPLE.

« But, la section qui s'avance. »

2° *En travers de main* (ou de doigt).

EXEMPLE.

« Devant nous, à 900 mètres, sur la crête, une maison blanche :

Point de repère : Cette maison blanche.

« Deux doigts à gauche de cette maison : une section ennemie.

« *Objectif* : Cette section.

Afin d'éviter toute confusion, l'instructeur devra fixer ses subor-

---

[1] De même, si on se sert de la pile de sous, on peut évaluer l'angle; mais alors il faut la tenir verticalement et non horizontalement.

donnés sur l'emploi des mots « droite » et « gauche » dans la désignation des points de repère et des objectifs.

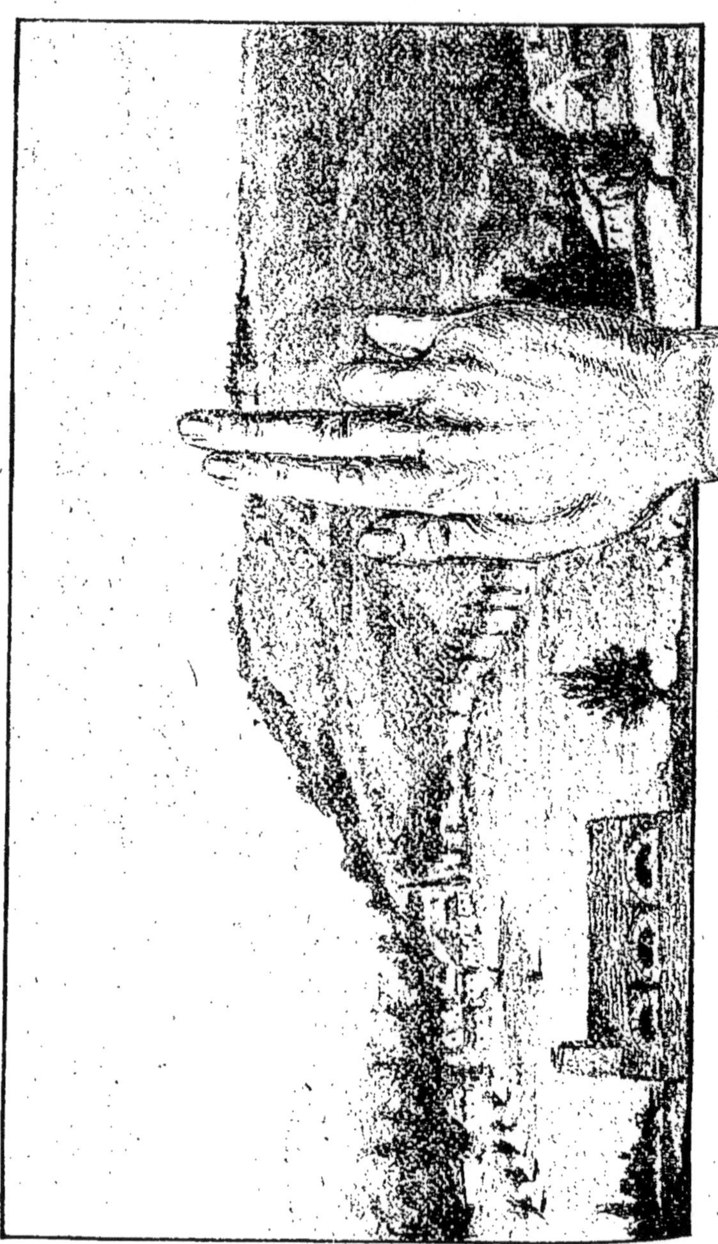

Devant nous : A 900 mètres, sur la crête, une maison blanche.
Point de repère : Cette maison blanche.
Deux doigts à gauche de cette maison, une section ennemie.

La *droite* d'un objectif est la partie qui se trouve *vers la droite de l'observateur*. De même la droite d'un point de repère est la région qui se trouve sur le côté droit de l'observateur.

S'assurer, dès que les indications ont été données, que les observateurs ont saisi le point de repère et l'objectif, et cela instantanément. A cet effet, exiger que, dès qu'ils ont saisi le point de repère, ils prononcent le mot « *Vu* ». Ils font de même après la désignation de l'objectif.

Remarquer que le nombre de travers de main ou de doigts est variable pour des observateurs placés en des points différents.

Passage des cours d'eau.

Les différents procédés de passage des cours d'eau en dehors des ponts sont les suivants :

a) Passage sur des passerelles de fortune;
b) Passage sur des embarcations, radeaux, etc.;
c) Passage à gué;
d) Passage sur la glace.

Lorsqu'on veut employer un moyen de fortune (passerelles, etc.) pour passer un cours d'eau, il est utile, au préalable, d'*évaluer la largeur*, afin de calculer approximativement la quantité de matériel nécessaire.

Evaluation de la largeur.

Les moyens suivants sont à la portée de tout le monde.

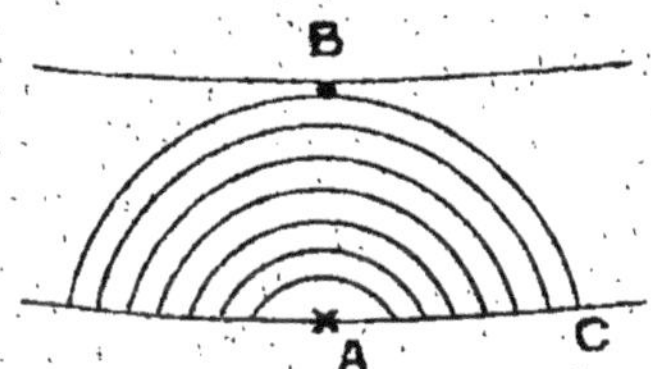

Procédé du caillou. — Jeter sur la rive où on se trouve une pierre assez grosse, en A par exemple, des cercles concentriques se formeront autour de ce point. Quand ces cercles arriveront à toucher la rive opposée, on suivra des yeux la circonférence et on mesurera la distance AC = AB largeur de la rivière.

Procédé du képi. — Se placer sur le bord de la rivière, face à la rive opposée; tenir la tête verticale en la maintenant avec le poing placé sous le menton. Abaisser ensuite le képi de manière que le rayon visuel passant par le bord de la visière affleure l'autre rive. Faire alors un à-droite (ou à-gauche) suivant le terrain et sans déranger la position de la tête, remarquer le point où aboutit le rayon visuel passant par le bord de la visière. Mesurer la distance de l'endroit où on se trouve à ce point pour avoir la largeur cherchée.

Autres procédés. — On peut également se servir d'une corde avec un corps lourd à l'extrémité qu'on lance sur la rive opposée; ou encore par les moyens suivants :

Se procurer deux bâtons dont l'un soit le double de l'autre (exemple : l'un, 1 mètre (B), et l'autre, 2 mètres (A). Placer le plus petit (B) sur le bord de la rivière, en face d'un point bien visible et placé sur l'autre rive (une pierre ou le pied d'un arbre C, puis

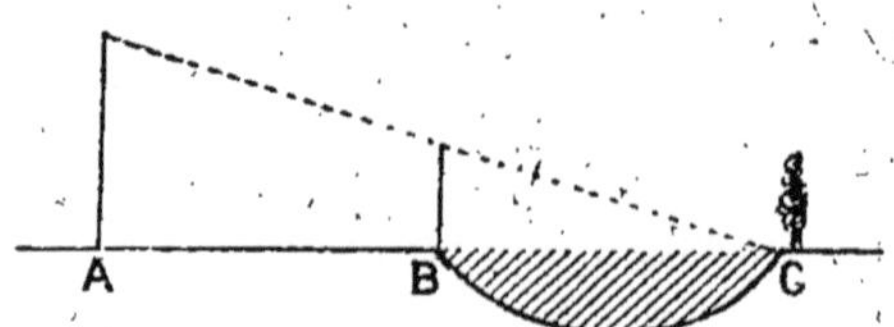

on se porte en arrière et l'on place le bâton le plus grand sur l'alignement du petit et du point de l'autre rive; le grand bâton est bien placé lorsque, en regardant par-dessus les deux bâtons, la ligne qui joint les sommets des bâtons aboutit au point de l'autre rive : on se recule ou on s'avance jusqu'à ce qu'on arrive à ce résultat; la largeur de la rivière est égale à la distance qui sépare les deux bâtons; dans l'exemple ci-dessus, la largeur de la rivière BC est égale à la distance AB qui sépare les deux bâtons.

Ou encore par le moyen suivant :

D'un point P, bien visible, sur la rive opposée, j'abaisse la perpendiculaire PA sur AM parallèle au lit de la rivière. Sur AM je prends deux points B et D tels que AB = 2 BD. Laissant un jalon au point B, j'élève au point D, perpendiculairement à AM, la droite DC et je m'arrête en C lorsque je vois le point P sur le prolongement du jalon placé en B. On a dans les deux triangles semblables APB et BCD.

$$\frac{AP}{DC} = \frac{AB}{BD} \text{ ou } AB = 2\ BD.$$

donc AP = 2 DC.

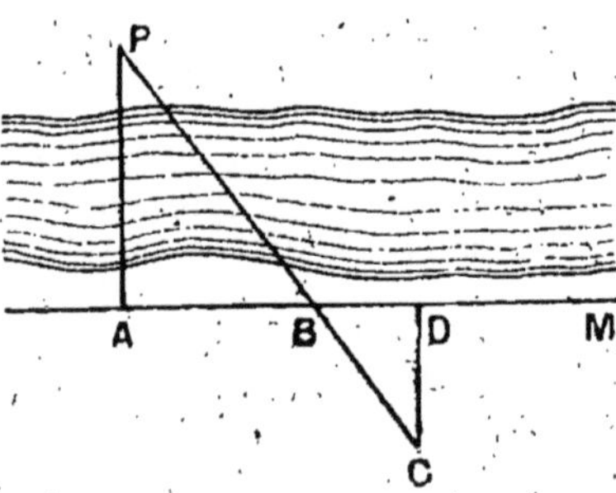

Il suffit de mesurer DC et de doubler cette longueur pour avoir la longueur de la rivière.

On peut aussi prendre BD = AB; dans ce cas les deux triangles sont égaux et on a : AP = DC.

Mesure de la vitesse.

Pour *mesurer la vitesse* de l'eau, repérer sur la rive deux points A et B; en mesurer la distance. Jeter dans le milieu du courant, en amont, un flotteur léger, voir le nombre de secondes qu'il met pour aller d'un point à l'autre. Diviser le nombre de mètres représentant la distance par le nombre de secondes qu'a mis le flotteur pour parcourir cette distance.

Si la vitesse est de 0m,50, le courant est faible.
— 1m,00, le courant est ordinaire.
— 1m,50 à 2m,00, le courant est rapide.
— 2m,50 à 3m,00, le courant est très rapide.

Mesure de la profondeur.

Pour *mesurer la profondeur d'un cours d'eau* il faut disposer d'une barque, s'il n'existe pas de passage. On pratique des sondages avec une perche graduée.

Si la profondeur est d'au moins 0m,50, le cours d'eau est *flottable.*

Si elle est de 1 mètre, le cours d'eau est *navigable.*

Les passerelles de fortune conviennent pour le passage des hommes en files par un ou par deux.

Si la largeur est faible, il peut suffire de jeter des arbres ou des madriers en travers du cours d'eau, pour le traverser.

Si la largeur est trop grande pour recourir à ce procédé, on établit une passerelle avec supports fixes reposant sur le fond de l'eau ou avec supports flottants.

Ces supports peuvent être :

Des tables, des bancs, des tréteaux, des charrettes, des perches assemblées, etc. (supports fixes).

Des barques, des radeaux formés de tonneaux, de sacs à distribution remplis de paille ou d'herbes sèches, etc. (supports flottants) (1).

L'écartement des supports (fixes ou flottants) dépend des dimensions et de la résistance des matériaux du tablier.

Le tablier de la passerelle, reposant sur les supports, est composé avec des madriers, des rondins, des planches, des portes, des volets, des échelles, etc.

Les matériaux qui constituent le matériel sont reliés aux supports au moyen de clous, fils de fer, cordelettes, etc.; ils prennent en général appui sur le terrain des rives, par l'intermédiaire de pièces de bois placées en travers sous les extrémités du tablier.

Quand les supports fixes sont constitués avec des voitures, on dispose celles-ci perpendiculairement ou parallèlement au lit de la rivière, suivant que le courant est faible ou fort; on a soin, en outre, de caler les roues.

Dans le premier cas, les fonds des voitures peuvent être utilisés

(1) Le génie possède à cet effet tout un matériel qui permet de passer rapidement un cours d'eau (en particulier, le système du radeau-sac **Habert**).

comme tablier. On les relie alors si on le peut, par quelques madriers pour établir la continuité du passage.

Dans l'autre cas, le tablier repose sur les ridelles, consolidées au besoin et portées à la hauteur voulue au moyen de planches ou de madriers reposant sur des traverses.

Comme les hommes sont obligés de se mettre à l'eau pour disposer les voitures, la profondeur ne doit pas dépasser 1m,50.

Passages au moyen d'une embarcation. — Le nombre d'hommes à embarquer dans un bateau est déterminé de façon que ses plats-bords émergent toujours de 20 centimètres au moins si l'eau est tranquille, de 30 centimètres, si l'eau est courante.

L'embarquement et le débarquement doivent se faire dans le plus grand ordre.

La charge est également répartie pour assurer la stabilité de l'embarcation.

Pendant le passage, *on doit observer le silence et une immobilité absolue.*

Indépendamment des rames, perches, pagaies, employées pour diriger les embarcations, on peut également faire circuler celles-ci en les tirant au moyen de cordes alternativement de l'une à l'autre rive, ou mieux encore, les diriger à la main le long d'une corde tendue entre les deux rives.

Passage à gué. — La profondeur d'un gué utilisable par l'infanterie ne doit pas dépasser :

1 mètre pour les hommes et même 80 centimètres si le courant est rapide ou si le fond est mou.

1m,20 pour les chevaux et pour les voitures dont le chargement peut être mouillé sans inconvénient; 0m,70 pour les autres voitures.

Les meilleurs gués sont ceux qui ont un fond de gravier dur et résistant.

Dans la recherche des gués, il y a lieu de tenir compte des indications suivantes :

Les sentiers ou chemins qui aboutissent à une rivière, perpendiculairement à son cours, conduisent ordinairement à un gué, surtout s'ils se prolongent sur l'autre rive et si l'on remarque aux abords des traces de roues.

Les cours d'eau sont plus souvent guéables aux endroits où le courant est rapide qu'à ceux où il est lent et dans les parties droites que dans les coudes.

Il y a presque toujours des gués en aval des moulins, barrages, etc.

Les gués ne sont pas toujours perpendiculaires aux rives; entre deux coudes de la rivière, ils peuvent être obliques (1).

---

(1) Dans le passage des gués très profonds, observer les précautions suivantes : porter en *aval* des hommes du pays ou des soldats habiles nageurs ou encore quelques barques, s'il est possible; faciliter le passage au moyen d'une corde tendue entre les deux rives, etc.

Passage sur la glace (1). — Il faut que la glace ait de 10 à 12 centimètres d'épaisseur pour porter de l'infanterie marchant en colonne de route.

Une couche de glace de 15 centimètres suffit pour porter toutes les voitures d'infanterie.

Quand la température est très basse, on peut augmenter l'épaisseur de la glace sur toute la largeur du passage :

1° En couvrant la voie à suivre de couches successives de paille et de branchages, disposées alternativement dans le sens du courant et dans le sens perpendiculaire, et en répandant de l'eau sur ces matériaux jusqu'à ce qu'ils soient liés entre eux par la glace;

2° En limitant la voie à suivre par deux files de poutrelles ou de madriers entre lesquelles on jette de l'eau qui, en se congelant, augmente l'épaisseur de la glace.

Pour effectuer le passage, il y a lieu d'observer les recommandations suivantes :

S'assurer que la glace porte sur l'eau en tous les points de la voie choisie; la recouvrir d'une légère couche de terre pour empêcher les hommes et les chevaux de glisser, faire rouler les voitures sur deux files de madriers pour répartir leur poids sur une grande surface.

Ne s'inquiéter des craquements qui se produisent au passage des troupes et des voitures que si l'eau jaillit par les fentes.

Ordres et renseignements.

Transmettre un ordre.

> **Un ordre mal transmis peut conduire à la défaite.**

Connaissant le langage militaire, les formations des troupes, etc., le soldat retiendra plus facilement les ordres qu'il devra transmettre ou qu'il recevra pour accomplir une mission, puisque les expressions employées lui seront plus familières.

Il devra toujours s'attacher à saisir l'esprit de l'ordre qui lui est donné autant que la lettre, en se rendant compte des circonstances auxquelles il se rapporte. Il le répétera textuellement.

Sa mission terminée, il en rend compte au chef qui l'en a chargé. Dans le cas où aucune réponse ne lui a été faite, il se borne à dire : « Ordre transmis » ou « Ordre exécuté » s'il a vu exécuter l'ordre.

---

(1) Pour laisser passer quelques isolés, une épaisseur de 4 centimètres suffit : 8 à 10 pour de petites fractions d'infanterie; de 16 à 20 pour la cavalerie, l'artillerie, pour les voitures lourdes; de 27 à 30 pour les convois pesants (voitures automobiles).

En cas de craquement, pour quelques hommes isolés, se coucher sur la glace et glisser jusqu'à la rive opposée.

En résumé :

1° *Ecouter attentivement;* 2° *Répéter;* 3° *Transmettre;* 4° *Rendre compte.*

Envoyer un renseignement.

Un renseignement n'est utile que s'il arrive à temps.

Un renseignement doit être à la fois clair, concis, précis et complet.

Il est bon de le présenter sous forme de réponses aux quatre questions suivantes : *Qui? Quand? Où? Comment?*

Qui? C'est-à-dire quel est l'effectif de l'ennemi, quelle est son arme?

Quand? A quelle heure a-t-il été vu?

Où? A quel endroit était-il à ce moment?

Comment? Dans quelle formation était-il? Vers quel point se dirigeait-il? A quelle allure?

Il est donc nécessaire de bien connaître le terrain et de savoir définir l'ennemi, c'est-à-dire ce que l'on voit de lui.

On précisera si le renseignement a été vu personnellement ou s'il provient d'un ***intermédiaire*** (et, dans ce cas, de quel intermédiaire).

EXEMPLE (1).

Groupe de sentinelles n° 2 à commandant petit poste.

13 heures 30 (Quand ?).

Je vois un groupe ennemi que j'évalue à environ 40 fantassins (Qui ?) sortir du village de **Lesquin** (Où ?). *Ses éclaireurs marchent sur* **Templemars** (Comment ?).

Ce groupe est commandé par un gradé porteur d'un sabre; les hommes sont en tunique et pantalon gris vert (2).

Un renseignement n'est utile que s'il arrive à temps. Si on l'écrit, que ce soit lisiblement. A quoi servirait...

(1) Dans la vie ordinaire, on donne tous les jours des renseignements sous cette forme :

« J'ai rencontré Paul (*Qui?*) vers midi (*Quand?*), dans la rue « de la République (*Où?*).Nous avons fait route ensemble (*Com-* « *ment?*). »

(2) Depuis 1910, en Allemagne, les officiers et la troupe mobilisent avec un uniforme gris vert.

avoir conquis un renseignement précieux avec peine et effort, et quelquefois même au prix de la vie de plusieurs de ses camarades, si le chef auquel il est destiné le reçoit trop tard ou ne peut pas le lire? *L'énergie dépensée et les sacrifices consentis resteraient vains.*

Utilisation du terrain.

Le terrain doit être une aide et non un obstacle.

PRINCIPES : *Action passe avant protection.*
L'action tue la peur.
La visibilité attire le feu.

On appelle *couverts* les obstacles tels que : haies, moissons ou autres cultures, broussailles, etc., qui masquent le tireur sans le protéger contre les balles.

On appelle *abris* les obstacles tels que les murs, levées de terre, etc., qui protègent le tireur contre les balles.

Le soldat est appelé à utiliser le terrain.

Pour voir.

C'est-à-dire (autant que possible sans être vu), pour observer l'adversaire, faire la reconnaissance du terrain en avant, à droite, à gauche, en arrière. C'est le cas du soldat en *sentinelle*, en *patrouille*, en *éclaireur*, en *tirailleur*.

Pour marcher.

Dans ce cas, il doit toujours se poser les questions suivantes :

Où aller?

Par où y aller? Quel cheminement prendre?

Comment y aller?

Si le cheminement le cache des vues de l'adversaire, gagner du terrain au pas et sans se presser; si, au contraire, il est en vue et que la distance — moins de 400 mètres — le rende vulnérable, prendre une allure aussi rapide que possible et par bonds de faible amplitude pour diminuer l'essoufflement.

Pour tirer.

Le soldat devra se poster ou choisir un abri, puis examiner si son emplacement permet :

De *voir;*

De se porter en avant;

De n'être *pas vu* (se couvrir, s'abriter);

De *trouver un appui* pour l'arme (pour se donner plus de chances d'atteindre).

Cela fait,

Se tenir *très près de l'abri;*
Se découvrir le moins possible pendant l'exécution du tir;
S'abriter complètement *dès que le feu cesse.*

Se rappeler qu'un abri n'a qu'une valeur relative et momentanée et qu'il ne faut pas hésiter à le quitter pour remplir sa mission.

On est moins exposé couché qu'à genou et à genou que debout; on tire bien couché et à genou, mais plus vite debout.

On peut également tirer : assis, accroupi, sur les deux genoux, et dans les positions qui permettent le mieux l'utilisation du terrain.

Pour s'abriter.

Lorsque l'homme n'a pas besoin de tirer, il utilise au mieux les obstacles du terrain pour ne pas être vu de l'ennemi (quand il veut manger, se reposer, etc.). Dans ce cas, quelques observateurs sont chargés de la surveillance, permettant ainsi à leurs camarades de prendre du repos ou de vaquer à leurs occupations.

Pénétration des projectiles.

Bien connaître la valeur du terrain pour savoir l'utiliser et l'aménager à propos.

Dans l'utilisation du terrain, tenir compte de l'épaisseur que doivent avoir les obstacles du sol pour protéger le soldat des projectiles d'infanterie aux distances moyennes.

Exemple : Il faut un arbre de la grosseur d'un homme pour arrêter les balles aux petites distances.

La figure ci-après résume quelques données qu'il est utile de connaître.

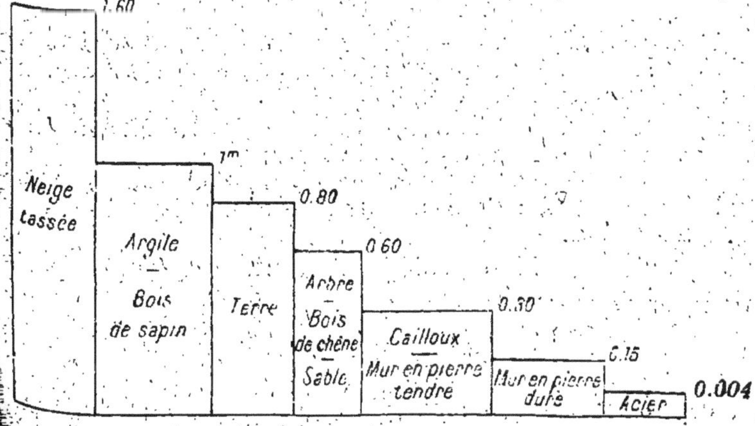

4 traverses de chemin de fer } sont nécessaires pour
6 mètres de paille } arrêter les balles.

Contre les projectiles d'artillerie :

Un havresac chargé n'est pas traversé par les balles de shrapnel. C'est pourquoi il est recommandé de le placer au-dessus de la tête lorsqu'on est en butte à un feu d'artillerie.

Les éclats directs des projectiles fusants sont arrêtés par 0m,40 de terre, 0m,05 à 0m,10 de bois, une épaisseur de briques.

Le parapet d'une tranchée arrête les balles et les éclats de l'obus à balles.

Un obus à balles tiré percutant traverse 0m,50 de terre, un mur en maçonnerie de 0m,50.

Il faut au moins *cinq* projectiles pour mettre hors de combat un homme assis ou couché dans une tranchée.

Aménager le terrain.

La fortification n'est qu'un moyen et non un but ; seul, le mouvement en avant est irrésistible et procure le succès.

Au cours des différentes missions qu'il aura à remplir en campagne, le soldat utilisera, toutes les fois qu'il le pourra, les obstacles naturels du sol pour se protéger contre le feu de l'ennemi. Mais souvent, il se trouvera amené, en raison de leur insuffisance, à créer, à compléter ou aménager des couverts et à exécuter certains travaux destinés à faciliter son tir, à s'abriter, etc.

Le soldat dispose à cet effet d'outils portatifs, à peu près un par homme : pelles, pioches, de façon à pouvoir se terrer instantanément.

Les principes suivants devront le guider :

Au point de vue technique.

1° Constituer ou compléter le couvert avec les matériaux de toute nature qu'il trouvera *à sa portée* : terre, sable, fagots, pierres, etc.;

2° Aménager le couvert de manière à être à la fois bien abrité et bien placé pour tirer;

Modifier le moins possible l'aspect des accidents du sol organisés. Au besoin, leur rendre cet aspect au moyen de gazon, etc.

3° Pour être bien protégé, se tenir aussi près que possible du couvert.

Au point de vue tactique.

Le terrain est un précieux auxiliaire du mouvement et de la manœuvre : c'est un moyen et non un but; ne jamais perdre de vue qu'on ne s'arrête pas pour creuser,

mais qu'on creuse parce qu'on s'arrête, en ayant toujours la ferme intention de sortir des abris.

S'il ne répond pas au but que l'on se propose, un travail ne sert à rien; il occasionne une fatigue inutile et risque de retenir l'homme sur un point qu'il n'y a plus intérêt à occuper.

Donc, ne jamais hésiter à renoncer à la protection que procure la fortification, à abandonner des installations déjà créées pour en recommencer de nouvelles ailleurs, si la situation le commande.

Exemples d'aménagements individuels établis derrière des arbres, arbustes ou branchages.

Faire tout son possible pour constituer, dans tous les cas, un bourrelet,
soit avec de la terre,
soit avec des sacs de sable, pour protéger la tête du tireur.

1° *Tronc, fagot ou branchages ne dépassant pas 30 centimètres au-dessus du sol.*

Utilisation du couvert sans aménagement.

Amélioration progressive du couvert.

1re Période.

2e Période.

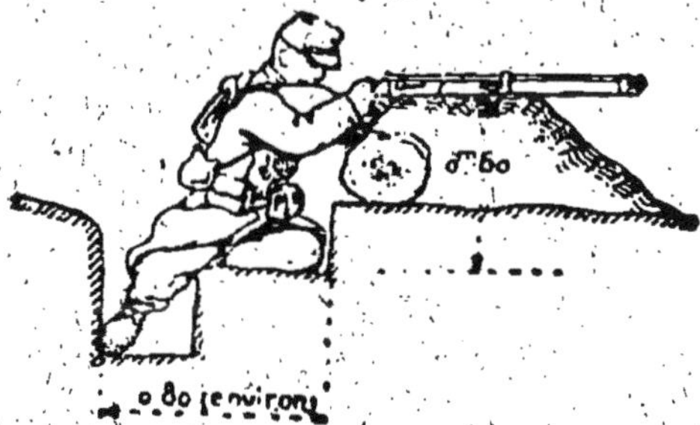

2° *Tronc, fagot ou branchages dépassant 30 centimètres au-dessus du sol.*

Organiser un masque à droite et contre le couvert (à 0m,30 en arrière).

1re Période.

Amélioration progressive du couvert.

2e Période.

3e Période.

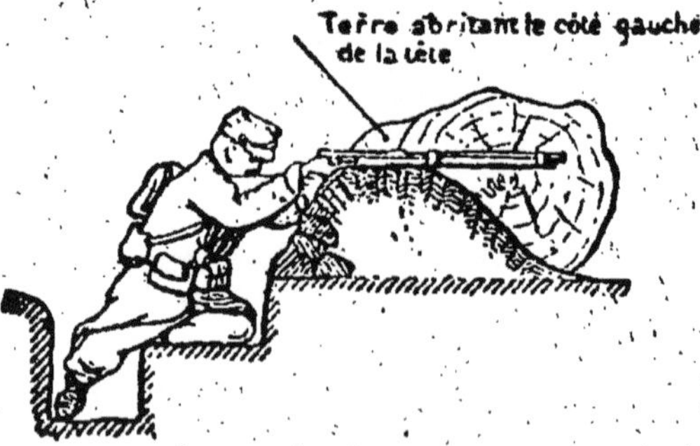

Nota. — Le bois ne donnant pas une protection suffisante contre la balle, il convient de renforcer cet obstacle par un masque de terre, tout en profitant du couvert qu'il peut fournir.

Exemples d'aménagements individuels derrière des pierres.

1° *Amas de pierres ne dépassant pas 30 centimètres au-dessus du sol.*

1re Période.

2e Période.

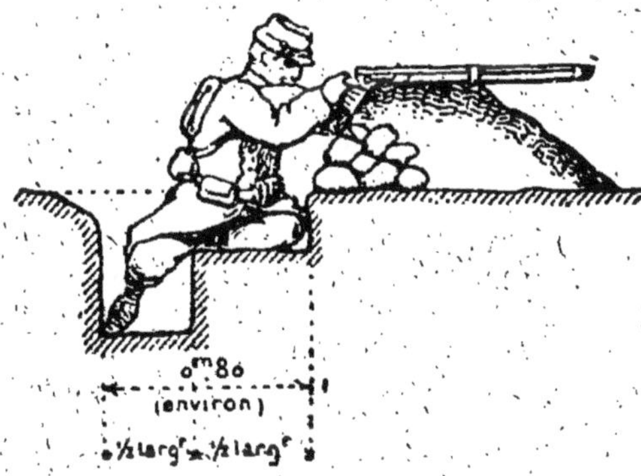

2° *Amas de pierres ou pierres isolées (pierre de taille, bornes, etc.) ayant plus de 0m,30 de hauteur au-dessus du sol.*

Aménagement pour tir à droite du couvert.

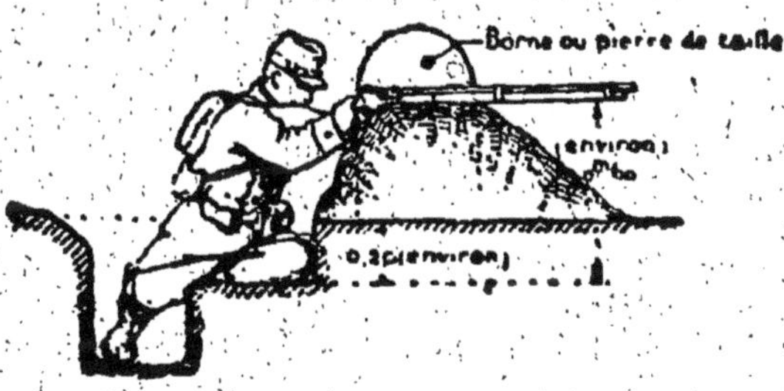

L'aménagement ci-dessus peut comporter la progression indiquée au sujet d'un aménagement établi derrière un tronc d'arbre de plus de 0m,30 de hauteur.

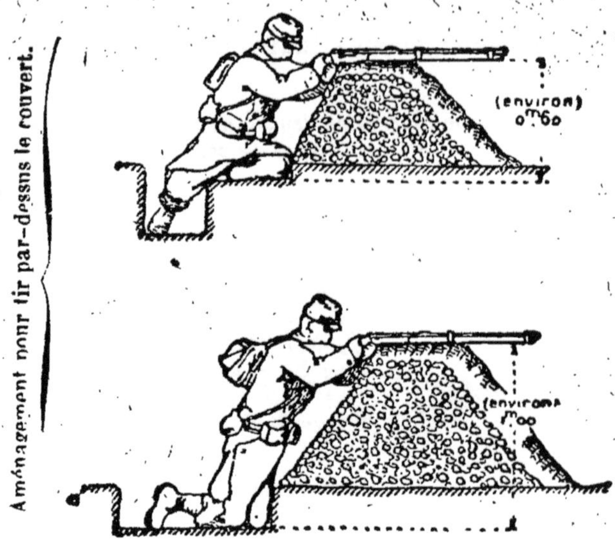

Nota. — Quand on établit un aménagement derrière des pierres, on doit, toutes les fois qu'il est possible, recouvrir celles-ci d'une mince couche de terre ; on évite ainsi des éclats dangereux qui peuvent se produire sous le choc des balles

Le soldat est également exercé à pratiquer dans les haies des éclaircies ou des ouvertures qui lui donnent des vues ou facilitent le tir, à créer des cheminements, des pistes à travers bois, à couper des fils de fer.

Il se sert à cet effet des outils de destruction qui sont à sa disposition.

Dans le groupe, il est appelé à creuser des tranchées pour tireur assis, à genou, debout, etc., sous la direction d'un chef.

Il est bon de se rappeler les quelques mesures suivantes qui peuvent être utiles le cas échéant :

10 centimètres. Largeur de la main.

15 centimètres. Largeur de la pelle-bêche.

20 centimètres. Hauteur du fer de la pelle-bêche.

50 centimètres. Longueur du fer de la pioche des voitures (outil de parc), ou sensiblement la longueur de la pelle-bêche.

60 centimètres. Longueur de la baïonnette, y compris la poignée.

80 centimètres. Longueur du manche de la pioche des voitures (outil de parc).

1m,30. Longueur totale du fusil ou de la pelle ronde des voitures (outil de grand modèle).

Connaître également la hauteur de sa taille; la hauteur où atteint son bras droit levé verticalement, les doigts allongés; la longueur entre ses deux bras tendus horizontalement, doigts allongés; la longueur d'un bras tendu horizontalement de l'épaule à l'extrémité des doigts allongés; principales dimensions de la main et du pied, etc.

Exemples d'aménagements sommaires individuels établis derrière un sillon, une crête, un amas de sable ou de terre.

1° Dos d'âne, sillons ou sommet d'une crête terminant une pente douce.

Emplacement du tireur couché

0m,30

A

Creuser le sol aussi près que possible de la crête A du sillon, de la façon indiquée pour l'aménagement établi derrière un tronc d'arbre ayant plus de 0m,30 de hauteur.

2° Sillons courts........

A

B 0m,30

C

Prendre la terre entre deux sillons A et B pour surélever la terre entre les sillons B et C et combler le sillon C; continuer ensuite comme 1° ci-dessus.

3° Murette en terre ou amas de terre ou de sable.

Emplacement de la jambe droite du tireur

0m,60

Créneau de la largeur de la pelle

Emplacement de la jambe droite du tireur

0m,60

Banquette sur laquelle s'asseoit le tireur

(A) Amas de moins de 0m,60 de hautr.

(Opérer comme il est indiqué pour l'exécution d'un aménagement derrière un amas de pierres.)

(B) Amas de plus de 0m,60 de hautr.

(Pratiquer un créneau dans le tas de terre en se montrant le moins possible. Améliorer la position de tir en pratiquant un logement pour la jambe droite.)

Exemple d'exécution d'une tranchée par deux camarades de combat.

(Coupe par le milieu de F′.)
2e Période.

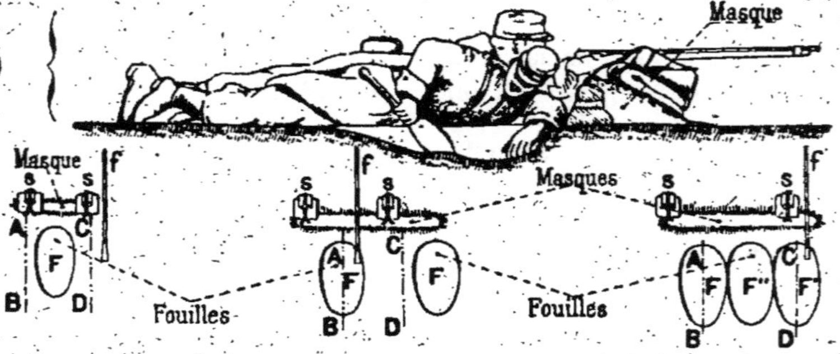

s Sacs.
f Fusil du camarade de combat prêt à tirer.
A B Emplacement d'un des camarades de combat.
C D *Idem.*
F F′ F″ Fouilles.

1re Période. (Plan.)

A B creuse en F et constitue un masque entre les deux sacs *s* et *s*.

2e Période. (Plan.)

A B est prêt à tirer dans F ; C D creuse le sol en F′ et constitue un masque à droite de son sac pour prolonger le masque précédent.

3e Période. (Plan.)

A B travaille de nouveau et creuse le sol en F″ entre F et F′. Il épaissit le masque ;
C D est prêt à tirer dans F′, il rapproche son sac de son côté.

4e Période et suivantes.

Les deux camarades de combat travaillent et tirent alternativement, ils se redressent peu à peu à mesure que l'abri, donné par le masque et la fouille, augmente de hauteur.

Service de sûreté en station.

Toute unité qui s'arrête soit pour cantonner, soit pour se rassembler, soit pour faire une halte, pour se préserver de la *surprise*, se garde avec une partie de son effectif.

Les troupes chargées de cette mission prennent un dispositif particulier que l'on désigne sous le nom général d'*avant-postes*. Elles ont pour mission de couvrir le gros qui est en arrière, *pour lui permettre de faire ce qu'il veut* (se reposer, manœuvrer).

Les avant-postes comprennent les éléments suivants :

Eléments de *sûreté*.	Patrouilles. Reconnaissances. Rondes. Groupes de sentinelles. Petits postes.	Partie *mobile*. Partie *fixe*.
Eléments de *résistance* et de *manœuvre*.	Grand'garde. Réserve.	

Mission des sentinelles.

Pour se garder, les petits postes détachent des sentinelles doubles en avant d'eux, à des distances variables, sur les chemins et les routes, aux points d'où on peut bien voir sans être vu.

Ces hommes sont donc chargés, par un groupe de camarades qui *veut* prendre du repos, de surveiller le terrain par lequel l'ennemi pourrait venir les surprendre, de les avertir de tout danger (*solidarité*).

Des deux hommes accouplés, l'un reste immobile à observer (on l'appelle *sentinelle fixe* ou *d'observation*). L'autre peut se déplacer pour parcourir les abords immédiats du terrain qui échappent à la surveillance de son camarade. (On l'appelle *sentinelle mobile* ou *de communication*).

Equipement et alimentation. — Tenue de campagne, arme approvisionnée, sac au dos, outil au ceinturon, un repas froid dans la musette, vivres de réserve dans le sac.

Consignes. — La mission de ces groupes est précisée par un ordre particulier à chacun d'eux, c'est ce qu'on appelle *la consigne particulière* des sentinelles.

Exemple de consignes particulières données à un groupe de sentinelles (1).

---

(1) Pour bien retenir cette consigne, comprendre l'utilité de chaque prescription; au besoin aider la mémoire par un moyen mnémonique; ici on emploie le procédé de « la croix » : en *avant*, *droite*, à *gauche*, en *arrière*.

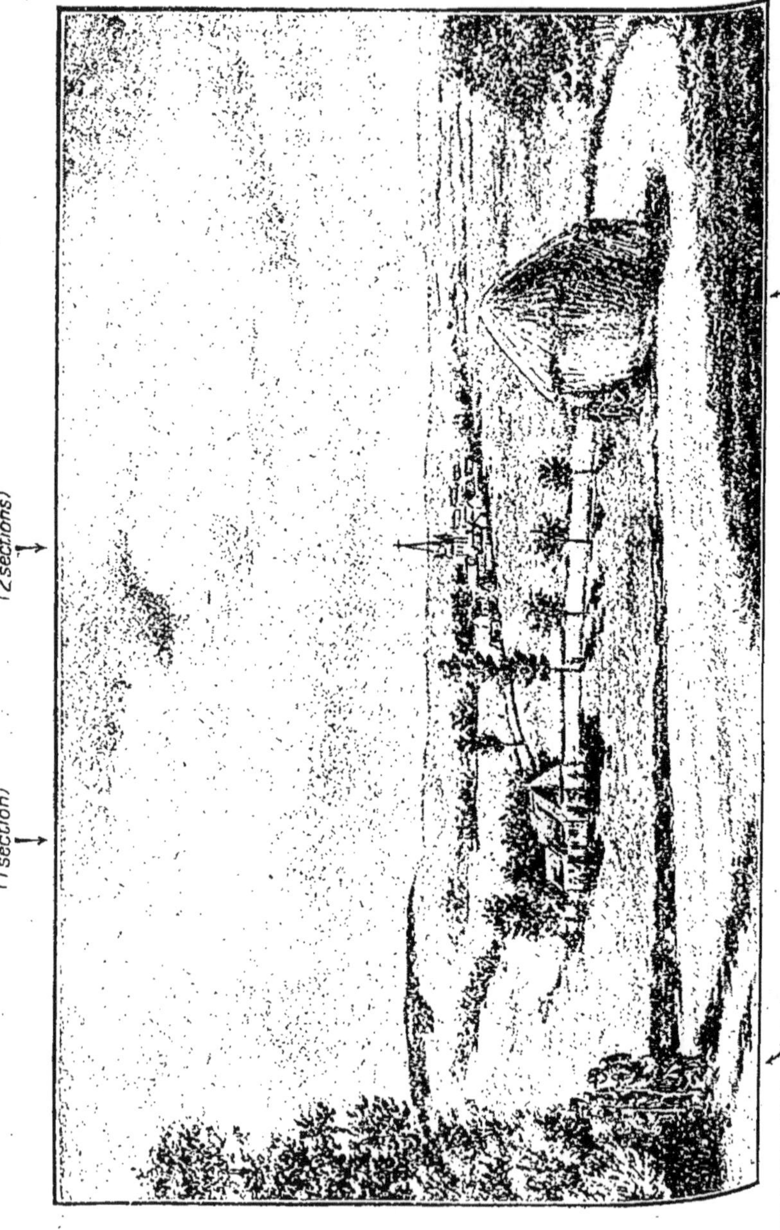
Croissy
Grand-Garde
(2 sections)
ferme d'Equihen
Petit Poste
(1 section)
Poste à la Bugeaud

« *Vous êtes le groupe n° 1 du petit poste n° 2 de la grand'garde* 1.

« *Pierre, vous serez sentinelle fixe* (d'observation).
« *Gustave, vous serez sentinelle mobile* (de communication). »

En avant.

« DIRECTION DE L'ENNEMI : *L'ennemi se trouve dans la direction de Plessis-Piquet — Châtillon — Clamart, ce sont ces trois villages-ci montrés sur le terrain), la grand'route qui est à votre gauche conduit à Châtillon.*

« SECTEUR A SURVEILLER : *Depuis cette maisonnette au toit rouge jusqu'à ce cimetière.*

« *Vous surveillerez spécialement la sortie de Plessis-Piquet et fourrés qui se trouvent à droite du cimetière.*

« POINTS DE REPÈRE : *Maison au toit rouge à 650 mètres, sortie Plessis-Piquet à 900 mètres, cimetière à 250 mètres.*

« *Le chemin sur lequel vous êtes aboutit, après avoir longé le cimetière, à la grand'route qui conduit à Châtillon, de l'autre côté rejoint la route de Versailles où se trouve le poste n° 1.*

« *La nuit, pour rester face à la direction de l'ennemi, vous devez toujours avoir cet arbre isolé à votre droite et la meule derrière laquelle vous êtes à votre gauche.*

A droite.

« *La sentinelle de gauche du poste voisin probablement dans bouquet d'arbres.*

A gauche.

« *Le groupe n° 2 du poste dans le jardin de cette maison isolée la route de Châtillon.*

« *Dès que vous serez en communication avec ces groupes, vous chercherez des points de liaison en arrière de la ligne.*

En arrière.

« *Pour la relève, et en cas de besoin, vous vous rendrez au poste ce chemin et ce buisson.*

« *En cas d'attaque, vous vous replierez en suivant le chemin lequel vous êtes, jusqu'à hauteur du petit poste.*

« *La sentinelle devant les armes se trouve derrière l'arbre, en avant de la maison blanche où le poste est installé. La vigie est ce même arbre.*

« MOT DE RALLIEMENT : *Amiens* (1).

(1) Le mot est l'ensemble de deux noms : le premier, qui forme le mot *d'ordre*, est le nom d'un grand homme, d'un général célèbre ou d'un brave mort au champ d'honneur (exemple : *Pasteur, Napoléon, Desaix*); le second, qui est appelé le *mot de ralliement*, est le nom d'une ville, d'une bataille, d'une vertu civile ou guerrière (exemple : *Nancy, bravoure*).

Le mot varie tous les jours. Comme moyen de reconnaissance on donne aux sentinelles le mot de ralliement; aux patrouilles, aux rondes, les mots d'ordre et de ralliement.

« SIGNAL DE RECONNAISSANCE : *Celui qui arrête frappera trois fois sur la cartouchière; celui qui est arrêté répondra par trois coups sur le bois du fusil.*

Croquis donné au groupe n° 1

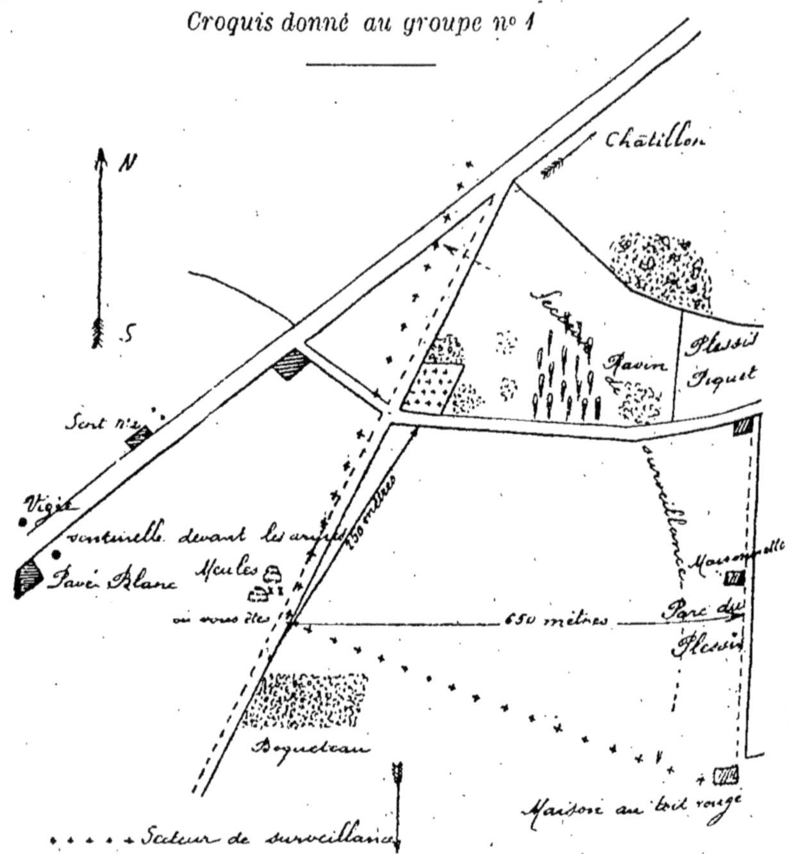

« SIGNAUX D'APPEL : *Pour m'appeler, képi immobile au bout du fusil; pour signaler un danger pour le petit poste, képi agité de droite à gauche.*

« *Faire ces signaux derrière la meule, pour qu'ils ne soient pas vus de l'ennemi; la sentinelle devant les armes les répétera pour montrer qu'elle a compris.* »

Mission spéciale de la sentinelle mobile.

1° Fouiller les obstacles du terrain qui se trouvent à proximité;

2° Porter, le cas échéant, et la nuit, les renseignements au poste;

3° Communiquer, si besoin est, avec les sentinelles voisines;

4° Contrôler les renseignements donnés par la sentinelle fixe.

Tir des sentinelles.

Les sentinelles doivent éviter les tiralleries inutiles qui tiennent en éveil tout le monde, produisant ainsi un surcroît de fatigue (dépense de forces), et qui dévoilent l'emplacement des groupes de sentinelles (solidarité).

En principe, elles ne doivent tirer que dans les cas suivants :

Lorsque l'ennemi est trop près pour qu'il soit possible de prévenir autrement le petit poste de son approche;

Lorsqu'elles sont surprises à bout portant, pour leur défense personnelle;

Lorsqu'un déserteur, un parlementaire, etc., franchit les lignes dans un sens ou dans l'autre malgré les avertissements qui lui sont faits.

Toutefois, dans certaines autres circonstances, il arrivera qu'une sentinelle sera exceptionnellement dans l'obligation de tirer. Son jugement, sa connaissance de la situation, son initiative devront la guider dans chaque cas particulier.

L'instruction individuelle a dû développer toutes ces qualités.

Sentinelle devant les armes.

Outre les groupes de sentinelles, tout poste a besoin de se garder à proximité, d'avoir quelqu'un pour recueillir les renseignements, pour observer les signaux. A cet effet, un homme est placé près du poste avec la mission suivante :

1° Connaître les emplacements ou directions des groupes de sentinelles et des postes voisins;

2° Surveiller le terrain compris entre le petit poste et la ligne des sentinelles;

3° Informer le chef du petit poste de tout ce qui s'approche du poste, de tout incident suspect qui se produit sur la ligne des sentinelles ou aux petits postes voisins (appels, coup de feu, etc.);

4° Répéter les signaux faits par les sentinelles pour montrer qu'elle a compris;

5° Empêcher les hommes de s'éloigner du poste sans motif de service;

6° Connaître les instructions concernant l'alerte du poste, pour les rondes, patrouilles, reconnaissances;

7° Connaître le mot de ralliement.

Souvent, le jour, des *vigies* seront placées sur les lieux élevés, arbres, greniers de maisons, clochers, etc., pour communiquer plus facilement avec les sentinelles.

Conduite à tenir par le groupe de sentinelles.

1° *Lorsque quelqu'un s'approche.*

Pendant la nuit, celui des deux hommes qui entend du bruit se met en garde et commande : « *Halte-là* » (1). L'autre homme se rapproche.

a) Si l'on ne s'arrête pas après un second cri de : « *Halte-là!* », les deux hommes font feu et se replient si c'est nécessaire;

b) Si l'on s'arrête après le premier ou le second cri, celui qui a commandé : « *Halte-là!* » crie : « *Qui vive?* » et lorsqu'il lui a été répondu : « *France* », « *ronde* » ou « *patrouille* », il commande : « *Avance au ralliement* ».

Si le chef de la troupe ne s'avance pas seul, s'il ne donne pas le mot de ralliement ou ne fait pas le signal convenu, les deux hommes font feu et se replient si c'est nécessaire.

Dans le cas contraire, l'un d'eux va prévenir le chef de poste qui vient reconnaître.

2° *Lorsque des personnes isolées se présentent.*

Les sentinelles les arrêtent et donnent avis au chef du petit poste.

3° *Lorsqu'une troupe ou un détachement se présente pour rentrer dans les lignes.*

Les sentinelles les arrêtent et préviennent le chef du petit poste.

4° *Lorsqu'un parlementaire* (2) *se présente.*

Les sentinelles l'arrêtent en dehors des lignes et le font tourner du côté opposé au poste et à l'armée. Elles préviennent le chef du petit poste.

Toute conversation avec un parlementaire est rigoureusement interdite.

5° *Lorsqu'on voit des déserteurs.*

Si ce sont des ennemis, les sentinelles leur ordonnent verbalement ou par signes de déposer leurs armes (ou, s'ils sont à cheval, de mettre pied à terre et de dessangler leurs chevaux).

Elles font feu sur eux s'ils n'obéissent pas.

Elles préviennent le chef du petit poste.

Si ce sont des amis qui fuient, les sentinelles les arrêtent aussitôt qu'elles les voient; s'ils n'obéissent pas, elles font feu.

---

(1) Les sentinelles allemandes crient « Wer da! » (Qui vive).

(2) Un parlementaire est un officier ennemi qui se présente accompagné d'un trompette portant un fanion blanc.

6° *Lorsqu'une troupe ennemie est en vue.*

Les sentinelles préviennent le chef du petit poste, se dissimulent et continuent à observer.

7° *Lorsque l'ennemi attaque.*

Si l'ennemi se précipite résolument sur les sentinelles, elles ouvrent le feu.

Si elles sont surprises, elles font feu à plusieurs reprises, alors même que toute défense serait inutile : le salut commun peut en dépendre.

Relève des sentinelles.

Elle se fait, en principe, toutes les deux heures.

Par les fortes chaleurs, les grands froids, elle a lieu toutes les heures. Un des deux hommes seulement est relevé, de façon que, dans le groupe, il y ait toujours une sentinelle connaissant bien le terrain et les consignes.

Pour aller prendre son service, l'homme de relève doit choisir un *cheminement* qui le dissimule le plus possible aux vues de l'ennem. Dès qu'il arrive à son emplacement, il reçoit de la sentinelle qui est relevée les consignes que celle-ci a reçues et les renseignements qu'elle a pu recueillir pendant sa faction.

En rentrant au petit poste, la sentinelle relevée fait son rapport.

Consignes.

Les sentinelles doivent se conformer aux règles suivantes, qui sont applicables à tous les groupes, et qu'on appelle pour cette raison *consignes générales*.

1° Etre attentif (œil et oreille), c'est-à-dire voir et entendre, ne pas se faire voir ni entendre; la nuit, placer souvent l'oreille à terre pour écouter;

2° Défense de s'envelopper la tête (surtout la nuit);

3° Choisir un point de repère fixe et apparent pour ne pas se tromper sur la direction à observer;

4° Avoir l'arme approvisionnée et prête à faire feu (la nuit, baïonnette au canon);

5° Avoir toujours le sac au dos;

6° Ne pas s'asseoir ni se coucher, ni fumer, ni chanter;

7° Ne pas rendre d'honneurs et ne pas se laisser distraire par la présence d'un supérieur (en un mot, ne rien faire qui puisse dénoncer sa présence à l'ennemi);

8° Signaler aux chefs de ronde, de patrouille, aux gradés de la compagnie, tout ce qu'on a remarqué;

9° Laisser passer, pendant le jour, les officiers et les

troupes indiqués par la consigne particulière, ou les militaires connus;

10° Reconnaître tout le monde la nuit, conformément au règlement.

Le patrouilleur (1).

Le patrouilleur qui marche n'observe pas ;
le patrouilleur qui observe ne marche pas.

De leur observatoire, les sentinelles, ne pouvant se déplacer que très peu, voient le terrain dans des limites insuffisantes pour assurer dans de bonnes conditions la sûreté des troupes qu'elles sont chargées de garder. D'où nécessité d'envoyer, au delà de la limite de visi-

Patrouille arrivant à la lisière d'un bois.

bilité des sentinelles, des petits groupes chargés de fouiller le terrain, d'éventer les surprises, de chercher des renseignements et de rendre compte en temps utile.

Néanmoins il y a une certaine analogie entre les deux fonctions.

En raison de leur petit effectif (trois ou quatre hommes), grâce à leur souplesse qui leur permet de passer partout, de se faufiler à travers les couloirs du terrain,

(1) Combinaison du mouvement et du stationnement prolongé.

[illegible]s patrouilles sont aptes à remplir ces sortes de missions.

Équipement et alimentation. — Emporter tout ce qui permet de [illegible]liter l'exécution de la mission (1) : une carte ou un croquis, [illegible]e jumelle, une boussole, avoir l'arme approvisionnée, la baïon[illegible]te au canon, des cartouches, l'outil au ceinturon (une cisaille, [illegible] principe, par patrouille). Bien fixer l'équipement afin que rien [illegible] fasse du bruit. La nuit, une lanterne, un briquet, de l'amadou, [illegible] signe distinctif (brassard au bras, etc.). Laisser son sac pour [illegible]re plus alerte, et tous les objets qui peuvent faire du bruit [illegible]uiller, etc.). Avoir du pain et même des vivres dans la musette. [illegible] risque de rester dehors plus longtemps qu'on ne pense).

Missions. — Avant le départ et, en principe, en un point [illegible]où on découvre le terrain à parcourir, le patrouilleur [illegible]çoit de son chef les renseignements suivants :

Direction de l'ennemi.

Mission de la patrouille : Fouiller cette ferme et ce moulin (mon[illegible] sur le terrain), remonter le ruisseau, qui coule dans ce bas[illegible], le long de ces arbres en boule, jusqu'à une passerelle, [illegible]nnaître ce point de passage.

[illegible]r où on partira, par où on rentrera.

[illegible]ints de repère : clocher pointu, arbre en boule.

[illegible]ints successifs où on se retrouvera (*ralliement*) si la patrouille [illegible]it à être dispersée.

[illegible]ts : Amiens, Annibal.

[illegible]gnaux :

[illegible]mps : Deux heures.

[illegible] cours de route, le chef donnera des points de repère en [illegible]e, ou mieux l'homme en cherchera lui-même.

[illegible]utes ces données sont utiles à connaître, car le chef [illegible] disparaître au cours de l'opération, et un des pa[illegible]uilleurs peut être appelé à le remplacer. Un patrouil[illegible] peut aussi se trouver isolé par suite de circons[illegible]es. Pour ces raisons, il est indispensable que tous les [illegible]ouilleurs soient au courant de la mission confiée à [illegible] groupe.

[illegible]is le chef indique à chacun de ses patrouilleurs la [illegible]ion particulière qu'il lui confie (place dans la mar[illegible] remplaçant éventuel, etc.).

EXEMPLE.

[illegible]ené, *aux meules.*
[illegible]oger, *au buisson.*
[illegible] me porte à la crête.
[illegible]aul, derrière moi.
[illegible]union : A la haie.
[illegible]emplaçant : Paul.
[illegible]lliement : Maison Blanche.

---

(1) Exemple, si l'itinéraire comporte la traversée d'un bois : [illegible]ndre des grimpettes pour pouvoir monter facilement sur un

Exécution.

A l'aller. — Se rappeler qu'une patrouille n'est pas envoyée pour combattre, mais bien pour recueillir des renseignements. Donc, elle n'a pas à faire la guerre pour son compte.

Etre toujours à portée de la voix ou de la vue d'un camarade ou du chef.

Pour remplir sa mission, le soldat en sentinelle doit parfaitement découvrir le terrain qu'il a mission de surveiller. Son rôle est de voir et, autant que possible, de voir venir de loin.

Pour remplir la sienne, le patrouilleur doit ruser, faire des tours d'adresse pour passer inaperçu, voir l'ennemi avant que celui-ci ne l'ait vu. L'effectif de la patrouille est trop faible pour agir en force.

Marche. — Livré à lui-même, isolé, l'esprit tendu vers l'accomplissement de sa mission, le patrouilleur devra :

1° Savoir trouver un cheminement défilé pour se porter en des emplacements où il pourra voir;

2° Dépister l'ennemi;

3° Remplir la mission que lui a confiée son chef.

Il ne doit être content de lui que lorsqu'il a atteint le but qu'il se proposait.

En somme, le patrouilleur n'est autre chose qu'une sentinelle qui se déplacerait par bonds. Il observe de pied ferme en un point qui lui permet de voir son terrain d'action, détermine l'observatoire suivant et l'itinéraire pour s'y rendre, puis il s'y porte. *Où aller? Par où aller? Comment y aller?*

Observation.

1° *Le terrain.* — La durée du stationnement derrière les différents obstacles est variable suivant le terrain, l'habitude prise de l'observation, d'agir, de prendre une résolution.

Regarder non seulement en avant de soi, mais aussi en arrière. Tout à l'heure, il va falloir porter un renseignement, rentrer, donc savoir retrouver son chemin. Peut-être sera-t-il même utile de « faire son petit Poucet », de jalonner la route suivie, car la physionomie des objets change quand on les voit à l'envers : les villages, les fermes ont un autre aspect; c'est à peine si le paysan de la région reconnaît son chemin au retour. Donc, observer en avant, à droite, à gauche, en arrière, relever les indices; tout remarquer, tout voir, est le propre du bon patrouilleur.

2° *L'ennemi.* — Placé derrière son obstacle, le patrouilleur fouille le terrain.

S'il aperçoit l'ennemi, il prévient le chef par le signal convenu, tout en continuant d'observer.

L'attitude à tenir dépend de la mission que l'on a reçue, de ce que fait l'ennemi, et ceci ne s'apprend qu'au cours de nombreux exercices d'application.

a) *L'ennemi est-il menaçant*, on doit n'avoir qu'une pensée : *attaquer vigoureusement* — celui qui s'est laissé attaquer est presque toujours forcé de céder le terrain — se dégager, protéger ses camarades, surprendre l'ennemi. A cet effet, tirer et tirer à répétition.

b) *Si l'ennemi n'est pas dangereux*, on se contente de l'observer pour pouvoir répondre aux questions : « *Qui? Quand? Où? Comment?* » Communiquer les renseignements à son chef.

Si on ne rencontre pas l'ennemi, employer le signal convenu pour prévenir de son absence. Un renseignement *négatif* est aussi important qu'un renseignement *positif;* il fixe le chef qui peut, par recoupements, en déduire sa présence dans une autre direction.

Le patrouilleur court ensuite à un nouvel observatoire, fait la reconnaissance du nouveau panorama, et ainsi de suite jusqu'à ce que sa mission soit terminée.

Au retour. — S'assurer qu'on n'est pas suivi. A cet effet, s'arrêter souvent pour observer.

Si on a été isolé ou si on a pris le commandement de la patrouille, faire un compte rendu exact à son chef.

De nuit. — Le patrouilleur doit se fier plus à ses oreilles qu'à ses yeux. Il s'arrête souvent pour écouter. Il marche près des chemins et sentiers pour ne pas s'égarer. Il dispose ses armes et son équipement pour ne faire aucun bruit pendant la marche.

Exemples.

Tournant d'une route (fig. de gauche).

En *a*, le patrouilleur se porte rapidement vers *b*, pour voir la

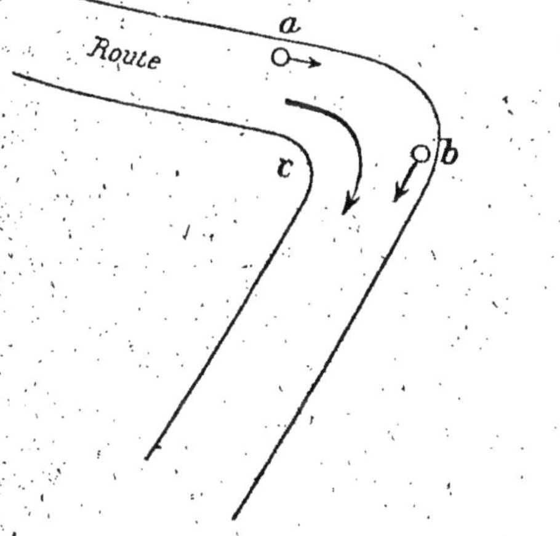

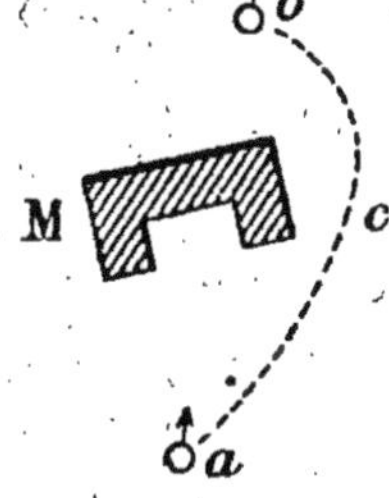

nouvelle direction et ne pas se faire surprendre au tournant *c* par un adversaire abrité ou caché.

Ferme, maison isolée, couvert (fig. de droite).

Arrivé en *a*, le patrouilleur reçoit l'ordre de se porter au delà de la maison M. Il étudie son terrain.

Où aller? Vers *b* où se trouve un ressaut de terrain.

Par où y aller? En suivant l'itinéraire défilé *a c b* qui permet de se porter vers *b* sans être vu, de voir les abords de la maison, de renseigner le chef.

Comment y aller? Si l'itinéraire est bien défilé, au pas. Si, au contraire, il y a des espaces découverts, si on craint d'être vu, les franchir rapidement, s'arrêter derrière un obstacle, ou se coucher, puis repartir. Arrivé en *b*, se poster pour bien voir. Tâcher de ne pas être vu. Se tenir en liaison par la vue avec son chef ou le patrouilleur qui l'accompagne.

Si c'est *la nuit*, s'arrêter à proximité de l'habitation, prêter l'oreille, écouter ce qui se dit, renseigner le chef, et agir ensuite en suivant les instructions données.

Petits postes

L'effectif maximum d'un petit poste est d'une section.

Il est fixé par le commandant de la grand'garde d'après l'importance de la partie du terrain que le petit poste doit surveiller.

Chaque petit poste détache en avant de lui des sentinelles doubles et fournit une sentinelle simple devant le poste.

Les petits postes sont établis à proximité des chemins, de manière à pouvoir communiquer facilement avec leurs sentinelles ainsi qu'avec la grand'garde dont ils dépendent. Leur emplacement est, autant que possible, dérobé aux vues de l'ennemi.

Pendant le jour, les hommes non de service peuvent se reposer, mais ne quittent pas leur équipement et conservent l'arme à leur portée.

La nuit, tout le monde veille; il est généralement interdit de fumer et d'allumer des feux. Les aliments des hommes sont préparés à la grand'garde.

Dans les parties du terrain couvertes ou très accidentées, les petits postes peuvent être multipliés, et leur effectif, variable suivant l'importance de leur position, peut être réduit jusqu'au minimum indispensable pour fournir une seule sentinelle double à proximité du poste. (C'est le cas envisagé dans la gravure annexée à ce chapitre.)

Les petits postes se mettent à l'abri des surprises de la cavalerie ennemie en se couvrant d'un léger obstacle : clôture, fossé, abatis, etc.

Les intervalles entre les petits postes sont surveillés par des patrouilles.

Le rôle des petits postes consiste :

1° A observer le terrain en avant, au moyen de leurs sentinelles;

2° A fouiller le terrain à petite distance, au moyen de leurs patrouilles;

3° A fournir la première résistance en cas d'attaque. Une utilisation judicieuse du terrain et du feu leur procure le moyen de forcer l'adversaire à un déploiement prématuré, — par conséquent, à perdre du temps. Ce serait une faute grave que de leur donner l'ordre de se retirer à l'approche de l'ennemi, en ne les considérant que comme des « réservoirs à sentinelles ». En fait, ils ne doivent se replier que sous la menace d'un enveloppement.

Ils doivent voir ce qu'ils ont devant eux, compléter le renseignement qui a été fourni par la simple observation de la sentinelle, et, en résistant, donner à la grand'garde le temps de se porter sur son emplacement de combat.

Comme pour la grand'garde, le petit poste a une position de combat et une position d'abri; chaque groupe du petit poste doit connaître son emplacement de combat.

Grand'gardes.

L'effectif habituel d'une grand'garde est d'une compagnie à laquelle on adjoint quelques cavaliers.

Une partie de la grand'garde est employée à fournir les petits postes et sentinelles. La partie disponible de la grand'garde doit comprendre au moins la moitié de son effectif total et forme la grand'garde proprement dite.

Le quart de la grand'garde proprement dite reste de piquet, prêt à marcher au premier signal. Le piquet fournit une sentinelle devant les armes et les hommes nécessaires pour observer les signaux des petits postes.

Les grand'gardes sont établies au bivouac ou sous un abri, autant que possible dans le voisinage d'un chemin et hors des vues de l'ennemi. Les hommes conservent leurs équipements de jour et de nuit.

Chaque commandant de grand'garde se met en relations avec les grand'gardes voisines. Il rend compte le plus tôt possible au commandant des avant-postes des dispositions qu'il a prises et l'informe d'une manière générale de tous les événements survenus dans son secteur.

Les positions occupées par les grand'gardes peuvent être mises en état de défense.

La grand'garde étant l'élément de résistance du réseau d'avant-postes occupe, en principe, un point d'appui du terrain.

La reconnaissance du chef doit porter sur l'emplacement de combat qu'occupera la grand'garde en cas d'attaque. Celle-ci peut comporter l'occupation du point d'appui ou d'une position située aux environs.

Au cas où il y a un point d'appui, renforcer la lisière par des travaux de fortification; prévoir l'occupation des saillants; organiser sur les flancs des positions débordantes et en arrière, pour parer à tout mouvement enveloppant; prévoir une contre-attaque.

Dans le but d'économiser les forces des hommes, on ne peut les laisser constamment sur la position de combat. On devra donc chercher un abri pour les placer : ce sera, par exemple, un bâtiment ou hangar aussi rapproché que possible de la position de combat.

Si l'abri est assez loin de la position de combat, cette dernière sera occupée en permanence par des hommes de la fraction de piquet.

On reconnaîtra également les cheminements qui séparent l'une et l'autre des deux positions.

Service de sûreté en marche.

Pour se préserver de la surprise toute unité qui marche se garde avec une partie de son effectif, que l'on désigne sous le nom d'*avant-garde*.

Cette troupe a pour mission de couvrir le gros pendant sa marche; en cas de rencontre de l'ennemi, de le définir, de le repousser, de déblayer la route de marche; et, s'il est en force, de s'emparer d'emplacements favorables (coupures de terrain, points d'appui, etc.), pour donner au commandement le *temps* et l'*espace* qui lui sont nécessaires pour manœuvrer.

Quel que soit son effectif, toute troupe se couvre par une avant-garde : une escouade, par quelques hommes; une section, par une escouade; une compagnie, par une section.

L'avant-garde est insuffisante pour préserver de la surprise; il peut se faire que des cavaliers audacieux, des détachements tournent la zone de marche; d'où nécessité de s'entourer partout de détachements dont l'effectif variera suivant les circonstances et les possibilités d'attaque de l'ennemi.

Ces détachements prennent le nom de *flanc-garde* lorsqu'ils sont placés sur les flancs des colonnes, d'*arrière-garde* lorsqu'ils sont placés en arrière.

La colonne est donc constituée, en principe, comme ceci :

AVANT-GARDE. (Tous les détachements qui sont *du côté de l'ennemi* sont constitués comme l'avant-garde).	*Pointe* : cavalerie (1) ou, à défaut, éclaireurs montés (ou infanterie).	Pour procurer le renseignement.
	Tête...............	Pour déblayer la route de marche des obstacles qui l'encombrent.
	Gros...............	Pour chasser l'ennemi de la route de marche ou pour s'emparer des points d'appui.

(1) En avant de cette pointe se trouve de la cavalerie à qui sa mobilité permet d'éclairer, d'aller chercher le renseignement plus au loin. Grâce à ce concours, l'infanterie économise ses forces, marche en sûreté. La liaison des armes est la loi fondamentale de la tactique. Ici, c'est la cavalerie qui aide l'infanterie; au combat, infanterie, cavalerie, artillerie, génie, unissent leur effort.

GROS DE LA COLONNE.

ARRIÈRE-GARDE.

Sur les flancs : des FLANCS-GARDES.

MARCHE DES ÉCLAIREURS. — Connaître l'itinéraire à suivre, la direction de l'ennemi, la mission à remplir, le but à atteindre.

Marcher de manière à voir sans être vu, sans toutefois chercher des cheminements trop loin de la direction suivie. Se rappeler que la colonne que l'on couvre ne doit pas être retardée dans sa marche.

Observer le terrain en avant, à droite, à gauche, et même en arrière (pour voir si on est suivi).

Jeter un coup d'œil rapide sur toutes les lignes d'horizon. Reconnaître les routes et les chemins. Observer les issues des villages. Fouiller du regard les lisières de bois. Relever les indices. Transmettre les renseignements recueillis.

Tâcher de découvrir l'ennemi avant qu'il ne vous ait vu pour provoquer chez lui la surprise. Si on est surpris par suite de circonstances particulières — ennemi blotti dans un couvert — tirer à répétition pour prévenir les camarades et se défendre.

Se tenir toujours en relations avec les groupes voisins qui opèrent de la même façon dans les environs.

Ne jamais se laisser dépasser par des personnes se dirigeant du côté de l'ennemi, ou venant en sens contraire. Dans les deux cas les arrêter et les maintenir en attendant l'arrivée du chef de la pointe qui les interroge.

Tout individu qui paraît suspect doit être arrêté.

C'est un voyageur belge qui, en 1870, a révélé aux Allemands la présence des troupes de Mac-Mahon aux environs de Beaumont.

ÉQUIPEMENT ET ALIMENTATION. — Tenue de campagne (1), outils au ceinturon (avoir au moins une cisaille par groupe d'éclaireurs), cartouches au complet, un repas froid dans la musette, vivres de réserve dans le sac.

Suivant la forme du terrain, les obstacles naturels ou ceux que l'ennemi aurait pu créer, les éclaireurs sont appelés à agir différemment.

On pourra se guider sur les indications ci-après :

Obstacles. — Les examiner de loin, en principe de côté, de façon à voir autant que possible derrière. Rétablir le passage, si possible, sinon, les franchir et les dépasser, puis s'arrêter au delà, pour observer et garder les fractions en arrière qui vont rétablir le passage.

Hauteurs. — L'éclaireur qui est le plus avancé gravit rapidement la pente et observe le versant opposé; ses camarades le suivent et, à son signal qu'il ne voit rien de suspect, gagnent à leur tour le sommet de la crête. Ils s'arrêtent un moment et explorent rapidement des yeux la pente descendante.

Si l'ennemi était en vue, ils prendraient position sur

(1) En principe, les sacs des éclaireurs seront déposés dans la voiture à bagages de la compagnie.

la crête ou se porteraient au premier point d'appui situé en avant, pour permettre à la pointe de se déployer.

Défilé. — En principe, il faut voir au delà et en tenir le débouché : d'où nécessité de franchir le plus rapidement possible ce passage dangereux pour aller occuper l'issue du côté de l'ennemi et faciliter ainsi le débouché des éléments qui suivent.

Routes encaissées. — Marcher sur le sommet des talus et pentes pour voir le plus loin possible.

Ponts. — Explorer les abords; voir s'il n'y a pas de nombreuses traces de pas récentes, ce qui serait un indice sur l'ennemi. Examiner le dessous, les voûtes, pour s'assurer qu'aucun travail de destruction n'a été préparé. Si on en trouve, rendre compte. Sinon, continuer la marche.

Bois, bosquets. — Explorer les abords, surtout la lisière. Une partie des éclaireurs les traversent pendant que les autres les contournent à droite et à gauche.

Maison, ferme isolée. — Les éclaireurs opèrent comme les patrouilleurs; mais, étant plus nombreux et soutenus par la pointe, ils peuvent fouiller plus rapidement.

Enclos, parcs. — Regarder par-dessus la clôture (haie), grimper rapidement sur le mur et explorer rapidement l'intérieur pour voir si l'ennemi ne l'occupe pas et ne prépare pas une surprise.

PENDANT LES ARRÊTS DE LA COLONNE. — Gagner un obstacle, ou se porter rapidement au delà d'un défilé, en un point favorable pour observer, et avertir à temps de tout danger.

EN PRÉSENCE DE L'ENNEMI. — Marcher résolument de l'avant pour s'emparer d'un point d'appui. Refouler l'adversaire, s'il n'est pas nombreux. S'il est en force, prendre position et agir en vue de permettre aux éléments en arrière d'entrer en action pour le repousser.

Pointe. — Elle marche assez loin en arrière des éclaireurs (100 à 150 mètres, suivant le terrain), pour avoir le temps de prendre ses dispositions de combat, mais assez près pour secourir les éclaireurs.

En cas d'attaque, elle renforce ceux-ci ou prolonge leur front en se déployant, en principe, sur la direction de marche. Elle s'empare des *points d'appui* situés à proximité et gagne du terrain en avant jusqu'au moment où elle est arrêtée par le feu de l'ennemi.

Tête. — La tête d'avant-garde comprend une fraction constituée d'infanterie et les sapeurs du régiment munis d'explosifs.

Lorsqu'il y a de la cavalerie, l'infanterie marche groupée sans détacher d'éclaireurs.

En cas d'attaque de l'ennemi la tête renforce ou prolonge la ligne de feu dans le but de gagner du terrain en avant, de s'emparer des points d'appui, de faire tomber la défense de l'ennemi, pour donner au gros le temps de prendre ses dispositions et l'espace nécessaire. La tête a également pour mission de déblayer la route de marche des obstacles matériels qui peuvent l'encombrer.

Gros. — Le gros comprend la majeure partie de l'infanterie et de l'artillerie; c'est à proprement parler la véritable troupe de protection de la colonne

Le commandant de la colonne marche habituellement avec cet échelon.

En principe, l'avant-garde doit prendre ses dispositions pour que la marche de la colonne ne soit ni arrêtée ni retardée. Les divers échelons de l'avant-garde se soutiennent réciproquement, de manière à renverser tous les obstacles qu'ils ont devant eux.

Ouvrages à consulter.

L'infanterie en un volume. Le millième et ses applications, par le général Percin. — *La clé des champs*, par le commandant Morelle. — *En terrains variés*, par le lieutenant Chevron. — *Le livre de l'éclaireur (manuel des Boy-Scouts français)* par le capitaine Royet.

MANŒUVRES

Le programme d'examen pour l'obtention du brevet spécial d'aptitude militaire ne prévoit pas l'enseignement de la manœuvre. Comme nous l'avons exposé au début, les sociétés de préparation ont surtout pour but de former des citoyens, des hommes, de développer chez les jeunes gens la force physique, le courage, l'adresse, l'endurance, l'initiative.

Toutefois, les élèves des sociétés de préparation militaire étant appelés à marcher groupés, il est utile qu'ils connaissent les mouvements employés dans l'armée pour obtenir la cohésion, l'ordre et la discipline.

Nous extrayons à cet effet du règlement de manœuvre les parties concernant cette instruction.

Principes généraux.

1. La préparation à la guerre est le but unique de l'instruction des troupes.

2. *Une troupe d'infanterie*, pour être préparée à la guerre, doit être disciplinée et manœuvrière, c'est-à-dire capable de se mouvoir avec aisance et rapidité sur tous les terrains, d'approprier ses formations aux circonstances, de faire face aux situations les plus imprévues par les moyens les plus simples et les plus prompts, tout en conservant l'ordre et le silence indispensables à l'action du commandement.

Le service à court terme impose l'obligation de développer la discipline du rang et de fortifier les sentiments de solidarité de la troupe par une solide instruction de détail et par la pratique de mouvements exécutés avec une précision rigoureuse.

Les qualités manœuvrières d'une troupe d'infanterie, préalablement disciplinée par l'instruction de la place d'exercices, se développent par la répétition fréquente d'exercices d'évolutions et de combat exécutés sur tous les terrains et dans des circonstances présentant des difficultés croissantes.

3. *Les cadres* sont aptes à diriger les troupes sur le champ de bataille, lorsqu'ils joignent l'esprit de décision à l'instruction professionnelle, savent donner des ordres clairs et précis et agir avec promptitude. C'est en instruisant leur troupe en temps de paix qu'ils apprennent à la conduire en campagne.

En raison de la réduction du temps de service, il importe plus que jamais de donner aux cadres une éducation et une instruction qui les préparent à leur rôle d'instructeur et de chef.

Chaque gradé doit être capable de commander et d'instruire l'unité qu'il aurait sous ses ordres en campagne et de commander l'unité supérieure.

Le chef, à tous les degrés de la hiérarchie, a le devoir de faire l'éducation et l'instruction des cadres qui sont sous ses ordres immédiats.

ECOLE DU SOLDAT.

ARTICLE 1er.

Méthode d'instruction spéciale à l'école du soldat

51. L'école du soldat comprend tout ce que le soldat doit savoir pour manœuvrer et combattre.

Les mouvements de l'école du soldat sont enseignés individuellement, concurremment avec les exercices physiques, les exercices préparatoires de tir et les éléments du service en campagne.

Les exercices physiques, en développant la souplesse et la vigueur de l'homme, le préparent à l'exécution des mouvements de l'école du soldat. La part qui leur revient au début de l'instruction est donc très importante.

52. *L'instruction individuelle* est la base de l'instruction militaire du soldat; on ne saurait y consacrer assez de soin, de temps et de méthode. Elle facilite la correction des fautes commises et permet d'éviter les pertes de temps; elle développe chez l'homme de recrue des sentiments de discipline, elle lui donne des habitudes d'ordre et de précision dans la manœuvre qu'il conservera pendant toute la durée de son service actif et qu'il retrouvera dans la réserve et dans l'armée territoriale.

54. *L'instructeur* garde une attitude et une tenue correctes; son exemple, son entrain et son activité exercent une influence considérable sur les progrès des recrues. Il use de douceur, de patience et de fermeté, il fait toujours appel à l'intelligence de l'homme; le manque d'habitude et la maladresse sont bien plus souvent cause des fautes commises que la mauvaise volonté.

53. L'instructeur montre le mouvement; il en fait comprendre le mécanisme en donnant de courtes indications au fur et à mesure de son exécution.

Les hommes s'exercent d'eux-mêmes. L'instructeur les examine successivement, il rectifie les mouvements mal exécutés et les positions défectueuses; ces rectifications sont toujours faites sur un ton ferme et animé, sans brusquerie et en évitant toute parole blessante. L'instructeur ne touche les hommes que dans le cas d'absolue nécessité.

Les mouvements sont d'abord exécutés en décomposant, puis, lorsque leur mécanisme est bien connu, sans décomposer. La précision et la vivacité ne peuvent être obtenues que progressivement; elles s'acquièrent par l'exécution répétée d'un même mouvement. L'instructeur exige néanmoins que, dès le début, le soldat manœuvre avec vigueur et garde avec soin l'attitude prescrite.

La correction de l'attitude, observée, en toutes circonstances, assure l'équilibre de toutes les parties du corps et favorise ainsi le développement physique de l'homme; en même temps, elle lui donne l'allure dégagée et martiale que doit avoir le soldat d'infanterie.

Nous allons faire l'application de ces principes à la leçon relative au mouvement : *Arme sur l'épaule droite.*

1° Montrer le but à atteindre.

Faire exécuter le mouvement par un ancien soldat bien dressé (de face, de profil, de dos, si cela est nécessaire).

2° Dire quelle est l'utilité du mouvement et dans quels cas on l'emploie.

Il sert à porter l'arme en marchant en garnison, — dans les revues et défilés, — à rendre les honneurs soit en faction, soit en ville.

Il sera très rarement employé en campagne, car il impose trop de fatigue et augmente la visibilité des hommes.

3° Prévenir les fautes en indiquant celles qui sont les plus fréquentes. En expliquer les inconvénients. Donner le moyen de les éviter.

Le bec de la crosse est souvent placé vis-à-vis l'épaule gauche. Alors l'arme ne se trouve plus dans le creux de l'épaule et elle a une tendance à glisser. (Elle peut même aller frapper celle du voisin.) Le soldat devra faire un effort plus grand pour la maintenir; d'où fatigue.

Il est donc important que les armes soient toutes placées à peu près de la même façon sur l'épaule pour ne pas gêner les voisins (solidarité), pour la régularité de l'attitude (solidarité, esprit de groupe, de compagnie), pour éviter une fatigue inutile (économie des forces).

Pour que l'arme ne prenne pas cette position défectueuse, la bien faire glisser dans la main gauche le long du corps, et non pas devant. S'assurer que le plat de la crosse se trouve dans le creux de l'épaule.

4° Décomposer le mouvement en ses différents temps et enseigner chaque temps en le décomposant en autant de parties qu'on le peut.

a) Faire exécuter, par un ancien soldat, le § 1 de l' « *arme sur l'épaule* »;
b) Faire exécuter chaque partie du 1er temps par l'ancien soldat.

5° Faire reproduire le mouvement.

Les recrues s'exercent à imitation.

6° Corriger les défauts et faire recommencer.

Tenant compte des fautes relevées, le jeune soldat arrive bientôt à une bonne exécution.

L'instructeur devra donc :

1° *Montrer;*
2° *Faire comprendre;* indiquer le but à atteindre, prévenir les fautes les plus fréquentes, etc.;
3° *Faire reproduire;*
4° *Corriger;*
5° *Faire recommencer* en tenant compte des fautes relevées.

Ce procédé, conforme aux règles de pédagogie générale, offre en outre les avantages suivants :

1° Entraîné à dire le pourquoi des choses au maniement d'armes, l'instructeur conservera cette habitude et l'appliquera notamment au service en campagne;
2° L'homme s'intéressera à ce qu'on lui fait faire, puisqu'il en verra le but et l'utilité.
Enfin, les séances seront plus intéressantes, plus vivantes, l'homme s'initiant à une foule de choses — service en campagne, service des places, etc. — Sous chaque opération manuelle du maniement d'armes ou de l'école du soldat, un *instructeur, doublé d'un éducateur, saura évoquer la pensée de l'ennemi.*

56. Lorsque les mouvements sont bien connus, les recrues les exécutent au commandement de l'instructeur, en décomposant d'abord, puis sans décomposer. La cadence, très lente au début, est amenée progressivement à celle du pas.

Les mouvements qui ne comportent qu'un seul commandement, comme ceux de CHARGEZ, de BAÏONNETTE AU CANON, A GENOU, etc..., s'exécutent avec promptitude, mais sans cadence.

Les mouvements de la charge en particulier sont faits avec toute la rapidité compatible avec une bonne exécution.

ARTICLE II.

Mouvements sans arme.

59. L'immobilité et la correction de l'attitude sont indispensables pour obtenir du soldat une attention soutenue et une exécution immédiate. Elles imposent, lorsqu'elles sont exigées pendant un temps trop long, une fatigue qu'il importe d'éviter en donnant des repos courts et fréquents.

Position du soldat sans arme.

60. GARDE A VOUS.

Les talons sur la même ligne et rapprochés autant que la conformation de l'homme le permet, les pieds un peu moins ouverts que l'équerre et également tournés en dehors, les genoux tendus, le corps d'aplomb sur les hanches et légèrement penché en avant, les épaules effacées, les bras pendant naturellement, la main ouverte, les doigts joints, le petit doigt un peu en arrière de la couture du pantalon, la tête haute et droite sans être gênée, les yeux fixés droit devant soi.

Cette position permet de donner l'uniformité du rang (collectivité) et d'assurer l'exécution prompte et rapide des mouvements des hommes dans le rang.

C'est la position que doit prendre le soldat pour marquer sa déférence à ses chefs, écouter leurs explications, recevoir leurs ordres, saluer de pied ferme, pour remettre un pli.

61. REPOS.

Rester en place sans être tenu de garder la position ni l'immobilité.

A droite. A gauche.

62. *A droite (gauche)* = DROITE (GAUCHE).

Tourner sur le talon gauche d'un quart de cercle à droite (gauche), en élevant un peu la pointe du pied gauche et le pied droit; rapporter ensuite le talon droit à côté du gauche et sur la même ligne.

Demi à droite. Demi à gauche.

63. *Demi à droite (gauche)* = DROITE (GAUCHE).

Exécuter le mouvement comme celui de *A droite (gauche)*, ne tourner que d'un demi-quart de cercle.

Demi-tour à droite.

64. *Demi-tour* = Droite.

Faire un demi à droite sur le talon gauche et placer le pied droit en équerre, le milieu du pied vis-à-vis et à environ 10 centimètres du talon gauche.

Tourner ensuite sur les deux talons en élevant un peu la pointe des pieds, les jarrets tendus; faire face en arrière et rapporter ensuite le talon droit à côté du gauche.

Ces trois mouvements préparent l'homme à se mouvoir dans la section; à faire face à une direction quelconque; à exécuter certains mouvements. Par exemple, le demi à droite prépare le « demi-tour », le « chargez », la « mise en garde ».

Pas cadencé.

65. La longueur du pas cadencé est de 75 centimètres, à compter d'un talon à l'autre; sa vitesse, lente au début de l'instruction, est amenée progressivement à 120 pas par minute.

Lorsque l'allure doit être accélérée, la vitesse peut être portée jusqu'à 124 pas.

66. *En avant* = Marche.

Porter le pied gauche en avant, le poser, le talon le premier, à 75 centimètres du pied droit qui se lève, tout le poids du corps portant sur le pied qui pose à terre. Porter ensuite la jambe droite en avant; poser le pied droit à la même distance et de la même manière qu'il vient d'être expliqué pour le pied gauche, et continuer de marcher ainsi en laissant aux bras un léger mouvement d'oscillation, la tête restant toujours dans la position directe.

Ce pas sert à exécuter des déplacements en maintenant la rectitude, l'ordre, l'uniformité; il est employé dans la marche en ville, en manœuvre ou en corvée, défilés.

67. *Section* = Halte.

Poser à terre le pied qui est levé, à 75 centimètres en avant, et rapporter celui qui est en arrière à côté de l'autre.

68. *En arrière* = Marche.

Reculer en partant du pied gauche par de petits pas jusqu'au commandement de *Section* = Halte.

Pas gymnastique.

69. La longueur du pas gymnastique est de 90 centimètres; sa vitesse habituelle de 180 pas par minute pour des hommes non chargés.

Avec l'arme et le chargement d'exercice, la longueur du pas est de 80 centimètres; sa vitesse de 170 pas.

Le pas gymnastique n'est exécuté qu'exceptionnellement avec le chargement de campagne, et pour des distances très courtes.

70. *Pas gymnastique* = MARCHE.

Au commandement de *Pas gymnastique*, incliner légèrement le corps en avant, les poings à hauteur des hanches et fermés, les coudes très peu en arrière, la tête inclinée dans le prolongement du buste. Saisir, s'il y a lieu, le fourreau de la baïonnette avec la main gauche, le bras allongé.

Au commandement de MARCHE, porter la jambe gauche en avant, le genou légèrement fléchi, le pied rasant le sol, poser le pied gauche à 90 centimètres du droit, le genou restant fléchi. Faire ensuite avec la jambe droite ce qui vient d'être prescrit pour la gauche et continuer ainsi, en portant le poids du corps sur le pied qui pose à terre, en laissant aux bras un mouvement d'oscillation naturelle et en évitant la raideur et les saccades.

Le pas gymnastique permet au soldat de se déplacer rapidement pour atteindre un obstacle, pour diminuer sa vulnérabilité, pour conserver la formation et l'ordre dans le groupe, enfin pour joindre plus vite l'ennemi.

71. *Section* = HALTE.

Au commandement de *Section*, redresser le haut du corps et ralentir progressivement l'allure.

A celui de HALTE, poser le pied qui est en avant à sa distance; rapporter celui qui est en arrière à côté de l'autre et laisser tomber les mains dans le rang.

72. *Pas cadencé* = MARCHE.

Reprendre la marche au pas cadencé.

Marquer et changer le pas

73. *Marquez le pas* = MARCHE.

Marquer simplement la cadence du pas en soulevant légèrement et alternativement l'un et l'autre pied.

Au commandement de *En avant* = MARCHE, reprendre la marche.

On marque le pas pour conserver la cadence et la régularité de la marche.

74. *Changez le pas* = MARCHE.

Au pas cadencé, rapprocher le pied qui est en arrière de celui qui vient de poser à terre et repartir de ce dernier pied.

Au pas gymnastique, faire deux pas successifs du même pied.

On change le pas pour accorder son allure avec celle de ses voisins, dans le groupe.

Demi-tour à droite en marchant.

75. *Demi-tour à droite* = MARCHE.

Au pas cadencé, au commandement de MARCHE, qui est fait à l'instant où le pied droit pose à terre, placer le pied gauche à sa distance, faire face en arrière en tournant sur ce pied, rapporter le pied droit à côté du gauche et repartir du pied gauche dans la nouvelle direction.

Au pas gymnastique, faire face en arrière en exécutant sur place quatre petits pas.

76. *Demi-tour à droite* = HALTE.

Au commandement de HALTE, qui est fait à l'instant où le pied droit pose à terre, placer le pied gauche à sa distance, faire demi-tour en tournant sur ce pied, et rapporter le pied droit sur l'alignement du gauche.

A droite et à gauche en marchant.

77. *A droite* (*gauche*) = MARCHE.

Au commandement de MARCHE, qui est fait à l'instant où le pied droit (gauche) pose à terre, placer le pied gauche (droit) à sa distance, tourner le corps en portant le pied droit (gauche) dans la nouvelle direction et continuer la marche.

Ces mouvements préparent l'homme à se mouvoir dans la section.

ARTICLE III.

Mouvements avec l'arme.

Position de l'arme au pied.

78. Le canon en arrière, le fût entre le pouce et les

deux premiers doigts de la main droite, le bras allongé naturellement, le talon de la crosse contre la pointe du pied droit, l'arme d'aplomb.

Au commandement de REPOS, placer la main droite étendue sur l'arme appuyée contre le corps et rester en place sans être tenu de garder l'immobilité.

Cette position donne l'uniformité du rang (collectivité). Elle permet l'exécution facile et rapide des mouvements avec l'arme. On la prend pour rendre les honneurs.

Mettre l'arme sur l'épaule droite.

79. *L'arme sur l'épaule* = DROITE.

I. Elever l'arme verticalement avec la main droite, la saisir avec la main gauche entre la hausse et la boîte de culasse, le pouce allongé dans l'évidement du fût, et continuer de l'élever avec cette main, pendant que la main droite se place sur le plat de la crosse, le bec entre les deux premiers doigts, le bras allongé.

II. Placer l'arme sur l'épaule droite, le levier en dessus, en la faisant glisser dans la main gauche qui se place sur la crosse, les doigts joints, le pontet ne dépassant pas l'épaule, le canon légèrement incliné à gauche, le bec de la crosse à environ 10 centimètres du milieu du corps, le coude droit abattu.

On met l'arme sur l'épaule en marchant en garnison, dans les revues et défilés, ainsi que pour rendre les honneurs pendant les marches.

Reposer l'arme.

80. *Reposez* = ARME.

I. Redresser l'arme verticalement en allongeant vivement le bras droit de toute sa longueur, saisir en même temps l'arme avec la main gauche, entre la hausse et la boîte de culasse et reprendre ainsi la position du premier mouvement de *L'arme sur l'épaule*.

II. Descendre l'arme avec la main gauche le long et près du corps, la saisir au-dessus et contre cette main avec la main droite qui vient s'appuyer à la hanche, et renvoyer vivement la main gauche dans le rang.

III. Prendre la position de l'arme au pied.

Présenter l'arme.

Présentez — ARME.

Étant dans la position de l'*Arme au pied*, exécuter le premier mouvement de l'*Arme sur l'épaule*.

Etant dans la position de l'*Arme sur l'épaule*, de pied ferme ou en marche, exécuter le premier mouvement de *Reposez l'arme*.

Ce mouvement ne sert qu'à rendre les honneurs.

Etant dans la position de *Présentez l'arme*, le soldat est remis dans la position de l'*Arme sur l'épaule* ou de l'*Arme au pied*, aux commandements de l'*Arme sur l'épaule — droite* ou *Reposez arme*.

L'arme à la bretelle.

81. L'ARME A LA BRETELLE.

Suspendre l'arme par la bretelle à l'épaule droite et la maintenir verticale avec la main droite qui saisit l'extrémité de la bretelle près du battant de crosse, le canon en arrière.

82. La position de l'arme à la bretelle, avec la main basse et le canon vertical, s'emploie dans les marches au pas cadencé. Pendant les marches au pas de route, le soldat peut modifier la position de la main droite ou suspendre l'arme à l'épaule gauche (1).

On met l'arme à la bretelle pour la porter à volonté sans fatigue lorsqu'on n'a rien à craindre de l'ennemi. C'est un moyen employé constamment en marche.

L'arme se porte à la main lorsqu'on veut pouvoir en faire rapidement usage. Les éclaireurs, patrouilleurs, tirailleurs emploient ce moyen près de l'ennemi, pour être moins visibles.

Exécuter avec l'arme les mouvements de l'article II

83. Dans les mouvements exécutés l'arme au pied, au commandement préparatoire, soulever très légèrement l'arme avec la main droite; la reposer à terre lorsque le mouvement est terminé.

84. Pour marcher au pas cadencé ou au pas gymnastique, en partant de l'arme au pied, mettre de soi-même l'arme sur l'épaule droite au commandement de MARCHE ou de *Pas gymnastique*.

S'il y a lieu, faire mettre l'arme à la bretelle avant le commandement de *En avant* ou de *Pas gymnastique*.

Lorsque la marche au pas gymnastique est exécutée avec l'arme à la bretelle, placer la main droite, embrassant la bretelle, à hauteur du téton droit.

Lorsque l'arme est sur l'épaule, au commandement de HALTE, mettre l'arme au pied après s'être arrêté. Conserver la position lorsqu'elle est à la bretelle.

(1) Pour porter son arme au repos ou dans certaines circonstances du service où il agit isolément, le soldat peut mettre l'arme dans le bras. Dans ce cas, elle est placée dans le bras droit allongé, le canon en arrière et au défaut de l'épaule, la main embrassant le chien et la sous-garde.

Baïonnette au canon.

104. BAÏONNETTE AU CANON.

Incliner l'arme avec la main droite, de manière à amener le bout du canon vis-à-vis et à environ 10 centimètres du milieu de la poitrine; saisir avec la main gauche renversée la poignée de la baïonnette.

Tirer la baïonnette de la main gauche, la fixer au bout du canon en appuyant sur la croisière avec le pouce. Reprendre la position de l'arme au pied.

On met la baïonnette au canon pour attaquer, lorsqu'on veut agir par surprise; pour se défendre, lorsqu'on est serré de près par l'ennemi (contre la cavalerie principalement).

Les isolés (en sentinelles, en patrouilles, etc.), les groupes, au moment de l'assaut, mettent la baïonnette au canon.

De même, pour rendre les honneurs, dans les revues et défilés.

Remettre la baïonnette.

105. REMETTEZ LA BAÏONNETTE.

Incliner l'arme avec la main droite de manière à amener le bout du canon vis-à-vis et à environ 10 centimètres du milieu de la poitrine, glisser cette main au-dessous et près de l'embouchoir; saisir en même temps avec la main gauche la poignée de la baïonnette et le canon, le pouce sur le poussoir; appuyer sur le poussoir; enlever la baïonnette, la renverser à droite, la pointe en bas, descendre la croisière contre la main droite qui saisit la lame entre le pouce et les deux premiers doigts allongés, les deux derniers contenant l'arme; retourner la main gauche sans quitter la poignée, fixer les yeux sur l'entrée du fourreau, mettre la baïonnette dans le fourreau en la dirigeant avec le coude et reprendre la position de l'arme au pied.

106. La baïonnette est mise au canon et remise au fourreau en marchant, sans s'arrêter, en se conformant autant que possible aux prescriptions qui précèdent.

Croiser la baïonnette.

107. CROISEZ LA BAÏONNETTE.

Exécuter les premiers mouvements de CHARGEZ, mais en abaissant l'arme, la main droite appuyée à la hanche, à la fin du deuxième mouvement, et sans mettre le doigt sur la détente.

La position de l'arme au pied ou de l'arme sur l'épaule droite est reprise à l'aide des mouvements décrits aux n°s 96 et 79.

Dans cette position, on est en défense et prêt à riposter en cas d'attaque, pour reconnaître une ronde, une patrouille, etc., et pour le cas où on aurait affaire à des personnes malintention-nées.

Pas de charge.

108. Le pas de charge est exécuté baïonnette au canon, d'après les mêmes règles que le pas cadencé. Sa vitesse est augmentée progressivement suivant les circonstances, jusqu'au moment où le soldat prend le pas gymnastique pour aborder l'ennemi.

109. *Pas de charge* = MARCHE.

Au commandement de *Pas de charge*, placer l'arme devant le corps, la baïonnette haute, la main droite à la poignée et en avant de la hanche, la main gauche à hauteur du téton gauche.

On prend ce pas pour aborder plus vite l'ennemi tout en conservant la **cohésion**.

Escrime à la baïonnette.

110. L'escrime à la baïonnette a pour but d'apprendre au soldat à se servir de son arme dans le combat corps à corps qui suit l'assaut et dans le combat rapproché contre la cavalerie.

111. Les mouvements se font en partant de la position de la garde. Ils sont simples ou composés; les mouvements composés ne doivent jamais comprendre plus de deux ou trois mouvements simples (marches, parades, attaques ou ripostes) judicieusement combinés.

L'escrime à la baïonnette est toujours enseignée individuellement; dès que les mouvements sont connus, ils sont exécutés contre mannequins.

112. Les mouvements de marche sont exécutés sans sursaut, les pieds rasant le sol et avec une rapidité croissante. Dans les attaques, l'arme est dirigée contre la poitrine de l'homme à pied, contre un des flancs du cavalier ou contre le poitrail du cheval.

Position de la garde.

113. La garde est prise en partant de la position de CROISEZ LA BAÏONNETTE.

EN GARDE.

Placer le pied droit à 20 centimètres plus en arrière, ployer sur les jarrets, le poids du corps portant également sur les deux jambes.

Dans cette position de laquelle on part pour s'élancer sur l'adversaire, le corps est ramassé sur les jarrets, ce qui permet, par l'extension des muscles des jambes, un bond ou un coup plus violent.

114. REPOS.

Se redresser sur les jambes, placer son arme devant le corps les bras allongés.

Au commandement de GARDE A VOUS=EN GARDE, reprendre la position de la garde.

115. Pour reprendre la position de l'arme au pied, exécuter ce qui est prescrit au nº 96.

Mouvements de jambes.

116. FACE A DROITE (GAUCHE).

Tourner sur le talon gauche en élevant un peu la pointe du pied, faire face à droite (gauche) et porter le pied droit en arrière à sa position.

117. UN PAS EN AVANT (EN ARRIÈRE).

Placer le pied droit (gauche) à hauteur du gauche (droit) et porter vivement ce dernier à 50 centimètres en avant (en arrière).

118. DOUBLE PAS EN AVANT (EN ARRIÈRE).

Jeter le pied droit (gauche) à 50 centimètres en avant (à 35 centimètres en arrière) du pied gauche (droit) et porter vivement ce dernier à sa position.

Grâce à ces mouvements, on peut se placer rapidement face et près de l'adversaire.

Attaque.

119. POINTEZ.

Tendre le jarret droit en portant le haut du corps en avant, se fendre de la partie gauche à 20 centimètres plus en avant, lancer vivement l'arme des deux mains, le canon en dessus.

On pointe pour attaquer un cavalier, au moment de l'assaut, ou pour se défendre.

Parades,

120. A GAUCHE (DROITE) PAREZ.

Elever le bout du canon sans déranger la main droite; faire une opposition à gauche (droite) pour marquer la parade.

121. EN TÊTE PAREZ.

Elever l'arme des deux mains, les bras allongés, l'arme couvrant la tête, le levier tourné vers le corps et au-dessus de la tête, l'extrémité des doigts de la main gauche ne dépassant pas les bords de la monture, la baïonnette menaçante et légèrement inclinée à gauche.

Les parades servent contre un coup de baïonnette, de lance ou de sabre.

TITRE III.

ÉCOLE DE SECTION.

ARTICLE Ier.

Méthode d'instruction spéciale à l'école de section.

128. L'école de section comprend des exercices d'évolutions et des exercices de combat.

129. Certains mouvements de l'école de section sont enseignés homme par homme ou par file, comme les alignements, d'autres en décomposant. Dès que leur mécanisme est bien compris ils sont exécutés avec ensemble.

A l'instruction, le chef de section peut se faire remplacer comme guide par un serre-file.

130. *Les exercices d'évolutions* s'exécutent sur la place d'exercices et en terrains variés.

L'instructeur s'attache à développer au plus haut degré l'attention des soldats et leur souplesse dans le rang par la vivacité des commandements et la variété des mouvements. Il les exerce à le suivre dans toutes les directions et à se conformer, sans hésitations et tout en observant la discipline du rang, aux commandements que nécessitent les circonstances les plus imprévues.

Il ne fait pas exécuter plusieurs fois de suite des mouvements compliqués qui n'auraient pas leur utilité en campagne.

132. Lorsque la faiblesse des effectifs le rend nécessaire, la section peut être formée sur un rang pour l'instruction; elle manœuvre sur un rang d'après les mêmes principes que sur deux rangs.

133. L'escouade et la demi-section sont exercées d'après les mêmes principes et à l'aide des mêmes commandements que la section.

ARTICLE II.

Formations de la section. Rassemblement, Marche sans cadence.

134. La section comprend deux escouades en temps de paix et quatre en temps de guerre; elle se subdivise alors en deux demi-sections.

La section se rassemble et manœuvre en ligne sur deux rangs et en colonne par quatre.

135. *Le chef de section* se tient à la place qui lui est ormalement assignée en avant de la section pour lui ervir de guide et en diriger les mouvements; il s'en loigne toutes les fois que les circonstances l'exigent, et otamment pour faire la reconnaissance du terrain. Dans e cas, il peut se faire remplacer comme guide par un ous-officier.

136. *Les sous-officiers* sont placés en serre-files; ils surveillent l'exécution des mouvements et en sont responsables vis-à-vis de leur chef direct; au besoin, ils répètent ses commandements à voix basse; dans les circonstances difficiles, ils usent de tous les moyens en leur pouvoir pour maintenir la discipline du rang.

Le rôle des serre-files est très important; leur action constante et efficace facilite la tâche du chef en lui permettant d'apporter toute son attention aux ordres qu'il reçoit et aux événements du combat. Cette action contribue dans une large mesure à assurer l'ordre et la cohésion indispensables sur le champ de bataille.

Formation en ligne sur deux rangs.

137. *Les soldats* sont placés par rang de taille sur deux rangs parallèles à un mètre de distance et numérotés de 1 à 4 de la droite à la gauche (1).

L'homme du second rang couvre exactement sur celui du premier rang qui est immédiatement devant lui.

138. *Le chef de section* se tient à deux pas devant le centre de la section lorsque la distance qui la sépare des unités précédentes est de six pas ou inférieure à six pas; il se tient à quatre pas dans le cas contraire.

Les serre-files se tiennent à un mètre du second rang derrière le centre de leur troupe.

Les caporaux sont au premier rang à la droite ou à la gauche de leur escouade encadrant la demi-section.

139. La section est formée sur un rang d'après les mêmes principes.

Formation en colonne par quatre.

140. La colonne par quatre se compose de fractions de huit hommes sur deux rangs placées les unes derrière les autres à un mètre de distance.

141. *Le chef de section* se tient en avant de la fraction de tête toutes les fois que la section n'est pas précédée immédiatement par une autre unité; dans le cas con-

---

(1) *Rang*. — Se compose d'hommes placés les uns à côté des autres à 15 centimètres, comptés de coude à coude.

File. — Se compose de deux hommes placés l'un derrière l'autre à 1 mètre de dos à poitrine.

traire, à côté de la première fraction, du côté opposé à celui des serre-files.

Les serre-files se tiennent à un mètre sur l'un des flancs.

Colonnes de route.

142. La section marche sur les routes en colonne par quatre, en colonne par escouades ou par demi-sections, exceptionnellement, en colonne par deux ou par un.

Les colonnes de route sont formées comme la colonne par quatre; les distances qui séparent les escouades et demi-sections sont fixées par le commandement supérieur selon les circonstances.

143. *Le chef de section* se tient là où il juge sa présence utile pour surveiller la marche, dans les marches en ville à côté du premier rang de quatre.

Les serre-files se forment sur un rang et marchent à un mètre du dernier rang de la section.

Le serre-file de la première demi-section marche devant le premier rang, du côté libre de la route, pour régler l'allure.

Rassemblement.

144. RASSEMBLEMENT.

Se porter rapidement auprès du chef de section qui indique la formation à prendre. Chaque soldat prend sa place normale et s'aligne sur le centre, la file du centre ou la fraction de tête face au chef de section et à quatre pas de lui.

Le rassemblement s'exécute en marchant d'après les mêmes principes; les hommes se forment sur la file du centre ou sur la fraction de tête qui suit le chef de section.

On rassemble une unité pour la remettre en ordre à la fin d'une manœuvre, du combat.

(Ne pas confondre ce mouvement avec les formations prises par les unités avant l'engagement, ni avec le *ralliement* qui a pour but de grouper, mais sans ordre, les éléments dispersés d'une unité.)

145. ROMPEZ VOS RANGS.

Les hommes se dispersent; ils emportent leurs armes si les faisceaux n'ont pas été formés.

Marche sans cadence.

146. Les mouvements ne peuvent pas être exécutés d'une façon continue avec la même régularité sans imposer aux hommes une fatigue inutile.

Lorsque le chef de section juge qu'il est possible d'accorder aux soldats une certaine liberté d'allure sans compromettre l'ordre et la cohésion, qui doivent toujours être rigoureusement maintenus, il commande :

Sans cadence = MARCHE.

Marcher la tête haute en restant toujours attentif aux ordres du chef, sans être tenu de conserver la cadence du pas et la même régularité d'attitude.

147. Toutes les fois qu'il est utile d'obtenir plus d'attention des hommes ou de rétablir l'ordre momentanément troublé, le pas et l'attitude sont repris au commandement de :

Pas cadencé = MARCHE.

ARTICLE III.

Mouvements de la section en ligne.

Alignements.

148. Il est essentiel que la section soit exercée à s'aligner très rapidement.

149. Les alignements sont pris parallèlement ou obliquement, à droite (gauche) ou sur le centre. Le chef de section place préalablement, sur la nouvelle ligne, l'homme de droite (gauche), ou celui du centre, à moins qu'il ne veuille simplement rectifier l'alignement sur l'emplacement occupé.

A droite (*gauche*) ou *sur le centre* = ALIGNEMENT.

Se porter, s'il y a lieu, sur la nouvelle ligne en raccourcissant le dernier pas (de manière à se trouver en arrière de l'alignement), et s'arrêter; tourner la tête et les yeux du côté de la base, mettre le poing gauche sur le ceinturon au-dessus de la hanche, se porter à petits pas à côté de l'homme près duquel il faut se placer, de manière que la ligne des yeux et celle des épaules se trouvent dans la direction de celles du voisin du côté de la base; toucher très légèrement le coude de ce dernier.

Au commandement de FIXE, replacer la tête directe et reprendre la position de l'arme au pied.

150. Pour aligner la section en arrière, la porter préalablement en arrière du nouveau front par de petits pas; l'aligner ensuite d'après les principes indiqués ci-dessus.

151. Dans les alignements, ainsi que dans tous les mouvements de pied ferme, les hommes portent l'arme comme il a été prescrit au n° 83.

On aligne les troupes, pour les présenter dans un ordre parfait aux inspections, revues et défilés.

Au combat, *le principe de la direction prime celui de l'alignement.*

Marche de front.

152. *En avant*=MARCHE.

La file de base marche exactement dans les traces du chef de section qui assure la direction.

Chaque soldat conserve l'alignement ainsi que l'intervalle qui le sépare de son voisin du côté de la file de base; il cède à la pression qui vient de ce côté et résiste à celle qui vient du côté opposé; il reprend insensiblement l'alignement ou son intervalle lorsqu'il les a perdus et, tout en conservant toujours la tête haute, fixe les yeux sur le chef de section.

Lorsque le chef de section quitte momentanément sa place, il se fait remplacer par un sous-officier ou indique à haute voix le point sur lequel la file de base doit se diriger.

153. *Section*=HALTE.

S'arrêter, s'aligner rapidement sur la file de base et reprendre la position directe.

Marche oblique.

154. *Oblique à droite (gauche)*=MARCHE.

Au commandement de MARCHE, qui est fait au moment où le pied droit (gauche) pose à terre, placer le pied gauche (droit) à sa distance, tourner le corps d'un demi à droite (gauche) et porter le pied droit (gauche) dans la nouvelle direction. Chaque soldat marche ensuite droit devant lui en donnant de temps en temps un coup d'œil sur son voisin de droite (gauche) et en réglant son pas de manière que ses épaules soient placées parallèlement aux épaules de ce dernier et que sa tête lui cache celle des autres hommes du rang. Tous les soldats conservent l'égalité du pas et le même degré d'obliquité; ils prennent toujours la direction du côté vers lequel ils obliquent.

La marche oblique permet, tout en continuant à avancer, de prendre une direction parallèle à celle que l'on suivait.

On s'en sert dans quelques occasions très rares pour présenter un front très étroit dans une direction oblique à celle de la marche (contre l'artillerie).

155. *En avant*=MARCHE.

Au commandement de MARCHE, qui est fait au moment où le pied gauche (droit) pose à terre, placer le pied droit (gauche) à sa distance, tourner le corps d'un demi gauche (droite), et marcher ensuite droit devant soi en se conformant aux principes de la marche directe.

Marche au pas gymnastique.

156. La section marche au pas gymnastique, passe du pas cadencé au pas gymnastique et réciproquement, d'après les principes et à l'aide des commandements prescrits à l'école du soldat.

Demi-tour à droite.

157. La section fait demi-tour de pied ferme ou en marchant, s'arrête après avoir fait demi-tour, par les moyens et à l'aide des commandements prescrits à l'école du soldat.

Les serre-files, passant par la gauche, se portent vivement devant le premier rang au commandement de *Demi-tour*.

A droite. A gauche.

158. La section, de pied ferme ou en marche, exécute les déplacements latéraux de petite étendue au commandement de *A droite* (*gauche*) DROITE (GAUCHE) ou MARCHE d'après les principes prescrits à l'école du soldat.

Face à droite (gauche) ou Face à un point indiqué.

159. *Face à droite* (*gauche*) ou *Face* (*à tel point*) DROITE (GAUCHE).

L'homme de droite (gauche) fait à droite (gauche) ou face au point clairement désigné de la voix et du geste par le chef de section. Chaque soldat avance l'épaule opposée au pivot et se porte directement sur le nouvel alignement à une allure vive ou au pas gymnastique.

160. Le mouvement est exécuté en marchant, pour continuer à marcher ou pour s'arrêter, d'après les mêmes principes, en substituant le commandement de MARCHE ou de HALTE à celui de DROITE (GAUCHE).

Au commandement de MARCHE, l'homme qui est au pivot fait face au point indiqué et continue à marcher. Chaque soldat, en arrivant sur la ligne, prend le pas de son voisin du côté du pivot.

Au commandement de HALTE, l'homme qui est au pivot s'arrête et fait face au point indiqué. Chaque soldat s'arrête en arrivant sur la ligne.

Ce mouvement sert à faire face rapidement à une direction, soit pour tirer, soit pour marcher, c'est le « *face à l'ennemi* ».

Changement de direction en marche.

161. *Changement de direction à droite (gauche)*, MARCHE.

Tourner légèrement la tête du côté de la file de base qui raccourcit le pas et exécute une conversion en marchant dans les traces du chef de section; fixer les yeux sur ce dernier qui indique du geste la nouvelle direction; allonger ou raccourcir insensiblement le pas en avançant l'épaule qui est du côté de l'aile marchante, de façon à maintenir toujours l'alignement du côté de la file de base.

Au commandement de : *En avant*, MARCHE, reprendre la marche directe.

On prend ainsi une direction nouvelle sans changer de formation.

Faire agenouiller, coucher et relever la section.

162. La section s'agenouille, se couche et se relève par les moyens et les commandements prescrits à l'école du soldat.

Au commandement de A GENOU, les hommes du premier rang se conforment à ce qui est prescrit à l'école du soldat; les hommes du second rang serrent à 30 centimètres du premier rang en obliquant de 15 centimètres à droite et se mettent ensuite à genou.

Au commandement de COUCHEZ-VOUS, les deux rangs se couchent. Les hommes du second rang prennent place dans les intervalles qui séparent les hommes du premier rang.

Au commandement de DEBOUT, les hommes se relèvent; ceux du second rang reprennent leur position derrière leurs chefs de file.

On fait prendre ces positions pour tirer en groupe, pour diminuer la visibilité d'une troupe.

Mouvements avec l'arme.

163. Les mouvements avec l'arme s'exécutent d'après les prescriptions de l'école du soldat. Ceux qui ne comportent qu'un seul commandement se font avec promptitude et régularité, mais sans cadence.

164. Pour les mouvements du tir et les feux, le premier rang se conforme à ce qui est prescrit à l'école du soldat; le deuxième rang serre préalablement sur le premier d'après les principes du n° 162.

Lorsque la section est couchée sur deux rangs, le premier rang seul peut tirer.

Former et rompre les faisceaux.

165. FORMEZ LES FAISCEAUX.

Le numéro pair du premier rang passe son arme devant lui, la saisit avec la main gauche, près de l'embouchoir et pose la crosse au milieu de l'intervalle qui le sépare de son voisin de gauche, le canon en arrière.

Il saisit ensuite, près de l'embouchoir, l'arme du soldat placé derrière lui, en porte la crosse à 75 centimètres en avant de son épaule droite, le canon face à gauche, et croise les quillons, celui de son arme par-dessus.

Le numéro impair du premier rang saisit son arme avec les deux mains entre l'embouchoir et la grenadière, introduit le quillon en arrière des quillons déjà croisés et pose la crosse contre la pointe de son pied gauche.

Le faisceau formé, le numéro impair du second rang passe son arme à son chef de file qui la place sur le faisceau.

Il est interdit d'appuyer plus de deux fusils sur un faisceau déjà formé.

On forme les faisceaux pour que les hommes puissent quitter leurs armes et les retrouver facilement.

On les forme aux haltes, au petit poste, au bivouac.

166. ROMPEZ LES FAISCEAUX.

Le numéro impair du second rang reçoit son arme de la main droite de son chef de file.

Les hommes du premier rang saisissent les armes près de l'embouchoir, comme il est prescrit pour former les faisceaux; ils soulèvent le faisceau pour le rompre, et les quatre soldats replacent l'arme au pied.

167. Lorsque les hommes reçoivent l'ordre de mettre sac à terre, les sacs sont placés par quatre entre les crosses des armes.

Si on a de la place, il est préférable de les mettre à côté. On évite ainsi le risque de faire tomber les faisceaux et de dégrader les armes.

ARTICLE IV.

Passer de la formation en ligne à la formation en colonne et réciproquement ; mouvements de la colonne ; colonne de route.

La section étant en ligne, la former en colonne par quatre.

1° En avant du front.

168. La section se forme en colonne par quatre par la

droite, de pied ferme ou en marche, dans une direction quelconque au commandement de :

En avant par quatre = MARCHE.

La première fraction, formée des quatre files de droite, suit le chef de section s'il est placé devant elle, ou marche dans la direction indiquée; les autres fractions, marquant d'abord le pas, prennent leur place dans la colonne, derrière celle qui les précède, soit en obliquant, soit en conversant.

169. Pour former la section en colonne par quatre par la gauche, en avant du front, faire précéder le commandement de *En avant par quatre* de celui de *Par la gauche*.

2° *A droite* (*gauche*).

170. *A droite* (*gauche*) *par quatre* = DROITE (GAUCHE).

Chaque fraction de quatre files fait *Face à droite* (*gauche*) en pivotant sur le n° 1 (ou 4) du premier rang, conformément aux prescriptions du n° 159.

Les serre-files font *A droite* (*gauche*) en même temps que les hommes.

171. Le mouvement est exécuté en marchant d'après les mêmes principes, en substituant le commandement de MARCHE à celui de DROITE.

Les fractions de quatre files font *Face à droite* (*gauche*) en marchant, comme il est prescrit au n° 160.

La section étant en colonne par quatre, la former en ligne.

1° *En avant.*

172. *Vers la gauche* (*droite*) *en ligne* = MARCHE.

La fraction de tête ne bouge pas. Les autres fractions se portent sur la ligne en obliquant à gauche (droite). Elles s'y arrêtent et s'alignent sur la fraction qui est à leur droite (gauche).

173. La section en marche est formée *Vers la gauche* (*droite*) *en ligne* pour continuer à marcher, à l'aide des commandements ci-dessus, pour s'arrêter, en substituant le commandement de HALTE à celui de MARCHE.

Suivant le cas, la fraction de tête continue à marcher ou s'arrête. Les autres fractions, en arrivant sur la ligne, continuent à marcher en prenant le pas de la fraction voisine, ou s'arrêtent à hauteur des fractions déjà placées.

2° *Face à gauche* (*droite*).

174. *En ligne face à gauche* (*droite*) = GAUCHE (DROITE).

Chaque fraction fait *Face à gauche* (*droite*) en pivotant

par l'homme de gauche (droite) du premier rang qui fait à gauche (droite).

175. La section en marche est formée *En ligne face à gauche (droite)* pour continuer à marcher ou pour s'arrêter en substituant, selon le cas, le commandement de MARCHE ou celui de HALTE au commandement de GAUCHE (DROITE).

Chaque fraction fait *Face à gauche (droite)* et continue à marcher ou s'arrête, en s'alignant du côté vers lequel elle marchait.

Ces mouvements s'exécutent dans chaque fraction d'après les principes prescrits au n° 172 pour la formation de la colonne par quatre vers la gauche (droite).

Mouvements de la section en colonne.

176. La section en colonne marche, s'arrête, prend le pas gymnastique, fait demi-tour, change de direction, s'agenouille, se couche d'après les principes prescrits pour la section en ligne et à l'aide des mêmes commandements.

Le chef de section dirige la marche. Les hommes du premier rang de chaque fraction gardent exactement la distance qui les sépare de la fraction précédente.

Dans les changements de direction, la fraction de tête converse en réglant son mouvement sur le chef de section. Les autres fractions changent de direction à la même place que celle qui précède, de manière qu'il n'y ait ni temps d'arrêt, ni à-coup dans la marche.

En s'agenouillant, les hommes du second rang de chaque fraction conservent leur position derrière leur chef de file.

Un groupe peut ainsi suivre le chef, se mouvoir avec aisance et rapidité sur tous les terrains, approprier ses formations aux circonstances, faire face aux situations les plus imprévues par les moyens les plus simples et les plus prompts, tout en observant la discipline de manœuvre.

(Tous les mouvements de l'Ecole de section trouvent leur emploi dans les marches et combats de nuit. Ils doivent donc être enseignés dans ce but.)

Colonne de route.

177. La section en colonne de route marche sur le côté droit de la chaussée dont le reste demeure libre.

Lorsque l'ordre en est donné, elle peut marcher sur le côté gauche ou sur les deux côtés, le milieu de la chaussée restant libre.

Le gradé placé devant le premier rang règle la marche d'après les ordres donnés; il apporte la plus grande attention à éviter les à-coups en allongeant ou en raccourcissant insensiblement le pas lorsqu'il doit modifier l'allure; lorsqu'il n'est pas en tête de la compagnie, il s'attache à conserver la distance qui le sépare de l'unité précédente.

Les hommes marchent au pas de route, portent l'arme à la bretelle, et ne sont pas tenus d'observer le silence et la cadence du pas, mais conservent très exactement leur place dans le rang.

Le pas de route est pris au commandement de : *Pas de route* MARCHE.

178. La section au pas de route reprend le pas cadencé au commandement de :

Pas cadencé = MARCHE.

Les hommes rectifient la position de l'arme et reprennent la cadence du pas.

179. La section passe de la ligne à la colonne par demi-sections ou par escouades d'après les principes prescrits aux nos 168 et suivants, en substituant l'indication de *par demi-sections* ou de *par escouades* à celle de *par quatre*.

180. La section passe de la colonne par quatre à la colonne par deux ou par un au commandement de :

Par deux (un) = MARCHE.

Dans chaque rang, les deux hommes (l'homme) qui se trouvent du côté extérieur de la chaussée marchent sans changer la vitesse du pas, les autres hommes ralentissent l'allure et se placent derrière eux. Les hommes emboîtent le pas de manière à ne pas allonger la colonne.

La colonne est reformée par deux ou par quatre par les moyens inverses.

181. Lorsque la marche doit être exécutée sur de longs parcours en colonne par deux ou par un, les hommes marchent à un mètre de distance.

182. Lorsqu'il est nécessaire de diminuer le front de la section, des demi-sections ou des escouades, le chef de section fait porter une ou plusieurs des files extrêmes en arrière du second rang; il fait reprendre leur place à ces files dès que la largeur de la route le permet.

183. La section traverse sans allongement un court défilé au commandement de :

A volonté, pas gymnastique = MARCHE.

Les hommes franchissent rapidement le défilé sans être tenus de garder leur rang et en se serrant les uns contre les autres. Ils reprennent la formation qu'ils avaient précédemment dès que le défilé est franchi.

IIIe PARTIE

ÉDUCATION CIVIQUE

Etudier l'organisation de son pays, c'est apprendre à l'aimer.

Pour aimer la France, il faut la connaître. Il faut avoir constamment le souvenir de son passé, il faut savoir quelle est son organisation, son histoire.

LA FRANCE PARLEMENTAIRE

Le gouvernement est l'ensemble des pouvoirs publics.

Il est *autocratique*, quand il est concentré dans la main d'un seul homme, monarque absolu. Il est *représentatif* quand la souveraineté s'exerce sous le contrôle d'une ou plusieurs chambres de délégués élus par le pays.

La France est une *République*. Proclamée le 4 septembre 1870 et organisée par les lois constitutionnelles de 1875, revisées en 1879 et en 1884, la République est *démocratique* et *parlementaire* : *démocratique*, parce qu'elle repose sur le suffrage universel et que depuis 1848 tous les citoyens âgés de 21 ans sont électeurs; *parlementaire*, parce que la nation nomme des représentants pour légiférer et gouverner en son nom.

La souveraineté nationale s'exerce au moyen de trois pouvoirs :

Le pouvoir *législatif* chargé de faire les lois;

Le pouvoir *exécutif* qui assure l'exécution des lois;

Le pouvoir *judiciaire* qui punit la violation des lois.

Pouvoir législatif.

L'exercice du pouvoir législatif, c'est-à-dire la confection des lois, suppose naturellement une délibération. Pour délibérer, il faut être plusieurs. On a donc été conduit à donner ce pouvoir aux assemblées législatives. En France il appartient à deux Chambres, le Sénat et la Chambre des députés. Par ce système, on trouve une garantie contre l'omnipotence que pourrait acquérir en fait une assemblée unique.

CHAMBRE DES DÉPUTÉS. — Il y a aujourd'hui un député par arrondissement (1). Seulement, lorsque la population d'un arrondissement dépasse 100.000 habitants, on le divise en autant de circonscriptions qu'il y a de fois 100.000 habitants, et chaque circonscription nomme un *député*.

Les *députés*, âgés d'au moins 25 ans, sont élus directement par le suffrage universel, pour 4 ans, au scrutin d'arrondissement. Le nombre des députés est actuellement de 597, y compris les colonies.

(1) Une nouvelle loi est à l'étude pour modifier ce système.

Sont électeurs tous les citoyens français âgés de 21 ans accomplis, qui ne se trouvent pas dans un des cas d'incapacité prévus par la loi. Pour exercer son droit d'électeur, il faut être inscrit sur la liste électorale d'une commune. Cette liste est établie chaque année au mois de janvier.

SÉNAT. — Le Sénat comprend 300 membres, âgés d'au moins 40 ans, nommés pour 9 ans et renouvelés par tiers tous les 3 ans.

Pour le Sénat, le suffrage est restreint et indirect; l'élection des sénateurs est faite au chef-lieu de département par des électeurs spéciaux (députés du département, conseillers généraux et d'arrondissements, délégués des conseils municipaux) c'est donc un suffrage à trois degrés. On vote au scrutin de liste.

Pour être nommé sénateur, il faut la majorité absolue des suffrages exprimés et un nombre de voix égal au quart des électeurs inscrits. La majorité relative suffit au troisième tour.

ATTRIBUTIONS COMMUNES AUX DEUX CHAMBRES. — Elles exercent un contrôle sur la politique extérieure et la politique intérieure. Chacun de leurs membres a le droit de questionner ou d'interpeller les ministres sur tout ce qui a trait à l'une ou à l'autre de ces politiques.

Elles se contrôlent l'une par l'autre.

Le Sénat et la Chambre des députés ont le droit de reviser les lois constitutionnelles, mais à la condition de délibérer en commun et de former une seule assemblée qui porte le nom de *Congrès* ou *Assemblée nationale*.

ATTRIBUTIONS PARTICULIÈRES AUX DEUX CHAMBRES. — Les différences d'attributions sont les suivantes :

La Chambre des députés a le privilège de délibérer et de voter la première le budget et les lois de finances; elle a seule le droit de mettre en accusation le Président de la République, en cas de haute trahison, et les ministres, pour crimes commis dans l'exercice de leurs fonctions.

Le Sénat peut être constitué en *Haute Cour de justice* pour juger soit le Président, soit les ministres, et dans certaines circonstances spéciales et purement politiques, les attentats contre la sûreté de l'Etat et les conspirations qui auraient pour objet de renverser l'ordre des choses établi.

L'assentiment du Sénat est nécessaire au Président de la République pour dissoudre la Chambre des députés.

Pouvoir exécutif.

Le pouvoir exécutif est chargé de faire exécuter les lois. Agir étant le fait d'un seul, le pouvoir exécutif a été remis à un seul magistrat : *le Président de la République*.

Le Président de la République est élu à la majorité absolue des suffrages par le Sénat et la Chambre des députés réunis en *Assemblée nationale*. Il est nommé pour sept ans et rééligible. En cas de décès ou de démission du Président, les deux Chambres se réunissent immédiatement et de plein droit.

Attributions — Il représente la France. Il dispose de la force armée, promulgue les lois votées par les Chambres. Il nomme aux emplois civils et militaires, sur la présentation des ministres. Il signe les traités et déclare la guerre avec l'assentiment du Parlement. Il use du droit de grâce. Il signe les actes qui contiennent des décisions s'adressant à l'ensemble des particuliers ou à une catégorie d'entre eux, ces actes prennent le nom de *décrets* (décret sur le service en campagne, etc.).

Il peut convoquer, ajourner les Chambres, dissoudre la Chambre des députés sur l'avis conforme du Sénat. Il participe à l'élaboration des lois.

Il gouverne à l'aide de ministres, solidaires entre eux et responsables devant les Chambres.

Le Conseil d'Etat. — Le conseil d'Etat est à la fois un conseil supérieur de gouvernement et la plus haute des juridictions administratives.

Il comprend un personnel flottant et un personnel fixe. Le ministre de la justice est président.

Les règlements d'administration publique destinés à compléter et à expliquer une loi sont délibérés dans l'Assemblée générale du Conseil d'Etat.

Le Conseil d'Etat prononce en dernier ressort sur les décisions rendues par les conseils de préfecture. Il examine les pourvois formés pour excès de pouvoir contre les actes du chef du pouvoir exécutif. Il juge les contestations relatives aux élections des conseillers généraux. Il statue comme tribunal de cassation sur certaines dispositions de la cour des comptes.

« Grâce au Conseil d'Etat, l'intérêt privé et l'intérêt « public sont mis en présence, sans que le plus faible « soit sacrifié au plus fort. Ainsi se réalise par cette « remarquable institution, un souci sincère de justice et « d'intérêt général, de clarté et de loyauté (1) ».

Les Ministres. — Le Président de la République appelle auprès de lui l'homme politique qui lui semble désigné par la majorité des sénateurs et des députés et le charge de constituer le cabinet, de choisir les collaborateurs qui formeront avec lui le conseil dont il sera le président.

Aucune condition spéciale, sauf la qualité de citoyen français, n'est requise pour être ministre; en principe ce

(1) V. Joron. *L'Instruction civique de nos soldats*.

sont des membres du Parlement, il arrive fréquemment que le ministre de la guerre et le ministre de la marine sont un général ou un amiral en activité, qui ne sont par conséquent ni député, ni sénateur.

Les ministres sont tenus de rendre compte aux Chambres de leurs actes politiques ou administratifs, et de ceux de leurs subordonnés, toutes les fois qu'ils sont questionnés ou interpellés à ce sujet à la Chambre des députés comme au Sénat.

Chaque ministre appose son contreseing à tous les actes du chef de l'Etat qui relèvent de son ressort.

Chaque ministre est le chef d'un département ministériel. Le nombre de ces départements n'est pas fixé par la Constitution et varie selon les cabinets. Ils comprennent généralement : *Intérieur*, *Affaires étrangères*, *Guerre*, *Marine*, *Colonies*, *Commerce et Industrie*, *Agriculture*, *Justice*, *Travaux Publics*, *Instruction publique*, *Finances*, *Postes et télégraphes*, *Beaux-Arts et Cultes*, *Travail et Prévoyance sociale*.

Chaque ministère constitue une grande administration centrale qui comprend un certain nombre de directeurs, de sous-directeurs, etc.

Les ministres se réunissent plusieurs fois chaque semaine pour délibérer sur les questions d'intérêt général ou sur l'attitude qu'il convient de prendre devant les Chambres, sur telle ou telle question politique ou administrative. Ces réunions sont le plus souvent présidées par le Président de la République ou, en cas d'empêchement, par le président du conseil des ministres.

La loi.

La loi a pour but de régler les rapports qu'entretiennent entre eux les membres de la société. Aussi dans une société organisée, la loi est-elle la puissance suprême, elle est du reste l'expression de la volonté nationale, puisqu'elle est votée par la majorité des membres du Parlement.

Les lois qui régissent la société ne sont pas toutes du même genre :

Les lois civiles, qui concernent l'état des familles, les règles de la propriété, etc;

Les lois pénales, qui établissent les moyens de réprimer les crimes et délits contre les personnes ou les biens;

Les *lois politiques* qui définissent le gouvernement de la nation. Parmi celles-ci, il faut distinguer les *lois constitutionnelles* qui fondent l'organisation générale du pays et les *lois ordinaires* qui précisent le détail de l'administration intérieure.

Sauf les lois constitutionnelles, toutes les autres peuvent toujours être modifiées.

Les lois sont discutées dans les deux Chambres.

Quand celles-ci se sont entendues sur un même texte, la loi est définitivement votée; il reste à la promulguer et à la publier. La loi, en effet, ne devient exécutoire que par cette formalité qui rentre dans les attributions du pouvoir exécutif. La promulgation est « l'acte par lequel « le chef de l'Etat atteste au corps social l'existence de « la loi et en ordonne l'exécution ».

Sous l'ancien régime, au contraire, tous les pouvoirs étaient concentrés entre les mains du monarque, et le Parlement ne pouvait opposer à la volonté royale qu'une impuissante barrière.

C'est ainsi que les Etats Généraux n'étaient convoqués que par la volonté expresse du souverain et à des intervalles fort éloignés. Le peuple n'avait donc aucun recours légal contre la volonté du monarque absolu.

Ce n'est qu'à la suite du grand mouvement de 1789 que le droit public a pris naissance.

Répondant aux vœux de la nation consignés de toutes parts sur les cahiers de baillages, l'Assemblée constituante détermina pour la première fois la séparation des pouvoirs publics et fixa les droits de l'individu à côté de ceux de l'Etat.

La déclaration des droits de l'homme et du citoyen fut votée le 26 août 1789, et reproduite dans la Constitution du 11 septembre 1791.

Nous la donnons *in extenso*, tout le monde devant connaître ces vérités générales, ces vérités de raison qui sont applicables à tous.

Déclaration des droits de l'homme et du citoyen.

ARTICLE PREMIER. — Les hommes naissent et demeurent libres et égaux en droits. Les distinctions sociales ne peuvent être fondées que sur l'utilité commune.

ART. 2. — Le but de toute association politique est la conservation des droits naturels et imprescriptibles de l'homme. Ces droits sont : la liberté, la propriété, la sûreté et la résistance à l'oppression.

ART. 3. — Le principe de toute souveraineté réside essentiellement dans la nation. Nul corps, nul individu, ne peut exercer d'autorité qui n'en émane expressément.

ART. 4. — La liberté consiste à pouvoir faire tout ce qui ne nuit pas à autrui. Ainsi l'exercice des droits naturels de chaque homme n'a de bornes que celles qui assurent aux autres membres de la société la jouissance de ces mêmes droits. Ces bornes ne peuvent être déterminées que par la loi.

ART. 5. — La loi n'a le droit de défendre que les actions nuisibles à la société. Tout ce qui n'est pas défendu par la loi ne peut être empêché, et nul ne peut être contraint à faire ce qu'elle n'ordonne pas.

Art. 6. — La loi est l'expression de la volonté générale. Tous les citoyens ont droit de concourir personnellement ou par leurs représentants à sa formation. Elle doit être la même pour tous, soit qu'elle protège, soit qu'elle punisse. Tous les citoyens, étant égaux à ses yeux sont également admissibles à toutes dignités, places et emplois publics, selon leur capacité et sans autre distinction que celle de leurs vertus et de leurs talents.

Art. 7. — Nul homme ne peut être accusé, arrêté ni détenu que dans les cas déterminés par la loi et selon les formes qu'elle a prescrites. Ceux qui sollicitent, expédient, exécutent ou font exécuter des actes arbitraires doivent être punis, mais tout citoyen appelé ou saisi en vertu de la loi doit obéir à l'instant; il se rend coupable par la résistance.

Art. 8. — La loi ne doit établir que des peines strictement et évidemment nécessaires. Nul ne peut être puni qu'en vertu d'une loi établie et promulguée antérieurement au délit, et légalement appliquée.

Art. 9. — Tout homme étant présumé innocent, jusqu'à ce qu'il ait été déclaré coupable, s'il est jugé indispensable de l'arrêter, toute rigueur qui ne serait pas nécessaire pour s'assurer de sa personne doit être sévèrement réprimée par la loi.

Art. 10. — Nul ne doit être inquiété pour ses opinions, même religieuses, pourvu que leur manifestation ne trouble pas l'ordre public établi par la loi.

Art. 11. — La libre communication des pensées et des opinions est un des droits les plus précieux de l'homme. Tout citoyen peut donc parler, écrire, imprimer librement, sauf à répondre de l'abus de cette liberté dans les cas déterminés par la loi.

Art. 12. — La garantie des droits de l'homme et du citoyen nécessite une force publique; cette force est donc instituée pour l'avantage de tous et non pour l'utilité particulière de ceux auxquels elle est confiée.

Art. 13. — Pour l'entretien de la force publique et pour les dépenses d'administration, une contribution commune est indispensable; elle doit être également répartie entre tous les citoyens en raison de leurs facultés.

Art. 14. — Tous les citoyens ont le droit de constater par eux-mêmes ou par leurs représentants la nécessité de la contribution publique, de la consentir librement, d'en suivre l'emploi et d'en déterminer la quotité, l'assiette, le recouvrement et la durée.

Art. 15. — La société a le droit de demander compte à tout agent public de son administration.

Art. 16. — Toute société dans laquelle la garantie des droits n'est pas assurée, ni la séparation des pouvoirs déterminée, n'a point de constitution.

Art. 17. — La propriété étant un droit inviolable et sacré, nul ne peut en être privé, si ce n'est lorsque la nécessité publique légalement constatée l'exige évidemment et sous la condition d'une juste et préalable indemnité.

QUESTIONNAIRE

Quelle est la forme du gouvernement en France?
Comment s'exerce la souveraineté nationale?
Par qui s'exerce le pouvoir législatif?
Comment est nommée la Chambre des députés et quelle est sa mission?
Comment est nommé le Sénat et quelle est sa mission?
Quelles sont les attributions communes aux deux Chambres?
Quelles sont les attributions particulières aux deux Chambres?
Qu'est-ce que le pouvoir exécutif?
Comment est élu le Président de la République?
Quelles sont ses attributions?
Qu'est-ce que le conseil d'Etat et quelles sont ses attributions?
Comment sont nommés les ministres et quelles sont leurs fonctions?
Quel est le but des lois?
Combien y a-t-il de sortes de lois?
Comment sont faites les lois?

Ouvrages à consulter.

L'instruction civique de nos soldats, par le lieutenant Joron. — *Pour l'éducation du soldat*, par Emile Lesueur.

LA FRANCE ADMINISTRATIVE

Enserrée au Nord, à l'Ouest, au Sud et à l'Est par des obstacles naturels — sauf depuis la perte de l'Alsace-Lorraine en 1870— la *France* forme un ensemble physique bien défini. Il n'en a pas été toujours ainsi, car c'est petit à petit que la France a réalisé son unité territoriale.

Avant le XIe siècle, la France ne comprenait que l'Ile de France et l'Orléanais, c'est-à-dire les environs de Paris; tout le reste formait des fiefs indépendants, dont les principaux étaient la Flandre, la Normandie, la Champagne, la Bourgogne, la Bretagne, le comté de Toulouse, etc.

Peu à peu les rois agrandirent leur domaine. Au XIIIe siècle, ils acquirent la Champagne; au XIVe, le Dauphiné. Au XVe, après la guerre de Cent Ans, ils réunirent la plus grande partie des domaines que l'Angleterre possédait sur le Continent : Normandie, Anjou, Poitou et Guyenne; vers la fin du même siècle ils acquéraient la Picardie et la Bourgogne. Au XVIe siècle, la Bretagne. Enfin aux XVIIe et XVIIIe siècles l'unité territoriale de la France s'acheva par l'acquisition des provinces plus excentriques : Flandre, Artois, Alsace, Lorraine, Franche-Comté, Bresse, Roussillon, Corse.

Au XIXe siècle, le territoire de la France s'est augmenté de la Savoie et du comté de Nice; mais, en 1871, il a été diminué de l'Alsace et d'une partie de la Lorraine.

Avant la révolution de 1789, la France comprenait 33 provinces avec la Corse. Ces provinces étaient loin d'avoir la même importance : l'inégalité de leurs dimensions et aussi de leurs droits variaient selon les causes qui avaient concouru à leur formation ou à leur réunion. Ainsi la même mesure de sel se payait dans certaines régions 6 livres (1), dans d'autres 62. La plupart de ces provinces, que nous appellerons *provinces géographiques*, correspondaient à une région naturelle ayant même climat, même sol, donc mêmes ressources. Les habitants y avaient le même genre de vie, les mêmes mœurs, les mêmes légendes, les mêmes traditions, les mêmes superstitions et aujourd'hui on dit encore : un picard, un breton, un flamand, un gascon sans s'occuper s'il appartient à tel ou tel département de ces provinces. Tous ces types présentaient des physionomies bien distinctes, des caractères différents et bien caractérisés. Ces provinces étaient en somme autonomes, elles avaient leur régiment : le régiment de Picardie (1er); de Provence (2e); de Champagne (7e); de Bretagne (46e).

Les autres, que l'on appelle par opposition des *provinces historiques*, s'étaient formées un peu au hasard des

(1) La livre valait vingt sous.

successions, des mariages et des conquêtes. Exemple : l'Orléanais composé d'une partie de la Beauce, terre à blé; de la forêt d'Orléans, région de bûcherons; de la Sologne, formée de marais déserts (que l'on défriche aujourd'hui) et du val d'Orléans, pays de vignerons et de maraîchers.

Ces provinces se sont désagrégées avec le temps, avec les nouvelles subdivisions et aujourd'hui ne subsistent plus.

On ne parle plus aujourd'hui de l'Orléanais, mais on parle toujours de la Beauce qui, malgré tout, subsiste toujours en raison de son climat spécial, de son sol.

En raison de ces inégalités — dimensions et droits — en décembre 1789, les membres de l'Assemblée constituante pour remédier à cet état de choses, pour supprimer les anciennes coutumes, pour égaliser les impôts, etc. divisèrent la France en départements (86 aujourd'hui) qui sont, en général, comparables pour l'étendue de leur territoire (sauf le département de la Seine) avec la même organisation politique et administrative. On effaça jusqu'aux noms des provinces et on donna aux nouvelles circonscriptions des dénominations empruntées aux conditions géographiques, notamment aux cours d'eau qui les traversent : Somme, Seine, Loire, Rhône, etc.; aux montagnes : Pyrénées, Alpes, Cévennes; à la mer : Manche, Pas-de-Calais, etc.; à leur situation : Nord, Finistère, etc.

Toutefois, on tint compte dans la mesure du possible, des dispositions du sol et des accidents du terrain, pour rendre faciles les communications de l'un à l'autre, et des affinités naturelles. Néanmoins, dans certaines régions, comme on l'a dit très justement « la division en départements divise ce que la géographie unit ». Exemple : entre la Haute-Savoie et la Savoie il n'y a aucune différence géographique, ils forment pourtant deux départements; dans d'autres au contraire « cette division unit ce que la géographie distingue ». Exemple : le département de l'Aisne est un composé, d'une partie de la Champagne, avec Château-Thierry, de la Thiérache avec Vervins, du Soissonnais avec Soissons et Laon, de la Picardie avec Saint-Quentin.

Cette division en départements a eu pour but de faciliter d'une part, l'administration, dautre part, l'entente des citoyens entre eux pour le choix de leurs représentants. C'est cette unité, cette uniformité, qui fait de la France une véritable famille dont tous les fils sont égaux et qui l'a rendue forte et puissante.

La *division en départements* est donc essentiellement politique et nullement géographique, elle n'a donc qu'une valeur purement administrative.

Cette Unité administrative a son chef particulier, ses représentants, ses finances, ses opinions même. Le département est organisé comme la France, il a son gouvernement, représenté par le Préfet — nommé par le gouvernement — assisté d'un Conseil de préfecture, 3 ou 4 membres, et son parlement, représenté par le Conseil général.

Le *Préfet* est nommé par le gouvernement, il doit exécuter ses ordres et administrer le département.

Le *Conseil général.* — Chaque canton nomme au suffrage universel, pour six ans, un conseiller général. Le conseil général est renouvelé par moitié tous les trois ans.

Les conseillers généraux ont le droit d'émettre des *vœux* sur toutes les questions économiques et d'administration générale, des *avis* sur des questions qui lui sont posées.

Ils répartissent les impôts entre les arrondissements en tenant compte des facultés imposables de chacun d'eux.

Ils ont le droit de voter des emprunts et des centimes additionnels départementaux.

Le conseil général se réunit, en principe, deux fois par an en août et après Pâques.

Pour représenter le conseil dans l'intervalle des sessions, contrôler les actes du préfet et intervenir dans l'Administration, on a institué, en 1871, *la Commission départementale* qui est composée d'autant de membres qu'il y a d'arrondissements dans le département.

L'arrondissement a un *sous-préfet* qui est sous la dépendance immédiate du préfet. Son rôle consiste à servir d'intermédiaire entre le préfet et les maires de l'arrondissement.

Le conseil d'arrondissement se compose d'un conseiller par canton, élu pour six ans. Sa principale attribution consiste dans la répartition entre les communes des impôts directs fixés par le conseil général.

Le canton ne constitue pas une circonscription administrative proprement dite, il forme une circonscription électorale ayant un conseiller général et un conseiller d'arrondissement.

Le recensement des conscrits se fait par canton, c'est au chef-lieu de canton que se réunit le conseil de revision.

Il possède un juge de paix, un receveur de l'enregistrement, un agent-voyer, un ou plusieurs percepteurs des contributions directes, un receveur des contributions indirectes, et quelquefois un commissaire de police.

La commune. — Les communes ont commencé à se former au XIIe siècle. Elles étaient alors des associations de bourgeois et d'artisans formées en vue de résister aux violences et aux rapines des seigneurs. Aidées par les rois, elles se constituèrent peu à peu en centres à peu près indépendants, dans la limite de leurs intérêts particuliers, et se donnèrent une administration spéciale à la tête de laquelle furent placés des magistrats élus appelés maires, échevins. Plus tard, elles tombèrent sous l'autorité des rois et perdirent leur indépendance. Les villes seules purent s'organiser en communes, les villages formèrent des communautés dont l'administration intérieure était assurée par l'assemblée des habitants se réunissant à époques fixes sur la place de l'église (1).

L'organisation actuelle des communes fut fixée en décembre 1789.

La commune fait partie de l'Etat, et, comme telle, elle est administrée par le pouvoir central; mais elle a aussi sa vie propre. Elle a ce qu'on nomme, en terme de jurisprudence la personnalité civile, c'est-à-dire qu'elle peut posséder, aliéner ses propriétés, contracter des emprunts, se créer des revenus, le tout sous le contrôle du préfet.

La commune est administrée par un *conseil municipal* composé de *10 à 80 membres*, selon l'importance de la population. Ce conseil est élu pour 4 ans au suffrage universel. Il est présidé par un *maire*, élu par le conseil municipal dans son sein; ce maire peut être assisté d'un ou plusieurs adjoints selon l'importance de la population.

Le maire est à la fois magistrat municipal et délégué du gouvernement, il a des attributions civiles et judiciaires.

Il est officier d'état civil et reçoit sur un registre spécial les déclarations de naissances et de décès, les reconnaissances d'enfants naturels, les mariages, etc.

Il est officier de police judiciaire et peut dresser des procès-verbaux en matière de contravention de police.

Au point de vue administratif, il représente l'Etat; il doit publier et faire exécuter les lois et les règlements dans l'intérieur de la commune, dresser les listes électorales, faire les tableaux de recensement pour le recrutement de l'armée.

Le maire gère les finances de la commune, il ordonne les dépenses dans les limites des crédits ouverts par le conseil municipal. Il prépare le budget, le présente au conseil municipal. Après le vote, le budget est envoyé au préfet qui l'arrête.

---

(1) Dix habitants constituaient une communauté, dix maisons formaient une paroisse.

QUESTIONNAIRE

Comment la France s'est-elle formée?
Quelle était l'organisation de la France avant 1789?
Comment la France est-elle divisée?
Qu'est-ce que le département et comment est-il organisé?
Qui l'administre?
Qu'est-ce que le conseil de préfecture?
Qu'est-ce que le conseil général et quelles sont ses attributions?
Qu'est-ce que la commission départementale, à quoi sert-elle?
Qu'est-ce que l'arrondissement et par qui est-il administré?
Qu'est-ce que le conseil d'arrondissement?
Qu'est-ce que le canton?
Qu'est-ce qu'une commune?
Comment est-elle administrée?
Quelles sont les attributions du maire?
Qu'est-ce que le conseil municipal et quelles sont ses fonctions?

Ouvrages à consulter.

L'instruction civique de nos soldats, par le lieutenant Joron. — *La France et ses colonies*, par M. Fallex et A. Mairey. — *Géographie élémentaire de la France*, par MM. F. Schrader et L. Gallouédec. — *Pour l'éducation du soldat*, par Emile Lesueur.

LA FRANCE JUDICIAIRE

L'organisation judiciaire est hiérarchisée comme l'administration civile.

On distingue la *justice civile* qui juge les conflits entre particuliers, et la *justice criminelle*, qui juge les attentats contre l'ordre public.

Au civil : dans chaque canton un *juge de paix* juge les procès de peu d'importance;

Dans chaque arrondissement, un *tribunal de première instance* juge les procès plus importants ou les appels des procès minimes.

Dans vingt-six régions, correspondant aux anciens parlements, une *cour d'appel* qui juge les appels.

Au criminel : Un *tribunal de simple police* juge les contraventions;

Un *tribunal correctionnel* siégeant à l'arrondissement juge les délits;

Une *cour d'assises*, siégeant au chef-lieu du département, juge les crimes.

La cour d'assises comprend trois juges et un jury de citoyens qui prononce la culpabilité ou l'innocence de l'accusé.

Enfin, au sommet de la hiérarchie, la *cour de cassation* siégeant à Paris, reçoit les appels de toutes les causes, civiles ou criminelles, et peut casser tous les jugements pour vice de forme ou fausses applications de la loi.

La justice de paix. — C'est un tribunal composé d'un seul juge, siégeant au chef-lieu de canton.

Le *juge de paix*, comme son nom l'indique, a surtout pour mission de concilier *sans frais* les affaires qui lui sont soumises, d'amener un arrangement entre des particuliers, etc.

Lorsque toute tentative de conciliation a échoué et que l'objet en litige a une valeur inférieure à 100 francs, le juge de paix rend un jugement définitif, ou comme on dit, *sans appel*, c'est-à-dire que l'affaire ne peut être portée devant aucun autre tribunal. Au delà de 100 francs et jusqu'à 1.500 francs le juge de paix rend encore un arrêt, mais le plaideur mécontent peut essayer de faire réformer le jugement en appelant devant le tribunal de première instance.

Tribunal de première instance — Il siège au chef-lieu de chaque arrondissement. Jusqu'à 1.500 francs, il juge en dernier ressort; mais au delà de cette somme, ses jugements peuvent être déférés à la cour d'appel.

Cour d'appel. — Siège dans vingt-six régions; chacune embrasse dans son ressort plusieurs départements. Elle examine et juge les appels des jugements rendus par les tribunaux de première instance.

Tribunal de simple police — Ce tribunal juge les infractions légères à la loi que l'on appelle contraventions. Elles sont punies d'une amende qui ne peut excéder 15 francs, et d'un emprisonnement qui ne peut dépasser cinq jours. Si l'amende est supérieure à cinq francs, ou s'il y a condamnation à la prison le jugement est susceptible d'appel.

Tribunal correctionnel. — Le tribunal statue sur les jugements de simple police, et juge les délits ou infractions à la loi pouvant être punies de 6 jours à 5 ans de prison, d'une amende plus ou moins élevée et de la perte de certains droits politiques, tels que celui de voter ou d'être éligible.

Cour d'assises. — C'est un tribunal chargé de juger les crimes, c'est-à-dire les infractions à la loi que le code pénal punit de peines afflictives et infamantes, telles que la peine de mort, les travaux forcés, la déportation, la dégradation civique, le bannissement.

Juridictions spéciales.

1° Juridiction commerciale :

a) Les conseils de prud'hommes chargés d'apaiser les conflits entre patrons et ouvriers.

b) Les tribunaux de commerce chargés de régler les contestations relatives aux transactions ou engagements entre commerçants.

2° Juridiction militaire :

Le conseil de guerre.

QUESTIONNAIRE

Comment est divisée l'organisation judiciaire de la France?
Comment est organisée la justice civile?
Comment est organisée la justice criminelle?
Qu'est-ce que la justice de paix?
Quelles sont les attributions du juge de paix?
Qu'est-ce qu'un tribunal de première instance?
Qu'est-ce que la cour d'appel?
Qu'est-ce qu'un tribunal de simple police?
Qu'est-ce qu'un tribunal correctionnel?
Qu'est-ce que la cour d'assises?
Quelles sont les différentes juridictions spéciales : *a*) commerciale; *b*) militaire?

Ouvrage à consulter.

Pour l'éducation du soldat, par Emile Lesueur.

LA FRANCE UNIVERSITAIRE

L'*instruction publique* forme l'Université de France; elle comprend trois ordres d'enseignement :

L'*enseignement primaire*, qui conduit au certificat d'études et au brevet, est gratuit et obligatoire depuis 1881. Il est donné dans les écoles primaires et les écoles primaires supérieures. Il doit y avoir au moins une école primaire par commune;

L'*enseignement secondaire*, qui conduit au baccalauréat, est donné dans les lycées et les collèges de l'Etat et dans les établissements libres;

L'*enseignement supérieur*, qui conduit à la licence, à l'agrégation et au doctorat, est donné dans les universités (facultés de théologie, de droit, de médecine, de sciences, de lettres) et dans les grandes écoles spéciales (école normale supérieure, polytechnique, centrale, de mines, coloniale, militaire, navale).

Au point de vue administratif, l'Université de France est dirigée par le *ministre de l'Instruction publique*, assisté du Conseil supérieur de l'Instruction publique, qui élabore les projets de décrets ou d'arrêtés, et les programmes.

La France est divisée en 17 universités, dont une à Alger, chaque université est administrée par un recteur. Chaque département a un inspecteur d'académie; chaque arrondissement a au moins un inspecteur primaire et par canton des délégués cantonaux.

L'enseignement primaire se divise en enseignement primaire *élémentaire* et enseignement primaire *supérieur*.

L'*enseignement primaire élémentaire* est donné aux enfants de six à treize ans, dans les écoles primaires publiques ou libres.

L'enseignement primaire est obligatoire, c'est-à-dire que les parents sont tenus d'envoyer régulièrement leurs enfants en classe; il est aussi gratuit dans les écoles publiques : aucun élève ne doit payer de rétribution scolaire.

Tout père de famille qui refuse, sans motif valable, d'obéir aux prescriptions de la loi sur l'instruction peut être cité devant la commission scolaire, qui ordonne, en cas de récidive, l'inscription de son nom à la porte de la mairie, et, pour une nouvelle infraction, traduit devant le juge de paix, qui le condamne à une amende variant de 1 à 15 francs, et même à cinq jours de prison suivant le cas.

Toutefois, les élèves pourvus avant 13 ans du certificat d'études sont dispensés de suivre plus longtemps les cours de l'école primaire.

Cet enseignement est donné par des instituteurs et des institutrices sortant, pour la plupart, des écoles normales primaires et munis du brevet de capacité.

L'*enseignement primaire supérieur* a pour but de faire acquérir aux élèves pourvus du certificat d'études primaires des connaissances plus étendues et plus variées que celles qui constituent le programme des écoles élémentaires.

Il est donné par des directeurs et des professeurs pourvus de diplômes spéciaux garantissant l'étendue de leur savoir.

QUESTIONNAIRE

Comment est organisée la France au point de vue universitaire?

Par qui est dirigé l'enseignement?

En combien d'universités la France est-elle divisée, et par qui sont-elles administrées?

Comment se divise l'enseignement primaire?

Par qui est-il donné?

L'enseignement primaire est-il facultatif?

Qu'est-ce que l'enseignement primaire supérieur et par qui est-il donné?

Ouvrage à consulter.

La France et ses colonies, par M. Fallex et A. Mairey.

LA FRANCE RELIGIEUSE

Depuis 1905, la France est sous le régime de la séparation des églises et de l'Etat.

L'*église catholique* repose sur la hiérarchie épiscopale. Elle est divisée en 19 archevêchés, 72 évêchés (y compris ceux des colonies). Chaque diocèse se subdivise en paroisses; chaque paroisse est administrée par un curé ou desservant.

L'*église de la confession d'Augsbourg* — culte luthérien — est dirigée par un consistoire supérieur qui siège à Paris.

L'*église réformée* n'a point de hiérarchie. Les pasteurs sont tous égaux.

L'église de la confession d'Augsbourg et l'église réformée sont connues en France sous le nom d'église protestante.

Le *culte israélite* est exercé par un rabbin dans chacune des synagogues; à Paris, siège un consistoire central avec un grand rabbin.

Les *musulmans* ne se trouvent guère qu'en Algérie et au Sénégal, où la majorité de l'élément indigène professe les doctrines contenues dans le *Coran*.

Les ministres du culte musulman, appelés ismans, exercent leurs fonctions dans des mosquées.

QUESTIONNAIRE

Sous quel régime la France est-elle au point de vue religieux?

Quels sont les différents cultes pratiqués en France et en Algérie?

Ouvrage à consulter.

La France et ses colonies, par M. Fallex et A. Mairey.

LA FRANCE AGRICOLE

La France est essentiellement un pays agricole, aussi l'agriculture est-elle une des principales sources de la fortune de la France.

Il existe un ministère spécial pour l'agriculture.

L'enseignement agricole est donné à l'Institut agronomique, dans les trois écoles nationales d'agriculture de Grignon, de Montpellier et de Rennes, ainsi que dans un assez grand nombre de fermes-écoles, créées pour faire connaître et vulgariser les méthodes scientifiques de culture. Dans chaque département, des professeurs sont également chargés de propager les idées nouvelles sur la culture.

Ressources naturelles. — La France doit ses ressources multiples à la diversité de ses sols, de ses côtes, de ses fleuves, de ses climats et par suite de ses plantes. Aussi a-t-elle de tout, mais en quantité restreinte, la terre de France est tout un monde en raccourci. Par la quantité et la variété de ses produits elle arrive presque à se suffire à elle-même; en tout cas les échanges intérieurs dépassent de beaucoup les échanges extérieurs.

Régime de la propriété. — Le Français qui aime son pays, sa terre, son clocher, s'est très bien adapté à ce milieu physique. Du jour où il a pu acquérir quelques lopins de terre, à force de privations et d'économies, il s'est mis courageusement à l'œuvre pour modifier le sol, parfois inculte, le transformer en une terre fertile.

A l'inverse de l'Angleterre, de l'Allemagne de l'Est, des Etats-Unis qui sont des pays de grande propriété, la France est un pays de petite propriété. La terre appartenant à plus de 8 millions de propriétaires, ceux-ci possèdent de ce fait un petit nombre d'hectares. La conséquence est que ces propriétaires possédant une fortune très modique ne peuvent acheter les instruments nécessaires, ni exploiter le sol comme il conviendrait, exploitation qui doublerait ou triplerait le revenu de la terre, ni se déranger pour vendre leurs produits de façon avantageuse, ils restent ainsi plongés dans la routine et l'ignorance.

La transformation de la culture française a été l'œuvre de grands propriétaires qui disposent des capitaux nécessaires et se tiennent au courant des progrès de la science.

Depuis quelques années les paysans de France se sont mis à pratiquer l'association sous toutes ses formes, ils ont fondé des syndicats, des coopératives, des sociétés de secours mutuels et aujourd'hui l'agriculture française évolue avec rapidité vers la culture scientifique (1).

Transformation du sol. — Pendant le XIXe siècle, la richesse du sol de la France a été augmentée par les travaux de l'homme :

Défrichement, drainage et assainissement des régions incultes (Sologne, Dombes, Landes, etc.).

Amendement des sols pauvres qui ont donné à la terre les éléments qui lui manquent : chaux, potasse, acide phosphorique, nitrates, sans compter le fumier.

Introduction de cultures nouvelles, telles que les cultures fourragères (trèfle, luzerne, sainfoin), de la pomme de terre et de la betterave à sucre. Ces cultures permettent au sol de se reposer tout en produisant.

Perfectionnement de l'outillage agricole conséquence des progrès de l'industrie et nécessité parfois par le manque de bras. Aux instruments imparfaits et primitifs de jadis ont été substituées des machines perfectionnées, plus puissantes et plus rapides.

Industrialisation de l'agriculture. — Comme dans l'industrie, la division du travail s'est introduite. Les gros propriétaires se sont spécialisés, ils ne traitent plus qu'un seul produit, les uns s'occupent de la vigne, d'autres des primeurs, etc. Ils peuvent ainsi mieux connaître les besoins de la plante, et la produisant en grandes quantités l'exporter.

« L'agriculture française est ainsi entrée dans le courant de la concurrence mondiale et, bon gré mal gré, le paysan français est devenu un spéculateur ». (Fallex et Mairey).

Cultures alimentaires.

Les principales cultures alimentaires sont : les céréales (blé, seigle, avoine, etc.), la vigne, la pomme de terre, les primeurs, les fruits (pommes, poires, pêches, prunes, etc.), la truffe et les fleurs.

Céréales. — Elles constituent la plus importante de toutes les cultures de la France : elles occupent environ 28 p. 100 du territoire français. Les principales régions cultivées en céréales sont le Nord, la Picardie, la Normandie, le bassin Parisien, le bassin de la Loire, de la Garonne, de la Saône.

(1) La loi sur les biens de famille votée par les Chambres a pour but de sauvegarder la petite propriété, elle admet la constitution d'un domaine insaisissable et destiné à rester entre les mains de la famille en faveur de laquelle il a été constitué. Par cette institution du bien insaisissable, le législateur a pensé pouvoir arrêter la désertion de la campagne au profit des villes.

Le *blé* est la plus importante des céréales françaises. Sa culture a fait de très grands progrès comme superficie, comme production totale et comme rendement; néanmoins elle pourrait augmenter encore. La France tient le troisième rang dans le monde pour la production du blé; jusqu'en 1907 elle était importatrice, à cette date elle a exporté du blé en Allemagne. Il est à remarquer qu'elle en fait une grande consommation, 120 à 125 millions d'hectolitres. Le Français est un mangeur de pain blanc, le plus fort mangeur de pain du monde entier, et le pain de froment est vraiment l'aliment national.

Les autres céréales cultivées en France sont :

Le *seigle* et le *sarrazin* viennent dans les pays froids et sur les sols maigres;

L'*avoine* est cultivée partout. Elle sert à l'alimentation du bétail et surtout des chevaux.

L'*orge* est cultivée principalement pour la brasserie dans le Nord, l'Est et le Bas-Maine. On l'emploie aussi comme fourrage pour les chevaux.

Le *maïs* cultivé dans la Garonne et la Bresse. Il sert à la nourriture du paysan, à l'élevage des porcs et de la volaille.

Le *millet*, qu'on trouve encore dans la Vendée et les Landes, tend à disparaître.

La vigne. — La France est le plus grand producteur de vins du monde, et on peut dire que la vigne est la plus « personnelle » et l'une des plus grandes richesses agricoles de la France. Exigeant un terrain et un climat spéciaux, on ne la trouve pas au Nord, d'une ligne allant de l'embouchure de la Vilaine à Mézières.

La production annuelle du vin peut être évaluée en moyenne de 50 à 60 millions d'hectolitres. Le Midi fournit la quantité, le Bordelais, la Bourgogne et la Champagne la qualité, ce sont les grands crus français.

Des crus secondaires sont récoltés sur les bords de la Loire, du Cher, du Jura, etc.

Les eaux-de-vie de vin sont aussi un produit important de la vigne, les principales sont les eaux-de-vie d'Armagnac et de Cognac.

La pomme de terre. — On la cultive en France depuis Parmentier (1783); elle est « le pain des pauvres » et sert à la fois à l'alimentation de l'homme et des animaux, à l'industrie de la fécule et à la fabrication de l'alcool.

Elle occupe 1.500.000 hectares et donne 120 millions de quintaux. Une culture entendue, d'une manière plus scientifique, pourrait tripler la valeur de cette production.

Cultures maraîchères, primeurs. — Grâce aux services des chemins de fer qui permettent de transporter rapideent par colis postaux les légumes et fruits, ces cultures ne sont pas restées localisées dans les environs des grandes villes (banlieue parisienne, hortillonnages d'Amiens, etc...) elles se sont étendues sur tout le territoire, et c'est un peu partout maintenant qu'on a essayé la culture des primeurs, culture qui a grandement contribué à l'aisance des campagnes.

Citons également les produits des arbres fruitiers : les pommes, les poires, les châtaignes, les olives, les figues, les amandes, les oranges, les citrons, les prunes, les pêches, les abricots, les cerises.

La truffe du Périgord, du Dauphiné et de la Vaucluse.

Les fleurs de Nice et de Grasse.

Cultures industrielles.

Les cultures industrielles sont beaucoup moins importantes que les cultures alimentaires. La plupart de ces cultures sont en déclin, principalement les cultures textiles et tinctoriales.

Le *lin* et le *chanvre*, qui poussent surtout dans les régions très humides du Nord et du Nord-Ouest, sont de moins en moins cultivés depuis la vulgarisation des étoffes de coton. Toutefois, on revient pour le linge de corps aux toiles de lin.

La graine du lin fournit une huile siccative.

Le *colza*, dont on extrait de l'huile, ne se rencontre plus que dans le pays de Caux. L'huile de colza n'a pu supporter la concurrence du pétrole, du gaz d'éclairage, de la lumière électrique : la plante qui la produisait a donc été délaissée.

La *garance* et le *safran*, plantes tinctoriales, ont à peu près disparu, en raison du bon marché des couleurs d'aniline extraites des goudrons de houille.

La *betterave à sucre* cultivée dans le Nord de la France. Cette culture s'étend de jour en jour; l'usage du sucre, rare jadis, est devenu courant, journalier.

Le *houblon*, employé à la fabrication de la bière, est localisé dans le Nord, la Côte-d'Or et la Meurthe-et-Moselle.

La *chicorée*, dans le Nord.

Le *tabac* est une culture réglementée par l'administration des contributions indirectes, elle est autorisée seulement dans 26 départements et par suite stationnaire.

Elevage.

En raison de l'augmentation du bien-être, la consommation de la viande et des produits animaux (lait, beurre, volaille, etc.) se sont accrues considérablement. L'élevage a pris un développement qui s'accentue de jour en jour, et une partie de la superficie jusque-là réservée aux céréales a été convertie en herbages et en prairies artificielles, et non seulement le nombre des têtes de gros bétail s'est élevé, mais des sélections savantes ont amélioré les races et perfectionné la qualité, aussi le rendement en viande, lait, etc., a-t-il considérablement augmenté.

L'*élevage du cheval* se fait surtout dans le Nord-Ouest (Boulonnais, Perche, Bretagne), dans les Landes et dans la Camargue.

L'*âne* est très répandu à cause de ses qualités rustiques et sobres; mais le plus beau type est fourni par le Poitou; il sert à la production du *mulet*.

Gros bétail. — L'élevage du gros bétail (bœuf, vache) se fait surtout en Flandre, en Normandie, en Bretagne, en Auvergne, dans le Morvan, le Charolais, le Jura et les Alpes (beurres de Bretagne et de Normandie, fromages de Normandie).

L'*élevage du mouton* se fait surtout dans les pays à pâturages secs, Poitou, Berry, Champagne, Causses (fromage de Roquefort).

Les *porcs* sont répandus sur tout le territoire.

La *chèvre* est surtout un animal de montagne.

L'*élevage des volailles* se fait surtout dans le Nord, le Nord-Ouest, la Saône, la Garonne et le Béarn (œufs exportés en Angleterre).

Forêts (1).

Les forêts constituent une véritable ressource végétale par le bois qu'elles produisent et par l'aide qu'elles prêtent à l'agriculture dans les montagnes en y retenant la terre végétale et l'humidité.

Les forêts couvrent 6 millions et demi d'hectares; 3 millions sont soumis au régime forestier, ce sont les bois

(1) Au point de vue des eaux et forêts, la France est divisée en 32 conservations, avec un conservateur à chacune pour l'administrer.

appartenant à l'Etat, aux départements, aux communes; le reste est la propriété de particuliers

Les forêts de France renferment un grand nombre d'espèces de bois, bois durs (charmes, chênes, hêtres) bois tendres (peupliers, bouleaux), essences méridionales (chênes lièges, chênes verts, pins d'Alep), essences des régions septentrionales (bois du Nord, pins et sapins).

Ces différentes espèces de bois, en se prêtant aux usages les plus divers, constituent pour la France une importante ressource.

Pêcheries.

La culture des eaux, surtout celle des mers, laisse beaucoup à désirer. En Allemagne, de grands progrès ont été réalisés par des procédés scientifiques, la France devra suivre le mouvement si elle veut que sa production soit à hauteur de celle des pays étrangers.

Pêche fluviale. — Seuls les grands étangs de la Sologne, de la Bresse et de la Dombes donnent lieu à une exploitation régulière du poisson d'eau douce.

Pêche maritime. — Elle est encore livrée à une routine séculaire, contre laquelle on commence à vouloir réagir. On distingue la *grande pêche* et la *pêche côtière*. La première se pratique dans les parages éloignés avec des navires pontés d'assez fort tonnage (morue et hareng). La seconde emploie des bateaux moindres ou même de simples barques non pontés, elle expoite suivant les régions le hareng, le maquereau, la sardine et le thon.

Boulogne est le premier port de pêche par le tonnage et la valeur des produits.

Les *huîtres* vivent sur des bancs rocheux. Les plus renommées sont celles de Marennes, de Cancale, d'Arcachon, de Courseulles, de Cette.

En résumé, la situation agricole de la France est très prospère, mais cette prospérité tient en partie à une cause artificielle, aux tarifs douaniers, qui favorisent le producteur, mais en grevant la masse des consommateurs. On a pu se préserver par ce moyen de la concurrence des pays de grande production, mais les agriculteurs se sont fait battre sur un autre terrain par des pays qui, ayant su donner à l'agriculture un caractère vraiment industriel et organiser scientifiquement leur production, ont livré de meilleurs produits, et mieux présentés. La France sait maintenant qu'elle doit perfectionner ses procédés d'exploitation et de vente, et surtout substituer à l'isolement stérile de l'individu l'esprit d'association sous toutes ses formes (syndicats agricoles, mutualités, coopératives, etc.) si elle veut reprendre sa place au premier rang des nations agricoles.

QUESTIONNAIRE

Comment la France est-elle organisée au point de vue agricole, et comment l'enseignement est-il donné?

Quelles sont les ressources naturelles de la France?

La France est-elle un pays de grande ou de petite propriété?

Quels sont les différents moyens de transformation du sol?

Qu'entend-on par cultures alimentaires?

Quels sont les principaux produits alimentaires?

Quelles sont les principales cultures industrielles?

La France est-elle un pays d'élevage?

Quels sont les principaux produits de l'élevage?

A quoi servent les forêts et les bois?

Quelles sont les différentes espèces de bois que l'on trouve en France?

Quels sont les principaux produits de la pêche?

Quelle est la situation agricole de la France?

Ouvrages à consulter.

La France et ses colonies, par M. Fallex et A. Mairey. — *Géographie élémentaire de la France*, par F. Schrader et L. Gallouédec. — *Géologie agricole*, par E. Risler.

LA FRANCE INDUSTRIELLE

HISTORIQUE. — Au XVIIIe siècle, il y avait, surtout en France, de *la petite industrie*. On rencontre encore dans beaucoup de villages des restes de l'industrie de cette époque; les habitants possédaient des métiers avec lesquels ils fabriquaient certains produits (Nord : métier à tisser; Est : horlogerie, etc.). La fonte du minerai de fer se faisait au feu de bois, par des petits usiniers, dans des forêts où on trouvait du combustible à bon compte. L'usage de la fonte à la houille s'étant vulgarisé, des usines se sont installées aux environs des mines de houille et des canaux ayant été creusés par où la houille pouvait arriver et le transport des objets fabriqués se faire à très bas prix, elles ont produit à meilleur compte les objets. Devant cette concurrence les petites usines des régions boisées ont périclité et finalement disparurent pour faire place à la grosse industrie.

De même pour tous les autres produits, la houille, la vapeur, l'électricité ayant développé l'usage des machines, il s'est formé de grands centres industriels, surtout dans les régions houillères, de plus en plus importants qui ont remplacé les petits producteurs.

En raison de ces ressources limitées et variées, rareté de la houille et de la plupart des minerais utiles, sauf celui du fer, l'absence des matières premières : lin, laine, coton, etc., du prix élevé des transports, de l'élévation du prix de la main-d'œuvre, conséquence de l'état avancé de notre civilisation, la France n'a pu se spécialiser dans la fabrication d'un ou de plusieurs produits pour l'exportation. De plus, en raison de la cherté de l'outillage, conséquence forcée de cette situation, elle n'a pu produire à bon compte les articles qu'elle fabriquait. Aussi, pour ne pas être inondé des produits étrangers, elle les a frappés de droits de douane pour pouvoir écouler sa propre consommation.

Mais, d'autre part, favorisée par la facilité des communications, par l'avancement de sa civilisation, par l'ingéniosité de ses ouvriers, elle fabrique des objets de luxe dont elle inonde le monde.

Rôle de l'Etat. — Le ministère du commerce et de l'industrie entretient l'école centrale, les écoles d'arts et métiers, les écoles professionnelles, etc., pour former des ingénieurs, des contremaîtres, et des ouvriers qualifiés. L'Etat protège les ouvriers par des lois de protection spéciale : création des conseils de prud'hommes (1806), sur la diminution des heures de travail, sur le repos hebdomadaire, subvention aux coopératives de production et aux syndicats, création du ministère du travail, de l'office du travail, etc.

En outre, l'Etat protège les industries contre les produits étrangers par des tarifs douaniers, et il les subventionne à l'aide de primes (primes aux constructeurs, aux armateurs, à l'exportation, etc.).

La conséquence de ces mesures, — d'une part les tarifs douaniers, d'autre part les lois sociales, faites en vertu de considérations d'ordre moral — est l'élévation du prix de la vie.

Industries extractives.

La houille.

Autrefois, les rivières faisaient marcher les usines en actionnant des roues à auges, elles alternaient avec le bois, le seul combustible jusqu'en 1840. Depuis cette époque la houille noire a remplacé ces moyens primitifs. Mais grâce à la « fée électrique » les forces hydrauliques sont de nouveau employées, on utilise l'eau, la *houille blanche* des torrents montagnards, la *houille verte* des cours d'eau des plaines, la *houille bleue* des étangs et des lacs pour transporter la force motrice à distance.

La *houille noire* reste encore le grand moteur de l'industrie, les forces hydrauliques sont ses collaboratrices, elles la remplacent là où elle fait défaut.

La houille est moins abondante en France qu'aux Etats-Unis, en Angleterre et en Allemagne. La France produit annuellement 34 millions de tonnes de houille, 10 millions environ de moins qu'elle n'en consomme.

On trouve la houille dans quatre bassins houillers principaux : 1° le bassin du Nord et du Pas-de-Calais qui est de beaucoup le plus riche des bassins houillers français; 2° le bassin de la Loire; 3° le bassin de Bourgogne et Nivernais; 4° le bassin du Gard.

Le fer. — Dispersée autrefois sur toute la France, l'industrie du fer s'est concentrée d'abord près du minerai, dans le département de Meurthe-et-Moselle (1) qui a aujourd'hui le monopole de l'extraction et de la métallurgie (Nancy, Briey, Longwy), puis près des grands bassins houillers (le Creusot) et sur le bord de la mer, à l'arrivée des minerais et des charbons étrangers.

Depuis 1907, la France est devenue et est appelée à devenir une grosse exportatrice de minerai de fer : c'est là un fait de la plus haute importance économique.

(1) En 1871, lors du traité de Francfort, l'Allemagne croyait s'être réservé la totalité de ces gisements, un inspecteur avait été adjoint à cet effet à la commission de délimitation de la frontière afin d'annexer tous les gisements reconnus.

Autres industries extractives. — 1° *Minerais.* — La France est très pauvre en minerais; à citer :

Le *cuivre* dans le Rhône; le *zinc* dans le Gard, le Lot, le Var; le *plomb* dans l'Ardèche et le Cantal; le *manganèse* en Ariège, Saône-et-Loire et Hautes-Pyrénées; l'*antimoine* de la Mayenne, de la Haute-Loire et du Cantal; l'*or* dont la production est devenue sérieuse depuis 1908 en Maine-et-Loire, Mayenne et Creuse.

Le *nickel* de la Nouvelle-Calédonie est traité dans la Seine-Inférieure, l'*aluminium* dans la Maurienne.

2° *Sources thermales et minérales.* — Les sources thermales et minérales abondent en France, citons les principales; en Lorraine : Vittel, Contrexéville; dans les Vosges : Plombières, Luxeuil; dans les Alpes : Evian, Aix-les-Bains; dans le Massif Central : Vichy, Royat, La Bourboule, Saint-Galmier; dans les Pyrénées : Cauterets, Aulus, Barèges, Bagnères-de-Luchon; dans l'Orne : Bagnoles; dans la Seine-Inférieure : Forges-les-Eaux; dans le Nord : Saint-Amand.

3° *Les carrières* (matériaux de construction). — Elles sont très nombreuses, aussi bien dans les terrains anciens que dans les terrains sédimentaires. Elles fournissent du *grès* et du *granite* en Bretagne et dans les Vosges; des *basaltes* en Auvergne; des *ardoises* en Anjou, en Bretagne et dans les Ardennes; des *marbres* dans les Pyrénées, dans les Alpes et dans le Nord; du *calcaire*, des *grès* à Fontainebleau; de la *chaux* et du *gypse* autour de Paris; du *ciment* à Vassy, à Boulogne; de la *pierre meulière* à la Ferté-sous-Jouarre; du *kaolin* à Saint-Yrieix.

4° *Le sel.* — Il est tiré soit des mines de sel gemme et des sources salines (en Lorraine), soit des marais salants du littoral méditerranéen et océanique (région de Nantes).

Industries mécaniques.

Les industries mécaniques ont pour but de transformer les minerais en fonte, fer, acier, cuivre, plomb, de construire des machines diverses : locomotives, machines agricoles, de filature, de tissage, de bateaux, etc.

Cette industrie s'est groupée dans trois régions qui produisent de la houille et du fer : le *Nord*, la plus importante, avec Lille, Fives, Valenciennes, Denain et Maubeuge, — le *Centre* avec le Creusot, Saint-Etienne, Vierzon, Commentry, — l'*Est* avec Nancy, Saint-Dizier, Montbéliard.

Industries textiles.

Les industries textiles constituent les plus importantes des industries françaises. On les divise en quatre branches principales : lin, chanvre et jute; — laine; — coton; — soie.

1° Le *lin* provient en partie de la Russie, ses fibres sont filées et tissées pour la confection des toiles, linons, tulles et batistes dans la région du Nord et de l'Ouest.

On travaille le chanvre aux environs du Mans.

La dentelle a son importance, elle est fabriquée soit à la machine à Saint-Quentin, Caudry, Calais, soit à la main en Franche-Comté (Luxeuil), en Normandie (Alençon), dans le Nord (Valenciennes).

2° *La laine.* — Autrefois cette industrie s'était établie dans les régions riches en moutons : Flandre, Picardie, Normandie, Champagne, mais comme aujourd'hui la plus grande partie de la laine est importée de l'Uruguay, de l'Argentine, de l'Australie et du Cap, cette industrie s'est localisée dans les grands centres industriels de Roubaix, de Reims, de Sedan, d'Elbeuf qui fabriquent des draps et des étoffes de laine.

Le Santerre en Picardie et Troyes en Champagne fabriquent de la bonneterie.

La France vient au second rang pour l'industrie de la laine, elle est inférieure à l'Angleterre pour la confection des étoffes communes, mais supérieure pour celle des étoffes soignées.

3° *Le coton.* — En raison de son prix peu élevé, cette industrie s'est développée au détriment de celles du lin et du chanvre qui donnaient des toiles plus résistantes mais plus chères. On s'est mis à tisser le coton là où on tissait déjà d'autres textiles, parce qu'on y avait déjà un outillage et parce qu'il y existait tout un peuple de tisserands.

Le coton est surtout importé des Etats-Unis, il sert à fabriquer des toiles, des draps, des velours. Le coton est filé et tissé dans quatre grands centres : 1° Centre du Nord (Lille, Amiens, Saint-Quentin); 2° Centre de Normandie (Rouen et sa banlieue); 3° Centre des Vosges (Epinal et Belfort); 4° Centre de la Loire (Roanne et Tarare).

4° *La soie.* — Cette industrie est limitée à la vallée du Rhône où on cultive le mûrier; toutefois on importe de la Chine et du Japon de la soie brute. Le grand centre de la fabrication des soieries est la région de Lyon (fabrique de soieries brochées, rubans, foulards).

La France est le premier pays du monde pour l'industrie de la soie.

Industries alimentaires.

Ces industries sont établies sur les lieux de production ou sur les lieux d'arrivage de la matière première afin de diminuer les frais de transport.

Les principales industries alimentaires sont la meunerie, la fabrication du sucre, des boissons hygiéniques et de l'alcool.

1° La *meunerie* est une industrie capitale dans un pays essentiellement mangeur de pain, comme la France. Les minoteries sont installées dans toutes les grandes régions de céréales et dans les ports de commerce qui reçoivent de forts stocks de blés importés.

Il existe de grands moulins dans le Nord, la Beauce (Corbeil), la Brie (Meaux), le Sud-Ouest (Toulouse), et aussi à Marseille, Nantes, le Havre.

2° *La fabrication du sucre.* — Cette industrie est presque tout entière localisée dans le Nord qui est la région productrice de betteraves par excellence.

Cette industrie comprend deux sortes d'usines : les *sucreries* où le jus de la betterave est séparé de la pulpe et transformé en sucre brut, et les *raffineries* où le sucre brut est épuré et transformé en sucre blanc de consommation.

3° *La fabrication de la bière et du cidre.* — Cette fabrication est localisée dans les pays qui ne produisent pas le vin.

La bière dans le Nord et l'Est.

Le cidre en Bretagne, Normandie, Picardie.

4° Les *distilleries* extraient l'alcool des betteraves dans la région du Nord; l'*alcool de vin* est fourni par les petits propriétaires, les bouilleurs de cru. Cet alcool est très recherché des gourmets.

Industries secondaires.

Une quantité d'industries secondaires et de luxe sont dispersées dans toute la France.

1° Les *industries chimiques* (acides sulfurique et autres, soude, teintures, couleurs, savonneries) sont en grands progrès depuis l'utilisation de la houille blanche. La France occupe le 3e rang dans le monde après l'Allemagne et les Etats-Unis.

2° La *papeterie*, qui se développe de plus en plus, a pour centres principaux Essonnes, Corbeil, Angoulême, Annonay, Epinal.

3° *La verrerie.* — La fabrication du verre nécessitant un chauffage intense et très coûteux, les grandes verreries se sont installées près d'un bassin houiller. Dans le Nord (Aniche), dans les Vosges, dans le Massif Central (Albi).

La cristallerie a pour centres *Baccarat* et *Saint-Gobain.*

4° La *céramique* comprend l'industrie de la *faïence* à Nevers, Gien et Lunéville; celle de la *porcelaine* à Limoges et à Sèvres.

5° La *tannerie* dans le Morvan; la *ganterie* à Grenoble; la *cordonnerie* à Fougères et Blois.

6° L'*horlogerie* dans le Jura (Besançon, Morez) et en Savoie (Cluses).

La *taille des diamants* et la *tabletterie* à Paris et dans le Jura.

A Paris et aux environs on rencontre tous les genres d'industrie (ameublement, vêtement — hommes et femmes — industries chimiques, bijouterie, carrosseries, automobiles, aéroplanes, etc.). L'*article de Paris* a une réputation universelle.

En raison de sa petite production houillère, la France ne pouvait lutter avec avantage contre les Etats-Unis, l'Angleterre, l'Allemagne, nations plus favorisées qu'elle à ce point de vue, mais depuis l'utilisation rationnelle de la houille blanche elle peut rattraper sur ses rivales le terrain perdu. Des découvertes récentes ont bouleversé la métallurgie, de nouvelles industries se sont créées, dans les automobiles et les aéroplanes, elle a pris la première place. Si la France sait concentrer ses efforts sur les articles de luxe et demi-luxe qui conviennent à ses qualités propres, elle peut devenir une des premières nations industrielles du monde à condition que ses industriels, tout comme ses agriculteurs, comprennent comme leurs concurrents étrangers les bienfaits de l'association. « L'esprit français doit pour cela se transformer : l'évolution est par bonheur commencée, bien des symptômes permettent d'affirmer qu'elle ne s'arrêtera pas ».

QUESTIONNAIRE

Quelle était la situation de l'industrie au XVIIIe siècle?

Quel est le rôle de l'Etat dans l'organisation de la France au point de vue industriel?

Quelles sont les principales industries extractives?

A quoi sert la houille?

Quels sont en dehors des minerais les autres produits minéraux?

Quel est le but des industries mécaniques?

Où se sont-elles groupées et pourquoi?

Quelles sont les principales industries textiles?

Quelles sont les principales industries alimentaires?

Quelles sont les industries secondaires?

Quelle est la situation industrielle de la France?

Ouvrages à consulter.

La France et ses colonies, par M. FALLEX et A. MAIREY. — *Géographie élémentaire de la France*, par F. SCHRADER et E. GALLOUÉDEC. — *Le fer, la houille et la métallurgie à la fin du XIXe siècle*, par G. VILLAIN. — *Le mécanisme de la vie moderne*, par G. d'AVENEL. — *La houille blanche en France*, par A. AUDEBRAND.

LA FRANCE COMMERCIALE

Le commerce de la France comprend : 1° le commerce *intérieur*, c'est-à-dire les échanges des Français entre eux; 2° le commerce *extérieur*, c'est-à-dire les échanges de la France avec les pays étrangers et les colonies.

Commerce intérieur.

En raison de l'infinie variété des produits régionaux, le commerce intérieur est très actif. Toutefois son importance est difficile à apprécier exactement, l'activité des transports peut seule en donner une idée, car certains produits étant consommés par le producteur, ne font l'objet d'aucun échange, d'autres, au contraire, sont vendus et revendus plusieurs fois.

On distingue trois catégories principales de moyens de transport : 1° *les routes;* 2° *les voies ferrées;* 3° *les voies navigables*. Le cabotage de port à port, le long des côtes, est compris dans le commerce extérieur.

Routes. — La France a le plus beau réseau routier du monde.

Les routes ont été réparties en trois catégories : nationales, départementales, vicinales, d'après leur largeur et suivant qu'elles étaient construites et entretenues par l'État, les départements ou les communes.

Avant la construction des voies ferrées, le commerce se faisait sur les grandes routes, de ville à ville. On voit encore aujourd'hui le long de ces grandes routes les auberges où les routiers s'arrêtaient pour manger et faire reposer leurs chevaux. Depuis les chemins de fer, le commerce se fait sur les chemins vicinaux entre des villages ou bourgs non desservis par une voie ferrée et entre des villages situés dans les banlieues urbaines et les villes.

Dans ces dernières années, les grandes routes ont repris une vie nouvelle grâce à l'industrie des automobiles, mais jusqu'à présent en raison du prix élevé de leur entretien, les automobiles ne peuvent encore servir de moyen de transport à grande distance.

Les routes jouent en ce moment un double rôle, elles servent *aux transactions locales* et elles permettent de véhiculer à grande distance les *voyageurs riches* qui excursionnent en touristes.

Chemins de fer. — Par suite de la construction des voies ferrées, les conditions de transport des marchandises et des voyageurs ont été complètement bouleversées.

La France a 48.000 kilomètres de voies ferrées qui transportent chaque année 150 millions de tonnes de marchandises par petite vitesse et 500 millions de voyageurs.

Les lignes se divisent en 6 grands réseaux.

1° *Réseau du Nord* qui compte 3 grandes lignes : *Paris-Calais*, *Paris-Lille* et *Paris-Maubeuge*.

2° *Réseau de l'Est* compte également 3 grandes lignes : *Paris-Longwy*, *Paris-Avricourt* et *Paris-Belfort*.

3° *Réseau de Paris-Lyon-Méditerranée* (P.-L.-M.) comprend : 2 grandes lignes : *Paris-Marseille* avec trois embranchements *Dijon-Milan; Mâcon-Turin; Marseille-Gênes* et *Paris-Nîmes*.

4° *Réseau de l'Orléans* comprend 3 grandes lignes : *Paris-Toulouse*, *Paris-Bordeaux* et *Paris-Nantes-Saint-Nazaire*.

5° *Réseau de l'Ouest-Etat* comprend :

Les *lignes de Normandie : Paris-Le-Havre; Paris-Dieppe; Paris-Cherbourg* et *Paris-Granville;*
Les lignes *de Bretagne : Paris-Brest;*
Les lignes *du Sud-Ouest : Paris-Bordeaux* et *Nantes-Bordeaux*.

6° *Réseau du Midi* comprend les lignes de *Bordeaux-Bayonne, Bordeaux-Cette*.

Outre toutes ces voies qui — sauf celles du réseau du Midi — ont Paris comme tête de ligne, des services directs entre les grandes villes ont été organisés au moyen de lignes transversales. Les principales sont celles de *Calais à Bâle par Lille ou Amiens*, de *Calais à Marseille* par *Reims* et *Dijon*, etc.

Postes et télégraphes. — Les voies ferrées transportent également les correspondances. La France expédie par an près de 2 milliards de lettres. Elle dispose en outre de 172.000 kilomètres de lignes télégraphiques et de 35.000 kilomètres de lignes téléphoniques.

La *télégraphie sans fil* est en voie d'installation.

VOIES NAVIGABLES. — Du XVIe au XVIIIe siècles les rivières étaient employées à transporter marchandises et voyageurs. Etant devenues insuffisantes, on les compléta par des voies artificielles c'est-à-dire par des *canaux*, *canaux latéraux* longeant les rivières non navigables; *canaux de jonction* reliant entre elles deux rivières navigables.

Bien que ces transports aient sur ceux par chemins de fer l'avantage d'un prix très modique, ils ne représentent que le septième du trafic intérieur de la France.

Les rivières et canaux servent surtout au transport des matières lourdes et encombrantes, comme la houille, les minerais, les pierres et les bois.

Les canaux peuvent se répartir en cinq groupes : 1° du Nord, 2° du Nord-Est, 3° de la région parisienne, 4° du Centre, 5° de l'Est.

Le reste de la France ne possède que des canaux d'intérêts locaux.

Problème des communications intérieures.

La France a un magnifique réseau de routes, de voies ferrées et de voies navigables qu'elle doit exploiter au mieux de ses intérêts. C'est dans la division des transports entre ces trois grandes catégories que doit se trouver la solution du problème.

La route est réservée aux voyageurs riches, munis d'automobiles, et aux transactions locales. Celles-ci rabattent sur les chemins de fer ou les canaux les marchandises et les voyageurs situés à l'écart de ces deux moyens de communications.

Les chemins de fer et les canaux se disputent les transports à grande distance. Le chemin de fer a l'avantage de la rapidité, de la fixité des tarifs. Les canaux ont l'avantage du bon marché, mais ils ont l'inconvénient de la lenteur, de la durée du voyage, de l'incertitude du prix de transport.

Il serait à souhaiter qu'une division normale des transports s'établit d'abord entre ces deux derniers procédés puis avec la route, de manière à transporter dans les meilleures conditions possibles de bon marché et de rapidité les marchandises de toutes provenances.

Commerce extérieur.

Le commerce extérieur de la France a atteint 12 milliards de francs, il se fait par voie de terre et par voie de mer.

Voie de terre. — Par les voies ferrées, les routes et les canaux, le commerce extérieur atteint le tiers du commerce en général. Il se fait principalement avec les pays limitrophes par les grandes voies ferrées et les grandes routes.

Voie de mer. — Le commerce extérieur se fait par voie de mer pour les deux tiers du commerce en général. On voit par ces chiffres l'importance d'avoir de bons ports et une excellente marine marchande.

Ports maritimes. — Les ports français sont en croissance régulière, mais en croissance bien lente avec l'essor de certains ports étrangers comme New-York, Hambourg et Anvers. Cela tient à plusieurs causes : les efforts faits pour l'amélioration de nos ports ont été éparpillés au lieu d'être concentrés sur quelques-uns; d'autre part ils n'exportent en somme que les produits du commerce français, tandis qu'Anvers et Hambourg exportent la totalité des produits de l'Allemagne et de la Belgique industrielles.

Les principaux ports marchands français sont :

Marseille, centre des relations avec la Méditerranée, le Levant, l'Afrique Orientale, l'Inde, l'Extrême-Orient et l'Océanie;

Le Havre, débouché de la région parisienne, centre des relations avec l'Amérique du Nord.

Dunkerque, débouché de la riche région du Nord et port d'approvisionnement de cette contrée.

Bordeaux, débouché de la plaine du Sud-Ouest, centre des relations avec l'Afrique occidentale et l'Amérique du Sud.

Nantes et Saint-Nazaire, au débouché de la Loire, centre des relations avec l'Amérique centrale.

Cherbourg assure le transport des voyageurs vers l'Amérique.

Boulogne, *Calais*, *Dieppe*, ports en relations avec l'Angleterre.

Cette fait le commerce des vins.

Flotte de commerce. — La flotte marchande comprend deux sortes de navires : les vapeurs et les navires à voiles. Notre marine occupe le 5e rang dans le monde, et elle a une tendance à décroître encore malgré les primes données par l'Etat, alors que les marines voisines sont en plein essor et absorbent les trois quarts du trafic des ports français.

La majeure partie de notre marine marchande appartient à des grandes compagnies : *Messageries maritimes*, *Compagnie générale transatlantique*, *Compagnie des Chargeurs Réunis*. Ce sont ces compagnies qui assurent les services périodiques et réguliers entre la France et l'étranger.

Importations. — La France importe pour environ 6 milliards de marchandises. Elle achète surtout :

a) *Des matières premières* : laines, cotons, soies destinés aux filatures et aux tissages; houilles anglaise et belge, bois de Norwège et de Russie.

b) *Des produits alimentaires* : vins d'Espagne, d'Italie, d'Algérie, des céréales de Russie, des cafés du Brésil;

c) *Des objets fabriqués* : machines anglaises ou américaines, tissus de soie de Chine.

Exportations. — Les exportations sont à peu près équivalentes aux importations, environ 6 milliards. Elles consistent surtout en objets de luxe :

a) *Objets fabriqués* : soieries, lainages, cotonnades, articles de Paris de toute sorte.

b) *Matières premières* : laines, soies et peaux.

c) *Produits alimentaires* : vins, beurres et fromages.

En somme, la France garde pour elle toutes les matières premières qu'elle produit, et elle exporte surtout des produits de son industrie, comme il est naturel à un pays bien civilisé.

Clients et fournisseurs de la France. — Les quatre pays avec lesquels la France fait le plus d'affaires sont l'Angleterre, pour plus de 2 milliards, l'Allemagne, la Belgique et les Etats-Unis. Viennent ensuite la Suisse, l'Italie, la République Argentine.

Les colonies françaises font avec la métropole un commerce total d'environ 1 milliard et demi.

Richesse de la France et développement de son commerce.

La France est une nation qui cherche à se suffire à elle-même. Pour avoir le moins possible recours aux nations rivales elle a fondé des colonies qui lui envoient les produits exotiques qu'elle ne peut produire, et pour éviter la concurrence elle a frappé de droits de douane les produits étrangers, aussi son agriculture, son commerce et son industrie sont-ils florissants et depuis ces dernières années, très en progrès. La France tient le 4e rang au point de vue commercial après l'Angleterre, l'Allemagne et les Etats-Unis.

Dans cette grande lutte la France n'a pas progressé aussi rapidement que certaines nations plus peuplées et plus jeunes; elle avait à se refaire de l'échec de 1870; mais elle peut espérer que ces nations, en s'enrichissant, viendront lui acheter les produits de luxe et de demi-luxe qui sont sans rivaux sur le marché.

La France a de plus l'avantage d'être un pays très riche, on évalue à plus de 200 milliards la richesse de la France, aussi est-elle la créancière du monde entier : elle a plus de 40 milliards placés à l'étranger, et on peut dire que c'est l'épargne française qui assure à la France une influence considérable sur le développement des nations.

« Il est temps que cette force financière et morale soit « mise au service du développement des forces écono- « miques du pays. Industriels et commerçants se plai- « gnent du manque de capitaux : le jour où une partie « de l'argent dérivé au dehors reviendra vers eux, où « ils sauront aussi se mettre à la hauteur de la con- « currence internationale et suppléer à l'insuffisance de « houille, par un emploi rationnel des capitaux et des « ressources humaines, la France économique reprendra « la place qui lui revient, parmi les toutes premières « nations du monde (1) ».

(1) Fallex et Mairey, *La France et ses colonies.*

QUESTIONNAIRE

En quoi consiste le commerce?

Qu'appelle-t-on commerce intérieur, extérieur?

Quelles sont les principales voies de communication?

Comment divise-t-on les routes?

Les routes ont-elles perdu de l'importance et que prévoit-on pour l'avenir?

Combien les voies ferrées forment-elles de réseaux?

Quelles sont les principales lignes du réseau du Nord, de l'Est, de Paris-Lyon-Méditerranée, de l'Orléans, de l'Ouest-Etat, du Midi?

A quoi servent les voies fluviales?

Combien y a-t-il de sortes de canaux?

Quel avantage particulier présente le transport par eau?

Quel genre de marchandises transporte-t-on surtout par bateau?

Quels sont les avantages et les inconvénients de chacun de ces moyens de transport, leur avenir?

Comment se fait le commerce extérieur?

Quels sont les principaux ports maritimes?

Comment est composée la flotte marchande?

Quels sont les principaux produits d'importation?

Quels sont les principaux produits d'exportation?

Quels sont les principaux clients et fournisseurs de la France?

Quelle est la situation de la France au point de vue commercial?

Ouvrages à consulter.

La France et ses colonies, par M. FALLEX et A. MAIREY. — *Géographie élémentaire de la France*, par F. SCHRADER et L. GALLOUÉDEC. — *Fleuves, canaux et chemins de fer*, par P. LÉON. — *Routes et chemins de France*, par VIDAL DE LA BLACHE. — *Notre marine marchande*, par Ch. ROUX. — *Les grands ports de France*, par P. de ROUSIERS.

LA FRANCE MILITAIRE

ORGANISATION DE L'ARMÉE

Pour assurer la défense de la France et de ses possessions, il existe deux armées : une armée de terre et une armée de mer.

Armée de terre.

Le territoire continental de la France et de l'Algérie est divisé, pour l'organisation de l'armée active, de sa réserve, de l'armée territoriale et de sa réserve, en 20 régions.

Les corps de troupe et les services généraux et particuliers de l'armée active sont groupés en 20 corps d'armée. Chacun de ces corps d'armée occupe, en principe, la région territoriale correspondante et porte le même numéro que celle-ci. Chacune de ces 20 régions est partagée en subdivisions de région (1) dans chacune desquelles il y a au moins un bureau de recrutement.

Au point de vue du recrutement, il n'y a en Algérie que trois subdivisions de région (19e corps). La Tunisie est occupée par une division.

Enfin, en dehors des 20 régions de corps d'armée, il existe à l'intérieur, sous les titres de *gouvernement militaire de Paris* (2) et de *gouvernement militaire de Lyon* (2), deux grands commandements militaires, le premier comprenant les départements de la Seine et de Seine-et-Oise, et le second le département du Rhône avec quelques communes avoisinantes des départements de l'Ain et de l'Isère.

Les chefs-lieux des 20 régions sont :

1er Lille; 2e Amiens; 3e Rouen; 4e Le Mans; 5e Orléans; 6e Châlons; 7e Besançon; 8e Bourges; 9e Tours; 10e Rennes; 11e Nantes; 12e Limoges; 13e Clermont-Ferrand; 14e Grenoble; 15e Marseille; 16e Montpellier; 17e Toulouse; 18e Bordeaux; 19e Alger; 20e Nancy.

Chaque corps d'armée est organisé d'une manière permanente en divisions et brigades actives; il est toujours pourvu du commandement, des états-majors et des services administratifs et autres que cette organisation comporte. Il est toujours prêt à être mobilisé.

Le matériel et les approvisionnements de toute nature, dont les troupes et services du corps d'armée auraient

(1) En général 8. La 15e en a 9; les 6e et 20e n'en ont que 4.

(2) Le gouvernement de Paris comprend une partie des troupes de 4 corps d'armée (2e, 3e, 4e et 5e); le gouvernement de Lyon, de 2 corps d'armée (13e et 14e).

besoin pour passer du pied de paix au pied de guerre, sont tenus prêts et emmagasinés à leur portée.

L'organisation normale du corps d'armée comprend :

2 divisions d'infanterie composées de 2 brigades à 2 régiments chacune, soit 8 régiments d'infanterie;
1 bataillon de chasseurs à pied non endivisionné;
1 brigade de cavalerie à 2 régiments;
3 régiments d'artillerie;
1 bataillon du génie;
1 section de secrétaires d'état-major et de recrutement;
1 section de commis et ouvriers militaires d'administration;
1 section d'infirmiers militaires;
1 escadron du train des équipages militaires;
1 légion de gendarmerie.

Dans chaque région, le général commandant le corps d'armée a sous son commandement les forces de l'armée active, de la réserve, de l'armée territoriale et de sa réserve, ainsi que les services et établissements militaires qui leur sont affectés.

A ces corps d'armée, il y a lieu d'ajouter le corps d'armée des troupes coloniales.

L'armée comprend :

1° L'armée active et sa réserve;
2° L'armée territoriale et sa réserve;
3° Les troupes coloniales.

Armée active.

L'armée active comprend :

1° Des troupes de toutes armes : infanterie, cavalerie, artillerie, génie, train des équipages; c'est ce qu'on appelle les combattants;
2° Des services divers;
3° La gendarmerie.

TROUPES

L'*infanterie* comprend :

145 régiments subdivisionnaires et 18 régionaux à 3 bataillons (1). — 30 bataillons de chasseurs à pied. — 4 régiments de zouaves. — 4 régiments de tirailleurs algériens. — 2 régiments étrangers. — 5 bataillons d'infanterie légère d'Afrique. — 3 compagnies sahariennes. — Le régiment de sapeurs-pompiers de Paris.

Il existe, en outre en France :

9 sections spéciales dont 5 ordinaires, 2 de transition et 2 de répression.

---

(1) 40 régiments ont 4 bataillons, 35 de ces bataillons sont groupés en 5 groupes appelés groupes de bataillons de forteresse, un 6e groupe est formé en Maurienne avec 5 compagnies de chasseurs à pied prises dans 5 bataillons différents.

En Afrique : Dans chaque régiment de tirailleurs algériens une des sections de la compagnie de dépôt, et dans les 1er, 2e et 4e bataillons d'infanterie légère, une compagnie ou une section remplit le rôle de section spéciale.

Dans les régiments étrangers, ce rôle est dévolu à la 8e compagnie du 2e étranger.

Dans les sections stationnées en Afrique, il est constitué des groupes de *transition* et des groupes de *répression*.

En outre, il est créé sur les confins marocains une ou plusieurs sections *spéciales de campagne*, rattachées à des unités stationnées aux confins marocains, dans lesquelles peuvent être envoyés des hommes des sections ordinaires proposés pour passer dans des sections de transition et ceux de ces dernières sections.

Les disciplinaires qui se seront fait remarquer par leur attitude devant l'ennemi ou qui auraient eu pendant 6 mois une conduite exemplaire de travail et de discipline peuvent être réintégrés dans un corps de troupe.

La *brigade*, commandée par un *général de brigade*, se compose de deux régiments. — La *division*, commandée par un *général de division*, se compose de deux brigades.

Les régiments *de réserve*, formés au moment d'une mobilisation, *comprennent également trois bataillons correspondant aux trois bataillons du régiment actif. Ils portent le numéro augmenté de 200, du régiment actif*. Les bataillons de chasseurs de réserve portent le numéro du bataillon actif correspondant augmenté de 40 (1).

La *cavalerie* est subdivisée en cavalerie de *réserve*, cavalerie *de ligne* et cavalerie *légère*. Elle comprend :

13 régiments de cuirassiers, 31 régiments de dragons, 21 régiments de chasseurs, 14 régiments de hussards, 6 régiments de chasseurs d'Afrique, 4 régiments de spahis, 8 compagnies de cavaliers de remonte, 1 escadron de spahis sénégalais et 1 escadron de spahis sahariens.

Les *cuirassiers* forment la cavalerie de *réserve;* les *dragons*, la cavalerie de *ligne;* les *chasseurs* et les *hussards*, la cavalerie *légère*.

Tous les régiments sont à cinq escadrons.

La cavalerie est répartie en 8 divisions indépendantes et 19 brigades de corps d'armée. Chaque division indépendante comprend, en principe, trois brigades dont une de cuirassiers, une de dragons et une de cavalerie légère. La cavalerie d'Algérie comprend les chasseurs d'Afrique et les spahis.

Des escadrons de réserve sont organisés en cas de mobilisation (1).

---

(1) Il existe par corps d'armée : 8 régiments de réserve; 1 bataillon de chasseurs; des escadrons de réserve; des batteries de réserve.

Les troupes d'*artillerie* se composent de :

11 régiments d'artillerie à pied, stationnés en France;
62 régiments d'artillerie de campagne, stationnés en France;
2 régiments d'artillerie de montagne, stationnés en France;
7 groupes autonomes d'artillerie, dont 2 à pied et 5 de campagne, stationnés en Algérie-Tunisie.

Les régiments d'artillerie à pied et de campagne comprennent, outre les batteries, des sections d'ouvriers d'artillerie et, s'il y a lieu, des compagnies d'ouvriers.

Des batteries de réserve sont organisées en cas de mobilisation.

Le *génie* comprend 7 régiments de sapeurs, dont 6 de sapeurs-mineurs et 1 (le 5e, à Versailles) de sapeurs de chemins de fer (1).

Un régiment d'aéronautique, à Versailles, est formé de 3 groupes (portions centrales à Versailles, Reims et Lyon) composés chacun de compagnies d'aérostation, de compagnies d'aviation, de sections d'aéronautique, des dépôts et d'ateliers.

Le *train des équipages* comprend 20 escadrons à trois compagnies. Chaque escadron porte le numéro du corps auquel il est affecté. Il est chargé des transports de l'armée.

SERVICES DIVERS.

Les différents services ont pour but d'assurer le recrutement, l'administration, la justice, la subsistance et l'entretien de l'armée.

Les principaux sont :

Le service d'*état-major;* le corps du *contrôle;* le corps de l'*intendance militaire;* le service de *santé;* le service du *recrutement,* de la *justice militaire,* etc.

21 sections de secrétaires d'état-major et de recrutement;
25 sections d'ouvriers d'administration;
25 sections d'infirmiers militaires.

GENDARMERIE.

La gendarmerie a pour but de veiller au maintien de l'ordre public et à l'exécution des lois.

La gendarmerie comprend 27 légions réparties en compagnies. Chaque légion porte le numéro de la région à laquelle elle est affectée; à Paris, il y a en plus une légion, et certaines régions ont une légion *bis* (7, 14, 16, 17), la 15e a même une légion *ter*. La garde républicaine de Paris fait partie de la gendarmerie; elle se compose

(1) Le 5e régiment a un bataillon de télégraphistes.

de trois bataillons d'infanterie et de quatre escadrons de cavalerie (1).

Armée territoriale.

L'armée territoriale comprend, comme troupes :

145 régiments d'infanterie de ligne, 10 bataillons de zouaves et 7 de chasseurs;
19 régiments d'artillerie, 7 batteries d'artillerie en Algérie;
20 bataillons du génie;
19 escadrons du train des équipages;
45 escadrons de dragons, 30 escadrons de cavalerie légère, 6 escadrons de chasseurs d'Afrique.

Un corps d'armée territorial comprend :

8 régiments territoriaux d'infanterie;
des escadrons de dragons;
des escadrons de cavalerie légère;
1 régiment territorial d'artillerie;
1 bataillon du génie;
1 escadron du train;
1 bataillon de chasseurs (éventuellement).

Troupes coloniales.

L'armée coloniale est chargée de l'occupation et de la défense des colonies, elle prend part aux expéditions militaires hors du territoire français et coopère, le cas échéant, à la défense de la métropole.

Elle comprend en France 12 régiments d'infanterie et 3 régiments d'artillerie qui forment à cet effet 3 divisions réunies en un corps d'armée sans région territoriale. Il existe également : une section de secrétaires d'état-major et de recrutement; une section de commis et ouvriers militaires d'administration; une section d'infirmiers et une section de télégraphistes.

Ces sections sont rattachées, pour l'administration, à un régiment de la métropole.

Les troupes stationnées aux colonies (4 régiments d'infanterie coloniale — bataillons et compagnies formant corps — corps indigènes — cavalerie indigène — 4 régiments d'artillerie, des compagnies d'ouvriers et du génie) sont réparties en 6 groupes Indo-Chine, — Afrique occidentale, — Afrique orientale, — Afrique équatoriale, — Antilles, — Pacifique et Calédonie. Les commandants supérieurs des troupes de chaque groupe sont sous

(1) Corps auxiliaires. — Les agents des douanes et de l'administration des forêts sont mis, en cas de mobilisation, à la disposition du Ministre de la guerre et sont organisés en unités placées sous le commandement de leurs supérieurs habituels du temps de paix.

les ordres du gouverneur général ou du gouverneur de la colonie principale.

Les hommes des troupes coloniales qui doivent être envoyés dans les sections spéciales sont affectés à celle de Saint-Marcouf. Ceux qui sont stationnés en Indo-Chine ou à Madagascar sont groupés en section spéciale rattachée à un corps de la colonie.

Armée de mer.

Le territoire français est divisé en cinq arrondissements maritimes : Cherbourg, — Brest, — Lorient, Rochefort, — Toulon.

Cette armée comprend les équipages de la flotte et les corps assimilés.

La gendarmerie maritime forme cinq compagnies.

SERVICE MILITAIRE

(Loi du 21 mars 1905).

Dispositions générales.

Principe fondamental. — (Art. 1.) Tout Français doit le service militaire personnel.

(Art. 2.) Le service militaire est égal pour tous. Hors le cas d'incapacité physique, il ne comporte aucune dispense.

Il a une durée de vingt-cinq années et s'accomplit selon le mode déterminé par la loi.

(Art. 3.) Nul n'est admis dans les troupes françaises s'il n'est Français ou naturalisé Français, sauf les exceptions déterminées par la présente loi.

Exclus de l'armée. — (Art. 4.) Sont exclus de l'armée, mais mis, soit pour leur temps de service actif, soit en cas de mobilisation, à la disposition des Départements de la guerre et des colonies suivant la répartition qui sera arrêtée par décret rendu sur la proposition des Ministres intéressés :

1° Les individus qui ont été condamnés à une peine afflictive ou infamante;

2° Ceux qui, ayant été condamnés à une peine correctionnelle de deux ans d'emprisonnement et au-dessus, ont été, en outre, par application de l'article 42 du Code pénal, frappés de l'interdiction de tout ou partie de l'exercice des droits civiques, civils ou de famille;

3° Les relégués collectifs et individuels;

4° Les individus condamnés à l'étranger pour un crime ou délit puni par la loi pénale française d'une peine afflictive ou infamante ou de deux années au moins d'emprisonnement, après constatation par le tribunal correctionnel du domicile civil des intéressés, de la régularité et de la légalité de la condamnation.

Pendant la durée de leur période d'activité, après leur renvoi dans leurs foyers dans les circonstances prévues à l'article 47, et en cas de rappel au service par suite de mobilisation, les exclus sont soumis aux dispositions qui régissent les militaires de l'armée active, de la réserve, de l'armée territoriale et de sa réserve.

Sont également exclus de l'armée et dans les conditions ci-dessus déterminées, les individus condamnés à une peine de trois mois d'emprisonnement au moins pour diffamation ou injure envers les armées de terre et de mer; provocations adressées à des militaires dans le but de les détourner de leurs devoirs militaires et de l'obéissance qu'ils doivent à leurs chefs, provocation à la désertion, manœuvres ayant pour but de favoriser ou provoquer l'insoumission.

Incorporés dans les bataillons d'infanterie légère d'Afrique. — (Art. 5.) Les individus reconnus coupables de crimes et condamnés seulement à l'emprisonnement par application des articles 67, 68 et 463 du Code pénal;

Ceux qui ont été condamnés correctionnellement à six mois d'emprisonnement au moins, soit pour blessures ou coups volontaires, par application des articles 309 et 311 du Code pénal, soit pour violences contre les enfants, prévues par l'article 312, paragraphes 6 et suivants du même Code, soit pour rébellion;

Ceux qui ont été condamnés correctionnellement à un mois de prison au moins pour outrage public à la pudeur, pour délit de vol, escroquerie, abus de confiance ou attentat aux mœurs prévu par l'article 334 du Code pénal.

Ceux qui ont été condamnés correctionnellement pour avoir fait métier de souteneur, délit prévu par l'article 2 de la loi du 3 avril 1903, quelle que soit la durée de la peine.

(Art. 6.) Tout militaire condamné correctionnellement, avant son incorporation, à moins de trois mois de prison pour l'un des délits spécifiés au deuxième alinéa de l'article 5 ci-dessus, peut en cas d'inconduite grave, après un délai minimum de trois mois depuis son incorporation, être envoyé dans les bataillons d'infanterie légère d'Afrique. L'envoi est proposé par le commandant du corps d'armée, sur avis d'un conseil de discipline, et prononcé par le Ministre de la guerre.

Ceux qui, par des fautes réitérées contre les règlements militaires ou par leur mauvaise conduite, portent atteinte à la discipline et constituent un danger pour la valeur morale du corps de troupe dont ils font partie, peuvent après le même délai et en suivant les mêmes règles que ci-dessus, être envoyés dans les *sections spéciales* organisées en remplacement des compagnies de discipline.

Les hommes incorporés, en vertu du présent article, dans les bataillons d'infanterie légère d'Afrique, qui se seraient fait remarquer devant l'ennemi, qui auraient accompli un acte de courage ou de dévouement, et ceux qui auront tenu une conduite régulière pendant six mois dans les sections spéciales, et pendant une année dans les bataillons d'infanterie légère d'Afrique, pourront être renvoyés dans un corps de troupe pour y continuer leur service.

Admission dans les administrations de l'Etat. — (Art. 7.) Nul n'est admis dans une administration de l'Etat, ou ne peut être investi de fonctions publiques, même électives, s'il ne justifie avoir satisfait aux obligations imposées par la loi de recrutement.

Interdiction de voter. — (Art. 9.) Les militaires et assimilés de tous grades et de toutes armes des armées de terre et de mer ne prennent part à aucun vote quand ils sont présents à leur corps, à leur poste ou dans l'exercice de leurs fonctions.

Ceux qui, au moment de l'élection, se trouvent en résidence libre, en non activité ou en possession d'un congé, peuvent voter dans la commune sur les listes de laquelle ils sont régulièrement inscrits.

Cette disposition s'applique également aux officiers et assimilés qui sont en disponibilité ou dans le cadre de réserve.

Recensement.

Etablissement des tableaux de recensement. — (Art. 10.) Chaque année, pour la formation de la classe, les tableaux de recensement des jeunes gens ayant atteint l'âge de vingt ans révolus dans l'année précédente, et domiciliés dans l'une des communes du canton, sont dressés par les maires :

1° Sur la déclaration à laquelle sont tenus les jeunes gens, leurs parents ou leurs tuteurs;

2° D'office, d'après les registres de l'état-civil et tous autres documents ou renseignements.

Sont portés sur ces tableaux les jeunes gens qui sont Français en vertu du Code civil et des lois sur la nationalité.

Ces tableaux mentionnent la profession de chacun des jeunes gens inscrits.

Ils sont publiés et affichés dans chaque commune suivant les formes prescrites par les articles 63 et 64 du Code civil. La dernière publication doit avoir lieu au plus tard le 15 janvier.

Dans le mois qui suivra la publication des tableaux de recensement et jusqu'au 15 février au plus tard tout inscrit qui aurait à faire valoir des infirmités ou maladies pouvant le rendre impropre au service militaire devra en faire la déclaration à la mairie de sa commune, en y joignant pour constituer son dossier sanitaire, tous les certificats utiles. Il lui en sera délivré récépissé.

A défaut de l'inscrit la même déclaration pourra être faite par ses ascendants, ses parents ou toute autre personne qualifiée.

Cette déclaration sera, à l'expiration des délais, transmise par le maire à l'autorité compétente, qui la comprendra, avec toutes les pièces s'y rapportant, dans le dossier de l'inscrit.

Omis. — (Art. 15.) Si des jeunes gens ont été omis l'année précédente, ils sont inscrits sur les tableaux de recensement de la classe qui est appelée après la découverte de l'omission, à moins qu'ils n'aient 49 ans accomplis à l'époque de la clôture des tableaux, et sont soumis à toutes les obligations qu'ils auraient eu à accomplir s'ils avaient été inscrits en temps utile.

Toutefois, ils sont libérés à titre définitif à l'âge de 50 ans au plus tard.

Conseil de revision.

Conseil de revision. — (Art. 16.) Le conseil de revision est composé :

Du préfet, président; à son défaut, du secrétaire général et, exceptionnellement, du vice-président du conseil de préfecture ou d'un conseiller de préfecture délégué par le préfet;
D'un conseiller de préfecture;
D'un membre du conseil général du département;
D'un membre du conseil d'arrondissement;
D'un officier général ou supérieur désigné par l'autorité militaire.

Un sous-intendant militaire, le commandant de recrutement, un médecin militaire ou, à défaut, un médecin civil désigné par l'autorité militaire, assistent aux opérations du conseil de revision. Le conseil ne peut statuer qu'après avoir entendu l'avis du médecin.
Le sous-préfet de l'arrondissement et les maires des communes auxquelles appartiennent les jeunes gens appelés devant le conseil de revision assistent aux séances. Ils ont le droit de présenter des observations. Le conseil de revision juge en séance publique.

(Art. 17.) Le conseil de revision se transporte dans les divers cantons.

Les jeunes gens portés sur les tableaux de recensement ainsi que ceux des classes précédentes qui ont été ajournés, sont convoqués, examinés et entendus par le conseil de revision au lieu désigné. Ils peuvent faire connaître l'arme dans laquelle ils désirent être placés.

S'ils ne se rendent pas à la convocation, s'ils ne s'y font pas représenter ou s'ils n'ont pas obtenu un délai, il est procédé comme s'ils étaient présents et ils sont considérés comme aptes au service armé.

Classement des jeunes gens. — (Art. 18.) Au point de vue des aptitudes physiques, le conseil de revision classe les jeunes gens présents en quatre catégories :

1° Ceux qui sont reconnus bons pour le *service armé;*

2° Ceux qui, étant atteints d'une infirmité relative sans que leur constitution générale soit douteuse, sont reconnus bons pour le *service auxiliaire;*

3° Ceux qui, étant d'une constitution physique trop faible, sont *ajournés* à un nouvel examen;

4° Ceux chez qui une constitution générale mauvaise ou certaines infirmités déterminent une impotence fonctionnelle partielle ou totale et qui sont *exemptés* de tout service militaire, soit armé, soit auxiliaire.

Il est délivré aux jeunes gens de ces deux dernières catégories, pour justifier de leur situation, un certificat qu'ils sont tenus de présenter à toute réquisition des autorités militaire, judiciaire ou civile.

Ajournés. — (Art. 19.) Les jeunes gens ajournés à un nouvel examen du conseil de revision sont astreints à comparaître à nouveau devant le conseil de revision du canton devant lequel ils ont comparu, à moins d'une autorisation spéciale les admettant devant un autre conseil.

Les jeunes gens qui, après avoir été ajournés une première fois, sont reconnus l'année suivante propres au service armé, sont astreints à deux années de service armé.

Ceux qui, lors de ce nouvel examen, ne sont pas encore reconnus bons pour le service armé, sans que leur état physique justifie pourtant une exemption définitive, sont classés dans le service auxiliaire et incorporés comme tels. Après une année passée sous les drapeaux dans ce service, ils sont soumis à l'examen de la commission de réforme, qui décide s'ils doivent accomplir leur deuxième année dans le même service, ou s'ils doivent être réformés, ou si, au contraire, ils peuvent être classés pour leur deuxième année dans le service armé.

Les jeunes gens classés par les conseils de revision dans le service auxiliaire et désignés pour être incorporés à ce titre, peuvent être ajournés jusqu'à vingt-cinq ans, s'ils demandent à être, en cas d'aptitude physique, admis ultérieurement dans le service armé. Ces ajournements ne peuvent, en aucun cas, les dispenser des deux années de service prescrites par la présnte loi, qu'ils les accomplissent soit dans le service armé, soit dans le service auxiliaire.

Les jeunes gens ajournés sont, après leur libération, astreints aux obligations de leur classe d'origine.

Les règles applicables aux ajournés le sont également aux jeunes gens qui, après avoir été reconnus bons pour le service armé ou pour le service auxiliaire, seraient réformés temporairement avant ou après leur incorporation.

Sursis d'incorporation. — (Art. 20.) En temps de paix, l'un des deux frères inscrits la même année sur les tableaux de recensement, ou faisant partie du même appel, et, en cas de désaccord entre eux, le plus jeune ne sera, sur sa demande, incorporé qu'après l'expiration du temps obligatoire de service de l'autre frère.

Celui qui, au moment des opérations du conseil de revision, aura un frère servant comme appelé ne sera également incorporé, s'il le demande, qu'après la libération de ce dernier.

Le jeune soldat qui a obtenu un sursis d'incorporation dans les conditions prévues au présent article, a la faculté d'y renoncer ultérieurement. Il en fait la demande écrite au commandant du bureau de recrutement de son domicile; mais son incorporation n'a lieu qu'avec celle de la classe appelée immédiatement après sa renonciation.

(Art. 21.) En temps de paix, des sursis d'incorporation renouvelables, d'année en année, jusqu'à l'âge de vingt-cinq ans, peuvent être accordés aux jeunes gens qui en font la demande, qu'ils aient été classés par le conseil de revision dans le service armé ou dans le service auxiliaire.

A cet effet, ils doivent établir que, soit à raison de leur situation de soutien de famille, soit dans l'intérêt de leurs études, soit pour leur apprentissage, soit pour les besoins de l'exploitation agricole, industrielle ou commerciale à laquelle ils se livrent pour leur compte ou pour celui de leurs parents, soit à raison de leur résidence à l'étranger, il est indispensable qu'ils ne soient pas enlevés immédiatement à leurs travaux.

Les demandes de sursis adressées au maire après la publication des tableaux de recensement sont instruites par lui : le conseil municipal donne son avis motivé. Elles sont envoyées au préfet et transmises par lui, avec ses observations, au conseil de révision qui statue.

Les sursis d'incorporation ne confèrent aucune dispense.

Les jeunes gens qui ont obtenu, sur leur demande, un ou plusieurs sursis suivent le sort de la classe avec laquelle ils sont incorporés.

En cas de guerre, les sursis sont annulés, et ces jeunes gens sont appelés avec les hommes de leur classe d'origine.

Soutiens de famille. — (Art. 22.) Les familles des jeunes gens qui remplissaient effectivement avant leur départ pour le service les devoirs de soutien indispensable de famille pourront recevoir, sur leur demande, en temps de paix, une allocation journalière de soixante-quinze centimes (75 cent.) fournie par l'État. Leur nombre ne pourra dépasser dix pour cent (10 p. 100) du contingent.

Ladite allocation pourra, en outre, être accordée aux familles des militaires qui, pendant leur présence sous les drapeaux, justifieront de leur qualité de soutiens indispensables de famille. Leur nombre ne pourra dépasser deux pour cent (2 p. 100) du contingent.

Les allocations accordées aux familles des soldats mariés sont majorées de 0 fr. 25 par jour et par enfant légitime ou reconnu.

Les demandes sont adressées par les familles au maire de la commune de leur domicile. Il en sera donné récépissé. Elles doivent comprendre à l'appui :

1° Un relevé des contributions payées par la famille et certifié par le percepteur;

2° Un état certifié par le maire de la commune et indiquant le nombre et la position des membres de la famille, vivant sous le même toit ou séparément, les revenus et ressources de chacun d'eux.

La liste et les dossiers des demandes adressées par les familles, soit après incorporation des tableaux de recensement, soit depuis l'incorporation, sont envoyés par le maire au préfet, avec l'avis du conseil municipal.

Il est statué sur ces demandes par un conseil, siégeant au moins deux fois par an au chef-lieu du département et composé :

1° Du préfet, président, ou, à son défaut, du secrétaire général ou du vice-président du conseil de préfecture;

2° Du directeur des contributions directes;

3° Du trésorier-payeur général;

4° De trois membres du conseil général, pris dans des arrondissements différents, et d'un conseiller d'arrondissement, désignés par la commission départementale.

Le maire de chaque commune est tenu d'informer le préfet des changements survenus dans la situation des familles auxquelles une allocation a été attribuée. Il fait connaître, en même temps, l'avis motivé du conseil municipal sur la suppression ou le maintien de la dite allocation. Il est statué par le conseil départemental.

Les décisions du conseil sont rendues en séance publique. Elles fixent la date à partir de laquelle les allocations sont dues en vertu du deuxième paragraphe du présent article.

Jeunes gens reçus à l'Ecole spéciale militaire ou à l'Ecole polytechnique. — (Art. 23.) Doivent faire une année de service dans un corps de troupe aux conditions ordinaires avant leur entrée dans ces écoles, sauf ceux qui n'ont pas 18 ans ou ceux qui ne sont pas reconnus aptes au service. Ceux qui auront été admis après concours à l'Ecole normale supérieure, à l'Ecole forestière, à l'Ecole centrale des arts et manufactures, à l'Ecole nationale des mines, à l'Ecole des ponts et chaussées ou à l'Ecole des mines de Saint-Etienne, pourront faire, à leur choix, la première de leurs deux années de service dans un corps de troupe aux conditions ordinaires avant leur entrée dans ces écoles ou après en être sortis.

Candidats au grade de sous-lieutenant de réserve. — (Art. 24.) Les jeunes gens qui désirent obtenir le grade de sous-lieutenant de réserve et prennent l'engagement d'accomplir en cette qualité trois périodes supplémentaires d'instruction pendant leur séjour dans la réserve, subissent, à la fin de leur première année de service, les épreuves d'un concours institué par un règlement d'administration publique. Ils sont classés par ordre de mérite et nommés, dans la limite des besoins, élèves officiers de réserve.

Durant le premier semestre de leur deuxième année de service, les élèves officiers de réserve complètent leur instruction en suivant des cours spéciaux. S'ils subissent avec succès les examens institués à la fin de ces cours, ils sont nommés sous-lieutenants de réserve et accomplissent en cette qualité leur quatrième semestre de service dans l'armée active; dans le cas contraire, ils accomplissent ce quatrième semestre comme simples soldats, caporaux ou sous-officiers.

Durée du service militaire.

Durée du service dans les diverses catégories de l'armée. — (Art. 32.) Tout Français reconnu propre au service militaire fait partie successivement :

De l'armée active pendant deux ans;
De la réserve de l'armée active pendant onze ans;
De l'armée territoriale pendant six ans;
De la réserve de l'armée territoriale pendant six ans;
Le service militaire est réglé par classe.
L'armée active comprend, indépendamment des hommes qui ne

proviennent pas des appels, tous les jeunes gens déclarés propres au service militaire armé ou auxiliaire et faisant partie des deux derniers contingents incorporés.

Origine du service, libération. — (Art. 33.) La durée du service compte du 1er octobre de l'année de l'inscription sur les tableaux de recensement, et l'incorporation du contingent doit avoir lieu, au plus tard, le 10 octobre de la même année.

Pour les jeunes gens dont l'incorporation a été retardée en vertu des articles 20 et 21 (1), la durée du service compte du 1er octobre de l'année de leur incorporation.

Pour les engagés volontaires, elle compte du jour de leur engagement, et pour les hommes visés à l'article 5 (2), du jour de leur incorporation.

Après les grandes manœuvres, la totalité de la classe dont le service actif expire le 30 septembre suivant peut être renvoyée dans ses foyers en attendant son passage dans la réserve.

Dans le cas où les circonstances paraîtraient l'exiger, le Ministre de la guerre et le Ministre de la marine sont autorisés à conserver provisoirement sous les drapeaux la classe qui a terminé sa seconde année de service. Notification de cette décision sera faite aux Chambres dans le plus bref délai possible.

Dans les mêmes circonstances et pendant la première année de leur service dans la réserve, les hommes peuvent être rappelés sous les drapeaux par ordres individuels avec l'assentiment du Conseil des Ministres.

En temps de guerre, les passages et la libération n'ont lieu qu'après l'arrivée de la classe destinée à remplacer celle à laquelle les militaires appartiennent. Cette disposition est exceptionnellement applicable, dès le temps de paix, aux hommes servant aux colonies.

Les militaires faisant partie de corps mobilisés peuvent y être maintenus jusqu'à la cessation des hostilités, quelle que soit la classe à laquelle ils appartiennent.

En temps de guerre, le Ministre peut appeler, par anticipation, la classe qui ne serait appelée que le 1er octobre suivant.

Affectation à l'armée de mer. — (Art. 36.) Sont affectés à l'armée de mer :

1° Les hommes fournis par l'inscription maritime;

2° Les hommes qui ont été admis à s'engager ou à contracter un rengagement dans les équipages de la flotte, suivant les conditions spéciales à l'armée de mer;

3° Les jeunes gens qui, au moment des opérations du conseil de revision, auront demandé à entrer dans les équipages de la flotte et auront été reconnus aptes à ce service;

4° En cas d'insuffisance des trois modes de recrutement ci-dessus indiqués, les hommes du contingent dont le Ministre de la marine pourra demander l'affectation aux équipages de la flotte

---

(1) Sursis d'incorporation.

(2) Incorporés aux bataillons d'Afrique à l'expiration d'une peine d'emprisonnement.

pour les services à terre, dans les conditions déterminées par une loi spéciale.

Affectation aux troupes coloniales. — (Art. 37.) Sont affectés aux troupes coloniales :

1° Les jeunes gens provenant des contingents des colonies de la Guadeloupe, de la Martinique, de la Guyane et de la Réunion, et les Français astreints au service militaire dans les colonies et pays de protectorat;

2° Les hommes qui ont été admis à s'engager ou à contracter un rengagement dans les dites troupes;

3° Les jeunes gens qui, au moment des opérations du conseil de revision, auront demandé à entrer dans les troupes coloniales et auront été reconnus propres à ce service;

4° Les omis;

5° A défaut d'un nombre suffisant d'hommes compris dans les catégories précédentes, les jeunes gens du contingent métropolitain qui auront été affectés par le recrutement aux troupes coloniales, mais sans que ces jeunes gens puissent être envoyés aux colonies sans leur consentement.

Congés et permissions à accorder aux militaires sous les drapeaux. — (Art. 38.) La durée du service actif ne pourra pas être interrompue par des congés, sauf le cas de maladie ou de convalescence, ou de réforme temporaire prononcée après un certain temps passé au corps et par suite de maladie contractée au service.

Les militaires accomplissant la durée légale du service ne pourront, en dehors des dimanches et jours fériés, obtenir de permissions que jusqu'à concurrence d'un total de trente jours au maximum pendant leur présence sous les drapeaux.

Des délais de route ne comptant pas dans la durée des permissions sont concédés aux militaires en garnison loin de leur famille (Circulaire du 31 mars 1907).

Les dimanches et jours fériés ne sont pas compris dans la durée des permissions (Décision du 2 mai 1907).

Les permissions accordées pour les travaux agricoles sont comprises dans les trente jours légaux et ne doivent pas dépasser quinze jours par an (Instruction du 1er août 1906).

En cas de force majeure dûment justifiée (*décès ou mariage d'un ascendant direct, d'un frère, d'une sœur, etc., événements graves*), le chef de corps pourra accorder une permission supplémentaire, sous réserve d'en rendre compte au Ministre de la guerre.

La limitation du nombre de jours de permissions à accorder n'est applicable ni aux rengagés ni aux engagés volontaires. Toutefois ceux de ces derniers qui ont contracté un engagement spécial, dit « de devancement d'appel », ne bénéficient de cette mesure que pendant leur troisième année s'ils ont à l'accomplir (Circulaire du 21 juillet 1909).

Déductions de service. — (Art. 34.) Ne compte pas pour les années de service exigées par la présente loi dans l'armée active, la réserve de l'armée active et l'armée territoriale, le temps pendant lequel un homme de l'armée active, un réserviste ou un homme de l'armée territoriale a subi la peine de l'emprisonnement en vertu d'un jugement, si cette peine a eu pour effet de l'empêcher d'accomplir, au moment fixé, tout ou partie des obligations d'activité qui lui sont imposées par la présente loi ou par les engagements qu'il a souscrits. Ces individus sont tenus de remplir leurs obligations d'activité, soit à l'expiration de leur peine s'ils appartiennent à l'armée active, soit au moment de l'appel qui suit leur élargissement s'ils font partie de la réserve de l'armée active ou de l'armée territoriale. Toutefois, quelles que soient les déductions de service opérées, les hommes qui en sont l'objet sont rayés des contrôles en même temps que la classe à laquelle ils appartiennent.

Punitions de prison. — (Art. 39.) Les militaires qui pendant la durée de leur service auront subi des punitions de prison ou de cellule, d'une durée supérieure à huit jours, seront maintenus au corps après la libération de leur classe ou l'expiration de leur engagement pendant un nombre de jours égal au nombre de journées de prison ou de cellule qu'ils auront subies, déduction faite des punitions n'excédant pas huit jours.

Cette disposition ne sera pas applicable aux militaires qui, au moment de la libération de leur classe ou de l'expiration de leur engagement, seraient en possession du grade de sous-officier ou de celui de caporal ou qui seraient soldats de 1re classe. Toutefois, pour ces derniers, s'ils encourent des punitions de prison ou de cellule de plus de huit jours après leur nomination, ils sont maintenus au corps dans les mêmes conditions que les soldats de 2e classe.

Engagements volontaires.

Engagements volontaires. — (Art. 50.) L'engagement volontaire est l'acte par lequel un homme se lie librement au service pour une période déterminée. Il est contracté devant le maire d'un chef-lieu de canton en présence de deux témoins.

La loi permet de contracter des engagements d'une durée de 3, 4 ou 5 années et, en outre, en temps de guerre, des engagements pour la durée de la guerre.

Elle autorise, en outre, les jeunes gens possédant le certificat d'aptitude militaire à contracter, dans une proportion maxima de 4 p. 100 de l'effectif de la dernière classe incorporée, des engagements spéciaux dits de « devancement d'appel ».

Les engagés de cette nature peuvent être mis en congé après deux années de service, s'ils ont obtenu le certificat d'aptitude à l'emploi de chef de section et pris l'engagement d'effectuer, tous les trois ans, pendant la durée de leurs obligations militaires, des périodes dans la réserve et dans la territoriale, savoir : trois dans la réserve de l'armée active (la première de vingt-trois jours, les deux autres de dix-sept jours), deux, de neuf jours, dans l'armée territoriale.

Ces périodes seront accomplies : la première dans la deuxième année qui suivra celle de la libération du service actif; la deuxième, dans la cinquième ou la sixième année; la troisième, dans la huitième ou la neuvième année; la quatrième, dans la première ou la deuxième année de service dans l'armée territoriale; la cinquième, dans la quatrième ou la cinquième année.

Ces engagés ne bénéficient d'aucune des dispenses prévues par la loi (sapeurs-pompiers, etc.).

En cas d'empêchement de force majeure (séjour à l'étranger, etc.), ils feront leurs périodes par voie de rappel, mais jamais plus d'une la même année (25 octobre 1909).

Conditions à remplir. — Avoir 18 ans accomplis, et pour les mineurs de 20 ans, l'autorisation du père ou, à défaut, de la mère ou du tuteur; être de bonne vie et mœurs, n'avoir subi de condamnation susceptible d'entraîner l'envoi aux bataillons d'Afrique; jouir de ses droits civils; n'être ni marié ni veuf avec enfants; remplir les conditions d'aptitude physique.

Engagements pour la durée de la guerre. — La faculté d'engagement est ouverte en temps de guerre aux hommes qui ont accompli le temps de service fixé par la loi pour l'armée active, sa réserve et l'armée territoriale.

Avantages assurés aux engagés (Art. 60).

Les jeunes gens qui contractent un engagement ont le droit de choisir leur arme et leur corps, sous réserve des conditions d'aptitude physique exigées pour cette arme et des autres dispositions portées à l'article 50.

Tout militaire lié au service pour une durée supérieure à la durée légale a droit, à partir du commencement de la troisième année de présence sous les drapeaux, à une haute paye journalière dont le tarif est fixé pour chaque grade dans le tableau ci-dessous.

GRADES.	HAUTE PAYE JOURNALIÈRE — après deux ans de service.	après six ans de service.	après dix ans de service.	OBSERVATIONS.
	fr. c.	fr. c.	fr. c.	
Sous-officier et assimilé.....	1 00	A partir de la 6e année les hautes payes sont comprises dans la solde mensuelle.		Un supplément de haute paye de 0 fr. 10 par jour peut être alloué dans certains corps désignés par le Ministre.
Caporal.......	0 60	0 65	0 70	
Soldat........	0 20	0 25	0 30	

Le droit à la haute paye journalière est suspendu pendant le cours des punitions supérieures à huit jours de prison et des punitions de cellule, sauf pour les sous-officiers.

Art. 61. Tout militaire des troupes métropolitaines, qui contracte un engagement de quatre ou cinq ans, a droit à une prime proportionnelle au temps qu'il s'engage à passer sous les drapeaux en sus des trois premières années. Cette prime, comme l'indique le tableau ci-dessus, est variable suivant les corps qui sont classés par catégories. Le Ministre fait connaître annuellement la répartition des corps de troupe entre les diverses catégories.

DÉSIGNATION		CATÉGORIES			
		N° 1	N° 2	N° 3	N° 4 (1)
		fr.	fr.	fr.	fr.
I. — Engagements.					
Engagements	de 4 ans	100	150	200	250
	de 5 ans	200	300	400	500

La moitié de la prime est acquise à l'engagé volontaire le jour de la signature de son engagement; le reste de la prime ou une partie, à son choix, lui est payé après l'expiration de la durée légale du service, pendant sa troisième année de service.

Le reliquat, s'il y a lieu, sera payé, soit par annuités égales, soit en un seul versement, lorsque l'engagé quittera le service. La partie de la prime constituant le dernier versement est augmentée de l'intérêt simple à 2,50 p. 100.

Défense du territoire.

Par ses frontières continentales, la France touche à la Belgique, à l'Allemagne, à la Suisse, à l'Italie et à l'Espagne. Deux de ces pays — la Belgique et la Suisse — sont neutres, mais les autres peuvent entrer en lutte avec la France.

L'armée étant la véritable défense de la nation, il faut qu'elle puisse se mobiliser, puis se concentrer sur la frontière menacée. D'où nécessité d'assurer son transport en chemin de fer. Ce transport s'effectuerait à l'abri des troupes de couverture qui, utilisant les obstacles naturels et les défenses artificielles, donneraient aux corps de l'intérieur le temps, l'espace et la sûreté qu'ils demandent pour effectuer leur transport et leur débarquement.

FRONTIÈRE DU NORD. — La voie d'invasion la plus facile, la plus courte — celle qui a été suivie de tout temps — est la vallée de l'Oise, prolongée en Belgique

(1) Les primes n° 4 sont applicables aux engagements contractés après le 30 septembre 1908, dans les corps désignés par le Ministre.

par la vallée de la Sambre, suivie par la voie ferrée Paris-Cologne. Cette voie est barrée en première ligne par *Maubeuge* et Hirson; en deuxième ligne par *La Fère* et *Laon*. *Lille* et *Dunkerque* sont des places d'approvisionnement pour nos armées. Elles gêneraient considérablement sur sa droite un adversaire qui pénétrerait en France par la vallée de l'Oise.

FRONTIÈRE DE L'EST. — En 1870, nous avons perdu l'Alsace et la Lorraine, c'est-à-dire les deux places fortes de Metz et de Strasbourg. Les Allemands ont fait de l'Alsace-Lorraine un vaste camp retranché qui leur servirait de pivot pour une offensive foudroyante par la Belgique.

La France a dû se reconstituer, en arrière de la frontière purement conventionnelle, une défense artificielle. De Belfort à Givet, les rivières ont leur cours, en totalité ou en partie, parallèle à la frontière; de plus elles sont souvent encaissées ou côtoient des hauteurs : ce sont ces hauteurs qui ont servi de points d'appui pour rétablir la résistance.

La défense de cette frontière comprend plusieurs lignes. La première ligne a été constituée par les hauteurs qui dominent la Meuse et la Moselle.

Belfort et *Epinal* sont les deux grandes places fortes sur la Moselle, elles sont reliées entre elles par une ligne ininterrompue de forts appelés Forts de la Moselle.

Après un intervalle sans fortifications, on rencontre *Toul*, place forte qui est reliée à *Verdun*, également place forte de premier ordre, par une série de forts appelés Forts de Meuse.

De Verdun à la frontière aucune défense sérieuse.

Deux trouées — l'une entre Verdun et l'Ardenne, l'autre entre Epinal et Toul — livreraient un passage à l'ennemi, aussi est-ce dans ces régions que s'effectueraient le rassemblement des troupes.

La deuxième ligne est constituée par une série de places fortes formant barrage pour arrêter une offensive ennemie qui aurait réussi à forcer la première ligne.

Reims est en face de la trouée des Ardennes, elle est reliée avec *Laon*.

Langres tient les vallées de la Marne, de l'Aube et de la Seine.

Besançon, derrière Belfort, est le réduit du Jura.

La troisième ligne est formée en somme par *Paris*. Toutes les vallées du Nord et de l'Est convergent sur Paris que l'on a appelé le « pôle attractif ». Cette ville, en raison de sa situation exceptionnelle, est l'objectif de toute armée ennemie. Aussi l'a-t-on entourée d'une double enceinte de forts. La première est constituée par les anciens forts du Mont-Valérien, Issy, etc.; la deuxième par une série de forts comprenant quatre régions fortifiées et dont le périmètre (135 kilomètres) englobe les

lles de Versailles, Saint-Denis. Par suite de cette exten-
on, l'investissement est rendu fort difficile; on estime
u'il faudrait une armée d'au moins 400.000 hommes pour
ire le blocus de Paris.

FRONTIÈRE DU JURA. — De ce côté, la frontière sépare
a France de la Suisse, pays neutre. Le Jura, dans son
nsemble, forme une assez bonne frontière, difficilement
ranchissable, en sa partie centrale.

Le fort de *Joux*, près de Pontarlier, commande la bifur-
ation des voies ferrées venant de Neufchâtel et de Lau-
nne.

En arrière se trouve *Besançon*, sur le Doubs, grande
lace forte.

FRONTIÈRE DU SUD-EST. — Coupées de vallées et de cols,
s Alpes sont franchissables en plusieurs points. Le
anger de ce côté est beaucoup moindre que sur la fron-
ère du Nord-Est; l'agresseur n'a pas autant de moyens,
lui faut de plus traverser une région pauvre, tour-
entée, où les vallées sont divergentes, dispersant ainsi
es efforts et offrant des difficultés au ravitaillement.
'offensive française par delà les Alpes est facilitée, car
outes les vallées convergent dans la région de Turin.

Malgré ces conditions très favorables, la France, pour
se garantir d'une attaque toujours possible, étant donnée
'alliance de l'Italie et de l'Allemagne, a barré les cols
qui donnent entrée en France par des forts, elle a cons-
ruit des ouvrages d'ensemble aux confluents des vallées,
t plus en arrière elle a construit des camps retranchés.
Enfin, elle a spécialisé les troupes de cette région en les
quipant et en les instruisant en vue de la guerre de
montagnes.

Nice barre la route de la Corniche; *Briançon* barre
la vallée de la Durance; *Albertville* tient la vallée de
l'Isère.

En arrière de ces grandes places on trouve comme
seconde ligne sur le littoral *Toulon;* sur l'Isère *Grenoble*.

Enfin, en arrière, comme réduit *Lyon*, qui joue, dans
cette région, le même rôle que Paris dans le Nord et le
Nord-Est.

FRONTIÈRE DU SUD-OUEST. — Au Sud-Ouest, la France
est séparée de l'Espagne par les Pyrénées qui forment
une sorte de muraille infranchissable, sauf aux extrémités de la chaîne.

Quelques forts barrent les voies d'accès; en arrière à
l'Est, on trouve *Perpignan*, sur la voie ferrée de Barce-
lone, qui est le centre de la défense; à l'Ouest, *Bayonne*
barre la route qui longe l'Atlantique.

QUESTIONNAIRE

Comment la France est-elle organisée?

En combien de corps d'armée l'armée est-elle divisée?

Comment chaque corps d'armée est-il organisé?

Que comprend l'armée active?

Que comprend l'infanterie? la cavalerie? l'artillerie? le train des équipages?

Quels sont les principaux services de l'armée?

Que comprend la gendarmerie?

Que comprend l'armée territoriale?

Que comprennent les troupes coloniales?

Quel est le principe fondamental de la loi de recrutement?

N'y a-t-il pas d'exception à cette règle?

Quelle condition faut-il remplir pour être admis dans une administration de l'Etat?

Les militaires peuvent-ils voter?

Comment sont établis les tableaux de recensement?

Qu'est-ce que le conseil de revision?

Comment sont classés les jeunes gens?

Peut-on obtenir des sursis d'incorporation?

Quels sont les avantages faits aux jeunes gens reconnus soutiens de famille?

Comment peut-on obtenir le grade de sous-lieutenant de réserve?

Quelle est la durée du service militaire?

Quels sont les jeunes gens qui sont affectés aux troupes coloniales?

Quelles sont les permissions que peut obtenir un homme sous les drapeaux?

Qu'est-ce qu'un engagement volontaire?

Quelles sont les conditions à remplir pour s'engager?

Y a-t-il des engagements pour la durée de la guerre?

Quels sont les avantages assurés aux engagés?

Comment peut s'effectuer la mobilisation de l'armée?

Par quoi sommes-nous protégés sur la frontière du Nord?

Sur la frontière de l'Est?

Qu'a-t-on fait pour protéger Paris?

Qu'a-t-on fait sur la frontière du Sud-Est?

Sur celle du Sud-Ouest?

Ouvrages à consulter.

Bulletin officiel : Recrutement de l'armée, volume 68. — O. Barré, *La Frontière du Nord-Est*. — E. Bureau, *Nos frontières*. P. Goffarel. *Les frontières de la France*.

LA FRANCE MARITIME

D'après la loi de recrutement du 21 mars 1905 (art. 36), sont affectés à l'armée de mer :

1° Les hommes fournis par l'inscription maritime (1);

2° Les hommes qui ont été admis à s'engager ou à contracter un rengagement dans les équipages de la flotte, suivant les conditions spéciales à l'armée de mer;

3° Les jeunes gens qui, au moment des opérations du conseil de revision, auront demandé à entrer dans les équipages de la flotte et auront été reconnus aptes à ce service;

4° En cas d'insuffisance des trois modes de recrutement ci-dessus indiqués, les hommes du contingent dont le Ministre de la marine pourra demander l'affectation aux équipages de la flotte pour les services à terre, dans les conditions déterminées par une loi spéciale.

Défense des côtes.

La défense maritime comprend ce que l'on nomme la *défense fixe* et la *défense mobile*.

La *défense fixe* est constituée par les forts qui protègent nos grands ports militaires et les ports marchands les plus importants.

A cet effet, les côtes de la France ont été divisées en cinq arrondissements maritimes, commandés par un préfet maritime. Les chefs-lieux sont : Cherbourg sur la Manche; Brest, Lorient et Rochefort sur l'Océan; Toulon sur la Méditerranée.

Les côtes françaises étant peu découpées, sauf celles de Bretagne et de Provence, ne se prêtent pas facilement à des tentatives de débarquement. Du reste, des bâtiments d'un type spécial, ont pour mission de protéger le rivage contre toute tentative de débarquement, on les appelle des garde-côtes cuirassés.

L'Algérie (Bizerte) et la Corse offrent également de bons points d'appui et des refuges à la flotte.

La défense mobile est assurée par la flotte de guerre, et c'est elle qui constitue la meilleure défense des côtes.

La flotte de guerre comprend plus de 500 vaisseaux de toute dimension : des cuirassés d'escadre, des croiseurs-

---

(1) On appelle inscrits maritimes les habitants des côtes qui se livrent à la pêche ou à la navigation, et dont les noms sont inscrits de 18 à 50, sur un registre spécial.

cuirassés, des cuirassés garde-côtes, des croiseurs protégés, des contre-torpilleurs, des torpilleurs, des sous-marins.

Ces navires sont groupés en différentes escadres : une dans la Manche; une plus forte dans la Méditerranée.

D'autres pour assurer nos possessions coloniales sont en Extrême-Orient, dans l'Océan Indien, le Pacifique et l'Atlantique.

QUESTIONNAIRE

Quels sont les jeunes gens qui sont affectés à l'armée de mer?
Que comprend la défense maritime?
Comment est constituée la défense fixe?
Comment est assurée la défense mobile?

LA FRANCE COLONIALE

La France possède, dans les autres parties du monde, différents pays formant des colonies ou des protectorats.

Une colonie est une région que la métropole administre et régit à sa guise.

Un protectorat est une région qui garde son administration et son gouvernement particuliers sous le contrôle de la métropole.

« Comme les ruches qui n'essaiment pas, les nations sans colonies sont des nations mortes » (Francis Garnier), aussi les états européens ont-ils compris, non seulement pour des raisons géographiques, mais aussi pour des raisons politiques, sociales, économiques et morales qu'elles devaient s'ouvrir des horizons sur toutes les mers et sur tous les continents. Ces possessions éloignées fournissent ainsi à la métropole le moyen d'écouler une partie de ses produits, et notamment de ses produits industriels, de constituer des ports de relâche, des points d'appui, une base d'opérations navales ou militaires en cas de besoin; d'émigrer le trop-plein de la population.

Les colonies constituent donc à la fois un débouché économique, une école d'énergie pour les colons, et des points stratégiques importants.

La France a compris une des premières qu'elle devait avoir un empire colonial. Aussi, depuis 1882, époque à laquelle Jules Ferry disait : « Il faut à la France une politique coloniale, il s'agit de l'avenir même de la patrie », a-t-elle considérablement agrandi ses possessions et on peut dire que, aujourd'hui, elle a le plus bel empire colonial du monde — 10 millions de kilomètres et 40 millions d'habitants — après l'Angleterre.

Utilité des colonies. — Les colonies suivant l'utilité qu'elles peuvent avoir se divisent en trois groupes : *colonies de peuplement, d'exploitation et de pénétration.* Une colonie peut présenter, du reste, tous ces caractères à la fois.

1° *Colonies de peuplement.* — Ce sont celles où les habitants de la métropole peuvent s'implanter en grand nombre dans la colonie et faire prédominer la langue, la civilisation et les usages de la métropole.

Pour qu'une région conquise puisse devenir une colonie de peuplement, elle doit avoir un climat permettant aux Européens de s'y acclimater, et une population peu nombreuse de façon à permettre aux émigrants de pouvoir exercer leur pouvoir civilisateur.

L'Algérie-Tunisie est une colonie de peuplement.

2° *Colonies d'exploitation.* — Ce sont celles qui renferment des richesses à exploiter telles que : minerais, houille, etc. et qui fournissent à la métropole un vaste champ de trafic commercial.

Le Tonkin est une colonie d'exploitation.

3° *Colonies de pénétration.* — Ce sont celles qui, outre les avantages qu'elles peuvent présenter, permettent à la métropole de faire rayonner son influence sur des pays voisins qui ne lui sont pas soumis, mais qui, de par leur situation géographique, leurs besoins, sont obligés d'entrer en communication avec l'Europe.

Le Tonkin est une colonie de pénétration, il ouvre une voie vers la Chine méridionale; la Somalie française ouvre la porte de l'Ethiopie.

LA FRANCE EN AFRIQUE

Algérie.

L'Algérie est une colonie de peuplement, qui complète prolonge la France sur le continent africain, à vingt-atre heures de Marseille.

GÉOGRAPHIE PHYSIQUE. — Le relief est caractérisé par xistence de deux soulèvements montagneux, appelés las tellien et Atlas saharien, qui, très écartés à l'Ouest, rs le Maroc, se rapprochent peu à peu vers l'Est, pour ir par se rejoindre en Tunisie, divisant l'Algérie en ois divisions naturelles, fondamentales, ayant chacune ur structure, leur climat et leur végétation : *le Tell*, tre l'Atlas tellien et la Méditerranée, pays des arbres des cultures; *les Hauts-Plateaux*, région plus élevée, tre les deux Atlas, pays des graminées et de la vie storale; *et le Sahara*, au sud de l'Atlas saharien, région n cultivable, sans eau, sans arbres et sans cultures, uf dans les oasis et par l'irrigation.

CLIMAT. — Varie avec les régions, en raison des diffé-nces d'altitude et de la proximité plus ou moins grande la mer. Sur le Tell, c'est le climat méditerranéen, aud et sec, les hivers sont pluvieux; sur les Hauts-ateaux, il est plus chaud en été et plus froid en hiver e dans le Tell; sur le Sahara, les pluies sont rares, journées torrides, les nuits glacées.

HYDROGRAPHIE. — Les cours d'eau d'Algérie sont des rrents à pente forte, impropres à la navigation, mais uvant servir à l'irrigation des terres riveraines.

Les principaux sont le *Chélif*, la *Seybouse* et en Algérie-nisie, la *Medjerda*.

De nombreux lacs salés, qu'on appelle *chotts*, sans mmunication avec la mer, parsèment l'Algérie et la nisie. Pendant la saison sèche, les bords de ces lacs couvrent de plaques de sel provenant de l'évaporation l'eau.

Côtes. — La côte est peu hospitalière; presque tous les es : Oran, Alger, Bône, sont largement ouverts aux s du Nord et à la houle du large, ce qui contrarie navigation et le commerce.

RESSOURCES MINÉRALES, VÉGÉTALES ET ANIMALES. — Elles celles des pays méditerranéens : peu de ressources érales, une vie végétale très florissante, une vie male spéciale en raison de la nature du pays et du nat.

Les ressources minérales se bornent à des gisements de fer, de plomb, de cuivre et des phosphates. Il n'y a pas de houille.

Les ressources végétales varient avec le climat et avec l'altitude. On distingue trois régions correspondantes aux trois divisions naturelles découpées par l'Atlas.

Le Tell a la végétation méditerranéenne, c'est-à-dire des arbres à feuilles persistantes, et le caractère : forêts, avec l'olivier; bouquets, avec le pin parasol; maquis, avec le palmier nain, le genévrier, etc. Les sommets portent des forêts de chêne-liège. Dans la plaine, région des cultures, on récolte du blé, de l'orge, du maïs, du raisin et des oranges.

Les Hauts-Plateaux sont dépourvus de forêts et de cultures en raison de la sécheresse du sol. Région de steppes herbeuses, elle est le domaine de la vie pastorale. On y récolte une sorte de graminée appelée *alfa;* sa pulpe nourrit les chevaux ou les chameaux, et sa tige sert à fabriquer des cordes, des objets de vannerie et du papier.

Le Sahara n'a qu'une végétation très rare, sauf dans les oasis où on trouve le palmier-dattier. La datte est un aliment pour l'homme et pour les bêtes. A l'ombre du palmier, poussent des arbres fruitiers : orangers, citronniers, figuiers, grenadiers, abricotiers; au ras du sol quelques cultures de céréales (orge et mil) et des légumes (melon, concombre, pastèque). En raison de cette grande sécheresse végétale, l'oasis exhale presque toujours des miasmes de fièvre.

Vie animale. — Dans le Tell on rencontre comme animaux domestiques : le bœuf, le cheval arabe, le mulet, l'âne (bourricot).

Les animaux sauvages reculent ou disparaissent à mesure que la colonisation progresse vers le Sud. On rencontre encore la panthère, l'hyène, le chacal, le renard, le sanglier, la gazelle, le lézard, la vipère, le scorpion. Le criquet et la sauterelle qui dévastaient les récoltes sont en voie de disparition.

Les Hauts-Plateaux sont le pays du mouton et de la chèvre.

Le Sahara est le pays du chameau. On en distingue deux sortes : le chameau de bât, et le chameau de course (méhari).

Gouvernement et administration. — L'Algérie est administrée par un gouverneur général et divisée en trois départements : Alger, Oran, Constantine, ayant chacun à sa tête un préfet, et chaque département en arrondissements ayant chacun à leur tête un sous-préfet.

L'Algérie est représentée au Parlement par 3 sénateurs et 6 députés.

L'Algérie forme une académie, la 17e, et un corps d'armée, le 19e, qui a son quartier général à Alger.

La marine comporte un commandement à Alger et dispose de stations pour torpilleurs.

Le Sahara algérien a été détaché de l'Algérie; il forme les *Territoires du Sud*.

POPULATION. — L'Algérie a une population d'environ 5 millions d'habitants comprenant des indigènes, des Français et des étrangers.

Les *indigènes*, environ 4.500.000, comprennent des *Kabyles* (Berbères), des *Arabes* en majorité, puis des *Maures*, des *Israélites* et des *Nègres*.

Il faut bien se garder de confondre les Kabyles et les Arabes. Le Kabyle a accepté notre domination, il est travailleur, soumis. L'Arabe est indolent et fanatique, il est hostile aux *roumis* (chrétiens) : sur les Hauts-Plateaux, il vit en pasteur; dans les villes, il a sa casbah, dans un quartier à part à côté de la ville française.

Les *Maures* habitent les villes de l'Algérie, ils excellent au négoce.

Les Kabyles, les Arabes et les Maures sont unis par la même religion et la même langue. Ils sont résignés à tout ce qui leur arrive, bonheur ou malheur, en bons musulmans, ils répètent la formule « *Mehtoub* » (1) : C'était écrit.

Les *Israélistes* sont citoyens français.

Les *nègres* ont été importés du Soudan.

Les *Français* d'origine ou naturalisés sont au nombre d'environ 500.000; ils habitent les villes.

Les *étrangers* — environ 150.000 — Espagnols, Italiens, Maltais, se massent dans les provinces voisines de leur pays d'origine.

VILLES. — Les principales villes d'Algérie sont sur la côte et dans le Tell.

PROVINCE D'ALGER. — *Alger* — 150.000 habitants environ — est le second port de France par le tonnage, et le premier port charbonnier de la Méditerranée. Cité industrielle et commerciale et ville d'hiver très recherchée.

Les autres villes sont *Médéah*, *Miliana*, *Orléansville*, sous-préfectures; *Blidah* et *Tizi-Ouzou*.

PROVINCE D'ORAN. — *Oran* — 100.000 habitants — le plus grand port après Alger. — Les arrondissements sont *Mascara*, *Mostaganem*, *Sidi-bel-Abbès* et *Tlemcen*; *Relizane*, centre agricole.

PROVINCE DE CONSTANTINE. — *Constantine* — 50.000 habitants. Les sous-préfectures sont au nombre de six :

(1) Les Russes disent : « Nitchevo ».

trois ports : *Bône*, *Bougie* et *Philippeville;* deux centres agricoles, *Guelma* et *Sétif;* une ville militaire, *Batna*, pour surveiller l'Aurès; près de là se trouvent les ruines romaines de *Timgad*. Au sud, *Biskra* commande l'entrée du Sahara.

Territoires du Sud. — Les seuls centres d'habitation au Sahara sont des villages indigènes à proximité des oasis: *Aïn-Salah*, *Touggourt*, *Laghouat*.

Agriculture. — L'Algérie est essentiellement un pays d'agriculture et d'élevage.

L'une des grosses difficultés à résoudre est *l'irrigation*, car la sécheresse est le grand ennemi de l'agriculture algérienne.

Les *céréales* (blé et orge) couvrent 3 millions d'hectares; la *vigne* (vins de plaine, de coteau et de montagne) fournit de bons vins de coupage; l'*olivier* produit 25 millions de kilogrammes d'huile d'olive.

La culture des *primeurs*, des *arbres fruitiers*, *des fleurs* gagne de jour en jour. Les forêts de *chêne-liège* donnent 10.000 tonnes de liège. Le *tabac* a été récemment introduit.

Dans le *Tell* on fait l'élevage des *bêtes à cornes*.

Les *Hauts-Plateaux* produisent l'alfa pour la fabrication du papier de luxe; les *moutons* y sont en abondance.

Le *Sahara* est le pays du *palmier*. Dans les oasis on pratique l'élevage du mouton, de la chèvre et du chameau.

La Méditerranée étant très profonde, les *pêcheries* ont peu d'importance.

Industrie. — Manquant d'énergie motrice, la houille faisant défaut et les cours d'eau ne fournissant qu'une force par trop intermittente, la grande industrie s'est à peine développée en Algérie. On ne rencontre que des petites usines d'huile d'olive, de liège, minoteries et distilleries.

Les ressources minières sont assez riches : phosphates, fer, zinc, plomb, cuivre.

On trouve également des gisements de pétrole, du sel dans les mines ou les chotts, et des eaux minérales.

Voies de communication. — Les transports se font par routes et voies ferrées, l'Algérie n'ayant pas de voies navigables.

Les routes sont très nombreuses et fort belles.

Les *chemins de fer* peuvent se diviser en deux catégories : les chemins de fer de *communications* (Est-Ouest) qui relient toutes les grandes villes de la côte et du Tell entre elles et les chemins de fer de *pénétration* (Nord-Sud) pour relier l'Algérie au Soudan.

Commerce. — Le commerce est très en progrès, il

atteignait en 1910 un milliard environ, et se fait pour plus des trois quarts avec la France par bateaux français.

Elle exporte des produits agricoles et d'élevage, des minerais bruts.

Elle importe des produits industriels, des machines, des tissus, des charbons, du café.

L'Algérie est une colonie très prospère, son commerce s'accroît d'année en année; dans tous les genres de travaux, se manifeste une belle activité, gage d'une prospérité plus grande encore.

« La France et l'Algérie se complètent très heureusement : aux liens d'affection naturels entre métropole et colonie s'ajoutent des liens plus puissants encore, ceux que crée la communauté d'intérêts » (MM. Fallex et A. Mairey).

Tunisie.

La Tunisie prolonge l'Algérie; elle occupe une position admirable au nord de l'Afrique, commandant le passage du bassin occidental au bassin oriental de la Méditerranée.

Géographie physique. — La Tunisie est séparée en deux régions par les monts de *Zengitane* : le *Tell* au Nord et la *steppe* au Sud.

Le *Tell* est coupé en deux par la rivière *Medjerda*. Le *Tell septentrional* borde la mer; le *Tell méridional* est un enchevêtrement de plaines, de plateaux et de montagnes.

Dans la *Steppe* l'altitude faiblit et descend jusqu'à la dépression des Chotts (ouest de Gabès).

Climat. — *Le Tell* est une région pluvieuse, la *Steppe* est *sèche*.

Hydrographie. — Dans le Tell, la *Medjerda* et son affluent la *Mellègue*; dans la Steppe, les cours d'eau se perdent dans des étangs.

Côte. — La Tunisie a deux fronts sur la mer : la côte Nord et la côte Est, séparées entre elles par le cap Bon.

Sur la côte Nord : *Bizerte*, la meilleure rade de la Méditerranée. La France y a établi un double port de guerre et de commerce.

Tunis et son golfe.

Sur la côte Est : *Hammamet*, *Sousse*, *Sfax* et *Gabès* au fond du golfe du même nom.

Ressources minérales, végétales et animales. — Comme l'Algérie, la Tunisie a les ressources des pays méditerranéens.

Les *ressources minérales* consistent en *phosphates*, les plus importants du monde, en fer, zinc, plomb et manganèse.

La houille manque.

Les ressources végétales varient avec le climat et l'altitude, dans le Nord le chêne-liège et le chêne zéen dominent, dans le Centre c'est le domaine des céréales et de la vigne, au sud l'alfa et l'olivier, et plus au sud de nombreux oasis.

Les ressources animales sont les mêmes qu'en Algérie.

GOUVERNEMENT ET ADMINISTRATION. — La Tunisie est gouvernée par le bey de Tunis, sous le protectorat de la France, représentée par un résident général, avec l'aide de fonctionnaires français et sous la garantie d'un corps d'occupation.

POPULATION. — La Tunisie a une population d'environ 2 millions d'habitants comprenant, comme en Algérie, des indigènes, des français et des étrangers.

Les *indigènes* — 1.800.000 environ — se divisent en Kabyles, Arabes, Maures et Israélites. Ils se sont très bien accommodés de la tutelle des *Roumis*, aussi les progrès de la civilisation sont-ils plus sensibles qu'en Algérie.

Les Européens, 130.000, environ — dont à peu près la moitié d'Italiens; 40.000 Français et Maltais et le reste d'immigrants.

Villes. — Les villes tunisiennes ont un caractère particulier, elles sont doubles : arabe et européenne. Deux civilisations sont ainsi juxtaposées, chacune jouissant des avantages de l'autre.

Tunis, à 31 heures de Marseille, est la troisième ville de l'Afrique pour sa population (200.000), après le Caire et Alexandrie. Dans cette ville tout un quartier est réservé aux juifs, aussi Tunis est, après Constantinople et Salonique, le troisième centre israélite de la Méditerranée.

Tunis est le débouché de toute la région du Tell.

Bizerte (18.000 habitants), grand port de guerre; *Ferryville*, port de commerce.

Sousse, port de la Tunisie du Centre; *Kairouane*, ville sainte des musulmans; *Sfax* (70.000), le grand port de la Tunisie du Sud, en raison des phosphates; *Gabès*, oasis au bord de la mer.

AGRICULTURE. — On a appliqué en Tunisie les procédés de la grande culture, aussi les résultats sont-ils des plus brillants.

Le *blé* et *l'olivier* sont les deux principales cultures; le blé est cultivé dans le Nord, l'olivier dans le Sud.

La vigne, les cultures maraîchères, les fruits (amandes, abricots, poires, pêches, oranges, citrons, mandarines) dans le Nord-Est; les dattiers dans les oasis; le chêne-liège dans le Nord.

L'élevage est également localisé suivant le climat. On

rencontre : le porc, le bœuf, le cheval, le mulet, le mouton, l'âne, le chameau.

Les *pêcheries* ont une grande importance; on trouve l'anchois, la sardine, la langouste, la crevette, le thon, les éponges, le corail.

INDUSTRIE. — Comme en Algérie, la houile et l'eau manquant, la grande industrie manufacturière ne s'est pas développée en Tunisie. Les Européens ne traitent que les produits agricoles : minoterie, vinification, huilerie, savonnerie, distillerie de fleurs.

Par contre, l'industrie minière s'est développée d'une façon considérable et fait de la Tunisie un des grands producteurs miniers du monde : les *phosphates* viennent en première ligne, puis le fer avec 4 grands gisements, le zinc, le plomb, le manganèse.

Les marbres de Chemtou.

On trouve également des salines et des eaux minérales.

Voies de communication. — Les voies ferrées ont été tracées en suivant les vallées, mais en raison de l'essor prodigieux de la Tunisie, des voies transversales vont relier toutes ces différentes lignes entre elles.

Les routes sont très belles, il va en être édifié de nouvelles.

Commerce. — Il a atteint en 1910 225 millions de francs.

Les exportations consistent en produits agricoles, miniers et de pêche; les importations en tissus, machines, farines, denrées coloniales et houille.

Maroc.

Par ses possessions dans le Nord de l'Afrique, la France est la grande puissance musulmane du Nord du continent africain. Formant avec l'Algérie et la Tunisie un tout géographique, le Maroc ne pouvait échapper à la domination de la France. Ce pays n'est pas ce qu'on peut appeler un Etat, c'est un ramassis de tribus n'ayant comme lien que la communauté de religion. Cette situation anarchique ayant compromis la sécurité de notre frontière, et celle des étrangers établis à l'intérieur du pays, la France, par l'acte d'Algésiras, a été chargée d'assurer la police au Maroc. Ainsi se trouve posé le problème des relations entre la civilisation européenne et la civilisation musulmane : tout fait espérer qu'elles se pénétreront et s'harmoniseront pour le plus grand bien de la civilisation.

Afrique occidentale et Afrique équatoriale.

La France occupe dans l'ouest et le centre de l'Afrique un ensemble de régions groupées sous les noms d'Afrique occidentale française et d'Afrique équatoriale française.

Afrique occidentale française.

Elle comprend cinq colonies : *Sénégal, Haut-Sénégal et Niger, Guinée, Côte d'Ivoire* et *Dahomey*.

Ces colonies, d'abord isolées, ont été réunies en un gouvernement général de l'Afrique occidentale française dont la capitale est *Dakar*, dans le Sénégal. Le gouverneur général a sous ses ordres les lieutenants-gouverneurs des cinq colonies, le commissaire du territoire civil de *Mauritanie*, et le commandant du territoire militaire du *Niger*.

Relief. — On remarque les massifs du *Fouta-Djalon* et de *Nimba*.

Climat. — Pays de mousson, en été le vent souffle de la mer vers l'intérieur et apporte la pluie; en hiver c'est l'inverse, il apporte la sécheresse.

Hydrographie. — Les cours d'eau ont un régime tropical, c'est-à-dire des crues périodiques alternant avec de basses eaux. Des chutes entravent la navigation.

Les principaux cours d'eau sont : le *Niger*, le *Sénégal*, la *Gambie*.

Population. — Environ 9 millions d'habitants. Les races sont très nombreuses et extrêmement mélangées. Elles sont toutes d'une paresse extrême; ce défaut est un sérieux obstacle à notre influence.

Villes. — Colonie du Sénégal.

Dakar, résidence du gouverneur général; port de commerce le mieux outillé de toute l'Afrique de l'ouest, point d'appui pour notre flotte de guerre.

Saint-Louis, port, exporte les gommes à Bordeaux.

Rufisque, marché des arachides.

Colonie du Haut-Sénégal et Niger.

Bamako, chef-lieu de la colonie.

Kayes, point de jonction de plusieurs voies ferrées.

Tombouctou, autrefois centre commercial, métropole religieuse et ville lettrée des peuplades du Niger.

Colonie de Guinée. — Les deux villes principales sont *Konakry*, sur la côte, port créé récemment et déjà prospère et *Timbo*, dans l'intérieur, au centre du Fouta-Djallon. Une voie ferrée unit *Konakry* à *Timbo*.

Colonie de la Cote d'Ivoire. — Etablissements qui ont

peu d'importance. *Bingerville* est le chef-lieu; villes principales : *Grand-Bassam*, *Port-Bouet* et *Kong*.

COLONIE DU DAHOMEY. — Région riche et bien exploitée. *Porto-Novo* a de nombreuses factoreries. *Kotonou*, centre principal du commerce, est à la tête d'une voie ferrée. *Abomey* fut la capitale du dernier roi dahoméen.

TERRITOIRE CIVIL DE LA MAURITANIE. — Ce territoire, situé au nord du bas Sénégal, a son centre principal dans le *Tagant*.

TERRITOIRE MILITAIRE DU NIGER. — Ce territoire s'étend de la rive gauche du Niger moyen au lac Tchad. Le chef-lieu en est *Zinder*, villes principales *Agadès* et *Bilma*.

L'Angleterre nous a cédé les deux enclaves de *Badjibo* et de la rivière *Forcados*, sur le bas Niger.

COMMERCE. — L'Afrique occidentale est une colonie d'exploitation et de pénétration. En raison de son climat débilitant, on ne peut compter que sur la culture indigène.

La région du Sénégal fournit deux grands produits : la gomme et l'arachide.

La région du Niger a des cultures variées : orge, mil, sergho, tabac, maïs. On élève des bœufs, des chèvres et de la volaille. Le mouton sans laine a été remplacé par le mouton à laine. Le cotonnier est l'objet d'une culture rationnelle. Si l'essai réussit, la France pourra se passer des Etats-Unis.

Le riz se cultive dans les alluvions du Niger.

La région forestière fournit le caoutchouc, les bois de construction et d'ébénisterie, l'huile et l'amande de palme.

Des pêcheries ont été créées sur la côte de Mauritanie.

Résumé. — L'Afrique occidentale française est appelée à devenir un des plus beaux domaines coloniaux de la France. Elle est en ce moment en plein essor économique. Si les essais d'élevage du mouton réussissent, l'exploitation de la laine pourra se faire en grand comme en Amérique, et la France ne sera plus tributaire de l'étranger pour cet article.

Afrique équatoriale francaise.

Cette région comprend un ensemble de territoires immenses qui s'étendent de l'embouchure du Congo au lac Tchad. Elle est limitée à l'Est par le Congo belge, à l'Ouest par le *Cameroun allemand* (1).

(1) Le traité du 4 novembre 1911 cède à l'Allemagne deux bandes de territoire qui lui permettent, à travers le Congo français, d'at-

RELIEF. — Sur la côte, les monts de Cristal, que les fleuves descendent par des rapides ou des cascades.

CLIMAT. — Au nord, dans la région du Tchad, c'est le climat saharien; au centre, dans le Chari et le Soudan, une saison sèche et une saison pluvieuse, c'est la région tropicale; au sud, c'est la région équatoriale caractérisée par une chaleur uniforme, pénible et débilitante pour l'Européen, et par des pluies intenses qui tombent toute l'année.

HYDROGRAPHIE. — Les principaux fleuves côtiers sont l'*Ogooué*, le *Congo* et ses affluents, l'*Oubangui* et la *Shanga*, admirable voie navigable jusqu'à *Bangui*.

Le Chari est un grand fleuve de plaine, ses crues inondent des espaces immenses, il se verse par un delta fangeux dans le lac Tchad.

Le Bahr-el-Ghazal et le *Tchad* sont de grands lacs qui se dessèchent chaque année. Ils ne présenteront bientôt plus qu'un fond sablonneux.

POPULATION. — La population ne peut être dénombrée exactement, on l'évalue à 10 millions; elle se compose de nègres, les uns sont mous, indolents et anthropophages, d'autres sont des pêcheurs et chasseurs féroces, d'autres sont agriculteurs sédentaires, d'autres sont des nomades, pasteurs et guerriers.

GOUVERNEMENT ET VILLES. — L'Afrique équatoriale française forme un gouvernement général comprenant trois colonies :

1° *Le Gabon*, capitale *Libreville*, sur la côte, et *Franceville*, près des sources de l'Ogooué;

2° *Le Congo*, capitale *Brazzaville*, sur le Congo, et *Fort Crampel*, sur la route du Congo au Tchad;

3° *L'Oubanghi-Chari-Tchad*, divisé en 2 circonscriptions, l'*Oubanghi-Chari*, capitale *Bangui*, et le territoire militaire du *Tchad*, où l'on distingue le *Baguirmi* et le *Ouadaï*, dont la capitale, *Abecher*, a été occupée en 1909.

COMMERCE. — En raison de son climat rude et excessif, le Congo ne peut être qu'une colonie d'exploitation. Le caoutchouc et l'ivoire sont les deux principaux produits du Congo. On trouve également le palmier à huile, des bois d'ébénisterie (ébène et acajou).

Dans le Chari, on trouve de grandes plaines de sorgho, de mil, de sésame et d'arachides.

On nourrit des troupeaux de moutons, de volailles et on élève l'autruche.

---

teindre l'une le Congo en longeant la Sangha, l'autre l'Oubanghi par le Lobay. L'Allemagne reçoit également une bande de terrain prélevée sur la partie nord du Congo. Elle cède à la France le terrain qu'elle possédait entre le Logoué et le Chari et lui cède à bail à travers son territoire du Cameroun une ligne d'étapes permettant d'atteindre le Bénoué et par là le Niger.

Le sol défriché convient au cacao, à l'ananas, au café, à la vanille.

On extrait du cuivre et du zinc à Brazzaville.

Manquant de voies de communication, toute cette région est encore loin d'atteindre son plein développement; les rivières ne sont pas navigables, les routes n'existent pas, les chemins de fer sont en voie de construction et de plus la sécurité du pays n'est pas encore assurée. Mais dès que les voies ferrées seront construites, que l'on pourra atteindre facilement le Congo et le Tchad, l'Afrique équatoriale française deviendra une grande colonie de rapport.

Afrique orientale française.

Au XVIIe siècle, la route de l'Inde passait par le Cap. En raison de la longueur du voyage, des moyens de transport peu perfectionnés, on ne pouvait atteindre l'Inde sans faire escale, aussi les grandes puissances s'étaient-elles emparées de points sur les côtes pour en faire des ports de ravitaillement, c'est ainsi que la France fonda des comptoirs à Madagascar. Mais lorsque le canal de Suez fut conçu et que la route de l'Inde allait passer par la mer Rouge, il fallait sans tarder occuper de nouveaux points si on voulait avoir un port de ravitaillement; la France s'empara d'Obock sur la côte de Somalie, au carrefour de la Méditerranée et de l'Océan. C'est là l'origine de nos colonies dans cette partie de l'Afrique.

La Somalie.

La Somalie est une colonie de pénétration. Cette colonie n'a, par elle-même, aucune valeur; elle présente deux grands avantages : 1° elle forme une bonne escale pour nos lignes de navigation et un point d'appui de notre flotte de guerre sur la route des Indes, de l'Extrême-Orient, de Madagascar et de l'Australie; 2° elle est un des meilleurs points où aboutissent les caravanes venant de l'Ethiopie.

La Somalie est située à la sortie de la mer Rouge, en face la colonie anglaise d'Aden.

La capitale est *Djibouti*, le port le plus important de la région qui a remplacé *Obock*.

Un chemin de fer est en construction pour relier *Djibouti* à *Addis-Ababa*, la capitale de l'Ethiopie.

Par Djibouti, l'Ethiopie fera ses importations et ses exportations. On peut prédire à ce port un rapide essor; il sera une grande source de richesse pour la France.

Madagascar.

Madagascar est une grande île de l'océan Indien. Elle est séparée de l'Afrique australe par le canal de Mozambique. Sa superficie égale celle de la France, de la Belgique et de la Hollande réunies.

RELIEF. — Le relief est accidenté. Il est formé par une ligne de massifs et de plateaux qui s'allongent du sud-ouest au nord-ouest. Au nord, la montagne d'Ambre, au centre le massif de l'Ankaratra; au sud, le mont Antandroy. Les volcans sont nombreux, aussi l'île est-elle encore secouée par de fréquents tremblements de terre, si bien que les indigènes s'imaginent qu'elle repose sur le dos d'une baleine.

Toute cette région de massifs domine, en abrupt, une étroite plaine côtière à l'est; à l'ouest elle s'abaisse en pente douce vers la mer. C'est de ce côté que coulent les principales rivières.

CLIMAT ET VÉGÉTATION. — Le climat est très variable suivant la contrée. Il est chaud et humide dans la région côtière, dans les hautes régions de l'intérieur, il est relativement sec, frais et salubre.

HYDROGRAPHIE. — Les cours d'eau de l'est ont tout au plus une trentaine de kilomètres, ils sont coupés de chutes. Ce sont : le *Mangoro* et le *Mananara*. Ceux de l'ouest sont beaucoup plus longs, les principaux sont le *Betsiboka*, grossi de l'*Ikopa* qui arrose la haute plaine de Tananarive, et le *Mangoka*.

CÔTES. — Elles sont presque partout alluviales, basses, bordées de lagunes, assez pauvres en bons ports, surtout à l'est où la côte est rectiligne et basse. Les principaux sont ; *Fort-Dauphin*, rade très sûre; *Tamatave* a un mouillage médiocre; *Diégo-Suarez* occupe une situation stratégique de premier ordre, c'est notre grand arsenal sur l'océan Indien.

Nossi-Bé et *Majunga* ont de belles rades, *Tuléar* est un bon port.

POPULATION. — La population est relativement peu nombreuse, elle ne dépasse pas 2.700.000 habitants dont 20.000 Européens. Les indigènes se divisent en noirs (Sakalaves, Betsiléos, etc.) et en jaunes (Hovas — prononcez Houves).

Les Hovas gouvernaient le pays avant la conquête française. Ils ont autant d'aptitudes pour le travail de la terre que pour le commerce. Ils sont le principal obstacle que rencontre notre colonisation.

ADMINISTRATION. — En 1896, deux ans après la prise de Tananarive; le protectorat prit fin et l'île fut déclarée colonie française. Elle est administrée par un gouverneur général et divisée en provinces civiles et en cercles militaires correspondant aux diverses peuplades.

VILLES. — *Tananarive* (60.000 habitants), sur le plateau de l'Imerina, d'où les Hovas dominaient tout le pays comme d'une forteresse, est maintenant une ville européenne, elle a des écoles, une cathédrale, un théâtre, un vélodrome, etc.

Les autres villes sont des ports : *Tamatave*, 12.000 habitants, en relations régulières avec la Réunion et l'Europe; *Diégo-Suarez*, station navale de premier ordre; *Majunga*, *Tuléar* et *Fort-Dauphin* qui dessert une région fort riche en caoutchouc.

Depuis 1896, Madagascar s'est transformée par la construction de routes, canaux et voies ferrées, ainsi que par l'établissement d'exploitations agricoles ou industrielles de jour en jour plus nombreuses.

En raison de son climat rude sur les côtes, Madagascar ne deviendra une colonie de peuplement que dans les hautes régions de l'intérieur; mais elle peut devenir une colonie d'exploitation.

CULTURES. — Les ressources végétales sont très variables suivant l'altitude. La grande culture est celle des rizières. On y acclimate le mûrier et le caféier. On commence à exploiter les forêts : l'ébène, l'acajou, le raphia. La liane à caoutchouc abonde.

L'élevage, celui notamment du bœuf à bosse, a pris un très grand développement.

INDUSTRIE. — Les richesses minérales sont encore incomplètement explorées, elles paraissent très importantes. Madagascar recèle de riches gisements d'or à *Suberbieville*; de fer, de cuivre et d'étain à *Diégo-Suarez*.

Diégo-Suarez a d'importantes salines.

Les industries européennes sont encore dans l'enfance, mais les industries indigènes, grâce à l'enseignement professionnel, produisent déjà de très beaux articles (chapeaux de Panama, dentelles, broderies sur soie, bibelots en bois, etc.).

COMMERCE. — Des routes carrossables ont déjà remplacé les anciennes pistes, Tamatave et Tananarive sont reliées par un chemin de fer, mais au point de vue commercial, c'est insuffisant. De plus la colonie est trop peu peuplée et la main-d'œuvre fait souvent défaut.

La majeure partie du commerce se fait avec la France; les plus importants articles d'exportation sont : l'or, le caoutchouc, les bœufs, les peaux, les chapeaux de paille. Elle importe des tissus, des vins et des machines.

Les progrès réalisés depuis l'annexion sont suffisants pour autoriser de belles espérances.

Les Comores.

En 1908, les Comores, colonies françaises, ont été rattachées au gouvernement général de Madagascar, tout en conservant leur autonomie administrative et financière.

L'archipel comprend quatre îles : *Mayotte*, *Anjouan*, *Mohéli* et *Grande Comore* qui produisent de la vanille et renferment des plantations de cannes à sucre.

La population est d'environ 85.000 habitants.

L'archipel des *Glorieuses* est également français.

La Réunion.

C'est l'ancienne île Bourbon. Grâce à l'humidité et à la chaleur, la végétation est splendide. Les plantations les plus propices sont la canne à sucre et la vanille. Dans les forêts, on trouve du bois pour l'ébénisterie.

La population est de 180.000 habitants, elle vit surtout dans les villes. Celles-ci sont bâties sur le pourtour de l'île. Les principales sont : *Saint-Denis* sur la côte Nord, *Saint-Pierre* sur la côte Sud. Une voie ferrée fait le tour de l'île.

Le commerce de la Réunion, très florissant vers 1860, a baissé considérablement depuis; 1910 marque un relèvement appréciable; il faut espérer que c'est le début d'une ère de prospérité.

Nouvelle-Amsterdam — Saint-Paul et Kerguelen.

Sont des îlots perdus dans l'océan Indien, les oiseaux de mer y pullulent, on y pêche la morue, la langouste et la baleine. Ces îlots peuvent former d'excellents dépôts de charbon.

A *Kerguelen* une société a établi des établissements permanents pour la pêche de la baleine, du homard, du phoque; elle se propose d'élever le mouton.

L'île possède du charbon et peut-être du pétrole.

LA FRANCE EN ASIE

Inde française.

Au début du XVIIIe siècle, la France fonda un grand empire dans l'Inde. Depuis elle l'a perdu presque complètement, à l'exception de cinq territoires sans grande importance enclavés dans l'empire des Indes anglaises qui ne comptent que 300.000 habitants. Ce sont : *Pondichéry*, grande place de commerce, qui exporte des huiles d'arachides et des tissus de coton bleu appelés guinées; *Karikal*, *Yanaon*, *Chandernagor* et *Mahé*.

Indo-Chine.

La France a réparé, en partie, la perte de l'Inde en annexant la partie orientale de la presqu'île indo-chinoise qui forme aujourd'hui l'Indo-Chine française, composée de quatre pays qui sont, du nord au sud : le *Tonkin*, l'*Annam*, le *Cambodge* et la *Cochinchine*.

Relief. — On distingue : les plateaux tourmentés du Haut-Laos et du Haut-Tonkin; la Cordillière annamitique qui serre de près la côte et s'étale à l'ouest en plateaux peu fertiles; les deltas du Bas-Tonkin et de la Cochinchine, d'étendue relativement restreinte, sont très fertiles et d'une prodigieuse richesse.

Climat. — L'*Indo-Chine* a un climat de mousson. La Cochinchine et le Cambodge, plus voisins de l'équateur, ont un climat nettement tropical, en tout temps chaud et humide; les pluies sont très abondantes pendant huit mois de l'année.

L'*Annam* a des pluies beaucoup plus fortes.

Le *Tonkin*, plus près du tropique, a une saison sèche et fraîche.

Hydrographie. — Les fleuves ont un régime tropical, crues en été et basses eaux en hiver. Ils sont en outre coupés de rapides qui gênent la navigation.

Le Mékong limite à l'ouest l'Indo-Chine française, il est navigable pendant la saison des hautes eaux sur une partie de son cours.

Le *Song-Koï* ou *fleuve Rouge*, qui naît en Chine sur les plateaux du Yunnam, traverse le Tonkin.

Côte. — La côte est basse et marécageuse, aussi n'y rencontre-t-on pas de bons ports. A citer cependant le port commercial et militaire de *Saïgon*, les belles rades de *Kam-ranh*, de *Hon-Kohé*, de *Qui-nhon* et surtout de *Tourane*. *Haïphong* a nécessité de grands travaux. La baie de *Kouang-Tcheou* est comparable à celle de Brest, elle constitue le seul port accessible aux grands navires marchands.

VIE VÉGÉTALE ET ANIMALE. — Bien arrosée, humide et chaude, formée de terres alluviales, l'Indo-Chine française a une végétation luxuriante et par suite des ressources naturelles fort riches.

Dans les forêts, on rencontre : le bambou, arbre qui sert à tous les usages; le teck qui fournit le bois des constructions navales; l'arbre à cachou, l'arbre à vernis, l'arbre à huile, le bois de fer, le bois d'aigle au parfum délicieux.

Le riz est la grande culture du pays, c'est le riz qui donne à l'Indo-Chine sa physionomie propre. On cultive encore la canne à sucre, le café, le thé, le tabac, le mûrier, etc.

La faune est également extrêmement riche. On rencontre l'éléphant, le tigre, le léopard, la panthère, le sanglier, les singes, le perroquet, etc.

Le poisson abonde dans les eaux douces comme dans les eaux salées.

Les animaux domestiques sont : le buffle, les porcs, les poules, les canards et les pigeons.

POPULATION. — L'Indo-Chine française renferme une population d'environ 20 millions d'habitants.

Les habitants appartiennent à deux grandes races : la race *annamite* qui domine au nord et à l'est, race jaune très civilisée, ayant beaucoup de rapports avec la civilisation chinoise; la *race cambodgienne*, qui domine au sud-ouest, race jaune, également civilisée, mais se rapprochant beaucoup plus des hindous.

Depuis la conquête, les Chinois se sont insinués partout et ont accaparé le commerce. Les Japonais s'infiltrent également depuis leurs derniers succès.

Les Français ne sont pas plus de 15.000. L'Indo-Chine, en raison de son climat, ne peut être qu'une colonie d'exploitation et de pénétration et non de peuplement, aussi les Français, s'ils veulent réussir, doivent-ils se faire les directeurs et les éducateurs des indigènes et les développer dans « le plan de leur propre civilisation ».

ADMINISTRATION. — C'est en 1887 que l'Indo-Chine française a été organisée. Elle comprend deux colonies : *la Cochinchine* et le *Tonkin*, trois pays de protectorat, le *Cambodge*, l'*Annam*, le *Laos*, et un territoire, *Kouang-Tcheou*. Un gouverneur général, résidant à Hanoï, administre toute cette région. Il a sous ses ordres un lieutenant-gouverneur en Cochinchine et des résidents supérieurs au Cambodge, en Annam, au Tonkin et au Laos.

COCHINCHINE. — *Saïgon*, la capitale (50.000 habitants), est un port de commerce, en même temps qu'un point d'appui pour notre flotte de guerre. Saïgon est une ville européenne.

Cholon (160.000 habitants), ville chinoise, expédie du riz.

CAMBODGE. — Au nord-ouest de la Cochinchine. A pour capitale *Pnom-Penh* (50.000 habitants), simple ville de paillotes.

ANNAM. — C'est la région la plus pauvre et la moins peuplée relativement. La capitale, *Hué* (50.000), est en même temps que la ville officielle un centre de commerce. Un chemin de fer la relie au port de *Tourane*.

TONKIN. — Il compte 12 millions d'habitants groupés dans le delta; la population y est si nombreuse qu'on n'y trouve pas moins de 400 habitants en moyenne par kilomètre carré. Les principales villes sont : *Hanoï* (150.000 habitants); l'occupation française l'a complètement transformée; *Haïphong*, port où aboutissent les paquebots, *Namdinh*, le plus gros marché de riz. *Laokay* est à l'entrée du Yunnan; *Langsón*, surveille la vallée du Sikiang.

LAOS. — *Ventiane* est la capitale.

KOUANG-TCHÉOU. — Port franc, régulièrement desservi par deux compagnies françaises de navigation.

CULTURES. — L'Indo-Chine est une contrée essentiellement agricole. Le riz est la grande richesse du pays, puis après vient le poivre.

La colonisation européenne s'efforce de cultiver et de mettre en valeur les ressources variées qu'offre l'Indo-Chine : café, thé, tabac, canne à sucre, maïs, manioc et plantes maraîchères, coton, jute, abaca ou chanvre de Manille, mûrier, arachides, cocotiers, sésame, ricin.

Les forêts donnent des plantes à caoutchouc, le teck qui sert aux constructions navales, le bambou et les arbres à gomme laque.

ELEVAGE. — N'a qu'une importance secondaire, les indigènes ayant une nourriture presque exclusivement végétale.

PÊCHE. — Est d'une importance vitale.

INDUSTRIE. — L'industrie minière se borne à l'exploitation de la houille, quoiqu'on ait reconnu l'existence de plomb, d'étain, d'or et d'argent.

Les industries indigènes produisent des objets d'utilité et des objets de luxe.

Des usines modernes s'installent partout : filatures de coton, ateliers de construction, briqueteries, brasseries, distilleries, glace artificielle, etc.

COMMERCE. — L'Indo-Chine ne donnera son plein rendement que lorsque les moyens de transport seront très développés. Les fleuves, dans leur partie navigable, rendent de très grands services. De nombreux chemins de fer sont en construction; ils doivent unir les différentes parties de l'Indo-Chine et pénétrer en Chine; les tramways ont pris une très grande extension.

Le commerce atteint 500 millions, il se fait surtout avec l'Extrême-Orient.

L'exportation consiste en riz, en poisson séché, en poivre, en houille, en coton.

L'importation consiste en métaux — rails et machines — et en tissus.

L'Indo-Chine est la plus florissante de nos colonies tropicales. La domination de la France — en raison de la proximité de la Chine et du Japon, du développement intellectuel des indigènes — pourrait être mise en péril, si cette nation ne savait se faire profondément aimer.

LA FRANCE EN AMÉRIQUE

La France eut en Amérique de grandes colonies : le Canada, la Louisiane, et la plupart des petites Antilles. Ce vaste domaine, très florissant au début du XVIIIe siècle, fut presque complètement perdu au milieu du même siècle. Il ne nous reste aujourd'hui que quelques possessions qui sont : les îles *Saint-Pierre* et *Miquelon*, les *Antilles françaises* (la *Guadeloupe* et la *Martinique*) et la *Guyane française*.

SAINT-PIERRE ET MIQUELON. — Ce sont deux îlots voisins situés aux environs de Terre-Neuve. Le climat est très brumeux, le sol stérile, mais les morues abondent dans ces parages.

La population est de 6.500 habitants, presque tous pêcheurs. *Saint-Pierre* est la ville principale.

Ces deux îlots servent surtout de ports de relâche aux bateaux flamands, normands et bretons qui viennent en été pêcher la morue. Bien prospère avant 1904, le commerce diminue de jour en jour, par suite de la convention franço-anglaise de 1904, et de l'émigration de la morue.

ANTILLES FRANÇAISES. — La *Guadeloupe* et ses dépendances (les *Saintes*, *Marie-Galante*, la *Desirade*, *Saint-Barthélémy*) et la *Martinique*.

Toutes ces îles ont une structure volcanique et un climat tropical maritime.

La *Guadeloupe* est formée de deux masses reliées par un isthme étroit. A l'ouest, c'est la *Basse-Terre*, à l'est, la *Grande-Terre*. La ville de *Basse-Terre*, dans la première, est le siège du gouvernement; *Pointe-à-Pitre*, dans la seconde, est un des ports les plus beaux et les plus fréquentés des Antilles.

La *Martinique* est essentiellement volcanique. Son volcan principal, la *Montagne Pelée*, causa en 1902 d'épouvantables ravages.

Dans les deux îles, la végétation est splendide, la forêt prédomine (bois de campêche). Le sol, très fertile, se prête aux cultures tropicales : café, cacao, patate, bananes, oranges et fruits variés. La population est très dense : 190.000 habitants dans la Guadeloupe, soit 102 habitants par kilomètre carré; 180.000 dans la Martinique, soit 193 par kilomètre carré.

La grande production est la canne : elle donne naissance à l'industrie du sucre, du rhum et du tafia.

Guyane française. — C'est notre seule possession de terre ferme en Amérique. Elle est située dans l'Amérique du Sud, près du Brésil.

Son climat est très chaud, très humide et malsain, comme tous les climats équatoriaux.

Tout le pays est couvert par la forêt tropicale. Les fromagers, les manguiers, les arbres à caoutchouc, les palmiers, les bois de charpente, de construction navale, de menuiserie et d'ébénisterie (acajou, palissandre, ébène, bois de rose) abondent.

La vie animale se développe avec la même exubérance. Ce sont les oiseaux et les insectes qui sont les plus nombreux.

La Guyane a 30.000 habitants environ. Elle a pour capitale *Cayenne*, port perdu au milieu des Manguiers et des Cocotiers.

La colonie pénitentiaire a son centre à *Saint-Laurent-du-Maroni.*

La Guyane possède des gisements minéraux, notamment des sables aurifères, qui offrent de grandes ressources.

La Guyane, en raison de son climat, ne peut être qu'une colonie d'exploitation.

LA FRANCE EN OCÉANIE

Grâce à ses explorateurs, *Bougainville, La Pérouse, Dumont d'Urville*, la France a contribué pour une part importante à la reconnaissance des nombreuses îles de l'Océanie. Aussi possède-t-elle dans cette partie du monde un certain nombre de petits archipels : la *Nouvelle-Calédonie* avec ses dépendances, *l'île des Pins*, les îles *Loyauté*, les *Nouvelles-Hébrides*, etc.; dans la *Polynésie*, les *îles de la Société*, les *Marquises*, les *Touamoiou*, les *Gambier*, les *Toubouaï* qui forment les établissements français de l'Océanie, enfin l'îlot de *Clipperten*.

NOUVELLE-CALÉDONIE. — Ile montagneuse, dominée par le mont Humboldt, n'a ni grande vallée, ni rivière navigable. L'île est entourée de coraux.

La Nouvelle-Calédonie a un climat très salubre et par suite très favorable au peuplement européen.

La vigne, le café, la canne à sucre, le maïs, sont cultivés avec succès.

L'élevage y est facile, on compte au moins 70.000 têtes de gros bétail.

Le sous-sol est riche en houille et en minerai : le fer abonde, le cuivre, le charbon, mais c'est le nickel, le chrome et le cobalt qui constituent actuellement la production minière de l'île.

La population (52.000 habitants) comprend deux éléments : 1° les indigènes appelés canaques; 2° des Français, parmi lesquels il faut compter 10.000 déportés, condamnés de droit commun, la Nouvelle-Calédonie étant une colonie pénitentiaire.

Le chef-lieu de l'île est *Nouméa* (4.000 habitants), où se trouve le principal bagne, sur une belle rade.

ÉTABLISSEMENTS FRANÇAIS DE L'OCÉANIE. — Le groupe principal est celui des îles de la Société qui comprend plusieurs îles, dont deux groupes principaux.

Tahiti, île montagneuse, d'origine volcanique, au climat délicieux, au sol très fertile, a pour capitale Papeiti.

Les *Marquises* également volcaniques.

Les indigènes qui peuplent ces îles sont des *Maori*, race belle, intelligente, mais paresseuse.

Le cocotier, la vanille, le café, la canne à sucre sont à peu près les seuls produits de ces îles.

Les perles, la nacre, les tresses de paille sont des sources de richesse pour le pays.

L'îlot de Clipperten sur les routes de Panama peut présenter, lorsque le canal sera achevé, dans l'avenir, un intérêt particulier.

QUESTIONNAIRE

Comment s'étend le commerce de la France dans les autres parties du monde?
Qu'est-ce qu'une colonie?
Qu'est-ce qu'un pays de protectorat?
Quels avantages retire-t-on des colonies?
Comment se divisent les colonies?

Où est située l'Algérie?
Parlez de son relief, de son climat, de ses cours d'eau.
Quelles sont les ressources que l'on y rencontre?
Comment est gouvernée et administrée l'Algérie?
Que comprend la population d'Algérie?
Quelles sont les principales villes?
L'Algérie est-elle un pays agricole?
Pourquoi l'industrie est-elle peu développée en Algérie?
Quels sont les principaux produits d'importation et d'exportation?
Quel est l'avenir de l'Algérie?

Quelle est la situation de la Tunisie?
Parlez de son relief, de son climat, de ses cours d'eau.
Comment peut-on diviser la côte?
Quelles sont les ressources minérales, végétales et animales?
Comment est gouvernée et administrée la Tunisie?
Que comprend la population de la Tunisie?
Quelles sont les principales villes?
Parlez de son agriculture, de son industrie et de son commerce.

Que savez-vous du Maroc?

La France a-t-elle d'autres possessions en Afrique.
Que comprend l'Afrique occidentale française?
Parlez du relief, du climat, des cours d'eau.
Que comprend la population?
Quelles sont les principales villes?
Parlez du commerce.
Quel est l'avenir de cette région?

Que comprend l'Afrique équatoriale française?
Parlez du relief, du climat, des cours d'eau.
Que comprend la population?
Quelles sont les principales villes?
Parlez du commerce.
Quel est l'avenir de cette région?

Que savez-vous de la Somalie?
Où est située Madagascar et quelle est son étendue?
Parlez de son relief, de son climat, de ses cours d'eau.
Quels sont les principaux ports de l'île?
Que comprend la population?
Comment l'île est-elle administrée?

Quelles sont les principales villes?
Parlez de son commerce, de son industrie et de son agriculture.

Que savez-vous des Comores? de la Réunion? de la Nouvelle-Amsterdam, de Saint-Paul et de Kerguélen?

Quelles sont les colonies françaises en Asie?
Que savez-vous des possessions qui nous restent dans l'Inde?
Quelle est la situation, l'étendue et l'importance de l'Indo-Chine française?
Parlez de son relief, de son climat, de ses eaux, de la côte.
Parlez de son agriculture et de sa faune.
Que comprend la population?
Comment la colonie est-elle administrée?
Quelles sont les principales provinces et villes?
Quelles sont les principales richesses de l'Indo-Chine?
Parlez de son industrie et de son commerce.
Quel est son avenir?

Quelles sont les colonies françaises en Amérique?
Que savez-vous sur Saint-Pierre et Miquelon?
Sur les Antilles françaises? Sur la Guyane française?

Quelles sont les colonies françaises en Océanie?
Que savez-vous sur la Nouvelle-Calédonie?
Quels sont les principaux établissements français en Océanie?

Ouvrages à consulter.

Notre empire colonial, par Busson, Févre et Hauser. — *Les conférences des S. A. G.*, par le chef de bataillon du génie Leroux. — *La France, puissance coloniale*, par H. Lorin. — *Les colonies françaises au début du* xx*e siècle. Doit-on aller aux colonies?* par R. Doucet. — *Les pratiques de la vie active*, par le colonel Royet. — *La colonisation chez les peuples modernes*, par P. Leroy-Beaulieu.

RÉSUMÉ DE LA GUERRE DE 1870 (1)

CAUSES. — En juillet 1870, la question se posa pour l'Espagne de rétablir la royauté. Mais qui nommer roi? La couronne fut offerte à un prince de la famille du roi de Prusse. Le gouvernement français déclara qu'il ne pouvait souffrir qu'un prince prussien régnât sur l'Espagne. Des négociations s'engagèrent entre les deux gouvernements et elles allaient aboutir si le chancelier allemand *Bismarck* n'avait pas fait publier une dépêche disant que le roi de Prusse avait refusé de recevoir l'ambassadeur français, ce qui était faux. Lorsque ce télégramme fut connu à Paris, il provoqua une explosion de colère parmi les représentants du pays. Malgré les sages paroles de quelques députés, — et en particulier de *Thiers*, — en faveur de la paix, la France déclara la guerre à la Prusse.

FORCES EN PRÉSENCE. — L'armée française, divisée en 8 corps d'armée, ne pouvait mettre en ligne, au début, plus de 200.000 combattants; les réserves n'étaient pas prêtes, et la garde mobile n'existait que sur le papier. Les troupes étaient disséminées sur toute la frontière Nord-Est et Est de la France.

Armes, vivres, munitions, objets de campement, outils, chevaux, tout manquait; aucun service n'était organisé; les corps ne savaient pas se garder. On ignorait tout de l'ennemi, par lequel on allait être partout surpris.

La Prusse mettait en ligne, dès le début, trois armées commandées par le général Steinmetz, le prince Frédéric-Charles et le prince royal de Prusse, sous la direction du roi Guillaume et de son chef d'état-major général, de Moltke. Ces trois armées formaient une masse de 400.000 hommes environ, avec 200.000 de renforts à portée, sans parler de la landwehr. Elles étaient bien groupées, abondamment pourvues de tout, couvertes par une excellente cavalerie.

OPÉRATIONS. — Les hostilités commencèrent par un engagement insignifiant à *Saarbruck*.

Le 4 août, la 3e armée allemande prend l'offensive à l'est des Vosges et bat une division française (Abel Douay) qui bordait la frontière aux environs de *Wissembourg*. L'Alsace est envahie.

Le 6 août, le corps d'armée du maréchal de Mac-Mahon

(1) Ce résumé n'est que le sommaire d'une conférence qui pourrait être utilement faite par les instructeurs aux candidats d'aptitude militaire.

fut le même sort à *Frœschwiller* (*Wœrth*). Les Français sont écrasés; les 8e et 9e cuirassiers se sacrifient pour couvrir la retraite qui se fait en débandade; on fuit au delà des Vosges, sans se préoccuper de défendre Strasbourg, sans faire sauter le tunnel de Saverne : l'Alsace est perdue.

Le même jour, sur l'autre versant des Vosges, le corps du général Frossard était battu sur les hauteurs de *Forbach* (*Spicheren*).

Ces défaites successives amenèrent la chute du ministère. Un autre ministère le remplaça et donna au maréchal Bazaine le commandement en chef. Après trois batailles sous Metz, livrées à *Borny*, *Rezonville* et *Saint-Privat*, batailles indécises dont Bazaine ne sut pas profiter, l'armée française fut enfermée dans Metz (18 août). L'armée allemande investit la place.

Après Wœrth, le maréchal de Mac-Mahon se replia sur Châlons, et ordre lui fut donné de se porter au secours de Bazaine enfermé dans Metz. Malheureusement, son armée marcha avec une lenteur qui permit aux Allemands de la gagner de vitesse, pour venir la surprendre à *Beaumont*, et la faire prisonnière à *Sedan* après une bataille inégale. Le 2 septembre, la capitulation de *Sedan* livra aux Allemands 1 maréchal de France, 39 généraux, 100.000 hommes, 10.000 chevaux, 650 pièces d'artillerie.

A la nouvelle de ce désastre, l'indignation fut universelle. Le gouvernement de Napoléon III fut renversé, l'impératrice prit la fuite. Le Corps législatif fut envahi par la foule et les députés républicains de la Seine (Jules Favre, Gambetta, Jules Ferry, etc.) formèrent le gouvernement de la Défense nationale sous la présidence du général Trochu.

Dans la plupart des villes, comme à Paris, le peuple se souleva et acclama la République.

Le nouveau gouvernement se donna pour tâche de sauver l'honneur national par une vigoureuse résistance à l'invasion. Notre situation était presque désespérée. Sollicitées par Thiers d'intervenir en notre faveur, les puissances étrangères ne voulurent rien faire.

En septembre 1870, nos armées régulières étaient captives ou bloquées. Nous n'avions plus guère que la garde nationale et la garde mobile, troupes sans expérience et presque sans armes. L'ennemi s'était porté de Sedan sur Paris et investissait la capitale.

C'est alors que le gouvernement envoya à Tours Léon Gambetta avec pleins pouvoirs pour le représenter dans les départements. Secondé par M. de Freycinet, il sut, en quelques semaines, à la grande surprise des Allemands, lever, équiper, armer d'énormes quantités de troupes sur la Loire, dans le Nord et dans l'Est de la France, pendant que continuait l'investissement de Metz, ainsi que les sièges de Strasbourg et Belfort.

Sous Metz. — Après plusieurs combats livrés sur la rive gauche de la Moselle, à *Servigny* et à *Noisseville*, et un dernier combat à *Ladonchamps* (27 septembre). Bazaine capitula (27 octobre), livrant à l'ennemi 3 maréchaux, 6.000 officiers, 170.000 soldats, 13.000 chevaux, 1.600 canons, 280.000 fusils et les drapeaux de l'armée.

Plusieurs drapeaux furent brûlés par leurs régiments. Bazaine se fit remettre tous les autres en trompant les chefs de corps : on devait, disait-il, les détruire à l'arsenal; il les remit aux Prussiens, et nos soldats, en partant en captivité, purent voir leurs drapeaux plantés devant la tente du prince Frédéric-Charles.

En 1873, Bazaine fut traduit devant un conseil de guerre. Condamné à la dégradation militaire et à la mort, il fut gracié et interné à l'île Sainte-Marguerite, d'où il s'évada.

Sur la Loire. — Le général d'Aurelles gagne la bataille de *Coulmiers* et reprend Orléans. Mais, Metz ayant capitulé, l'armée allemande qui assiégeait cette ville se porte de ce côté. Des combats se livrent autour d'*Orléans*, et l'armée française se trouve coupée en deux. Une partie se replie vers l'Ouest sous la direction de Chanzy, l'autre se porte sur Belfort sous la direction de Bourbaki.

Après les combats de *Beaune-la-Rolande*, *Villepion*, *Loigny*, *Pourpry*, *Cercottes*, *etc.*, l'armée de la Loire est battue au *Mans* au mois de janvier 1871.

Dans le Nord. — Après avoir perdu la bataille de *Villers-Bretonneux*, près d'Amiens, l'armée française se replie vers le Nord, et le général Faidherbe vient en prendre le commandement. Il s'empare de *Ham*, bat les Prussiens à *Pont-Noyelles* et à *Bapaume*, mais il est battu à son tour aux environs de *Saint-Quentin* (janvier 1871).

Dans l'Est. — *Strasbourg* avait capitulé le 28 septembre malgré la conduite intrépide du préfet Edmond Valentin. Belfort tenait toujours. L'armée de la Loire sous Bourbaki fut envoyée pour secourir cette place. C'est cette armée qui prit le nom d'armée de l'Est. Après un succès à *Villersexel*, Bourbaki perd la bataille d'*Héricourt* et l'armée est refoulée en Suisse.

Malgré ces défaites, deux places résistèrent jusqu'au moment de l'armistice : *Belfort*, défendu par le colonel Denfert-Rochereau, et *Bitche*, par le lieutenant-colonel Tessier. Seul, *Belfort* resta à la France lors du traité de paix.

Sous Paris. — Après les engagements de *Montmesly* et de *Châtillon*, qui avaient pour but d'empêcher l'investissement, le siège de Paris commença. Des combats furent livrés à *Choisy-le-Roi*, à *Bagneux*, à la *Malmaison*, au *Bourget*, à *Villiers*, à *Champigny*, ce dernier (30 novembre) dans le but de se porter au-devant de l'armée de la Loire qui venait de remporter la victoire de *Coul-*

niers. On se battit de nouveau au *Bourget* et enfin à *Buzenval* (19 janvier). Paris se rendit le 29 janvier.

C'était la fin de la guerre. Dans toute la France, les électeurs furent convoqués pour élire une Assemblée nationale. Elle se réunit à Bordeaux et elle nomma Thiers chef du pouvoir exécutif.

Le 1er mai 1871, Thiers lut en pleurant, à l'Assemblée, les conditions de la paix que les vainqueurs nous imposaient. Il était impossible de ne pas les accepter.

Par cette paix, conclue à Francfort-sur-le-Mein, en 1871, la France a cédé à l'Allemagne le Nord de la Lorraine où est Metz, et l'Alsace, moins le territoire de Belfort. Elle a payé cinq milliards comme indemnité de guerre.

Le roi de Prusse, pour prix de sa victoire, avait été reconnu comme empereur d'Allemagne, au palais de Versailles, par tous les princes allemands.

QUESTIONNAIRE

Quelles sont les causes de la guerre de 1870?

Quelles étaient les forces en présence et comment étaient-elles divisées?

Parlez des opérations en Alsace?

Parlez des opérations qui eurent lieu sous Metz avant le siège?

Parlez des opérations de l'armée de Mac-Mahon après la bataille de Wœrth?

Qu'arriva-t-il après la bataille de Sedan?

Parlez des opérations sous Metz jusqu'à la capitulation?

Parlez des opérations sur la Loire?

Dans le Nord? Dans l'Est? Sous Paris?

Comment s'est terminée la guerre de 1870?

Qu'avons-nous perdu?

Ouvrages à consulter.

Les conférences des S. A. C., par le chef de bataillon du génie Leroux. — *La guerre de 1870*, par le général Niox.

MUTUALITÉ

Au lointain des âges, où aucune des nécessités de cette heure n'existait déjà, sur le fronton des temples on avait gravé le *Væ Soli, Malheur à qui va seul*. Et plus tard, le fabuliste, reprenant cette pensée, écrivait : « *Qui ne pense qu'à soi quand la fortune est bonne, dans le malheur n'a point d'amis.* »

C'est pour éviter ce malheur que de nos temps on a cherché le groupement, la réunion des énergies et des aspirations, pour que la collectivité donne à l'individu ce que l'individu ne peut plus obtenir de lui-même. De là est parti le grand courant de mutualité de ces dernières années.

Que procure la mutualité?

D'abord des avantages matériels, puisque l'argent placé ne s'augmente pas seulement de son propre intérêt, comme dans la caisse d'épargne, mais aussi des intérêts des sommes placées par des membres morts, rayés, ou par des sommes versées par des membres honoraires. Exemple : Dans la caisse d'épargne, 100 francs placés à 3,50 p. 100 à 3 ans deviennent à 55 ans 600 francs, soit 21 francs de rente, tandis que dans une société de secours mutuels 100 francs placés à capital réservé rapportent à 55 ans 60 francs. La différence est très marquée, d'un côté 600 francs donnent 21 francs de rente, de l'autre, 100 francs donnent 60 francs de rente (1).

Ensuite, elle développe chez l'individu l'esprit d'initiative et de prévoyance, l'habitue à l'effort, mais en même temps elle l'arrache à l'égoïsme et lui enseigne à penser aux autres tout en s'occupant de lui-même.

A la philosophie un peu décourageante de La Fontaine : *Aide-toi, le ciel t'aidera*, elle substitue la formule plus généreuse : *Aide les autres, et les autres t'aideront*, qu'elle traduit par cette devise : *Un pour tous, tous pour un*. Un mutualiste paye-t-il une cotisation? Il augmente l'avoir de tous les autres : *un pour tous;* mais voit-il un jour le malheur entrer dans sa maison, tous les autres viennent l'aider à l'en chasser : *tous pour un*.

De plus, sur l'assistance proprement dite, sur la charité, la mutualité a l'immense avantage de sauvegarder la dignité de l'individu. Le mutualiste, en effet, peut marcher le front haut : il ne connaît pas le geste humiliant de la main qui se tend et du front qui se baisse; ce

(1) Remettre à tous les hommes l'instruction et l'objet de l'institution de la caisse nationale des retraites pour la vieillesse.

qu'il reçoit, c'est le fruit de son épargne, et si la somme est modeste, du moins a-t-il le droit de dire comme Cyrano :

Sois satisfait des fleurs, des fruits, même des feuilles,
Si c'est dans ton jardin à toi que tu les cueilles.

La mutualité enfin est une grande éducatrice qui, non contente de soigner les maux de l'humanité, s'attache à les prévenir. Les sociétés de secours mutuels sont, en effet, les meilleurs milieux de propagande pour l'hygiène physique et morale; la tuberculose et l'alcoolisme, ces deux fléaux de la classe ouvrière, y sont attaqués de front.

Enfin, la mutualité permet encore aux favorisés de la fortune un moyen d'employer intelligemment leurs largesses, en faisant partie de ces sociétés à titre de membre honoraire, alors que celles-ci risquent de s'égarer dans des œuvres discutables; on sait quel faible profit moral laissent après elle les distributions de bienfaisance. Si, au contraire, on ne secourt que celui qui fait personnellement un effort — et c'est le cas dans l'organisation mutualiste, — aider les gens, mais à la condition que ceux-ci prennent l'initiative de l'effort, ceci est plus fécond comme conséquences morales et matérielles qu'un don accordé en passant à un inconnu qui ne se souviendra bientôt plus ni du bienfait, ni du bienfaiteur.

La mutualité, en un mot, est l'ensemble des associations d'individus qui ont pour but de s'aider les uns les autres. Cette aide mutuelle nécessite toujours la constitution d'un capital alimenté par de minimes cotisations. L'idée de mutualité implique donc l'idée d'épargne.

L'épargne comprend deux opérations :

1° L'épargne proprement dite qui n'est autre chose que la mise en réserve d'une partie du salaire ou du revenu journalier jusqu'à ce que cette réserve atteigne un chiffre assez élevé pour pouvoir être placée.

2° Le placement.

Mais on épargne plus ou moins suivant ce que l'on gagne et ce que l'on dépense, les clients des institutions d'épargne sont les petits bourgeois ou des travailleurs aisés. Les classes les plus déshéritées au point de vue de la fortune épargnent peu ou point. C'est à ces dernières que la mutualité s'adresse. Elle enrôle les ouvriers dans une association qui leur demandera des versements réguliers, mais minimes, faits par conséquent sans peine. Sans doute, en raison du peu d'argent versé, elle ne leur procurera pas l'aisance, mais elle les obligera, par la constance des versements, à la prévoyance. Ces idées doivent être inculquées dès l'enfance, c'est surtout en agissant sur l'enfant qu'on a le plus de chances d'ensemencer les bonnes habitudes et d'extirper les mauvaises et c'est ce qu'a très bien compris *M. Cavé* en instituant les sociétés scolaires de secours mutuels et de retraite.

Des sociétés mutuelles scolaires on passe dans les sociétés d'adultes, il suffit d'en faire la demande. Dans ce cas la société remet un certificat relatant le nombre d'années passées par lui dans la société scolaire et les services rendus dans cette société.

Ces sociétés sont des associations de prévoyance qui se proposent d'atteindre un ou plusieurs des buts suivants :

Assurer à leurs membres participants et à leurs familles des secours en cas de maladie, blessures ou infirmités, leur constituer des pensions de retraite, contracter à leur profit des assurances individuelles ou collectives en cas de vie, de décès ou d'accidents, pourvoir aux frais des funérailles et allouer des secours aux ascendants, aux veufs, veuves ou orphelins des membres participants décédés.

Elles peuvent, en outre, accessoirement, créer au profit de leurs membres des cours professionnels, des offices gratuits de placement et accorder des allocations en cas de chômage, à condition qu'il soit pourvu à ces trois ordres de dépenses au moyen de cotisations ou de recettes spéciales.

Il est maintenant facile de faire partie d'une société de secours mutuels, car toutes ces idées ont été comprises dans le pays. Il y a aujourd'hui plus de 20.000 sociétés, comprenant 4 millions de sociétaires et possédant une fortune évaluée à 450 millions de francs.

Mais pour permettre la continuité des versements, il fallait que l'armée constituât aussi des sociétés de secours mutuels. Par la loi du 5 décembre 1908, la mutualité a pénétré dans l'armée, et maintenant les mutualistes peuvent continuer comme militaires, à effectuer leurs versements, de ce fait ils ne peuvent plus perdre les bénéfices accordés par la société dont ils font partie.

La principale société de secours mutuels est *la Caisse nationale des retraites pour la vieillesse sous la garantie de l'État*. Cette société complète les sociétés scolaires, d'adultes, etc., qui, en dehors de la petite retraite qu'elles donnent, sont surtout des sociétés de prévoyance contre la maladie.

Cette institution a pour but d'assurer à l'âge de 50 ans ou à un âge plus avancé des rentes viagères de 2 francs au moins et de 1.200 francs au plus à tout individu au compte duquel des versements auront été effectués, soit de ses deniers, soit de ceux d'un tiers. On peut donc constituer des rentes, non seulement à soi-même mais à ses enfants, à ses parents, à l'abri de toute saisie.

Les jeunes gens qui font partie des sociétés de gymnastique et de préparation militaire sont tout indiqués pour propager ces idées, pour faire comprendre à leurs camarades le grand mouvement mutualiste qui emporte la nation, et ainsi les sociétés de gymnastique, les S. A. G. ne seront plus seulement des organes de préparation militaire, mais également de puissants organes de progrès social.

Les instructeurs devront, dans des conférences, expliquer aux jeunes gens les avantages des sociétés de secours mutuels, de la caisse des retraites, leur donner des habitudes d'épargne, de prévoyance et d'assistance mutuelles. Cette habitude de l'épargne, si on la contracte de bonne heure, prépare l'enfant au rôle qu'il est appelé à remplir dans la société, l'élève dans sa propre dignité et en fait plus tard un homme indépendant, qui ne devra qu'à lui-même et à la méthode d'économie à laquelle on l'aura habitué de pouvoir traverser sans recourir à la charité, les mauvais jours de son existence.

Pour arriver à ce résultat, il faut que tous comprennent ces choses, que partout des écoles s'ouvrent non seulement aux enfants du peuple, mais au peuple. La tâche est grande, l'œuvre est considérable, il ne faut pas laisser sur soi prise au découragement. *Il faut espérer contre toute espérance, car l'espérance fortifie le cœur et produit l'effort.*

QUESTIONNAIRE

Qu'est-ce que la mutualité?
Que procure-t-elle?
Que permet la mutualité?
Qu'est-ce que l'épargne?
Quelles sont les différentes sociétés?
Que procurent-elles à leurs membres?
Qu'est-ce que la caisse nationale des retraites pour la vieillesse?
Quel est l'avenir de la mutualité.

RETRAITES OUVRIÈRES ET PAYSANNES (1).

(Lois des 5 avril 1910 et 27 février 1912).

La loi du 5 avril 1910, *modifiée par la Loi de finances du 27 février 1912*, s'adresse à tous les salariés, aux artisans, aux petits patrons, aux petits exploitants agricoles, aux fermiers, aux métayers ainsi qu'aux femmes et aux veuves des assurés obligatoires ou facultatifs. Elle leur permet de se constituer, à l'aide de leurs versements, auxquels s'ajoutent, le cas échéant, ceux de leurs employeurs, une pension de retraite, au plus tôt à partir de 55 ans, et normalement à 60 ans avec faculté d'en ajourner la liquidation jusqu'à 65 ans. Elle encourage en outre leur effort de prévoyance par des subventions de l'Etat : allocations viagères de vieillesse, allocations viagères d'invalidité, secours aux veuves et aux orphelins, bonifications pour les assurés ayant élevé au moins trois enfants jusqu'à seize ans, avantages spéciaux aux assurés qui, en raison de leur âge, n'auraient pu effectuer le nombre des versements prévus pour prétendre au plein bénéfice de la loi.

La loi distingue deux grandes classes d'assurés :

1° *les assurés obligatoires*,
2° *les assurés facultatifs*.

ASSURÉS OBLIGATOIRES.

Salariés qui peuvent bénéficier de l'assurance obligatoire.

La loi accorde le bénéfice de l'assurance obligatoire aux *salariés*, hommes et femmes, qui sont âgés de moins de 65 ans et dont le salaire annuel est de 3,000 francs au plus. La loi comprend sous le nom de salariés les employés et ouvriers de commerce, de l'industrie, des professions libérales et de l'agriculture, qu'ils soient au service d'une entreprise privée ou publique, qu'ils travaillent chez un patron ou à domicile, qu'ils soient payés au temps ou aux pièces. Parmi les salariés, la loi range expressément les serviteurs à gages et les domestiques attachés à la personne.

Il n'est pas nécessaire, pour bénéficier de la loi, de travailler d'une façon continue dans la même entreprise. Un salarié qui changerait chaque jour ou plusieurs fois par jour de patron n'en garderait pas moins la qualité d'assuré obligatoire.

(1) Pour plus de détails consulter la notice à l'usage des assurés du Ministère du travail. Cette notice est distribuée gratuitement à tous ceux qui en font la demande.

Formalités à remplir pour bénéficier de l'assurance obligatoire.

ÉTABLISSEMENT DU BULLETIN. — La mairie délivre à chaque salarié, susceptible de bénéficier de l'assurance obligatoire, *un bulletin qu'il devra remplir de la façon la plus exacte* : il y porte *ses nom, prénoms*, la *date de sa naissance*, sa *nationalité*, sa *profession* et son *adresse*. En principe, et sauf l'exception qui sera mentionnée plus loin, il indique également la caisse d'assurance qu'il a choisie.

Les salariés qui n'auraient pas reçu leur bulletin doivent le réclamer à la mairie de leur commune.

Si l'assuré désire que le capital de ses versements soit réservé au profit de ses héritiers, il le mentionnera sur le bulletin. Mais il faut bien remarquer que la réserve du capital entraîne une diminution correspondante de la pension. Aussi, le règlement n'a-t-il permis cette option qu'aux assurés majeurs.

REMISE DU BULLETIN A LA MAIRIE. — Après avoir rempli et signé son bulletin, l'assuré le dépose à la mairie dans un délai de huitaine.

RÉCEPTION DES CARTES. — Lorsque ces formalités auront été remplies, l'assuré recevra gratuitement deux cartes. L'une est *sa carte d'identité*, qui reproduit les indications contenues sur le bulletin; il devra la conserver pendant toute sa carrière d'assuré; c'est sa pièce d'identité. L'autre est *sa carte annuelle*. La carte de l'assuré obligatoire est de couleur grise; elle est divisée en cases destinées à recevoir les timbres représentant, soit ensemble, soit séparément, les versements de son patron et ses versements personnels.

L'assuré, en recevant ses cartes, en accuse réception sur un bordereau d'émargement.

ÉCHANGE DE LA CARTE. — Les cartes annuelles sont échangées par les soins de la mairie : l'assuré recevra à domicile sa nouvelle carte annuelle et rendra, en échange, la carte qu'il possède. L'assuré qui n'aurait pas reçu, à l'époque de son anniversaire, sa carte annuelle, devra la réclamer à la mairie de sa commune. Les sommes représentées par les timbres collés sur cette carte seront attribuées par les soins de la Préfecture à la caisse d'assurance et portées au compte de l'assuré dans la caisse qu'il aura choisie.

Il est toujours possible à l'assuré qui le désire de changer de caisse d'assurance. Il peut également modifier pour l'avenir le choix qu'il a fait de la réserve ou de l'aliénation de son capital. Il suffit, dans l'un ou l'autre cas, qu'il fasse part de son intention au maire un mois au moins avant son anniversaire.

Des feuilles supplémentaires, destinées à être annexées à la carte annuelle, sont distribuées aux assurés dont la carte est entièrement couverte de timbres avant la date de l'échange.

Changement de résidence. — Lorsqu'un assuré change de commune, il ne serait plus possible de lui faire tenir sa nouvelle carte s'il ne facilitait la tâche de l'Administration, en faisant connaître sa résidence antérieure dans sa demande d'inscription sur la liste de sa nouvelle commune.

Dans une grande ville, l'assuré qui change d'adresse ou de quartier doit remplir les mêmes formalités pour que ses cartes continuent à lui être adressées.

Perte de la carte. — Dans le cas où la carte annuelle serait perdue ou détruite, l'assuré peut en obtenir un duplicata en produisant sa carte d'identité. S'il prouve que la carte annuelle est détruite, et justifie de la valeur des timbres apposés, il peut obtenir que cette somme soit portée à son compte.

Il peut également être délivré duplicata de la carte d'identité perdue ou détruite.

Cotisation des assurés obligatoires.

Sur la carte annuelle seront collés des timbres représentant le versement de l'assuré et la contribution patronale, et, éventuellement, des versements volontaires que l'assuré peut effectuer sans limitation de valeur.

Le versement obligatoire de l'assuré est fixé :

Pour les hommes : à 0 fr. 03 par jour, soit 0 fr. 75 par mois, soit 9 francs par an;

Pour les femmes : à 0 fr. 02 par jour, soit 0 fr. 50 par mois, soit 6 francs par an;

Pour les mineurs au-dessous de 18 ans : à 0 fr. 015 par jour, soit 0 fr. 375 par mois, soit 4 fr. 50 par an.

La contribution patronale est entièrement à la charge du patron. Elle est égale au versement obligatoire de l'assuré.

La cotisation est calculée lors de chaque paye, en se conformant au tarif ci-dessus, d'après la période de travail représentée par cette paye.

Modes de perception des cotisations.

Les cotisations seront perçues à chaque paye.

En payant le salaire, le patron retient la somme correspondant à la cotisation de l'assuré. Il y ajoute une somme égale qui constitue sa contribution personnelle et colle sur la carte annuelle que doit lui présenter l'assuré, un timbre-retraite représentant le total de ces deux sommes.

Toutefois, si l'assuré fait partie d'une société de secours mutuels, autorisée à encaisser les cotisations, ou d'un syndicat également autorisé, ou s'il possède un livret de caisse d'épargne, il peut faire ses versements à sa société, à son syndicat, ou par l'intermédiaire de sa caisse d'épargne.

L'assuré, en dehors de ses versements obligatoires, a toujours le droit de faire des versements facultatifs qui auront pour effet d'augmenter le montant de sa retraite.

Timbres des assurés obligatoires.

C'est au moyen de timbres spéciaux, dits timbres-retraite, que sont constatés les versements des assurés et les contributions des employeurs. Ces timbres sont de trois sortes pour les assurés obligatoires :

Les *timbres mixtes*, de couleur violette, qui représentent ensemble la contribution patronale et la cotisation ouvrière, et qui seront employés lorsqu'il y aura prélèvement sur les salaires;

Les *timbres « assurés »*, de couleur rouge, qui seront employés, tant par les salariés qui voudront faire des versements personnels supplémentaires, que par les sociétés collectrices;

Les *timbres « patrons »*, de couleur verte, qui seront utilisés par le patron pour représenter sa propre contribution, dans les cas où la cotisation du salarié aura été versée à l'un des établissements mentionnés plus haut.

Ces divers types de timbres sont mis en vente dans les bureaux de poste, dans les recettes buralistes et dans les débits de tabac.

Choix de la Caisse d'assurance.

Le compte de chaque assuré est ouvert dans une caisse d'assurance autorisée par l'Etat et choisie par l'assuré.

Les caisses autorisées sont : *la Caisse nationale des retraites pour la vieillesse; les sociétés de secours mutuels et les unions de sociétés de secours mutuels spécialement agréées par l'Etat; les caisses départementales ou régionales instituées par l'Etat et dans les conseils d'administration desquelles les assurés sont représentés; les caisses patronales; les caisses syndicales, patronales ou ouvrières et les caisses de syndicats de garantie solidaire également autorisées.*

L'assuré a le libre choix de sa caisse; il ne peut être contraint à adhérer à une caisse plutôt qu'à une autre; il a même le droit d'en changer chaque année, bien que cette instabilité ne soit pas désirable pour la bonne application de la loi. Il devra alors en manifester l'intention un mois, au plus tard, avant l'époque normale de l'échange de sa carte, c'est-à-dire avant son anniversaire. En règle générale, lorsqu'un assuré ne choisit pas de caisse, il est inscrit d'office à la Caisse nationale des retraites pour la vieillesse.

Liquidation de la pension de retraite.

Le capital qui sert à constituer la pension de retraite d'un assuré est formé par l'accumulation de ses versements annuels auxquels s'ajoutent ceux de son patron. *Cette pension est exigible à 60 ans*, mais l'assuré a la faculté d'en ajourner la liquidation jusqu'à 65 ans pour obtenir une rente plus élevée.

Demande de liquidation. — *L'assuré a sur la pension de retraite qu'il s'est constituée un droit absolu qui n'est soumis à aucune restriction.*

Le taux de cette pension ne dépend pas de l'état des ressources de l'assuré au jour de la liquidation, comme l'allocation d'assistance de la loi du 14 juillet 1905 qui est réduite d'une partie du montant des revenus de l'assisté.

Quelle que soit sa situation, l'assuré recevra intégralement la pension qui résultera de ses versements, de la contribution patronale et de la participation de l'Etat.

De plus, *les retraites et allocations viagères acquises sont incessibles et insaisissables*, si ce n'est au profit des établissements publics hospitaliers pour le payement du prix de journée du bénéficiaire de la retraite admis à l'hospitalisation.

Pour obtenir la liquidation de sa pension de retraite, l'assuré doit faire sa demande à la mairie de sa résidence et produire, à l'appui de cette demande, sa carte d'identité, sa carte annuelle en cours et un extrait de son acte de naissance.

Sa pension, ainsi que les allocations et bonifications de l'Etat, sont payées, trimestriellement et à terme échu, par les soins de la dernière caisse d'assurance à laquelle l'assuré a adhéré. Les arrérages de la retraite sont dus à partir du premier jour du mois qui suit celui où l'assuré a atteint l'âge qui sert de base à la liquidation.

Réserve ou aliénation de capital. — La retraite peut être constituée à capital aliéné ou à capital réservé selon le choix fait par l'assuré.

Lorsque la retraite est constituée « à capital aliéné », la famille de l'assuré ne peut prétendre, lors de son décès, au remboursement des cotisations versées.

Lorsque la retraite est constituée à « capital réservé », la somme des cotisations versées par l'assuré est, à son décès, remboursée à ses héritiers, sans intérêts.

Seul le capital constitué par les versements ouvriers peut être réservé. Les contributions patronales sont, de droit, versées à capital aliéné.

Lorsque l'assuré demandera la réserve de son capital, sa pension sera naturellement inférieure à celle qu'il aurait obtenue avec les mêmes versements faits à capital aliéné.

Exemple. — Un assuré homme ayant reçu sur son compte 18 francs par an, à partir de 19 ans et jusqu'à 60 ans, à capital aliéné, recevra une rente annuelle de 168 fr. 44 non compris l'allocation viagère de l'Etat.

Si le même assuré a voulu réserver chaque année les 9 francs de sa cotisation, sa rente ne sera à 60 ans que de 132 fr. 16 non compris l'allocation viagère de l'Etat; s'il décède après 60 ans ses héritiers toucheront un capital de 360 francs.

Allocations de l'État.

L'Etat ajoute aux pensions que se sont acquises les assurés une allocation viagère de 100 francs.

Les conditions requises pour l'obtention de cette allocation sont différentes suivant que l'assuré était ou non âgé de plus de 30 ans à la date du 3 juillet 1911 (1).

Régime de la période normale.

A tout assuré âgé de 60 ans, l'Etat accorde une allocation de 100 francs par an, à condition qu'il ait, pendant sa carrière d'assuré, effectué 30 versements annuels complets. Il devra donc justifier, sur les cartes correspondant à 30 années de versements, de l'apposition de timbres représentant autant de cotisations ouvrières de 9 francs s'il s'agit d'un adulte, de 6 francs s'il s'agit d'une femme et de 4 fr. 50 pendant la période d'âge antérieure à 18 ans.

Cette allocation est augmentée d'une bonification d'un dixième pour tout assuré de l'un ou de l'autre sexe ayant élevé au moins 3 enfants jusqu'à l'âge de 16 ans.

Pour les hommes ayant fait 2 années de service militaire, ce nombre de 30 versements est réduit à 28. Pour les femmes, chaque naissance d'enfant compte pour une année d'assurance.

En ce qui concerne le mode de versement de l'allocation de l'Etat, l'assuré peut choisir l'un des 3 régimes suivants :

Ou bien demander la liquidation de sa retraite à l'âge de 60 ans et faire ajouter l'allocation de l'Etat à la rente produite par les contributions patronales et les versements ouvriers;

Ou bien ajourner jusqu'à 65 ans la date de liquidation de sa retraite, mais se faire remettre le montant de l'allocation de l'Etat à partir de 60 ans. Il doit alors continuer à effectuer ses versements qui s'ajouteront aux versements antérieurs pour être capitalisés jusqu'à 65 ans dans la caisse choisie par lui ;

Ou bien enfin, après avoir ajourné jusqu'à 65 ans la liquidation de sa retraite, en ce qui concerne les versements effectués à sa caisse d'assurance, faire ajouter à ces versements, pour être capitalisés à ladite caisse, le montant de l'allocation de l'Etat.

(1) Nous ne nous occupons dans cet ouvrage que des assurés ayant moins de trente ans.

Le tableau ci-dessous indique le montant des rentes acquises aux assurés *hommes*, âgés de moins de 30 ans au moment de leur entrée dans l'assurance, qui demanderont la liquidation de leur retraite à l'âge de 60 ans, après avoir effectué chaque année les versements réglementaires avec contribution patronale d'égale somme.

AGE AU PREMIER ÉCHANGE de la carte.	RENTE ACQUISE à 60 ans par les deux versements, patronal et ouvrier.	ALLOCATION VIAGÈRE de l'État	RENTE TOTALE ACQUISE A 60 ANS au profit de l'assuré qui n'a pas élevé 3 enfants jusqu'à 16 ans.	RENTE TOTALE ACQUISE A 60 ANS au profit de l'assuré qui a élevé 3 enfants jusqu'à 16 ans (1/10e de l'allocation en sus)
	fr. c.	fr. c.	fr. c.	fr. c.
13 ans............	197 44	100	297 44	307 44
14 —	192 19	100	292 19	302 19
15 —	187 11	100	287 11	297 11
16 —	182 20	100	282 20	292 20
17 —	177 45	100	277 45	287 45
18 —	172 86	100	272 86	282 86
19 —	168 44	100	268 44	278 44
20 —	159 94	100	259 94	269 94
21 —	151 65	100	251 65	261 65
22 —	143 70	100	243 70	253 70
23 —	143 70	100	243 70	253 70
24 —	143 70	100	243 70	253 70
25 —	136 63	100	236 63	246 63
26 —	129 78	100	229 78	239 78
27 —	123 16	100	223 16	233 16
28 —	116 75	100	216 75	226 75
29 —	110 68	100	210 68	220 68
30 —	104 82	100	204 82	214 82

Le tableau ci-dessous indique le montant des rentes acquises aux assurés *hommes*, âgés de moins de 30 ans au moment de leur entrée dans l'assurance, qui ajourneront jusqu'à l'âge de 65 ans la liquidation de leur retraite, après avoir effectué chaque année les versements réglementaires avec contribution patronale d'égale somme.

AGE au PREMIER ÉCHANGE de la carte.	RENTE ACQUISE A 65 ANS en cas de versement à 60 ans de l'allocation viagère de l'Etat entre les mains de l'assuré.		RENTE ACQUISE A 65 ANS en cas de capitalisation de l'allocation viagère de l'Etat de 61 à 65 ans au profit de l'assuré	
	qui n'a pas élevé 3 enfants jusqu'à 16 ans	qui a élevé 3 enfants jusqu'à 16 ans	qui n'a pas élevé 3 enfants jusqu'à 16 ans	qui a élevé 3 enfants jusqu'à 16 ans
	fr. c.	fr. c.	fr. c.	fr. c.
13 ans..........	432 91	442 91	494 91	511 11
14 —	424 36	434 36	486 36	502 56
15 —	416 08	426 08	478 08	494 28
16 —	408 07	418 07	470 07	486 27
17 —	400 33	410 33	462 33	478 53
18 —	392 86	402 86	454 86	471 06
19 —	385 66	395 66	447 66	463 86
20 —	371 80	381 80	433 80	450 00
21 —	358 30	368 30	420 30	436 50
22 —	345 34	355 34	407 34	423 54
23 —	345 34	355 34	407 34	423 54
24 —	345 34	355 34	407 34	423 54
25 —	333 82	343 82	395 82	412 02
26 —	322 66	332 66	384 66	400 86
27 —	311 86	321 86	373 86	390 06
28 —	301 42	311 42	363 42	379 62
29 —	291 52	301 52	353 52	369 72
30 —	281 98	291 98	343 98	360 18

Dispositions communes à tous les assurés obligatoires.

Liquidation anticipée. — L'assuré peut demander à jouir de sa pension de retraite à 55 ans. Toute pension demandée par anticipation sera naturellement plus faible que celle obtenue à 60 ans ou plus tard. Il en sera de même de l'allocation viagère de l'Etat.

Si l'assuré demande que sa pension soit liquidée entre 55 et 60 ans, il ne perdra pas, s'il a effectué le nombre de versements réglementaires, son droit à une allocation de l'Etat. Mais cette allocation se trouvera réduite en raison de l'âge moins avancé auquel se fera la liquidation.

Exemple. — Le compte d'un ouvrier accuse, de 19 à 60 ans, des versements annuels de 9 francs auxquels s'ajoutent autant de contributions patronales de somme égale. Il compte donc plus de trente versements complets. Cet ouvrier recevra à 60 ans :

	francs.
Rente acquise par ses versements (tarif 3 p. %)......	168,44
Allocation viagère de l'Etat........................	100,00
Total de sa pension....................	268,44

Si cet ouvrier cesse ses versements à 55 ans, il recevra :

	francs.
Rente acquise par ses versements..................	105,63
Allocation viagère réduite de l'Etat...............	66,23
Total de sa pension....................	171,86

Assurés atteints d'invalidité. — Lorsqu'un assuré, en dehors du cas d'accident de travail et à l'exclusion de toute faute intentionnelle, sera atteint d'infirmités prématurées entraînant une incapacité absolue et permanente de travail, il pourra, quel que soit son âge, demander la liquidation anticipée de sa pension.

Il devra faire sa demande à la mairie de sa commune. Cette demande sera examinée par une commission spéciale instituée auprès du Ministre du Travail.

Si la commission reconnaît le bien-fondé de la demande, la pension est liquidée et elle est majorée par l'Etat. La bonification de l'Etat ne peut pas dépasser 100 francs et la retraite totale de l'invalide ne peut être ni supérieure au triple de la rente qu'il s'est constituée, ni dépasser 360 francs, bonification comprise.

Si un assuré est victime d'un accident de travail, il reçoit, le cas échéant, la pension allouée par application de la loi sur les accidents du travail, et il pourra demander la liquidation de sa pension de retraite à partir de 55 ans.

Assurés décédés avant la liquidation de leur pension de retraite. — Si un assuré décède avant d'être pourvu d'une pension de retraite, il est alloué :

A ses enfants âgés de moins de 16 ans :

S'ils sont au nombre de trois ou plus, 50 francs par mois pendant six mois;

S'ils sont au nombre de deux, 50 francs par mois pendant cinq mois;

S'il n'y en a qu'un, 50 francs par mois pendant quatre mois;

A sa veuve sans enfants de moins de 16 ans, 50 francs par mois pendant trois mois.

La demande de secours doit être adressée à la mairie de la commune de la résidence de l'assuré ou de ses ayants droit. Elle doit être appuyée d'un bulletin de décès, d'un certificat du maire de la ésidence de l'assuré, de sa carte d'identité et de sa carte annuelle en cours. L'allocation n'est acquise aux ayants droit que si l'assuré a effectué les trois cinquièmes de ses versements obligatoires.

Pensionnés continuant a travailler. — Un assuré qui a obtenu non seulement la liquidation de l'allocation, mais encore celle de la pension de retraite et qui continue à travailler, est dispensé des versements. Les contributions patronales, qui continuent à être dues, sont versées à la fin de chaque mois à la caisse du percepteur; elles sont portées au fonds de réserve.

Il n'y a pas lieu de considérer comme pensionnés les assurés de 60 à 65 ans qui, bénéficiaires de l'allocation de l'Etat, n'ont pas encore demandé la liquidation de leur pension.

ASSURÉS FACULTATIFS.

Personnes pouvant bénéficier de l'assurance facultative.

Les assurés facultatifs sont ceux qui, en raison de leur situation voisine du salariat, sont autorisés à effectuer des versements à l'une des caisses d'assurance prévues par la loi du 5 avril 1910 et reçoivent, en outre, certaines allocations de l'Etat.

Peuvent demander le bénéfice de l'assurance facultative : *les fermiers, métayers, cultivateurs, artisans et petits patrons qui habituellement travaillent seuls ou avec un seul ouvrier et avec des membres de leur famille, salariés ou non, habitant avec eux; les membres, non salariés, de la famille de ces assurés; les salariés dont le salaire annuel est supérieur à 3.000 francs, mais ne dépasse pas 5.000 francs; les femmes et veuves non salariées des assurés obligatoires et des assurés facultatifs.* Le terme de « cultivateur », qui figure dans la nomenclature ci-dessus, doit être pris dans le sens de « propriétaire exploitant ».

Formalités à remplir pour bénéficier de l'assurance facultative.

L'assuré facultatif entre librement dans l'assurance. Il lui suffit de faire une déclaration à la mairie de sa résidence. Il lui est délivré un bulletin analogue à ceux qui sont adressés aux assurés obligatoires. L'assuré facultatif remplit le bulletin et le remet à la mairie.

Les cartes annuelles des assurés facultatifs sont de *couleur rose*. Elles sont échangées, par les soins de la mairie, dans les mêmes conditions que les cartes annuelles des assurés obligatoires.

Cotisation des assurés facultatifs.

La cotisation des assurés facultatifs autres que les métayers est fixée au minimum à 9 francs par an. Cette cotisation est intégralement à la charge de l'assuré.

Pour les métayers, la cotisation annuelle donnant lieu à majoration est fixée au minimum à 6 francs, au maximum à 9 francs. Le propriétaire du métayer est tenu d'effectuer, dans les limites ci-dessus, un versement égal à celui du métayer.

Modes de versement des cotisations.

L'assuré facultatif verse lui-même sa cotisation. Il s'acquitte de ce versement en collant sur sa carte annuelle des timbres du type « assurés » représentant le montant de cette cotisation.

Le métayer effectue lui-même son versement sur sa carte annuelle et il présente cette carte à son propriétaire, qui y colle des timbres pour une somme égale, mais dans la limite fixée plus haut.

Comme l'assuré obligatoire, l'assuré facultatif peut faire encaisser sa cotisation par une société de secours mutuels ou un syndicat professionnel, par une caisse d'épargne ordinaire, par la caisse nationale d'épargne ou par la caisse d'assurance où son compte individuel est ouvert.

Timbres des assurés facultatifs.

Les versements des assurés facultatifs sont constatés par l'apposition sur la carte des timbres du type « assurés » qui servent déjà à constater les versements des assurés obligatoires. *Ces timbres sont de couleur rouge.*

En outre, on a estimé nécessaire de créer, pour les versements des propriétaires de métairies, un timbre spécial portant cette mention. Un seul type de timbre, d'une valeur de 50 centimes, a été créé, en raison de la rareté des règlements de compte entre métayers et propriétaires. Ce timbre est de couleur bleue. Il représente la contribution du propriétaire. Pour ses propres versements, le métayer emploie les timbres « assurés » de couleur rouge.

Choix de la caisse d'assurance.

L'assuré facultatif a le libre choix de sa caisse d'assurance comme l'assuré obligatoire. De même que celui-ci, il peut changer de caisse d'assurance en le déclarant à la mairie un mois au moins avant le moment où il doit être procédé à l'échange de sa carte annuelle.

Liquidation de la pension de retraite.

Les assurés facultatifs peuvent, sauf le cas d'invalidité qui sera examiné plus loin, obtenir la liquidation de leur pension dès 60 ans. Ils peuvent aussi l'ajourner jusqu'à 65 ans.

Sous cette réserve, les pensions des assurés facultatifs sont liquidées dans les mêmes conditions que celles des assurés obligatoires. Par analogie avec les versements patronaux, les versements des propriétaires de métairies sont supposés faits à capital aliéné.

Avantages accordés par l'État.

Comme il le fait pour les assurés obligatoires, l'Etat accorde aux assurés facultatifs un certain nombre d'avantages qui diffèrent suivant que ces assurés appartiennent *à la période normale* ou *à la période transitoire*.

Le tableau ci-dessous indique la rente acquise aux assurés facultatifs âgés de moins de 35 ans au moment de leur entrée dans l'assurance, qui demanderont la liquidation de leur retraite à l'âge de 60 ans ou de 65 ans, après avoir effectué chaque année un versement de 18 francs.

AGE au premier échange de la carte.	RENTE TOTALE ACQUISE A 60 ANS au profit de l'assuré		RENTE TOTALE ACQUISE A 65 ANS au profit de l'assuré	
	qui n'a pas élevé 3 enfants jusqu'à 16 ans	qui a élevé 3 enfants jusqu'à 16 ans (1/10e de la rente provenant de la majoration en sus)	qui n'a pas élevé 3 enfants jusqu'à 16 ans	qui a élevé 3 enfants jusqu'à 16 ans (1/10e de la rente provenant de la majoration en sus)
13 ans	326f 43	336f 43	543f 12	559f 42
14 —	315 94	325 94	526 02	542 32
15 —	305 78	315 78	509 46	525 75
16 —	293 92	303 72	493 44	509 74
17 —	279 67	288 99	472 50	488 25
18 —	265 92	274 78	450 09	465 09
19 —	252 66	261 08	428 49	442 77
20 —	239 91	247 91	407 70	421 29
21 —	227 48	235 06	387 45	400 36
22 —	215 55	222 73	368 01	380 28
23 —	215 55	222 73	368 01	380 28
24 —	215 55	222 73	368 01	380 28
25 —	204 95	211 78	350 73	362 42
26 —	194 67	201 16	333 99	345 12
27 —	184 74	190 90	317 79	328 28
28 —	175 13	180 97	302 13	312 20
29 —	166 02	171 55	287 28	296 86
30 —	157 23	162 47	272 97	282 07
31 —	148 62	153 57	258 93	267 56
32 —	140 34	145 02	245 43	253 61
33 —	132 38	136 79	232 47	240 22
34 —	124 76	128 92	220 05	227 38
35 —	117 47	121 39	208 17	215 11

NOTA. — Pour connaître la rente produite par un versement annuel de [illegible] francs, il suffira de diviser par moitié les chiffres du présent tableau. Le présent tableau fait état de l'absence de versements pendant les deux années de service militaire.

Dispositions communes à tous les assurés facultatifs.

Assurés facultatifs atteints d'invalidité. — Les assurés facultatifs qui, depuis le 3 juillet 1911 ou depuis l'âge de 18 ans, auront, chaque année, versé une cotisation minimum de 9 francs pourront obtenir, en cas d'invalidité absolue et permanente visée à l'article 9 de la loi, la liquidation anticipée de leur pension et une bonification de l'État dans les mêmes conditions que les assurés obligatoires.

Assurés décédés avant la liquidation de leur pension de retraite. — Lorsqu'un assuré facultatif, ayant versé depuis le 3 juillet 1911 ou depuis l'âge de 18 ans une cotisation annuelle minimum de 9 francs, viendra à décéder avant d'être pourvu de sa retraite, ses orphelins et sa veuve auront droit aux mêmes allocations que les orphelins et la veuve d'un assuré obligatoire.

ANNEXES

ANNEXE I

INSTRUCTION MINISTÉRIELLE

du 7 novembre 1908.

Relative à l'organisation et au fonctionnement des sociétés de préparation et de perfectionnement militaires et à la délivrance du brevet d'aptitude militaire (1).

SOCIÉTÉS AGRÉÉES PAR LE MINISTRE DE LA GUERRE

(S. A. G.)

A la date du 5 juin 1908, le gouvernement a déposé sur le bureau de la Chambre un projet de loi ayant pour but de rendre obligatoire en France la préparation militaire de la jeunesse.

En attendant que ce projet ait pu être discuté par le Parlement, il importe de régler la situation des sociétés de préparation militaire déjà existantes et de celles qui viendront à se fonder. C'est le but de la présente instruction.

CHAPITRE Ier

DE LA PRÉPARATION ET DU PERFECTIONNEMENT MILITAIRES

De l'éducation physique.

La préparation et le perfectionnement militaires et l'éducation physique comportent, en principe, l'étude et la pratique des matières ci-après :

a) Règlements ou manuels sur la gymnastique, avec leurs applications diverses;

b) Pratique du tir au fusil ou au canon. — Connaissance de l'arme ou de la bouche à feu;

c) Topographie élémentaire et lecture de la carte d'état-major;

d) Marche, hygiène et soins corporels;

(1) Mise à jour par l'incorporation dans le texte primitif des modifications qui y ont été apportées par les circulaires, notifications et additions des 22 mars, 6 et 29 avril, 6 juillet, 5 août et 26 novembre 1909, 25 et 31 janvier 1910.

Pour les modèles à fournir voir *B. O.*, n° 85 *ter*.

c) Pour les armes à cheval : équitation, notions d'hippologie, soins à donner aux chevaux.

Ces matières constituent les connaissances essentielles exigées des candidats au brevet d'aptitude militaire créé par la loi du 8 avril 1903. Elles doivent être enseignées en suivant d'aussi près que possible les méthodes et les règlements en vigueur dans l'armée.

L'éducation morale et civique est donnée suivant le programme en usage dans les établissements publics d'enseignement.

D'autres aptitudes ou connaissances spéciales susceptibles d'être utilisées dans l'armée, telles que natation, canotage, télégraphie, aérostation, vélocipédie, comptabilité, pratique des batteries et sonneries, musique, etc., peuvent compléter la préparation militaire.

CHAPITRE II

DES SOCIÉTÉS

La préparation et le perfectionnement militaires ainsi que l'éducation physique sont assurés :

1° Par l'État, dans tous les établissements publics d'enseignement, au moyen de sociétés scolaires;

2° Par des sociétés agréées par le ministre de la guerre;

3° Par les sociétés qui se constituent sous le régime de la loi du 1er juillet 1901, mais qui, n'étant pas agréées, n'ont pas droit aux avantages réservés aux sociétés agréées.

Appellations. — Les sociétés prévues sous les nos 1° et 2° du présent chapitre, quels que soient leur objet ou leur dénomination particulière, prennent l'appellation de sociétés agréées par le Ministre de la guerre (S. A. G.) ou de sociétés scolaires (S. S.).

Composition. — Les S. A. G. se composent :

1° De jeunes gens non incorporés dans l'armée;

2° De membres militaires appartenant à l'une quelconque des catégories de l'armée (disponibilité, active et sa réserve, territoriale et sa réserve);

(Les militaires en activité de service faisant partie d'une S. A. G. ou d'un groupement de ces sociétés ne peuvent être ni présidents, ni vice-présidents, ni membres d'un conseil d'administration ou de direction administrative. Ils peuvent, toutefois, faire partie d'un comité de direction technique.)

3° De membres civils ayant satisfait aux obligations de la loi militaire.

Les S. A. G. ne doivent comprendre que des adhérents de nationalité française.

Agrément. — Pour être agréées par le Ministre de la guerre et participer aux avantages et récompenses qu'il peut accorder les sociétés, les associations, unions ou fédérations, etc., doivent présenter certaines garanties qui sont :

1° La déclaration prévue par l'article 5 de la loi du 1er juillet 1901, relative au contrat d'association;

2° L'acceptation des dispositions spécifiées dans la présente instruction.

A cet effet, les demandes des sociétés en vue d'obtenir l'agrément du Ministre de la guerre sont, ainsi que leurs statuts, adressés sur papier libre au général commandant la subdivision de région dans laquelle la société a son siège, ou au général commandant l'artillerie de la région de corps d'armée pour les sociétés de tir au canon.

Les demandes sont ensuite transmises hiérarchiquement au Ministre de la guerre (cabinet du sous-secrétaire d'Etat), qui prononce sur l'agrément, après avoir pris l'avis du Ministre de l'intérieur.

Les S. A. G. qui ne se conformeraient pas aux prescriptions de la présente instruction, celles dont le fonctionnement cesserait de présenter de l'intérêt pour l'armée et, enfin, celles qui se laisseraient détourner de leur but par des préoccupations étrangères à leurs statuts, peuvent se voir retirer l'agrément du Ministre de la guerre.

Sociétés scolaires. — Les sociétés scolaires (S. S.) formées dans les établissements d'enseignement de l'Etat, des départements et des communes, et composées exclusivement de membres du corps enseignant et d'élèves, sont dispensées des formalités de l' « agrément ».

Elles sont placées sous l'autorité du Ministre dont relève l'établissement dans lequel elles sont formées et fonctionnent sous le contrôle technique du général commandant la subdivision.

Elles participent aux mêmes avantages que les S. A. G.

Le personnel militaire mis par l'autorité militaire à la disposition des sociétés scolaires sera considéré comme en service commandé.

Dès lors, ces sociétés ne seront astreintes ni à s'assurer contre les risques d'accidents pouvant survenir aux militaires employés, ni à allouer des gratifications à ces derniers.

Les sociétés scolaires qui ne limitent pas leur groupement aux membres du corps enseignant et aux élèves sont soumises aux mêmes obligations que les S. A. G. et participent aux mêmes avantages.

CHAPITRE III

FONCTIONNEMENT DES *S. A. G.*

Les S. A. G. fonctionnent sous la direction et le contrôle technique du général commandant la subdivision de région dans laquelle elles ont leur siège (1).

Cet officier général a l'obligation de s'intéresser à la formation

(1) Ou des généraux commandant les départements de la Seine, de Seine-et-Oise et du Rhône.

NOTA. — Les diverses prescriptions visant le général commandant la subdivision s'appliquent, pour les sociétés de tir au canon, au général commandant l'artillerie de la région de corps d'armée.

des S. A. G. et de mettre tout en œuvre, dans les conditions et les limites fixées par la présente instruction, pour assurer leur développement, ainsi qu'un fonctionnement aussi avantageux que possible pour l'armée. Il donne à cet égard ou provoque tous les ordres nécessaires.

Son action se fait sentir en tout ce qui concerne :

a) La constatation des résultats obtenus au point de vue militaire ;

b) Le personnel, le matériel, les armes et munitions, les locaux et terrains militaires, etc., à mettre à la disposition des S. A. G.;

c) Les propositions diverses qui peuvent être faites en leur faveur ou en faveur de certains de leurs membres;

d) Les autorisations de sortie en armes (1).

Le général commandant la subdivision accrédite, sur demande, auprès de chacune des S. A. G., un officier de l'armée active appartenant à l'un des corps ou services le plus voisin.

Cet officier est chargé de guider les efforts de la société et de contribuer à l'application des méthodes ou procédés d'instruction réglementaires dans l'armée. Il ne doit pas s'immiscer dans le fonctionnement intérieur de la société, qui reste entièrement assuré par le personnel de direction.

L'officier ainsi accrédité sert exclusivement à la société de « conseiller technique ».

En cas de déplacement obligatoire, il a droit aux frais de déplacement, qui lui sont alloués sur l'ordre du général commandant la subdivision.

Les déplacements de cette nature doivent être exceptionnels.

Tous les officiers généraux, dans l'étendue de leur commandement, profitent de toutes les occasions pour visiter les S. A. G.

Cette visite est obligatoire pour les généraux commandant les subdivisions de région, qui doivent inspecter chacune des sociétés de leur subdivision au moins une fois par an.

Ces officiers généraux s'assurent, dans leurs visites annuelles, que les demandes d'armes et les consommations de munitions à titre gratuit correspondent au nombre et à la situation réelle des membres de la société.

Ils peuvent se faire suppléer pour cette visite annuelle par un officier supérieur; celui-ci a droit, dans ces conditions, aux indemnités fixées par le règlement sur le service des frais de déplacement.

---

(1) Aucune sortie en armes ne peut avoir lieu sans l'autorisation du commandement militaire.

Ces autorisations sont accordées après avis du préfet :

Dans la subdivision de région, par le général commandant la subdivision;

Dans une autre subdivision de région du même corps d'armée, par le général commandant le corps d'armée;

Dans un autre corps d'armée, par le Ministre. Dans ce dernier cas, la demande est transmise avec l'avis du préfet du département dans lequel la société a son siège et celui du préfet du département dans lequel la société veut se rendre.

Tenue et insignes (1).

Les tenues, s'il en est adopté par les S. A. G., doivent être différentes des uniformes militaires. Le port de ces tenues doit être restreint aux nécessités des exercices, manœuvres et marches.

Les insignes et médailles employés dans les S. A. G., doivent différer des décorations nationales ou étrangères et des médailles d'honneur.

CHAPITRE IV

AVANTAGES ACCORDÉS AUX S. A. G.

L'autorité militaire met à la disposition des S. A. G. les ressources des corps de troupe en personnel, matériel et locaux, dans la mesure où les nécessités du service et de l'instruction le permettent.

Personnel. — Des instructeurs, choisis suivant leurs aptitudes, et des hommes de troupe, pris autant que possible dans les fractions de piquet, sont mis à la disposition des S. A. G.

Dans les localités possédant une brigade de gendarmerie, les chefs de la brigade ou les gendarmes sont autorisés, dans la mesure où le permettra leur service, à remplir l'office d'instructeurs auprès des sociétés de préparation militaire agréées qui ne pourraient, faute de ressources, et par suite de l'éloignement d'une garnison, faire appel au personnel militaire de cette dernière.

Pour obtenir ce concours, les S. A. G. doivent :

a) Etre assurées contre les risques de responsabilité civile;

b) Relever l'Etat, par une assurance, des conséquences pécuniaires des accidents occasionnés aux militaires employés, accidents qui ne permettraient pas de recourir à la responsabilité civile de la société.

Des gratifications sont allouées aux hommes de troupe et, s'il y a lieu, aux sous-officiers, brigadiers et gendarmes par les S. A. G. qui les emploient. Le tarif de ces gratifications est arrêté par les généraux commandant les subdivisions, après entente avec les présidents des sociétés. Ce tarif ne peut dépasser par jour 1 fr. 50 par soldat, caporal ou brigadier ou par simple gendarme, et 2 francs par sous-officier ou par gradé de la gendarmerie.

Ces gratifications sont immédiatement payées à chaque militaire et ne sont passibles d'aucune retenue.

Les hommes de troupe mis à la disposition des S. A. G. peuvent obtenir des permissions, soit de 10 heures, soit de tout ou partie de la nuit, soit enfin des exemptions de service, en dehors de l'exercice principal de la journée, dans les limites que les chefs de corps apprécient.

Armes. — Des armes de tir sont prêtées aux S. A. G., gratuite-

(1) Les sous-officiers des réserves, instructeurs dans les S. A. G., sont autorisés à revêtir leur uniforme au cours des séances d'instruction.

ment et sans cautionnement, sous la responsabilité des conseils d'administration des sociétés.

Chaque société peut recevoir, à titre de prêt, des fusils, mousquetons ou carabines, dans la proportion d'une arme par vingt tireurs et dans les limites de deux au minimum et de vingt au maximum.

Il est tenu un contrôle de ces armes qui doit être présenté à toute autorité militaire ayant qualité pour s'assurer de l'existence du matériel de l'Etat.

Aucun sabre de cavalerie ne peut être prêté.

Il n'est délivré ni baguette, ni nécessaire d'armes, ni jeu d'accessoires.

Des prêts d'armes de tir sont consentis, pour une durée déterminée, à l'occasion des concours de tir.

Des armes de tir du modèle réglementaire peuvent être cédées contre remboursement, aux prix fixés chaque année par le sous-secrétaire d'Etat de la guerre, aux S. A. G. et à ceux de leurs membres qui en font la demande (1).

Munitions. — Suivant les crédits inscrits au budget, des munitions sont délivrées gratuitement aux S. A. G.

En principe, il est alloué chaque année :

a) 40 cartouches pour les membres militaires et les jeunes gens de dix-sept ans au moins (à l'exception des militaires de l'armée active);

b) 20 cartouches pour les membres civils et pour les élèves des S. S. âgés de quinze à dix-sept ans.

En cas de diminution ou d'augmentation de ces allocations, selon les ressources budgétaires, la proportion sera observée par rapport aux chiffres ci-dessus;

c) 100 cartouches de 75 à obus ordinaires pour les sociétés de

---

(1) Par modification spéciale aux dispositions qui précèdent, les S. A. G. qui comprennent parmi leurs membres des agents des sections de chemin de fer de campagne pourront recevoir :

1° A titre de prêt :

Des mousquetons modèle 1874,

Des revolvers modèle 1873;

2° Annuellement, à titre gratuit, des munitions pour le tir de ces armes.

Les armes susvisées seront délivrées dans la proportion, par tireur agent de section de chemin de fer, indiquée pour les armes de 8mm au chapitre IV de la présente instruction sur le nombre que les S. A. G. peuvent normalement recevoir d'après les dispositions du chapitre IV précité.

Chacun des tireurs agents de section de chemin de fer aura droit annuellement à :

40 cartouches pour mousqueton modèle 1874,

30 cartouches pour revolver modèle 1873.

Par contre il ne lui sera pas attribué de munitions gratuites pour armes de calibre 8mm.

tir au canon. (Ces munitions doivent être consommées dans un champ de tir désigné par le Ministre.)

En outre, les cartouches d'obus à tir réduit d'exercices peuvent être réfectionnées par les établissements d'artillerie.

Indépendamment des munitions à titre gratuit, les S. A. G. peuvent obtenir des munitions à titre remboursable, ainsi que le matériel nécessaire à la confection de cartouches de tir réduit.

Les sociétés de tir au canon peuvent également recevoir des cartouches ordinaires à titre remboursable.

Stands, champs de tir, matériel de tir. — Pour l'établissement de leurs stands et champs de tir particuliers, les S. A. G. peuvent faire appel au service du génie.

Les stands et champs de tir militaires peuvent être mis à la disposition des S. A. G., à la condition qu'il n'en résulte aucune gêne pour le service.

Le matériel de tir appartenant aux corps de troupe peut être prêté aux S. A. G. contre remboursement d'une quote-part des dépenses de l'usure du matériel.

Locaux et terrains militaires. — Les terrains de manœuvre, les pistes, gymnases, hangars, salles d'école, etc., peuvent être mis à la disposition des S. A. G. aux conditions suivantes : il ne doit en résulter aucune gêne pour le service; aucune modification ne peut être apportée à l'état des lieux; il n'est fait aucune installation fixe. Toute dépense d'installation et tous dégâts sont à la charge des S. A. G.

L'autorisation est accordée par le commandant d'armes local après avis des chefs de corps et de service intéressés et des autorités civiles.

Chevaux. — En raison des nécessités du service dans les armes à cheval et de l'instruction intensive à donner aux cavaliers par suite de la réduction de la durée du service actif, aucun cheval ne peut être mis actuellement à la disposition des S. A. G.

Toutefois, à défaut de prêt de chevaux, le développement des S. A. G. s'occupant de la préparation des armes à cheval est encouragé par l'allocation de subventions accordées dans la limite des crédits budgétaires.

Mode de convocation aux réunions des S. A. G. — Dans le cas où les séances d'exercices ou de tir des S. A. G. n'ont pas lieu dans les localités où elles ont leur siège, les membres de ces sociétés peuvent être convoqués par voie d'affiches.

Ces affiches sont imprimées sur papier bleu et portent la signature du général commandant la subdivision ou, par délégation, celle de l'officier conseiller technique de la société.

Elles sont établies par les soins des sociétés, qui les adressent aux maires des communes intéressées avec prière de les faire placarder (1).

(1) Circulaire du 7 mai 1879 du ministère de l'intérieur.

Affiches de propagande. — Les officiers appartenant à l'armée active ou à ses réserves, membres ou conseillers techniques des S. A. G., peuvent apposer leur signature, suivie de la mention de leur grade, sur les affiches de propagande de ces sociétés.

Ces affiches prennent ainsi le caractère d'écrits concernant les gens de guerre et sont exemptes de l'impôt du timbre (L. 13 brumaire an VII, art. 16).

Ces affiches, imprimées comme les précédentes sur papier bleu, doivent être rédigées uniquement en vue d'un objet militaire.

Transport sur les chemins de fer. — Rien n'est changé aux dispositions actuellement en vigueur et concernant les militaires de tous grades, de la disponibilité ou des réserves, qui se rendent aux réunions de tir des S. A. G.

Ils doivent être détenteurs d'un bulletin d'invitation (1) sur papier bleu, visé par le général commandant la subdivision, et porteurs de leur livret individuel s'ils sont hommes de troupe.

Ils paient place entière au départ; mais il leur est délivré gratuitement un billet de retour sur le vu d'une attestation du directeur du tir, constatant que le porteur a bien assisté à la séance.

Sur les réseaux appartenant à l'Etat, les élèves des S. A. G. se rendant aux séances d'instruction des sociétés dont ils font partie, bénéficient de cartes d'abonnement avec réduction de 50 0/0 sur le prix des cartes ordinaires d'abonnement (tarif spécial G. V. n° 3, sect. 1, chap. II).

CHAPITRE V

RÉCOMPENSES ACCORDÉES

Les S. A. G. qui ont plus de trois mois de fonctionnement au 1er janvier de l'année courante peuvent seules recevoir des subventions ou récompenses.

Subventions. — Suivant les crédits inscrits au budget, des subventions en argent peuvent leur être accordées :

1° Pour améliorer les conditions de leur fonctionnement;

2° Pour créer, entretenir ou améliorer leurs stands ou champs de tir particuliers.

Prix et diplômes. — Des prix et des diplômes sont mis chaque année à la disposition des S. A. G. pour être décernés à la suite d'épreuves ayant pour objet le tir, l'entraînement militaire ou l'éducation physique. Ces épreuves sont organisées par les sociétés ou groupements de sociétés à l'occasion de leurs concours intérieurs.

L'attribution des prix et diplômes est faite par le sous-secrétariat

---

(1) Ces bulletins sont délivrés directement par l'administration centrale de la guerre, pour l'année courante, aux généraux commandant les subdivisions de région, qui adressent à cet effet, leurs demandes au Ministre de la guerre (cabinet du sous-secrétaire d'Etat).

d'Etat, à la suite de l'examen des rapports annuels, et des propositions des généraux commandant les subdivisions.

Elle est faite d'après l'effectif des sociétés en tenant compte des efforts accomplis et des résultats obtenus par elles.

Les prix sont ensuite répartis dans les sociétés par les généraux commandant les subdivisions.

En outre, des prix et des diplômes peuvent être mis, par le Ministre, à la disposition des fédérations pour les concours fédéraux ou régionaux qu'elles organisent.

Les demandes doivent être transmises par le général commandant la région de corps d'armée où doit avoir lieu le concours et être revêtues de l'avis de cet officier général.

Les diplômes mis à la disposition des généraux commandant de corps d'armée ou des présidents des sociétés pour être décernés comme prix ne doivent pas être remis en blanc aux destinataires.

Les noms et qualités du destinataire doivent être portés sur le diplôme avant sa remise et le document doit être signé : par les présidents des concours régionaux de tir pour les lauréats de ces concours, par les présidents des sociétés agréées pour les concours intérieurs des sociétés.

Récompenses honorifiques. — Les récompenses honorifiques suivantes peuvent être accordées par le Ministre de la guerre, sur la proposition des généraux commandant les subdivisions, aux membres des S. A. G. qui ont contribué par leurs connaissances techniques, leur zèle et leur dévouement, au bon fonctionnement et au développement des sociétés :

1° Lettre de félicitations du Ministre de la guerre;

2° Citation au *Bulletin officiel* du ministère de la guerre;

3° Citation au *Bulletin officiel* avec lettre de félicitations du Ministre de la guerre;

4° Médaille en argent grand module (pour ceux qui ont obtenu au moins deux citations au *Bulletin officiel*).

Chacune de ces distinctions est consacrée par un titre individuel portant la signature du Ministre ou du sous-secrétaire d'Etat et le timbre sec du ministère de la guerre.

Il doit y avoir un intervalle d'une année entre l'attribution de chacune de ces distinctions, qui sont accordées dans l'ordre indiqué ci-dessus.

Toutes ces récompenses font l'objet d'une insertion au *Journal officiel* de la République française.

Avancement et décorations pour les officiers et hommes de troupes de réserves appartenant aux S. A. G. — Lors de l'établissement des propositions relatives à l'avancement et aux décorations, il est tenu le plus grand compte des services rendus aux S. A. G. par les officiers et les hommes de troupe des réserves dans les diverses fonctions qu'ils ont pu y exercer.

Concours de tir régionaux des délégations des S. A. G. — Afin d'encourager le goût et la pratique du tir parmi les hommes des réserves, un *concours de tir* de délégations est organisé annuellement dans les gouvernements militaires de Paris et de Lyon, et dans chacun des corps d'armée. En Afrique ce concours est organisé par division.

Peuvent prendre part à ces concours régionaux les délégations des S. A. G. qui fonctionnent sur le territoire du gouvernement militaire ou du corps d'armée et qui comptent trois mois de fonctionnement au 1er janvier de l'année du concours.

Les délégations ne doivent comprendre que des membres militaires de ces sociétés, à l'exclusion des hommes de l'armée active.

Le concours a lieu le dimanche, à une date fixée par le gouverneur militaire ou par le commandant de corps d'armée.

Des prix de délégation et des prix individuels sont accordés par le Ministre de la guerre et décernés, dans chaque région, à la suite du concours.

CHAPITRE VI

BREVET D'APTITUDE MILITAIRE

Voir le chapitre spécial traitant cette question à l'avant-propos.

CHAPITRE VII

RELATIONS DES S. A. G. AVEC L'ADMINISTRATION DE LA GUERRE RAPPORTS ANNUELS ET CARNETS

Les généraux commandant les subdivisions, et les généraux commandant l'artillerie, pour les sociétés de tir au canon, adressent aux généraux commandant les corps d'armée, le 1er décembre, un rapport annuel (modèle n° 7), limité aux observations, propositions et demandes relatives au fonctionnement général des S. A. G. stationnées dans leur subdivision.

Ces rapports sont transmis le 15 décembre au Ministre (cabinet du sous-secrétaire d'État) avec les avis des autorités intermédiaires.

Ils sont accompagnés (1) :

1° D'un état des présidents et membres des S. A. G. proposés pour des récompenses honorifiques (modèle n° 8);

2° D'un état des officiers de complément faisant partie des S. A. G. et proposés pour l'avancement (état destiné au Ministre de la guerre);

3° D'un état des officiers et hommes de troupe des réserves faisant partie des S. A. G. et proposés pour les décorations (état destiné au Ministre de la guerre) [modèle n° 9];

4° Des demandes de subventions en argent destinées à la création, à l'entretien ou à l'amélioration des stands ou champs de tir particuliers des S. A. G.;

---

(1) Aux états modèles nos 8 et 9 sont joints des *Relevés des services* (modèle n° 10) établis par les présidents des S. A. G. sur avis conforme de leur conseil d'administration ou de direction. Ces *Relevés des services*, qui sont adressés au général commandant la subdivision, le 1er novembre, font ressortir les services rendus et les propositions qui peuvent en résulter.

5° Des demandes de subventions en argent ayant un autre objet;

6° Des carnets tenus, d'une manière permanente, par les S. A. G.

Ces carnets sont destinés à réunir et à conserver tous les renseignements relatifs au fonctionnement et à la vie des sociétés, de manière à permettre à l'autorité militaire de se rendre compte à tout instant des progrès réalisés par elles.

Ils sont établis, par les sociétés, en trois expéditions : l'une (modèle n° 11) est conservée comme minute par la société; les deux autres (modèle n° 12) sont envoyées alternativement, le 20 novembre de chaque année, au général commandant la subdivision, qui les transmet par la voie hiérarchique au Ministre (cabinet du sous-secrétaire d'État).

CHAPITRE VIII

UNIONS ET FÉDÉRATIONS

Les unions ou fédérations nationales des S. A. G. correspondent directement avec le Ministre (cabinet du sous-secrétaire d'Etat).

Les unions ou fédérations départementales ou régionales des S. A. G. correspondent directement avec les généraux commandant les subdivisions dans lesquelles elles ont leurs sections.

Elles peuvent recevoir des subventions dans les mêmes conditions que les S. A. G.

Paris, le 7 novembre 1908.

Le sous-secrétaire d'Etat,

H. Chéron.

Circulaire ministérielle du 12 octobre 1910

relative à l'établissement des certificats de brevet d'aptitude à délivrer par les chefs de corps ou de service.

Paris, le 10 octobre 1910.

L'instruction du 7 novembre 1908 prescrit (annexe n° 4, *B. O.*, É. M., vol. n° 85 *ter*) qu'en vue de la répartition des subventions à attribuer aux S. A. G., les jeunes soldats engagés volontaires ou appelés, appartenant à une S. A. G., qui ont obtenu le brevet soit avant, soit après leur incorporation, reçoivent de leur chef de corps ou directeur de service, avant le 1er novembre, un certificat dont il n'est jamais délivré ni duplicata ni copie.

Les certificats dont il s'agit devront être établis dans la forme suivante :

1° Nom du militaire breveté;

2° Arme dans laquelle il sert;

3° Durée du lien au service (appelé ou engagé pour deux, trois, quatre ou cinq ans);

4° Titre exact de la société agréée qui a formé le brevet (*une seule société*).

Le certificat établi sous cette forme sera rigoureusement exigé par MM. les généraux, commandants de subdivision, des sociétés agréées qui demanderont des subventions du ministère de la guerre.

Ils devront, en conséquence, inviter les chefs de corps et de service à délivrer les certificats aux jeunes soldats et à provoquer les demandes de ces derniers.

Il ne sera pas transmis de demandes de subventions pour les sociétés qui n'auront pas formé de brevetés.

A l'appui de leur rapport annuel, MM. les généraux commandants de subdivision de région, mettront un état ainsi libellé.

S. A. G. demandant une subvention et située :	NOMBRE DES BREVETÉS INCORPORÉS							
	Dans les armes à pied pour une durée de				Dans les armes à cheval pour une durée de			
	2 ans	3 ans	4 ans	5 ans	2 ans	3 ans	4 ans	5 ans
A. — *Dans une ville de garnison.* (La désignation de la société doit être rigoureusement conforme à celle de ses statuts et accompagnée de l'indication du numéro d'agrément.)								
B. — *Dans une ville n'ayant pas de garnison.*								

Notification indiquant les formalités à remplir par les S. A. G. pour l'encaissement des subventions qui leur sont allouées.

Paris, le 20 juillet 1910.

Des doléances se sont produites au sujet des difficultés qu'ont rencontrées des sociétés pour l'encaissement des subventions qui leur ont été allouées au titre de l'exercice 1909.

M. le Ministre des finances, saisi de ces plaintes, vient de faire connaître ce qui suit :

Les formalités à remplir par les S. A. G. pour percevoir leurs subventions ont été réduites au strict minimum. Il n'est, *en effet*, réclamé par les payeurs que les deux pièces justificatives suivantes, dont la production est exigée par la Cour des comptes :

1° Statuts imprimés, certifiés par le président et légalisés par le maire, cette pièce, une fois produite, devant servir pour tous les paiements ultérieurs;

2° Extrait (timbré à 0 fr. 60 et légalisé par le maire) de la délibération qui a nommé le trésorier ou désigné la personne chargée de donner quittance avec la durée des pouvoirs. Le trésorier seul, en effet, à moins d'une délégation spéciale, a qualité pour acquitter et la Cour des comptes a rejeté les paiements effectués dans d'autres conditions.

Enfin, il y a lieu de ne pas perdre de vue que les subventions allouées au titre d'un exercice ne peuvent être payées que jusqu'au 30 avril de l'année suivante. Après cette date, ces paiements ne peuvent être effectués que sur exercice clos, généralement après le mois d'octobre.

MM. les généraux commandants de subdivision devront, le cas échéant, porter à la connaisance des S. A. G. ces indications qui éviteront aux ayants droit, lorsqu'ils s'y conformeront exactement, tout déplacement inutile.

ANNEXE II

INSTRUCTION

du tir dans les lycées, collèges et écoles normales d'instituteurs

Circulaire déterminant les règles de participation de l'armée à l'enseignement du tir dans les lycées, collèges et écoles normales d'instituteurs.

Paris, le 19 février 1909.

Une commission interministérielle a été instituée d'accord entre le département de l'instruction publique et celui de la guerre pour étudier les questions concernant l'organisation du tir scolaire.

Cette commission s'est tout d'abord préoccupée de rechercher les moyens permettant de donner dès maintenant l'instruction du tir dans les établissements d'instruction secondaire et dans les écoles normales d'instituteurs, en attendant qu'une loi spéciale, prévue par l'article 94 de la loi du 21 mars 1905, ait rendu cette instruction obligatoire dans les écoles.

En conséquence, elle m'a adressé des propositions qui m'ont amené à l'adoption des dispositions suivantes :

1° Toutes les sociétés de tir scolaire formées dans les établissements d'instruction secondaire de l'État et les écoles normales d'instituteurs pourront jouir des droits accordés par l'instruction du 21 juin 1904.

Elles s'adresseront, à cet effet, au général commandant la subdivision, qui servira d'intermédiaire entre elles et le département de la guerre;

2° Les élèves âgés d'au moins dix-sept ans auront les avantages consentis par l'instruction précitée à l'élément militaire des sociétés mixtes;

3° En outre, dans les établissements situés dans une ville dotée d'une garnison, les jeunes gens âgés d'au moins quinze ans auront droit à une allocation annuelle de 50 cartouches de tir réduit;

4° L'autorité militaire mettra à la disposition de MM. les chefs d'établissement visés au paragraphe précédent les instructeurs et le matériel nécessaires à l'enseignement du tir;

5° Les instructeurs seront choisis avec le plus grand soin parmi les sous-officiers offrant toute garantie au point de vue de l'instruction militaire et de l'éducation. Ils seront dirigés et surveillés par un officier désigné à cet effet (autant que possible un capitaine adjudant-major ou du cadre complémentaire);

6° Les officiers ainsi désignés auront toute initiative pour organiser cet enseignement, après entente préalable avec les directeurs des établissements; au point de vue technique, ils relèveront du général commandant la subdivision.

L'instruction sera donnée conformément aux prescriptions du règlement sur l'instruction du tir;

7° Le personnel, les armes et le matériel nécessaires seront fournis par un des corps désignés par le général commandant la subdivision; ce corps sera chargé de la confection des cartouches de tir réduit.

Ces dispositions seront applicables à partir du commencement de l'année scolaire 1907-1908.

Général Picquart.

Conditions de détail relatives à la délivrance des munitions.

Paris, le 12 octobre 1907.

A — *Dispositions relatives aux élèves âgés d'au moins dix-sept ans.*

Ces élèves formeront un groupement auquel on appliquera strictement les prescriptions de l'instruction du 21 juin 1904 qui se rapportent aux sociétés de tir mixtes et qui sont mentionnées dans les chapitres IV et V de ladite instruction (demandes de prêt d'armes et de délivrance de munitions, réintégration des étuis métalliques).

Les allocations de munitions seront valables du 1er janvier au 31 décembre de la même année; toutefois, les prescriptions de la circulaire dont il s'agit sont applicables à partir de l'année scolaire 1907-1908.

Un certain nombre de jeunes gens peuvent déjà faire partie, à titre de pupilles, de sociétés de tir mixtes : ils n'auront droit à une allocation de cartouches qu'au titre de membre d'une société de tir scolaire.

B —*Dispositions relatives aux élèves âgés d'au moins quinze ans.*

Les demandes de munitions de tir réduit établies par les sociétés de tir scolaires devront être vérifiées et approuvées par les généraux commandant les subdivisions, qui les adresseront ensuite aux corps de troupe désignés pour assurer leur confection.

Les éléments et matières nécessaires à cette confection seront délivrés par les établissements d'artillerie auxquels ressortissent les corps de troupe.

C — *Dispositions communes aux deux catégories d'élèves.*

Les sociétés de tir scolaires seront placées sous l'autorité du général commandant la subdivision, qui devra prendre les mesures nécessaires pour faire :

1° Surveiller l'entretien et la conservation des armes prêtées aux établissements d'instruction pour les élèves âgés d'au moins dix-sept ans;

2° Assurer la délivrance des armes pour chaque séance d'instruction ou de tir des élèves âgés au moins de quinze ans;

3° Surveiller la distribution et la consommation des munitions mises à la disposition de ces deux catégories d'élèves ainsi que la réintégration des étuis vides.

Circulaire du 18 mars 1907, relative aux exercices de tir (Enseignement primaire et enseignement secondaire).

Le ministre de l'instruction publique, des beaux-arts et des cultes, à M. le recteur de l'Académie d

Les programmes des écoles normales du 4 août 1905 prescrivent des exercices de tir dans un stand.

Ces exercices peuvent être de trois sortes :

a) Tir à petite distance avec carabine Flobert.

b) { Tir réduit.
{ Tir à toute distance avec l'arme de guerre.

a) Dans le plus grand nombre des écoles normales on pratique la première catégorie d'exercices, pour les raisons suivantes :

Les écoles normales ont été dotées en 1903 ,par l' « Union des sociétés de tir de France », d'une carabine dite « la Française », dont le modèle a été choisi par une commission interministérielle chargée de déterminer l'arme la plus propre à être mise en usage dans les écoles. L'aménagement dans des conditions satisfaisantes de sécurité du stand ou de l'emplacement nécessaire à l'utilisation de cette arme est fort aisé dans la plupart de nos écoles, et j'ai donné, sous certaines réserves, l'autorisation de prélever, sur le crédit des fournitures classiques, la dépense relative à l'achat des munitions. Enfin, la circulaire du 16 août 1895 a publié une instruction détaillée qui s'applique à la carabine « la Française » et constitue un véritable traité de tir scolaire..

J'attache une grande importance à ce que ces exercices de tir à courte distance soient continués dans les écoles où ils sont organisés, et je compte sur l'ingéniosité et la bonne volonté des directeurs, dans les écoles où ces exercices n'ont pas lieu, pour qu'une lacune regrettable soit comblée à brève échéance. Au moment où la réduction de la durée du service militaire exige, plus que jamais, des jeunes soldats, des aptitudes et des qualités d'adresse préalablement acquises, il est de l'intérêt du pays que se multiplient les sociétés scolaires et post-scolaires de tir et de gymnastique, dont la direction est presque toujours confiée à un instituteur. Il convient donc que les élèves-maîtres soient préparés à donner à leurs futurs écoliers l'enseignement particulier du tir avec les armes mêmes dont les élèves ou anciens élèves de l'école élémentaire auront à se servir.

b) En ce qui concerne les exercices de tir réduit et de tir réel, des difficultés matérielles (emplacement, armes, munitions) ou techniques (compétence du professeur) ont empêché de les introduire dans le plus grand nombre des écoles normales. Il a été possible cependant de tourner ces difficultés, dans les centres où existait une société de tir. En affiliant à de telles sociétés leurs élèves, en qualité de pupilles et moyennant une faible cotisation annuelle, beaucoup de directeurs ont pu les faire profiter des nombreux avantages actuellement assurés à ces groupements. Mais, même dans ce cas, les exercices pratiques auxquels les élèves-maîtres pouvaient ainsi être admis ne les réunissaient pas tous dans une même école : l'enseignement n'était point obligatoire, puisqu'il imposait aux élèves certains frais.

L'étude des conditions dans lesquelles pourra être donnée l'instruction militaire préparatoire prévue par l'article 94 de la loi du 21 mars 1905 a déterminé la création d'une commission interministérielle du tir scolaire constituée par les soins du département de la guerre et de mon département, et les propositions de cette commission ont abouti à une entente entre nos deux administrations : cet accord résout le problème de l'enseignement du tir réel à tous les élèves, dans toutes les écoles normales ou dans presque toutes.

Voici les mesures que j'ai adoptées, d'accord avec M. le ministre de la guerre, pour les établissements dépendant du ministère de l'instruction publique :

1° Toutes les sociétés de tir scolaires formées dans les établissements d'instruction secondaire de l'État et dans les écoles normales d'instituteurs pourront jouir des droits accordés aux sociétés de tir mixtes par l'instruction du 21 juin 1904. Elles s'adresseront, à cet effet, au général commandant la subdivision, qui servira d'intermédiaire entre elles et le département de la guerre;

2° Les élèves âgés d'au moins dix-sept ans auront les avantages consentis par l'instruction précitée à l'élément militaire des sociétés mixtes;

3° En outre, dans les établissements situés dans une ville dotée d'une garnison, les jeunes gens d'au moins quinze ans auront droit à une allocation annuelle de 50 cartouches de tir réduit;

4° L'autorité militaire mettra à la disposition de MM. les directeurs d'école normale les instructeurs et le matériel nécessaires à l'enseignement du tir;

5° Les instructeurs seront choisis avec le plus grand soin parmi les sous-officiers offrant toute garantie au point de vue de l'instruction militaire et de l'éducation; ils seront dirigés et surveillés par un officier désigné à cet effet, autant que possible un capitaine adjudant-major, ou du cadre complémentaire;

6° Les officiers ainsi désignés auront toute initiative pour organiser cet enseignement, après entente préalable avec les directeurs; ils relèveront directement, au point de vue technique, du général commandant la subdivision. L'instruction sera donnée conformément aux prescriptions du règlement sur l'instruction du tir;

7° Le personnel, les armes et tout le matériel nécessaires seront fournis par un de ces corps désignés par le général commandant la subdivision; ce corps sera chargé de la confection des cartouches de tir réduit;

8° Ces dispositions seront applicables à partir du commencement de l'année scolaire 1907-1908.

Ainsi, dorénavant, l'enseignement du tir à l'arme de guerre sera donné par les soins de l'autorité militaire locale dans toutes les écoles normales dont le siège est une ville possédant une garnison. Le ministère de la guerre prêtera les armes, donnera les munitions, fournira les instructeurs, recevra les élèves-maîtres dans ses stands, pour les exercices de tir, à la belle saison. Pour que ces dispositions soient applicables, il suffira que, dans chaque école normale, les élèves soient constitués en société de tir analogue à celles qui existent déjà et dont vous trouverez ci-joints des modèles de statuts, communiqués à titre de spécimen.

Ces mesures, dictées par l'intérêt général, sont d'ailleurs conformes à l'intérêt particulier de jeunes gens qui bientôt quitteront l'école normale pour le régiment et parmi lesquels se recruteront, par la suite, des officiers de réserve.

En conséquence, vous voudrez bien prescrire à chacun des directeurs d'école normale de votre académie : 1° de fonder immédiatement dans son école une société de tir; 2° de se mettre en rapport avec M. le général commandant la subdivision de sa région pour se concerter avec lui en vue d'une organisation dont les dispositions sont applicables dès la prochaine année scolaire.

Enfin, je vous prie, monsieur le recteur, de demander à chacun des directeurs d'école normale de votre académie un rapport qui me renseignera sur les suites données dans son école aux instructions de la présente circulaire. Ce rapport, qui devra me parvenir à la date du 1er décembre 1907, mentionnera les résultats obtenus par les écoles qui auront pris part aux championnats scolaires annuels que l' « Union des sociétés de tir de France » a organisés, avec mon approbation, depuis seize ans. Je vous rappelle que les écoles normales sont admises aux épreuves du championnat dit « des écoles supérieures » et que les écoles annexes peuvent participer au championnat des écoles primaires.

Aristide Briand.

Circulaire relative à l'enseignement du tir dans les établissements secondaires de l'Université.

Paris, le 22 mars 1907.

Le Ministre de l'instruction publique, des beaux-arts et des cultes à M. le recteur de l'Académie d

La commission interministérielle constituée par mon département et par le département de la guerre en vue d'étudier les mesures à adopter pour organiser l'instruction pratique du tir dans les établissements d'instruction secondaire et primaire publics, a proposé, en ce qui concerne le tir dans les lycées et collèges, les mesures suivantes visant les deux départements :

1° M. le Ministre de la guerre déciderait que les mesures prescrites dans les lycées et collèges jouiraient des avantages réservés aux sociétés mixtes; l'autorité locale mettrait à leur disposition les instructeurs, le matériel, les armes et les munitions nécessaires;

2° Le Ministre de l'instruction publique déciderait que les mesures prescrites par le Ministre de la guerre soient portées sans délai à la connaissance des proviseurs et principaux, qui seraient invités, dans les villes de garnison, à former dans leurs établissements des sociétés de tir organisées sur le type de celles existant déjà dans les établissements d'enseignement secondaire.

Des modèles de statuts leur seraient communiqués à titre d'exemple.

Il leur indiquerait en même temps l'intérêt qu'il y aurait, pour exciter l'émulation, à ce que les sociétés ainsi formées organisassent l'enseignement du tir préparatoire et prissent part aux championnats annuels organisés pour elles, avec son approbation, par l' « Union des sociétés de tir de France ».

M. le Ministre de la guerre a approuvé, en ce qui le concerne, les propositions de cette commission.

De mon côté, j'y ai donné mon approbation, et j'ai l'honneur, en conséquence, de vous adresser les instructions suivantes que vous voudrez bien transmettre à MM. les proviseurs et principaux des lycées et collèges de votre académie.

La base de l'organisation ainsi arrêtée consiste en la création, par chaque établissement situé dans une ville de garnison, d'une société scolaire. Cette organisation a été adoptée par la commission à la suite de l'expérience déjà faite dans plusieurs lycées et collèges, sur l'initiative de l' « Union des sociétés de tir de France » et avec mon approbation. Elle prend aujourd'hui, par ma décision, un caractère général sur lequel vous voudrez bien appeler l'attention de MM. les chefs d'établissement en leur indiquant la grande importance que j'attache à ce que les exercices de tir soient établis dorénavant dans tous les établissements de l'instruction publique et au premier chef dans les lycées et collèges, qui doivent donner le bon exemple.

Les dispositions arrêtées par le Ministre de la guerre à l'égard de la société créée dans chaque établissement sont celles indiquées dans les paragraphes numérotés de 1 à 8 dans la circulaire précédente du 18 mars 1907.

Vous remarquerez que ces décisions assurent sans dépenses le fonctionnement de la nouvelle société, en ce qui concerne le tir aux armes de guerre, pour les élèves à partir de quinze ans; il ne peut donc y avoir de la part des chefs d'établissement aucune objection à cette organisation au point de vue financier.

D'autre part, la société ainsi formée pourra se préoccuper de l'installation du tir préparatoire pour les jeunes élèves au-dessus de dix ans et de préférence à partir de douze ans.

Pour l'enseignement de ceux-ci, la société pourra avoir quelques ressources à se procurer soit pour le matériel, soit pour les munitions. Les chefs d'établissement apprécieront, conformément à ce qui s'est déjà fait dans d'autres établissements, ce qu'ils peuvent faire avec les ressources dont ils disposent, et vous feront connaître les ressources supplémentaires qu'il leur serait indispensable de recevoir du Ministère de l'instruction publique, dans la mesure des crédits mis à ma disposition.

Vous pouvez d'ailleurs leur signaler qu'en ce qui concerne les instructeurs spéciaux pour le tir à courte portée et même, quand ce sera possible, le matériel de tir, ils trouveront certainement pour une petite installation toutes les facilités auprès des instructeurs déjà mis à leur disposition par l'autorité militaire pour le tir des armes de guerre. Il est entendu, en tout cas, que dans les villes où il n'y a pas de garnison, et même dans les autres, les chefs d'établissement qui auraient déjà une société fonctionnant, ou qui pourraient assurer l'enseignement par les sociétés de tir locales ou par leur personnel intérieur, pourront continuer à le faire. Ils auront toujours intérêt à se mettre en rapport avec l'autorité militaire pour recueillir les avantages assurés aux sociétés mixtes, comme armes et munitions.

En conséquence, et conformément à ces indications, vous voudrez bien inviter chacun de MM. les proviseurs et principaux de votre Académie :

1° A fonder dans son établissement une société de tir;

2° A se mettre en rapport avec le général commandant la subdivision.

Il est bien entendu que les élèves des lycées et collèges ne pourront être admis dans lesdites sociétés de tir qu'avec l'autorisation écrite de leurs parents.

Ces mesures devront être prises immédiatement, de façon à ce que, partout où elle sera possible, la constitution de la société soit faite avant les vacances, pour fonctionner au 1er novembre prochain (1907).

Il y a certainement urgence à procéder à cette organisation, car le tir est le complément nécessaire de la gymnastique, des matières qui composent le certificat d'aptitude militaire prévu par la loi du 21 mars 1905; et ce sont précisément les jeunes gens de nos lycées qui ont le plus d'intéret à pouvoir profiter des avantages déjà réservés à ce certificat, comme le devancement d'appel et l'obtention des grades, et de ceux qu'y ajoutera certainement la loi à l'étude sur la préparation au service militaire.

Enfin, vous ferez connaître à MM. les proviseurs et principaux mon désir de voir leurs établissements prendre part aux championnats scolaires que l' « Union des sociétés de tir de France » organise, avec mon approbation, depuis seize ans, ce qui me permettra de mieux apprécier les efforts accomplis et les résultats obtenus.

Aristide Briand.

Modèle de statuts pour une société scolaire de tir.

Art. 1er. Sous ce titre : *Société scolaire de tir de* (désigner l'établissement), il est formé entre les personnes ci-dessous indiquées une société ayant pour but d'organiser, propager et vulgariser l'étude théorique et pratique du tir dans l'établissement.

Art. 2. La société se compose de :

1° Membres fondateurs;
2° Membres titulaires;
3° Membres pupilles;
4° Membres d'honneur.

Art. 3. Les membres fondateurs, les membres titulaires et les membres pupilles doivent être fonctionnaires, parents d'élèves, élèves, anciens élèves ou parents d'anciens élèves de l'établissement.

Ils sont admis par le comité de la société sur demande écrite, dûment approuvée, pour ce qui concerne les mineurs, par le père de famille ou tuteur, présentée ou signée par un sociétaire, adressée au président. Cette demande d'admission implique l'acceptation des conditions imposées par les présents statuts et règlements.

Art. 4. Les membres fondateurs et les membres titulaires doivent avoir au moins dix-sept ans révolus.

Les membres pupilles sont les élèves de l'établissement.

Art. 5. Les membres pupilles n'auront pas voix délibérative

aux assemblées générales et ne pourront pas faire partie du comité.

Art. 6. Sont nommés membres d'honneur ceux auxquels la société voudra conférer ce titre, soit pour services rendus à la société, soit pour toute autre cause. Les nominations seront faites en assemblée générale.

Art. 7. La cotisation est annuellement de..... francs (ou gratuite) pour les membres titulaires, et de..... francs (ou gratuite) pour les membres pupilles.

Les membres fondateurs, dont le nombre est illimité, verseront en outre une entrée de..... francs, destinée à constituer un fonds de caisse.

Art. 8. La société sera administrée par un comité de direction composé de..... membres, savoir :

Un président de droit, le chef de l'établissement;
Deux vice-présidents;
Un secrétaire;
Un secrétaire adjoint;
Un trésorier;
..... commissaires.

L'enseignement sera donné par un directeur de tir, désigné par le chef de l'établissement.

Art. 9. Les membres du comité seront élus en assemblée générale pour trois ans et renouvelables par tiers, les deux premiers tiers tirés au sort.

Art. 10. Le comité ne pourra délibérer qu'autant que le quart de ses membres seront présents.

Les décisions seront prises à la majorité. En cas de partage, la voix du président est prépondérante.

Art. 11. Le comité a pouvoir d'autoriser tous actes et toutes dépenses utiles au bon fonctionnement de la société.

Art. 12. Le président est le représentant officiel de la société; il dirige les séances, signe tous les écrits passés au nom de la société, vise les mandats à payer ou à encaisser, etc.

Art. 13. Les vice-présidents remplacent le président en cas d'absence ou de démission et le secondent dans ses fonctions.

Art. 14. Les secrétaires sont chargés de la correspondance, des circulaires, des convocations, etc.; ils rédigent les procès-verbaux, les ordres du jour, les rapports; ils ont la garde des archives.

Art. 15. Le trésorier est chargé de la partie financière et de la comptabilité, recouvrement des cotisations, paiement des dépenses, etc. Son livre de caisse, constamment à jour, est contrôlé et visé tous les trois mois par les membres du comité.

Art. 16. Le comité se réunit sur convocation du président ou de la majorité des membres du comité.

Art. 17. Une assemblée générale aura lieu régulièrement une fois par an. Les sociétaires pourront être convoqués en dehors des époques ci-dessus indiquées, en assemblée générale extraordinaire, sur convocation du président, d'accord avec la majorité du comité, ou sur une convocation du tiers des membres fondateurs et titulaires inscrits.

Art. 18. Tous les ans, dans l'assemblée générale ordinaire, il est procédé au renouvellement des membres du comité.

Les nominations se font au bulletin secret, à la majorité des membres présents. Les membres du comité sont rééligibles.

Art. 19. Le comité présente à cette assemblée un rapport sur la situation de la société et sur son fonctionnement pendant l'année écoulée.

Art. 20. Les démissions sont adressées au président par écrit. Les membres démissionnaires sont tenus de s'acquitter de leur cotisation due.

Art. 21. Le comité a le pouvoir et le devoir de prononcer la radiation d'office de tout membre qui, par sa conduite, aurait porté atteinte à la considération de la société.

Le comité doit également rayer de la liste des sociétaires tout membre qui serait en retard de plus d'un an pour sa cotisation.

Art. 22. Tout sociétaire exclu ou rayé des listes perd, de ce fait, tous droits aux avantages et à l'actif de la société.

Art. 23. La dissolution de la société ne peut être mise en délibération que sur la demande de la moitié au moins des membres inscrits, adressée au président un mois avant une assemblée générale ordinaire ou extraordinaire. Elle ne peut faire l'objet d'un scrutin secret; elle est, au contraire, votée sur appel nominal et n'est prononcée qu'en cas de majorité réunissant les trois quarts des voix des sociétaires inscrits.

Art. 24. L'assemblée qui prononce la dissolution de la société nomme, dans la même séance, une commission de cinq membres chargés de la liquidation. Cette commission, après avoir arrêté et réglé tous les comptes, propose dans une assemblée ultérieure convoquée par elle l'emploi des fonds disponibles.

Art. 25. Les sociétaires sont toujours pécuniairement responsables des dégradations des armes et du matériel de la société, lorsque ces dégradations proviennent de leur faute ou de leur négligence.

Art. 26. Des dons de toutes sortes peuvent être acceptés par la société.

Art. 27. Les fonds provenant des cotisations, des dons et des bénéfices réalisés par la société sont destinés à l'achat et à l'entretien des biens et du matériel de la société; ils peuvent être employés aussi, suivant décision du comité, à l'achat de prix pour les concours.

Art. 28. Les présents statuts pourront être revisés, à la condition que les modifications proposées soient adoptées dans une assemblée générale réunissant au moins le tiers des sociétaires.

Art. 29. Toute discussion politique ou religieuse est rigoureusement interdite dans les réunions ou assemblées.

LE COMITÉ.

Approuvé le projet de statuts ci-dessus.

Le Ministre de l'instruction publique, des beaux-arts et des cultes,

---

ANNEXE III

Délivrance d'armes à titre onéreux aux sociétés de tir et aux particuliers.

ART. 1er. — *Modèle des armes susceptibles d'être cédées à titre onéreux.*

Des armes des modèles suivants :

Fusils modèle 1886, M. 93 sans épée-baïonnette;
Carabines modèle 1890;
Mousquetons d'artillerie modèle 1892 sans sabre-baïonnette, peuvent être cédées contre remboursement, aux prix fixés chaque année par le Ministre pour l'année suivante, aux sociétés de tir de toutes catégories et aux particuliers qui en font la demande.

Des revolvers modèle 1892 peuvent également être cédés à charge de remboursement, ainsi que des jeux d'accessoires pour revolver modèle 1892, aux prix fixés chaque année par le Ministre pour l'année suivante, aux sociétés de tir territoriales, mixtes ou civiles qui en font la demande. Le nombre maximum des revolvers pouvant être ainsi cédés à une même société est de quatre ou de huit, selon que cette société compte moins ou plus de quatre cents membres prenant réellement part aux exercices de tir.

ART. 2. — *Autorisation de détention d'armes de guerre. — Marche à suivre pour les demandes d'armes à titre onéreux. — Versement au Trésor. — Délivrance des armes.*

Aucune arme de tir de guerre, exception faite des revolvers, ne peut être cédée à titre onéreux à une société de tir, à quelque catégorie qu'elle appartienne, ni à un particulier, avant que le Ministre de l'intérieur (ou le gouverneur général de l'Algérie pour les sociétés ayant leur siège ou les personnes habitant en Algérie) ait fait connaître au Ministre de la guerre que la société intéressée est autorisée à détenir le nombre demandé des armes dont la cession est sollicitée.

Il ne peut être cédé d'armes de tir de guerre aux sociétés civiles que si ces sociétés sont déclarées et si tous leurs adhérents sont de nationalité française.

Une demande d'armes à titre onéreux formée par une société, de quelque catégorie qu'elle soit, ou un particulier, doit toujours être établie sur papier revêtu, conformément à la loi, du timbre de dimension. Elle doit indiquer les nombre et modèle des armes demandées à titre remboursable, ainsi que la désignation exacte de la société (ou de la personne demanderesse), et son siège (ou son adresse). Cette demande est adressée au Ministre de la guerre (3e direction, 2e bureau).

Une autre demande est adressée en même temps au Ministre de l'intérieur ou au gouverneur général civil de l'Algérie, en vue d'obtenir l'autorisation de détenir les armes dont la cession est sollicitée du département de la guerre. (Il est fait mention de cette dernière demande dans celle qui est adressée au Ministre de la guerre.)

Dès que le Ministre de l'intérieur a notifié cette autorisation de détention à l'administration de la guerre, et si rien ne s'y oppose d'autre part, des dispositions sont prises par cette administration pour faire délivrer les armes demandées. La cession est faite aux prix indiqués ci-dessus (art. 1); ces prix ne comprennent d'ailleurs ni les frais de transport, ni les frais d'emballage.

La valeur des armes et, s'il y a lieu, des matériaux d'emballage doit être versée dans une caisse du Trésor public par les soins de la société (ou de la personne) demanderesse, sur la présentation d'un ordre de versement qui lui est adressé au préalable par le directeur de l'établissement d'artillerie chargé de fournir les armes. Un récépissé de versement au Trésor est remis à la société (ou personne) intéressée, qui doit, en outre, réclamer une déclaration de versement. Ces deux pièces, récépissé et déclaration, sont remises ou envoyées par lettre affranchie et recommandée au directeur de l'établissement d'artillerie livrancier. Le récépissé doit porter la mention que la somme indiquée fait retour au budget de l'artillerie.

La délivrance ou l'expédition des armes est faite par les transports du commerce, en port dû, au siège (ou à l'adresse) indiqué, aussitôt que possible après la réception du récépissé et de la déclaration.

Le directeur de l'établissement livrancier adresse le récépissé au Ministre (3e direction, 2e bureau).

Art. 3. — *Cession de revolvers aux sociétés.*

Les demandes formées par les sociétés de tir pour la cession de revolvers doivent être établies dans la même forme et transmises par les mêmes autorités que les demandes de prêt d'armes (art. 12 de l'instruction).

Prix des armes

Circulaire fixant les prix de remboursement, pour 1908, des armes des modèles réglementaires délivrées à diverses parties prenantes.

Paris, le 12 décembre 1907.

Les prix auxquels des armes des modèles réglementaires pourront être cédées en 1908 aux diverses parties prenantes, telles que les officiers et assimilés, les particuliers, les sociétés de tir, les municipalités, etc., sont les suivants :

Fusil modèle 1886 M. 93, sans épée-baïonnette.	64f65
Mousqueton d'artillerie modèle 1892, sans sabre-baïonnette.	60 50
Carabine de cavalerie modèle 1890	60 50
Carabine de cavalerie modèle 1892	47 50
Jeu d'accessoires pour revolver modèle 1892.	2 95

TABLE DES MATIÈRES

ÉDUCATION PHYSIQUE

RÈGLES DES JEUX

MARCHES

TIR

TOPOGRAPHIE

CONNAISSANCES SPÉCIALES

MANŒUVRES

Règles générales et méthodes d'instruction.

Ecole du soldat.

Ecole de section.

IIIe PARTIE

ÉDUCATION CIVIQUE.

ANNEXES

Marc Imhaus et René Chapelot, imprimeurs, Nancy et Paris.

www.ingramcontent.com/pod-product-compliance
Ingram Content Group UK Ltd.
Pitfield, Milton Keynes, MK11 3LW, UK
UKHW022319190726
13856UKWH00001B/105

9 782013 630603